无线通信基础

Fundamental of Wireless Communication

[美]David Tse，Pramod Viswanath 著

姚如贵 左晓亚 徐 娟 译

西北工业大学出版社

西 安

图书在版编目(CIP)数据

无线通信基础 / （美）大卫·谢（David Tse），（美）普拉莫德·维斯瓦纳斯（Pramod Viswanath）著；姚如贵，左晓亚，徐娟译．— 西安：西北工业大学出版社，2021.8

ISBN 978-7-5612-7940-3

Ⅰ．①无… Ⅱ．①大… ②普… ③姚… ④左… ⑤徐… Ⅲ．①无线电通信 Ⅳ．①TN92

中国版本图书馆 CIP 数据核字(2021)第 188368 号

WUXIAN TONGXIN JICHU

无 线 通 信 基 础

David Tse，Pramod Viswanath 著

姚如贵 左晓亚 徐 娟 译

责任编辑：孙 倩　　**策划编辑：**杨 军
责任校对：朱辰浩　　**装帧设计：**李 飞
出版发行：西北工业大学出版社
通信地址：西安市友谊西路 127 号　　邮编：710072
电　　话：(029)88491757，88493844
网　　址：www.nwpup.com
印 刷 者：陕西奇彩印务有限责任公司
开　　本：787 mm×1 092 mm　1/16
印　　张：26.375
字　　数：692 千字
版　　次：2021 年 8 月第 1 版　2021 年 8 月第 1 次印刷
书　　号：ISBN 978-7-5612-7940-3
定　　价：168.00 元

如有印装问题请与出版社联系调换

译 者 序

在当今信息化的时代浪潮下，信息技术的快速发展已经极大地改变了人类的生活，人类社会逐步进入虚拟与数字时代。信息产业已经成为国民经济的支柱产业，其中无线通信的发展最为迅速。过去10年来，4G移动通信为人们提供了快速的信息、数据及多媒体服务，极大地促进了无线通信技术的发展。如今5G移动通信技术正在全球开始部署商用，而业界也开始了6G无线通信技术的研究，这必将再次推动无线通信技术的快速发展。

本书凝聚了两位作者丰富的无线通信理论知识和多年的教学科研经验，重点介绍了无线通信的基本原理，这些内容主要通过蜂窝网等实际无线通信系统的大量实例予以说明。本书在注重基本概念的同时也注重关键技术在系统中的实现。书中配有大量习题，帮助读者对相关技术的理解和掌握。

本书由姚如贵、左晓亚、徐娟翻译。在翻译本书的过程中，课题组研究生张远、姚鲁坤、吴啟洪、张雨欣、宋豆豆、王圣尧、张光仙、陈飞越、王鹏、秦倩楠、徐冬辉、喻泳淞和苏婉莹等参与了文稿的翻译、初校和绘图工作，在此表示感谢。同时，特别感谢西北工业大学“引进国外高水平研究生教材建设”项目对本书出版的资助。另外，本书第一版译著由李锵、周进翻译，马晓莉审校，他们的工作对于这一版提供了很多参考，在此对他们表示感谢。

由于水平有限，书中难免有不妥之处，恳请读者指正。

译 者

二〇二〇年三月于西安

致　谢

首先感谢我们研究小组的学生们所提供的无私帮助。特别要感谢 Sanket Dusad、Raúl Etkin 和 Lenny Grokop，他们精心制作了本书中的绝大多数图片；Aleksandar Jovičič 绘制了书中的部分图片并校对了一些章节；Ada Poon 的研究为编写第 7 章内容起了重要作用，并且他还绘制了第 2 章以及第 2 章的一些图片；Saurabha Tavildar 与 Lizhong Zheng 的研究成果形成了第 9 章；Tie Liu 与 Vinod Prabhakaran 帮助阐明并改进了第 10 章中 Costa 预编码的表述。

几位研究人员认真阅读了本书的手稿，并为我们提供了非常有用的建议，在此要衷心感谢 Stark Draper、Atilla Eryilmaz、Irem Koprulu、Dana Porrat 以及 Pascal Vontobel。本书还极大地受益于在加州大学伯克利分校和伊利诺伊大学厄巴纳-尚佩恩分校选修无线通信课程的许多学生提出的宝贵意见，在此特别要对 Amir Salman Avestimehr、Alex Dimakis、Krishnan Eswaran、Jana van Greunen、Nils Hoven、Shridhar Mubaraq Mishra、Jonathan Tsao、Aaron Wagner、Wang Hua、Wu Xinzhou 以及 Yang Xue 表示诚挚的感谢。

本书的早期书稿已经在康奈尔大学、苏黎世瑞士联邦工学院、麻省理工学院、西北大学、科罗拉多大学波尔得分校等大学的教学中采用。衷心感谢这些大学的教师提供的反馈意见，他们是 Helmut Bölcskei、Anna Scaglione、Mahesh Varanasi、Gregory Wornell 以及 Lizhong Zheng。感谢 Helmut 研究组的 Atect Kapur、Christian Peel 和 Ulrich Schuster 提供了非常有用的反馈，同时感谢 Mitchell Trott 为我们讲解 ArrayComm 系统是如何工作的。

本书包含了许多学者的研究成果，但在此要特别提到两位：一位是 Robert Gallager[1]，他的研究与教学风格为我们写作本书提供了灵感。他教导我们，为各种纷繁复杂的结果提供统一的、概念上简单的理解，从而缩减(shrink)而不是扩大(grow)知识树，本书就试图使这一格言成为现实。另一位是 Rajiv Laroia[2]，与他的许多讨论都极大地影响了我们对无线通信系统层次的理解，他的某些观点也出现在本书“系统观点”的讨论中。

最后，我们要感谢美国国家科学基金对我们研究工作的支持。

---

① Rubert Gallager 教授是通信领域的权威人士、信息论奠基人克劳德·香农的学生。

② Rajiv Laroia 是 Flash OFDM 开发人之一。

前　言

写作缘由

无线通信近10年来的两项主要进展成就了本书。其一是涌现了物理层无线通信理论的巨大研究热潮。虽然这项研究从20世纪60年代开始就已成为研究的焦点，但诸如机会通信和多输入多输出（MIMO）通信技术等近年来的发展开拓了如何通过无线信道进行通信的全新视野。其二是无线系统特别是蜂窝网络的迅猛发展，体现了复杂度不断增加的通信概念。这一发展开始于以IS-95码分多址接入（CDMA）标准为代表的第二代数字标准，进而发展到最近的以数据应用为重点的第三代系统。本书的目标是以连贯统一的方式介绍现代无线通信的概念，并举例说明这些概念在无线系统中的应用。

本书结构

本书呈现的是由多个紧密相关概念连接而成的一个网络，这些概念大致可以划分为如下三个层次：

(1)信道特性与建模；

(2)通信概念与技术；

(3)这些概念在系统中的应用。

无线通信工程师既要理解这三个层次的概念，又要掌握不同层概念间相互影响的密切关系。本书并不是从一层到下层顺序地讲述不同的主题，而是在各章间交错讲解这些层，从而强调各层概念之间的相互影响。

除第1章绪论外，各章主要内容如下：

- 第2章：多径无线信道的基本性质及其建模（层1）。
- 第3章：利用时间分集、频率分集和空间分集提高可靠性的点对点通信技术（层2）。
- 第4章：通过研究三个系统实例介绍蜂窝系统设计，重点讨论多址接入和干扰管理的问题（层3）。
- 第5章：从基本容量的观点再次讨论点对点通信，最后讨论现代机会式通信的概念（层2）。
- 第6章：多用户容量与机会式通信，以及其在第三代无线数据通信系统中的应用（层3）。
- 第7章：MIMO信道建模（层1）。
- 第8章：MIMO容量与结构（层2）。
- 第9章：分集与多路复用的折中方案和空时编码设计（层2）。
- 第10章：多用户信道与蜂窝系统中的MIMO技术（层3）。

如何使用本书

本书是为一年级研究生编写的无线通信课程教材，读者应具备信号与系统、概率与数字通信等扎实的背景知识。本书的两个附录补充了这方面的基础知识，附录A归纳总结了贯穿全书、反复使用的高斯噪声下矢量检测与估计的基本理论，附录B介绍了本书讨论信道容量结果时用到的信息论基础知识。虽然信息论近年来在无线通信的发展中起到了重要作用，但本书仅以启发方式介绍容量结果，并利用这些结果启发学生理解通信概念和技术。本书假定读者不具备信息论方面的知识。附录B就是专为想进一步深入、全面理解容量结果的读者安排的。

我们已经在加州大学伯克利分校和伊利诺伊大学厄巴纳-尚佩恩分校开设的一学期(15周)无线通信课程中使用了本书的早期版本，讲授了第1～8章的绝大部分内容以及第9章和第10章的部分内容。根据学生背景和授课时间的不同，教师可以围绕本书的内容来构想其他的方式组织课程，例如：

· 高年级本科生无线通信课程：第2章、第3章、第4章；

· 具有无线信道与系统背景知识的研究生课程：第3章、第5章、第6章、第7章、第8章、第9章、第10章；

· 集中介绍MIMO与空时编码的短期课程：第3章、第5章、第7章、第8章、第9章。

书中给出了230余道习题，这些习题涉及书中结果的直接推导、实际无线系统的计算、MATLAB练习以及关于当前研究热点的阅读材料，绝大多数习题详细阐述了书中讨论的概念。至少选取其中一部分题目进行练习对理解书中的内容非常重要。各章最后简短的文献说明介绍了本书讨论内容相关的文献，但并没有包含与书中内容相关的更多研究文献。

符　　号

特殊集合

$\mathcal{R}$	实数
$\mathcal{C}$	复数
$\mathcal{S}$	小区上行链路上的用户子集

标量

m	离散时间的非负整数
L	分集支路数
ℓ	分集支路的索引,标量
K	用户数量
N	分组长度
N_c	OFDM 系统中的子载波数量
T_c	相干时间
T_d	时延扩展
W	带宽
n_t	发射天线数
n_r	接收天线数
n_{min}	发射天线数与接收天线数的最小值
$h[m]$	标量信道在时刻 m 的复数值
h^*	复数值标量 h 的复共轭
$x[m]$	信道输入在时刻 m 的复数值
$y[m]$	信道输出在时刻 m 的复数值
$N(\mu,\sigma^2)$	均值为 μ、方差为 σ^2 的实高斯随机变量
$CN(0,\sigma^2)$	循环对称复高斯随机变量:实部和虚部是独立同分布且服从 $N(0,\sigma^2/2)$
N_0	高斯白噪声的功率谱密度
$\{w[m]\}$	加性高斯噪声过程,随时刻 m 独立同分布且服从 $CN(0,\sigma^2)$分布

$z[m]$	时刻 m 受到的加性高斯有色噪声
P	单位为 J/symbol 的平均功率限制
$\bar{P}$	单位为 W 的平均功率限制
SNR	信噪比
SINR	信号与干扰加噪声之比
ε_b	每个接收比特的能量
P_e	差错概率
C_{awgn}	加性高斯白噪声信道的容量
C_ε	慢衰落信道的 ε 中断容量
C_{sum}	上行链路或下行链路的和容量
C_{sym}	上行链路或下行链路的对称容量
C_ε^{sym}	慢衰落上行链路信道的 ε 中断对称容量
p_{out}	标量衰落信道的中断概率
p_{out}^{Ala}	采用 Alamouti 方案时的中断概率
p_{out}^{rep}	采用重发方案时的中断概率
p_{out}^{ul}	上行链路的中断概率
p_{out}^{mimo}	MIMO 衰落信道的中断概率
$p_{out}^{ul\text{-}mimo}$	在基站采用多天线的上行链路的中断概率

矢量与矩阵

$\boldsymbol{h}$	复值信道矢量
$\boldsymbol{x}$	信道输入矢量
$\boldsymbol{y}$	信道输出矢量
$\mathcal{CN}(0,\boldsymbol{K})$	均值为零、协方差矩阵为 $\boldsymbol{K}$ 的循环对称高斯随机矢量
$\boldsymbol{w}$	加性高斯噪声矢量$\mathcal{CN}(0,N_0\boldsymbol{I})$
$\boldsymbol{h}^*$	$\boldsymbol{h}$ 的复共轭转置
$\boldsymbol{d}$	数据矢量
$\tilde{\boldsymbol{d}}$	$\boldsymbol{d}$ 的离散傅里叶变换
$\boldsymbol{H}$	复值信道矩阵
$\boldsymbol{K}_x$	复随机矢量 $\boldsymbol{x}$ 的协方差矩阵
$\boldsymbol{H}^*$	$\boldsymbol{H}$ 的复共轭转置
$\boldsymbol{H}^T$	$\boldsymbol{H}$ 的转置
$\boldsymbol{Q},\boldsymbol{U},\boldsymbol{V}$	酉矩阵
$\boldsymbol{I}_n$	$n\times n$ 单位矩阵
$\boldsymbol{\Lambda},\boldsymbol{\Psi}$	对角矩阵
$\mathrm{diag}\{p_1,\cdots,p_n\}$	对角线元素为 $p_1,\cdots,p_n$ 的对角矩阵

$\boldsymbol{C}$　　循环矩阵

$\boldsymbol{D}$　　归一化码字差矩阵

运算

$\mathbb{E}[x]$　　随机变量 x 的均值

$P\{A\}$　　事件 A 的概率

$\mathrm{tr}[\boldsymbol{K}]$　　方阵 $\boldsymbol{K}$ 的迹

$\mathrm{sinc}(t)$　　定义为 $\sin(\pi t)$ 与 πt 的比值

$Q(a)$　　$\int_a^{\infty}(1/\sqrt{2\pi})\mathrm{e}^{-x^2/2}\mathrm{d}x$

$\mathcal{L}(\cdot,\cdot)$　　拉格朗日函数

目　录

第1章 绪　论

1.1 本书目标

无线通信是当今通信领域中最为活跃的研究方向之一。从20世纪60年代起无线通信开始成为研究的主题，但最近10余年才是其蓬勃发展的时期。这主要是受到以下几个因素的影响：①由蜂窝电话以及随后的无线数据应用所驱动的无线连接的爆炸性增长。②超大规模集成电路技术的巨大进步，使得复杂的信号处理算法和编码技术能够实现小面积、低功耗。③第二代(Second－Generation，2G)数字无线标准的成功，特别是IS－95码分多址(Code Division Multiple Access，CDMA)标准的成功，提供了一个具体的应用例子，验证了通信理论中好的思想可以在实践中产生重大影响。在过去的10年里，这项研究的重点已经衍生了一系列关于如何通过无线信道进行通信的更加丰富的视角和工具，而且相关技术仍在不断发展。

无线通信的两个基本问题使其具有挑战性和趣味性，然而，这两个问题在有线通信中基本上不重要。首先是衰落(fading)现象：由多径衰落的小尺度效应造成的信道强度的时间变化，以及由距离衰减路径损耗和障碍物阴影效应等造成的大尺度效应。其次，与有线通信中各发射机-接收机对通常被看成相互隔离的点对点链路不同，无线用户是在空中进行通信的，因此彼此之间存在严重的干扰(interference)。这里所说的干扰可以是与同一台接收机通信的发射机之间的干扰(例如蜂窝系统的上行链路)，也可以是一台发射机发送给多台接收机的信号之间的干扰(例如蜂窝系统的下行链路)，还可以是不同发射机-接收机对之间的干扰(例如不同小区中用户之间的干扰)。如何处理上述衰落和干扰对于无线通信系统的设计是非常重要的，这正是本书讨论的主题。尽管本书从物理层的角度开展研究，但也可以看出实际上衰落和干扰会在多个层面产生影响。

传统的无线通信系统设计关注于提高空中接口的可靠性(reliability)，在这个前提下，衰落和干扰都被看成是必须抑制的有害因素(nuisances)。近期的研究焦点更多地转向了提高频谱效率(spectral efficiency)，与此相伴出现的一种新观点是将衰落看成一种可以利用的机会(opportunity)。本书的主要目标是从这两种观点出发，给出对无线通信的统一论述。除了阐述诸如分集和干扰平均等传统主题外，本书还将利用相当一部分章节专门介绍机会式通信以及多输入多输出(Multiple Input Multiple Output，MIMO)通信等更为先进的技术主题。

本书的一个重要特点是强调系统的观点(system view)：一个理论概念或一项技术的成功实现需要从总体上理解其与无线系统是如何结合的。与概念或技术的推导不同，这种系统的观点不是数学公式的延伸，而主要通过实际无线系统的设计经验获取。我们试图通过给出这些概念如何应用于实际无线系统中的大量实例帮助读者培养这种洞察力。本书采用了5个无线系统的实例,下一节将会简单介绍书中涉及的无线系统。

1.2 无线系统

不论大众媒体如何宣传,从1897年马可尼(Marconi)成功演示无线电报开始,无线通信领域已经有100多年的历史了。1901年,实现了横跨大西洋的无线电接收,随之出现了相当一段时间的技术快速进步期。在这100多年中,涌现出了许多类型的无线系统,而后又不断消失。例如,早期的电视传输是通过无线电发射实现传输的,后来逐步被有线电缆传输所取代。类似地,构成电话网骨干的点对点微波线路正逐渐被光纤取代。在第一个例子中,安装分布式有线电视网络后无线技术就变得过时了;而在第二个例子中,新的有线技术(光纤)取代了旧的技术。相反的例子是在如今的电话通信领域中,无线(蜂窝)技术在某种程度上取代了有线电话网络(尤其在部分地区有线网络并没有得到很好的发展)。这些实例表明,在许多情况下都存在无线技术与有线技术间的选择,并且这种选择通常随着新技术的出现而变化。

本书主要关注蜂窝网络,因为它是当前引起研究人员极大兴趣的研究领域之一,同时许多其他无线系统的特征都可以很容易地理解为蜂窝网络特征的特殊情况或者简单推广。蜂窝网络由大量持有蜂窝电话的无线用户组成,在汽车、建筑物、街道几乎所有地方都可以使用蜂窝电话。另外还有大量的固定基站,为无线用户提供服务。

基站覆盖的区域称为小区(cell),该区域的呼入呼叫均到达该基站。通常用基站位于中心的正六边形区域表示小区,这样一座城市或一个地区就可以划分为正六边形小区的格状结构[见图1-1(a)]。实际上,基站位置的设置在某种程度上不一定规则,主要取决于设置的位置,如具有良好通信覆盖并且可以租用或购买的建筑物顶部或山顶等[见图1-1(b)]。类似地,移动用户选择基站也是根据是否有良好的通信路径,而不是地理距离。

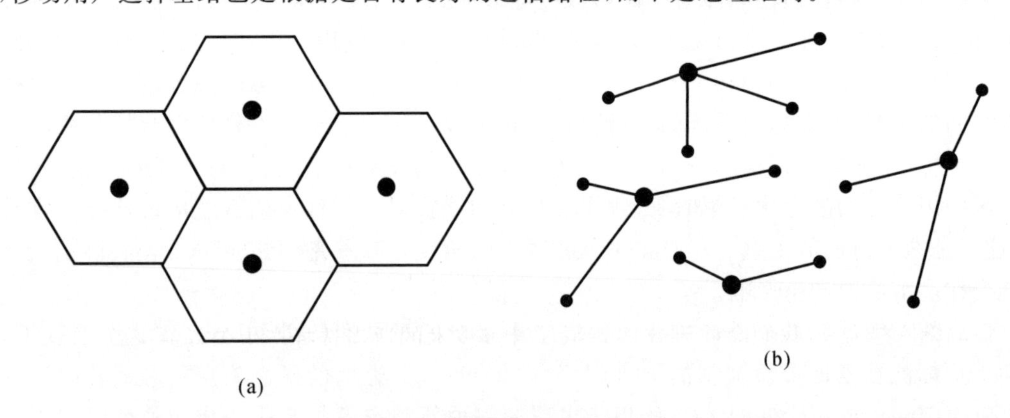

图1-1 蜂窝网络的小区与基站

(a)将各小区表示为正六边形的示意图; (b)基站不规则分布,移动电话选择最佳基站的实际情况

当用户发出呼叫时,就会连接至具有最佳路径的基站上(通常并非总是距离最近的基站),之后,选定区域内的基站就会通过高速线路或微波链路连接到移动电话交换局(Mobile Telephone Switching Office, MTSO),MTSO也称为移动电话交换中心(Mobile Switching Center, MSC),MTSO再连接至公共有线电话网。因此,来自移动用户的呼入呼叫首先连接

到基站,之后再从基站连接到MTSO,最后连接至有线网络。呼叫通过有线网络就可以到达其目的地,例如普通的有线电话或者其他移动用户。由此可见,蜂窝网络并非一个独立的网络,而是有线网络的一个附属网络。MTSO在协调哪个基站处理呼入或呼出呼叫以及何时将一个用户从一个基站切换到另一个基站的过程中也起着非常重要的作用。

当另一个用户(有线用户或无线用户)向指定用户发起呼叫时,就会出现相反的过程。首先,要找到被叫用户的MTSO,之后找到最近的基站,最后通过找到的MTSO和基站建立呼叫。从基站到移动用户的无线链路称为下行链路(downlink)或前向信道(forward channel),从用户到基站的链路称为上行链路(uplink)或反向信道(reverse channel)。通常的情况是许多用户连接至一个基站,于是对下行链路信道而言,基站必须将发送给不同连接用户的信号进行多路复用,之后再通过一个波形以广播方式发送出去,各用户则可以从该波形中提取出各自的信号。对于上行链路信道而言,与指定基站相连的用户发射其各自的波形,基站接收到的是来自不同用户的波形与噪声之和。因此,基站必须先将各用户的信号分离开,之后再转发给MTSO。

早期的蜂窝系统,如美国于20世纪80年代开发的先进移动电话业务(Advanced Mobile Phone Service,AMPS)都是模拟系统,即语音波形不转换为数字流,直接调制到载波上就发射出去。相同小区中的不同用户分配有不同的调制频率,相邻小区采用不同的频率集合,相距足够远的小区可以复用这个相同的频率集合,从而不会引起干扰。

第二代蜂窝系统是数字的。一种是全球移动通信系统(Global System for Mobile communication,GSM),该系统为欧洲标准,目前在世界范围内被广泛采用。另一种是美国开发的时分多址接入(Time-Division Multiple Access,TDMA)标准(S-136)。第三种是码分多址接入(Code Division Multiple Access,CDMA)标准(IS-95)。由于这些蜂窝系统及其标准最初是为电话业务开发的,因此目前蜂窝系统中的数据速率和延时实质上是由语音需求决定的。设计第三代蜂窝系统就是为了处理数据和(或)语音。虽然某些第三代系统主要是由第二代语音系统演变而来的,但其他第三代系统则是从零开始设计,以满足数据特有的性质。除了更高的速率要求外,数据应用区别于语音的特征体现在如下两方面:

(1)许多数据应用都是突发的,用户可能长时间保持沉默,但在短时间内却要求非常高的速率。与此相反,语音应用的速率需求则是长期固定的。

(2)语音对时延的要求相当严格,在100 ms的数量级,而数据应用的时延要求范围却非常宽。诸如游戏这样的实时应用,其对时延的要求比语音更为严格,但是像http文件传输之类的许多其他应用对时延的要求则宽松得多。

通过本书的学习,我们会看到这些特征对通信技术的适当选择产生怎样的影响。

如上所述,除蜂窝网络外还存在许多类型的无线系统。首先是广播系统,例如AM无线广播、FM无线广播、电视以及寻呼系统等,所有这些系统与蜂窝网络的下行链路部分是类似的,但是它们的数据速率、各广播节点的覆盖区域大小以及频率范围是完全不同的。其次是无线本地局域网(Local Area Networks, LAN),主要是为比蜂窝系统数据速率要求更高的应用设计的,但是它类似于蜂窝系统的一个小区。这种网络是将办公楼或类似环境下的笔记本电脑以及其他便携式设备连接在一起构成的本地局域网,在这种系统中不希望出现高速的移动,其主要优点是便携。无线本地局域网的主要标准是IEEE802.11系列,还有一些适用更小规模的标准,包括蓝牙(bluetooth)以及最近出现的基于超宽带(Ultra Wideband, UWB)通信的标准，其主要目的是减少办公室内的布线，简化办公室设备与手持设备之间的信息传输。最后，还有另一种类型的本地局域网，称为 ad hoc 网络。在这种网络中，所有的业务流量不是通过中心节点(基站)传输的，其所有的节点都是类似的，网络以自组织形式形成不同节点对之间的链路，并利用这些链路建立路由表。虽然 ad hoc 网络的中继问题以及节点之间的分布式协作问题能够从物理层予以解决，并且已经成为当前的热点研究领域，但是网络层的路由问题、控制信息的分发等也都是很重要的、值得关注的课题。

1.3 本书结构

本书研究的主要对象是无线衰落信道。第 2 章介绍本书剩余部分采用的多径衰落信道模型，从连续时间通带信道出发，推导出更适用于分析和设计的离散时间复基带模型。该章解释相干时间(coherence time)、相干带宽(coherence bandwidth)、多普勒扩展(Doppler spread)以及时延扩展(delay spread)等关键物理参数，并概述多径衰落的几种统计模型。各种文献中已经提出了许多统计模型，本书不可能全部涉及。我们的目标是利用书中的一组模型实例来评估之后将要学习的基本通信技术的性能。

第 3 章介绍衰落信道中最简单的点对点通信的问题。作为比较基准，首先考虑窄带衰落信道中未编码传输的检测问题，发现其性能非常差，远不如加性高斯白噪声(Additive White Gaussian Noise，AWGN)信道中具有相同平均信噪比(Signal - to - Noise Ratio，SNR)的信号传输情况，其原因是信道深度衰落(deep fade)的概率很大。接下来，研究用于减轻衰落这种有害影响的各种分集技术(diversity techniques)。分集技术通过多条相互独立的衰落路径发送相同的信息来提高通信的可靠性，从而使成功传输的概率变得更大。研究到的分集技术包括：

(1)编码符号的时间交织，从而实现时间分集；

(2)扩频系统中的符号间均衡、多径合并以及正交频分复用(Orthogonal Frequency Division Multiplexing，OFDM)系统中的子载波编码，从而实现频率分集；

(3)采用多副发射天线和(或)接收天线，通过空时(space - time)编码实现空间分集。

有趣的是，在某些情况下，信道不确定性与分集增益之间是相互影响的：随着分集支路数量的增加，系统的性能首先因分集增益而有所改善，但是之后信道的不确定性，使得合并不同支路信号变得更加困难，系统性能会恶化。

第 4 章的焦点由点对点通信转向整体的蜂窝系统。多址接入与小区间干扰管理是本章最先介绍的关键问题，接着解释现有数字无线系统如何处理这些问题，讨论频率复用和小区扇区化的概念，并对比窄带系统(如 GSM 和 IS - 136)与 CDMA 系统(如 IS - 95)。在窄带系统(如 GSM 和 IS - 136)中，同一小区中的用户信号保持正交，其频率仅在很远的小区中复用；在 CDMA 系统(如 IS - 95)中，其相同小区与不同小区中的用户信号均扩频至相同的频谱，即频率复用因子为 1。正是由于频率全复用，CDMA 系统必须更高效地管理小区内干扰和小区间干扰：除时间交织、多径合并和软切换等分集技术外，功率控制(power control)和干扰平均(interference averaging)都是关键的干扰管理机制。上述 5 种技术都是为了达到相同的系统目标——保持以信号与干扰加噪声之比(Signal - to - Interference - and - Noise Ratio，SINR)度量的各用户信道质量尽可能恒定。最后讨论集 CDMA 系统优点和窄带系统优点于一身的宽带 OFDM 系统。

第 5 章研究无线信道的容量，给出上述几章包含技术的更高层次的折中观点，并为理解后续章节中更为先进的进展打下基础。将(非衰落)AWGN 信道中的性能作为比较的基准，引入信道容量(channel capacity)的概念作为基本的性能测度。信道容量给出采用任何方法可以获得的基本通信极限。对于衰落信道而言，存在几种不同的容量测度，分别对应于不同的情况。介绍两种截然不同的情况帮助读者详细了解：①慢衰落(slow fading)信道，即信道在整个通信时段内保持相同(随机值)；②快衰落(fast fading)信道，即信道在通信时段内变化较大。

在慢衰落信道中，关键问题是中断(outage)：当信道质量变差以至于采用任何方法都不能以某目标数据速率可靠通信时，就会出现通信中断的情况。以某中断概率进行可靠通信的最大速率称为中断容量(outage capacity)。与此相反，在快衰落信道中，由于具有能够平均信道的时变特性，所以可以避免出现中断，并且可以定义任意可靠通信都可能达到的正容量(positive capacity)。利用这些容量测度，可以定义与衰落信道有关的几种资源——分集、自由度数量和接收功率。这三种资源构成了评估本书剩余章节研究的各种通信方法的性能增益本质的基础。

第 6～10 章介绍该领域的最新进展。第 6 章以更为基础的观点重新讨论衰落信道中的多址接入问题。信息论表明，如果发射机和接收机均能够跟踪衰落信道，那么最大化系统吞吐量的最优策略是在任何时刻仅允许信道质量最好的用户发射信号。对于下行链路也存在类似的最优策略。这种类型的机会式策略带来了整个系统的多用户分集(multiuser diversity)增益：系统中的用户越多，其中一个用户的信道质量越好的可能性就越大，从而增益就越大。为了在实际系统中实现这一概念，需要重点考虑三方面的问题：资源在用户之间分配的公平性(fairness)、单个用户等待其信道质量变好所经历的时延(delay)以及向发射机反馈信道状态时的测量误差(measurement inaccuracy)和时延(delay)。我们将讨论在第三代无线数据系统 IS－865(也称为 HDR 或 CDMA 2000 1×EV-DO)中如何处理这些问题。

无线系统是一个多维系统——时间、频率、空间和用户。机会式通信通过测量信道质量在何时、何地良好地实现频谱效率的最大化，并且仅在相应的自由度发射信号。正是出于这个考虑，信道在不同自由度的波动可以确保信道质量在某些自由度上非常好，从这个意义上讲，信道衰落是有益的(beneficial)。这与第 3 章介绍的基于分集的方法形成鲜明的对比，在第 3 章中认为信道的波动总是有害的，那时我们的设计目标就是平衡衰落，从而使得整个信道尽可能地恒定。遵循上述原理，讨论称为机会式波束成形(opportunistic beam forming)的技术，即当信道固有的衰落动态范围较小或者速度较慢时，也可以诱导出信道波动。从蜂窝系统的观点看，这一技术还会增大传递给相邻小区的干扰(interference)的波动，同时提出与 CDMA 系统中干扰平均概念相反的原理。

第 7～10 章讨论 MIMO 通信。我们已经知道在基站采用多副接收天线的上行链路可以允许多个用户同时与接收机进行通信，采用多副天线实际上是增加了系统中的自由度数量，并且可以实现从空间上分离来自不同用户的信号。最近的研究表明，在采用多副发射天线与多副接收天线的点对点信道中也会出现类似的效果，甚至当多个用户的天线共址排布时也是如此。由此可知，在信息的空间多路复用(spatial multiplexing)情况下，只要散射环境足够好，就可以允许接收天线分离出来自不同发射天线的信号。这也是信道衰落有利于通信的又一个例子。第 7 章研究决定空间多路复用可能性的多径环境的属性，并定义角度域(angular domain)，使这些属性在角度域中变得显而易见。该章最后以一类基于角度域的 MIMO 统计信道模型结束，后续章节会以此分析通信技术的性能。

第 8 章针对 MIMO 信道讨论容量以及获取容量的收发信机结构，重点放在快衰落的环境。首先论证对于所有的信噪比，快衰落信道的容量随着发射天线和接收天线的最小数量呈线性增加：当信噪比较高时，容量的线性增加源于采用空间多路复用后自由度的增加；当信噪比较低时，容量的线性增加源于接收波束成形的功率增益；当信噪比取值适中时，容量的线性增加源于这两项增益的组合。接着研究获取快衰落信道容量的收发信机结构，焦点放在 V - BLAST 结构上，该结构将独立的数据流一一多路复用至各发射天线。最后介绍几种接收机的结构，包括解相关器和线性最小均方误差(Minimum Mean Square - Error，MMSE)接收机。在解码数据流时进行连续消除就可以增强这些接收机的性能，称为连续干扰消除(Successive Interference Cancellation，SIC)接收机。可以证明 MMSE - SIC 接收机能够达到快衰落 MIMO 信道的容量。

对于慢衰落 MIMO 信道而言，V - BLAST 结构是次最优的，这种结构不进行跨发射天线编码，因此其分集增益受到接收天线阵列增益的限制。这种结构的一种改进结构称为 D - BLAST，对其数据流进行跨发射天线阵列交织(interleaved)，从而达到慢衰落 MIMO 信道的中断容量。与单天线信道相比，MIMO 信道中断容量的增大是源于分集增益与空间多路复用增益的合并。第 9 章研究可以在慢衰落 MIMO 信道中同时利用的分集增益和多路复用增益之间的基本折中(tradeoff)。这一指标可用作评估前面章节介绍的几种方法的分集性能和多路复用性能的统一框架，这一框架还可以促使我们构建新的折中最优空时码。该章特别讨论折中最优的通用(universal)空时码的设计方法。

第 10 章多用户蜂窝系统中采用多副发射天线和多副接收天线的情况，也称之为空分多址接入(Space - Division Multiple Access，SDMA)。采用多副天线除了可以实现空间多址接入和分集外，还可以减轻不同用户之间的干扰。在上行链路，基站通过 SIC 接收机减小干扰；在下行链路，仍然由基站来减小干扰，但需要进行预编码(precoding)。我们研究一种称为 Costa 预编码或污纸预编码(dirty - paper precoding)的编码方案，它在本质上类似于上行链路中的 SIC 接收机。这一研究将上行链路 SIC 接收机的性能与相反的(reciprocal)下行链路中对应的预编码方法联系起来，还将 ArrayComm 系统作为 SDMA 蜂窝系统的实例予以介绍。

第2章　无线信道

对无线信道及其关键物理参数和建模问题的全面理解会为学习本书其他章节内容打下良好的基础，这就是本章要达到的目标。

移动无线信道的主要特征是信道强度随时间和频率变化，这种变化大致可以分为如下两种类型（见图 2-1）：

（1）大尺度衰落（large-scale fading）：它是由随距离而变化的信号路径损耗和由建筑物、山脉等大型障碍物的阴影效应造成的，当移动台运动的距离与小区尺寸相当时，通常就会出现与频率无关的大尺度衰落。

（2）小尺度衰落（small-scale fading）：它是由发射机与接收机之间的多条信号路径的相长干扰（constructive interference）和相消干扰（destructive interference）造成的，当空间尺度与载波波长相当时，会出现小尺度衰落，因此小尺度衰落与频率有关。

本章主要讨论上述两种类型的衰落，但重点是在后者。大尺度衰落与诸如基站规划之类的问题关系更为密切，小尺度衰落则与本书的焦点——可靠高效通信系统的设计关系更为密切。

本章首先从电磁波的角度介绍无线信道的物理建模，之后推导信道的输入/输出线性时变模型，并定义一些重要的物理参数，并介绍几种信道关于时间和频率变化的统计模型。

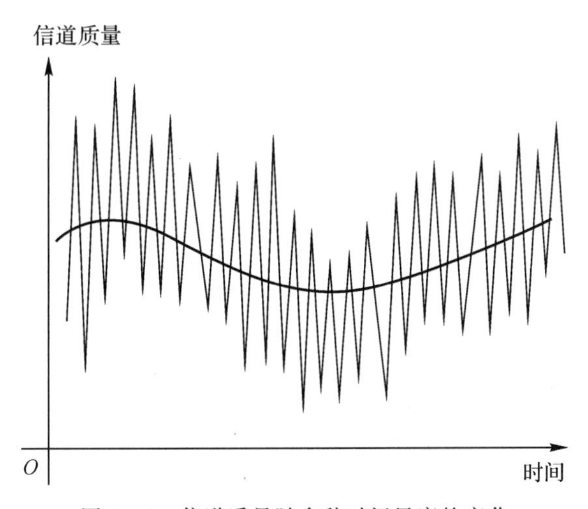

图 2-1　信道质量随多种时间尺度的变化

注：在慢尺度时，信道质量的变化是由大尺度衰落效应引起的；在快尺度时，信道质量的变化是由多径效应引起的。

2.1 无线信道的物理建模

无线信道通过从发射机到接收机之间电磁辐射的方式工作。理论上讲，综合考虑发射信号，求解电磁场方程就可以求出电磁场对接收天线的作用，这就必须考虑到该电磁波附近由地面、建筑物和车辆等形成的障碍物①。

在美国，联邦通信委员会(Federal Communication Commission，FCC)将蜂窝通信的可用频段限制在三个频段：0.9 GHz 频段、1.9 GHz 频段以及 5.8 GHz 频段。在其他国家也有类似的机构做出相应的限制。以任意给定频率 f 辐射的电磁波长 $\lambda=c/f$，其中 $c=3\times10^8$ m/s 为光速。这些蜂窝频段内的波长均不足 1 m，因此在计算接收端的电磁场时，接收机和障碍物的位置必须精确到米级以下。这样，电磁场方程会变得非常复杂，难以解决，特别是当用户处于运动状态时。于是，我们不禁要问，究竟要知道关于这些信道的哪些信息近似是合理的。

其中一个重要的问题是选择什么位置安装基站，以及下行链路信道和上行链路信道所需功率电平的范围是什么。从某种程度上讲，必须通过实验来回答这个问题，找到这个问题的答案自然有助于读者了解可能出现哪些现象。另一个重要的问题是哪些类型的调制技术和检测技术更有前途，同样需要再次了解可能出现哪些现象。为了回答这个问题，必须构建信道的随机统计模型，假定不同的信道行为以不同的概率出现且随时间而改变(具有特定的随机性)。后面将会回答这类随机模型为什么是恰当的，但是现在只想知道这些信道的显著特征。首先看几个超理想的例子。

2.1.1 自由空间、固定发射天线与接收天线

首先考虑向自由空间辐射的固定天线。在远场②，任何给定位置的电场与磁场都是相互垂直的，并且与来自天线的电波传播方向相垂直。同时，二者还是互相成比例的，因此，已知其中之一就足够了(正如在有线通信中，信号只是简单地看成电压波形或电流波形)。在时刻 t，信道对发射的正弦信号 $\cos 2\pi ft$ 的远电场响应可以表示为

$$E[f,t,(r,\theta,\psi)]=\frac{\alpha_s(\theta,\psi,f)\cos 2\pi f(t-r/c)}{r} \tag{2-1}$$

式中，(r,θ,ψ) 表示空间中的电场测量点 $\boldsymbol{u}$；r 为发射天线到点 $\boldsymbol{u}$ 的距离；(θ,ψ) 分别表示天线到点 $\boldsymbol{u}$ 的垂直角度和水平角度；常数 c 为光速；$\alpha_s(r,\theta,\psi)$ 为发射天线以频率 f 在方向 (θ,ψ) 的辐射方向图，其中还包含了一个表示天线损耗的标量因子。注意，电场相位随 fr/c 变化，对应于由光速辐射传播引起的时延。

这里并不关心是否需要求出任意给定天线实际的辐射方向图，所关注的仅是要认识到天线具有辐射方向图，并且自由空间远场具有上述性质。

重点注意，随着距离 r 的增大，电场按照 r^{-1} 的规律减小，于是，自由空间 1 m^2 的电磁波功

① 这里的障碍物不仅包括发射机和接收机之间视距范围内的物体，而且还包括在接收端引起不能忽略的电磁场变化的位置上的物体。后面将出现这类障碍物。

② 远场是指距离天线足够远的场，这样式(2-1)才有效。对于蜂窝系统而言，接收机位于远场的假设是安全的。

率按照 r^{-2} 规律减小。这是可以预料到的，因为当以天线为球心的同心球半径 r 不断增大时，通过同心球辐射出去的总功率是保持恒定的，但球的表面积却按照 r^2 规律增大，因此，单位面积的功率必然依 r^{-2} 规律减小。稍后会看到，当自由空间传播遇到障碍物时，功率随距离的 r^{-2} 减小通常是不正确的。

假定在 $\boldsymbol{u}=(r,\theta,\psi)$ 处有一副固定的接收天线，于是对应上述发射正弦信号的接收波形（不存在噪声）为

$$E_{\mathrm{r}}(f,t,\boldsymbol{u})=\frac{\alpha(\theta,\psi,f)\cos 2\pi f(t-r/c)}{r} \tag{2-2}$$

式中，$\alpha(\theta,\psi,f)$ 为发射天线与接收天线在给定方向的天线方向图之积。

上述的讨论始于无天线存在时点 $\boldsymbol{u}$ 处的自由空间电场，这使得我们处理式(2-2)的方法有点奇怪。将接收天线设置在点 $\boldsymbol{u}$ 改变了其附近的电场，但这种变化已经通过接收天线的天线方向图考虑在内了。

假定对于给定的 $\boldsymbol{u}$，定义

$$H(f)=\frac{\alpha(\theta,\psi,f)\mathrm{e}^{-\mathrm{j}2\pi fr/c}}{r} \tag{2-3}$$

于是有 $E_{\mathrm{r}}(f,t,\boldsymbol{u})=\Re[H(f)]\mathrm{e}^{\mathrm{j}2\pi ft}$，前面并没有提到这一点，式(2-1)与式(2-2)对输入均呈线性，也就是说，在点 $\boldsymbol{u}$ 处对应于发射波形加权和的接收电场（波形）就是对各个波形响应的加权和。因此，$H(f)$ 为线性时不变（Linear Time-Invariant，LTI）信道的系统函数，其傅里叶逆变换即为冲激响应。了解电磁学就是为了确定该系统函数，后面会发现线性性质是对本书涉及的所有无线信道的良好假设，但是当天线或障碍物存在相对运动时，时不变性就不成立了。

2.1.2　自由空间、运动天线

现在考虑以上固定天线自由空间模型，且接收天线以速度 v 朝着与发射天线距离增大的方向运动，即假定接收天线的运动位置描述为 $\boldsymbol{u}(t)=(r(t),\theta,\psi)$，其中，$r(t)=r_0+vt$。利用式(2-1)描述运动点 $u(t)$ 处的自由空间电场（暂时无接收天线），有

$$E[f,t,(r_0+vt,\theta,\psi)]=\frac{\alpha_{\mathrm{s}}(\theta,\psi,f)\cos 2\pi f(t-r_0/c-vt/c)}{r_0+vt} \tag{2-4}$$

注意到，$f(t-r_0/c-vt/c)$ 可以重新写为 $f(1-v/c)t-fr_0/c$，这样，频率为 f 的正弦信号就被转换为频率为 $f(1-v/c)$ 的正弦信号，即由于观测点的运动，出现了 $-fv/c$ 的多普勒频移（Doppler shift）[①]。直观上看，发射正弦信号中的各连续波峰要多传播一点距离才能到达运动观测点。如果天线位于 $u(t)$，并且由于天线存在造成的场的变化仍然用接收天线方向图表示，则与式(2-2)类似，接收波形为

$$E_{\mathrm{r}}[f,t,(r_0+vt,\theta,\psi)]=\frac{\alpha(\theta,\psi,f)\cos 2\pi f[(1-v/c)t-r_0/c]}{r_0+vt} \tag{2-5}$$

这种信道不可以表示为LTI信道，但是如果忽略式(2-5)分母中的时变衰减，则可以用频率 f 平移了多普勒频移 $-fv/c$ 后的系统函数表示信道。重要的是要注意到，偏移量取决于

---

① 读者应该熟悉运动小汽车引起的多普勒频移。当救护车飞速向驶来时，我们会听到更高频率的警报声；它经过之后，则会听到向低频的快速偏移。

频率 f。介绍完下一个例子后，我们会再回到要讨论的问题，即多普勒频移和时变衰减的重要性。

以上分析对于运动的发射机或接收机(或两者) 均成立，只要 $r(t)$ 解释为天线之间的距离(且天线的相对方向是不变的)，则式(2-4) 与式(2-5) 就是有效的。

2.1.3 反射墙、固定天线

图 2-2 为发送正弦信号 $\cos 2\pi ft$ 的一副固定发射天线、一副固定接收天线以及一面完全反射的大固定墙面。假定在没有接收天线的情况下，准备安装接收天线的位置处的电磁场等于来自发射天线的自由空间电磁场与墙面反射波电磁场之和。如前所述，当存在接收天线时，天线引起的电磁场扰动可以用天线方向图表示。这里还需假定接收天线的存在并不会对到达墙面的平面波产生明显的影响。实际上，现在要做的就是采用一种称为射线跟踪(ray tracing) 的方法得到麦克斯韦方程的近似解。此处假定接收波形可以用来自发射机的自由空间电磁波与来自各反射障碍物的自由空间反射电磁波之和予以近似。

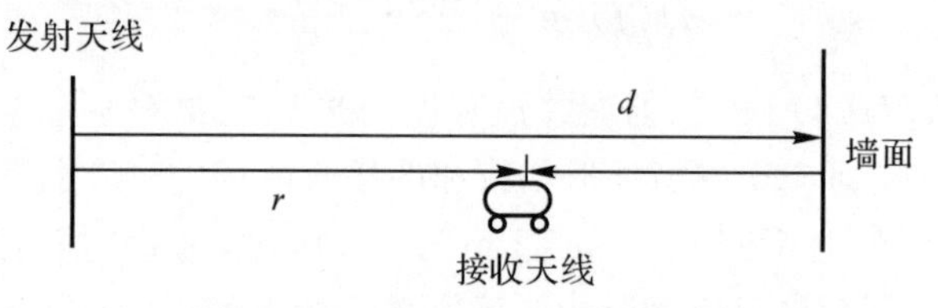

图 2-2　直接路径与反射路径示意图

现在，如果假定墙面非常大，则给定点的反射波与墙面不存在时，墙面另一侧的自由空间电波相同(符号的变化除外[①])，如图 2-3 所示。这说明来自墙面的反射波的强度等于与距离为发射机到墙面及返回到接收天线距离和的位置处的自由空间电波强度，即距离等于 $(2d-r)$。对于直射波和反射波，利用式(2-2)，并假定两个波的天线增益相同，均为 α，则有

$$E_{\mathrm{r}}(f,t)=\frac{\alpha\cos 2\pi f(t-r/c)}{r}-\frac{\alpha\cos 2\pi f[t-(2d-r)/c]}{2d-r} \tag{2-6}$$

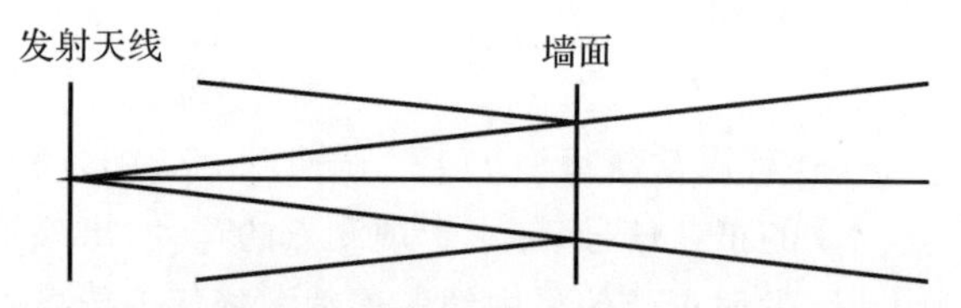

图 2-3　反射波与无墙面遮挡时的电波之间的关系

接收信号是两个频率均为 f 的电波的叠加，这两个电波的相位差为

$$\Delta\theta=\left[\frac{2\pi f(2d-r)}{c}+\pi\right]-\left(\frac{2\pi fr}{c}\right)=\frac{4\pi f}{c}(d-r)+\pi \tag{2-7}$$

当该相位差为 2π 的整数倍时，这两个电波相长(constructively) 叠加，接收信号增强；当相位差为 π 的奇数倍时，两个电波相消(destructively) 叠加，接收信号减弱。作为 r 的函数，式(2-7) 就转化为电波相长干扰与相消干扰的空间方向图。从波峰到波谷之间的距离称为相干

① 由电磁场基础可知，这种符号的改变对于本例而言是电场与墙平面平行的结果。

距离(coherence distance),用公式可表示为

$$\Delta x_{c}=\frac{\lambda}{4} \tag{2-8}$$

式中,$\lambda=c/f$ 为发射正弦信号的波长。当距离远小于 Δx_{c} 时,特定时刻的接收信号变化并不明显。

相长干扰和相消干扰的方向图还取决于频率 f。对于固定的 r,如果 f 变为

$$\frac{1}{2}\left(\frac{2d-r}{c}-\frac{r}{c}\right)^{-1} \tag{2-9}$$

则波峰变为波谷。

$$T_{d}=\frac{2d-r}{c}-\frac{r}{c} \tag{2-10}$$

称为信道的时延扩展(delay spread),即两条信号路径的传播时延之差。如果频率的改变量远小于 $1/T_{d}$,则相长干扰与相消干扰的方向图并不会出现明显的改变。参数 $1/T_{d}$ 称为相干带宽(coherence bandwidth)。

2.1.4　反射墙、运动天线

假定接收天线以速度 v 运动(见图 2-4),当天线经过两个电波产生的相长干扰和相消干扰区域时,接收信号的强度会增大和减小,这种现象称为多径衰落(multipath fading)。从波峰到波谷所经历的时间为 $c/(4fv)$ 时,即衰落出现的时间尺度,称为信道的相干时间(coherence time)。

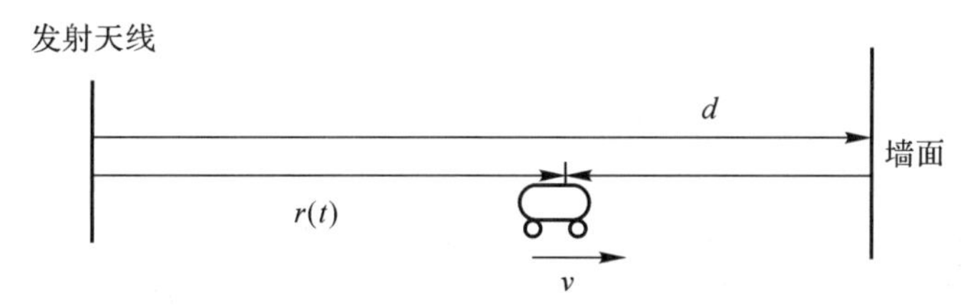

图 2-4　直接路径与反射路径示意图

观察该参数的一种等效方法是利用直射波与反射波的多普勒频移。假定接收天线在时刻 0 位于 r_{0},在式(2-6) 中取 $r=r_{0}+vt$,则有

$$E_{r}(f,t)=\frac{\alpha\cos 2\pi f[(1-v/c)t-r_{0}/c]}{r_{0}+vt}-\frac{\alpha\cos 2\pi f[(1+v/c)t+(r_{0}-2d)/c]}{2d-r_{0}-vt} \tag{2-11}$$

式(2-11) 中,第一项直射波是频率为 $f(1-v/c)$ 的正弦波,经历的多普勒频移为 $D_{1}=-fv/c$;第二项直射波是频率为 $f(1+v/c)$ 的正弦波,经历的多普勒频移为 $D_{2}=+fv/c$。参数

$$D_{s}=D_{2}-D_{1} \tag{2-12}$$

称为多普勒扩展(Doppler spread)。例如,当移动台以 60 km/h 的速度运动且 $f=900$ MHz 时,多普勒扩展为 − 100 Hz。当移动台与墙面的距离比与发射天线的距离更近时,最容易观察到多普勒扩展。在这种情况下,两条路径的衰减大致相同,从而可以用 $r=r_{0}+vt$ 近似第二项的分母,合并两个正弦信号后得到

$$E_{\mathrm{r}}(f,t)\approx\frac{2\alpha\sin 2\pi f[vt/c-(r_0-d)/c]\sin 2\pi f[t-d/c]}{r_0+vt}\tag{2-13}$$

这是两个正弦信号的乘积，其中一个信号的输入频率为 f，通常为 GHz 数量级，另一个信号频率为 $fv/c=D_s/2$，约为 50 Hz 这样的数量级。因此，对频率为 f 的正弦信号的响应是另一个频率为 f 的正弦信号，该正弦信号具有时变包络，峰值大约每隔 5 ms 就变为零（见图 2-5）。当移动台位于干扰方向图的峰值时，包络最宽；当移动台位于干扰方向图的波谷值时，包络最窄。因此，多普勒扩展决定了穿过干扰方向图的速率，并且与信道的相干时间成反比。

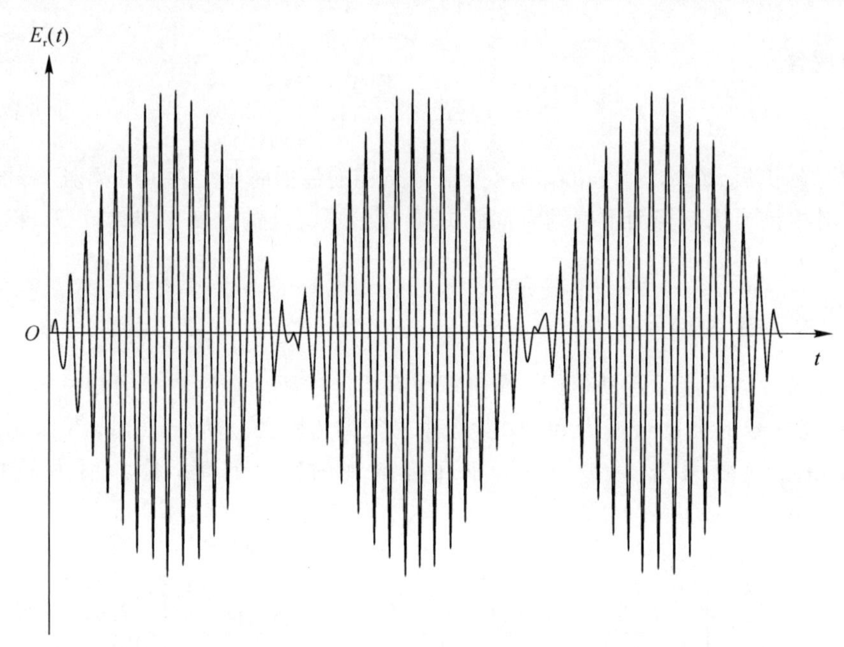

图 2-5　振荡频率为 f、慢变包络频率为 $D_s/2$ 的接收信号波形

现在可以看到，为什么部分忽略式(2-11)与式(2-13)中的分母项。当两条路径长度之差变化 1/4 波长时，这两条路径响应信号的相位差改变 $\pi/2$，从而导致总的接收幅度出现非常严重的变化。由于载波波长相对于路径长度非常小，所以由这种相位效应导致幅度严重变化的时间远远小于由分母项导致幅度严重变化的时间。相位变化的影响为毫秒数量级，而分母变化的影响为秒或分数量级。对于调制和检测来说，感兴趣的时间尺度为毫秒或更小，分母在这段时间内实际上是恒定的。

读者可能已经注意到，我们在理解无线通信的内容时不断地采用近似估计，而且比有线通信中要多得多。部分原因是有线信道在相当长的时间内通常是时不变的，而无线信道一般则是时变的，并且适当的模型在很大程度上取决于感兴趣的时间尺度。对于无线系统而言，最重要的问题是做出什么样的近似，因此，彻底理解这些建模问题是非常重要的。

2.1.5　地平面反射

考虑发射天线和接收天线均安装在平坦表面（如路面上）的情形（见图 2-6）。当天线之间的水平距离 r 相对于天线与地面的垂直距离（即高度）非常大时，会发生令人吃惊的现象。特别地，随着 r 的不断增大，直接路径长度与反射路径长度之差依 r^{-1} 的规律趋于零（见习题

2-5)。当 r 足够大时,两条路径长度之差相对于波长 c/f 变得非常小。由于反射路径的电场符号发生反转①,所以这两路电波彼此抵消,于是接收端的电波依 r^{-2} 的规律衰减,接收功率依 r^{-4} 的规律减小。这种情况对于基站被安装在路面上的郊区尤为突出。

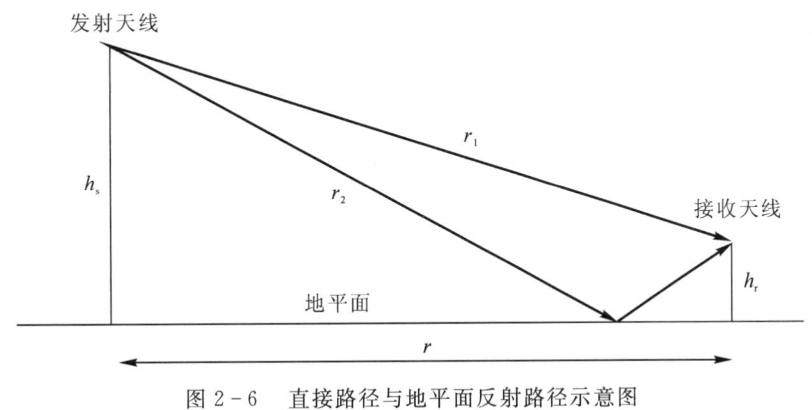

图 2-6　直接路径与地平面反射路径示意图

2.1.6　由距离和阴影引起的功率衰减

上述带有地平面反射的例子表明,在自由空间存在干扰的情况下,接收功率随距离的衰减速率比 r^{-2} 还要快。实际上,在发射机与接收机之间存在一些障碍物,而且这些障碍物在散射能量的同时还要吸收一部分功率,因此,功率的衰减要远远快于 r^{-2}。的确,现场实验研究的经验证明,虽然发射机附近的功率衰减服从 r^{-2} 的规律,但远距离处的功率却随着距离的增大呈指数(exponentially) 衰减。

目前采用的射线跟踪方法在确定接收端电场时提供了很高程度的数值精度,但需要包括障碍物位置在内的精确物理模型,但是这里仅仅是要找到功率随距离衰减的阶数,可以用另一种方法来考虑这个问题。于是,就要寻找一种包含参数最少的物理环境模型,但又能提供关于场属性的有用的全局信息,通过习题2-6可以得到该物理环境的一个简单概率模型,它包含两个参数 —— 障碍物的密度与各物体吸收能量的比例。如果各障碍物吸收达到其位置处的电波能量的比例相同,那么利用该模型可以证明功率随距离按照指数规律衰减的速率正比于障碍物的密度。

在(基站或移动台的) 发射功率受限的情况下,基站与移动台之间能够可靠通信的最大距离称为小区的覆盖(coverage)。对于可靠通信而言,必须满足最小接收功率电平,因此功率随距离的快速衰减限制了小区的覆盖范围。另外,信号随距离的快速衰减也可以是有益的,即减少了相邻小区之间的干扰(interference)。然而,随着蜂窝系统越来越普及,小区尺寸的主要决定因素还是小区内移动台的数量。用工程术语讲,通常称小区为容量(capacity) 有限,而不是覆盖有限,随着小区尺寸的不断减小,相应地出现了微小区(micro cell) 和微微小区(pico cell)。在容量有限的小区中,小区间干扰可能相当高,为了减少小区间干扰,相邻小区采用不同的频率,并且在相距足够远的小区重复利用相同的频率。信号随距离的快速衰落使得更近

① 当电场与地平面平行时,该结论显然成立。可以证明,对于任意方向的电场而言,只要地面不是理想导体并且入射角足够小,该结论也是成立的。其基本电磁学原理的分析见 Jakes 著作的第 2 章[62]。

距离上的频率复用成为可能。

发射天线与接收天线之间的障碍物密度在很大程度上取决于物理环境。例如，室外平原的障碍物密度就非常小，而室内环境的障碍物则非常多。将障碍物的密度及其吸收特性建模为随机数就可以得到环境的这种随机性，这类现象称为阴影(shadowing)[①]。阴影衰落的影响与多径衰落完全不同，阴影衰落的持续时间长达几秒钟甚至几分钟，因此，在时间尺度上较多径衰落要慢得多。

2.1.7　运动天线、多个反射体

利用射线跟踪技术，研究多个反射体的问题就简化为将接收波形建模为来自不同路径(不仅是两条路径)的响应之和的问题。然而，通过大量实例已经看出，求解这些响应的幅度和相位并不是一件简单的事情。即便在图 2-2 的简单墙面反射的问题中，由式(2-6)计算的反射场仅在距离相对于墙面尺寸非常小的位置处有效。在距离很远处，来自墙面的反射总功率与 d^{-2} 以及墙的横截面积成比例，到达接收机的功率与 $[d-r(t)]^{-2}$ 成比例。因此，(在大距离情况下)发射机到接收机的功率衰减与 $\{d[d-r(t)]\}^{-2}$ 而不是与 $[2d-r(t)]^{-2}$ 成比例。这说明在使用射线跟踪技术时必须非常谨慎，然而幸运的是，在这些更为复杂的情况下线性性质仍然成立。

另一种类型的反射称为散射(scattering)，可以出现在大气层，也可以来自粗糙物体的反射。此时，存在数量相当大的独立路径，接收波形最好建模为路径长度差别极小的路径求积分，而不是求和。

掌握如何求解来自各类反射体的反射场的幅度对于确定基站的覆盖范围非常有益(虽然最终需要实验来确定)。如果我们的目标是试图确定基站的位置，那么这个问题就十分重要，然而，更为深入地研究这个问题会偏离本书的主题，并陷入电磁场理论的研究中。况且，我们主要感兴趣的是调制、检测、多址接入以及网络协议等问题，而不是基站位置设置的问题。因此，必须转移我们的注意力，在给定各反射波表示形式的情况下，理解总的接收波形的本质，这就要建立反映信道输入 / 输出特性的模型，而不是各路径的详细响应模型。

2.2　无线信道的输入 / 输出模型

本节推导无线信道的输入 / 输出模型。首先证明多径效应可以建模为一个线性时变系统，之后得出该模型的基带表示，这样对连续信道采样就可以得到信道的离散时间模型，最后再加入加性噪声。

2.2.1　无线信道的线性时变系统

前一节集中讨论了信道对正弦输入信号 $\phi(t)=\cos 2\pi ft$ 的响应，接收信号可以写为

$$\sum_i a_i(f,t)\phi[t-\tau_i(f,t)] \tag{2-14}$$

其中，$a_i(f,t)$ 与 $\tau_i(f,t)$ 分别为从发射机到接收机的第 i 条路径在时刻 t 的总衰减和传播时

① 由于这种现象类似于云层部分地遮挡了阳光，因此称为阴影。

延。总衰减就是发射天线与接收天线的方向图、反射体性质以及从发射天线到反射体和从反射体到接收天线距离的函数等因子的乘积。我们已经介绍了在特定频率 f 处的信道效应，如果进一步假定 $a_i(f,t)$ 与 $\tau_i(f,t)$ 与频率 f 无关，则可以利用叠加性原理将上述输入 / 输出关系推广到带宽非零的任意输入 $x(t)$，即

$$y(t)=\sum_i a_i(t)x[t-\tau_i(t)] \tag{2-15}$$

实际上衰减与传播时延通常是频率的慢变函数，这类波动是由随时间变化的路径长度和依赖于频率的天线增益引起的。然而，我们主要关注的是在带宽相对于载波频率非常窄的频带上的信号发射，在这样的频带范围内可以忽略对于频率的依赖性。但值得注意的是，虽然假定单独的衰减与时延是与频率无关的，但由于不同路径存在不同的时延，因此总的信道响应仍然是随频率变化的。

对于图 2-4 的理想反射墙实例，有

$$\left.\begin{aligned} a_1(t)&=\frac{|\alpha|}{r_0+vt}\\ a_2(t)&=\frac{|\alpha|}{2d-r_0-vt}\\ \tau_1(t)&=\frac{r_0+vt}{c}-\frac{\angle\phi_1}{2\pi f}\\ \tau_2(t)&=\frac{2d-r_0-vt}{c}-\frac{\angle\phi_2}{2\pi f}\end{aligned}\right\} \tag{2-16}$$

其中，第一个表达式表示直接路径的情况；第二个表达式表示反射路径的情况；$\angle\varphi_j$ 用于说明在发射机、反射体以及接收机处可能出现的相位变化。在本例中，存在由反射体引起的相位反转，因此取 $\phi_1=0$ 且 $\phi_2=\pi$。

由于式(2-15)表示的信道为线性信道，所以可以用在时刻 t 对时刻$(t-\tau)$发射的冲激响应 $h(\tau,t)$ 来表示。用 $h(\tau,t)$ 表示的输入 / 输出关系为

$$y(t)=\int_{-\infty}^{\infty}h(\tau,t)x(t-\tau)\mathrm{d}\tau \tag{2-17}$$

比较式(2-17)与式(2-15)可以看出，衰落多径信道的冲激响应为

$$h(\tau,t)=\sum_i a_i(t)\delta[\tau-\tau_i(t)] \tag{2-18}$$

式(2-18)表示出了移动用户、任意移动反射体与吸收体以及求解麦克斯韦方程时所有复杂问题的影响，并最终简化为发射天线与接收天线之间的输入 / 输出关系，即线性时变信道滤波器的冲激响应。

从式(2-18)中并不能直接看出多普勒频移的影响。由表示单面反射墙实例的式(2-16)可知，$\tau'_i(t)=v_i/c$，其中 v_i 为第 i 条路径长度增加的速度，因此第 i 条路径的多普勒频移为$-f\tau'_i(t)$。

在发射机、接收机与周围环境均稳定的特殊情况下，衰减 $a_i(t)$ 和传播时延 $\tau_i(t)$ 与时刻 t 无关，于是得到一般的线性时不变信道，其冲激响应为

$$h(\tau)=\sum_i a_i\delta(\tau-\tau_i) \tag{2-19}$$

对于时变冲激响应 $h(\tau,t)$ 而言，可以定义时变频率响应为

$$H(f;t)=\int_{-\infty}^{\infty} h(\tau,t)\,\mathrm{e}^{-\mathrm{j}2\pi f\tau}\,\mathrm{d}\tau=\sum_{i} a_{i}(t)\,\mathrm{e}^{-\mathrm{j}2\pi f\tau_{i}(t)} \tag{2-20}$$

在信道时不变的特殊情况下，式(2-20)便简化为一般的频率响应。解释 $H(f;t)$ 的一种方法是，将系统看作时刻 t 的慢变函数，且各固定时刻 t 的频率响应为 $H(f;t)$。相应地，$h(\tau,t)$ 可以看作系统在固定时刻 t 的冲激响应。这是考虑大量多径衰落信道的一种合理的、有用的方法，其原因是信道变化的时间尺度通常比固定时刻冲激响应的时延扩展(即记忆量)要长得多。在 2.1.4 节的反射墙面实例中，信道发生重大变化所消耗的时间为毫秒数量级，而传播时延则为微秒数量级。有时将具有这种特性的衰落信道称为欠扩展(under spread)信道。

2.2.2 基带等效模型

典型的无线应用在正规机构规定的可用频谱范围内，即在以 f_c 为中心频率、带宽为 W 的通带 $[f_c-W/2, f_c+W/2]$ 内实现通信。然而，诸如编码 / 译码、调制 / 解调以及同步等绝大多数处理实际上都是在基带完成的。发射机的最后一级操作是将信号“上变频”至载波频率并通过天线发射出去，类似地，接收机的第一级操作是将射频(Radio Frequency, RF)信号“下变频”至基带，之后再进行进一步的处理。因此，从通信系统设计的角度讲，建立系统的基带等效表示是相当有用的。下面首先介绍信号基带等效表示的定义。

考虑实信号 $s(t)$ 的傅里叶变换为 $S(f)$，带宽限制在 $[f_c-W/2, f_c+W/2]$ 之内，且 $W<2f_c$，定义其复基带等效(complex baseband equivalent) $s_b(t)$ 为具有如下傅里叶变换的信号

$$S_b(f)=\begin{cases}\sqrt{2}\,S(f+f_c), & f+f_c>0\\ 0, & f+f_c\leqslant 0\end{cases} \tag{2-21}$$

由于 $s(t)$ 为实信号，所以其傅里叶变换满足 $S(f)=S^{*}(-f)$，这说明 $s_b(t)$ 中包含了与 $s(t)$ 完全相同的信息，因子$\sqrt{2}$ 可以任意选取，但这里是为了使 $s_b(t)$ 与 $s(t)$ 的归一化能量相同。注意，$s_b(t)$ 的带宽限制在 $[-W/2, W/2]$ 之内，如图 2-7 所示。

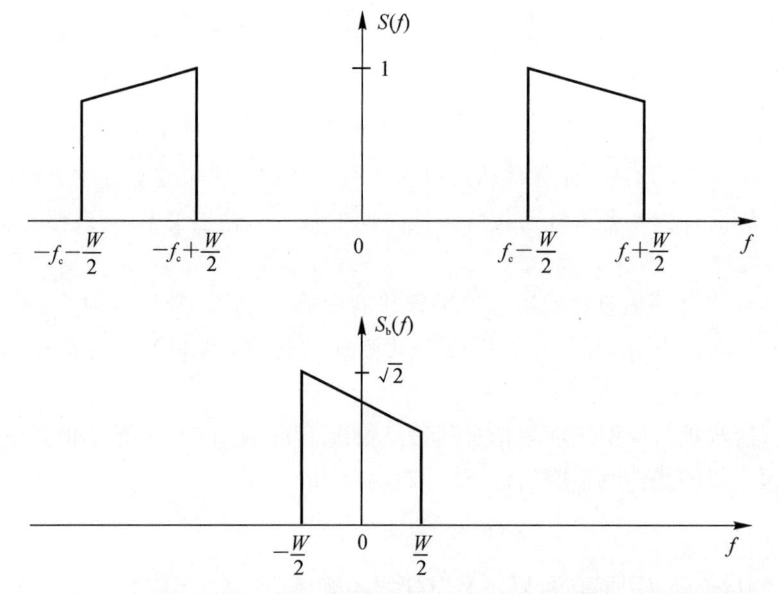

图 2-7　通带频谱 $S(f)$ 及其基带等效频谱 $S_b(f)$ 之间的关系示意图

为了由 $s_b(t)$ 重构出 $s(t)$，得到

$$\sqrt{2}S(f)=S_b(f-f_c)+S_b^*(-f-f_c) \tag{2-22}$$

取傅里叶逆变换可得

$$s(t)=\frac{1}{\sqrt{2}}[s_b(t)e^{j2\pi f_c t}+s_b^*(t)e^{-j2\pi f_c t}]=\sqrt{2}\Re[s_b(t)e^{j2\pi f_c t}] \tag{2-23}$$

就实信号而言，$s(t)$ 与 $s_b(t)$ 之间的关系如图 2-8 所示。用 $\Re[s_b(t)]$ 调制 $\sqrt{2}\cos 2\pi f_c t$，并用 $\Im[s_b(t)]$ 调制 $-\sqrt{2}\sin 2\pi f_c t$，之后再求和就得到通带信号 $s(t)=\sqrt{2}\Re[s_b(t)e^{j2\pi f_c t}]$（上变频）。基带信号 $\Re[s_b(t)]$（与 $\Im[s_b(t)]$）由 $s(t)$ 调制 $\sqrt{2}\cos 2\pi f_c t$（与 $-\sqrt{2}\sin 2\pi f_c t$）后再通过基带 $[-W/2,W/2]$ 的理想低通滤波器得到（下变频）。

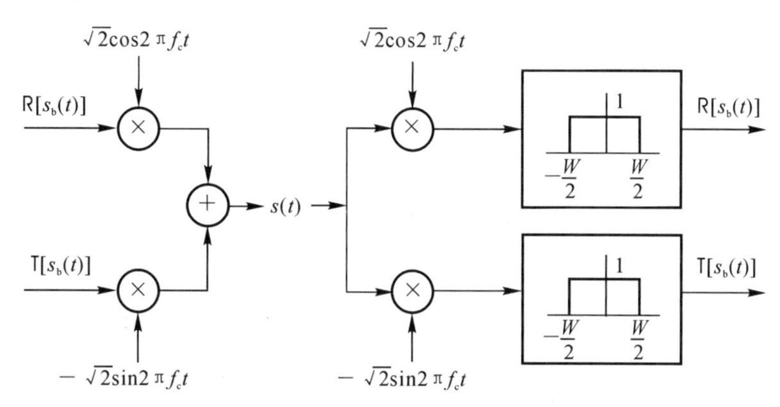

图 2-8 $s_b(t)$ 上变频为 $s(t)$ 之后再由 $s(t)$ 下变频为 $s_b(t)$ 的图示说明

现在回到冲激响应由式(2-18)确定的多径衰落信道式(2-14)，假设 $x_b(t)$ 与 $y_b(t)$ 分别为发射信号 $x(t)$ 与接收信号 $y(t)$ 的复基带等效。图 2-9 为从 $x_b(t)$ 到 $y_b(t)$ 的系统框图，通带通信系统的这一实现被称为正交幅度调制(Quadrature Amplitude Modulation，QAM)。信号 $\Re[x_b(t)]$ 有时也被称为同相分量 I，$\Im[x_b(t)]$ 被称为正交分量 Q(旋转 $\pi/2$)。下面开始计算基带等效信道。将 $x(t)=\sqrt{2}\Re[x_b(t)e^{j2\pi f_c t}]$ 与 $y(t)=\sqrt{2}\Re[y_b(t)e^{j2\pi f_c t}]$ 代入式(2-14)得到

$$\Re[y_b(t)e^{j2\pi f_c t}]=\sum_i a_i(t)\Re\{x_b[t-\tau_i(t)]e^{j2\pi f_c[t-\tau_i(t)]}\}=$$
$$\Re\left[\left\{\sum_i a_i(t)x_b[t-\tau_i(t)]e^{-j2\pi f_c\tau_i(t)}\right\}e^{j2\pi f_c t}\right] \tag{2-24}$$

类似地可得(见习题 2-13)

$$\Im[y_b(t)e^{j2\pi f_c t}]=\Im\left[\left\{\sum_i a_i(t)x_b\{t-\tau_i(t)\}e^{-j2\pi f_c\tau_i(t)}\right\}e^{j2\pi f_c t}\right] \tag{2-25}$$

因此基带等效信道为

$$y_b(t)=\sum_i a_i^b(t)x_b[t-\tau_i(t)] \tag{2-26}$$

式中

$$a_i^b(t)=a_i(t)e^{-j2\pi f_c\tau_i(t)} \tag{2-27}$$

式(2-26)中的输入/输出关系表示的也是线性时变系统，并且基带等效冲激响应为

$$h_b(\tau,t)=\sum_i a_i^b(t)\delta[\tau-\tau_i(t)] \tag{2-28}$$

在时域中很容易解释上述表达式，载波频率的影响可以从中看得一目了然。基带输出为各路径基带输入的时延副本之和，其中第 i 项的幅度为给定路径上的响应幅度，其变化缓慢，通常间隔几秒钟甚至更长时间才出现重大变化。当路径时延变化 $1/(4f_c)$，或者当路径长度变化 1/4 波长即 $c/(4f_c)$ 时，相位改变 $\pi/2$（即出现重大变化）；如果路径长度以速度 v 变化，则相位变化 $\pi/2$ 所需的时间为 $c/(4f_c v)$。回顾频率为 f 时的多普勒频移 D 为 fv/c，并且对于窄带通信而言 $f \approx f_c$，此时相位变化 $\pi/2$ 所需的时间为 $1/(4D)$。对于单面反射墙实例而言，这一时间约为 5 ms（假定 $f_c=900$ MHz，$v=60$ km/h），两条路径的相位以这一速率旋转，但旋转方向相反。

注意，在固定时刻 t，$h_b(\tau,t)$ 的傅里叶变换 $H_b(f;t)$ 就是 $H(f+f_c;t)$，即原系统（在固定时刻 t）的频率响应平移载波频率后的结果。这也提供了考虑基带等效信道的另一种方法。

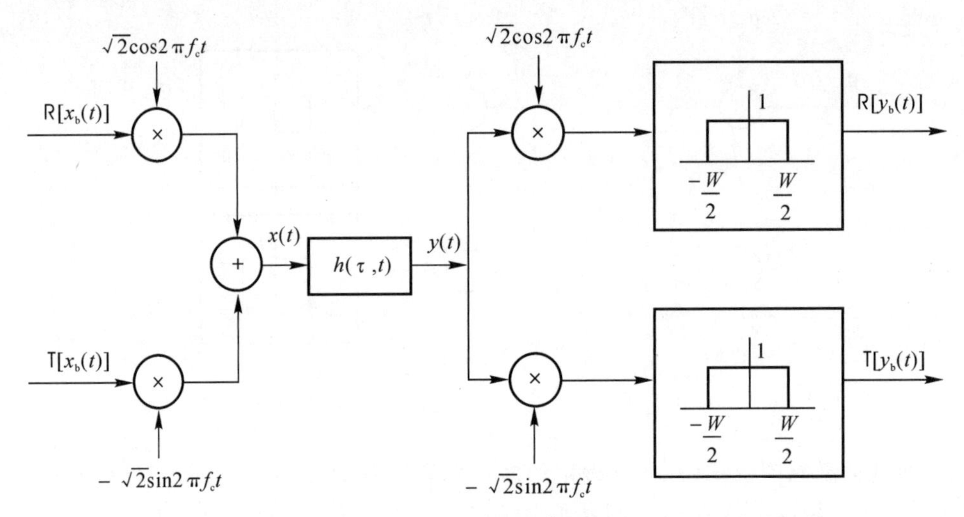

图 2-9　从基带发射信号 $x_b(t)$ 到基带接收信号 $y_b(t)$ 的系统框图

2.2.3　离散时间基带模型

建立有用信道模型的下一步是将连续时间信道转换为离散时间信道。借助采样定理的一般方法，假定输入波形的带宽限制为 W，则基带等效波形被限制在频率 $W/2$ 之内，并且可以表示为

$$x_b(t)=\sum_n x[n]\operatorname{sinc}(Wt-n) \tag{2-29}$$

式中，$x[n]$ 由 $x_b(n/W)$ 确定，$\operatorname{sinc}(t)$ 定义为

$$\operatorname{sinc}(t)=\frac{\sin(\pi t)}{\pi t} \tag{2-30}$$

这种表示形式是采样定理的结果，即带限在 $W/2$ 之内的任何波形都可以按照正交基 $\{\operatorname{sinc}(Wt-n)\}_n$ 展开，其系数由（在 $1/W$ 整数倍处均匀间隔的）采样值确定。

利用式(2-26)可以得到基带输出为

$$y_b(t)=\sum_n x[n]\sum_i a_i^b(t)\operatorname{sinc}[Wt-W\tau_i(t)-n] \tag{2-31}$$

于是，在 $1/W$ 整数倍处的采样输出 $y[m]=y_b(m/W)$ 可以表示为

$$y[m]=\sum_{n}x[n]\sum_{i}a_i^{\mathrm{b}}(m/W)\,\mathrm{sinc}[m-n-\tau_i(m/W)W] \tag{2-32}$$

可以将采样输出 $y[m]$ 等效地看作波形 $y_{\mathrm{b}}(t)$ 在波形 $W\mathrm{sinc}(Wt-n)$ 上的投影。设 $\ell:=m-n$,则

$$y[m]=\sum_{\ell}x[m-\ell]\sum_{i}a_i^{\mathrm{b}}(m/W)\,\mathrm{sinc}[\ell-\tau_i(m/W)W] \tag{2-33}$$

定义

$$h_\ell[m]:=\sum_{i}a_i^{\mathrm{b}}(m/W)\,\mathrm{sinc}[\ell-\tau_i(m/W)W] \tag{2-34}$$

式(2-33)可以写为如下简单形式

$$y[m]=\sum_{\ell}h_\ell[m]x[m-\ell] \tag{2-35}$$

用 $h_\ell[m]$ 表示时刻 m 的第 ℓ 个(复)信道滤波器抽头,其值为路径增益 $a_i^{\mathrm{b}}(t)$ 的函数,传播时延 $\tau_i(t)$ 接近于 ℓ/W(见图2-10)。在路径的增益 $a_i^{\mathrm{b}}(t)$ 与时延 $\tau_i(t)$ 为时不变的特殊情况下,式(2-34)可简化为

$$h_\ell=\sum_{i}a_i^{\mathrm{b}}\mathrm{sinc}[\ell-\tau_iW] \tag{2-36}$$

此时信道为线性时不变的。第 ℓ 个抽头可以解释为低通滤波基带信道响应 $h_b(\tau)$[见式(2-19)]与 $\mathrm{sinc}(W\tau)$ 卷积的第(ℓ/W)个采样值。

在通信系统中,采样运算可以用调制与解调来解释。在时刻 n,用复码元 $x[m]$(同相分量加正交分量)调制 sinc 脉冲,之后再进行上变频;在时刻 m/W 对接收机中低通滤波器输出端的接收信号进行采样。图2-11给出了完整的系统框图。实际上,通常利用诸如升余弦脉冲等其他发射脉冲代替sinc脉冲,因为sinc脉冲具有相当差的时间衰减特性,并且容易受到同步误差的影响。这就要求以高于奈奎斯特采样率的速率进行采样,但并不会改变模型的基本特性。因此,我们只限于讨论奈奎斯特采样。

由于存在多普勒扩展,所以输出信号 $y_{\mathrm{b}}(t)$ 的带宽通常略大于输入信号 $x_{\mathrm{b}}(t)$ 的带宽 $W/2$,因此,输出样本 $\{y[m]\}$ 不能够完全表示输出波形。然而,由于多普勒扩展(几十到几百赫兹数量级)比带宽 W 小,所以实际中通常忽略这一问题。同时,输入与输出的采样速率相同处理起来也非常方便。另外,也可以用输入采样速率的两倍对输出进行采样,这样就可以再度捕获接收波形中的全部信息。采样间隔的减小使得抽头的数量几乎会翻倍,但由于输出的这种表示形式不会严重地扩展路径时延,所以抽头的数量会略少于原先数量的两倍。

讨论 2.1　自由度

符号 $x[m]$ 为发射信号的第 m 个样本,每秒钟有 W 个样本。每个符号都是一个复数,我们称其表示的是一个(复)维数(dimension)或自由度(degree of freedom)。1 s 的连续时间信号 $x(t)$ 对应于 W 个离散符号,因此称带限连续时间信号每秒有 W 个自由度。

这一解释的数学证明来自如下通信理论的重要结论:持续时间为 T 且绝大多数能量都集中在频带$[-W/2,W/2]$之内的连续时间复信号的信号空间维数近似为 WT(该结论的精确叙述参见经典的通信理论教科书或著作,例如文献[148]中的5.3节)。这一结论进一步增强了上述解释,即带宽为 W 的连续时间信号可以用每秒 W 个复维数表示。

接收信号 $y(t)$ 也是带宽有限的,近似为 ℓW(由于多普勒扩展的影响,带宽略大于 W),而且每秒具有 W 个复维数。从信道通信的观点看,接收信号空间也是类似的,因为它控制了接

收机能够可靠区分的不同信号的数量。因此，定义信道的自由度(degreesof freedom of the channel)为接收信号空间的维数。除非特别说明，本书提到的信号空间均指接收信号空间。

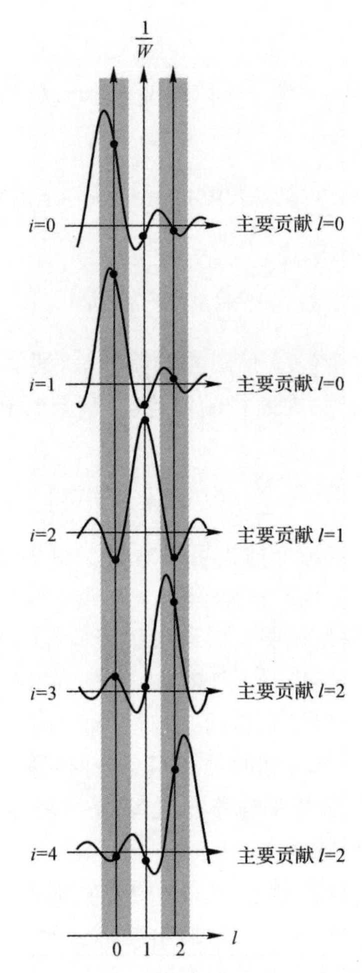

图 2-10　受到 sinc 函数衰减的影响，如果第 i 条路径的时延落在窗口 $[\ell/W-1/(2W),\ell/W+1/(2W)]$ 内，则第 i 条路径对第 ℓ 个抽头的贡献最大

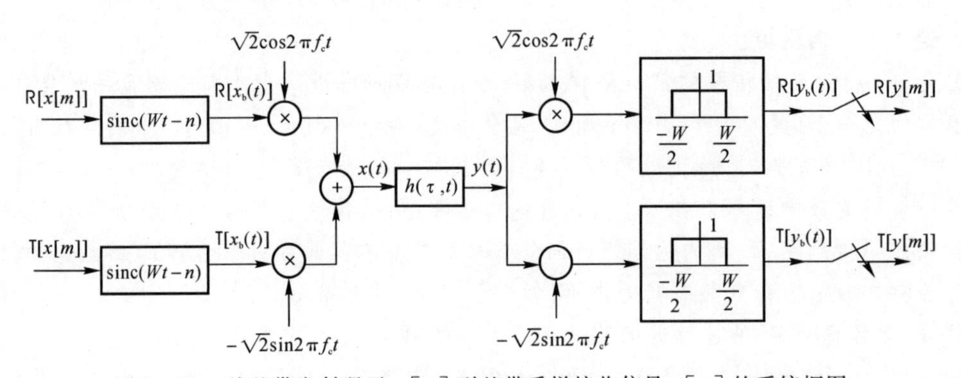

图 2-11　从基带发射码元 $x[m]$ 到基带采样接收信号 $y[m]$ 的系统框图

2.2.4 加性白噪声

最后一步就是将加性噪声加入输入/输出模型中。采用标准的假设,即假定 $w(t)$ 为零均值加性高斯白噪声(Additive White Gaussian Noise, AWGN),其功率谱密度为 $N_0/2$(即 $\mathbb{E}[w(0)w(t)]=(N_0/2)\delta(t)$)。于是,式(2-14)表示的模型就修正为

$$y(t)=\sum_i a_i(t)x[t-\tau_i(t)]+w(t) \tag{2-37}$$

如图2-12所示。式(2-35)表示的离散时间基带等效模型变为

$$y[m]=\sum_\ell h_\ell[m]x[m-\ell]+w[m] \tag{2-38}$$

其中,$w[m]$ 为采样时刻 m/W 的低通滤波噪声。

与信号的处理方法相同,也要对白噪声 $w(t)$ 进行下变频、基带滤波和理想采样,因此,可以证明(见习题2-11):

$$\Re(w[m])=\int_{-\infty}^{\infty}w(t)\psi_{m,1}(t)\mathrm{d}t \tag{2-39}$$

$$\Im(w[m])=\int_{-\infty}^{\infty}w(t)\psi_{m,2}(t)\mathrm{d}t \tag{2-40}$$

式中

$$\begin{aligned}\psi_{m,1}(t)&=\sqrt{2W}\cos(2\pi f_c t)(Wt-m)\\ \psi_{m,2}(t)&=-\sqrt{2W}\cos(2\pi f_c t)(Wt-m)\end{aligned} \tag{2-41}$$

可以进一步证明 $\{\psi_{m,1}(t),\psi_{m,2}(t)\}_m$ 构成了波形的标准正交集合(orthonormal set),即集合中的波形是彼此正交的(见习题2-12)。附录A回顾了白高斯随机矢量[即各分量为独立同分布(Independent And Identically Distributed, I.I.D)高斯随机变量的矢量]的定义和基本性质。其中一条重要的性质是白高斯随机矢量在任意标准正交矢量上的投影也是独立同分布的高斯随机变量。由此受到启发,连续时间高斯白噪声可以看成是无限维白随机矢量,并且由上述性质可知:在正交波形上的投影是不相关的,因而也是相互独立的。因此,离散时间噪声过程 $\{w[m]\}$ 关于时间是白的,即相互独立的;而且,实部分量与虚部分量都是方差为 $N_0/2$ 的独立同分布的高斯随机变量,实部分量与虚部分量为独立同分布的复高斯随机变量 X 满足循环对称性(circular symmetry),即对于任意 ϕ,$e^{j\varphi}X$ 与 X 服从相同的分布。我们称这种随机变量为循环对称复高斯随机变量(circular symmetry complex Gaussian),表示为 $CN(0,\sigma^2)$,其中 $\sigma^2=\mathbb{E}[|X|^2]$。附录A.1.3节对循环对称性的概念做了更为深入的讨论。

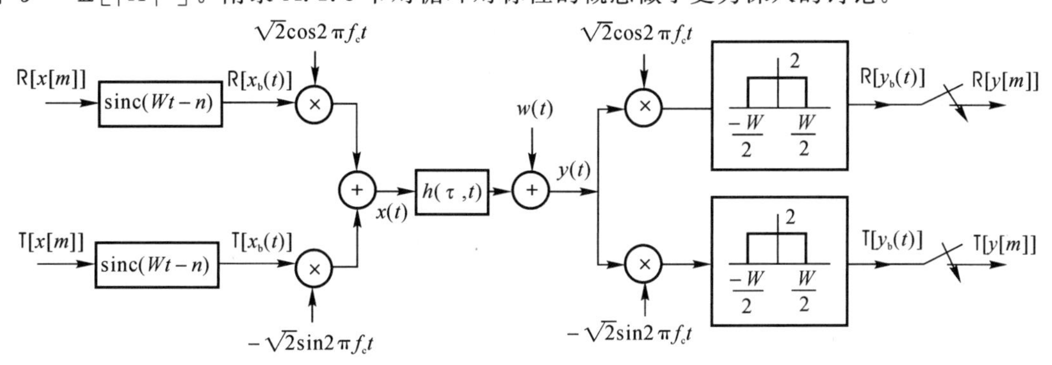

图2-12 完整的系统框图

加性高斯白噪声的假设实质上意味着假定主要的噪声源位于接收机,或者说噪声源是进入接收机的与接收信号路径相互独立的辐射。这对于绝大多数通信而言都是非常好的假设。

2.3 时间相干与频率相干

2.3.1 多普勒扩展与相干时间

一个非常重要的信道参数是信道波动的时间尺度,作为时刻 m 的函数,抽头 $h_\ell[m]$ 的波动有多快呢?回顾

$$h_\ell[m]=\sum_i a_i^{\mathrm{b}}(m/W)\operatorname{sinc}[\ell-\tau_i(m/W)W]=$$
$$\sum_i a_i(m/W)\mathrm{e}^{-\mathrm{j}2\pi f_c\tau_i(m/W)}\operatorname{sinc}[\ell-\tau_i(m/W)W] \tag{2-42}$$

现在逐项分析这个表达式。由上述 2.2.2 节可知,a_i 的较大变化以几秒甚至更长的周期出现,第 i 条路径上相位的重大变化以 $1/(4D_i)$ 的间隔出现,其中 $D_i=f_c\tau'_i(t)$ 为该路径的多普勒频移,当对第 ℓ 个抽头做出贡献的不同路径具有不同的多普勒频移时,$h_\ell[m]$ 的幅度会出现重大变化。当时间尺度与多普勒频移之间的最大差[即多普勒扩展(Doppler spread)D_s]成反比时,就会出现下述现象

$$D_s=\max_{i,j}f_c|\tau'_i(t)-\tau'_j(t)| \tag{2-43}$$

其中,取最大值运算是对抽头做出重要贡献的所有路径进行的①。这种变化的典型时间间隔为 10 ms左右。最后,式(2-42)中由各 $\tau_i(t)$ 的时间波动引起的sinc项的变化与带宽成比例,而相位变化则通常与很大的载波频率成比例。实际上,路径从一个抽头转向下一个抽头消耗的时间远远大于其相位发生重大变化间隔的时间。因此,由于相位的变化会引起滤波器抽头最快速的变化,并且在时延变化 $1/(4D_s)$ 内非常明显。

无线信道的相干时间 T_c,定义为时刻 m 的函数 $h_\ell[m]$ 出现重大变化(在数量上)的时间间隔。于是,发现了以下重要关系,有

$$T_c=\frac{1}{4D_s} \tag{2-44}$$

这是一个不太精确的关系式,因为最大多普勒频移可能属于信号很弱以至于无法区分的路径。也可以将 $\pi/4$ 的相位变化看作是重大的变化,因此可将上述因子 4 替换为 8。许多人将因子 4 替换为 1,重要的是要认识到决定时间相干的主要影响因素是多普勒扩展,它们之间的关系是互逆的,多普勒扩展越大,相干时间就越小。

在无线通信的文献中,通常将信道划分为快衰落(fast fading)信道和慢衰落(slow fading)信道两类,但是几乎没有这两个术语含义的统一解释。在本书中,如果相干时间 T_c 远小于应用的时延需求,则称信道为快衰落的;否则,当 T_c 大于时延需求时,则称信道为慢衰落的。该定义的实际意义在于,在快衰落信道中,能够通过多次信道衰落发射编码码元,而在慢衰落信道中则不能。因此,信道为快衰落还是慢衰落不仅取决于周围环境,而且还与具体的应用有关。例如,语音对时延的要求通常要小于 100 ms,而其他类型的数据应用对时延的要求

① 从理论上讲,多普勒扩展对于不同的抽头是不同的,习题 2-10 研究了其可能性。

则更宽松一些。

2.3.2　时延扩展与相干带宽

无线系统中另一个重要的通用参数是多径时延扩展 T_d，定义为最长路径与最短路径的传播时间之差，这里仅包括传播主要能量的路径，则有

$$T_d = \max_{i,j} |\tau_i(t) - \tau_j(t)| \tag{2-45}$$

式(2-45)定义为一个时间 t 的函数，但是我们认为它是一种与时间相干和多普勒扩展类似的数量关系。如果一个小区或一个本地局域网的线性范围为几千米或更小，则其不同路径长度很有可能相差 300 ~ 600 m，这就对应于 1 ~ 2 μs 的路径时延。随着小区复用率的提高，小区覆盖范围变得越来越小，T_d 也会变小。正如已经指出的，典型的无线信道是欠扩展的，这就意味着时延扩展 T_d 远小于相干时间 T_c。

蜂窝系统的带宽从几百千赫到几兆赫，因此，对于上述多径时延扩展值而言，式(2-34)中的所有路径时延都位于 2 ~ 3 个 sinc 函数的峰值范围内，更常见的是位于单个峰值范围内。由于 sinc 函数的慢衰减特性，可以给各信道滤波器增加几个额外的抽头，于是蜂窝信道最多用 4 ~ 5 个信道滤波器抽头就能够表示了。另外，工作频率为 3.1 ~ 10.6 GHz 的超宽带(Ultra-Wide Band，UWB)通信成为最近研究的热点，这些信道的抽头数多达几百个。

在研究蜂窝系统的调制与检测时会看到，接收机必须估计出这些信道滤波器抽头的值。这些抽头是通过发射波形和接收波形进行估计的，因此，接收机并没有直接利用(通常也没有)关于各路径时延和路径强度的任何信息。这正是没有详细研究复杂反射机制的多径传播的原因。我们真正需要的是体现诸如多普勒扩展、相干时间和多径扩展等全部物理机制的总的数值。

信道的时延扩展决定了其频率相干。无线信道关于时间和频率都是不断变化的，时间相干表明了信道随时间变化的快慢，类似地，频率相干则表明信道随频率变化的快慢。通过研究包含一条直接路径和一条反射路径的简单例子，首先明白信道随时间的变化以及相应的衰落周期。相同的例子同样会告诉我们信道如何随频率而变化，也可以利用频率响应说明这个问题。

回顾时刻 t 的频率响应为

$$H(f;t) = \sum_i a_i(t) e^{-j2\pi f \tau_i(t)} \tag{2-46}$$

特定路径贡献量具有关于 f 线性的相位。对于多条路径而言，存在差分相位 $2\pi f[\tau_i(t) - \tau_k(t)]$，该差分相位会引起频率选择性衰落。这就是说不仅在 t 变化 $1/(4D_s)$ 时，而且在 f 变化 $1/(2T_d)$ 时，$E_r(f,t)$ 的变化都较大。该结论可以扩展到任意数量的路径，因此相干带宽 W_c 为

$$W_c = \frac{1}{2T_d} \tag{2-47}$$

该关系式与式(2-44)一样，也是一种幅度量级的关系，主要指出了相干带宽与多径扩展之间的互逆关系。当输入带宽远小于 W_c 时，通常称信道为平坦衰落(flat fading)信道，在这种情况下，时延扩展 T_d 远小于符号时间 $1/W$，利用单个信道滤波器抽头就足以表示信道了。当输入带宽远大于 W_c 时，称信道为频率选择性(frequency-selective)信道，必须用多个抽头予以表示。应该注意的是，平坦衰落或频率选择性衰落并不是信道本身的属性，而是带宽 W 与相干时间 T_d 之间关系的属性(见图 2-13)。

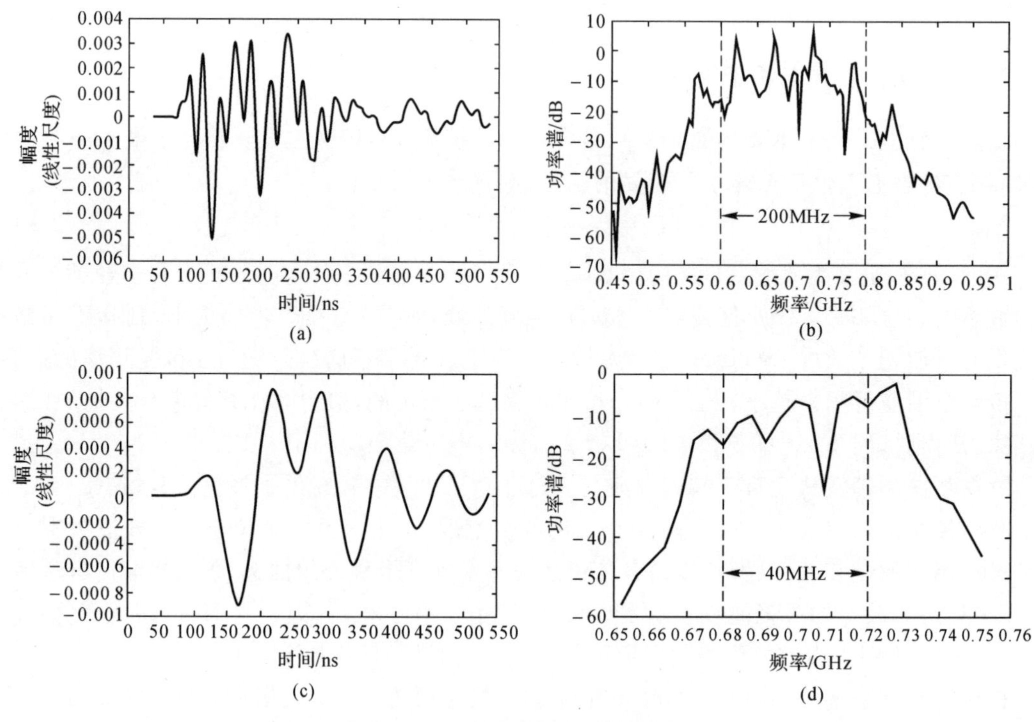

图 2-13　不同频率下的信道特性

(a) 工作在 200 MHz 的信道为频率选择性的，冲激响应包含许多抽头；(b) 相同信道的谱成分；
(c) 工作在 40 MHz 的信道是平坦的，包含的抽头数更少；
(d) 带宽限制在 40 MHz 的相同信道的谱成分，带宽较大时，相同的物理路径可以有更好的分辨力

信道物理参数及其离散时间基带信道模型中关键参数变化的时间尺度见表 2-1，不同类型的信道的参数变化见表 2-2。

表 2-2　信道物理参数及其离数时间基带键型中关键参数变化的时间尺度总结

关键信道参数与时间尺度	符　号	典型值
载波频率	f_c	1 GHz
通信带宽	W	1 MHz
发射机与接收机之间的距离	d	1 km
移动速度	v	64 km/h
一条路径的多普勒频移	$D = f_c v/c$	50 Hz
对应于一个抽头的多条路径的多普勒扩展	D_s	100 Hz
路径幅度变化的时间尺度	d/v	1 min
路径相位变化的时间尺度	$1/(4D)$	5 ms
路径改变抽头的时间尺度	$c/(vW)$	50 s
相干时间	$T_c = 1/(2D_s)$	2.5 ms
时延扩展	T_d	1 μs
相干带宽	$W_c = 1/(2T_d)$	500 kHz

表 2-2　无线信道类型及其定义特性总结

信道类型	定义的特性
快衰落	$T_c \ll$ 时延需求
慢衰落	$T_c \gg$ 时延需求
平坦衰落	$W \ll W_c$
频率选择性衰落	$W \gg W_c$
欠扩展	$T_d \ll T_c$

2.4　统计信道模型

2.4.1　建模基本原理

前一节将多普勒扩展和多径扩展定义为与给定位置、速度和时刻的特定接收机有关的量，但是，我们所感兴趣的是在某些条件范围下有效的特征。也就是说，要认识到信道滤波器的抽头$\{h_l[m]\}$必须经过测量，但需要知道所需抽头数量、信道变化速度以及变化幅度的统计特征。

这种特征需要采用信道抽头值的概率模型来获得，而抽头值则可以通过信道的统计测量得到。我们已经很熟悉如何用概率模型来描述加性噪声(即描述为高斯随机变量)，同时也熟悉了如何计算在这类模型表示的信道中进行通信的差错概率。然而，这些差错概率的计算在很大程度上取决于噪声变量的独立性和高斯分布。

由多普勒扩展与多径扩展产生的物理机理的描述可以清楚地看到，信道滤波器抽头的概率模型远不及加性噪声模型的可信度高。另外，即便这类模型相当不精确，我们仍然非常需要这样的模型，因为如果没有模型，就必须凭借经验和实验完成系统的设计，这样在某种程度上就阻碍了创造性的发挥。即使采用高度简化的模型，也能够帮助比较不同的系统设计方法，从而由此认识到哪种类型的方法值得继续研究。

从某种程度上讲，所有的分析工作都是借助简化模型完成的。例如，在通信模型中通常假定噪声为高斯白噪声，虽然我们知道该模型仅在相当小的频带内有效，但是采用高斯白噪声的假设后，如果应用得当，该模型还是非常好的。然而，对于无线信道模型而言，概率模型并不是特别准确，它仅仅提供了系统设计与性能评估的数值信息。我们将会看到利用概率模型定义多普勒扩展、多径扩展等是非常简洁的，但是潜在的问题是这些信道彼此截然不同，并不能够用概率模型真正地刻画其特征。同时，也有大量关于无线信道概率模型的文献，这对于了解无线系统也是非常有用的，但是，重要的是理解基于这类模型所得到的结果的鲁棒性(robustness)。

在确定建模对象时还存在另外一个问题。回顾连续时间多径衰落信道

$$y(t)=\sum_i a_i(t)x[t-\tau_i(t)]+w(t) \tag{2-48}$$

式(2-48)包含了各路径时延和幅度的准确说明，由此推导出用信道滤波器抽头表示的离散时

间基带模型为

$$y[m]=\sum_{\ell}h_{\ell}[m]x[m-\ell]+w[m] \tag{2-49}$$

式中

$$h_{\ell}[m]=\sum_{i}a_{i}(m/W)\mathrm{e}^{-\mathrm{j}2\pi f_{c}\tau_{i}(m/W)}\operatorname{sinc}[\ell-\tau_{i}(m/W)W] \tag{2-50}$$

利用采样定理展开，式中 $x[m]=x_{\mathrm{b}}(m/W)$，$y[m]=y_{\mathrm{b}}(m/W)$，各信道抽头 $h_{\ell}[m]$ 包含了时延被基带信号带宽平滑掉的全部路径。

幸运的是，必须用滤波器抽头建模来描述输入 / 输出关系，同时滤波器抽头也包含了足够的路径集合，使得统计模型可获得足够大的成功概率。

2.4.2 瑞利衰落与莱斯衰落

信道滤波器抽头最简单的概率模型的基础是，假定存在大量统计独立的反射路径和散射路径，这些路径在单个抽头对应的时延窗口内的幅度是随机的，第 i 条路径的相位是 $2\pi f_{c}\tau_{i}$，这个结果需要经过模 2π 运算。现在，$f_{c}\tau_{i}=d_{i}/\lambda$，其中 d_{i} 为第 i 条路径的传播距离，λ 为载波波长，由于反射体与散射体的位置相对于载波波长要远得多，即 $d_{i}\gg\lambda$，所以可以合理地假定各路径的相位均匀分布在 $0\sim2\pi$ 之间，并且不同路径的相位是相互独立的。各路径对抽头增益 $h_{\ell}[m]$ 的贡献为

$$a_{i}(m/W)\mathrm{e}^{-\mathrm{j}2\pi f_{c}\tau_{i}(m/W)}\operatorname{sinc}[\ell-\tau_{i}(m/W)W] \tag{2-51}$$

并且可以建模为循环对称复随机变量[①]。各抽头 $h_{\ell}[m]$ 就是大量这样的较小的独立循环对称随机变量之和，于是 $\Re(h_{\ell}[m])$ 就是许多较小的独立实随机变量之和，因此由中心极限定理可知，将其建模为零均值高斯随机变量是合理的。类似地，由于相位服从均匀分布，所以对于任意固定的 φ，$\Re(h_{\ell}[m])\mathrm{e}^{\mathrm{j}\varphi}$ 为方差相同的高斯随机变量。这样就保证了 $h_{\ell}[m]$ 实际上就是循环对称地服从 $CN(0,\sigma_{\ell}^{2})$ 分布的随机变量(更详细的说明参见附录 A.1.3 节)。这里假定 $h_{\ell}[m]$ 的方差为抽头 ℓ 的函数，但与时刻 m 无关(在创建依赖于时间的概率模型时几乎不存在这样的时刻)。由这里假定的高斯概率密度可知，第 ℓ 个抽头的模 $|h_{\ell}[m]|$ 为瑞利 (Rayleigh) 随机变量，其概率密度函数为[参见附录 A 中式(A－20) 及习题 2－14]

$$\frac{2x}{\sigma_{\ell}^{2}}\exp\left\{\frac{-x^{2}}{\sigma_{\ell}^{2}}\right\},\quad x\geqslant0 \tag{2-52}$$

模的二次方 $|h_{\ell}[m]|^{2}$ 服从指数分布，其概率密度函数为

$$\frac{1}{\sigma_{\ell}^{2}}\exp\left\{\frac{-x}{\sigma_{\ell}^{2}}\right\},\quad x\geqslant0 \tag{2-53}$$

该模型称为瑞利衰落 (Rayleigh fading) 模型，可以非常合理地解释存在大量小尺寸反射体的散射机理，但为简单起见，主要用于分析典型的反射体数量相当少的蜂窝系统。虽然这个模型被普遍称为瑞利模型，但其假设却是抽头增益为循环对称复高斯随机变量。

还有另外一种常用的模型，其视距路径(也称为镜像路径) 分量很大且幅度已知，同时还存在大量独立路径。在这种情况下，$h_{\ell}[m]$ 至少对于 ℓ 的一个值可以建模为

$$h_{\ell}[m]=\sqrt{\frac{\kappa}{\kappa+1}}\sigma_{\ell}\mathrm{e}^{\mathrm{j}\theta}+\sqrt{\frac{1}{\kappa+1}}\mathcal{CN}(0,\sigma_{\ell}^{2}) \tag{2-54}$$

---

① 对于循环对称随机变量与随机矢量更为深入的讨论见附录 A.1.3 节。

式中，第一项对应于以均匀相位 θ 到达的镜像路径；第二项对应于大量与 θ 相互独立的反射路径和散射路径总和；参数 κ（通常称为 κ 因子）是镜像路径能量与散射路径能量之比，κ 越大，信道的确定性就越强。我们称这种随机变量的模值（幅度值）服从莱斯（Rician）分布，其密度函数的形式相当复杂，但与瑞利模型相比，莱斯模型是一个更好的衰落模型。

2.4.3　抽头增益自相关函数

将各 $h_\ell[m]$ 建模为复随机变量虽然可以提供所需要的部分统计描述，但其还不是最重要的部分。更为重要的问题是这些量是如何随时间而变化的，在本书剩余章节将会看到，信道波动的速率对于通信问题的诸多方面都会产生重要的影响。建立这一关系的模型时所用到的统计量称为抽头增益自相关函数（tap gain auto - correlation function）$R_\ell[n]$，定义为

$$R_\ell[n] = \mathbb{E}\{h_\ell^*[m]h_\ell[m+n]\} \tag{2-55}$$

对于各抽头 ℓ 而言，式（2-55）给出了抽头随时间变化时用于建模该抽头的随机变量序列的自相关函数，依惯例假定它不是时刻 m 的函数。由于随机变量序列 $\{h_\ell[m]\}$ 对于任意给定的 ℓ 都有与 m 无关的均值和协方差函数，所以该序列为广义平稳随机序列。同时假定对于所有的 $\ell \neq \ell'$ 以及所有的 m 与 m'，随机变量 $h_\ell[m]$ 与 $h_{\ell'}[m']$ 相互独立。由于不同时延范围内的路径对 ℓ 取值不同的 $h_\ell[m]$ 都会有所贡献，所以最后这条假设直观地看是正确的[①]。

系数 $R_\ell[0]$ 与第 ℓ 个抽头的接收能量成比例，多径扩展 T_d 可以定义为 $1/W$ 与包含总能量 $\sum_{\ell=0}^{\infty} R_\ell[0]$ 的绝大部分的 ℓ 的取值范围之积，这似乎更符合前面的“定义”，因为此时 T_d 的统计特性变得很清楚，并且某些类型的平稳性也变得很清楚。于是，还可以更加清楚地将相干时间 T_c 定义为 $n>0$ 的最小值，此时 $R_\ell[n]$ 与 $R_\ell[0]$ 完全不同。有了上述两个定义，对于“完全不同”是什么含义仍然模棱两可，现在所面临的实际问题是这些量必须看成是统计量而不是瞬时值。

抽头增益自相关函数对于表示特定带宽 W 时抽头增益如何变化的统计量是很有用的，但是对于通信带宽选择的相关问题却几乎不会提供什么帮助，如果增大带宽，则会出现几种不同的情况。首先，分布于不同抽头 ℓ 的时延范围变得更窄（$1/W$ s），从而对应于各抽头的路径就更少，于是瑞利近似就变得不准确了。其次，式（2-50）的 sinc 函数变得更窄，$R_\ell[0]$ 给出了宽度为 $1/W$ 的第 ℓ 个时延窗口内的接收功率的细化结果。总之，将该模型用于更大带宽 W 时会得到关于时延以及该时延下相关性的更为详细的信息，但这样的信息变得更加不确定。

例 2.1　克拉克模型

这是平坦衰落的一个常用统计模型。在该模型中，发射机是固定的，移动接收机以速度 v 运动，发射信号受到移动接收机周围的固定障碍物的散射。存在 K 条路径，第 i 条路径相对于运动方向的到达角为 $\theta = 2\pi i/K, i=0,\cdots,K-1$。假定 K 很大，以角度 θ 到达移动接收机的散射路径的时延为 $\tau_\theta(t)$，时不变增益为 a_θ，则输入 / 输出关系为

$$y(t) = \sum_{i=0}^{K-1} a_{\theta_i}(t)x[t-\tau_{\theta_i}(t)] \tag{2-56}$$

---

① 有人会说运动的反射体可以逐渐从一个抽头的范围运动到另一个抽头的范围，但是我们已经看到，这种情况通常在很大的时间尺度上才发生。

该模型最一般的形式允许接收功率分布 $p(\theta)$ 与天线增益方向图 $\alpha(\theta)$ 为角度 θ 的任意函数，但是最常见的情况则是假定功率服从均匀分布，天线增益方向图为各向同性，即对于所有角度 θ，幅度 $a_\theta = a/\sqrt{K}$，这就是散射体环形分布于移动接收机周围时的模型(见图 2-14)。将各路径的幅度进行 $\sqrt{K}$ 的比例变换，使得所有路径的总接收能量为 a^2；当 K 较大时，各路径的接收能量只是总能量的一小部分。

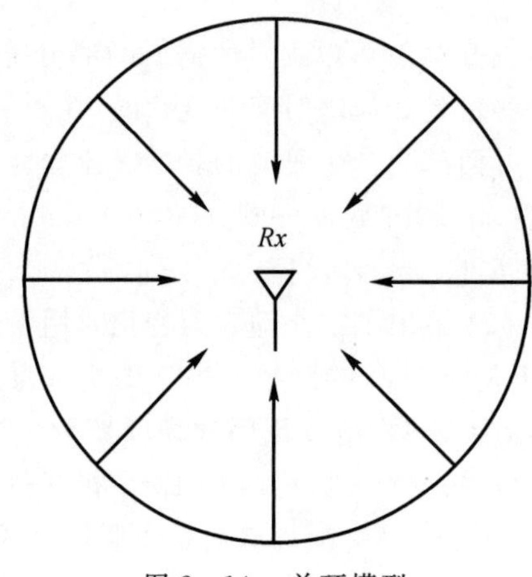

图 2-14　单环模型

假定通信带宽 W 远小于时延扩展的倒数，在各时刻，复基带信道可以用单个抽头表示为

$$y[m] = h_0[m]x[m] + w[m] \tag{2-57}$$

在时刻 0 从角度 θ 到达的信号的相位为 $2\pi f_c \tau_\theta(0)$，这是经模 2π 运算后的结果，其中 f_c 为载波频率。假定该相位服从 $[0,2\pi]$ 上的均匀分布并且对于所有角度 θ 都是相互独立的，抽头增益过程 $\{h_0[m]\}$ 为许多来自各个角度的较小的相互独立贡献之和。由中心极限定理可知，将该过程建模为高斯过程是合理的。习题 2-17 进一步证明了该过程实际上是平稳过程，其自相关函数 $R_0[n]$ 为

$$R_0[n] = 2a^2\pi J_0(n\pi D_s/W) \tag{2-58}$$

式中，$J_0(\cdot)$ 为第一类零阶贝塞尔函数，即

$$J_0(x) = \frac{1}{\pi}\int_0^\pi e^{jx\cos\theta}\,d\theta \tag{2-59}$$

$D_s = 2\pi f_c v/c$ 为多普勒扩展。定义在 $[-1/2, +1/2]$ 上的功率谱密度 $S(f)$ 为

$$S(f) = \begin{cases} \dfrac{4a^2W}{D_s\sqrt{1-(2fW/D_s)^2}}, & -D_s/(2W) \leqslant f \leqslant +D_s/(2W) \\ 0, & \text{其他} \end{cases} \tag{2-60}$$

可以通过计算式(2-60)的傅里叶逆变换得到式(2-58)予以验证。自相关函数与功率谱曲线如图 2-15 所示。如果定义相干时间 T_c 为使得 $R_0[n] = 0.05R_0[0]$ 的 n/W 值，则

$$T_c = \frac{J_0^{-1}(0.05)}{\pi D_s} \tag{2-61}$$

即相干时间与 D_s 成反比。

在习题 2-17 中还会验证 $S(f)\,df$ 在物理上可以解释为多普勒频移位于区间 $[f, f+df]$ 内的路径上的接收功率，因此 $S(f)$ 也称为多普勒谱(Doppler spectrum)。注意，

$S(f)$ 在最大多普勒频移以外为零。

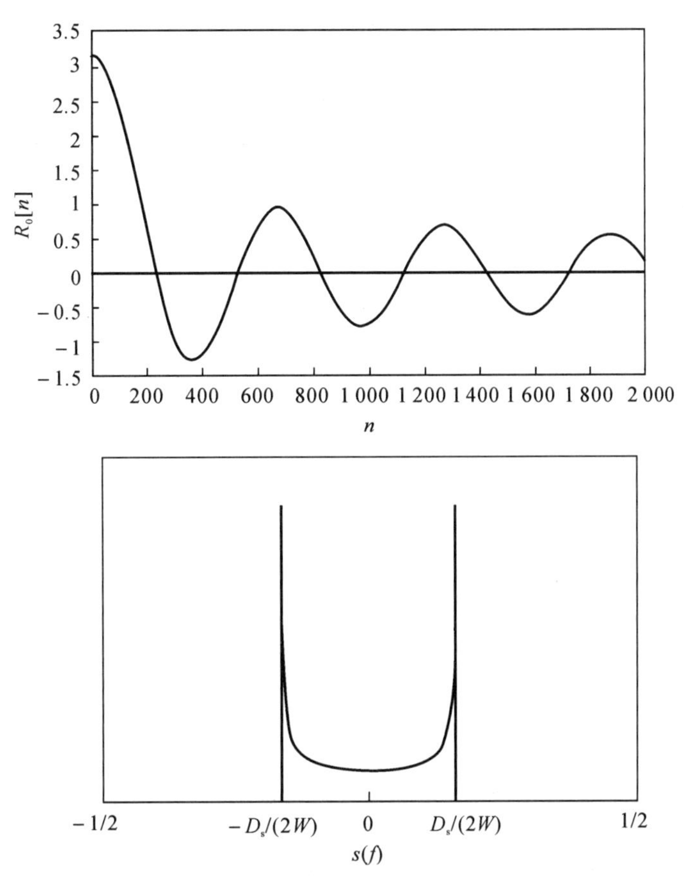

图 2-15　克拉克模型中自相关函数与多普勒谱曲线

第 2 章　主要知识点

1. 大尺度衰落

大尺度衰落是指在与小区尺寸相当的距离上的信号强度波动。

接收功率按照以下规律随距离 r 减小：

$$\frac{1}{r^2}（自由空间）$$

$$\frac{1}{r^4}（地平面反射）$$

由于受到阴影效应和散射效应的影响，衰减的速度甚至会更快。

2. 小尺度衰落

小尺度衰落是指在与载波波长相当的距离上，由多条路径的相长干扰和相消干扰引起的信号强度波动。

关键参数如下所示：

$$多普勒扩展\ D_s \leftrightarrow 相干时间\ T_s \sim 1/D_s$$

多普勒扩展与移动台运动的速度成比例，也与到达路径的角度扩展成比例。

$$\text{时延扩展 } T_d \leftrightarrow \text{ 相干带宽 } W_c \sim 1/T_d$$

时延扩展与最短路径和最长路径长度之差成比例。

3. 输入／输出信道模型

连续时间通带信道式(2－14)：

$$y(t)=\sum_i a_i(t)x[t-\tau_i(t)]$$

连续时间复基带信道式(2－26)：

$$y_b(t)=\sum_i a_i(t)e^{j2\pi f_c\tau_i(t)}x_b[t-\tau_i(t)]$$

带有加性高斯白噪声的离散时间复基带信道式(2－38)：

$$y[m]=\sum_\ell h_\ell[m]x[m-\ell]+w[m]$$

第 ℓ 个抽头为时延位于区间 $[\ell/W-1/(2W),\ell/W+l/(2W)]$ 内的物理路径的总和。

4. 统计信道模型

$\{h_\ell[m]\}_m$ 建模为对所有抽头都独立的循环对称随机过程。

如果所有抽头都满足

$$h_\ell[m]\sim CN(0,\sigma_?^2)$$

则该模型称为瑞利模型。

如果对于一个抽头满足

$$h_\ell[m]=\sqrt{\frac{\kappa}{\kappa+1}}\sigma_\ell e^{j\theta}+\sqrt{\frac{1}{\kappa+1}}\mathcal{CN}(0,\sigma_?^2)$$

则该模型称为 K 因子为 κ 的莱斯模型。

抽头增益自相关函数 $R_\ell[n]=\mathbb{E}[h_\ell^*[0]h_\ell[n]]$ 是时间相关性的模型。

时延扩展为 $1/W$ 与包含总增益 $\sum_{\ell=0}^{\infty}R_\ell[0]$ 的绝大部分的抽头 ℓ 的取值范围的乘积，相干时间为 $1/W$ 与使得 $R_\ell[n]$ 与 $R_\ell[0]$ 完全不同的 n 的取值范围的乘积。

2.5 文献说明

本章是在 R. G. Gallager 开设的 MIT6.450 数字通信课程笔记的基础上修改而成的。重点是小尺度多径衰落，大尺度衰落模型在很多教科书中都有讨论，例如 Rappapor[98]。文献[22]介绍了克拉克模型，文献[62]对其进行了进一步的详细阐述，本书中克拉克功率谱的推导采用了文献[111]的方法。

2.6 习题

习题 2－1 (Gallager) 考虑式(2－4)中的电场。

(1) 该式是在运动方向为从发射天线到接收天线的视距方向的假设下推导的。假定 ψ 为视距方向与接收机运动方向之间的夹角，并且所研究的时间范围足够小使得 (θ,ψ) 的变化可以忽略不计，试求电场。

(2) 解释在很小的时间间隔内，忽略(θ,ψ)的变化是合理近似的原因和条件。

习题 2-2　(Gallager) 式(2-13) 是在 $r(t)\approx d$ 的假设条件下推导出来的，则要求对于一般的 $r(t)$，推导接收波形的表达式。将式(2-11) 中的第一项分为两项，其中一项具有与原先相同的分子，但分母为 $2d-r_0-vt$，另一项即为余项，解释得到的结果。

习题 2-3　在 2.1.3 节与 2.1.4 节的双路径例子中，墙面位于接收机的右侧，因此反射波与直射波传播方向相反。下面假定反射墙面位于发射机的左侧，重新进行分析。多径衰落在时间上和频率上的本质是什么？解释与 2.1.3 节和 2.1.4 节研究的例子的相似点和不同点。

习题 2-4　移动接收机以速度 v 运动，接收到来自与运动方向夹角为 θ_1 和 θ_2 的两条反射路径的信号，发射信号是频率为 f 的正弦信号。

(1) 在估计(i) 相干时间 T_c 和(ii) 相干带宽 W_c 时，上述信息是否够用？如果够用，试写出用这些参数表示的表达式；如果不够用，指出还需要什么附加信息。

(2) 考虑两种环境，一种是反射体和散射体位于接收机周围所有方向的环境，另一种是反射体和散射体集中在一个较小的角度范围内。利用第 1 小题的结论，解释这两种环境下的信道有何不同。

习题 2-5　2.1.5 节中的传播模型中存在一条来自地平面的反射路径。

(1) 设 r_1 为图 2-6 中直接路径的长度，r_2 为反射路径的长度(即从发射机到地平面的路径长度与从地平面到接收机的路径长度之和)。试证明 r_2-r_1 近似等于 b/r，并求出常数 b 的值。提示：如果 $x\to 0$ 时，$(\sqrt{1+x}-1)/x\to 1/2$，则 x 很小时，$\sqrt{1+x}\approx 1+x/2$。

(2) 假定接收天线的接收波形为

$$E_r(f,t)=\frac{\alpha\cos 2\pi(ft-fr_1/c)}{r_1}-\frac{\alpha\cos 2\pi(ft-fr_2/c)}{r_2} \tag{2-62}$$

试利用式(2-62) 中的 r_1 估计分母 r_2，并证明当 r^{-1} 远小于 c/f 时，$E_r\approx\beta/r^2$，求出 β 的值。

(3) 解释为什么该近似表达式在没有用 r_1 估计式(2-62) 分母中的 r_2 时仍然是有效的。

习题 2-6　考虑如下简单的一维物理模型。信源位于原点，发射角频率为 ω 的全向电波，障碍物在该物理环境中均匀随机分布，障碍物之间的距离可以建模为指数随机变量，即密度为①

$$\eta e^{-\eta r},\quad r\geqslant 0 \tag{2-63}$$

式中，$1/\eta$ 为障碍物之间的平均距离，描述了障碍物的密度。将信源看成光子流，假定各障碍物相互独立地(即对于不同的光子相互独立，同时与其他障碍物的特性相互独立) 以概率 γ 吸收光子，或者[以相等的概率 $(1-\gamma)/2$] 向左或向右散射光子。

从直线上某一固定点，考虑以相等概率向左或者向右发射的光子的路径，到第一个障碍物的距离(表示为 r，这一距离可以位于起点的任意一侧，因此 r 的取值范围为整个直线) 的概率密度函数等于

$$q(r)=\frac{\eta e^{-\eta|r|}}{2},\quad r\in\mathcal{R} \tag{2-64}$$

则光子一旦碰到第一个障碍物就被吸收时，所经过距离的概率密度函数等于

---

① 这种直线上点的随机排列称为泊松点过程(Poisson point process)。

$$f_1(r)=\gamma q(r),\quad r\in\mathcal{R} \tag{2-65}$$

(1) 试证明从起点到光子被第二个障碍物吸收的距离的概率密度函数为

$$f_2(r)=\int_{-\infty}^{\infty}(1-\gamma)q(x)f_1(r-x)\mathrm{d}x,\quad r\in\mathcal{R} \tag{2-66}$$

(2) 用 $f_k(r)$ 表示从起点到光子被其碰到的第 k 个障碍物吸收的距离的概率密度函数，证明递推关系式

$$f_{k+1}(r)=\int_{-\infty}^{\infty}(1-\gamma)q(x)f_k(r-x)\mathrm{d}x,\quad r\in\mathcal{R} \tag{2-67}$$

(3) 由前一步得出结论：从原点到光子被（某个障碍物）吸收的距离的概率密度函数 $f(r)$ 满足递推关系

$$f(r)=\gamma q(r)+(1-\gamma)\int_{-\infty}^{\infty}q(x)f(r-x)\mathrm{d}x,\quad r\in\mathcal{R} \tag{2-68}$$

提示：$f(r)=\sum\limits_{k=1}^{\infty}f_k(r)$。

(4) 证明

$$f(r)=\frac{\sqrt{\gamma}\eta}{2}\mathrm{e}^{-\eta\sqrt{\gamma}\,|r|} \tag{2-69}$$

为式(2-68)递推关系的解。提示：式(2-68)中概率密度 $q(\cdot)$ 与 $f(\cdot)$ 的卷积很容易用傅里叶变换表示。

(5) 下面考虑光子在与原点的距离大于 r 处被吸收的情况，这就是距离 r 处的辐射功率密度，当 $r>0$ 时，在区间 (r,∞) 对 $f(x)$ 积分，当 $r<0$ 时，在区间 $(-\infty,r)$ 对 $f(x)$ 积分，就可以求出辐射功率密度。试计算辐射功率密度为

$$\frac{\mathrm{e}^{-\eta\sqrt{\gamma}\,|r|}}{2} \tag{2-70}$$

从而可得，功率随距离 r 指数衰减。同时观察到，当吸收率非常低($\gamma\to 0$)或者障碍物非常少($\eta\to 0$)时，功率密度收敛于 0.5。这一结论是可以预料到的，因为功率是等分于直线两边的。

习题 2-7 习题 2-6 研究了散射与吸收环境的一维物理模型，并得出功率随距离指数衰减的结论。本题要求读者阅读文献[42]，它将该简单模型很自然地扩展到二维和三维物理模型，并且对二维和三维物理模型也进行了分析。虽然分析相当复杂，但是得出的结论却是相同的：辐射功率随距离指数衰减。

习题 2-8 (Gallager)假定通信信道首先对发射通带信号进行滤波后再加入高斯白噪声。设信道已知，信道滤波器的冲激响应为 $h(t)$，在没有信道滤波先验知识的条件下设计符号持续时间为 T 的 QAM 方案，基带滤波器 $\theta(t)$ 满足奈奎斯特性质，即 $\{\theta(t-kT)\}_k$ 为标准正交集合，接收机在进行采样和检测之前采用的匹配滤波器为 $\theta(-t)$。

如果已知信道滤波器 $h(t)$，则会重新设计发射机中的基带滤波器或者接收机中的基带滤波器，从而使得接收样本之间不存在符号间干扰，并且样本的噪声为独立同分布。

(1)试问应该重新设计哪个滤波器？

(2)给出重新设计的滤波器冲激响应的表达式(假定载波频率为 f_c)。

(3)画出各种通带滤波器，说明为什么你的答案是正确的(建议在完成前两个问题之前先

回答这个问题)。

习题 2-9 考虑2.1.4节中的双路径例子,其中 $d=2$ km,接收机距离发射机1.5 km,并以60 km/h的速度朝远离发射机的方向运动,载波频率为900 MHz。

(1)在MATLAB中画出在固定时刻 t 离散时间基带信道的抽头值,给出几种带宽 W 下的曲线,以便说明平坦衰落与频率选择性衰落。

(2)在信道为(近似)平坦衰落和信道为频率选择性衰落两种情况下,画出离散时间基带信道的典型抽头的相位和幅值随时间的波动曲线,并解释二者的时间波动与带宽的关系。

习题 2-10 对于离散时间信道响应的各抽头而言,多普勒扩展为对该抽头有影响的所有路径的多普勒频移的范围。试给出不同抽头的多普勒扩展均相同和不相同时的两种环境实例(即反射体/散射体相对于发射机和接收机的位置)。

习题 2-11 验证式(2-39)与式(2-40)。

习题 2-12 本题研究从基带正交波形如何产生通带正交波形。

(1)证明如果波形 $\{\theta(t-kT)\}_n$ 为正交集合,那么当 $\theta(t)$ 带限于 $[-f_c,f_c]$ 时,波形 $\{\psi_{n,1},\psi_{n,2}\}_n$ 也构成正交集合,这里

$$\psi_{n,1}(t)=\theta(t-nT)\cos 2\pi f_c t$$

$$\psi_{n,2}(t)=\theta(t-nT)\cos 2\pi f_c t$$

应该如何将 $\theta(t)$ 的能量归一化,从而使得 $\psi(t)$ 标准正交?

(2)对于给定的 f_c,试举出一个例子,说明在不满足 $\theta(t)$ 带限于 $[-f_c,f_c]$ 的条件下,第(1)小题的结论是错误的。

习题 2-13 验证式(2-25)。与式(2-24)相比,该式是否包含关于图2-9中通信系统的更多信息,并解释其原因。

习题 2-14 计算方差为 σ^2 的循环对称复高斯随机变量 X 的模 $|X|$ 的概率密度函数。

习题 2-15 本章已经讨论了信道抽头增益 $h_l[m]$(m 的函数)随时间变化的各种原因,以及各种动态因素在不同时间尺度时的表现。这样的分析是基于如下假设的,即通信带宽为 W,载波频率为 f_c,且 $f_c \gg W$。该假设对于超宽带(UWB)通信系统是无效的,FCC规定的UWB传输带宽3.1~10.6 GHz。试针对该系统重新进行分析,造成抽头增益以最快时间尺度波动的主要机理是什么?这一最快的时间尺度由什么因素决定?

习题 2-16 由2.4.2节的讨论可知,在特定时刻 m 的信道增益 $h_l[m]$ 可以假定为循环对称的,将该结论推广,并证明对于任意 n,假定复随机矢量

$$\boldsymbol{h}:=\begin{pmatrix} h_l[m] \\ h_l[m+1] \\ \vdots \\ h_l[m+n] \end{pmatrix}$$

为循环对称同样是合理的。

习题 2-17 本题详细分析本章最后讨论的克拉克单环模型。当时假定散射体环形分布于以速度 v 运动的接收机周围,到达接收机的 K 条路径与移动接收机运动方向的夹角为 $\theta=2\pi i/K, i=0,1,\cdots,K-1$。以角度 θ 到达移动接收机的路径时延为 $\tau_\theta(t)$,时不变增益为 $a/\sqrt{K}$(与角度无关),输入/输出关系为

$$y(t)=\frac{a}{\sqrt{K}}\sum_{i=0}^{K-1}x\left[t-\tau_{\theta_i}(t)\right] \tag{2-71}$$

(1)试给出该信道冲激响应 $h(\tau,t)$ 的表达式，以及用 $\tau_\theta(0)$ 表示的 $\tau_\theta(t)$ 的表达式(可以假定移动接收机在 $[0,t]$ 运动的距离比环半径小)。

(2)设通信载波为 f_c，信号窄带带宽为 W，从而使得信道的时延扩展 T_d 满足 $T_d \ll 1/W$。试说明离散时间基带模型可以用单个抽头近似表示为

$$y[m]=h_0[m]x[m]+w[m] \tag{2-72}$$

并给出用 a_θ 和 $\tau_\theta(t)$ 表示的该抽头的近似表达式。提示：结果中应该不包含 sinc 函数。

(3)说明将时刻 0 来自角度 θ 的路径的相位

$$2\pi f_c\tau_\theta(0)\ \mathrm{mod}\ 2\pi$$

假定为 $[0,2\pi]$ 上的均匀分布以及关于 θ 是独立同分布的是合理的。

(4)基于第(3)小题的假设，对于较大的 K，可以利用中心极限定理将 $\{h_0[m]\}$ 近似为高斯过程。验证该有限过程是平稳的，并且其自相关函数 $R_0[n]$ 由式(2-58)给出。

(5)验证多普勒谱 $S(f)$ 为式(2-60)。提示：很容易证明式(2-60)的傅里叶逆变换为式(2-50)。

(6)验证 $S(f)\mathrm{d}f$ 为来自多普勒频移位于区间 $[f,f+\mathrm{d}f]$ 的路径的接收功率。这一结果是否意外？

习题 2-18 在单环模型中，K 个散射体以角度 $\theta_i=2\pi i/K, i=0,1,\cdots,K-1$ 位于接收机周围半径为 1 km 的圆环上，发射机相距 2 km(这里的角度是相对于发射机与接收机连线的夹角)。发射功率为 P，从发射机到散射体再到接收机的路径上的功率衰减为

$$\frac{G}{K}\frac{1}{s^2}\frac{1}{r^2} \tag{2-73}$$

式中，G 为常数；r 与 s 分别为从发射机到散射体的距离和从散射体到接收机的距离。通信载波为 $f_c=1.9$ GHz，带宽为 W Hz，假定在任意时刻，信道基带表示中各到达路径的相位相互独立，且服从 0～2π 的均匀分布，则

(1)该模型与本章中的克拉克模型的主要区别和相似点是什么？

(2)试得到平坦衰落信道时带宽 W 的近似条件。

(3)假定选取的带宽使得信道为频率选择性信道，对于较大的 K，试近似求出信道的离散时间基带冲激响应的抽头 ℓ 中包含的功率(即计算功率-时延谱)，请说明所做出的任何简化假设(如果无法计算，请将答案表示为积分形式)。

(4)当带宽变得非常大(且 K 较大)时，计算并画出功率-时延谱(power-delay profile)。

(5)假定接收机以速度 v 朝(固定)发射机运动，抽头 ℓ 的多普勒扩展为多少？对于较大的 K，从物理因素出发，说明抽头 ℓ 的多普勒谱是什么。

(6)假定散射体全部位于接收机周围半径为 1 km 的圆环上，到达接收机的路径的相位相互独立并且服从均匀分布。这两个假设在数学上一致吗？如果不一致，你认为会影响本题前几小题你所得到的答案的有效性吗？

习题 2-19 在建立多输入多输出衰落信道的模型时，通常假定不同发射天线与接收天线之间的衰落系数是相互独立的随机变量。本题就根据克拉克单环散射模型和天线间距详细研究这一假设的合理性。

(1)(移动台天线间距)假定移动台以速度 v 远离基站,其周围的散射体均匀分布在圆环上。

1)试计算载波频率为 f_c 时的多普勒扩展 D_s 以及相应的相干时间 T_c。

2)假定间隔为 T_c 的衰落状态近似不相关,试问在什么距离处设置移动台的第二副天线才能得到相互独立的衰落信号?提示:在时间 T_c 内移动台运动的距离是多少?

(2)(基站天线间距)假定散射环半径为 R,基站与移动台之间的距离为 d,并且暂时假定基站以速度 v' 远离移动台。重复前一部分的问题,求出衰落不相关时,基站的最小天线间距。提示:散射体仍然均匀分布在基站周围吗?

(3)典型地,散射体通常位于移动台周围(地面附近),并且远离(位于高塔处的)基站,所得到的第(1)小题第2)部分的结果对于这种情况意味着什么?

第3章 点对点通信:检测、分集与信道不确定性

本章考虑衰落信道通信中出现的各种基本问题。从窄带衰落信道中未编码传输的分析开始,研究相干检测与非相干检测。在这两种情况下,差错概率要比无衰落 AWGN 信道中的差错概率高得多,其原因是信道处于深衰落的概率很大。这就启发我们研究用于改善性能的各种分集技术,分集技术可以在时间、频率或空间上实施,但其基本思想是一致的:通过不同的路径发送载有相同信息的信号,在接收端就可以得到数据符号的多个相互独立的副本,从而实现更为可靠的检测。最简单的分集方案采用重复编码(repetition coding),更复杂一些的方案则在利用信道分集的同时,高效地利用信道的自由度。与重复编码相比,这类方案除提供分集增益(diversity gain)外,还提供了编码增益(coding gain)。在空间分集中,本章考虑发射分集和接收分集两种方案。在频率分集中,讨论下述三种方法:

(1)带有码间干扰均衡的单载波方案;

(2)直接序列扩频方案;

(3)正交频分多路复用方案。

研究信道不确定性对分集合并方法的影响时将会看到,由于信道存在不确定性,所以分集路径过多会带来负面影响。

为了熟悉这些基本问题,本章重点讨论衰落信道通信的具体技术。第 5 章将采用更基本以及系统的观点,利用信息论的知识推导可以实现的最佳性能。在这个基础的层面,会再次出现本章讨论的许多问题。

本章的推导反复使用了高斯噪声下矢量检测的许多重要结论。附录 A 中介绍并总结了这些基本结论,同时强调了潜在的几何关系。建议读者在学习本章内容之前先阅读附录 A,并在学习过程中参考附录 A。特别要指出的是,彻底理解总结附录 A.2 中的经典检测问题是非常有用的。

3.1 瑞利衰落信道中的检测

3.1.1 非相干检测

首先讨论衰落信道中非常简单的检测问题。为简单起见,假定采用如下平坦衰落模型,此时信道可以用单个离散时间复滤波器抽头 $h_0[m]$表示,并简写为 $h[m]$,则

$$y[m]=h[m]x[m]+w[m] \tag{3-1}$$

式中,$w[m]\sim CN(0,N_0)$。

假定式(3-1)为瑞利衰落，即 $h[m]\sim CN(0,1)$，方差被归一化为 1，但是暂时并不规定不同时刻 m 时衰落系数 $h[m]$ 的相关性，也不对接收机关于 $h[m]$ 的先验知识做出任何假设(后一项假设有时也称为非相干(non-coherent)通信)。

首先考虑幅度为 a 的未编码二进制双极性信号传输(即二进制相移键控，Binary Phase Shift Keying, BPSK)，即 $x[m]=\pm a$，且符号 $x[m]$ 关于时间相互独立。因为无论发射的是 $x[m]=a$ 还是 $x[m]=-a$，接收信号 $y[m]$ 处的相位在 $0\sim 2\pi$ 上都是均匀分布的，所以即使在没有噪声的情况下，这种信号传输方案也是完全失败的，而且接收幅度与发射符号无关。二进制双极性信号传输是二进制相位调制，容易看出相位调制一般存在类似的缺陷。因此，所需要的信号结构应该是，不同信号具有不同的幅度或者对符号进行编码。现在考虑正交信号传输，它是符号编码的一种特殊类型。

考虑如下简单的正交调制方法：二进制脉冲位置调制。在两个连续的时间采样内，或者发送

$$\boldsymbol{x}_A=\begin{pmatrix}x[0]\\x[1]\end{pmatrix}=\begin{pmatrix}a\\0\end{pmatrix}\tag{3-2}$$

或者发送

$$\boldsymbol{x}_B=\begin{pmatrix}0\\a\end{pmatrix}\tag{3-3}$$

则进行信号检测的依据就是

$$\boldsymbol{y}:=\begin{pmatrix}y[0]\\y[1]\end{pmatrix}\tag{3-4}$$

这是一个简单的假设检验问题，可以直接推出最大似然(Maximum Likelihood, ML)准则，有

$$\Lambda(\boldsymbol{y})\underset{\boldsymbol{x}_B}{\overset{\boldsymbol{x}_A}{\gtrless}}0\tag{3-5}$$

式中，$\Lambda(\boldsymbol{y})$为对数似然比，则有

$$\Lambda(\boldsymbol{y})=\ln\left\{\frac{f(\boldsymbol{y}|\boldsymbol{x}_A)}{f(\boldsymbol{y}|\boldsymbol{x}_B)}\right\}\tag{3-6}$$

可以看出，如果发送的是 $\boldsymbol{x}_A$，则 $y[0]\sim\mathcal{CN}(0,a^2+N_0)$，$y[1]\sim\mathcal{CN}(0,N_0)$，并且$y[0]$与 $y[1]$相互独立。类似地，如果发送的是 $\boldsymbol{x}_B$，则 $y[0]\sim\mathcal{CN}(0,N_0)$，$y[1]\sim\mathcal{CN}(0,a^2+N_0)$，而且 $y[0]$与 $y[1]$相互独立。因此，可以利用下式计算对数似然比，有

$$\Lambda(\boldsymbol{y})=\frac{\{|y[0]|^2-|y[1]|^2\}a^2}{(a^2+N_0)N_0}\tag{3-7}$$

最佳判决准则为如果 $|y[0]|^2>|y[1]|^2$，则判决发射信号为 $\boldsymbol{x}_A$，否则判决发射信号为 $\boldsymbol{x}_B$。注意，该准则没有利用接收信号的相位，这是因为信道增益 $h[0]$，$h[1]$的随机未知相位对检测没有任何帮助。从几何上看，检测器的功能可以解释为将接收矢量 $\boldsymbol{y}$ 投影到两个可能的发射矢量 $\boldsymbol{x}_A$ 与 $\boldsymbol{x}_B$ 上，并比较两个投影的能量(见图 3-1)。因此，该检测器也称为能量(energy)检测器或二次方律(square-law)检测器。读者可能会觉得奇怪，最佳检测器并不依

赖于 $h[0]$,$h[1]$的相关性。

可以分析出该检测器的差错概率。由对称性假设发射信号为 $\boldsymbol{x}_A$,在该假设条件下,$y[0]$与 $y[1]$是方差分别为 a^2+N_0 与 N_0 的相互独立的循环对称复高斯随机变量(见附录 A.1.3 节中关于循环对称复高斯随机变量和随机矢量的讨论)。由附录可知,$|y[0]|^2$ 与 $|y[1]|^2$ 服从均值分别为 a^2+N_0 与 N_0 的指数分布①。于是,通过直接积分就可以计算出差错概率为

$$p_e=\mathbb{P}\{|y[1]|^2>|y[0]|^2|\boldsymbol{x}_A\}=\left[2+\frac{a^2}{N_0}\right]^{-1} \tag{3-8}$$

信噪比的一般定义为

$$\mathrm{SNR}=\frac{\text{每个(复)符号时间内接收到的平均信号能量}}{\text{每个(复)符号时间内的噪声能量}} \tag{3-9}$$

无论何种调制方案,全书始终采用上述信噪比定义。每个复符号时间内的噪声能量为 $N_0$②。对于这里的正交调制方案而言,每个符号时间内的平均接收能量为 $a^2/2$,可得

$$\mathrm{SNR}=\frac{a^2}{2N_0} \tag{3-10}$$

代入式(3-8)就得到用 SNR 表示的正交调制方法的差错概率为

$$p_e=\frac{1}{2(1+\mathrm{SNR})} \tag{3-11}$$

这个结果不尽人意。为了获得 $p_e=10^{-3}$ 的差错概率,所需的信噪比为 SNR≈500 (27 dB),更加可靠的通信则需要巨大的发射功率。

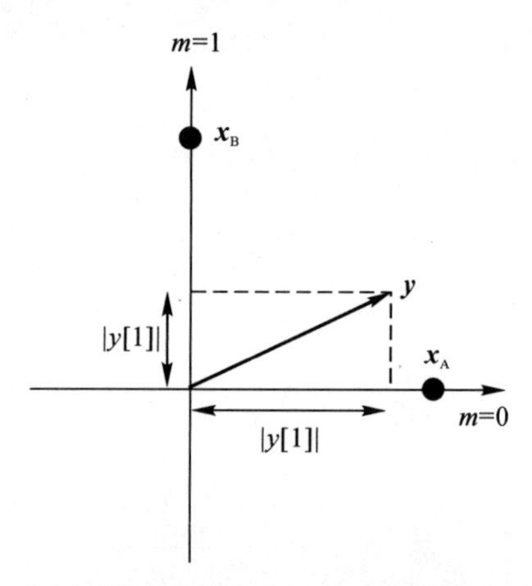

图 3-1 非相干检测器将接收矢量 y 投影到两个正交发射矢量 $\boldsymbol{x}_A$ 与 $\boldsymbol{x}_B$ 上,并比较这两个投影的长度

① 如果随机变量 U 的概率密度函数为 $f_U(u)=\frac{1}{\mu}e^{-u/\mu}$,则称随机变量 U 服从均值为 μ 的指数分布。

② 这里讨论的正交调制方法仅采用了实符号,因此仅在 I 通道发送信号。于是,用每个实符号的噪声能量(即 $N_0/2$)定义信噪比看上去就很自然了。然而,稍后将讨论采用复符号的调制方法,此时就需要在 I 通道和 Q 通道均发送信号,为了保持前后一致,选择这种方式定义信噪比。

3.1.2　相干检测

非相干最大似然接收机在衰落信道中的性能为什么如此差呢？将这种情况下的性能与如下无衰落 AWGN 信道下的检测性能进行比较就会得到有益的启发

$$y[m]=x[m]+w[m] \tag{3-12}$$

对于双极性信号传输(BPSK)而言，$x[m]=\pm a$，充分统计量为 $\Re\{y[m]\}$，差错概率为

$$p_e=Q\left(\frac{a}{\sqrt{N_0/2}}\right)=Q(\sqrt{2\text{SNR}}) \tag{3-13}$$

其中，$\text{SNR}=a^2/N_0$，为每个符号时间的接收信噪比；$Q(\cdot)$ 为 $N(0,1)$ 随机变量的互补累积分布函数。该函数随 x^2 指数衰减，更确切地讲，有

$$Q(x)<\mathrm{e}^{-x^2/2},\quad x>0 \tag{3-14}$$

并且

$$Q(x)>\frac{1}{\sqrt{2\pi}x}\left(1-\frac{1}{x^2}\right)\mathrm{e}^{-x^2/2},\quad x>1 \tag{3-15}$$

因此，检测差错概率在 AWGN 信道中随信噪比指数衰减，而在衰落信道中仅随信噪比的倒数衰减。为了获得 10^{-3} 的差错概率，AWGN 信道所需的信噪比仅为约 7 dB(而在非相干衰落信道中则为 27 dB)。注意，$2\sqrt{\text{SNR}}$ 为两个星座点之间的间隔，与高斯噪声标准偏差成比例。上述观察结果表明，当该间隔远大于 1 时，差错概率会非常小。

与 AWGN 信道中的检测问题相比，前一节讨论的检测问题有两点不同之处：信道增益 $h[m]$ 是随机的，并且假定接收机未知信道增益。下面假设接收机能够跟踪信道增益，也就是说接收机已知信道增益(但仍然是随机的)。实际上，通过发送已知序列(称为导频或训练序列)或者在判决时利用先前检测的符号估计信道都可以达到这一目的。当然，跟踪的准确性取决于信道波动的快慢程度。例如，在多普勒扩展为 100 Hz 的窄带 30 kHz 信道(如北美 TDMA 蜂窝标准 IS－136 采用的信道)中，相干时间 T_c 约为 80 个符号时间，在这种情况下，可以用最少的导频开销对信道进行估计①。就目前讨论的问题来说，假定信道估计是理想的。

当信道增益已知时，BPSK 的相干检测就可以逐个符号进行。集中讨论一个符号时间，并将时标省略，有

$$y=hx+w \tag{3-16}$$

由 y 检测 x 的方法与 AWGN 信道中的检测方法类似，现在需根据以下实的充分统计量的符号进行判决，有

$$r=\Re\{(h/|h|)*y\}=|h|x+z \tag{3-17}$$

式中 $z\sim N(0,N_0/2)$。

如果发射符号为 $x=\pm a$，则对于给定的值 h，检测 x 的差错概率为

$$Q\left(\frac{a|h|}{\sqrt{N_0/2}}\right)=Q(\sqrt{2|h|^2\text{SNR}}) \tag{3-18}$$

式中，$\text{SNR}=a^2/N_0$，为每个符号时间的平均接收信噪比(将信道增益归一化使得 $\mathbb{E}[|h|^2]=1$)。对随机增益 h 取平均，从而求出总的差错概率。对于瑞利分布而言，当 $h\sim\mathcal{CN}(0,1)$ 时，

---

① 冲激响应中包含许多抽头的宽带信道的估计问题解决起来更加困难，我们将在 3.5 节讨论这个问题。

直接积分可得(见习题3-1)

$$p_e=\mathbb{E}\left[Q(\sqrt{2|h|^2\mathrm{SNR}})\right]=\frac{1}{2}\left(1-\sqrt{\frac{\mathrm{SNR}}{1+\mathrm{SNR}}}\right) \tag{3-19}$$

图3-2为瑞利衰落信道中相干BPSK信号传输、非相干正交信号传输以及AWGN信道中BPSK信号传输的差错概率的比较。由图可见,AWGN信道中BPSK信号传输的差错概率随信噪比快速衰减,而在瑞利信道中,无论采用相干检测还是非相干检测,差错概率都是相当差的。当信噪比较高时,由泰勒级数展开可得

$$\sqrt{\frac{\mathrm{SNR}}{1+\mathrm{SNR}}}=1-\frac{1}{2\mathrm{SNR}}+O\left(\frac{1}{\mathrm{SNR}^2}\right) \tag{3-20}$$

代入式(3-19)可得以下近似式

$$p_e\approx\frac{1}{4\mathrm{SNR}} \tag{3-21}$$

即与信噪比成反比衰减,与非相干正交信号传输方法的结论相同[见式(3-11)]。相干检测方法与非相干检测方法所需的信噪比仅相差3 dB,相比之下,当差错概率为10^{-3}时,AWGN信道中的检测性能与瑞利衰落信道中相干检测的性能却相差17 dB[①]。

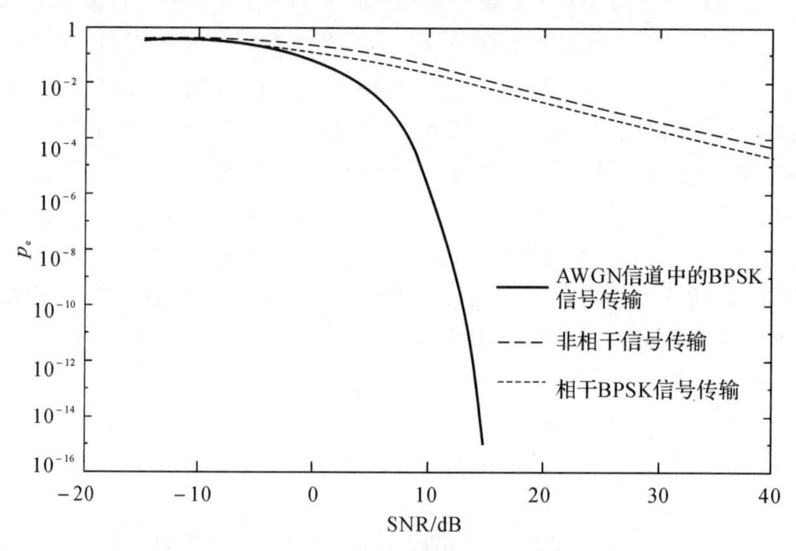

图3-2 瑞利衰落信道中相干BPSK信号传输、非相干正交信号传输以及AWGN信道中BPSK信号传输的性能比较

我们看到,衰落信道中检测性能差的主要原因并不是接收机缺乏关于信道的知识,而是因为信道增益是随机的,并且信道处于"深衰落"的概率很大。当信噪比较高时,通过式(3-18)可以更准确地了解"深衰落"的含义。$|h|^2\mathrm{SNR}$为瞬时接收信噪比,在典型的信道条件下,即$|h|^2\mathrm{SNR}\gg1$,由于Q函数的拖尾衰减非常快,所以条件差错概率很小。此时,星座点之间的间隔远大于高斯噪声的标准偏差。另外,当$|h|^2\mathrm{SNR}$的数值等于1或小于1时,星座点之间的间隔与噪声的标准偏差为同一数量级,差错概率就会变得较大。该事件的概率为

① 通信程师通常会根据达到相同差错概率时所需的信噪比之差来比较不同的方法,这就对应于差错概率与信噪比曲线两种方案之间的水平间隔。

$$\mathbb{P}\{|h|^2\mathrm{SNR}<1\}=\int_0^{1/\mathrm{SNR}}\mathrm{e}^{-x}\mathrm{d}x=\frac{1}{\mathrm{SNR}}+O\left(\frac{1}{\mathrm{SNR}^2}\right) \tag{3-22}$$

这一概率与差错概率本身具有相同的数量级[见式(3-21)]。因此,可以通过数量级的近似来定义“深衰落”,有

$$\left.\begin{aligned}&\text{深衰落事件}:|h|^2<\frac{1}{\mathrm{SNR}}\\&P\{\text{深衰落}\}\approx\frac{1}{\mathrm{SNR}}\end{aligned}\right\} \tag{3-23}$$

于是可得,高信噪比差错事件发生的频率更高,其原因是信道处于深衰落,而不是加性噪声增大的结果。相比之下,AWGN 信道中可能的差错机制仅仅是因为加性噪声的增大。因此,AWGN 信道中差错概率的性能更好。

利用明确的差错概率表达式(3-19)已经帮助我们确定高信噪比时的典型差错事件。事实上,可以将这个问题倒过来考虑,用该式作为近似分析高信噪比性能的基础(见习题 3-2 与习题 3-3)。虽然在这种情况下可以直接计算差错概率 p_e,但是通过近似分析可以提供更多的对典型差错如何发生的认识。理解通信系统中的典型差错事件常常有助于找到如何进行改进的方法,而且,近似分析还能够给出所得到的结论对于瑞利衰落模型的鲁棒性。实际上,瑞利衰落模型只有一个方面对结论是重要的,即对于较小的 ϵ,$\mathbb{P}\{|h|^2<\epsilon\}$ 与 ϵ 成比例,只要 $|h|^2$ 的概率密度函数在 0 点是正的且连续的,该结论就是成立的。

3.1.3　从 BPSK 到 QPSK:自由度研究

3.1.2 节已经讨论了 BPSK 调制,$x[m]=\pm a$,当时仅采用了实维数(I 通道),而在实际的相干通信中,通常同时采用 I 通道和 Q 通道,从而提高频谱效率的确性。采用 QPSK(正交相移键控)调制可以发送额外的比特,即星座图为

$$\{a(1+j),a(1-j),a(-1+j),a(-1-j)\} \tag{3-24}$$

实质上就是在 I 通道和 Q 通道同时发送 BPSK 符号。由于 I 通道和 Q 通道的噪声是相互独立的,所以可以分开实现比特检测,并且 AWGN 信道中的比特错误概率[见式(3-12)]为

$$Q\left(\sqrt{\frac{2a^2}{N_0}}\right) \tag{3-25}$$

即与 BPSK 的差错概率相同[见式(3-13)]。BPSK 的信噪比[如式(3-9)的定义]为

$$\mathrm{SNR}=\frac{a^2}{N_0} \tag{3-26}$$

而 QPSK 的信噪比为

$$\mathrm{SNR}=\frac{2a^2}{N_0} \tag{3-27}$$

可以看出,由于 QPSK 同时采用了 I 通道和 Q 通道,使得其信噪比是 BPSK 信噪比的 2 倍。等效地,对于给定的信噪比,BPSK 的差错概率为 $Q(\sqrt{2\mathrm{SNR}})$[参见式(3-13)],而 QPSK 的差错概率为 $Q(\sqrt{\mathrm{SNR}})$。类似地,在相应的 BPSK 表达式(3-19)中用 SNR/2 取代 SNR 就可以得到信噪比较高时瑞利衰落信道中 QPSK 的差错概率为

$$p_e=\frac{1}{2}\left(1-\sqrt{\frac{\mathrm{SNR}}{2+\mathrm{SNR}}}\right)\approx\frac{1}{2\mathrm{SNR}} \tag{3-28}$$

为讲解简单起见，本章的许多讨论都是针对 BPSK 调制展开的，但是所得到的结果可以直接映射到 QPSK 调制。

值得注意的一个重要问题是，同时使用 I 通道和 Q 通道要比仅使用其中一个通道的能量效率高得多。举个例子说，如果仅通过 I 通道发送由 QPSK 符号承载的 2 bit，则必须发送一个 4－PAM 符号，其星座为$\{-3b,-b,b,3b\}$，在 AWGN 信道中的平均差错概率为

$$\frac{3}{2}Q\left(\sqrt{\frac{2b^2}{N_0}}\right) \tag{3-29}$$

为了近似获得与 QPSK 相同的差错概率，Q 函数中的自变量应该与式(3－25)中的自变量相同，因此 b 应该等于 a，即两个星座图中的最小间隔应相同(见图 3－3)。但是，QPSK 每个符号所需的发射能量为 $2a^2$，而 4－PAM 每个符号所需的发射能量为 $5b^2$，因此对于相同的差错概率而言，所需的发射能量大约高 2.5 倍；性能变差 4 dB，习题 3－4 证明了当星座规模更大时，这一损失甚至更为严重。导致这一损失的原因在于如下事实：对于期望的最小间距来说，在高维空间中包括给定数量的星座点比在低维空间包括同样数量的星座点的能量效率更高。于是，得到一般的设计原则(见讨论 2.1)：优秀的通信方案应该利用信道中所有的可用自由度。

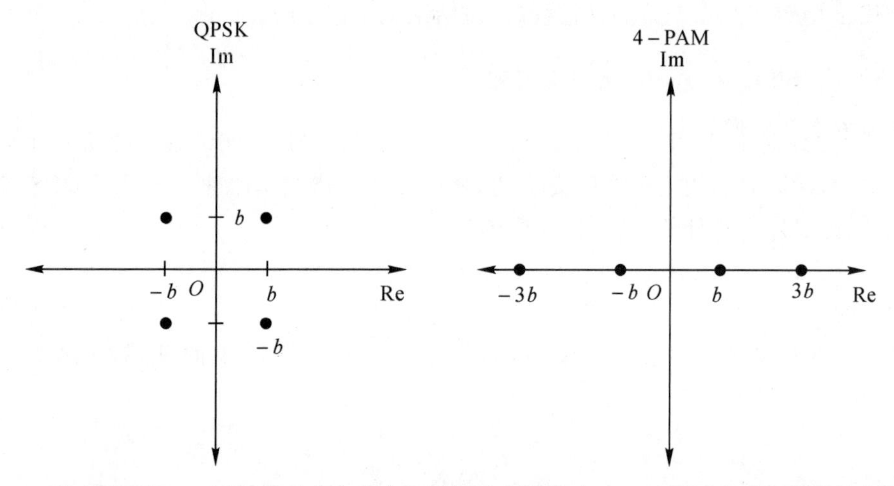

图 3－3　当 QPSK 与 4－PAM 的星座点具有相同的最小间隔时，4－PAM 星座需要更高的发射功率

这一重要原则会在全书中反复出现，在第 5 章讨论信道容量时将证明其重要本质。这里的选择是仅采用 I 通道或者同时采用 I 通道和 Q 通道，但相同的原理适用于许多其他情况。再举一个例子，3.1.1 节讨论的非相干正交信号传输方法传递 1 bit 信息，并在每两个符号时间内采用一个实维数(见图 3－4)。该方案并没有假定连续信道增益之间的任何关系，但是如果假定这些信道增益对于逐个符号的变化不大，则得到的另一种调制方案为差分 BPSK，它是通过连续发射符号的相对相位来传递信息的。也就是说，如果在时刻 m 的 BPSK 信息符号为 $u[m]$($u[m]=\pm1$)，则时刻 m 的发射符号为

$$x[m]=u[m]x[m-1] \tag{3-30}$$

习题 3－5 证明了与(高信噪比时的)相干 BPSK 相比，差分 BPSK 非相干解调的性能损失

为 3 dB。但是，由于非相干正交调制比相干 BPSK 的性能差 3 dB，所以这就表明差分 BPSK 与非相干正交调制具有相同的差错概率性能。另外，差分 BPSK 传递 1 bit 信息，并在每一个符号时间采用一个实维数，因此，其频谱效率是正交调制的 2 倍。正是由于差分 BPSK 更高效地利用了可用自由度，所以获得了更好的性能。

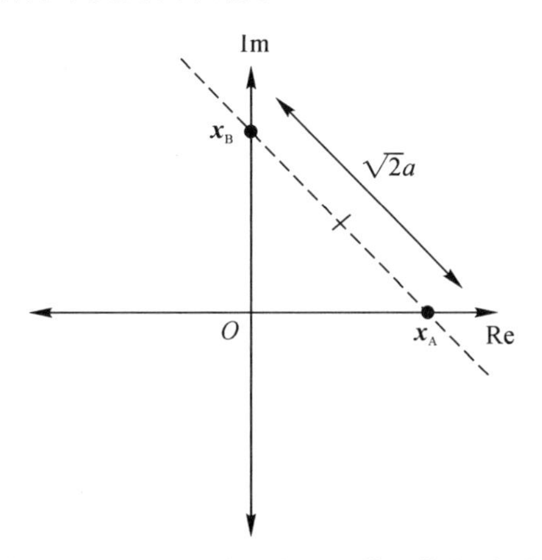

图 3－4　正交调制的几何表示，通过一个实维数实现信号传输，但占用了两个（复）符号时间

3.1.4　分集

表 3－1 归纳总结了到目前为止已经讨论过的衰落信道中的各种调制方案的性能。某些方案较其他方案的频谱效率更高，但从实用的观点看，这类方案又是不利的；差错概率均衰减缓慢，按照 1/SNR 的规律衰减。由 3.1.2 节可以看出，这种性能差的根本原因在于可靠通信取决于一条路径的信号强度，而该路径处于深衰落的概率又很大。当路径处于深衰落时，任何通信方案都有可能出现差错。提高性能的解决方法自然是要确保信息符号通过多条信号路径，并且各路径的衰落是相互独立的，从而只要有一条路径的信号足够强就可能保证可靠的通信。这项技术称为分集，它可以极大地改善衰落信道中的性能。瑞利衰落信道中相干接收与非相干接收的性能，数据速率的单位为 $b/(s \cdot Hz^{-1})$，即每个复符号时间传送的比特数。习题 3－5 推导了差分 QPSK 的性能，同样较相干 QPSK 低 3 dB。

表 3－1　衰落信息中的各种调制方案的性能

调制方案	（高信噪比时）比特差错概率	数据速率/[$b/(s \cdot Hz^{-1})$]
相干 BPSK	1/(4SNR)	1
相干 QPSK	1/(2SNR)	2
相干 4－PAM	5/(4SNR)	2
相干 16－QAM	5/(2SNR)	4
非相干正交调制	1/(2SNR)	1/2
差分 BPSK	1/(2SNR)	1
差分 QPSK	1/SNR	2

实现分集的方法有很多。通过编码和交织可以实现时间分集：对信息进行编码并将编码后的符号分散到不同的相干周期，从而使得码字的不同部分经历相互独立的衰落。类似地，如果信道是频率选择性的还可以采用频率分集。如果信道中有多副间隔足够远的发射天线或者接收天线，则可以实现空间分集。在蜂窝网络中，由于来自移动台的信号能够被两台基站接收，从而可以采用宏分集。因为分集是一种重要的资源，所以无线系统中通常采用多种类型的分集技术。

接下来的几节将讨论时间分集、频率分集和空间分集几种分集技术。在讨论各种分集技术时，从基于重复编码的简单方法开始——相同的信息符号通过几条信号路径发射。虽然采用重复编码可以达到最大分集增益，但是对信道自由度的浪费却是相当大的，采用更为复杂的方案既可以提高数据速率，又可以在获得分集增益的同时获得编码增益。

为了简化讨论，集中研究相干接收的情况，接收机完全知道信道增益，能够相干地合并不同分集路径的接收信号。正如前一节所讨论的，关于信道增益的知识可以通过训练(导频)符号获得，其准确性取决于信道的相干时间和发射信号的接收功率。3.5 节会讨论信道测量误差和非相干分集合并的影响。

3.2 时间分集

信道衰落关于时间的平均就可以实现时间分集。信道相干时间通常是数十到数百个符号时间，因此，信道对于连续符号是高度相关的。为了确保编码符号通过独立的或近似独立的衰落增益发射，需采用码字的交织技术(见图 3-5)。为了简单起见，考虑平坦衰落信道，发送符号长度为 L 的码字 $\boldsymbol{x}=[x_1,x_2,\cdots,x_L]^{\mathrm{T}}$，则接收信号为

$$y_l=h_lx_l+w_l,\quad l=1,2,\cdots,L \tag{3-31}$$

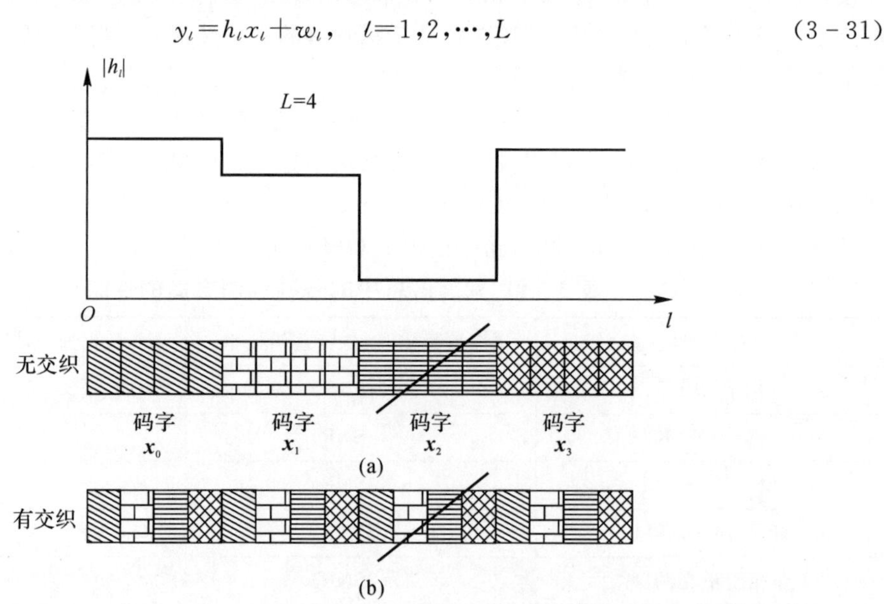

图 3-5　通过连续符号(图(a))和交织符号(图(b))发送码字，在前一种情况下，深衰落会导致整个码字丢失，而在后一种情况下，仅会导致各码字中的一个编码符号丢失，此时，仍然可以从其他三个未衰落的符号恢复出各码字

假定为理想交织，从而使得连续符号 x_ℓ 发射的时间间隔足够大，同时，可以假定 h_ℓ 相互独立。参数 L 通常称为分集支路的数量，加性噪声 $w_1,w_2,\cdots,w_L$ 是独立同分布且服从 $\mathcal{CN}(0,N_0)$ 分布的随机变量。

3.2.1　重复编码

最简单的编码就是重复编码，即 $x_\ell=x_1,\ell=1,2,\cdots,L$，整个信道用矢量形式可以表示为

$$\boldsymbol{y}=\boldsymbol{h}x_1+\boldsymbol{w} \tag{3-32}$$

式中，$\boldsymbol{y}=[y_1,y_2,\cdots,y_L]^{\mathrm{T}}$，$\boldsymbol{h}=[h_1,h_2,\cdots,h_L]^{\mathrm{T}}$，$\boldsymbol{w}=[w_1,w_2,\cdots,w_L]^{\mathrm{T}}$。

现在考虑 x_1 的相干检测，即接收机已知信道增益。这就是附录 A 的总结 A.2 中归纳的经典的高斯矢量检测问题。标量

$$\frac{\boldsymbol{h}^*}{\|\boldsymbol{h}\|}\boldsymbol{y}=\|\boldsymbol{h}\|x_1+\frac{\boldsymbol{h}^*}{\|\boldsymbol{h}\|}\boldsymbol{w} \tag{3-33}$$

为充分统计量，于是就得到等价的带有噪声 $(\boldsymbol{h}^*/\|\boldsymbol{h}\|)w\sim\mathcal{CN}(0,N_0)$ 的标量检测问题。接收机结构为匹配滤波器，也称为最大比合并器(Maximal Ratio Combiner，MRC)，即对各支路的接收信号进行加权，权值与相应的信号强度成比例，再调整和信号的相位使得输出信噪比最大。这种接收机结构也称为相干合并。

考虑 $x_1=\pm a$ 的 BPSK 调制，可以推出在 $\boldsymbol{h}$ 条件下的差错概率与式(3-18)完全相同，即

$$Q(\sqrt{2\|\boldsymbol{h}\|^2\mathrm{SNR}}) \tag{3-34}$$

与上述一样，其中的 $\mathrm{SNR}=a^2/N_0$ 为每个(复)符号时间的平均接收信噪比，$\|\boldsymbol{h}\|^2\mathrm{SNR}$ 为给定信道矢量 $\boldsymbol{h}$ 的接收信噪比，对 $\|\boldsymbol{h}\|^2$ 取平均是为了求出总的差错概率。在瑞利衰落信道中，当各增益 h_ℓ 相互独立且服从同一分布 $\mathcal{CN}(0,1)$ 时，有

$$\|\boldsymbol{h}\|^2=\sum_{\ell=1}^{L}|h_\ell|^2 \tag{3-35}$$

为 $2L$ 个相互独立的实高斯随机变量的二次方和，其中各项 $|h_\ell|^2$ 为 h_ℓ 的实部和虚部的二次方和。这就是自由度为 $2L$ 的 χ^2 分布，其概率密度函数为

$$f(x)=\frac{1}{(L-1)!}x^{L-1}\mathrm{e}^{-x},\quad x\geqslant 0 \tag{3-36}$$

计算出的平均差错概率为(见习题 3-6)

$$p_{\mathrm{e}}=\int_0^{\infty}Q(\sqrt{2x\mathrm{SNR}})f(x)\mathrm{d}x=\left(\frac{1-\mu}{2}\right)^L\sum_{\ell=0}^{L-1}\binom{L-1+\ell}{\ell}\left(\frac{1+\mu}{2}\right)^{\ell} \tag{3-37}$$

式中

$$\mu=\sqrt{\frac{\mathrm{SNR}}{1+\mathrm{SNR}}} \tag{3-38}$$

对于不同的分集支路数 L，图 3-6 为差错概率与信噪比之间的函数关系曲线，增大 L 可以显著地减小差错概率。

在高信噪条件下，可以解析地看到 L 的作用：由 1/SNR 的泰勒级数展开式的首项可以得到以下近似

$$\frac{1+\mu}{2}\approx 1,\quad \frac{1-\mu}{2}\approx\frac{1}{4\mathrm{SNR}} \tag{3-39}$$

而且

$$\sum_{\ell=0}^{L-1}\binom{L-1+\ell}{\ell}=\binom{2L-1}{L} \tag{3-40}$$

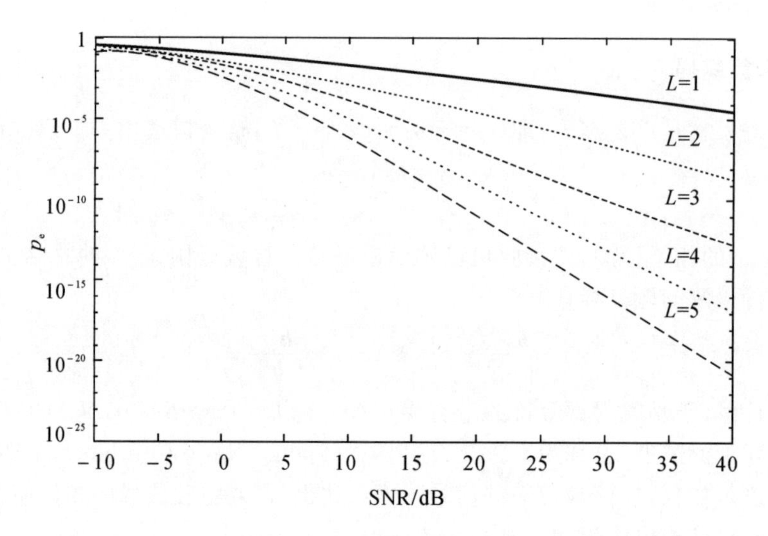

图 3-6　对于不同的分集支路数，差错概率与信噪比之间的函数关系曲线

在信噪比较高的情况下，有

$$p_e \approx \binom{2L-1}{L}\frac{1}{(4\text{SNR})^L} \tag{3-41}$$

特别地，差错概率随着 SNR 的 L 次幂而减小，对应于(刻度为 dB/dB 的)差错概率曲线中的斜率 $-L$。

为了更好地理解这个问题，下面研究深衰落事件的概率，正如 3.1.2 节的分析，在高信噪比时，典型的差错事件发生在总的信道增益较小的情况下，该事件发生的概率为

$$\mathbb{P}\{\|\boldsymbol{h}\|^2 < 1/\text{SNR}\} \tag{3-42}$$

对于不同的 L 值，图 3-7 给出了 $\|\boldsymbol{h}\|^2$ 的分布曲线，显然，随着 L 的增大，零附近的分布拖尾变得更小。对于较小的 x，$\|\boldsymbol{h}\|^2$ 的概率密度函数近似为

$$f(x) \approx \frac{1}{(L-1)!}x^{L-1} \tag{3-43}$$

于是，有

$$\mathbb{P}\{\|\boldsymbol{h}\|^2 < 1/\text{SNR}\} \approx \int_0^{\frac{1}{\text{SNR}}}\frac{1}{(L-1)!}x^{L-1}\mathrm{d}x = \frac{1}{L!}\frac{1}{\text{SNR}^L} \tag{3-44}$$

上述分析过于粗略，无法得到式(3-41)中 $1/\text{SNR}^L$ 前的正确常数，但是的确得到了正确的指数 L。实际上，当 $\sum_{\ell=1}^{L}|h_\ell|^2$ 与 1/SNR 为同一数量级或小于 1/SNR 时，就会出现错误，这种事件发生在所有增益的模 $|h_\ell|^2$ 均较小、与 1/SNR 为同一数量级的情况下。由于各 $|h_\ell|^2$ 的概率小于或近似等于 1/SNR，并且增益是相互独立的，所以，总增益很小的概率就与 $1/\text{SNR}^L$ 的数量级相同。通常将 L 称为系统的分集增益。

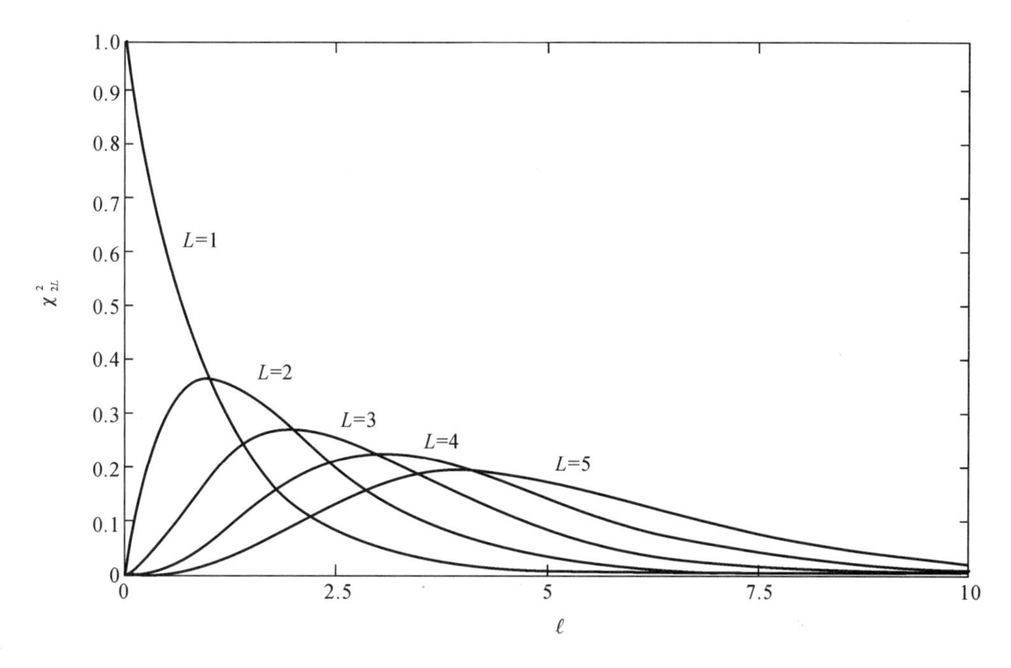

图 3-7　L 取不同值时 $\|\boldsymbol{h}\|^2$ 的概率密度函数，L 越大，概率密度函数减小到零的速度就越快

3.2.2　超越重复编码

重复编码是最简单的编码。虽然通过这种编码可以获得分集增益，但由于只是相同符号在 L 个符号时间的简单重复，所以并没有有效地利用信道中的可用自由度。采用更为复杂的编码除了可以获得分集增益外，还可以获得编码增益。可供选用的编码很多，本节首先利用旋转编码(rotation code)的例子解释说明衰落信道中码字设计的一些问题。

考虑 $L=2$ 的情况，将 BPSK 符号 $u=\pm a$ 重复两次的重复码获得的分集增益为 2，但在两个符号时间仅发送一个信息比特。在两个符号时间发送两个相互独立的 BPSK 符号 u_1, u_2 则会更高效地利用可用自由度，但是自然不会提供任何分集增益：只要信道增益 h_1, h_2 中任意一个处于深衰落，就会出现通信错误。为了结合二者的优点，考虑在两个符号时间发送如下矢量的方案

$$\boldsymbol{x}=\boldsymbol{R}\begin{bmatrix}u_1\\u_2\end{bmatrix} \tag{3-45}$$

式中

$$\boldsymbol{R}=\begin{bmatrix}\cos\theta & -\sin\theta\\ \sin\theta & \cos\theta\end{bmatrix} \tag{3-46}$$

式(3-46)为旋转矩阵[$\theta\in(0,2\pi)$]，这种编码包括以下 4 个码字

$$\boldsymbol{x}_A=\boldsymbol{R}\begin{bmatrix}a\\a\end{bmatrix},\quad \boldsymbol{x}_B=\boldsymbol{R}\begin{bmatrix}-a\\a\end{bmatrix},\quad \boldsymbol{x}_C=\boldsymbol{R}\begin{bmatrix}-a\\-a\end{bmatrix},\quad \boldsymbol{x}_D=\boldsymbol{R}\begin{bmatrix}a\\-a\end{bmatrix} \tag{3-47}$$

如图 3-8(a)所示[①]，接收信号为

$$y_l=h_l x_l+w_l, \quad l=1,2 \tag{3-48}$$

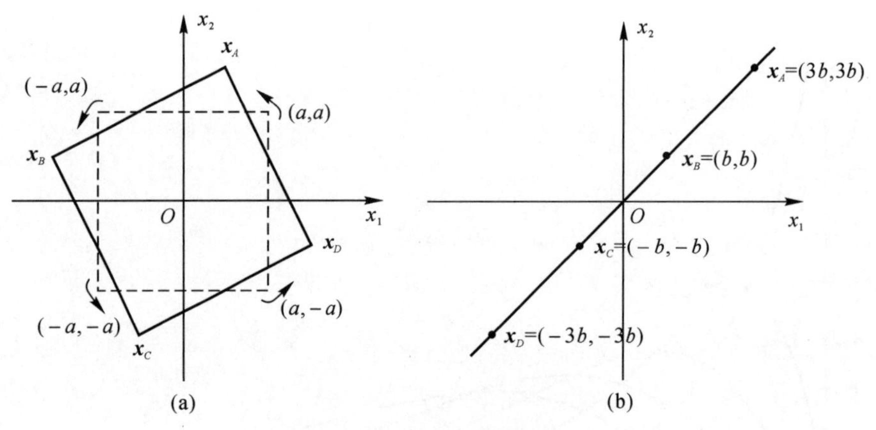

图 3-8　旋转码和重复码

(a)旋转码的码字；(b)重复码的码字

得到准确的差错概率的显式表达式是很困难的，因此，要从联合界(union bound)开始研究。由于编码的对称性，可以不失一般性地假设发射信号为 $\boldsymbol{x}_A$，一致界是指

$$p_e \leqslant \mathbb{P}\{\boldsymbol{x}_A \to \boldsymbol{x}_B\}+\mathbb{P}\{\boldsymbol{x}_A \to \boldsymbol{x}_C\}+\mathbb{P}\{\boldsymbol{x}_A \to \boldsymbol{x}_D\} \tag{3-49}$$

式中，$\mathbb{P}\{\boldsymbol{x}_A \to \boldsymbol{x}_B\}$是在仅有这两个发射信号并且发射信号为 $\boldsymbol{x}_A$ 的情况下，将 $\boldsymbol{x}_A$ 误判为 $\boldsymbol{x}_B$ 的成对差错概率。在信道增益为 h_1 与 h_2 的条件下，这就是附录 A 总结 A.2 中的二进制检测问题，其中

$$\boldsymbol{u}_A=\begin{bmatrix} h_1 x_{A1} \\ h_2 x_{A2} \end{bmatrix}, \quad \boldsymbol{u}_B=\begin{bmatrix} h_1 x_{B1} \\ h_2 x_{B2} \end{bmatrix} \tag{3-50}$$

因此

$$\mathbb{P}\{\boldsymbol{x}_A \to \boldsymbol{x}_B \mid h_1, h_2\}=Q\left(\frac{\|\boldsymbol{u}_A-\boldsymbol{u}_B\|}{2\sqrt{N_0/2}}\right)=Q\left(\sqrt{\frac{\mathrm{SNR}(|h_1|^2|d_1|^2+|h_2|^2|d_2|^2)}{2}}\right) \tag{3-51}$$

式中，$\mathrm{SNR}=a^2/N_0$，并且

$$\boldsymbol{d}=\frac{1}{a}(\boldsymbol{x}_A-\boldsymbol{x}_B)=\begin{bmatrix} 2\cos\theta \\ 2\sin\theta \end{bmatrix} \tag{3-52}$$

为码字之间的归一化码字差，这里的归一化处理使得每个符号时间的发射能量为 1。在式(3-51)中利用上界 $Q(x)\leqslant \mathrm{e}^{-x^2/2}, x>0$ 可得

$$\mathbb{P}\{\boldsymbol{x}_A \to \boldsymbol{x}_B \mid h_1, h_2\} \leqslant \exp\left(\frac{-\mathrm{SNR}(|h_1|^2|d_1|^2+|h_2|^2|d_2|^2)}{4}\right) \tag{3-53}$$

在独立瑞利衰落的假设条件下，对 h_1 与 h_2 取平均可得

① 由于 x_1 与 x_2 为实数，所以这里的通信是通过(实)I 通道进行的，但是与 3.1.3 节讨论的一样，同时利用 I 通道和 Q 通道会使频谱效率加倍。因为两个通道是正交的，所以可以对这两个通道中的发射符号分别采用相同的编码，从而获得相同的性能增益。

$$\mathbb{P}\{\boldsymbol{x}_A \to \boldsymbol{x}_B\} \leqslant E_{h_1,h_2}\left\{\exp\left[\frac{-\mathrm{SNR}(|h_1|^2|d_1|^2+|h_2|^2|d_2|^2)}{4}\right]\right\}=$$
$$\left(\frac{1}{1+\mathrm{SNR}|d_1|^2/4}\right)\left(\frac{1}{1+\mathrm{SNR}|d_2|^2/4}\right) \tag{3-54}$$

这里利用了如下事实：单位均值指数分布随机变量 X 的矩量生成函数（也称为矩母函数）为$\mathbb{E}[e^{sX}]=1/(1-s)$，$s<1$。虽然有可能得到成对差错概率的准确表达式，但是这个上界更加明确，而且，在高信噪比时是渐近紧的（见习题 3-7）。

首先可以观察到，如果 $d_1=0$ 或者 $d_2=0$，则编码的分集增益仅为 l。如果两者均非零，则在高信噪比时，上述成对差错概率的上界变为

$$\mathbb{P}\{\boldsymbol{x}_A \to \boldsymbol{x}_B\} \leqslant \frac{16}{|d_1 d_2|^2}\mathrm{SNR}^{-2} \tag{3-55}$$

当每个符号时间的编码平均能量归一化为 1 时[见式(3-52)]，称式

$$\delta_{AB}=|d_1 d_2|^2 \tag{3-56}$$

为 $\boldsymbol{x}_A$ 与 $\boldsymbol{x}_B$ 之间的二次方积距离(squared product distance)。该距离确定了两个码字之间的成对差错概率。类似地，定义 δ_{ij} 为 $\boldsymbol{x}_i$ 与 $\boldsymbol{x}_j$，$i,j=A,B,C,D$ 之间的二次方积距离，合并式(3-55)与式(3-49)得到总的差错概率的上界为

$$p_e \leqslant 16\left(\frac{1}{\delta_{AB}}+\frac{1}{\delta_{AC}}+\frac{1}{\delta_{AD}}\right)\mathrm{SNR}^{-2} \leqslant \frac{48}{\min_{j=B,C,D}\delta_{Aj}}\mathrm{SNR}^{-2} \tag{3-57}$$

可见对于所有 i,j，只要 $\delta_{ij}>0$，就会得到分集增益为 2，于是，最小二次方积距离 $\min_{j=B,C,D}\delta_{Aj}$ 确定了除分集增益以外的编码增益，该参数取决于 θ，可以通过对 θ 的优化使编码增益最大。这里

$$\delta_{AB}=\delta_{AD}=4\sin^2 2\theta,\quad \delta_{AC}=16\cos^2 2\theta \tag{3-58}$$

使得最小二次方积距离最大化的角度 θ^* 使 δ_{AB} 等于 δ_{AC}，得到 $\theta^*=(1/2)\tan^{-1}2$，$\min \delta_{ij}=16/5$。于是，式(3-57)中的上界变为

$$p_e \leqslant 15\ \mathrm{SNR}^{-2} \tag{3-59}$$

为了更清楚地了解乘积距离的重要性，由式(3-51)可以看出将 $\boldsymbol{x}_A$ 混淆为 $\boldsymbol{x}_B$ 的典型情况是接收码字的二次方欧几里得距离 $|h_1|^2|d_1|^2+|h_2|^2|d_2|^2$ 与 1/SNR 为同一数量级。当 $|h_1|^2|d_1|^2$ 和 $|h_2|^2|d_2|^2$ 与 1/SNR 为同一数量级时，这一事件也大致有效，并且发生的概率近似为

$$\left(\frac{1}{|d_1|^2\mathrm{SNR}}\right)\left(\frac{1}{|d_2|^2\mathrm{SNR}}\right)=\frac{1}{|d_1|^2|d_2|^2}\mathrm{SNR}^{-2} \tag{3-60}$$

因此，$|d_1|^2$ 和 $|d_2|^2$ 均较大才能确保分集技术抵消两个分量中的衰落。

有趣的是如何将这种编码与重复编码进行比较。为了保持相同的比特速率（2 个实值符号传递 2 bit），重复编码将采用 4-PAM 调制 $\{-3b,-b,b,3b\}$，其符号如图 3-8(b)所示。由式(3-51)可知，两个相邻码字（例如，$\boldsymbol{x}_A$ 与 $\boldsymbol{x}_B$）的成对差错概率为

$$\mathbb{P}\{\boldsymbol{x}_A \to \boldsymbol{x}_B\}=\mathbb{E}\left[Q\left(\sqrt{\mathrm{SNR}/2(|h_1|^2|d_1|^2+|h_2|^2|d_2|^2)}\right)\right] \tag{3-61}$$

但是，现在 4-PAM 星座在每个符号时间的平均信噪比为 $\mathrm{SNR}=5b^2/N_0$①，$d_1=d_2=2/\sqrt{5}$ 为相邻码字之间的归一化分量差。因此，重复编码的最小二次方积距离为 16/25，而前面

① 前面已经看到，对于相同的星座点间隔而言，4-PAM 星座所需的能量是 BPSK 的 5 倍之多。

介绍的旋转编码的最小二次方积距离为 16/5。由于这两种情况下的差错概率都与SNR^{-2}成比例，所以得到的结论是，对于相同的乘积距离而言，旋转编码较重复编码提高了编码增益，可以用节约$\sqrt{5}$倍(3.5 dB)的发射功率来表示。这种提高来源于总乘积距离的增大，反过来也是因为将码字扩展到二维空间，而不是像重复编码一样将码字集中在一维直线上。这也是 QPSK 较 BPSK 更为高效的原因(见 3.1.3 节的讨论)。

下述对以上讨论进行归纳总结，并将其推广到任意时间分集编码的情况。

总结 3.1　时间分集编码的设计准则

理想时间交织信道为

$$y_\ell = h_\ell x_\ell + w_\ell, \quad \ell = 1,2,\cdots,L \tag{3-62}$$

式中，h_ℓ 为独立同分布且服从$\mathcal{CN}(0,1)$分布的瑞利衰落信道增益。

$\boldsymbol{x}_1, \boldsymbol{x}_2, \cdots, \boldsymbol{x}_M$ 为分组长度为 L 的时间分集码的码字，归一化使得

$$\frac{1}{ML}\sum_{i=1}^{M} \| \boldsymbol{x}_i \|^2 = 1 \tag{3-63}$$

总的差错概率的联合界为

$$p_e \leqslant \frac{1}{M}\sum_{i \neq j} \mathbb{P}\{\boldsymbol{x}_i \to \boldsymbol{x}_j\} \tag{3-64}$$

成对差错概率的上界为

$$\mathbb{P}\{\boldsymbol{x}_i \to \boldsymbol{x}_j\} \leqslant \prod_{\ell=1}^{L} \frac{1}{1 + \mathrm{SNR}\,|x_{i\ell} - x_{j\ell}|^2/4} \tag{3-65}$$

式中，$x_{i\ell}$ 为码字 $\boldsymbol{x}_i$ 的第 ℓ 个分量；$\mathrm{SNR} = 1/N_0$。

设 L_{ij} 为码字 $\boldsymbol{x}_i$ 与 $\boldsymbol{x}_j$ 不相同分量的数量，则这种编码的分集增益为

$$\min_{i \neq j} L_{ij} \tag{3-66}$$

当 $i \neq j$ 时，$L_{ij} = L$，则这种编码实现了信道的满分集 L，并且

$$p_e \leqslant \frac{4^L}{M}\sum_{i \neq j} \frac{1}{\delta}\,\mathrm{SNR}^{-L} \leqslant \frac{4^L (M-1)}{\min_{i \neq j}\delta}\,\mathrm{SNR}^{-L} \tag{3-67}$$

式中

$$\delta_{ij} = \prod_{\ell=1}^{L} |x_{i\ell} - x_{j\ell}|^2 \tag{3-68}$$

为 $\boldsymbol{x}_i$ 与 $\boldsymbol{x}_j$ 之间的二次方积距离。

以上讨论的旋转编码是为在衰落信道中利用时间分集专门设计的。然而，在 AWGN 信道中，由于独立同分布高斯噪声是旋转不变的，所以星座旋转不会影响性能。另外，为 AWGN 信道设计的编码，例如线性分组码或卷积码，可以与交织技术共同用于提取衰落信道中的时间分集，并且可以利用上述一般结构分析其性能。例如，编码符号被理想交织的二进制线性分组码的分集增益就是码字之间的最小汉明距离(minimum Hamming distance)，或者等价地是最小码字重量；二进制卷积码的分集增益为编码的自由距离，即编码卷积码序列的最小重量。习题 3 - 11 进一步讨论了这些编码的性能分析以及各种译码技术。

同时应该注意到的是，上述编码设计准则是在符号经历独立同分布瑞利衰落的假设条件下推出的，可以推广到编码符号通过相关衰落信道的情况(见习题 3 - 12)，还可以推广到莱斯衰落的情况(见习题 3 - 18)。不过，这些编码设计准则均取决于所假设的特定信道统计量。

受到信息论的启发，第 9 章采用一种完全不同的研究方法会找到对于所有信道统计量都有效的通用设计准则，同时还能够定义最优时间分集编码意味着什么。

例 3.1　GSM 中的时间分集

GSM 是欧洲于 20 世纪 80 年代研发的数字蜂窝通信标准。GSM 是一种频分双工(Frequency Division Duplex, FDD)系统，采用两个 25 MHz 的频带，其中一个用于上行链路(从移动台到基站)，另一个用于下行链路(从基站到移动台)。最初划分给 GSM 的频带为 890～915 MHz(上行链路)和 935～960 MHz(下行链路)，这些频带再进一步被划分为 200 kHz 的子信道，各子信道由 8 个用户通过时分的方式共享(即时分多址接入，Time Division Multiple Access，TDMA)。各用户的数据通过长度为 577 μs 的时隙发送，8 个用户的时隙构成了长度为 4.615 ms 的一帧，见图 3-9。

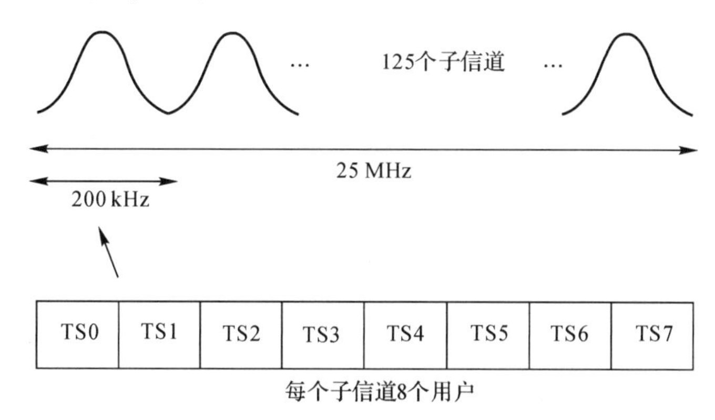

图 3-9　GSM 系统的 25 MHz 频带被划分为 200 kHz 的子信道，各子信道又被进一步划分为 8 个不同用户的时隙

语音是 GSM 系统中的主要应用。语音经语音编码器编码后形成长度为 20 ms 的语音帧，再利用卷积码对各个语音帧的比特进行编码，这里卷积码的码率为 1/2，两个生成多项式为 D^4+D^3+1 与 D^4+D^3+D+1，各语音帧编码后的比特数为 456。为实现时间分集，这些编码后的比特需通过分配给特定用户的 8 个连续时隙进行交织，第 0，8，…，448 个比特进入第一个时隙，第 1，9，…，449 个比特进入第二个时隙，依此类推。由于对每个用户而言，每隔 4.615 ms出现一个时隙，这就转化为大约 40 ms 的时延，这是语音可以接受的。8 个时隙被 2 个 20 ms 的语音帧共享，交织结构如图 3-10 所示。

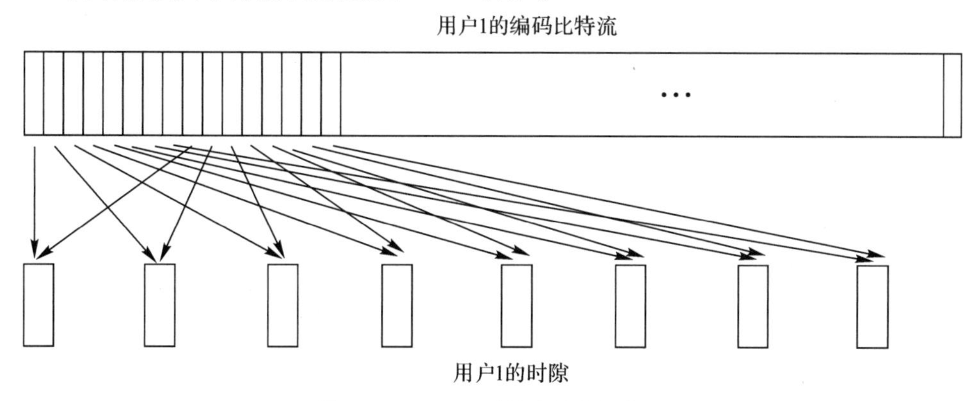

图 3-10　GSM 系统中的交织方法

可能的最大时间分集增益为 8，但是可以获得的实际增益取决于信道波动的快慢，以及移动速度。如果移动速度为 v，则最大可能的多普勒扩展(假定环境中为全散射)为 $D_s=2f_cv/c$，其中 f_c 为载波频率，c 为光速(回顾 2.1.4 节的例子)。相干时间大致为 $T_c=1/(4D_s)=c/(8f_cv)$[见式(2-44)]。对于在用户的不同时隙衰落大致相互独立的信道而言，相干时间应该小于 5 ms，当 $f_c=900$ MHz 时，这就转换为移动速度至少为 30 km/h。

对于步行速度 3 km/h 而言，几乎不存在时间分集，在这种情况下，GSM 可以进入跳频(frequency hopping)模式，即(由 8 个用户的时隙组成的)连续帧可以从一个 200 kHz 子信道跳到另一子信道。典型的时延扩展为 1 μs，相干带宽为 500 kHz(见表 2-1)。因此，总带宽 25 MHz远大于典型的信道相干带宽，连续帧就会经历相互独立的衰落，这与时间分集的效果相同，3.4 节会讨论利用频率分集的另一种方式。

3.3 天线分集

为了利用时间分集，必须在若干个相干时间周期内进行交织和编码，然而，当存在严格的时延限制和(或)相干时间较大时，就不可能利用时间分集了，在这种情况下，必须采用其他形式的分集。在发射机和(或)接收机安装多副天线就可以实现天线分集，即空间分集。如果天线安装的间隔足够大，那么不同天线对之间信道增益的衰落大致是相互独立的，于是也就得到相互独立的信号路径，所需的天线间隔取决于本地的散射环境以及载波频率，对于很多散射体包围的地面附近的移动台而言，信道在较短的空间距离上是不相关的，半个至一个载波波长的典型天线间隔足够。对于位于高塔处的基站而言，所需的天线间隔较大，为数十个载波波长(关于这一问题更为详细的讨论见第 7 章)。

本节将研究采用多副接收天线(单输入多输出信道，Single Input Multiple Output，SIMO)的接收分集以及采用多副发射天线(多输入单输出信道，Multiple Input Single Output，MISO)的发射分集。在后一种情况下会出现有趣的编码问题，并已经由此引出了近年来空时码(space-time codes)的研究热点。采用多副发射天线与多副接收天线的信道[多输入多输出信(Multiple Input Multiple Output，MIMO)]可能有更大的利用潜力，除了可以提供分集外，MIMO 信道还提供了额外的通信自由度。这里会利用 2×2 的实例涉及这方面的一些问题，关于 MIMO 通信的全面研究将是第 7～10 章的主要内容。

3.3.1 接收分集

在采用 1 副发射天线和 L 副接收天线的平坦衰落信道中[见图 3-11(a)]，信道模型为

$$y_\ell[m]=h_\ell[m]x[m]+w_\ell[m],\quad \ell=1,2,\cdots,L \tag{3-69}$$

式中，噪声 $w_\ell[m]\sim\mathcal{CN}(0,N_0)$，并且关于天线相互独立。要根据 $y_1[m],\cdots,y_L[m]$检测出 $x[1]$，这与重复编码和时间交织中所使用的恰好是完全相同的检测问题，只不过现在是 L 条空间分集支路而不是时间分集支路。如果天线的间距足够远，则可以假定增益 $h_\ell[1]$相互独立且服从瑞利分布，由此得到分集增益 L。

当采用接收分集时，随着 L 的增大，实际上存在两种类型的增益，这可以从 BPSK 在信道增益已知条件下的差错概率表达式(3-34)看出

$$Q(\sqrt{2\,\|\boldsymbol{h}\|^2\mathrm{SNR}}) \tag{3-70}$$

可以将信道增益已知条件下的总接收信噪比分解为如下两项的乘积

$$\|\boldsymbol{h}\|^2\mathrm{SNR}=L\mathrm{SNR}\cdot\frac{1}{L}\|\boldsymbol{h}\|^2 \tag{3-71}$$

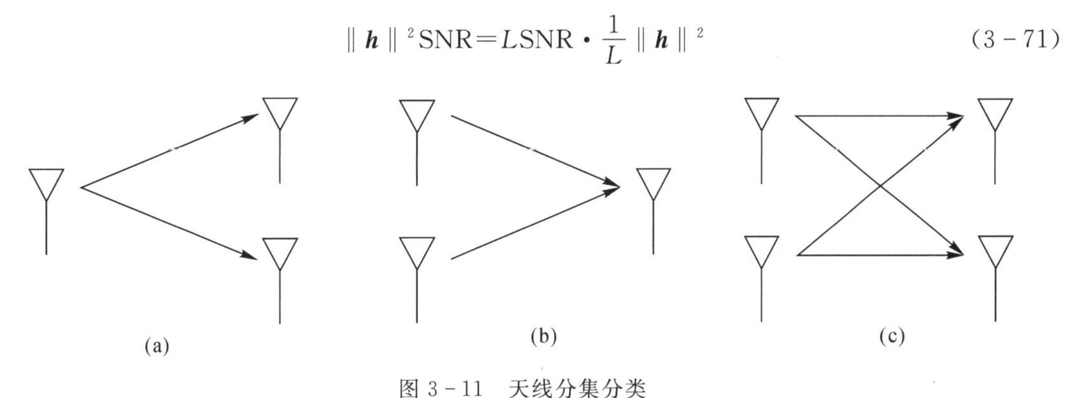

图 3 - 11　天线分集分类

(a)接收分集；(b)发射分集；(c) 发射与接收分集

第一项对应于功率增益(也称为阵列增益)，在接收机采用多副接收天线并进行相干合并时，总的有效接收信号功率随着 L 线性增加:L 加倍会产生 3 dB 的功率增益①。第二项反映了分集增益:对多个独立的信号路径取平均，就可以使总增益以较小的概率减小。分集增益 L 可以由式(3 - 41)中的信噪比指数来反映，功率增益影响了 $1/\mathrm{SNR}^L$ 之前的常数。注意，如果信道增益 $h_\ell[1]$对于所有支路都完全相关，那么增大 L 时能够获得的仅仅是功率增益而不是分集增益。另一方面，即使在所有 h_ℓ 都相互独立的情况下，随着 L 的增大也会存在逐渐减小的边缘回报:由大数定律可知，式(3 - 71)中的第二项

$$\frac{1}{L}\|\boldsymbol{h}\|^2=\frac{1}{L}\sum_{?=1}^{L}|h_\ell[1]|^2 \tag{3-72}$$

随着 L 的增加而收敛到 1(假定各信道增益均被归一化，具有单位方差)。另外，功率增益并没有受到这种限制的影响:天线数量每增加一倍对应于获得 3 dB 的增益②。

3.3.2　发射分集:空时码

下述考虑有 L 副发射天线、1 副接收天线的 MISO 信道[见图 3 - 11(b)]。这在蜂窝系统的下行链路是常见的，因为在基站安装多副天线通常要比在手持机安装多副天线更为便宜。很容易获得分集增益 L，即在 L 个符号时间通过 L 副不同的天线发射相同的符号。在任意时刻，仅有一副发射天线开启，其余均关闭，这正是重复编码，而且如前一节所述，重复码相当浪费自由度。更一般地，任何分组长度为 L 的时间分集码都可以用于该发射分集系统中:一个时刻仅采用一副天线，并将时间分集码的编码符号通过不同的天线连续发射出去，这样就可以得到优于重复码的编码增益。也可以专门为发射分集系统设计编码，在该领域已经开展了大量的关于空时编码的研究活动，这里仅讨论其中最简单的但也是最经典的空时码之一:Alamouti 编码方案。这是几种第三代蜂窝标准中提出来的发射分集方案，Alamouti 方案是

---

①　虽然从数学上讲，时间分集重复编码中也会出现同样的情况，但是其接收信噪比来自发送单个比特所需总发射能量的增加，因此，将其称为功率增益并不合适。

②　由于接收功率不可能大于发射功率，所以这个结论最终是不成立的，但是模型中待分析的天线数量是极其巨大的。

为两副发射天线设计的，在某种程度上也可能推广到多于两副天线的情况。

1. Alamouti 方案

在平坦衰落情况下，两路发射和一路接收的信道可以表示为

$$y[m]=h_1[m]x_1[m]+h_2[m]x_2[m]+w[m] \tag{3-73}$$

式中，h_i 为从发射天线 i 到接收天线的信道增益。Alamouti 方案通过两个符号时间发射两个复符号 u_1 与 u_2：在时刻 1，$x_1[1]=u_1$，$x_2[1]=u_2$；在时刻 2，$x_1[2]=-u_2$，$x_2[2]=u_1$。如果假定信道在两个符号时间保持恒定，并设 $h_1=h_1[1]=h_1[2]$，$h_2=h_2[1]=h_2[2]$，则表示成矩阵形式为

$$[y[1]y[2]]=[h_1h_2]\begin{bmatrix}u_1 & -u_2^* \\ u_2 & u_1^*\end{bmatrix}+[w[1]w[2]] \tag{3-74}$$

我们感兴趣的是检测 u_1 与 u_2，可将该式重新写为

$$\begin{bmatrix}y[1] \\ y[2]^*\end{bmatrix}=\begin{bmatrix}h_1 & h_2 \\ h_2^* & -h_1^*\end{bmatrix}\begin{bmatrix}u_1 \\ u_2\end{bmatrix}+\begin{bmatrix}w[1] \\ w[2]^*\end{bmatrix} \tag{3-75}$$

可以观察到，方阵的各列是正交的，因此，u_1 与 u_2 的检测问题就分解为两个独立的正交标量检测问题。将 $\boldsymbol{y}$ 投影到这两列就得到充分统计量为

$$r_i=\|\boldsymbol{h}\|u_i+w_i,\quad i=1,2 \tag{3-76}$$

式中，$\boldsymbol{h}=[h_1\quad h_2]^{\mathrm{T}}$；$w_i\sim\mathcal{CN}(0,N_0)$，并且 w_1 与 w_2 相互独立。因此，各符号检测的分集增益为 2，与重复码相比，此时通过两个符号时间发射的是两个符号而不是一个符号，但是每个符号的发射功率是重复码的一半(假定两种情况下的总发射功率是相同的)。

Alamouti 方案对于符号 u_1 与 u_2 的任何星座都适用。现在假定采用 BPSK 符号，于是在两个符号时间传递的就是全部两个比特。如果采用重复编码方案，需要利用 4 - PAM 符号来达到相同的数据速率。为了在 Alamouti 方案中实现与 BPSK 符号相同的最小距离，每个符号所需的能量是 BPSK 的 5 倍。由于重复码方案中一个时刻仅发射一个符号，能量节约因子为 2，所以可以看出重复码方案所需的功率较 Alamouti 方案多 2.5 倍(4 dB)。另外，重复码方案还会受到无法高效地利用信道可用自由度的影响：比特在两个符号时间仅进入接收信号空间的一维，即沿 $[h_1\quad h_2]^{\mathrm{T}}$ 方向。相反，Alamouti 方案沿两个正交方向 $[h_1\quad h_2^*]^{\mathrm{T}}$ 与 $[h_2\quad -h_1^*]^{\mathrm{T}}$ 将信息扩展到两维。

2. 空时码设计的行列式准则

从 3.2 节可以看到，利用时间分集的良好编码应该使得码字之间的最小乘积距离最大化。空时码中存在类似的概念吗？为了回答这个问题，将空时码看成是复码字的集合 $\{\boldsymbol{X}_i\}$，其中各 $\boldsymbol{X}_i$ 为 $L\times N$ 矩阵，L 为发射天线的数量，N 为码字的分组长度。例如，在 Alamouti 方案中，各码字具有如下形式

$$\begin{bmatrix}u_1 & -u_2^* \\ u_2 & u_1^*\end{bmatrix} \tag{3-77}$$

且 $L=2$，$N=2$。与此不同，重复码方案中各码字具有以下形式

$$\begin{bmatrix}u & 0 \\ 0 & u\end{bmatrix} \tag{3-78}$$

更一般地，码字为 $\{\boldsymbol{x}_i\}$ 的任意分组长度 L 的时间分集码可以转换为码字矩阵为 $\{\boldsymbol{X}_i\}$ 的分

组长度为 L 的发射分集码，则有

$$\boldsymbol{X}_i=\operatorname{diag}\{x_{i1},\cdots,x_{iL}\} \tag{3-79}$$

为方便起见，对码字进行归一化，从而使得每个符号时间的平均能量为 1，因此，SNR$=1/N_0$。假定信道对于 N 个符号时间保持恒定，则有

$$\boldsymbol{y}^{\mathrm{T}}=\boldsymbol{h}^*\boldsymbol{X}+\boldsymbol{w}^{\mathrm{T}} \tag{3-80}$$

式中

$$\boldsymbol{y}=\begin{bmatrix}y[1]\\ \vdots\\ y[N]\end{bmatrix},\quad \boldsymbol{h}=\begin{bmatrix}h_1\\ \vdots\\ h_L^*\end{bmatrix},\quad \boldsymbol{w}=\begin{bmatrix}w[1]\\ \vdots\\ w[N]\end{bmatrix} \tag{3-81}$$

为了确定差错概率的上界，考虑在发射 $\boldsymbol{X}_A$ 的情况下将 $\boldsymbol{X}_A$ 混淆为 $\boldsymbol{X}_B$ 的成对差错概率。在衰落增益为 $\boldsymbol{h}$ 的条件下，得到熟悉的高斯矢量检测问题（见总结 A.2）：在循环对称加性高斯白噪声下，在 $\boldsymbol{h}^*\boldsymbol{X}_A$ 与 $\boldsymbol{h}^*\boldsymbol{X}_B$ 之间做出判决。充分统计量为 $\Re\{\boldsymbol{v}^*\boldsymbol{y}\}$，其中 $\boldsymbol{v}=\boldsymbol{h}^*(\boldsymbol{X}_A-\boldsymbol{X}_B)$，条件成对差错概率为

$$\mathbb{P}\{\boldsymbol{X}_A\rightarrow\boldsymbol{X}_B\mid\boldsymbol{h}\}=Q\left(\frac{\|\boldsymbol{h}^*(\boldsymbol{X}_{\mathrm{A}}-\boldsymbol{X}_{\mathrm{B}})\|}{2\sqrt{N_0/2}}\right) \tag{3-82}$$

关于信道统计量取平均后的成对差错概率为

$$\mathbb{P}\{\boldsymbol{X}_A\rightarrow\boldsymbol{X}_B\}=\mathbb{E}\left[Q\left(\sqrt{\frac{\mathrm{SNR}\,\boldsymbol{h}^*(\boldsymbol{X}_A-\boldsymbol{X}_B)(\boldsymbol{X}_A-\boldsymbol{X}_B)^*\boldsymbol{h}}{2}}\right)\right] \tag{3-83}$$

矩阵$(\boldsymbol{X}_A-\boldsymbol{X}_B)(\boldsymbol{X}_A-\boldsymbol{X}_B)^*$为厄米特矩阵[①]，因此，可以通过酉变换将其变换为对角矩阵，即$(\boldsymbol{X}_A-\boldsymbol{X}_B)(\boldsymbol{X}_A-\boldsymbol{X}_B)^*=\boldsymbol{U\Lambda U}^*$，其中 U 为酉矩阵[②]，$\boldsymbol{\Lambda}=\operatorname{diag}\{\lambda_1^2,\cdots,\lambda_L^2\}$。这里 λ_ℓ 为码字差矩阵 $\boldsymbol{X}_A-\boldsymbol{X}_B$ 的奇异值。因此，可以将成对差错概率重新写为

$$\mathbb{P}\{\boldsymbol{X}_A\rightarrow\boldsymbol{X}_B\}=\mathbb{E}\left[Q\left(\sqrt{\frac{\mathrm{SNR}\sum_{\ell=1}^{L}|\tilde{h}_\ell|^2\lambda_\ell^2}{2}}\right)\right] \tag{3-84}$$

式中，$\tilde{\boldsymbol{h}}=\boldsymbol{U}^*\boldsymbol{h}$。在瑞利衰落模型中，衰落系数 h_ℓ 独立同分布且服从$\mathcal{CN}(0,1)$分布，于是，$\tilde{\boldsymbol{h}}$ 与 $\boldsymbol{h}$ 服从相同的分布[见附录 A 式(A-22)]。因此，参考式(3-54)，得到平均成对差错概率为

$$\mathbb{P}\{\boldsymbol{X}_A\rightarrow\boldsymbol{X}_B\}\leqslant\prod_{\ell=1}^{L}\frac{1}{1+\mathrm{SNR}\lambda_\ell^2/4} \tag{3-85}$$

如果 λ_ℓ^2 对于所有的码字之差严格为正，则可以获得最大分集增益 L。由于正特征值 λ_ℓ^2 的数量等于码字差矩阵的秩，所以只有当 $N\geqslant L$ 时才有可能获得最大分集增益。如果所有的 $\lambda_?^2$ 的确为正，则

$$\mathbb{P}\{\boldsymbol{X}_A\rightarrow\boldsymbol{X}_B\}\leqslant\frac{4^L}{\mathrm{SNR}^L\prod_{\ell=1}^{L}\lambda_\ell^2}=\frac{4^L}{\mathrm{SNR}^L\det[(\boldsymbol{X}_A-\boldsymbol{X}_B)(\boldsymbol{X}_A-\boldsymbol{X}_B)^*]} \tag{3-86}$$

同时获得分集增益 L。编码增益由所有码字对行列式 $\det[(\boldsymbol{X}_A-\boldsymbol{X}_B)(\boldsymbol{X}_A-\boldsymbol{X}_B)^*]$ 的最小值确定，通常称为行列式准则。

---

① 如果 $\boldsymbol{X}^*=\boldsymbol{X}$，那么称复方阵 $\boldsymbol{X}$ 为厄米特矩阵。

② 如果 $\boldsymbol{U}^*\boldsymbol{U}=\boldsymbol{U}\boldsymbol{U}^*=\boldsymbol{I}$，那么称复方阵 $\boldsymbol{U}$ 为酉矩阵。

在发射分集码来自时间分集码的特殊情况下，空时码矩阵是对角阵[见式(3-79)]，并且 $\lambda_l=|d_l|^2$ 为相应时间分集码字之间分量差的模二次方。于是，行列式准则与已经为时间分集码推导出来的二次方积距离准则式(3-68)是一致的。

可以将 Alamouti 方案获得的编码增益与重复码方案的编码增益进行比较，也就是要实现与重复码方案相同的差错概率，Alamouti 方案少消耗多少功率呢？对于采用 BPSK 符号 u_i 的 Alamouti 方案而言，最小行列式为 4，而采用 4-PAM 符号的重复码方案的最小行列式为 16/25(需要验证！)。这就意味着 Alamouti 方案的编码增益约为重复码编码增益的 6 倍，与上述分析一致。

Alamouti 发射分集方案的接收机结构相当简单，实际上，利用线性接收机就能够分离在两个时隙通过两副发射天线发送的两个符号。事实上，两个符号通过非干扰并行信道，提供的是 2 阶分集。习题 3-16 推导出一些性质，即编码结构必须满足对于两个以上的发射天线能够模拟这一特性。

3.3.3 MIMO：一个 2×2 实例

1. 自由度

下面考虑包括两副发射天线和两副接收天线的 MIMO 信道[见图 3-11(c)]。设 h_{ij} 为从发射天线 j 到接收天线 i 的瑞利分布信道增益，假定发射天线与接收天线的间距足够大，于是可以认为衰落增益 h_{ij} 相互独立。在发射机与接收机之间存在四条相互独立的衰落路径，表明可以获得的最大分集增益为 4，前一节介绍的相同的重复码方案可以达到这一性能：在两个连续的符号时间通过两副天线发射相同的符号(在各符号时间都有一副天线不发射任何符号)。如果发射符号为 x，则在时刻 1 两副接收机天线处的接收符号为

$$y_i[1]=h_{i1}x+w_i[1],\quad i=1,2 \tag{3-87}$$

在时刻 2 为

$$y_i[2]=h_{i2}x+w_i[2],\quad i=1,2 \tag{3-88}$$

对 4 个接收符号进行最大比合并，就得到增益为 $\sum_{i=1}^{2}\sum_{j=1}^{2}|h_{ij}|^2$ 的等效信道，从而获得 4 倍的分集增益。

然而，正如在 2×1 信道情况下，重复码方案没有很好地利用信道的自由度，每两个符号时间仅发射一个数据符号。就这一点讲，Alamouti 方案每两个符号时间发射两个数据符号，其性能更好。习题 3-20 证明了 2×2 信道中的 Alamouti 方案实际上提供了两路相互独立的信道，与式(3-76)类似，但是各路信道的增益为 $\sum_{i=1}^{2}\sum_{j=1}^{2}|h_{ij}|^2$。因此，两个数据符号的分集增益为 4，与重复码方案提供的分集增益相同。

但是，Alamouti 方案是否利用了 2×2 信道中的所有可用自由度呢？2×2 信道究竟有多少自由度呢？

2.2.3 节已经将信道的自由度定义为接收信号空间的维数。在包含两副发射天线、一副接收天线的信道中，自由度对于每个符号时间都等于 1。重复码方案在每个符号时间仅利用了半个自由度，而 Alamouti 方案则利用了全部自由度。

在包括 L 副接收天线、一副发射天线的情况下，接收信号位于 L 维矢量空间，但是没有张

成整个空间。为了清楚地看到这一点,考虑由式(3-69)得到的信道模型(省略了符号时标 m)为

$$\boldsymbol{y}=\boldsymbol{h}x+\boldsymbol{w} \tag{3-89}$$

式中,$\boldsymbol{y}=[y_1,\cdots,y_L]^{\mathrm{T}}$;$\boldsymbol{h}=[h_1,\cdots,h_L]^{\mathrm{T}}$;$\boldsymbol{w}=[w_1,\cdots,w_L]^{\mathrm{T}}$。感兴趣的信号 $\boldsymbol{h}x$ 位于一维空间①。因此,得出如下结论:包含多副接收天线一副发射天线的信道在每个符号时间的自由度仍然为 1。

在 2×2 信道中,每个符号时间可能存在两个自由度。为了说明这一点,可以将信道写为

$$\boldsymbol{y}=\boldsymbol{h}_1x_1+\boldsymbol{h}_2x_2+\boldsymbol{w} \tag{3-90}$$

式中,x_j 与 $\boldsymbol{h}_j$ 分别为发射符号和来自发射天线 j 的信道增益矢量;$\boldsymbol{y}=[y_1,y_2]^{\mathrm{T}}$ 与 $w=[w_1,w_2]^{\mathrm{T}}$ 分别为接收信号矢量和服从$\mathcal{CN}(0,N_0)$分布的噪声矢量。只要 $\boldsymbol{h}_1$ 与 $\boldsymbol{h}_2$ 线性无关,信号空间的维数即为 2:来自发射天线 j 的信号以其自身的方向 $\boldsymbol{h}_j$ 到达接收端,并且在采用两副接收天线的情况下,接收机能够区分出这两路信号。与 2×1 信道相比,此时存在来自空间的额外自由度。图 3-12 归纳总结了这种情况。

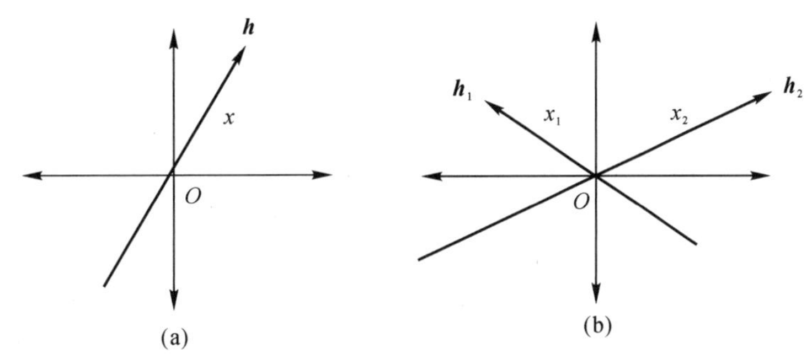

图 3-12　多天线传输系统中的信号空间

(a)在 2×2 信道中,信号空间为由 $\boldsymbol{h}$ 张成的一维空间;

(b)在 2×2 信道中,信号空间为由 $\boldsymbol{h}_1$ 和 $\boldsymbol{h}_2$ 张成的二维空间

2. 空间多路复用

现在已经看到,重复码方案与 Alamouti 方案均没有利用 2×2 信道的全部自由度。能够利用全部自由度的一种非常简单的方法如下:通过不同的天线和不同的符号时间发送独立的未编码符号。这是空间多路复用方案的一个实例:独立数据流在空间进行多路复用(在文献中也称为 V-BLAST)。为了分析这一方案的性能,我们将成对差错概率上界式(3-85)的推导从一副接收天线扩展到多副接收天线的情况。习题 3-19 证明了采用 n_{r} 副接收天线时,将码字 $\boldsymbol{X}_A$ 混淆为 $\boldsymbol{X}_B$ 的概率的相应上界为

$$\mathbb{P}\{\boldsymbol{X}_A\rightarrow\boldsymbol{X}_B\}\leqslant\left[\prod_{\ell=1}^{L}\frac{1}{1+\mathrm{SNR}\lambda_\ell^2/4}\right]^{n_{\mathrm{r}}} \tag{3-91}$$

式中,λ_ℓ 为码字差矩阵 $\boldsymbol{X}_A-\boldsymbol{X}_B$ 的奇异值,该上界对于一般分组长度的空时码都成立。我们的特殊方案不是关于时间进行编码,而“仅是在空间”进行编码。分组长度为 1,码字为二维矢量 $\boldsymbol{x}_1,\boldsymbol{x}_2$,于是上界简化为

---

① 这是标量$(\boldsymbol{h}^*/\|\boldsymbol{h}\|)\boldsymbol{y}$为检测 x 时的充分统计量的原因[见式(3-33)]。

$$\mathbb{P}\{\boldsymbol{x}_1 \to \boldsymbol{x}_2\} \leqslant \left[\frac{1}{1+\mathrm{SNR}\ \|\boldsymbol{x}_1-\boldsymbol{x}_2\|^2/4}\right]^2 \leqslant \frac{16}{\mathrm{SNR}^2\ \|\boldsymbol{x}_1-\boldsymbol{x}_2\|^4} \tag{3-92}$$

信噪比因子的指数为分集增益:空间多路复用方案获得的分集增益为2,由于不存在发射天线编码,所以显然没有任何能够利用的发射分集;因此,分集完全来自两副发射天线。因子$\|\boldsymbol{x}_1-\boldsymbol{x}_2\|^4$所起到的作用与确定编码增益时的行列式$\det[(\boldsymbol{X}_A-\boldsymbol{X}_B)(\boldsymbol{X}_A-\boldsymbol{X}_B)^*]$的作用[参见式(3-86)]类似。

与Alamouti方案相比,V-BLAST方案的分集增益较小(前者为4,而后者为2)。另外,空间自由度的完全利用应当允许更高效的比特填充,得到更大的编码增益。为了详细地说明这一问题,假设在空间多路复用方案中利用BPSK符号实现2 b/(s·Hz^{-1})信息比特传输。与前面的分析一样,假定每个符号时间的平均发射能量被归一化为1,利用式(3-92)可以明确地计算出最差情况下成对差错概率的上界为

$$\max_{i\neq j} \mathbb{P}\{\boldsymbol{x}_i \to \boldsymbol{x}_j\} \leqslant 4 \cdot \mathrm{SNR}^{-2} \tag{3-93}$$

另外,由式(3-91)可以计算出采用4-PAM符号传递同样的2 b/(s·Hz^{-1})的Alamouti方案相应的上界为

$$\max_{i\neq j} \mathbb{P}\{\boldsymbol{x}_i \to \boldsymbol{x}_j\} \leqslant 10\ 000 \cdot \mathrm{SNR}^{-4} \tag{3-94}$$

显而易见,在Alamouti方案的上界中,随信噪比衰减的因子之前的常数的确太大。

从V-BLAST方案中可以获得两条经验。首先,我们看到了多副天线的新作用:除了具有分集功能外,还能够提供额外的通信自由度。在某种意义上,这是一个更有用的观点,也是在第7章将深入研究的观点。其次,这一方案还揭示了空时码性能分析框架的局限性。前面几节所采用的方法总是寻找能够从信道中获取最大分集的方案,之后再比较它们的编码增益,而编码增益又是这些方案利用可用自由度的效率的函数。这种方法在比较2×2信道的V-BLAST方案和Alamouti方案时并不能够满足我们的要求:V-BLAST的分集增益不及Alamouti方案,但利用空间自由度的效率更高,从而得到的分集增益更大。因此,需要一个将两种性能测度合并为一个统一的衡量标准的更有效的分析框架,这也是第9章要讨论的主要问题。届时还将讨论最优方案意味着什么,是否可能找到实现满分集和信道自由度完全利用的方案等问题。

3. 低复杂度检测:解相关器

Alamouti方案的一项优势就是其低复杂度的最大似然接收机:译码分解为两个正交的单符号检测问题。V-BLAST的最大似然检测不具备上述优势,即需要两个符号的联合检测。复杂度随着天线数量增加而指数增加,我们会很自然地问:次最优单符号检测器能够达到什么样的性能呢?第8章将深入研究MIMO接收机结构,但是这里将给出一个简单检测器的实例,即解相关器,并分析其在2×2信道中的性能。

为了启发这种检测器的定义,将式(3-90)的信道重新写为

$$\boldsymbol{y}=\boldsymbol{H}\boldsymbol{x}+\boldsymbol{w} \tag{3-95}$$

式中,$\boldsymbol{H}=[\boldsymbol{h}_1\quad \boldsymbol{h}_2]$为信道矩阵;输入$\boldsymbol{x}=[x_1\quad x_2]^{\mathrm{T}}$由两个相互独立的符号$x_1, x_2$组成。为了分解两个符号的检测,一种想法是找到信道的逆,即

$$\tilde{\boldsymbol{y}}=\boldsymbol{H}^{-1}\boldsymbol{y}=\boldsymbol{x}+\boldsymbol{H}^{-1}\boldsymbol{w}=\boldsymbol{x}+\tilde{\boldsymbol{w}} \tag{3-96}$$

并分别检测各符号。由于噪声样本$\tilde{w}_1$与$\tilde{w}_2$是相关的,所以与最大似然检测相比,这是一种

次最优的检测方法。那么，性能损失究竟如何呢？

下述集中讨论来自天线 1 的符号 x_1 的检测问题。通过直接计算得到的噪声 $\tilde{w}_1$ 的方差为

$$\frac{|h_{22}|^2+|h_{12}|^2}{|h_{11}h_{22}-h_{12}h_{21}|^2}N_0 \tag{3-97}$$

于是，可以将式(3-96)中矢量方程的第一个分量重新写为

$$\tilde{y}_1=x_1+\frac{\sqrt{|h_{22}|^2+|h_{12}|^2}}{|h_{11}h_{22}-h_{21}h_{12}|}z_1 \tag{3-98}$$

式中，$z_1\sim\mathcal{CN}(0,N_0)$是 $\tilde{w}_1$ 经过比例变换后的结果，并且与 x_1 相互独立。等效地，经过比例变换后的输出可以写为

$$y'_1=\frac{h_{11}h_{22}-h_{21}h_{12}}{\sqrt{|h_{22}|^2+|h_{12}|^2}}\tilde{y}_1=(\boldsymbol{\phi}_2^*\boldsymbol{h}_1)x_1+z_1 \tag{3-99}$$

式中

$$\boldsymbol{h}_i=\begin{bmatrix}h_{1i}\\h_{2i}\end{bmatrix},\quad \boldsymbol{\phi}_i=\frac{1}{\sqrt{|h_{2i}|^2+|h_{1i}|^2}}\begin{bmatrix}h_{2i}^*\\-h_{1i}^*\end{bmatrix},\quad i=1,2 \tag{3-100}$$

从几何上讲，可以将 $\boldsymbol{h}_j$ 解释为来自发射天线 j 的信号“方向”，将 $\boldsymbol{\phi}_j$ 解释为与 $\boldsymbol{h}_j$ 正交的方向。式(3-99)表明，在解调来自天线 1 的符号时，信道逆将接收信号 $\boldsymbol{y}$ 投影到与 $\boldsymbol{h}_2$ 相互正交的方向上来消除来自发射天线 2 的干扰(见图 3-13)。信号部分为$(\boldsymbol{\phi}_2^*\boldsymbol{h}_1)x_1$，标量增益 $\boldsymbol{\phi}_2^*\boldsymbol{h}_1$，为循环对称高斯随机变量，是二维独立同分布循环对称高斯随机矢量($\boldsymbol{h}_1$)在独立单位矢量($\boldsymbol{\phi}_2$)上的投影[见附录 A 式(A-22)]。因此，标量信道式(3-99)与 1×1 信道类似呈瑞利衰落，并且分集增益仅为单位 1。注意，如果天线 2 不产生任何干扰，则分集增益为 2：矢量 $\boldsymbol{h}_1$ 的范数 $\|\boldsymbol{h}_1\|^2$ 很小，导致在接收 x_1 时质量较差。然而，$\boldsymbol{h}_1$ 中与 $\boldsymbol{h}_2$ 相互的垂直的分量较小已经导致严重破坏，这就是消除来自天线 2 的干扰所付出的代价，与此相比，最大似然检测器通过两个符号的联合检测保持了分集增益为 2。

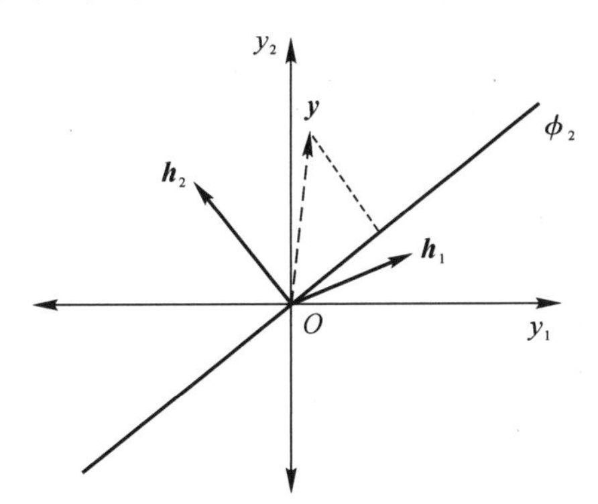

图 3-13　x_1 的解调：接收矢量 y 被投影到与 $\boldsymbol{h}_2$ 相互正交的方向 ϕ_2 上，只要 $\boldsymbol{h}_1$ 在 ϕ_2 上的投影较小，那么 x_1 的等效信道就处于深衰落

在采用两副发射天线的点对点链路中已经讨论了 V-BLAST 方案，但是，因为没有对天线进行编码，所以可以将两副发射天线同等地看成是各自拥有一副天线的两个不同的用户。在多用户情况下，上述接收机有时被称为干扰归零器(interference nuller)、迫零接收机(zeroforcing receiver)或者解相关器。它在解调一个用户符号的同时消除了其他用户(干扰源)的影响,我们看到,采用这种接收机后,两副天线能够执行无线系统的两个功能之一,在没有干扰的情况下,在点到点链路中提供两倍的分集增益,或者用于消除干扰用户的影响,但此时提供的分集增益不超过1。然而,不能同时完成这两项功能,这并不是信道本身的限制,而是解相关器的限制;如果采用联合最大似然检测,则两个用户就可以同时得到各自两倍的分集增益的支持。

总结 3.2　2×2 MIMO 方案

不同方案在 2×2 信道中的性能总结如下:

	分集增益	每符号时间利用的自由度
重复编码	4	1/2
Alamouti	4	1
V-BLAST(ML)	2	2
V-BLAST(干扰抑制)	1	2
信道自身	4	2

3.4　频率分集

3.4.1　基本概念

到目前为止,我们所关注的均是窄带平坦衰落信道。当多条路径在一个符号时间内到达时,这些信道可建模为单抽头滤波器。然而,在宽带信道中,发射信号要在多个符号时间到达,并且接收机能够分辨出来自多条路径的信号,此时频率响应不再是平坦的,即发射带宽大于信道的相干带宽 W_c。这样就提供了另外一种形式的分集——频率分集。

首先从 2.2 节介绍的无线信道的离散时间基带模型开始分析,回顾式(2-35)与式(2-38),采样输出 $y[m]$ 可以写为

$$y[m]=\sum_{\ell}h_{\ell}[m]x[m-\ell]+w[m] \tag{3-101}$$

式中,$h_{\ell}[m]$ 表示时刻 m 的第 ℓ 个信道滤波器抽头。为了在最简单的情况下理解频率分集的概念,首先考虑在时刻 0 发送一个符号 $x[0]$ 并且之后不再发送任何符号的一次性通信情况,接收机的接收信号为

$$y[\ell]=h_{\ell}[\ell]x[0]+w[\ell],\quad \ell=0,1,2,\cdots \tag{3-102}$$

如果假定信道响应的抽头数量为有限值 L,由于抽头增益 $h_{\ell}[\ell]$ 也被假设为相互独立的,那么信号的时延副本就提供了检测 $x[0]$ 的 L 条分集支路。由于信道的宽带特性,接收机能够分辨出来自多条路径的信号,从而实现这种分集,因此称之为频率分集。

基于上述想法,每隔 L 个符号时间发送一个信息符号就得到一种简单的通信方案,可以获得最大的分集增益 L,但这种方法存在的问题非常浪费自由度:每个时延扩展仅能发送一个符号。实际上,可以认为这种方案与时间分集和空间分集中采用的重复发送 L 次一个信息符

号的重复码是类似的。在这种情况下,一旦要更为频繁地发送符号,就会出现码间干扰(Inter -Symbol Interference, ISI),即前一个符号的时延副本对当前符号产生干扰。于是,要解决的问题就是在利用信道固有频率分集的同时如何处理码间干扰,一般而言,有如下三种常用的方法。

(1)采用均衡的单载波系统:在接收端通过线性和非线性处理,可以在某种程度上减轻码间干扰。利用维特比算法可以实现发射符号的最优 ML 检测,然而,维特比算法的复杂度随着抽头的数量指数增加,并且通常仅用于等效抽头的数量较小的情况。另外,线性均衡器在检测当前符号的同时线性地抑制来自其他符号的干扰,其复杂度较低。

(2)直接序列扩频:采用这种方法时,信息符号被伪噪声序列调制后通过远远大于数据速率的带宽 W 发射出去,因为符号速率非常低,所以码间干扰很小,从而大大简化了发射机结构。从一个用户的角度讲,这种方法虽然会导致不能高效地利用系统的总自由度,但允许多个用户共享总的自由度,并且用户彼此之间都表现为伪噪声。

(3)多载波系统:通过发射预编码将 ISI 信道转换为一组无干扰、正交子载波,其中各子载波经历窄带平坦衰落。对不同子载波的符号进行编码就可以实现分集,这种方法也称为离散多音(Discrete Multi - Tone, DMT)或正交频分多路复用(Orthogonal Frequency Division Multiplexing, OFDM)。跳频扩频可以看成是一次利用一个载波的特殊情况。

例如,GSM 是单载波系统,IS - 95 CDMA 与 IEEE802.11b(无线局域网标准)是基于直接序列扩频的,IEEE802.11a 是一个多载波系统。

现在依次讨论上述三种方法。一个重要的概念是,虽然频率分集是宽带信道所固有的,但码间干扰却不是,因为它取决于所采用的调制技术。例如,在 OFDM 系统中,不存在码间干扰,但间隔大于相干带宽的子载波的衰落或多或少是相互独立的,因此仍然存在频率分集。

窄带系统通常工作在相当高的信噪比区域,相比之下,在宽带系统中,能量被扩展到许多自由度,信道不确定性对接收机在频率选择性信道中提取固有分集的能力的影响变得更加显著。这一点将在 3.5 节中讨论,但在本节假定接收机拥有信道的准确估计。

3.4.2 具有 ISI 均衡的单载波

具有码间干扰均衡的单载波是频率选择性信道通信的经典方法,已经用于无线系统以及诸如音频调制解调器等有线系统中。这一领域的研究工作已经做了很多,但本节集中讨论分集问题。

从时刻 1 开始,未编码独立符号序列 $x[1],x[2],\cdots$ 通过频率选择性信道式(3 - 101) 发射。假定信道抽头在 N 个符号时间不发生变化,则时刻 m 的接收符号为

$$y[m]=\sum_{\ell=0}^{L-1} h_\ell x[m-\ell]+w[m] \tag{3-103}$$

式中,$x[m]=0,m<1$。为简单起见,这里假定抽头 h_ℓ 相互独立,且服从方差为 $1/L$ 的瑞利分布,但是以下的讨论更具普遍意义(见习题 3 - 25)。

要从接收信号中检测各发射符号,从接收信号中提取符号的过程称为均衡。与前一节介绍的每隔 L 个符号时间发送一个符号的简单方案相比,这里是每个符号时间都发送一个符号,因此存在严重的码间干扰。此时仍然能够获得最大的分集增益 L 吗?

1. 将频率选择性信道看作 MISO 信道

为了分析这个问题，将频率选择性信道转换为包括 L 副发射天线和 1 副接收天线且信道增益为 $h_0, h_1, \cdots, h_{L-1}$ 的平坦衰落 MISO 信道。考虑 MISO 信道中的如下传输方案：在时刻 1，符号 $x[1]$ 通过天线 1 被发射，其他天线不工作；在时刻 2，$x[1]$ 通过天线 2 发射，$x[2]$ 通过天线 1 发射，其他天线不工作；在时刻 m，$x[m-\ell]$ 通过天线 $\ell+1$ 发射，$\ell=0,1,\cdots,L-1$，如图 3-14 所示。该 MISO 信道在时刻 m 的接收符号与我们所考虑的频率选择性信道的接收符号完全相同。

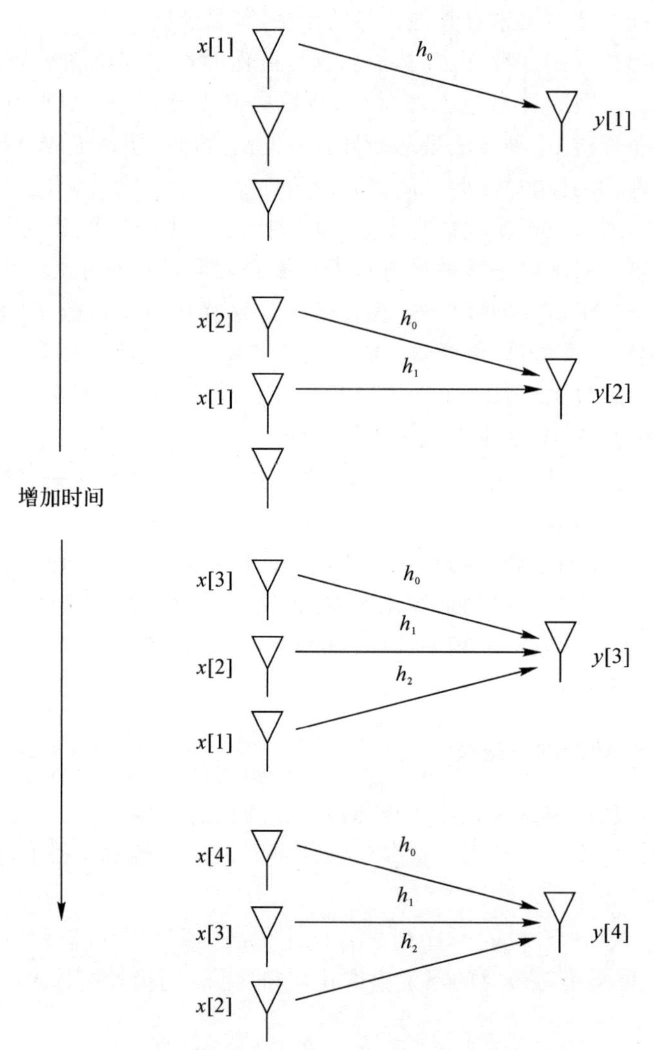

图 3-14　与频率选择性信道等效的 MISO 信道

一旦将频率选择性信道转化为 MISO 信道，就可以利用 3.3.2 节介绍的方法进行分析。首先，如果要获得符号(例如 $x[N]$)的满分集，很显然，需要观察时刻 $N+L-1$ 之前的所有接收符号。在这些符号时间，可以将系统表示为如下矩阵形式[与式(3-80)相同]

$$\boldsymbol{y}^{\mathrm{T}}=\boldsymbol{h}^{*}\boldsymbol{X}+\boldsymbol{w}^{\mathrm{T}} \tag{3-104}$$

式中，$\boldsymbol{y}^{\mathrm{T}}=[y[1]\quad y[2]\quad\cdots\quad y[N+L-1]]$；$\boldsymbol{h}^{*}=[h_0\quad h_1\quad\cdots\quad h_{L-1}]$；$\boldsymbol{w}^{\mathrm{T}}=$

$[w[1]\quad w[2]\quad \cdots\quad w[N+L-1]]$，$L\times(N+L-1)$空时码矩阵为

$$\boldsymbol{X}=\begin{bmatrix} x[1] & x[2] & \cdots & & x[N] & \cdots & x[N+L-1] \\ 0 & x[1] & x[2] & & \cdots & x[N] & x[N+L-2] \\ 0 & 0 & x[1] & x[2] & \cdots & & \\ \vdots & \vdots & \vdots & \vdots & & \vdots & \\ 0 & 0 & \cdots & x[1] & x[2] & \cdots & x[N] \end{bmatrix} \tag{3-105}$$

对应于发射序列为 $\boldsymbol{x}=[x[1],x[2],\cdots,x[N+L-1]]^{\mathrm{T}}$。

2. 差错概率分析

考虑基于接收矢量 $\boldsymbol{y}$ 的序列 $\boldsymbol{x}$ 的最大似然检测（Maximum Likelihood Sequence Detection，MLSD）。采用最大似然序列检测后，在发射 $\boldsymbol{x}_A$ 的情况下，将 $\boldsymbol{x}_A$ 混淆为 $\boldsymbol{x}_B$ 的成对差错概率与式(3-85)相同为

$$\mathbb{P}\{\boldsymbol{X}_A\rightarrow\boldsymbol{X}_B\}\leqslant\prod_{\ell=1}^{L}\frac{1}{1+\mathrm{SNR}\lambda_\ell^2/4} \tag{3-106}$$

式中，λ_ℓ^2 为矩阵$(\boldsymbol{X}_A-\boldsymbol{X}_B)(\boldsymbol{X}_A-\boldsymbol{X}_B)^*$ 的特征值；SNR为每个接收符号的总接收信噪比（即对所有路径求和）。只要差矩阵$(\boldsymbol{X}_A-\boldsymbol{X}_B)$的秩为 L，该差错概率就依SNR^{-L} 规律减小。

由联合界的结论可知，不正确地检测特定符号 $x[N]$的概率上界为

$$\sum_{\boldsymbol{x}_B:x_B[N]\neq x_A[N]}\ell\{\boldsymbol{x}_A\rightarrow\boldsymbol{x}_B\} \tag{3-107}$$

式中的求和运算是对于 $\boldsymbol{x}_A$ 的第 N 个符号不相同的所有发射矢量 $\boldsymbol{x}_B$ 进行的①。为了实现满分集，差矩阵$(\boldsymbol{X}_A-\boldsymbol{X}_B)$必须对所有这样的矢量 $\boldsymbol{x}_B$ 均是满秩的[参见式(3-86)]。假设 m^* 为矢量 $\boldsymbol{x}_A$ 与 $\boldsymbol{x}_B$ 首次出现不同的符号时刻，由于它们在前 N 个符号时间内至少出现一次不同，$m^*\leqslant N$，所以差矩阵具有以下形式：

$$\boldsymbol{X}_A-\boldsymbol{X}_B=\begin{bmatrix} 0 & \cdots & 0 & x_A[m^*]-x_B[m^*] & & \\ 0 & \cdots & 0 & & x_A[m^*]-x_B[m^*] & \\ 0 & \cdots & 0 & & & \\ \vdots & \vdots & \vdots & \vdots & \vdots & \vdots \\ 0 & \cdots & 0 & & & x_A[m^*]-x_B[m^*] \end{bmatrix} \tag{3-108}$$

可见，差矩阵的所有行是线性无关的，因此，$\boldsymbol{X}_A-\boldsymbol{X}_B$ 是满秩的（即秩等于 L）。可以归纳总结如下：

与最大似然序列检测相结合的未编码传输利用时刻 $N+L-1$ 之前的所有观测值，即延时了 $L-1$ 个符号时间，可以实现符号 $x[N]$的满分集。

与每隔 L 个符号时间发射一个符号的方案相比，这种方案获得了相同的分集增益 L，并且还可以在每个符号时间发射一个独立的符号，这就转化为数量相当的“编码增益”（见习题 3-26）。

在本节的分析中，很方便地将频率选择性信道转换为 MISO 信道，然而，也可以将这一转

① 严格地讲，最大似然序列检测仅使得序列差错概率最小化，而不是符号差错概率。然而，这是利用接下来要讨论的维特比算法实现码间干扰均衡的标准检测器。在任何情况下，最大似然序列检测的符号差错概率性能都是最优符号差错性能的上界。

换逆转:如果在 MISO 信道中发射具有式(3-105)形式的空时码,则可以将该 MISO 信道转换为频率选择性信道。这就是时延分集方案,也是对 MISO 信道首次提出的发射分集方案之一。

3. 最大似然序列检测的实现:维特比算法

假定接收矢量 $\boldsymbol{y}$ 的长度为 n,最大似然序列检测就是要解决以下优化问题:

$$\max_{x} \mathbb{P}\{\boldsymbol{y} | \boldsymbol{x}\} \tag{3-109}$$

采用穷举搜索的复杂度随着分组长度 n 的增长而指数增长。高效的算法必须利用这一问题的结构,而且关于 n 是递归的,这样就不必对每个符号时间都从零开始解决问题。这种解决方案就是众所周知的维特比算法。

我们注意到的一个关键事实是频率选择性信道的记忆性可以用有限状态机捕获。在时刻 m,定义状态(一个 L 维矢量)为

$$\boldsymbol{s}[m]=\begin{bmatrix} x[m-L+1] \\ x[m-L+2] \\ \vdots \\ x[m] \end{bmatrix} \tag{3-110}$$

图 3-15 给出了 $x[m]$为 BPSK 符号时的有限状态机实例,状态数量为 M^L 时,其中 M 为各符号 $x[m]$的星座尺寸。

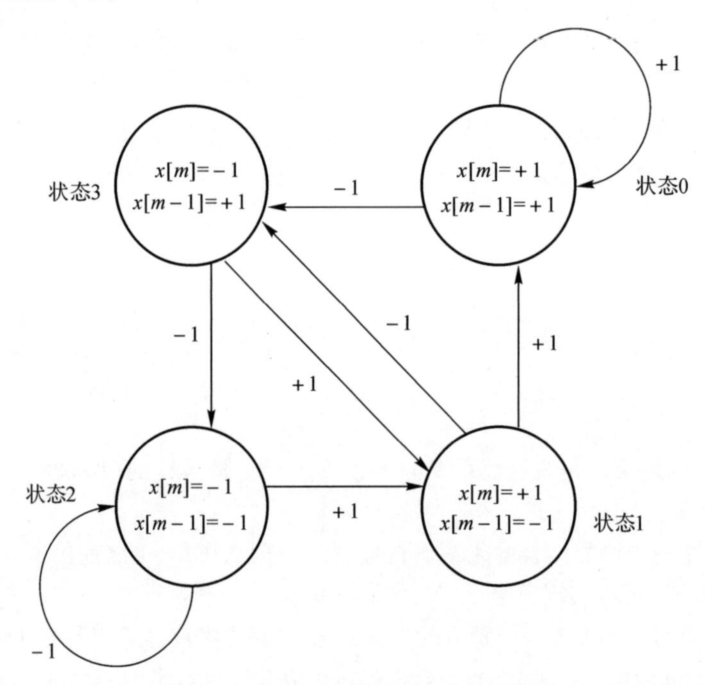

图 3-15　$x[m]$取值为±1 的 BPSK 符号且 $L=2$ 的有限状态机,共有四个状态

接收符号 $y[m]$为

$$y[m]=\boldsymbol{h}^{*} s[m]+w[m] \tag{3-111}$$

与式(3-104)一样,$\boldsymbol{h}$ 表示频率选择性信道。最大似然序列检测问题式(3-109)可以重新写为

$$\min_{s[1],\cdots,s[n]} -\lg \mathbb{P}\{y[1],y[2],\cdots,y[n] \mid s[1],s[2],\cdots,s[n]\} \tag{3-112}$$

且满足状态序列的转移约束条件(即 $s[m]$的第二个分量与 $s[m+1]$的第一个分量相同)。在状态序列 $s[1],s[2],\cdots,s[n]$的条件下，接收符号相互独立且对数似然比可以分解为以下求和：

$$\lg \mathbb{P}\{y[1],y[2],\cdots,y[n] \mid s[1],s[2],\cdots,s[n]\} = \sum_{m=1}^{n} \lg \mathbb{P}\{y[m] \mid s[m]\} \quad (-113)$$

式(3-112)的优化问题可以表示为寻找通过 n 层网格的最短路径，如图 3-16 所示。各状态序列($s[1],s[2],\cdots,s[n]$)均可看成是通过网格的一条路径，在给定接收序列 $y[1]$，$y[2],\cdots,y[n]$时，第 m 次转移的代价为

$$c_m(s[m]) = -\lg \mathbb{P}\{y[m] \mid s[m]\} \tag{3-114}$$

由动态规划的最优化原理可以给出递归解。设 $V_m(s)$为通向第 m 层的给定状态 s 的最短路径代价，于是，对于所有状态 s 而言，$V_m(s)$可以通过以下递归计算得到，即

$$V_1(s) = c_1(s) \tag{3-115}$$

$$V_m(s) = \min_{u}[V_{m-1}(u) + c_m(s)], \quad m>1 \tag{3-116}$$

这里的取最小值运算是对所有可能的状态 u 进行的，即仅考虑有限状态机在第$(m-1)$层所处的状态，并且在第 m 层仍然能够终止于状态 s。该递归公式的正确性正是基于如下事实：如果在第 m 层达到状态 s 的最短路径在第$(m-1)$层通过状态 u^*，则第$(m-1)$层之前的部分路径本身必为到达状态 u^* 的最短路径，如图 3-17 所示。因此，为了计算到达第 m 层的最短路径，只要扩大为计算到达第$(m-1)$层的最短路径就足够了，而这些已经计算出来了。

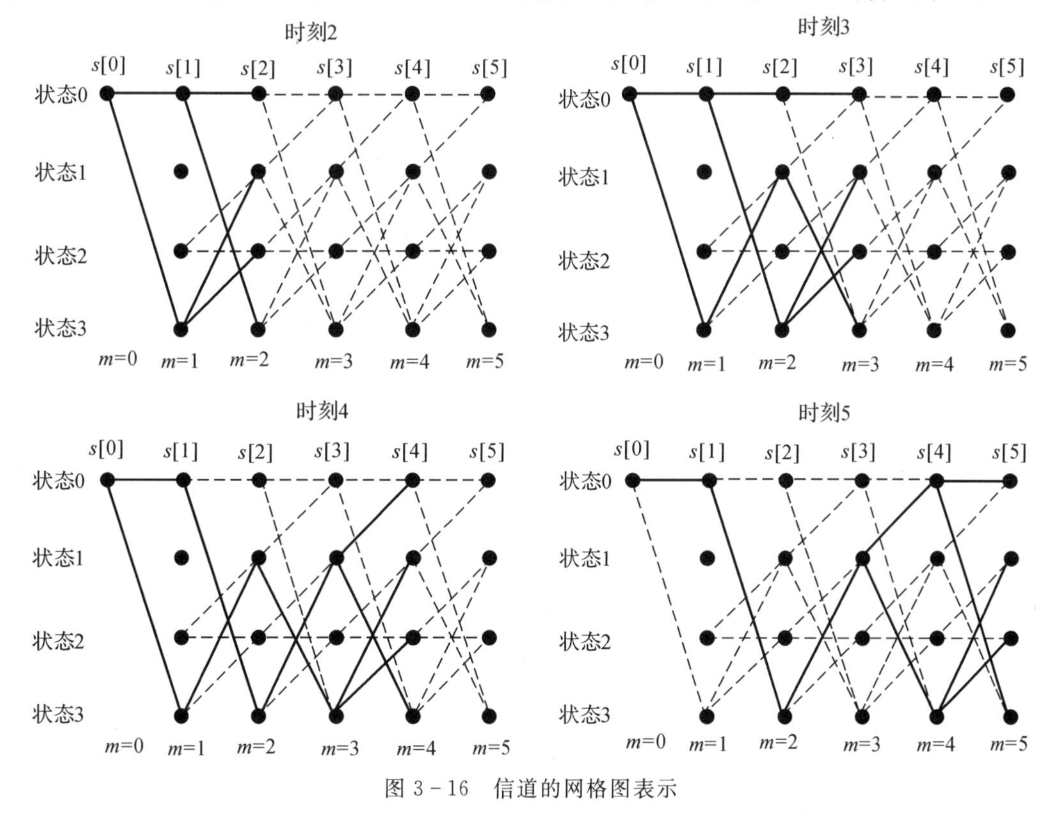

图 3-16　信道的网格图表示

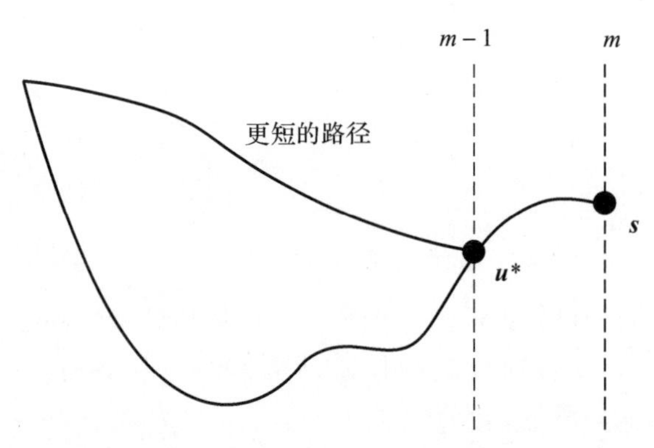

图 3－17　动态规划原理：如果在第 m 层达到状态 s 的最短路径的前 $(m-1)$ 段不是在第 $(m-1)$ 层到达状态 $\boldsymbol{u}^*$ 的最短路径，则可以找达到状态 s 的更短路径

一旦计算出所有状态 $\boldsymbol{s}$ 的 $V_m(\boldsymbol{s})$，那么到达第 m 层的最短路径就是这些值中关于所有状态 s 的最小值，这样就解决了优化问题式(3－112)，而且解关于 n 是递归的。

维特比算法的复杂性与层数 n 呈线性关系，因此，每个符号的代价是常数，这是较穷举搜索的巨大改进。然而，其复杂度还与状态空间的大小 M^L 成比例，其中 M 为各符号星座的尺寸。因此，对于抽头数量较少的信道虽然可以实现最大似然序列检测，但是当 L 变大时就变得不实际了。

最大似然序列检测的计算复杂度引起了我们寻找可以获得相当性能的次最优均衡器的兴趣，其中包括线性均衡器[例如迫零均衡器和最小均方误差(Minimum Mean Square Error，MMSE)均衡器，由对接收符号的简单线性运算及其后的简单硬译码器实现]，以及这类均衡器中的判决反馈均衡器(Decision－Feedback Equalizer，DFE)。判决反馈均衡器在执行线性均衡之前，要将前面检测到的符号从接收信号中删除。在讨论 8.1 中将利用 MIMO 信道与频率选择性信道的一种对应关系进一步讨论这些均衡器。

3.4.3　直接序列扩频

采用宽带宽的常见通信系统是直接序列(Direct－Sequence，DS)扩频系统，其基本组件如图 3－18 所示，信息经编码、伪噪声(Pseudo Noise，PN)序列调制之后，通过带宽 W 发射出去。与前节分析的每个符号时间发送一个独立符号的系统相比，扩频系统的数据速率 R b/s 通常较传输带宽 WHz 小得多，有时将比值 W/R 称为系统的处理增益(processing gain)。例如，IS－95(CDMA)是一个直接序列扩频系统，带宽为 1.228 8 MHz，典型数据速率(语音)为 9.6 Kb/s，于是，处理增益为 128。因此，每个用户的每个自由度发射的比特非常少。用扩频系统的术语讲，各样本周期称为码片，描述扩频系统的另一种方式即码片速率远远大于数据速率。

因为扩频系统中每个用户的符号速率非常低，所以码间干扰通常可以忽略不计，同时也不需要进行均衡。但是接下来的讨论表明，一种被称为瑞克(Rake)接收机的更简单接收机可以用于提取频率分集。在蜂窝环境中，多个扩频用户共享很宽的带宽，虽然各个用户的比特率会很低，但是总的比特率却很高。较大的用户处理增益可用于减轻以随机噪声形式出现的来自其他用户的干扰。除了提供频率分集对抗多径衰落并允许多址接入外,扩频系统还起到其他一些作用,例如对蓄意干扰源的抗干扰功能、在有其他监听器存在的情况下实现消息保密等。第 4 章将讨论扩频系统的多址接入问题,但本节则集中讨论直接序列扩频系统如何实现频率分集。

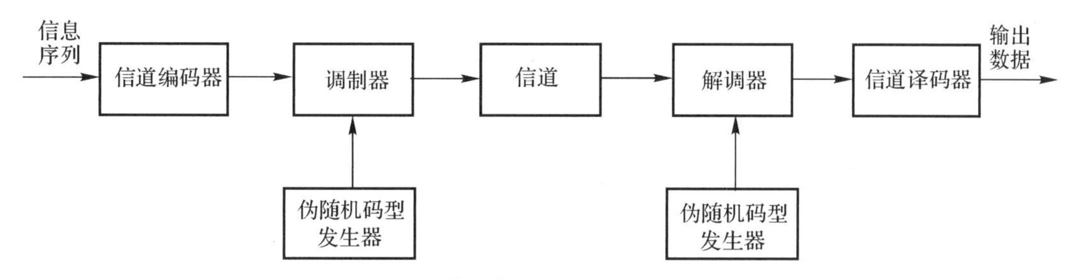

图 3-18　直接序列扩频系统的基本组件

1. 瑞克接收机

设发射码片长度为 n 的两个伪噪声序列 $\boldsymbol{x}_A$、$\boldsymbol{x}_B$ 之一,考虑宽带多径信道的二进制检测问题,在这种情况下,二进制符号通过 n 个码片发射,接收信号可以表示为

$$y[m]=\sum_{\ell}h_{\ell}[m]x[m-\ell]+w[m] \tag{3-117}$$

假定仅当 $\ell=0,1,\cdots,L-1$ 时 $h_\ell[m]$非零,即信道包含 L 个抽头。可以认为 L/W 即时延扩展 T_d,同时假定在序列发射期间 $h_\ell[m]$不随 m 而变化,即认为信道是时不变的,当 $n\ll T_cW$ 时该假设成立,其中 T_c 为信道的相干时间。另外假定连续符号之间的干扰可以忽略不计,这样就可以独立地考虑每个符号的二进制检测问题,当 $n\gg L$ 时该假设有效,这在高处理增益的扩频系统中是相当常见的。否则,连续符号之间的码间干扰就会变得严重,从而需要采用均衡器来减轻码间干扰。但是应该注意到,同时假定的 $n\gg T_dW$ 与 $n\ll T_cW$,仅当 $T_d\ll T_c$ 时才可能成立。在典型的蜂窝系统中,T_d 的数量级为微秒,T_c 的数量级为几十毫秒,因此,这一假设非常合理(由第 2 章表 2-2 可知,满足该条件的信道称为欠扩展信道)。

由以上假设可知,输出就是输入与 LTI 信道的卷积加上噪声,即

$$y[m]=(h*x)[m]+w[m],\quad m=1,2,\cdots,n+L-1 \tag{3-118}$$

式中,h_ℓ 为时不变信道滤波器响应的第 ℓ 个抽头,当 $\ell<0$ 以及 $\ell>L-1$ 时,$h_\ell=0$。假定接收机已知信道 h,将接收矢量 $\boldsymbol{y}=[y[1]\quad y[2]\quad\cdots\quad y[n+L-1]]^t$ 投影到 $n+L-1$ 维矢量 $\boldsymbol{v}_A$ 与 $\boldsymbol{v}_B$ 上,其中 $\boldsymbol{v}_A=[(h*x_A)[1]\quad[(h*x_A)[2]\quad\cdots\quad(h*x_A)[N+L-1]]^{\mathrm{T}}$,$\boldsymbol{v}_B=[(h*x_B)[1]\quad(h*x_B)[2]\quad\cdots\quad(h*x_B)[N+L-1]]^{\mathrm{T}}$,就得到两个充分统计量 r_A 与 r_B,即

$$r_A=\boldsymbol{v}_A^*\boldsymbol{y},\quad r_B=\boldsymbol{v}_B^*\boldsymbol{y} \tag{3-119}$$

r_A 与 r_B 的计算可以首先通过将接收信号匹配滤波为 $\boldsymbol{x}_A$ 与 $\boldsymbol{x}_B$ 来实现,匹配滤波器的输出经过与信道响应 h 相匹配的滤波器之后,再于时刻 $n+L-1$ 进行采样(见图 3-19),这就称为瑞克接收机。瑞克接收机实际完成的功能就是接收信号与其候选发射序列中的平移信号的内积运算。各输出在适当的时延处经信道抽头增益加权后再求和,与特定时延有关的信号路径有时也称为瑞克接收机的一条支路。

正如上述所讨论的,继续假定接收机已知信道增益 h_ℓ,实际上,这些增益必须通过导频信号或者在面向判决的模式中利用前面的检测符号进行估计和跟踪(信道估计问题将在 3.5.2

节讨论)。另外,由于硬件条件的限制,瑞克接收机实际使用的支路数量比时延扩展范围内的抽头总数 L 要少,在这种情况下,也存在一种跟踪机制,即瑞克接收机不断地搜索强信号路径(抽头),并将有限的支路数分配给这些路径。

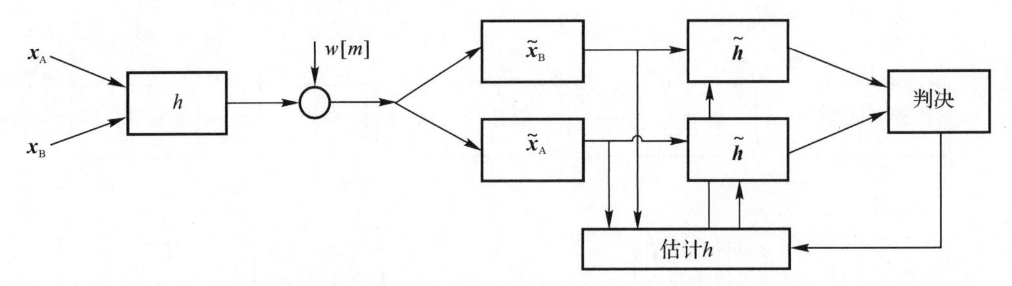

图 3-19　瑞克接收机,其中 $\tilde{h}$ 是与 h 相匹配的滤波器,即 $\tilde{h}_\ell = h^*_{-\ell}$,$\tilde{h}$ 的各抽头表示瑞克接收机的一条支路

2. 性能分析

下面分析瑞克接收机的性能。为了简化表示,我们专门研究双极性调制(即 $\boldsymbol{x}_A = -\boldsymbol{x}_B = \boldsymbol{u}$),而其他调制方案的分析也是类似的。扩频系统的一个重要特点是发射信号($\pm u$)具有伪噪声特性。伪噪声序列的定义特征是其平移序列之间近似正交,更准确地讲,如果 $\boldsymbol{u} = [u[1] \quad \cdots \quad u[n]]$,并且

$$\boldsymbol{u}^{(\ell)} = [0 \quad \cdots \quad 0 \quad u[1] \quad \cdots \quad u[n] \quad 0 \quad \cdots \quad 0]^{\mathrm{T}} \tag{3-120}$$

为 $\boldsymbol{u}$ 平移 ℓ 个码片后的 $n+L$ 维矢量(因此,在矢量 $\boldsymbol{u}$ 之前有 ℓ 个 0,在矢量 $\boldsymbol{u}$ 之后有 $L-\ell$ 个 0),则伪噪声特性意味着,对于 $\ell=0,1,\cdots,L-1$ 而言,有

$$|(\boldsymbol{u}^{(\ell)})^*(\boldsymbol{u}^{(\ell')})| \ll \sum_{i=1}^{n} |u[i]|^2, \quad \ell \neq \ell' \tag{3-121}$$

为了简化分析,假定完全正交:如果 $\ell \neq \ell'$,$(\boldsymbol{u}^{(\ell)})^*(\boldsymbol{u}^{(\ell')}) = 0$。

现在证明瑞克接收机的性能与 3.2 节介绍的重复编码中具有 L 条支路的分集模型的性能相同。观察与前面使用的不相同的一组检测问题的充分统计量就可以看到这一点。将信道模型重新写为矢量形式,有

$$\boldsymbol{y} = \sum_{\ell=0}^{L-1} h_\ell \boldsymbol{x}^{(\ell)} + \boldsymbol{w} \tag{3-122}$$

式中,$\boldsymbol{w} = [w[1] \quad w[2] \quad \cdots \quad w[N+L]]^{\mathrm{T}}$;$\boldsymbol{x}^{(\ell)} = \pm \boldsymbol{u}^{(\ell)}$,即发射序列($\boldsymbol{u}$ 或 $-\boldsymbol{u}$)平移 ℓ 个码片后的序列。因此,(无噪声时)接收信号位于 L 个矢量 $\{\boldsymbol{u}^{(\ell)}/\|\boldsymbol{u}\|\}_\ell$ 张成的空间。由伪噪声的假设可知,所有这些矢量相互正交,将 $\boldsymbol{y}$ 投影到其中各个矢量上就得到一组 L 个充分统计量 $\{r^{(\ell)}\}_\ell$

$$r^{(\ell)} = h_\ell x + w^{(\ell)}, \quad \ell = 0,1,\cdots,L-1 \tag{3-123}$$

式中,$x = \pm \|\boldsymbol{u}\|$。而且 $\boldsymbol{u}^{(\ell)}$ 的正交性表明 $w^{(\ell)}$ 是独立同分布的且服从 $\mathcal{CN}(0,N_0)$ 分布。与式(3-32)相比,该式与经过时间交织的重复码情况下的 L 支路分集模型完全相同。因此,这种情况下的瑞克接收机正是 L 条分集支路信号的最大比合并器,差错概率为

$$p_e = \mathbb{E}\left[Q\left(\sqrt{2\|\boldsymbol{u}\|^2 \sum_{\ell=1}^{L} |h_\ell|^2 / N_0}\right)\right] \tag{3-124}$$

如果假定采用瑞利衰落模型,其中抽头增益 h_ℓ 独立同分布且服从$\mathcal{CN}(0,1/L)$ 分布,也就是说,能量均匀地扩展到所有 L 个抽头(归一化使得$\mathbb{E}\left[\sum_\ell |h_\ell|^2\right]=1$),则差错概率可以明确地按照下式计算[与式(3-37) 相同]:

$$p_e=\left(\frac{1-\mu}{2}\right)^L\sum_{\ell=0}^{L-1}\binom{L-1+\ell}{\ell}\left(\frac{1+\mu}{2}\right)^\ell \tag{3-125}$$

式中

$$\mu=\sqrt{\frac{\text{SNR}}{1+\text{SNR}}} \tag{3-126}$$

且 $\text{SNR}=\|\boldsymbol{u}\|^2/(N_0L)$ 可以解释为每条分集支路的平均信噪比。注意,$\|\boldsymbol{u}\|^2$ 为接收到的每个信息比特的平均接收总能量,可以定义 $\varepsilon_b=\|\boldsymbol{u}\|^2$。因此,每条支路的信噪比为 $1/L\cdot\varepsilon_b/N_0$。可以观察到,因子 $1/L$ 表示因扩频引起的能量分割:扩频带宽 W 越大,L 就越大,所得到的分集也就越多,但是每条支路的能量越少[①]。由大数定律可知,当 $L\to\infty$ 时,$\sum_{\ell=1}^{L}|h_\ell|^2$ 依概率 1 收敛于 1,由式(3-124) 可以看出

$$p_e\to Q(\sqrt{2\varepsilon_b/N_0}) \tag{3-127}$$

即可以近似获得具有相同 ε_b/N_0 的 AWGN 信道性能。

上述分析假定各抽头能量相等,在典型的多径时延分布图中,时延短的抽头能量更大,以上分析也可以扩展到 h_ℓ 具有不等方差的情况(参见文献[96] 中 14.5.3 节)。

3.4.4　正交频分多路复用

具有 ISI 均衡功能的单载波系统与具有瑞克接收功能的直接序列扩频系统都是基于信道的时域分析提出来的,但是如果信道是线性时不变的,则其特征函数为正弦函数,能够以一种特别简单的方式进行变换。由于发射信号不是正弦信号,所以在单载波系统中会出现码间干扰,这表明如果信道为欠扩展的(即信道的相干时间远远大于时延扩展),从而在相当长的时间尺度内近似为时不变的,那么向频域的变换就是在频率选择性信道中通信的一种富有成效的方法,这就是 OFDM 的基本思想。

首先从如下离散时间基带模型开始,有

$$y[m]=\sum_\ell h_\ell[m]x[m-\ell]+w[m] \tag{3-128}$$

为简单起见,首先假定对于各个 ℓ,第 ℓ 个抽头不随 m 变化,从而保证信道是线性时不变的。同时假定非零抽头的数量 $L=T_dW$ 有限,于是,式(3-128) 中的信道模型可以重新写为

$$y[m]=\sum_{\ell=0}^{L-1}h_\ell x[m-\ell]+w[m] \tag{3-129}$$

LTI 系统的特征函数为正弦函数,但是这些函数是无限持续的,如果仅在有限持续时间,例如 N_c 个符号内发射,那么正弦函数就不再是特征函数了。恢复特征函数性质的一种方法是给符号插入循环前缀 (cyclic prefix)。对于长度为 N_c 的每个符号分组而言,可以表示为

---

① 这是假定环境中散射体非常多,产生许多能量相等的路径,然而,实际上仅存在几条信号足够强的路径可以处理。

$$\boldsymbol{d}=[d[0]\quad d[1]\quad \cdots \quad d[N_c-1]]^{\mathrm{T}}$$

产生长度等于 N_c+L-1 的输入分组为

$$\boldsymbol{x}=[d[N_c-L+1]\quad d[N_c-L+2]\quad \cdots \quad d[N_c-1]\quad d[0]\quad d[1]\quad \cdots \quad d[N_c-1]]^{\mathrm{T}} \tag{2-130}$$

也就是说，插入了一个长度为 $L-1$ 的前缀构成循环数据符号(见图 3-20)。当以其作为信道式(3-129) 的输入时，输出为

$$y[m]=\sum_{l=0}^{L-1}h_l x[m-l]+w[m],\quad m=1,2,\cdots,N_c+L-1$$

码间干扰扩展到前 $L-1$ 个符号，接收机仅考虑时间区间 $m\in[L,N_c+L-1]$ 内的输出，这样就可以忽略码间干扰。由于插入了额外的循环前缀，因此该时间区间(长度为 N_c) 的输出为

$$y[m]=\sum_{l=0}^{L-1}h_l d[(m-L-l) \bmod N_c]+w[m] \tag{3-131}$$

如图 3-21 所示。

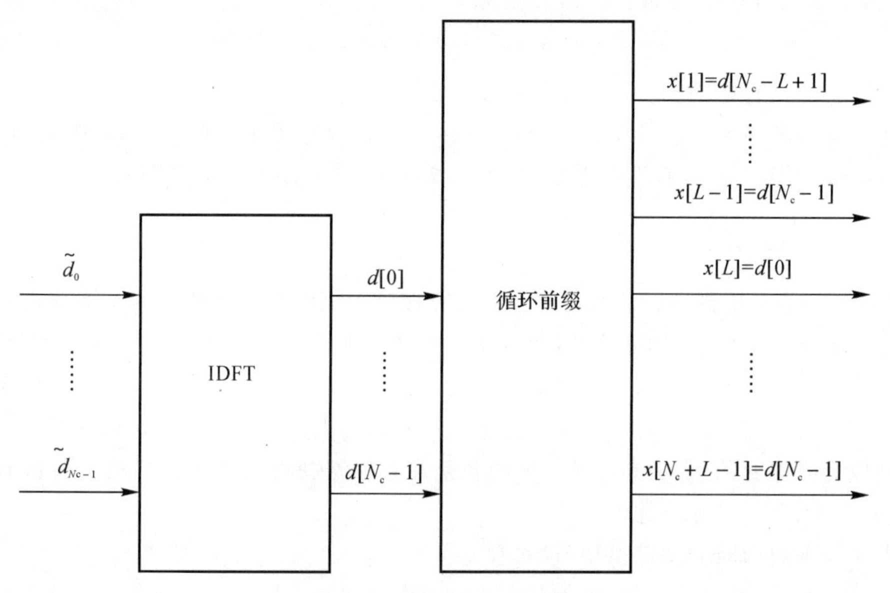

图 3-20　循环前缀运算

长度为 N_c 的输出可以表示为

$$\boldsymbol{y}=[y[L]\quad \cdots \quad y[N_c+L-1]]^{\mathrm{T}}$$

并且信道可以表示为长度为 N_c 的矢量，即

$$\boldsymbol{h}=[h_0\quad h_1\quad \cdots \quad h_{L-1}\quad 0\quad \cdots \quad 0]^{\mathrm{T}} \tag{3-132}$$

式(3-131) 可以写为

$$\boldsymbol{y}=\boldsymbol{h}\otimes \boldsymbol{d}+\boldsymbol{w} \tag{3-133}$$

式中

$$\boldsymbol{w}=[w[L]\quad \cdots \quad w[N_c+L-1]]^{\mathrm{T}} \tag{3-134}$$

表示由独立同分布且服从$\mathcal{CN}(0,N_0)$ 分布随机变量组成的矢量，同时利用符号 $\otimes$ 表示式

(3-131)中的循环卷积。回顾 $\boldsymbol{d}$ 的离散傅里叶变换(Discrete Fourier Transform，DFT)定义为

$$\tilde{d}_n=\frac{1}{\sqrt{N_c}}\sum_{m=0}^{N_c-1}d[m]\exp\left(\frac{-\mathrm{j}2\pi nm}{N_c}\right),\quad n=0,1\cdots,N_c-1 \tag{3-135}$$

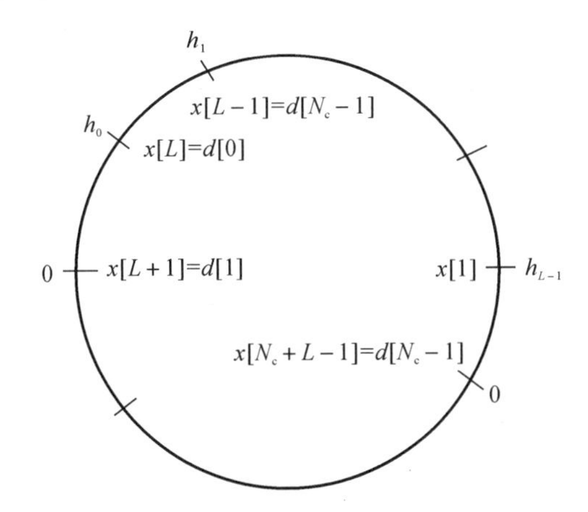

图3-21　信道(h)与数据符号(d)插入循环前缀后形成的输入(x)之间的卷积运算,将圆上 x 与 h 的对应值相乘就得到输出,x 值关于 h 值旋转就得到不同时刻的输出,由当前配置得到的输出为 $y[L]$

在式(3-133)两边取离散傅里叶变换,并利用等式

$$\mathrm{DFT}(\boldsymbol{h}\otimes\boldsymbol{d})_n=\sqrt{N_c}\,\mathrm{DFT}(\boldsymbol{h})_n\cdot\mathrm{DFT}(\boldsymbol{d})_n,\quad n=0,1\cdots,N_c-1 \tag{3-136}$$

则式(3-133)可以重新写为

$$\tilde{y}_n=\tilde{h}_n\tilde{d}_n+\tilde{w}_n,\quad n=0,1,\cdots,N_c-1 \tag{3-137}$$

式中,$\tilde{w}_0,\tilde{w}_1,\cdots,\tilde{w}_{N_c-1}$ 表示噪声矢量 $w[1],w[2],\cdots,w[N_c]$ 的 N_c 点离散傅里叶变换,矢量 $[\tilde{h}_0\quad\tilde{h}_1\quad\cdots\quad\tilde{h}_{N_c-1}]^{\mathrm{T}}$ 定义为 L 抽头信道 $\boldsymbol{h}$ 的离散傅里叶变换并乘以 $\sqrt{N_c}$,即

$$\tilde{h}_n=\sum_{\ell=0}^{L-1}h_\ell\exp\left(\frac{-\mathrm{j}2\pi n\ell}{N_c}\right) \tag{3-138}$$

注意,$\tilde{h}_n$ 的第 n 个分量等于信道在 $f=nW/N_c$ 时的频率响应[见式(2-20)]。

可以用矩阵将上述内容重新表示,这在第7章建立频率选择性信道与MIMO信道之间的关系时特别有用。循环卷积运算 $\boldsymbol{u}=\boldsymbol{h}\otimes\boldsymbol{d}$ 可以看成线性变换

$$\boldsymbol{u}=\boldsymbol{C}\boldsymbol{d} \tag{3-139}$$

式中

$$\boldsymbol{C}=\begin{bmatrix}h_0 & 0 & \cdots & 0 & h_{L-1} & h_{L-2} & \cdots & h_1\\ h_1 & h_0 & 0 & \cdots & 0 & h_{L-1} & \cdots & h_2\\ \vdots & \vdots & \vdots & \vdots & \vdots & \vdots & \vdots & \vdots\\ 0 & \vdots & 0 & h_{L-1} & h_{L-2} & \vdots & h_1 & h_0\end{bmatrix} \tag{3-140}$$

为循环矩阵,即矩阵各行为另一行的循环移位。另一方面,$\boldsymbol{d}$ 的离散傅里叶变换可以表示为一个长度为 N_c 的矢量 $\boldsymbol{Ud}$,其中 $\boldsymbol{U}$ 为酉矩阵,其(k,n)元素等于

$$\frac{1}{\sqrt{N_c}}\exp\left(\frac{-\mathrm{j}2\pi kn}{N_c}\right),\quad k,n=0,1,\cdots,N_c-1 \tag{3-141}$$

这可以看作坐标变换,即由矩阵 $\boldsymbol{U}$ 的行定义的基表示 $\boldsymbol{d}$,式(3-136)等价于

$$\boldsymbol{U u}=\boldsymbol{\Lambda U d} \tag{3-142}$$

式中,$\boldsymbol{\Lambda}$ 为对角矩阵,其对角线元素为 $\sqrt{N_c}$ 与 $\boldsymbol{h}$ 的离散傅里叶变换之积,即

$$\Lambda_{nn}=\tilde{h}_n=(\sqrt{N_c}\boldsymbol{U h})_n, \quad n=0,1,\cdots,N_c-1$$

比较式(3-139)与式(3-142)可得

$$\boldsymbol{C}=\boldsymbol{U}^{-1}\boldsymbol{\Lambda U} \tag{3-143}$$

式(3-143)为重要离散傅里叶变换性质式(3-136)的矩阵形式。用几何术语讲,这意味着循环卷积运算在由矩阵 $\boldsymbol{U}$ 的行定义的坐标系中被对角化,并且 $\boldsymbol{C}$ 的特征值就是信道 $\boldsymbol{h}$ 的离散傅里叶变换系数。因此,式(3-133)可以写为

$$\boldsymbol{y}=\boldsymbol{C d}+\boldsymbol{w}=\boldsymbol{U}^{-1}\boldsymbol{\Lambda U d}+\boldsymbol{w} \tag{3-144}$$

这种表示形式说明,输入与输出的自然旋转将该信道转换为一组无码间干扰的无干扰信道。特别地,频域中的实际数据符号(用长度为 N_c 的矢量 $\boldsymbol{d}$ 表示)经过离散傅里叶逆变换(IDFT)矩阵 $\boldsymbol{U}^{-1}$ 旋转后得到矢量 $\boldsymbol{d}$,在接收端,长度为 N_c 的输出矢量(忽略前 L 个符号得到)经过离散傅里叶变换矩阵 $\boldsymbol{U}$ 旋转后得到矢量 $\tilde{\boldsymbol{y}}$。最终的输出矢量 $\tilde{\boldsymbol{y}}$ 与实际数据矢量 $\boldsymbol{d}$ 之间的关系为

$$\tilde{y}_n=\tilde{h}_n\tilde{d}_n+\tilde{w}_n, \quad n=0,1,\cdots,N_c-1 \tag{3-145}$$

这里用 $\tilde{\boldsymbol{w}}=\boldsymbol{U w}$ 表示随机矢量 $\boldsymbol{w}$ 的离散傅里叶变换,可以看到,由于 $\boldsymbol{w}$ 是各向同性的,所以 $\tilde{\boldsymbol{w}}$ 与 $\boldsymbol{w}$ 具有相同的分布,即由独立同分布且服从 $\mathcal{CN}(0,N_0)$ 分布的随机变量构成的矢量[参见附录 A 中式(A-26)]。

这些运算如图 3-22 所示,由该图可以得到如下解释:数字符号调制 N_c 个单音或子载波,占用的带宽为 W,均匀间隔为 W/N_c。之后,子载波上的数据符号(经 IDFT)转换至时域。在传输之前插入循环前缀的过程为消除码间干扰做好了准备,接收机忽略了输出信号中包含循环前缀(以及 ISI 项)的部分,并将长度为 N_c 的符号通过离散傅里叶变换转换回频域。子载波上的数据符号经信道传播后仍然保持正交,等同于通过了窄带并行子信道。这种解释说明了将该通信方案称为 OFDM 的合理性。最后,只要 N_c 是 2 的整数次幂,DFT 与 IDFT 就能够非常高效地(利用快速傅里叶变换)实现。

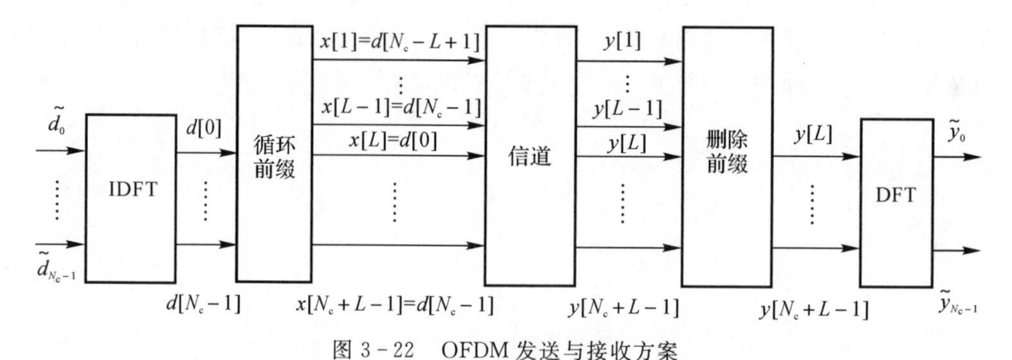

图 3-22 OFDM 发送与接收方案

1. OFDM 分组长度

OFDM 方案将多径信道中的通信转换为更简单的并行窄带子信道中的通信,然而,这种简化是以两种资源的未充分利用为代价获得的,会导致性能的损失。首先,循环前缀占用了一

定的时间，于是这段时间就不能用于传输数据，由此造成的损失占总时间的比例为 $L/(N_c+L)$。第二项损失是发射功率，平均功率的 $L/(N_c+L)$ 都分配给循环前缀，不能用于传递通信数据。因此，为了使由循环前缀造成的(时间和功率的)开销最小化，应该使 N_c 尽可能大，然而，无线信道的时变特性限制了 N_c 可以合理选取的最大值。

首先考虑不随时间变化的简单的信道模型式(3-129)来开始本节的讨论。如果信道随时间缓慢变化(正如 2.2.1 节所讨论的，这是一项合理的假设)，则相干时间 T_c 远远大于时延扩展 T_d(欠扩展情况)。对于欠扩展信道而言，OFDM 通信方案的分组长度 N_c 可以选择得比多径长度 $L=T_dW$ 大得多，但是仍然比相干分组长度 T_cW 小得多。在这些条件下，线性时不变信道模型可以在分组长度 N_c 内近似随时间缓慢变化的信道，同时保持较小的开销。

也可以在频域内理解对 OFDM 分组长度的限制。分组长度为 N_c 对应于子载波之间的间隔为 W/N_c。在无线信道中，多普勒扩展导致了接收信号频率的不确定性，由表 2-1 可以看出，多普勒扩展与信道的相干时间成反比：$D_s=1/4T_c$。当子载波之间的间隔远大于多普勒扩展时，应该限制 OFDM 分组长度 N_c 远小于 T_cW，这与前面提到的限制是相同的。

除了由于循环前缀的存在所导致的时间不能充分利用外，我们还指出了由循环前缀引起的附加功率。已经提出了采用零信号取代循环前缀的 OFDM 方案来降低这种损耗，然而，信号的突变，使得这类方案会引入难以用滤波器消除的谐波分量。而且，循环前缀在无线应用中还可以用于同步和频率捕获，如果用零信号取代循环前缀就会失去这种功能。

2. 频率分集

现在回到式(3-145)的 ISI 信道的非重叠窄带信道表示。信道频率系数 $\tilde{h}_0,\tilde{h}_1,\cdots,\tilde{h}_{N_c-1}$ 之间的相关性取决于信道的相干带宽，由 2.3 节的讨论可知，相干带宽与多径扩展成反比，特别是由式(2-47)可得

$$W_c=\frac{1}{2T_d}=\frac{W}{2L}$$

其中，采用符号 L 表示码间干扰的长度。由于各子载波的宽度为 W/N，其近似期望为

$$\frac{N_cW_c}{W}=\frac{N_c}{2L}$$

为信道系数强相关的相邻子载波数量(见习题 3-28)。利用频率分集的一种方法是考虑关于子载波的理想交织(类似于第 3.2 节的时间交织)以及式(3-31)的模型

$$y_\ell=h_\ell x_\ell+w_\ell,\quad \ell=1,2,\cdots,L$$

二者的区别是现在的 ℓ 表示子载波，而在式(3-31)中则表示时间。然而，在理想频率交织的假设条件下，保留关于信道系数相同的独立假设。因此，3.2 节关于分集方案的讨论在这里直接适用，特别是还可以获得 L 倍的分集增益(与 ISI 符号数量 L 成比例)。由于该通信方案是通过子载波实现的，所以分集形式是由频率选择性信道引起的，从而称为频率分集(与 3.2 节讨论的由信道的时间波动引起的时间分集相对应)。

3. 频率选择性信道中的通信

我们研究了三种在(具有 L 个抽头的)频率选择性信道中获取频率分集的方法，下面归纳总结这些方法的关键性质并比较其实现的复杂度。

(1)具有 ISI 均衡功能的单载波。利用最大似然序列检测(MLSD)可以实现对以符号速

率发送的未编码传输的满分集 L。

最大似然序列检测可以用维特比算法实现，对于每个符号时间，复杂度是恒定的，但随着抽头数量 L 的增加，复杂度指数增加。

复杂性全部体现在接收机中。

(2)直接序列扩频。信息通过伪噪声序列进行扩展，扩展后的带宽远远大于数据速率，码间干扰通常可以忽略不计。

L 条准正交分集路径的接收信号利用瑞克接收机进行最大比合并，从而实现满分集。与最大似然序列检测相比，瑞克接收机的复杂度要低得多。因为每个用户的频谱效率非常低，所以可以避免码间干扰，但是频谱通常被许多相互干扰的用户所共享，因此复杂度的问题就转变为干扰管理的问题。

(3)正交频分多路复用。信息在频域被调制到无干扰子载波上。

时域与频域的变换是通过插入/删除循环前缀以及 IDFT/DFT 运算完成的，这就造成了时间和功率的开销。

对衰落独立的子载波进行编码就可以实现频率分集，这一编码问题与时间分集的编码问题相同。

执行 IDFT 与 DFT 运算的复杂度由发射机与接收机共同分担，这些运算的复杂度对于抽头数量并不敏感，与子载波数量 N_c 有一定的比例关系，用当前的实现技术很容易处理。

对子载波分集编码的复杂度与期望的分集数量之间可以折中。

3.5 信道不确定性的影响

上述几节假定接收机完全具备有关信道的知识，这样在接收端就可以实现相干合并。在快变信道中，不容易准确估计抽头增益在变化之前的相位与幅度，在这种情况下，必须理解估计误差对性能的影响。在某些时候，不需要信道估计的非相干检测可能是更好的解决办法。3.1.1 节已经讨论了用于无分集衰落信道的简单的非相干检测器，本节将这种检测器扩展到有分集信道中。

在比较无分集信道的相干检测与非相干检测时，其区别相当小(见图 3-2)。一个重要的问题是随着分集路径 L 的增加，会出现什么样的区别。答案取决于特定的分集情况。本节首先集中讨论信道不确定性影响最大的情况：频率分集信道中的直接序列扩频。一旦明白了这种情况，就很容易将结果推广到其他情况。

3.5.1 直接序列扩频的非相干检测

考虑 3.4.3 节的情况，只是此时的接收机不具备关于信道增益 h_l 的知识。由 3.1.1 节看到，采用非相干检测时，发射信号的相位不能用于传递任何信息(特别是不能采用双极性信号传输)。考虑二进制正交调制[①]，也就是说 $\boldsymbol{x}_A$ 与 $\boldsymbol{x}_B$ 正交并且 $\|\boldsymbol{x}_A\| = \|\boldsymbol{x}_B\|$。

回顾直接序列扩频系统中发射序列的重要伪噪声性质是平移序列为近似正交的。为了简化分析起见，继续假定发射序列的平移序列是完全正交的，该假设对这里的 $\boldsymbol{x}_A$ 与 $\boldsymbol{x}_B$ 都成立。

---

① 通常采用 M 进制调制，例如，IS-95 上行链路采用 64 进制正交调制的非相干检测。

进一步假定这两个序列的不同平移序列也是彼此正交的，即当 $\ell \neq \ell'$ 时，$(\boldsymbol{x}_A^{(\ell)}) * (\boldsymbol{x}_B^{(\ell')}) = 0$(即所谓的零互相关性)，这在许多扩频系统中都是近似成立的。例如，在 IS－95 的上行链路中，将正交码的优选码与(常见的)伪噪声 ±1 序列相乘就可以得到发射序列，从而保留了由伪噪声序列的自相关性得到的低互相关。

与相干检测的分析步骤类似，首先从矢量形式的信道模型式(3－122)开始观察到，矢量 $\boldsymbol{y}$ 在 $2L$ 个正交矢量 $\{\boldsymbol{x}_A^{(\ell)}/\|\boldsymbol{x}_A\|, \boldsymbol{x}_B^{(\ell)}/\|\boldsymbol{x}_B\|\}_\ell$ 上的投影产生 $2L$ 个充分统计量，有

$$r_A^{(\ell)} = h_\ell x_1 + w_A^{(\ell)}, \quad \ell = 0, 1, \cdots, L-1$$

$$r_B^{(\ell)} = h_\ell x_2 + w_B^{(\ell)}, \quad \ell = 0, 1, \cdots, L-1$$

式中，$w_A^{(\ell)}$ 与 $w_B^{(\ell)}$ 独立同分布且服从 $\mathcal{CN}(0, N_0)$ 分布，并且

$$\begin{pmatrix} x_1 \\ x_2 \end{pmatrix} = \begin{cases} \begin{pmatrix} \|\boldsymbol{x}_A\| \\ 0 \end{pmatrix}, & \text{如果发送 } \boldsymbol{x}_A \\ \begin{pmatrix} 0 \\ \|\boldsymbol{x}_B\| \end{pmatrix}, & \text{如果发送 } \boldsymbol{x}_B \end{cases} \tag{3-146}$$

这实际上就是 3.1.1 节中相干检测问题从 1 条支路变为 L 条支路的一般形式。与 1 条支路的情况相同，平方律检测器是最佳非相干检测器：如果

$$\sum_{\ell=0}^{L-1} |r_A^{(\ell)}|^2 \geqslant \sum_{\ell=0}^{L-1} |r_B^{(\ell)}|^2 \tag{3-147}$$

则判决为 $\boldsymbol{x}_A$，否则判决为 $\boldsymbol{x}_B$。性能分析与一条支路的情况相同：差错概率与式(3－125)具有相同的形式，但 μ 由下式给出：

$$\mu = \frac{1/L\varepsilon_b/N_0}{2 + 1/L\varepsilon_b/N_0} \tag{3-148}$$

式中，$\varepsilon_b = \|\boldsymbol{x}_A\|^2$(见习题 3－31)。作为比较的基础，二进制正交调制的相干检测性能可以采用与双极性信号相同的方法分析。仍然由式(3－125)给出，μ 具有以下形式(见习题 3－33)：

$$\mu = \sqrt{\frac{1/L\varepsilon_b/N_0}{2 + 1/L\varepsilon_b/N_0}} \tag{3-149}$$

将相干检测和非相干检测的性能作为分集支路数量的函数进行比较是很有意义的，如图 3－23 与图 3－24 所示。当 $L=1$ 时，这两种方案的性能差别很小，但是由于缺少分集，二者的性能都很差，这一点已经在 3.1 节中指出。随着 L 的增大，相干合并的性能单调提高并趋近于 AWGN 信道的性能。相比之下，非相干检测的性能首先随着 L 的增大而提高，之后随着 L 的进一步增加而下降。最初的性能改善来源于分集增益，但是，分集增益存在逐步递减的规律。同时，当 L 变得很大时，每条支路上的信噪比变得非常差，非相干合并不能够有效地利用可用分集，这就导致性能的最终下降。实际上，可以证明随着 $L \to \infty$，差错概率趋于 1/2。

3.5.2　信道估计

当分集数量较大时，相干合并与非相干合并之间明显的性能差别说明了在宽带系统中掌握信道知识的重要性。在分析相干瑞克接收机性能时，假定信道完全已知，但是在实际中，必须对信道抽头进行估计和跟踪。因此，理解信道测量误差对相干合并器性能的影响是非常重要的，下面就研究信道估计的问题。

在数据检测时，发射序列是(表示数据符号的)若干个可能序列之一。在信道估计时，假定

接收机已知发射序列。在基于导频的方案中，发射的已知序列（称为导频、探测音或者训练序列）用于估计信道[①]。在基于判决反馈的方案中，之前检测到的符号用于更新信道的估计值。如果假定检测无误，那么以下推导既适用于基于导频的方案，又适用于面向判决的方案。

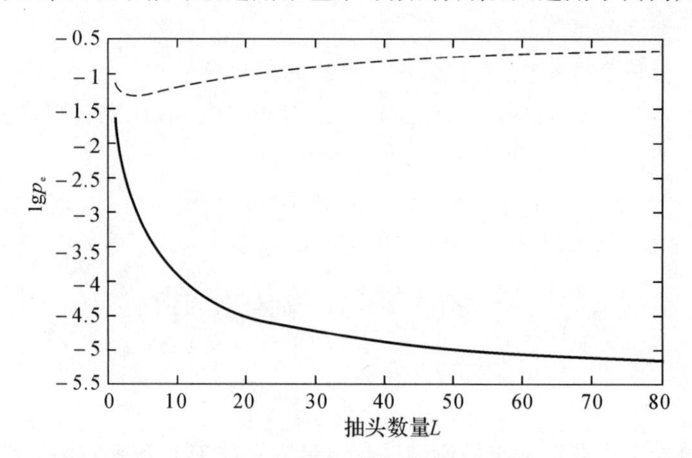

图 3-23　作为抽头数量 L 的函数的相干检测差错概率（实线）与非相干检测差错概率（虚线）的比较，这里 $\varepsilon_b/N_0=10$ dB

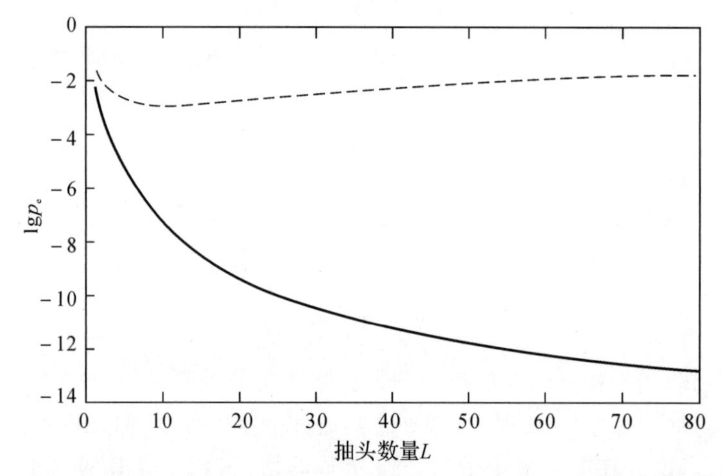

图 3-24　作为抽头数量 L 的函数的相干检测差错概率（实线）与非相干检测差错概率（虚线）的比较，这里 $\varepsilon_b/N_0=15$ dB

现在讨论一个符号持续时间，假设发射序列为已知的伪噪声序列 $\boldsymbol{u}$，下面回到矢量形式的信道模型[见式(3-122)]

$$\boldsymbol{y}=\sum_{l=0}^{L-1}h_l\boldsymbol{u}^{(l)}+\boldsymbol{w} \tag{3-150}$$

可见，由于 $\boldsymbol{u}$ 的平移序列相互正交并且假定抽头相互独立，所以将 $\boldsymbol{y}$ 投影到 $\boldsymbol{u}^{(l)}/\|\boldsymbol{u}^{(l)}\|$ 上将得到用于估计 h_l 的充分统计量（见总结 A.3）：

$$r^{(l)}=(\boldsymbol{u}^{(l)})^*\boldsymbol{y}=h_l\boldsymbol{u}^{(l)}+w^{(l)}=\sqrt{\varepsilon}h_l+w^{(l)} \tag{3-151}$$

① IS-95 的下行链路采用导频，该导频由其自身的伪噪声序列确定，并附加在数据上发射。

式中，$\varepsilon=\|\boldsymbol{u}^{(l)}\|^2$，这可以通过与 $\boldsymbol{u}$ 相匹配的滤波器对接收信号进行滤波并在适当的码片时刻进行采样来实现。这一运算与瑞克接收机的第一级相同，在面向判决的方案中，信道估计器实际上可以与瑞克接收机合并（见图 3－19）。

信道估计通常是在信道保持恒定的相干时间内对 K 个测量值进行平均得到的：

$$r^{(l)}=\sqrt{\varepsilon}h_l+w_k^{(l)},\quad k=1,2,\cdots,K \tag{3-152}$$

假定 $h_l\sim\mathcal{CN}(0,1/L)$，那么在给定这些测量结果的条件下 h_l 的最小均方估计[参见总结 A.3 中式（A－84）]为

$$\hat{h}_l=\frac{\sqrt{\varepsilon}}{K\varepsilon+LN_0}\sum_{k=1}^{K}r_k^{(l)} \tag{3-153}$$

该估计的均方误差对所有支路都相同[参见总结 A.3 中式（A－85）]为

$$\frac{1}{L}\frac{1}{1+K\varepsilon/(LN_0)} \tag{3-154}$$

影响估计误差的关键参数是

$$\mathrm{SNR}_{\mathrm{est}}=\frac{K\varepsilon}{LN_0} \tag{3-155}$$

当 $\mathrm{SNR}_{\mathrm{est}}\gg 1$ 时，均方估计误差远小于 h_l 的方差（等于 $1/L$），信道估计误差对相干瑞克接收机性能的影响并不严重，在这种情况下，信道完全已知的假设是合理的。另外，当 $\mathrm{SNR}_{\mathrm{est}}\ll 1$ 时，均方误差接近于 h_l 的方差 $1/L$，此时很难获得关于信道增益的任何信息，相干合并器的性能并不比非相干合并器强，我们知道当 L 较大时，非相干合并器的性能较差。

应该如何解释参数 $\mathrm{SNR}_{\mathrm{est}}$ 呢？由于信道在相干时间 T_c 内是恒定的，所以可以将 $K\varepsilon$ 解释为在信道相干时间 T_c 内的总接收能量，可以将 $\mathrm{SNR}_{\mathrm{est}}$ 重新写为

$$\mathrm{SNR}_{\mathrm{est}}=\frac{PT_c}{LN_0} \tag{3-156}$$

式中，P 为获得信道测量值的信号的接收功率。因此，$\mathrm{SNR}_{\mathrm{est}}$ 可以解释为每个相干时间内每个抽头的可用于信道估计的信噪比。只要该值远小于 0 dB，信道不确定性就会对瑞克接收机性能产生严重的影响。

如果在判决反馈情况下进行测量，则 P 为数据流本身的接收功率。如果由导频进行测量，则 P 为导频的接收功率。在 CDMA 系统的下行链路，导频可以是所有用户共用的，分配给导频的功率可以大于各个用户信号的功率，这样就得到较大的 $\mathrm{SNR}_{\mathrm{est}}$，从而使相干合并变得更容易。但是在上行链路中，不可能有公共导频信号，因此信道估计必须通过分配给各用户的很弱的导频来实现。来自各用户的接收功率变低了，$\mathrm{SNR}_{\mathrm{est}}$ 就会变得更小。

3.5.3　其他分集方案

宽带直接序列扩频系统会受到信道不确定性严重影响的两点原因如下：

（1）每条可分辨路径的能量随着路径数量的增加而减小，使得有许多路径存在的情况下很难估计这些增益。

（2）分集路径的数量取决于带宽和时延扩展，这些参数确定后，设计者就无法控制分集路径的数量。

在其他分集方案中情况如何呢？

在包含 L 副接收天线的分集方案中，无论天线的数量有多少，每副天线的接收能量是相

同的，因此，信道测量问题与单副天线的情况相同，并没有变得更加困难，这与时间分集方案类似。在包含 L 副发射天线的分集方案中，每条分集路径的接收能量随着所采用的天线数量增多而减少，当然，可以将 L 限制为接收机能够可靠识别的不同信道的数量。

具有频率分集功能的 OFDM 系统又如何呢？此时，设计者可以控制采用多少个子载波来扩展信号能量，因此，虽然可用分集支路数量 L 可以随着带宽而增加，但是在任何一个 OFDM 时间分组中信号能量可以被限制在固定数量的子载波 $L'<L$ 上。可以将这种通信限制在集中的时间-频率分组内，图 3-25 说明了这种方案（$L'=2$），其中 L'个子载波的选择对于不同的 OFDM 分组是不同的，并在整个带宽内跳动。由于各 OFDM 分组的能量在任一时刻都集中在固定数量的子载波上，所以有可能实现相干接收。另外，对于同一 OFDM 分组和不同分组内的子载波进行编码仍然可以获得最大分集增益 L。

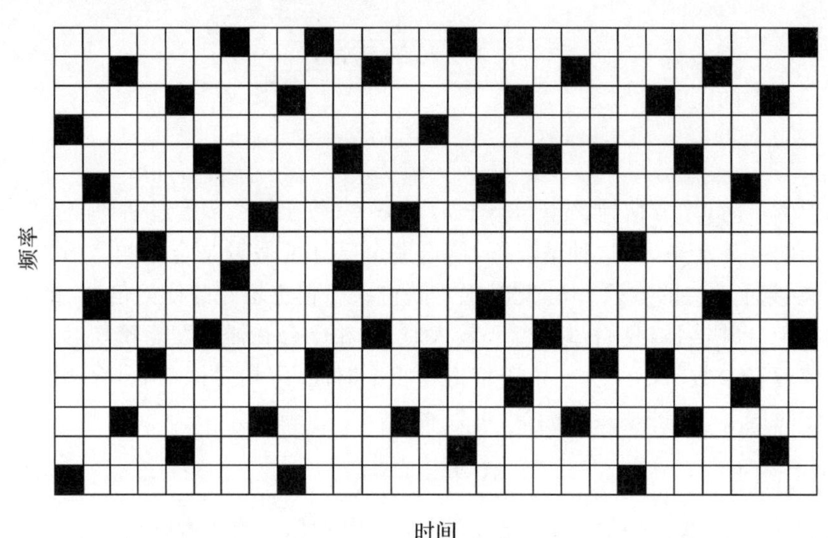

图 3-25　各时刻仅利用部分固定带宽的方案说明，其中一个小方块表示一个 OFDM 分组内的单一子载波。时间轴表示不同的 OFDM 分组，频率轴表示不同的子载波

可能存在的一个缺陷是，由于总功率仅集中在一组子载波内，所以并没有充分利用系统中的全部可用自由度，这正是点对点通信中出现的情况，然而，在有其他用户共享相同带宽的系统中，其他自由度可以为其他用户所使用，无须浪费。实际上，OFDM 较直接序列扩频的一项重要优势就是在多址接入的系统中能够保持多个用户的正交性，我们将在第 4 章讨论这一问题。

第 3 章主要知识点

1. 比较基准

首先研究窄带慢衰落瑞利信道的检测问题，在相干检测与非相干检测两种情况下，在高信噪比时差错概率满足

$$p_e \approx \mathrm{SNR}^{-1} \tag{3-157}$$

相比之下，在 AWGN 信道中差错概率随着信噪比指数减小，衰落信道中的典型差错事件是信道处于深衰落而不是大的高斯噪声造成的。

2. 分集

分集是通过提供独立衰落支路的冗余从而极大地提高性能的有效方法,本章讨论了三种分集模型:

(1)时间分集——编码符号在不同相干时间周期的交织;

(2)空间分集——利用多副发射天线和(或)接收天线;

(3)频率分集——采用比信道相干带宽大的带宽。

在上述所有情况下,在多条支路中重复信息符号的简单方案可以实现满分集。当存在 L 条独立同分布瑞利分布的分集支路时,在高信噪比时差错概率满足:

$$p_e \approx c\ \mathrm{SNR}^{-L} \tag{3-158}$$

重复方案的实例包括:

(1)在不同的相干时间周期重复发送相同的符号;

(2)通过不同的发射天线重复发送相同的符号,并且一次仅有一副天线工作;

(3)通过不同相干带宽内的 OFDM 子载波重复发送相同的符号;

(4)在频率选择性信道中每隔时延扩展发射一个符号,这样就可以实现符号的多个时延副本的无干扰接收。

3. 编码设计与自由度

更为复杂的方案不能获得更高的分集增益,但是通过改善式(3-158)的常数 c 能够提供编码增益,这是因为比重复方案更好地利用了可用自由度才实现的。

实例:

(1)为 OFDM 中的时间分集和频率分集设计的旋转与置换码;

(2)发射分集的 Alamouti 方案;

(3)在具有 ISI 均衡的频率选择性信道中以符号速率实现的未编码传输。

利用实际差错概率的联合界(基于成对差错概率)可以针对不同的情况推导出高编码增益方案的设计准则:

(1)时间分集码字之间的乘积距离;

(2)空时码的行列式准则。

4. 信道不确定性

信道不确定性的影响对于存在许多分集支路的情况表现得非常严重,但是,各条支路接收到的信号能量却是很小一部分。最主要的例子就是直接序列扩频。

相干检测方案与非相干检测方案在这种情况下的差别非常大,由于非相干检测方案不能有效地合并各条路径的信号,所以不能起到应有的作用。

准确的信道估计是极其重要的。如果给定用于信道估计的发射功率大小,那么检测性能的效果取决于关键参数SNR_{est},即每条分集支路在每相干时间的接收信噪比。如果$\mathrm{SNR}_{est} \gg 0$ dB,则检测性能接近相干检测;如果$\mathrm{SNR}_{est} \ll 0$ dB,则不可能实现有效合并。

在发射能量集中于少量分集支路的某些方案中,信道不确定性的影响可以得到改善,此时有效的SNR_{est}提高了,OFDM 就是个例子。

3.6 文献说明

从 20 世纪 60 年代就开始研究衰落信道中的可靠通信,通过分集技术改善性能也是比较老的课题了。标准的数字通信教科书中包含了关于相干分集合并器与非相干分集合并器的许多公式(例如 Proakis[96] 的第 14 章),本章也用了其中不少公式。

乘积距离准则对于提高瑞利衰落下的编码增益具有很高的重要性,早期工作可以参加有关格型编码调制的文献,如 Wilason 与 Leung 的论文[144] 以及 Divsalar 与 Simon 的论文[30]。旋转实例取自 Boutros 与 Viterbo 的文献[13]。从 20 世纪 90 年代后期,对发射天线分集开展了广泛的研究,Tarokh 等人[115] 以及 Guey 等人[55] 推导了编码设计准则,特别是 Tarokh 等人的文献[115] 推导出了行列式准则。时延分集方案是由 Seshadri 与 Winters[107] 提出来的,Alamouti 方案是由 Alamout[3] 提出的,并由 Tarokh 等人[117] 推广为正交设计方案。解相关器的分集分析是由 Winters 等人[145] 在采用多副发射天线的空分多址接入系统中完成的。

均衡问题的研究已经相当广泛,经典的通信理论教科书中都全面地涵盖了这一问题,例如 Barry 等人编写的教材[4]。文献[139]提出了维特比算法,最大似然序列检测的分集分析选自 Grokop 与 Tse 的文献[54]。

在宽带信道中实现通信的正交频分复用方法于 20 世纪 50 年代最早用于军用系统中,后于 20 世纪 60 年代出现在 Chang 的论文[18] 和 Saltzberg 的论文[104] 中。循环卷积与离散傅里叶变换是数字信号处理中的经典内容(特别是参考文献[87]的 8.7.5 节)。

Viterbi 的文献[140] 很好地归纳总结了利用频率分集的扩频方法,Price 与 Green 的文献[95] 设计了瑞克接收机。很多作者都研究了信道不确定性对于性能的影响,包括 Medard 与 Gallager[85]、Telatar 与 Tse[120] 以及 Subramanian 与 Hajek[113]。

3.7 习　　题

习题 3-1　验证式(3-19)以及高信噪比时的近似式(3-21)。提示:将表达式写为二重积分并交换积分次序。

习题 3-2　3.1.2 节研究了瑞利衰落信道中双极性信号传输在相干检测下的性能,特别是我们看到,差错概率 p_e 依 1/SNR 的规律减小。本题研究信噪比 SNR 增大时 p_e 的深层特性。

(1)叙述 p_e 随着信噪比的增大依 1/SNR 规律减小的准确说法如下:

$$\lim_{\mathrm{SNR}\to\infty} p_e \mathrm{SNR}=c$$

其中,c 为常数。试对于瑞利衰落信道确定 c 的值。

(2)下面要测试上述结果对于衰落分布的鲁棒性。设 h 为信道增益,$|h|^2$ 具有任意连续概率密度函数 f,满足 $f(0)>0$。这些假设对于计算与(1)类似的高信噪比时的差错概率够用吗?如果够用,试计算差错概率;如果不够用,试确定所需的其他信息。提示:计算时可能需要交换求极限与积分的次序,可以假定这一处理是可行的,无须担心要求推导过程更严格。

(3)设有 L 条相互独立的分集支路,增益为 $h_1,h_2,\cdots,h_L$,$|h_l|^2$ 与前一小题一样具有任意分布。在求解重复编码相干合并的高信噪比性能时上述信息是否够用?如果够用,试计算差

错概率；如果不够用，试确定还需要的其他什么信息。

(4)利用前两小题得到的结果或者其他结果，试计算莱斯衰落下的高信噪比性能，参数 κ 对性能有什么影响？

习题 3-3　本题要说明无须直接进行积分，利用典型的错误事件分析如何得到差错概率式(3-19)与 SNR 的关系曲线的高信噪比斜率。

固定 $\epsilon>0$，并定义 ϵ 典型差错事件 $\mathbb{E}_\epsilon$ 与 $\mathbb{E}_{-\epsilon}$，其中

$$\mathbb{E}_\epsilon=\{h:|h|^2<1/\mathrm{SNR}^{1-\epsilon}\} \tag{3-159}$$

(1)在事件 $\mathbb{E}_\epsilon$ 的条件下，证明在高信噪比时，有

$$\lim_{\mathrm{SNR}\to\infty}\frac{\lg p_e}{\lg \mathrm{SNR}}\leqslant-(1-\epsilon) \tag{3-160}$$

(2)在事件 $\mathbb{E}_{-\epsilon}$ 的条件下，证明

$$\lim_{\mathrm{SNR}\to\infty}\frac{\lg p_e}{\lg \mathrm{SNR}}\geqslant-(1+\epsilon) \tag{3-161}$$

(3)于是，得到结论

$$\lim_{\mathrm{SNR}\to\infty}\frac{\lg p_e}{\lg \mathrm{SNR}}=-1 \tag{3-162}$$

这表明差错概率与 SNR 之间的关系曲线(刻度为 dB/dB)的渐近斜率为 -1。

习题 3-4　在 3.1.2 节，我们看到虽然 4-PAM 与 QPSK 两种调制均传递 2 bit 信息，但如果仅在 I 通道采用 4-PAM，而不是在 I 通道和 Q 通道采用 QPSK 传递信息，就会有 4 dB 的能量损耗。如果采用 2^k-PAM 而不是 2^k-QAM 发送 kbit 信息，试计算相应的损耗。可以假定 k 为偶数，损耗与 k 是什么关系？

习题 3-5　考虑在瑞利平坦衰落信道中利用 3.1.3 节提出的差分 BPSK 方案。

(1)试设计基于 $y[m-1]$ 与 $y[m]$ 检测 $u[m]$ 的非相干检测方案，假定信道在这两个符号时间是恒定的。该方案不必是最大似然检测器。

(2)分析该检测器在高信噪比时的性能，可能需要做出一些近似，该检测器在高信噪比时的性能较相干检测器的性能如何？

(3)对于差分 QPSK 重复分析。

习题 3-6　本题进一步研究瑞利衰落中的相干检测。

(1)验证式(3-37)。

(2)在独立同分布瑞利衰落的假设条件下，分析具有 L 条分集支路的二进制正交信号传输的相干检测的差错概率性能[即验证式(3-149)]。

习题 3-7　本题研究 3.2.2 节中旋转码的性能。

(1)给出式(3-49)中准确的成对差错概率 $\mathbb{P}\{\boldsymbol{x}_A\to\boldsymbol{x}_B\}$ 的明确表达式。提示：可以参照习题 3-1 的方法。

(2)该成对差错概率的上界为式(3-54)，试证明 SNR^2 与该上界和实际成对差错概率之差的乘积随着 SNR 的增大而趋于一个常数。换句话说，式(3-54)中的上界完全取决于 1/SNR的首项。

习题 3-8　本书中主要采用实码元符号集来简化表示，但实际应用中采用的则是复星座(即利用 I 分量和 Q 分量发送符号)。最简单的复星座是 QPSK，即星座点为 $\{a(1+j), a(1-j), a(-1-j), a(-1+j)\}$。

(1)对于在 L 条分集支路采用重复编码的瑞利衰落信道,计算 QPSK 检测的差错概率,与仅采用实符号的方案相比,其性能如何?

(2) 3.2.2 节介绍了基于实符号旋转的分集方案(因此仅利用 I 通道),利用 2×2 复酉矩阵可以推导出 QPSK 复符号的类似方案,试求与实符号情况类似的成对码设计准则。

(3)实正交矩阵是复酉矩阵的特殊情况,在这类实正交矩阵中,试求使准则最大化的最优旋转。

(4)试求使准则最大化的最优酉矩阵(这个问题可能比较难!)。

习题 3-9 在 3.2.2 节,通过旋转两个 BPSK 符号说明了较时间分集信道中采用两条分集路径的重复编码的可能改善。继续利用该模型,考虑通过 $2n$-PAM 星座以更高的速率发射各符号,采用形如式(3-46)的旋转矩阵旋转所得到的二维星座,利用最小二次方积距离的性能准则构造最优旋转矩阵。

习题 3-10 在 3.2.2 节中看到了利用旋转码获得时间分集的实例(支路数 L 等于 2),本书中采用的是实符号,习题 3-8 扩展到复符号,在后一种情况下的另一种编码方案为置换码,图 3-26 给出了两个 16-QAM 星座,从中选取一对星座点就可以得到 $L=2$ 的置换码的各个码字,分别来自用相同图标表示的不同的星座图,码字的发射需要两个(复)符号时间。

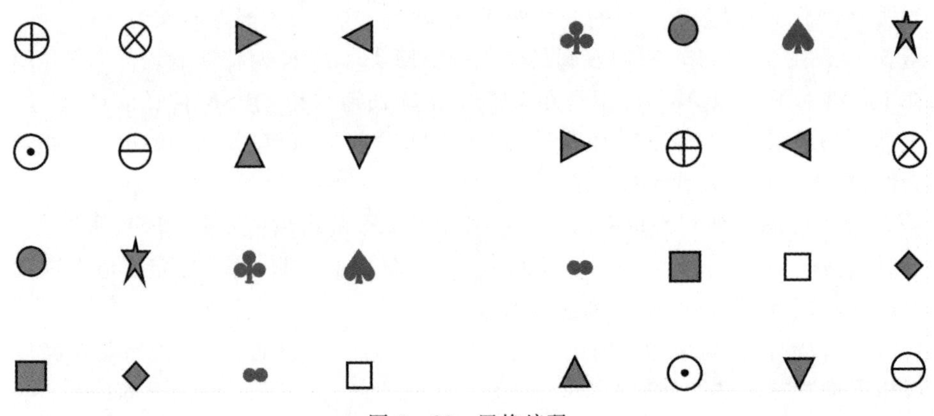

图 3-26 置换编码

(1)这种编码称为置换码的原因是什么?

(2)这种编码的数据速率是多少?

(3)试计算这种编码的分集增益和最小积距离。

(4)这种编码与习题 3-8(3)的旋转编码所需的发射功率相比,其性能如何?

习题 3-11 本章介绍了利用旋转编码获得时间分集,旋转编码是专门为衰落信道设计的。同样,可以利用与二进制线性分组码类似的标准的 AWGN 编码,本题研究这类编码的分集性能。

考虑理想交织的瑞利衰落信道:

$$y_l=h_lx_l+w_l,\quad l=1,2,\cdots,L$$

式中,h_l 与 w_l 分别为独立同分布且服从$\mathcal{CN}(0,1)$与$\mathcal{CN}(0,N_0)$分布的随机变量,(L,k)二进制线性分组码是由元素为 0 或 l 的 $k\times L$ 生成矩阵 $\boldsymbol{G}$ 确定的,k 个信息比特构成了 k 维二进制矢量 $\boldsymbol{b}$,该矢量被映射成长度为 L 的二进制码字 $\boldsymbol{c}=\boldsymbol{G}^{\mathrm{T}}\boldsymbol{b}$,之后再映射为 L 个 BPSK 符号,并通过

衰落信道发射出去[①]。假定接收机具有信道增益 h_ℓ 的理想估计。

(1)试计算用 SNR 和编码参数表示的最大似然译码的差错概率的界，从而计算出用编码参数表示的分集增益。

(2)利用(1)中得到的结果计算生成矩阵为如下矩阵时，(3,2)码的分集增益

$$\boldsymbol{G}=\begin{pmatrix}1 & 0 & 1\\ 0 & 1 & 1\end{pmatrix} \tag{3-163}$$

与速率为 1/2 的重复编码相比，这种编码的性能如何？

(3)最大似然译码也称为软判决译码(soft decision decoding)，因为这种译码方法针对整个接收矢量 $\boldsymbol{y}$ 并求出与其欧几里得距离最近的发射码字。另外，一种次最优但复杂度更低的译码器则采用硬判决译码(hard decision decoding)，即对于各 ℓ 而言，首先仅依据相应的接收符号 $\boldsymbol{y}$ 对第 ℓ 个发射编码符号做出硬判决 $\hat{\boldsymbol{c}}_\ell$，之后再求出与 $\hat{\boldsymbol{c}}$ 汉明距离最近的码字，其分集增益与软判决译码相比如何？试计算第 2 小题的编码在硬判决译码时的分集增益。

(4)除允许声明某些发射符号“删除”外(即对于某些符号，你可以拒绝进行硬判决)，假定仍然进行硬判决译码。你能够设计出比第(3)小题中译码方法的分集增益更高的译码方法吗？对于软判决译码你能完成同样的设计吗？试证明你所得到的答案的正确性，并利用第(2)小题的例子进行试验。提示：推导出何时声明删除，可以根据第(2)小题中的例子开始思考这个问题，习题 3-3 中的典型错误事件在此也有所帮助。

习题 3-12　在研究分集模型[见式(3-31)]时，已经将 L 条支路建模为独立衰落系数，本题研究这 L 条支路之间相关性的影响，在时间分集的情况下，考虑相关模型：$h_1,h_2,\cdots,h_L$ 是均值为零、协方差为 $\boldsymbol{K}_h$[用$\mathcal{CN}(0,\boldsymbol{K}_h)$表示]的联合循环对称复高斯随机变量。

(1)通过计算差错概率对于信噪比的衰减速率，对该相关信道模型重新进行重复编码(3.2.1节)的分集计算。典型错误事件(关于 SNR)的渐近特性对相关性 $\boldsymbol{K}_h$ 具有什么样的依赖性？可以通过说明式(3-42)在高信噪比时($\boldsymbol{K}_h$ 的函数)衰减速率的特征来回答这个问题。

(2) 3.2.2 节得到了获得编码增益和时间分集的乘积距离编码设计准则，相关信道的类似准则是什么？提示：联合复高斯随机变量与独立同分布复高斯随机矢量之间的关系可以用依赖于协方差矩阵的线性变换表示。

(3)对于发射天线衰落独立的发射分集而言，已经得到了 3.2.2 节的广义乘积距离编码设计准则，试对本题中的相关衰落信道计算编码设计准则[式(3-80)中的信道 $\boldsymbol{h}$ 为服从$\mathcal{CN}(0,\boldsymbol{K}_h)$分布]。

习题 3-13　包括 L 条分集支路的重复编码的最优相干接收机为最大比合并器，出于实现的原因，通常构建的更为简单的接收机为选择合并器(selection combiner)，它仅根据增益最强的支路上的接收信号进行检测，并忽略其他信号。对于独立同分布瑞利衰落模型，试分析该方案的高信噪比性能，这种方案得到的固有分集增益为多少？量化最优合并的性能损耗。提示：习题 3-2 中的方法对本题很有用。

习题 3-14　各发射天线同时发射相同的符号就可以在瑞利衰落 MISO 信道中获得满分集增益，这种说法正确吗？

习题 3-15　一个时刻仅通过一副天线发射，就可以将 $L\times1$MISO 信道转换为包括 L 条

① 在二进制域进行加法和乘法运算。

分集支路的时间分集信道。

(1)以这种方式,为包括 L 条分集支路的时间分集信道设计的任意编码都可以用于包括 L 副发射天线的 MISO 信道。如果编码在时间分集信道中获得 k 倍分集,那么该编码在 MISO 信道中可以获得多少分集?将其看作时间分集编码时的最小乘积距离测度与将其看作发射分集编码时的最小行列式测度之间是什么关系?

(2)利用这种变换,可以将旋转编码看作一种发射分集方案,试利用 BPSK 符号对比这种编码与 Alamouti 方案在 2×1 瑞利衰落信道中的性能,哪一种性能更好?利用 QPSK 符号做比较的结果如何呢?

(3)(通过数值仿真)试比较习题 3-10 中 2×1 瑞利衰落信道的置换码(见图 3-26)与采用 QPSK 符号的 Alamouti 方案(这样两种方案就具有相同的速率)的性能。

习题 3-16 本习题针对两个以上发射天线,推导必须满足模仿 Alamouti 方案特性的编码构造的性质。考虑在 n 个时隙通过 L 副发射天线信道[见式(3-80)]的通信

$$\boldsymbol{y}^{\mathrm{T}}=\boldsymbol{h}^{*}\boldsymbol{X}+\boldsymbol{w}^{t} \tag{3-164}$$

式中,$\boldsymbol{X}$ 为 $L\times n$ 空时码。在 n 个时隙要传输 L 个独立的星座符号 $d_1,d_2,\cdots,d_L$,空时码 $\boldsymbol{X}$ 是这些符号的确定性函数。

(1)对于每个信道实现 $\boldsymbol{h}$ 和空时码字 $\boldsymbol{X}$,考虑如下性质

$$(\boldsymbol{h}^{*}\boldsymbol{X})^{\mathrm{T}}=\boldsymbol{A}\boldsymbol{d} \tag{3-165}$$

式中,$\boldsymbol{d}=[d_1\quad d_2\quad\cdots\quad d_L]^{\mathrm{T}}$,$\boldsymbol{A}=[\boldsymbol{a}_1\quad \boldsymbol{a}_2\quad\cdots\quad \boldsymbol{a}_L]$为各列正交的矩阵,矢量 $\boldsymbol{d}$ 唯一地取决于码字 $\boldsymbol{X}$,矩阵 $\boldsymbol{A}$ 唯一地取决于信道 $\boldsymbol{h}$。试证明如果空时码字 $\boldsymbol{X}$ 满足式(3-165)的性质,那么检测 $\boldsymbol{d}$ 的联合接收机可以划分为分别检测 $d_1,d_2,\cdots,d_L$ 的独立线性接收机。

(2)希望(线性接收机之后)等效信道为各个符号 $d_m(m=1,2,\cdots,L)$ 提供满分集,试证明如果增加如下条件

$$\|\boldsymbol{a}_m\|=\|\boldsymbol{h}\|,\quad m=1,2,\cdots,L \tag{3-166}$$

那么各数据符号 d_m 具有满分集。

(3)试证明满足式(3-165)(线性接收机性质)与式(3-166)(满分集性质)的空时码 $\boldsymbol{X}$ 必须具有如下形式

$$\boldsymbol{X}\boldsymbol{X}^{*}=\|\boldsymbol{d}\|^{2}\boldsymbol{I}_L \tag{3-167}$$

即 $\boldsymbol{X}$ 的各列必须是正交的,这样的 $\boldsymbol{X}$ 称为正交设计。我们的确观察到 Alamouti 方案中的码字 $\boldsymbol{X}$[见式(3-77)]为 $L=n=2$ 时的正交设计。

习题 3-17 本习题是习题 3-16 的进一步研究。可以证明,如果要求 $n=L$,则当 $L>2$ 时不存在正交设计(该结果的证明见文献[117]中的定理 5.4.2),如果 $n>L$ 可以满足条件,则存在 $L>2$ 时的正交设计。特别地,文献[117]定理 5.5.2 对 L 的所有取值和 $n\geqslant 2L$ 构造了正交设计,这并没有排除存在速率大于 0.5 的正交设计。阅读并研究文献[117]中速率大于 0.5 的正交设计的构造。

习题 3-18 独立同分布瑞利衰落信道的成对差错概率分析引出了(时间分集的)乘积距离编码设计准则和(发射分集的)广义乘积距离编码设计准则。试将这一分析扩展到独立同分布莱斯衰落信道。

(1)通过包含 L 条独立同分布莱斯分布支路的时间分集信道的重复编码的分集阶数有变化吗?

(2)与乘积距离类似的基于成对差错概率的新型编码设计准则是什么？

习题 3-19　本习题研究存在多副接收天线时空时码的性能(3.3.2 节讨论的主题)。

(1)作为式(3-83)的推广，试推导采用 n 副接收天线时空时码的成对差错概率。

(2)假定信道矩阵各元素服从独立同分布瑞利分布，作为式(3-86)的推广，试推导成对差错概率的简单上界。

(3)得出结论，编码设计准则在采用多副接收天线时保持不变。

习题 3-20　我们已经研究了 Alamouti 方案在包括两副发射天线和一副接收天线的信道中的性能，假定增加一副接收天线，试根据两副接收天线的信号推导符号的最大似然检测器，证明该方案提供了两个等效的独立标量信道，并求各信道的增益为多少？

习题 3-21　本题研究 3.3.3 节出现的差错概率的几个表达式。

(1)验证式(3-93)与式(3-94)在信噪比的哪些取值范围内式(3-93)小于式(3-94)？

(2)对于一般目标速率 R(假定 R 为整数)，重新推导式(3-93)与式(3-94)。空间多路复用方案性能更好的信噪比取值范围与速率 R 是什么关系？

习题 3-22　3.3.3 节利用 PAM 符号比较了空间多路复用方案与 Alamouti 方案的性能，试将这一比较扩展至目标数据速率为 R b/(s・Hz^{-1})的 QAM 符号(假定 $R \geqslant 4$ 为偶数)。

习题 3-23　本书推导了纯时间分集与纯空间分集两种情况下的编码设计准则，在某些无线系统中，可以同时获得时间分集和空间分集，因此希望能推导出此时的编码设计准则。特别地，考虑包括 L 副发射天线和 1 副接收天线的信道，该信道在 k 个符号时间构成的分组内保持恒定，但每隔 k 个符号出现一次独立的变化(例如，交织后的结果)，假定各天线信道相互独立，所有信道增益服从瑞利分布。

(1)对 n 个这样的分组进行编码能够获得的最大分集增益为多少？

(2)试推导该信道中的成对编码设计准则，说明该准则如何简化为已经推导过的纯时间分集和纯空间分集的特殊情况。

习题 3-24　具有一副接收天线的移动台经过如下平坦瑞利衰落信道：

$$y[m]=h[m]x[m]+w[m]$$

其中，$w[m] \sim \mathcal{CN}(0, N_0)$且独立同分布；$\{h[m]\}$为循环对称复高斯平稳随机过程，其相关函数 $R[m]$随 m 单调递减($R[m]$定义为$\mathbb{E}[h[0]h^*[m]]$)。

(1)假定要给移动台以间隔 d 另外安装 1 副天线，利用已经给定的信息能够确定 2 副天线在特定符号时刻经历的衰落增益的联合分布吗？如果能，试计算；如果不能，试说明还需要假定哪些额外信息并计算。

(2)从基站给具有 2 副天线的移动台发送未编码 BPSK 符号，试求最大似然检测器平均差错概率的表达式。

(3)试给出高信噪比差错概率的粗略近似，说明天线之间信道增益相关性的作用。在这种相关的情况下，来自两副天线的分集增益是多少？与天线之间衰落增益相互独立的情况相比，此时的差错概率如何？增大天线间隔 d 会产生什么影响？

习题 3-25　试证明即便在信道抽头 h_l 具有不同方差(但仍然相互独立)的情况下，采用第 3.4.2 节介绍的最大似然序列均衡器仍然能够获得满分集。可以利用基于典型差错概率分析的启发式方法。

习题 3-26　考虑 3.4.2 节介绍的最大似然序列检测，计算所获得的分集增益，但不计算

检测各符号 $x[m]$ 的差错概率的明确界限。以下假定符号采用 BPSK 调制。

(1)假定 $N=1$,试求最大似然序列检测不正确检测 $x[1]$ 的差错概率界限。提示:求出最差情况下的成对差错概率并不需要大量的计算,但在使用联合界时应稍加小心。

(2)相对于每 L 个符号时间发送一个符号来彻底避免 ISI 的方案,利用所得到的结果估计的编码增益。编码增益是如何依赖 L 的?

(3)将分析扩展至一般分组长度 N,并检测 $m\leqslant N$ 时的 $x[m]$。

习题 3-27 考虑 3.4.2 节介绍的均衡问题,研究最大似然序列检测的性能。本习题研究线性均衡器的性能,为简单起见,假定 $N=L=2$。

(1)在两个符号时刻(即时刻 0 与时刻 1),可以将 ISI 信道看作输入符号与输出符号之间的一个 2×2MIMO 信道,试确定信道矩阵 $\boldsymbol{H}$。

(2)MIMO 观点指出,作为最大似然序列检测的替代方法,可以利用迫零(解相关)接收机根据完全反转的信道检测 $x[0]$,试求该均衡器能够获得多大的分集增益,与最大似然序列检测的性能相比如何?

习题 3-28 考虑具有独立同分布瑞利衰落抽头的多径信道。设 $\tilde{h}_n$ 为特定时刻 OFDM 调制中第 n 个载波的复增益,试计算增益的联合统计量,并为如下论点提供证据:间隔大于相干带宽的载波增益近似为独立的。

习题 3-29 试证明对于典型的无线信道而言,时延扩展远小于相干时间,这一结论对于如下系统意味着什么:①OFDM 系统,②采用瑞克合并的直接序列扩频系统(每种情况下可能蕴涵多重影响)?

习题 3-30 考虑载波频率为 f_c、带宽为 W 的通带通信,假定离散时间等效基带模型抽头数量有限,采用 OFDM 调制,设 $\tilde{h}_n[i]$ 为第 n 个载波与第 i 个 OFDM 符号的复增益。通常要假定存在大量的反射物体,从而离散时间模型的抽头增益可以建模为高斯分布,但这里并不作这样的假设,仅根据 f_c 与 W 的一般假设进行如下讨论。试说明对 f_c 和 W 所做出的假设,并尽可能清楚地阐明该结论。

(1)在固定符号时刻 i,$\tilde{h}_n[i]$ 对于不同子载波服从相同的分布。

(2)更一般地,过程 $\{\tilde{h}_n[i]\}_n$ 对于不同的 n 具有相同的统计量。

习题 3-31 试证明对于包括独立同分布瑞利衰落支路的信道而言,二次方律合并器[式(3-147)]为最优非相干最大似然序列检测器,并分析其非相干差错概率性能[即验证式(3-148)]。

习题 3-32 考虑 3.4.3 节讨论的在信道测量不确定性下的瑞克合并问题。假定信道包括独立同分布的瑞利衰落支路,信道估计由式(3-152)与式(3-153)给出,利用二进制正交信号进行通信,在相干接收时,利用信道估计代替真实的信道增益 h_l,明确地计算出该检测器的差错概率并非易事,但通过近似分析、数值计算或仿真可以了解该检测器以 L 为自变量的性能。特别地,用事实说明当 $L\gg K\varepsilon/N_0$ 时该检测器性能极差这一直观论述。

习题 3-33 3.4.3 节已经研究了瑞克接收机中双极性信号的相干性能,现在考虑二进制正交调制:发射 $\boldsymbol{X}_A$ 或 $\boldsymbol{X}_B$,二者相互正交而且它们移位版本也彼此正交,试计算采用相干瑞克接收机时的差错概率[即验证式(3-149)]。

第4章　蜂窝系统:多址接入与干扰管理

4.1 概　　述

第3章集中讨论了点对点(point - to - point)通信,即一台发射机和一台接收机的情况。本章转向由许多移动用户组成的网络,这些用户都与公共有线网络基础设施进行通信[①]。无线通信的这种形式与无线电广播和电视存在两个重要的不同点:首先,用户感兴趣的只是发送给他们的特定消息,而不是无线电广播和电视广播的公共消息;其次,用户与网络之间是一种双向通信,于是就允许从接收机到发射机的反馈,而这在无线电广播和电视中是不存在的。这种形式的通信需要接入有线网络基础设施,因此与全无线步话机通信也是不同的。蜂窝系统主要用于这种多用户通信的场合,是本章讨论的焦点问题。

一般而言,有两种类型的频谱可以用于商业蜂窝系统中。第一种类型是得到频谱管理机构(美国的该机构为联邦通信委员会,FCC)授权许可的频谱,这类频谱通常在若干年内用于全国的蜂窝通信。第二种类型是未授权的频谱,主要用于实验系统以及辅助新型无线技术的研发。虽然授权许可的频谱可以免受本系统以外的任何类型频谱的干扰,但是带宽非常昂贵。这就要求无线系统的工程设计尽可能提高频谱效率。对许可频谱内的发射功率并没有严格的限制,但希望功率在该频谱以外迅速衰减。另外,通过未授权许可的频谱发射信号相当便宜(相应地,比授权许可的频谱更宽),但是整个频谱的最大功率和可以处理的干扰是受到限制的。因此,其重点不是频谱效率,工程设计也根据频谱是否被许可而变得完全不同。本章集中讨论在授权许可的频谱上工作的蜂窝系统。这种蜂窝系统已经在全国范围内部署,对于这种网络使用许可频谱的一个驱动因素是,如果必须处理恶意干扰,可能会有巨额资本投资的风险,就像在未经许可的频段那样。

蜂窝网络由大量的固定基站组成,每个小区(cell)一个基站,总的覆盖区域被划分为若干个小区,移动台与距离其较近的基站进行通信(见图4-1)。蜂窝通信在物理层和媒体接入层存在两个主要问题:多址接入(multiple access)与干扰管理(interference management)。第一个问题是指系统的全部资源(时间、频率和空间)如何在同一小区(小区内)被用户共享,第二个问题是指不同小区(小区间)信号的同时发送造成的干扰。网络层的一个重要问题是移动台从一个小区运动到另一个小区(将通信从一个基站切换到另一个基站,这一操作称为切换,

---

① 这种网络(虽然是有线的)常见的例子是公共交换电话网(Public Switched Telephone Network, PSTN)。

handoff)时网络到移动台的无缝连接问题。虽然多址接入和干扰管理问题在某些场合是与如何切换的问题结合在一起的,本章主要关注的还是多址接入和干扰管理等物理层问题。

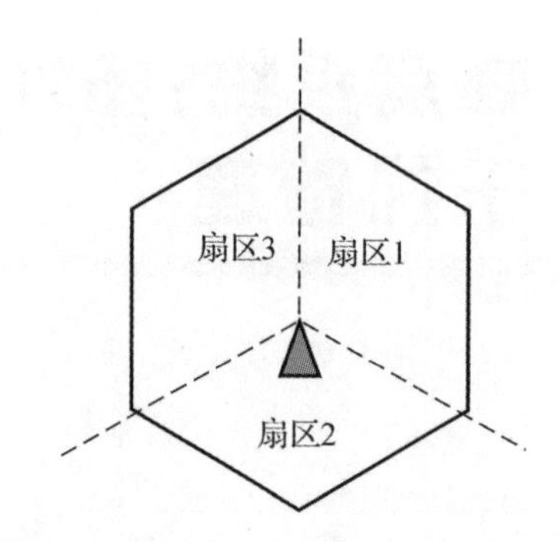

图 4-1 包含三个扇区的六边形小区

除了不同用户之间的资源共享问题外,另一个问题是资源在上行链路(从移动用户到基站的通信链路,也称之为反向链路)和下行链路(从基站到移动用户之间的通信链路,也称之为前向链路)之间如何分配。在上行链路与下行链路之间划分资源的通用策略有两种:时分双工(Time Division Duplex,TDD)在时间上实现传输分隔,频分双工(Frequency Division Duplex,FDD)在频率上实现传输分隔。多数商业蜂窝系统都是基于频分双工的。由于发射信号与接收信号的功率在发射端通常相差 100 dB 之多,所以各方向上的信号占据的频带间隔非常远(几十兆赫兹),并且需要采用一种称为双工器的设备滤除两个频带之间的任何干扰。

蜂窝网络通过将整个区域划分为许多小区来提供对整个区域的覆盖。进一步体现这个思想,将各小区在空间上进行划分,这一过程称为扇区化(sectorization),例如将小区划分为三个扇区(sector)。图 4-1 给出了六边形小区的一种划分,可以将扇区认为是独立的小区,只是这些扇区对应的基站位于同一个位置。在基站采用指向特定扇区而对其他扇区无干扰的定向天线(directional antenna)就可以实现扇区化,理想的最终结果就是有效地创建了新的小区,且不会因为增加新基站和网络基础设施带来额外负担。当基站安装得非常高,且周围几乎没有障碍物时,扇区化最为有效。然而,即便在这种理想情况下,也会存在扇区间干扰。另外,如果基站周围存在大量的本地散射体,例如基站安装在较低位置(如灯柱顶部)的情况,因为散射和反射会引起能量传递到其他扇区而不是指向的扇区,所以此时的扇区化基本没有任何效果。我们将讨论扇区化对系统设计的选择产生的影响。

本章将研究三种蜂窝系统的设计,并以此作为说明多址接入和干扰管理的几种不同方法的范例。上行链路与下行链路的设计也将进行研究。第一种系统可以称为窄带系统,这种系统中用户在小区内的传输被限制在独立的窄带信道中,而且相邻小区采用不同的窄带信道实现用户传输,这就要求将总带宽进行划分并减少网络中的频率复用。但是,此时的网络可以用一组点对点非干扰链路进行简化和近似,并且物理层问题主要是点对点的问题。IS-136 与 GSM 标准就是这类系统的主要实例。由于干扰电平保持最低,所以点对点链路通常具有较高的信干噪比(Signal to Interference Plus Noise Ratio, SINR)[①]。

① 由于干扰对多用户系统具有非常重要的影响,所以用 SINR 取代了第 3 章讨论点对点通信时所采用的参数 SNR。

第二种和第三种系统设计提出了另一种策略:所有传输被扩展到整个带宽,因此是宽带的。这些系统的主要特征是全局频率复用(universal frequency reuse):每个小区使用相同的频谱。然而,同时传输会造成彼此之间的干扰,链路运行的 SINR 通常较低。这两种系统设计的区别在于用户的信号如何扩展。CDMA 是基于直接序列扩频的,用户的信息比特以很低的速率进行编码,并由伪噪声序列进行调制,在该系统中,小区内和小区间的同时传输会造成干扰,IS-95 标准是体现该系统设计特征的主要实例。另外,在正交频分多路复用(Orthogonal Frequency Division Multiplexing,OFDM)系统中,用户的信息通过时频栅格的跳动实现扩展,此时可以保持小区内的传输相互正交,但由于相邻小区共享相同的频带,所以小区间干扰仍然存在。该系统在保持类似窄带系统不存在小区内干扰的优点的同时,还具有 CDMA 完全频率复用的优点。

本章还要研究这些系统中发射信号的功率分布图,通过对上行链路和下行链路的研究来理解发射信号的峰值功率分布图和均值功率分布图。通过对这三种系统中功率放大器的设置和总功率消耗的详细分析得出相关的结论。

对于多址接入设计的实现而言,存在从基站到移动台以及从移动台到基站的某些参数的通信开销,这些参数包括网络对移动台的鉴权、业务信道的分配、用于信道测量的训练数据、发射功率电平以及数据正确接收的确认,其中某些参数对于移动台来说只是一次通信,而其他参数的通信需要随时间继续进行。这些参数的开销大小在某种程度上取决于系统设计本身,仅当所选择的特定设计引起严重的开销时我们才讨论这个问题。

本章最后的表格归纳总结了这三个系统的主要性质。

4.2　窄带蜂窝系统

本节讨论一种蜂窝系统的设计,它自然地使用可靠的点对点无线通信的思想来构建无线网络。基本思想是调度所有传输,以使(在大多数情况下)两个同时传输不会相互干扰。我们描述了一个相同的多址和干扰管理的上下行链路设计,这个系统之所以称为窄带,是因为用户传输被限制在窄带内。该系统主要设计目标是最小化所有干扰。

对窄带系统的上行链路和下行链路的介绍是一样的,上行链路传输与下行链路传输在时间上或频率上是分离的。为了进行具体的说明,考虑采用频分双工方案实现上下行链路的频率分离,此时采用间隔很宽的独立频带实现两种类型的传输,给上行链路和下行链路分配的带宽均为 wHz。不同用户的传输在时间上和频率上都不重叠,因而可以消除小区内干扰。根据全部资源(时间和带宽)对用户传输的划分方式不同,直接影响了接收机的系统性能和设计结果。

首先将带宽划分为 N 个窄带组集(chunk)(也可以表示为信道,channel),各窄带信道的带宽为 W/NHz,给每个小区分配这 N 个信道中的 n 个,这 n 个信道未必是连续的。这种分配方法的思想是小区内的所有信号传输(包括上行链路和下行链路)都被限制在这 n 个信道中。为了防止相邻小区同时传输带来的干扰,只有当信道没有被位于该小区为中心的同心圆内其他小区使用时,信道才能分配给该小区。假定采用规则六边形排列,为了避免任何相邻小区采用相同的信道,图 4-2 为可以同时使用相同信道的小区(这类小区用相同的数字表示)。

分配给一个小区的最大信道数 n 取决于蜂窝排列的几何结构以及规定哪些小区能够共享

相同信道的干扰避免模式。比值 n/N 表示信道复用的频次，称之为频率复用因子(frequency reuse factor)。例如，在图 4-2 的规则六边形模型中，频率复用因子至少为 1/7。换言之，$W/7$ 是任一基站所使用的有效带宽，这种频谱效率的降低就是满足前面减小来自相邻基站的所有干扰的设计目标所付出的代价。图 4-2 的特定复用是 ad hoc 模式。有关适合业务条件的信道分配以及小区间复用模式的影响的更详细分析参见习题 4-1、习题 4-2 以及习题 4-3。

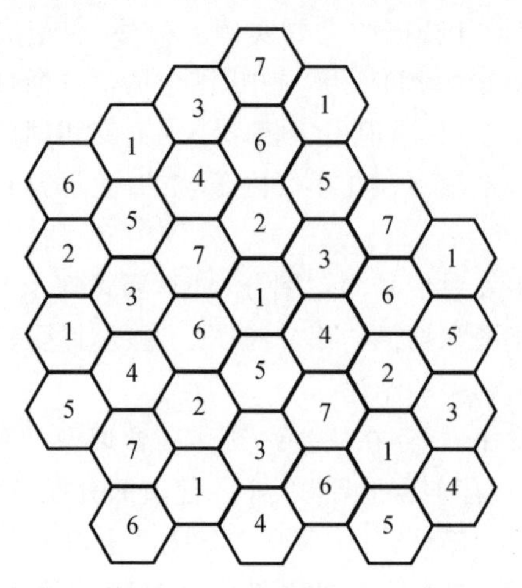

图 4-2　小区的六边形排列以及信道 1～7 的一种可能复用模式；以使用当前信道小区为圆心的同心圆中的其他小区不能使用这个信道。频率复用因子为 1/7

小区内的不同用户都分配了在时间和信道上都不重叠的传输资源，这种分配的本质影响了系统设计的各个方面，为了对所涉及的问题有一个具体的认识，下面介绍 GSM 系统中采用的特定分配方式。

4.2.1　窄带分配：GSM 系统

例 3.1 中已经介绍了 GSM 系统，各窄带信道的带宽为 200 kHz(即 $W/N=200$ kHz)，时间被划分成长度为 $T=557$ μs 的时隙，不同信道中的时隙是分配给用户的最有效可分割资源。在这些时隙上，小区内的 n 个用户的信号传输同时被调度，每个用户占用一路窄带信道。为了使同信道干扰最小，这 n 个信道必须在频率上选择得尽可能远，而且，各窄带信道在时分模式下被 8 个用户共享。由于语音为固定速率的应用，业务可以预测，所以每 8 个时隙中会有 1 个周期性地分配给 1 个用户。鉴于(时间和频率)资源分配的特性，用户传输不会受到来自小区内部的干扰，并且来自相邻小区的干扰也是最小的。这样，由若干条窄带传输的点对点无干扰无线链路就组成了通信网络，这也证明了用术语“窄带系统”表示这一设计实例的正确性。

由于分配是静态的，所以频率与时间的同步问题与点对点无线通信中的同步问题是一样的。语音业务的对称性也使上行链路和下行链路可以进行对称设计。由于干扰很少，所以接收 SINR 可以相当大(高达 30 dB)并且上行链路与下行链路的通信方案是相干的，这就涉及通过训练符号(即导频)来学习窄带信道特性，这些训练符号在各时隙与数据是时分多路复用的。

1. 性能

什么是链路的可靠性呢？由于时隙长度 T 相当小，所以通常在信道的相干时间内，不存在多少时间分集,而且信号传输都被限制在相当窄的连续200 kHz带宽内。在典型的室外场合,时延扩展在1 μs的数量级,这就转化为500 kHz的相干带宽,比信道带宽大得多,因此也没有多少频率分集。由第3章可知,在这种情况下随着信噪比变得越来越大,差错概率随着信噪比的衰减非常缓慢。正如第3章例3.1所讨论的,GSM解决这个问题的办法是通过对8个连续的时隙进行编码以获取时间分集和频率分集(后者通过帧的慢跳频实现,各帧由共享窄带信道用户的8个时隙构成)。而且,语音质量不仅取决于平均误帧率,而且还取决于这些错误的聚集方式。虽然一串连续错误和独立帧误码这两种情况具有相同的平均误帧率,但是前者会导致比后者更加明显的质量下降,因此,采用跳频也可以分散连续的错误。

2. 信号特征与接收机设计

移动用户的接收信号能量集中在连续窄带信道中(在GSM标准中能量集中在200 kHz带宽W/N内),因此,采样速率较低,采样周期为N/W数量级(在GSM标准中为5 μs)。所有的信号处理运算都以这种低速率执行,从而简化了接收机设计的实现需求。虽然采样速率较低,但是仍然足够分辨出多条路径。

考虑移动台和基站发射的信号,信号的平均发射功率决定了通信方案的性能。另外,承载发射信号的射频链路中的某些器件必须按照信号的峰值功率(peak power)进行设计,特别是功率放大器的电流偏置应与峰值信号功率直接成正比。因为频谱高效的调制方案要求保证线性度,所以通常采用AB类功率放大器,另外,AB类放大器功率效率相当低,其成本(资金成本和运行成本)与偏置(保持线性度的范围)成比例。因此,工程技术限制就是在给定平均功率电平时设计峰值功率尽量小的发射信号。控制这种限制的一种方法是研究发射信号的峰值-平均功率比(Peak to Average Power Ratio,PAPR)。这一约束在移动台显得尤为重要,因为与基站相比,功率对于移动台是极其稀缺的资源。

首先讨论移动台发射的信号(上行链路),时隙内的信号被限制在连续的窄频带内(带宽为200 kHz)。在GSM系统中,数据通过恒定幅度的调制方法被调制到这个单载波上,此时,发射信号的PAPR相当小(见习题4-4),因此不存在什么设计问题。另外,基站发射的信号是n个这样的信号的叠加,各信号分别占用一路200 kHz的信道,(时域中的)总信号具有较大的PAPR,但是基站通常是交流供电的,功耗与上行链路是完全不同的数量级。另外,基站信号的PAPR在多数系统设计中都具有相同的数量级。

4.2.2　对网络和系统设计的影响

这里结合用户之间的静态分配的具体资源划分简化了网络中的多址接入和干扰管理的设计复杂度。但是,没有免费的午餐,选择这种设计必须付出的代价主要有两方面。一是物理层总带宽利用率低(可以用频率复用因子度量),二是网络规划的复杂性。这种正交设计要求频率分隔必须提前进行全局规划,这就要仔细研究基站的拓扑结构,以及来自复用N个信道之一的基站的干扰控制在可接受电平以下的阴影条件。虽然图4-2展示了一种相当简单的复用模型的设置环境,但是该项研究在实际系统中是相当复杂的,而且基站的数量在实际系统中是逐步递增的。最初安装足够的基站提供覆盖,当现有基站负载过重时,就要增加新的基站,在任何区域重新引入的基站都需要重新配置分配给相邻小区基站的信道。

这种正交分配的本质使得大部分用户无论在小区中的位置如何都可以获得高SINR链路,因此,需调整设计使系统中的移动用户无论位于基站附近还是位于小区边缘都运行在基本相同的 SINR 电平。扇区化对这一设计有什么影响呢？虽然扇区天线的设计实现相邻扇区的传输隔离，但实际上，移动用户特别是位于扇区边缘的移动用户会受到扇区间干扰的影响。在相同小区的不同扇区之间信道复用导致了 SINR 的动态范围会因扇区间干扰而降低，这意味着即便遵循了该系统的设计原则，相邻扇区也不能复用相同的信道。因此得出如下结论：扇区化的增益与其说是来自频率复用，不如说是来自天线增益和小区容量的提高。

4.2.3 对频率复用的影响

考虑允许相邻基站复用同一组信道，这种设计的鲁棒性如何呢？为了回答这个问题，考虑一种特殊情况，即某基站的上行链路，该基站的一个相邻基站与其采用相同的一组信道。为了研究带有这种附加干扰的上行链路的性能，假定用户数量足够多，全部信道均被使用。用户在一个时隙的信号传输直接干扰了相邻小区中使用同一信道的另一个用户的信号传输，某特定用户一个时隙的上行链路传输在基站处的 SINR 的简单模型为

$$\mathrm{SINR}=\frac{P\,|h|^2}{N_0+I}$$

由于 P 表示目标用户传输的平均发射功率，$|h|^2$ 表示（具有单位均值的）衰落信道增益，所以分子为基站的接收功率；分母由背景噪声（N_0）和由相邻小区的用户干扰引起的额外项组成，用 I 表示这种干扰，可以建模为一个随机变量，其均值通常小于 P（例如等于 $0.2P$）。导致来自相邻小区的干扰是随机的原因有两个：其一是小尺度衰落，其二是复用相同信道的另一个小区中用户的物理位置。I 的均值表示对干扰发生的所有位置和信道波动取平均后的平均干扰，但是由于干扰用户的位置范围非常广，所以 I 的方差相当大。

SINR 是导致性能差的一个随机参数，即使一帧的传输速率很小且固定，整个传输为不可靠的概率还是相当高。第 3 章集中讨论了系统的信道分集技术，例如天线分集技术减小了信道的波动性，改善了系统性能，然而，这里 SINR 的变化与之存在重要的区别，它不能通过第 3 章介绍的分集技术予以改善。由干扰源位置引起的干扰 I 的随机性是该系统所固有的，并且保持不变，正是出于这一原因，得出如下结论：窄带系统不适用于全局频率复用。为了降低 SINR 的随机性，我们的确希望基于相邻小区的多个低功率同时传输进行干扰平均，而不是基于仅一个用户的干扰平均，这是后面要介绍的两个全局频率复用系统设计时的重要问题之一。

总结 4.1　窄带系统

· 将正交窄带信道分配给小区中的用户。

· 不能给相邻小区中的用户分配相同的信道，因为干扰很难在用户之间平均掉，这就降低了频率复用因子并且导致总的带宽利用率较低。

· 网络可以分解为一组高 SINR 点对点链路，从而简化了物理层设计。

· 频率规划相当复杂，特别是在增加新小区时显得尤为突出。

4.3 宽带系统：CDMA

在窄带系统中，小区内的用户都分配有分散的时频时隙，相邻小区的用户则分配有不同的频带，整个网络可以分解为一组点对点无干扰链路。在 CDMA 系统设计中，多址接入与干扰

管理策略是不同的。各用户采用 3.4.3 节简要介绍的直接序列扩频技术将其信号扩展到整个带宽，这样在解调任意特定用户的数据时，其他用户的信号就表现为伪白噪声。因此，不仅是相同小区内的所有用户，而且包括不同小区中的所有用户都共享全部的时频自由度，全局频率复用是 CDMA 系统的重要特性。

概括地讲，CDMA 系统的设计原则可以分解为以下两个设计目标：

(1)使任何用户的干扰都尽可能类似于高斯白噪声，并且将该干扰功率保持在最小值且尽可能稳定。实现这一目标的方法如下：

1)通过将编码比特调制到长伪随机序列上，使得每个用户的接收信号看上去尽可能随机。

2)相同小区内用户间的严格功率控制(power control)确保各用户的接收信号仅仅是解调所需的最低电平，这样，来自距离基站较近的用户的干扰就不会淹没较远处用户的信号[即所谓的远近问题(near - far problem)]。

3)对附近小区中大量在地理上分散的用户的干扰进行平均，这种平均处理不仅使得干扰看上去为高斯变量，而且更重要的是降低了由干扰源位置变化引起的干扰电平波动的随机性，从而增加了链路的可靠性。这是全局频率复用可能在宽带系统中实现但不可能在窄带系统中实现的关键原因。

(2)假定第一个目标已经满足，各用户信号通过带有加性高斯噪声的点对点宽带衰落信道进行传输。可以利用第 3 章介绍的编码、时间交织、瑞克合并以及天线分集等分集技术提高这些点到点链路的可靠性。

由此可见，在所有用户共享全部自由度的意义上，CDMA 系统设计不同于窄带系统设计，用户会彼此干扰：系统是干扰受限的(interference limited)而不是自由度受限的(degree of freedom limited)。另外，设计的基本原理仍然是将网络问题分解为一组独立的点对点链路，从这个意义上讲，二者是类似的，只是现在各链路既存在干扰又存在背景热噪声。这里不深入讨论该设计基本原理，在后续章节会看到还存在其他的设计方法。本节集中讨论实现上述两个目标的 CDMA 系统的各种关键技术，利用 IS - 95 标准来具体地讨论如何将设计目标转化为实际系统。

与前一节介绍的窄带系统相比，CDMA 系统具有下述潜在优势：

(1)全频率复用(universal frequency reuse)意味着所有小区中的用户利用了系统的整个带宽或全部自由度。在窄带系统中，每个用户的自由度数因小区内共享资源的用户数量和频率复用因子而降低，然而，CDMA 系统中每个用户自由度的增加是以各链路每个自由度的信干噪比(SINR)降低为代价的。

(2)因为用户性能仅取决于总的干扰电平，所以 CDMA 自动地利用了用户信息源的变化性；如果用户停止发射数据，则总的干扰电平会自动下降，其他所有用户都会受益。假定用户的活动相互独立，这就提供了一种统计多路复用(statistical multiplexing)效果，相比于每个用户都连续发射时可能容纳的用户数量，该技术使得系统能够容纳更多的用户。与窄带系统不同，不需要时间或频率的明确再分配。

(3)在窄带系统中，一旦时频时隙都被用完，就不允许新用户进入网络，这就对系统施加了硬容量限制。相比之下，增加 CDMA 系统中的用户数量会增加总的干扰电平，这样就允许系统性能的适度降低，并提供系统的软容量限制。

(4)由于所有小区共享相同的频谱，所以小区边缘的用户可以接收来自两个或多个基站的信号，也可以给两个或多个基站发射信号，从而改善接收质量，我们称之为软切换（soft handoff），也是另一种分集技术，但属于网络级的分集技术（有时称为宏分集，macrodiversity），是 CDMA 系统增加容量的重要机制。

除了上述这些网络优势外，CDMA 系统还有较窄带系统更进一步的链路级优势：CDMA 系统中的每个用户都经历宽带衰落信道，因此可以利用系统中固有的频率分集。这在缺少时间分集的慢衰落环境中尤为重要，它极大地降低了系统的衰落余量（fade margin）（获得与 AWGN 信道相同的差错概率所需增加的 SINR）。

另外，应该注意到，由于近处的用户与小区边缘用户的信道衰减可能相差几十 dB，所以 CDMA 系统的性能极大地依赖于准确的功率控制。这就要求功率控制信息的频繁反馈，从而给每个激活用户带来显著的开销。相比之下，窄带系统就不需要严格的功率控制，其采取功率控制主要是为了降低电池的消耗而不是进行干扰管理。同时，在 CDMA 系统中，小区外干扰的充分平均也是很重要的，因为干扰来自许多信号很弱的用户，所以这一假设在上行链路是相当合理的，但是在下行链路却是有问题的，因为下行链路的干扰来自几个信号较强的相邻基站[①]。CDMA 系统与窄带系统容量的全面比较取决于特定的编码方案、功率控制策略、信道传播模型、业务特征以及用户到达模式等因素，这些不在本书讨论的范围之内。而且，以上概括的 CDMA 的许多优势都是定性的，采用更为复杂的工程设计也有可能在窄带系统中实现。这里集中对 CDMA 系统的关键特征进行定性的讨论，通过一些简单的分析来熟悉这些特征。第 5 章考虑一种简化的蜂窝系统，并利用信息论的基本知识分析自由度的增加与全局频率复用引起的干扰电平增加之间的折中。

在 CDMA 系统中，用户通过他们造成的干扰而相互影响，我们会讨论管理干扰的方法并分析干扰对性能的影响，为了进行具体分析，首先针对上行链路进行集中讨论，之后再讨论下行链路，虽然设计中存在许多相似性，但还是存在一些值得注意的差异。

4.3.1 CDMA 上行链路

包括 K 个用户的 CDMA 系统上行链路的一般原理示意图如图 4-3 所示，K 个用户中有一部分位于小区内，其余用户位于小区以外，第 k 个用户的数据被编码为两个 BPSK 序列 $\{a_k^{\mathrm{I}}[m]\}$ 与 $\{a_k^{\mathrm{Q}}[m]\}$[②]，假定这两个序列对于所有的 m 都具有相等的幅度。各序列被伪噪声序列调制，于是，发射的复序列为

$$x_k[m]=a_k^{\mathrm{I}}[m]s_k^{\mathrm{I}}[m]+\mathrm{j}a_k^{\mathrm{Q}}[m]s_k^{\mathrm{Q}}[m],\quad m=1,2,\cdots \tag{4-1}$$

式中，$\{s_k^{\mathrm{I}}[m]\}$ 与 $\{s_k^{\mathrm{Q}}[m]\}$ 为取值 ± 1 的伪噪声序列。由前面介绍的内容可知，m 被称为码片时间，码片速率通常比数据速率大得多[③]。因此，信息比特被过度编码，$\{a_k^{\mathrm{I}}[m]\}$ 与 $\{a_k^{\mathrm{Q}}[m]\}$ 的编码序列包含大量的冗余。用户 k 的发射序列经过离散时间基带等效多径信道 $h^{(k)}$，并在接收端叠加为

$$y[m]=\sum_{k=1}^{K}\Big(\sum_{\ell}h_{\ell}^{(k)}[m]x_k[m-\ell]\Big)+w[m] \tag{4-2}$$

① 实际上，IS-95 的下行链路是容量受限的链路。

② 由于 CDMA 系统每个自由度的 SINR 非常低，所以总是采用二进制调制符号集。

③ 在 IS-95 系统中，码片速率为 1.228 8 MHz，数据速率为 9.6 kb/s 或更小。

除 3.4.3 节假定衰落信道 $\{h^{(k)}\}$ 对于不同的抽头是独立的以外，同时假定衰落信道 $\{h^{(k)}\}$ 对于不同的用户也是独立的。用户 k 的接收机将输出序列 $\{y[m]\}$ 的 I 通道分量和 Q 通道分量分别与 $\{s_k^{\mathrm{I}}[m]\}$ 和 $\{s_k^{\mathrm{Q}}[m]\}$ 相乘来提取用户 k 的编码码流，之后再输入至解调器以恢复信息比特。注意，用户信号实际上是异步到达发射机的，但我们做出理想的假设，认为用户是码片同步的，这样就可以将第 2 章介绍的离散时间模型扩展到多用户的场合。同时，假定接收机已经与各发射机同步，实际上，实现并保持这种同步需要有一个同步捕获的过程，本质上这是一个假设检验的问题，其中各假设对应于发射机与接收机之间可能的相对时延。这里面临的挑战是因为同步必须精确到码片级，所以存在大量需要考虑的假设，同时也需要高效的搜索过程，文献[140] 的第 3 章详细介绍了一些这样的搜索过程。

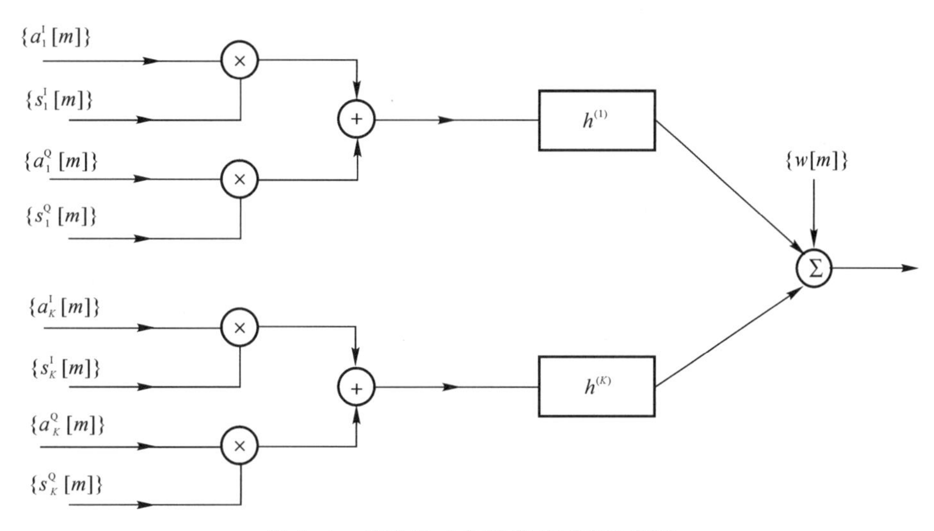

图 4-3 CDMA 上行链路的原理示意图

1. 伪噪声序列的产生

伪噪声序列通常由最大长度移位寄存器（Maximum Length Shift Register, MLSR）产生。对于记忆长度为 r 的移位寄存器而言，序列在时刻 m 的值是时刻 $m-1, m-2, \cdots, m-r$ 的值（即其状态）的线性函数（在 $\{0,1\}$ 的二进制域中运算）。因此，这些 0-1 序列就是周期性的，且最大周期长度为 $p=2^r-1$，即寄存器的非零状态数①。从任意非零状态开始，在返回初始状态之前，移位寄存器经过所有可能的 2^r-1 个不同的非零状态，这就是对应的最大周期。最大长度移位寄存器序列均具有该最大周期长度，即使当 r 非常大时仍存在最大周期。对于 CDMA 应用而言，r 通常在 20～50 之间选取，因此周期相当长。应该注意的是，序列的产生是一个确定性过程，唯一的随机性是初始状态的选取，等效地讲，最大长度移位寄存器序列的实现的序列是互为随机移位的。

只需要将最大长度移位寄存器序列的各值由 0 映射为 +1，由 1 映射为 -1 就可以得到期望的伪噪声序列 $\{s[m]\}$，该伪噪声序列具有如下特性，使其看上去类似于典型的伯努利抛币序列[52,140]

① 从零状态开始，寄存器将保持在零状态，所以零状态不能作为该周期的一部分。

$$\frac{1}{p}\sum_{m=1}^{p}s[m]=-\frac{1}{p} \tag{4-3}$$

即在周期 p 内 0 与 1 几乎各占一半。

对于所有的 $\ell\neq 0$，则有

$$\frac{1}{p}\sum_{m=1}^{p}s[m]s[m+\ell]=-\frac{1}{p} \tag{4-4}$$

即伪噪声序列的移位序列几乎彼此正交。

当记忆长度 $r=2$ 时，周期为 3，最大长度移位寄存器序列为 110110110…，状态 11，10，01 在各周期内连续出现，但 00 不出现，这也正是式(4-3)中求和不为零的原因。然而，当 p 很大时这种不平衡是非常小的。

如果将伪噪声序列的移位操作随机化(即均匀地选取移位寄存器的初始状态)，则序列就变成一个随机过程。上述性质表明，所得到的随机过程在很长的时间范围内(因为 p 很大)近似为独立同分布的伯努利序列。后面对于干扰统计特性的分析都是在这一假设条件下进行的。

2. 干扰的统计特性

在 CDMA 系统中，解调一个用户的信号时通常将其他用户的信号看成是干扰，于是，链路级的性能取决于干扰的统计特性。在解调用户 1 的信号时，它所受到的总干扰为

$$I[m]=\sum_{k>1}\left(\sum_{\ell}h_{\ell}^{(k)}[m]x_k[m-\ell]\right) \tag{4-5}$$

$\{I[m]\}$ 的均值为零。由于衰落过程是循环对称的，所以 $\{I[m]\}$ 也是循环对称的，故，二阶统计量的特征由 $\mathbb{E}[I[m]I[m+\ell]^*]$，$\ell=0,1,\cdots$ 表征，其计算如下

$$\mathbb{E}[|I[m]|^2]=\sum_{k>1}\varepsilon_k^{c},\quad \mathbb{E}[I[m]I[m+\ell]^*]=0,\quad \ell\neq 0 \tag{4-6}$$

式中

$$\varepsilon_k^{c}=\mathbb{E}[|x_k[m]|^2]\sum_{\ell}\mathbb{E}[|h_{\ell}^{(k)}[m]|^2] \tag{4-7}$$

为考虑多径时的第 k 个用户接收到的每个码片总的平均能量。在上述方差的计算中，利用了 $\mathbb{E}[x_k[m]x_k[m+\ell]^*]=0(\ell\neq 0)$ 这一事实，这是由于扩频序列的随机性造成的。注意，在计算这些统计量时，对数据和其他用户的衰落增益取了平均。

当网络中存在大量用户，并且没有一个用户会对干扰有突出的贡献时，可以利用中心极限定理证明干扰过程是高斯近似的，由二阶统计量可以看出该过程还是白的。因此，从为用户 1 设计点对点链路的观点看，合理的近似应该是将其看成高斯白噪声功率为 $\sum_{k>1}\varepsilon_k^{c}+N_0$ 的多径衰落信道[①]。

假定没有一个用户对干扰有很大的贡献。这一假设之所以合理是由于 CDMA 系统的以下两个重要机制：

(1) 功率控制：控制小区内用户的发射功率以解决远近问题，这样就可以确保小区内不存在严重的干扰源。

---

① 这种方法不是最优的，在第 6 章会看到，认识到干扰是由其他用户的可被译码的数据组成的，就可以得到更好的性能。

(2) 软切换:接收移动台信号的各基站要对其数据进行译码,并将译码后的数据连同接收质量的某些测量值发送给移动交换中心,移动交换中心会选取其中接收质量最好的一个信号。用户的功率通常受到接收质量最佳的基站的控制,这样就减少了小区外某些严重干扰源不受功率控制的机会。

稍后将更为详细地讨论这两种机制。

3.点对点链路设计

3.4.3节已经在某种程度上讨论了直接序列扩频系统中点对点链路的设计问题,在CDMA系统中,唯一的区别是现在所面临的是干扰与噪声之和。

用户1的链路级性能取决于SINR,有

$$\mathrm{SINR}_c = \frac{\varepsilon_1^c}{\sum_{k>1}\varepsilon_k^c + N_0} \tag{4-8}$$

注意,这是每个码片的SINR。首先观察到的是每个码片的SINR通常都非常小,例如,在一个小区中拥有K个理想功率控制用户的系统中,即使忽略了小区外的干扰和背景噪声,SINR_c为$1/(K-1)$,在由31个用户组成的小区中,该值为-15 dB。在IS-95系统中,小区外干扰的典型值为小区内干扰的0.6倍(另外,在干扰受限的CDMA系统中通常忽略背景噪声),这就将SINR_c进一步降至-17 dB。

在如此低的SINR条件下如何解调发射信号呢?为了在最简单的环境中说明这一问题,考虑用户1经历非衰落信道以及3.4.3节讨论的采用相干检测的BPSK调制,其中各信息比特被调制到码片长度为G的伪噪声序列上。这里讨论的系统采用长伪噪声序列$\{s[m]\}$(见图4-3),这就相当于将每个BPSK符号重复G次,$a_1^I[Gi+m]=a_1^I[Gi]$,$m=1,2,\cdots,G-1$①。将接收信号的同相分量投影到序列$\boldsymbol{u}=[s_1^I[0]\quad s_1^I[1]\quad \cdots \quad s_1^I[G-1]]^T$上就完成了第0个信息符号的检测,并且其差错概率为

$$p_e = Q\left(\sqrt{\frac{2\,\|\boldsymbol{u}\|^2\varepsilon_1^c}{\sum_{k>1}\varepsilon_k^c+N_0}}\right) = Q\left(\sqrt{\frac{2G\varepsilon_1^c}{\sum_{k>1}\varepsilon_k^c+N_0}}\right) = Q\left(\sqrt{\frac{2\varepsilon_b}{\sum_{k>1}\varepsilon_k^c+N_0}}\right) \tag{4-9}$$

式中,$\varepsilon_b=G\varepsilon_1^c$为用户1的每比特接收能量。于是,我们看到每个码片的SINR虽然很低,但是由于在重复信息比特的G个码片时间内对噪声进行了平均处理,所以每比特的SINR提高了G倍。利用系统参数可将G表示为$G=W/R$,其中W为带宽,R为数据速率,该参数称为系统的处理增益(processing gain),它在这里的作用是增加了有效SINR,从而对抗用户所面对的大量干扰。随着带宽W和系统中用户数量的增加,CDMA系统会成比例扩大,如果保持各用户的数据率R固定不变,那么会看到总干扰$\sum_{k>1}\varepsilon_k^c$与处理增益也会成比例增大,这意味着CDMA本身就是可扩容的多址接入方案②。

4.IS-95链路设计

以上方案是基于重复编码的,利用更为复杂的低速率码可以获得更好的性能,另外,实际

① 已经指出,伪噪声序列的周期通常为$2^{20}\sim 2^{50}$个码片,远远大于处理增益G。相比之下,IS-95的下行链路采用短伪噪声序列唯一地识别各扇区或者各个小区。

② 但是注意到,随着带宽变得越来越宽,信道不确定可能最终成为瓶颈,正如在3.5节已经看到的。

信道本质上都是多径衰落信道,因此诸如时间交织和瑞克接收机等技术分别对于实现时间分集和频率分集都是非常重要的。例如,IS-95综合采用了多种技术,包括卷积编码、交织和通过瑞克接收机实现的M进制正交符号的非相干解调(见图4-4)。速率为9.6 Kb/s的压缩语音利用速率为1/3、约束长度为9的卷积码进行编码,编码后的比特再以6 b分组进行时间交织,各分组都被映射为64个($2^6=64$)长度为64的正交Hadamard序列之一[①],最后,Hadamard序列的各个码元重复4次形成编码序列$\{a^I[m]\}$。可以看出,处理增益为$3\times64/6\times4=128$,所得到的码片速率为$128\times9.6=1.2288$ Mchip/s。

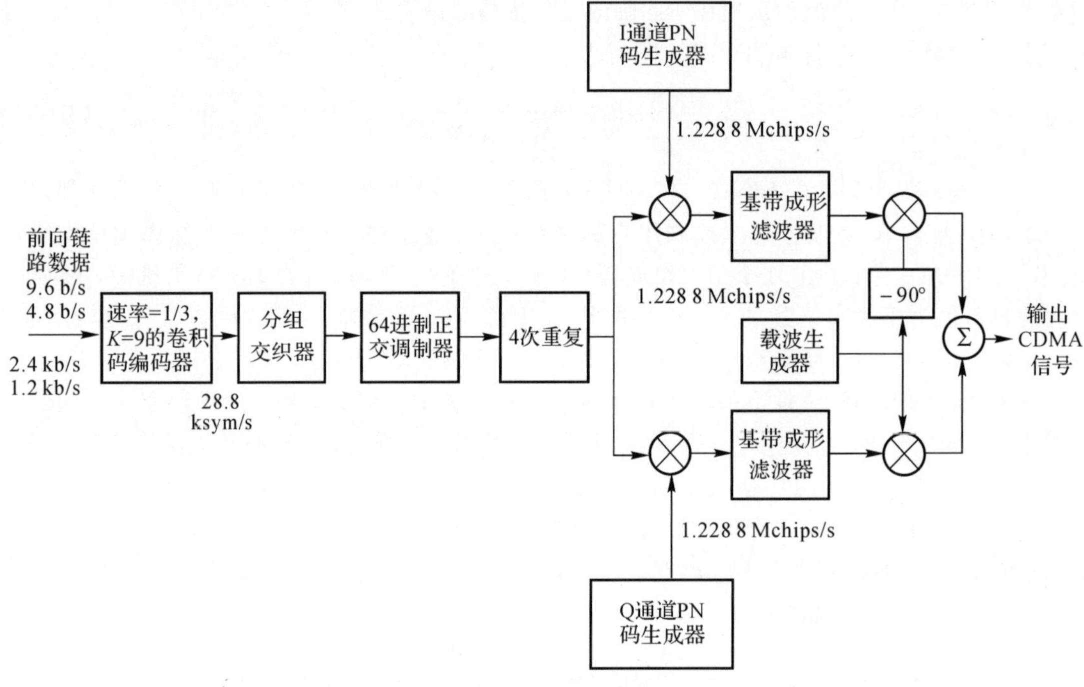

图4-4　IS-95上行链路

各6 bit分组利用瑞克接收机进行非相干解调。在3.5.1节的二进制正交调制实例中,非相干检测器对各正交序列计算各分集支路的相关性,从而得到二次方和。之后判决为和最大的序列(平方律检测器)[回顾式(3-147)前后的讨论]。这里的每个6 b分组应该可以看成是外部卷积码的编码符号,我们对分组的硬判决并不感兴趣,相反,要计算出6 b分组的各个可能值的支路度量值,供外部卷积码的Viterbi译码器使用。上述二次方和可以作为一个度量值,这样也就可以将瑞克接收机的结构用于这一目的。应该注意的是,时间交织是对6 bit分组进行的,因此信道在与这个分组有关的码片时间内保持恒定,否则,就不能进行非相干解调。

IS-95上行链路设计采用非相干解调,另外一种选择是利用导频信号估计信道并进行相干解调,CDMA 2000中采用了这种方式。

---

① 长度为$M=2^l$的Hadamard序列是$M\times M$矩阵$\boldsymbol{H}_M$的正交列,$\boldsymbol{H}_M$的递归定义为$\boldsymbol{H}_1=[1]$,并且当$M\geqslant2$时:

$$\boldsymbol{H}_M=\begin{bmatrix}H_{M/2} & H_{M/2}\\ H_{M/2} & -H_{M/2}\end{bmatrix}$$

5. 功率控制

用户的链路级性能是其SINR的函数,为了实现可靠通信,SINR或者等效的每比特能量与每码片干扰和噪声之比(在CDMA的相关文献中通常称为ε_b/I_0)应该大于某阈值。该阈值取决于所采用的特定编码以及多径信道的统计特性。例如,IS-95系统中的典型ε_b/I_0阈值为$6 \sim 7$ dB。在移动通信系统中,路径损耗和阴影效应的变化,使得所研究用户以及干扰源的衰减随着用户的移动而变化,为了保持目标SINR,必须采取发射功率控制(transmit power control)。

在如下网络环境中可以将功率控制问题进行公式化。系统中总共有K个用户和若干个小区(基站),假定将用户k分配给基站c_k,设P_k为用户k的发射功率,g_{km}为用户k的信号到基站m的衰减。

用户k在基站m处的每码片接收能量就是$P_k g_{km}/W$,利用式(4-8)可以看出,如果用户目标ε_b/I_0为β,则应控制用户的发射功率,使得

$$\frac{GP_k g_{k,c_k}}{\sum_{n\neq k} P_n g_{n,c_k} + N_0 W} \geqslant \beta, \quad k=1,2,\cdots,K \tag{4-10}$$

式中,$G=W/R$为系统的处理增益。此外,由于发射移动台的动态范围受到限制,所以还存在发射功率的限制:

$$P_k \leqslant \hat{P}, \quad k=1,2,\cdots,K \tag{4-11}$$

上述不等式定义了所有可行功率矢量的集合$\boldsymbol{P}=(P_1,P_2,\cdots,P_K)^{\mathrm{T}}$,并且该集合是用户衰减的函数。如果该集合为空,则不能够同时满足用户的SINR要求,此时称系统处于中断状态。另外,只要这个可行功率的集合非空,就希望求出可以节约能量的尽可能小的功率解。事实上,习题4-8可以证明只要可行集合非空(习题4-5详细证明了这一特征),在可行集合中就存在逐分量最小化的解$\boldsymbol{P}^*$,即对于每个用户k的其他任意可行功率矢量$\boldsymbol{P}$,都有$P_k^* \leqslant P_k$。这一事实源于功率控制问题的基本单调性:当用户降低其发射功率时,其产生的干扰就会减小,系统中的其他用户也会因此而受益。采用最优解$\boldsymbol{P}^*$时,每个用户都以其最小可能的功率发射信号,这样他们的SINR要求可以得到同等的满足。注意,采用最优解时,相同小区中的所有用户在基站都具有相同的接收功率。同时可以证明,简单的分布式功率控制算法会收敛到这一最优解:在每一步,各用户更新其发射功率,使得当前的干扰水平恰好满足其自身的SINR要求。虽然不同用户的发射功率更新是异步进行的,但仍然能够保证其收敛。这些结果给出了实际实现的功率控制算法的鲁棒性和稳定性的理论证明(习题4-12研究了功率更新算法对于不准确度的鲁棒性,该更新算法控制所有移动台的接收功率完全相等)。

6. IS-95中的功率控制

IS-95中的实际功率控制包括开环控制和闭环控制。开环功率控制利用导频信号测量的下行链路的干扰强度粗略地设置移动用户的发射功率(在IS-95的下行链路中,有一个发射给所有移动台的公共导频信号)。但是,由于IS-95工作在FDD模式,上行链路信道与下行链路的载波频率通常相差几十兆赫兹,是完全不同的,因此,开环功率控制仅能够精确到几dB,必须采用闭环功率控制对功率进行更为精确的调整。

闭环功率控制的工作频率为800 Hz,包括根据SINR的测量值从基站反馈给移动台的1 bit控制命令;如果测量得到的SINR低于(高于)阈值,该指令就是升高(降低)1 dB的功率。

由于IS-95的上行链路中没有导频信号，所以要根据瑞克接收机的输出以判决指导的方式估计SINR。除测量误差外，功率控制的精度还受到1 bit量化的限制，因为可靠通信的SINR阈值β取决于多径信道的统计特性，所以事先不能够准确地知道，因此还有一个外环控制来调节以误帧率为函数的阈值(见图4-5)。然而，很重要的一点是，虽然反馈的速率较高(800 Hz)，但因为每次反馈只有1 b的有限精度，所以功率控制不能够跟踪用户以机动车速度运动时的快速多径衰落。它仅能够跟踪比较慢的阴影衰落和慢变路径损耗，多径衰落主要是通过前面讨论的分集技术来解决的。

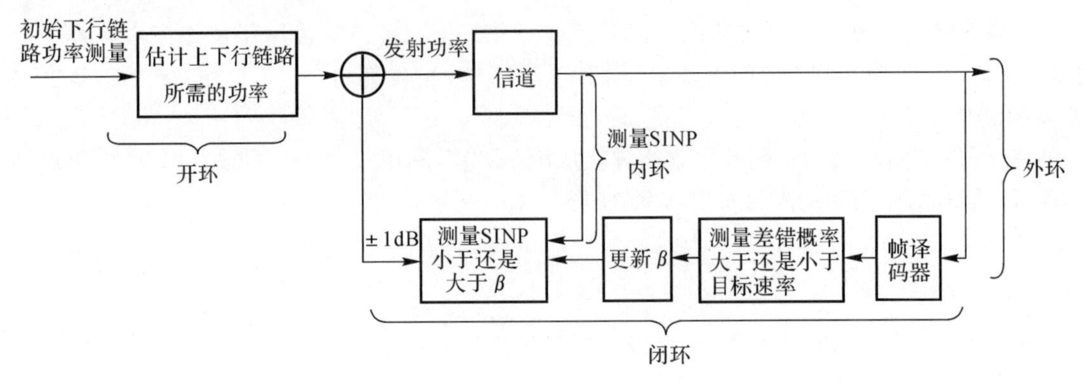

图4-5 内环功率控制与外环功率控制

7. 软切换

从一个小区到另一个小区的切换是蜂窝系统中的重要工作机制。传统的切换通常是硬切换:用户只能被分配到一个小区或者另一个小区，但不能被同时分配到两个小区。在CDMA系统中，由于所有的小区共享相同的频谱，所以有可能采用软切换:多个基站可以同时译码移动用户的数据，由交换中心选择其中的最佳接收(见图4-6)。软切换提供了另一种层次的用户分集。

软切换的过程是由移动用户发起的，工作过程如下:在用户跟踪其当前所处小区的下行链路导频信号的同时，还可以搜索相邻小区的导频信号(这些导频信号为移位已知的伪噪声序列)。一般而言，这一过程还包括相邻小区的同步捕获，但是，我们已经观察到同步捕获是一个计算量相当大的步骤，因此，实际采用的方法是基站时钟同步，这样移动台仅一次就可以捕获同步。移动台一旦检测到导频信号并发现该导频相对于第一个导频信号强度足够强，就会将该事件通知其原先的基站，原先的基站紧接着会通知交换中心，交换中心则要求第二个小区中的基站发送并接收该移动台的相同业务。在上行链路，各基站独立地对数据帧或数据分组进行解调和译码，并由交换中心做出判断，一般会采用信号较强的小区的判决。

如果基站安装多副接收天线，则软切换就提供了一种接收分集的形式。由3.3.1节可知，来自多副天线的信号的最优处理是最大比合并(Maximal Ratio Combining，MRC);然而，由于天线地理位置的隔离，使得这种合并在切换环境中很难实现，但是软切换可以实现选择分集(见习题3-13)。在IS-95中还有另外一种切换形式，称为更软切换，这种切换是相同小区内不同扇区之间的切换，在这种情况下，由于来自移动台的信号是由位于同一基站的扇区天线接收的，所以可以采用最大比合并。

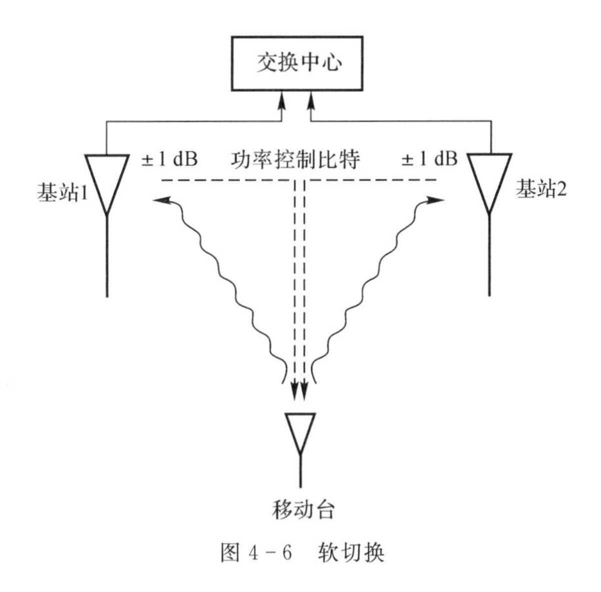

图 4－6　软切换

功率控制与软切换如何联合工作呢？软切换的本质是允许用户在若干个基站中进行选择；在前一节讨论的功率控制公式中，假定各用户被分配给特定的小区，但是可以很容易地在这一框架下加入基站的选择。假设用户 k 可以进行软切换的有效小区集合为 S_k，于是，所选取的发射功率 P_k 和分配的小区 $c_k \in S_k$ 应使得式(4－10)中的 SINR 要求可以同时得到满足。再者，如果存在可行解，则可以证明存在发射功率的逐分量最小的解(见习题 4－5)，而且还存在可以收敛到该最优解的类似的分布式异步算法：在每一步迭代时，各用户都被指定到在当前基站干扰电平下满足其 SINR 要求的、使发射功率最小的小区，并且相应地设置其发射功率(见习题 4－8)。换言之，所设置的发射功率应该使得 SINR 要求在接收质量最好的小区恰好得以满足。IS－95 的实现方法如下：软切换集合中的所有基站都向移动台反馈功率控制比特，如果至少有一个软切换基站命令其降低功率，移动台就会以 1 dB 为步长降低其发射功率；换句话说，就是始终采用最小发射功率。软切换的优势将在习题 4－10 中做更为详细的研究。

8. 干扰平均与系统容量

如果存在功率的可行解，那么功率控制与软切换使得满足 SINR 要求的发射功率最小化；如果不存在可行解，则系统会处于中断状态。系统容量(system capacity)是指对于期望的中断概率和链路电平 ε_b/I_0 要求，系统所能够容纳的最大用户数量。

各种随机事件都可能导致系统处于中断状态，例如，用户处于某种环境中对相邻小区产生大量的干扰，另外，语音用户与数据用户都有工作周期，在给定时刻系统中可能有过多的用户处于工作状态。另外一种随机性来源于非理想功率控制，虽然中断概率不可能是零，但总希望将中断概率保持得很小，即在某一目标阈值以下。幸运的是，上行链路中用户的链路级性能取决于由大量用户在基站处引起的总的干扰，并且根据大数定律这些随机源的影响会被平均掉。这就意味着不必对用户接入网络过于保守也仍然能够确保较小的中断概率，这样就转化为更大的系统容量。更明确地讲，包括：

(1)小区外干扰平均：用户可能处在网络中的随机独立位置，当系统中存在大量用户时，相邻小区产生的总干扰的波动就会减小。

(2)用户突发平均:独立用户不可能所有时间都处于工作状态,这样允许系统容纳的用户数就比假定每个用户所有时间都以峰值速率发送信号时的用户数更多。

(3)非理想功率控制平均:非理想功率控制是由跟踪不准确和反馈环误差造成的[①]。然而,这些误差对于系统的不同用户独立出现,可以平均掉。

这些现象一般统称为干扰平均,是 CDMA 系统的一项重要性质。注意,干扰平均的概念让我们回想起第 3 章讨论的分集思想:分集技术通过平均信道衰落使得点对点链路更加可靠,而干扰平均则是通过平均不同干扰源的影响使得链路更加可靠。因此,干扰平均也可以称为干扰分集(interference diversity)。

为了具体地理解干扰平均对系统容量的好处,考虑用户突发平均的特殊例子。为了简单起见,考虑单小区的情况,小区中包括 K 个用户,经功率控制后与一个公共基站通信,并且没有小区外干扰。在这种情况下研究式(4-10),可以看到,如果

$$\frac{GQ_k}{\sum_{n\neq k}Q_n + N_0W} \geqslant \beta, \quad k=1,2,\cdots,K \tag{4-12}$$

则可以满足所有用户的 ε_b/I_0 要求 β,其中 $Q_k=P_kg_k$ 为用户 k 在基站处的接收功率,等效地有

$$GQ_k \geqslant \beta\left(\sum_{n\neq k}Q_n + N_0W\right), \quad k=1,2,\cdots,K \tag{4-13}$$

对所有不等式求和就得到 Q_k 的必要条件为

$$[G-\beta(K-1)]\sum_{k=1}^{K}Q_k \geqslant KN_0W\beta \tag{4-14}$$

于是,可行功率存在的必要条件为 $G-\beta(K-1)>0$,或者等价地写为

$$K<\frac{G}{\beta}+1 \tag{4-15}$$

另外,如果满足了这一条件,那么功率

$$Q_k=\frac{N_0W\beta}{G-\beta(K-1)}, \quad k=1,2,\cdots,K \tag{4-16}$$

将满足所有用户的 ε_b/I_0 要求。因此,式(4-15)是支持给定 ε_b/I_0 要求的可行功率存在的充分且必要条件。

式(4-15)给出了单小区干扰受限系统容量(interference-limited system capacity),也就是说,因为用户之间存在干扰,所以可以接入小区中的用户数量就存在一个极限。将 $G=W/R$ 代入式(4-15)可得

$$\frac{KR}{W}<\frac{1}{\beta}+\frac{1}{G} \tag{4-17}$$

KR/W 是系统的总的频谱效率[单位为 $\mathrm{b/(s\cdot Hz^{-1})}$]。由于CDMA系统的处理增益 G 通常很大,所以式(4-17)表明最大频谱效率近似为 $1/\beta$。在 IS-95 中,典型 ε_b/I_0 要求的 β 为 6 dB,转化为最大频谱效率 0.25 $\mathrm{b/(s\cdot Hz^{-1})}$。

下述说明用户突发对单小区的系统容量和频谱效率的影响。前面已经假定所有 K 个用户在所有时间都处于激活的工作状态,但现在设备用户仅以概率 p 激活并发送数据,且用户的

① 由于功率控制比特必须以非常严格的时延限制进行反馈,所以通常不对其进行编码,这说明差错率会相当高。

激活是彼此独立的。例如，语音用户的通话时间通常占 3/8，如果语音编码器检测出静默，就没有必要在静默期发送数据。如果设 v_k 为用户 k 激活的指示器随机变量，即在用户 k 发射信号时 $v_k=1$，否则 $v_k=0$，则由式(4-15)可知，当且仅当

$$\sum_{k=1}^{K} v_k < \frac{G}{\beta}+1 \tag{4-18}$$

用户的 ε_b/I_0 要求才能得到满足。只要不满足这一约束条件，系统就会处于中断状态。如果要确保系统不出现中断，那么网络中允许接入的最大用户数为 $G/\beta+1$，与用户在所有时间都激活的情况相同。然而，如果可以忍受较小的中断概率 p_{out}，则可以容纳更多的用户。$K^*(p_{out})$ 是使得下式成立的最大的 K：

$$\mathbb{P}\left[\sum_{k=1}^{K} v_k > \frac{G}{\beta}+1\right] \leqslant p_{out} \tag{4-19}$$

随机变量 $\sum_{k=1}^{K} v_k$ 服从二项分布，其均值为 Kp，标准偏差为 $\sqrt{Kp(1-p)}$，其中 $p(1-p)$ 为 ν_k 的方差。当 $p_{out}=0$ 时，$K^*(p_{out})=G/\beta+1$，如果 $p_{out}>0$，则 $K^*(p_{out})$ 可以选择得更大。对于给定的 p_{out}，可以用数值的方法直接计算 $K^*(p_{out})$。同样有趣的是看到，当系统带宽 W 随各固定用户的速率 R 按比例变化时，频谱效率会出现什么情况。在这种条件下，系统中存在大量的用户，对 $\sum_{k=1}^{K} v_k$ 进行高斯近似是很合理的，因此有

$$\mathbb{P}\left[\sum_{k=1}^{K} v_k > \frac{G}{\beta}+1\right] \approx Q\left[\frac{G/\beta+1-Kp}{\sqrt{Kp(1-p)}}\right] \tag{4-20}$$

由于各用户的平均速率为 pR b/s，因此系统的总的频谱效率为

$$\rho = \frac{KpR}{W} \tag{4-21}$$

将式(4-20)的近似式代入式(4-19)，就可以求解出频谱效率 ρ 的约束条件为

$$\rho \leqslant \frac{1}{\beta}\left[1+Q^{-1}(p_{out})\sqrt{\frac{1-p}{pK}}-\frac{1}{Kp}\right]^{-1} \tag{4-22}$$

该频谱效率的上界作为用户数量的函数曲线如图 4-7 所示。正如从式(4-17)所看到的，如果各用户是非突发的，并且以突发用户的平均速率 pR 为恒定速率发射信号，那么 $1/\beta$ 就是最大频谱效率。然而，有突发系统中的实际频谱效率与此不同，相差以下因子：

$$\left[1+Q^{-1}(p_{out})\sqrt{\frac{1-p}{pK}}-\frac{1}{Kp}\right]^{-1}$$

频谱效率的这一损失是由于需要允许较少的用户出现业务突发引起的，该“安全容限”在中断概率要求 p_{out} 越严格时越大。更重要的是，对于给定的中断概率而言，频谱效率随着带宽 W(以及用户数 K)增加趋近于 $1/\beta$。当系统中存在大量用户时，会出现干扰平均：总干扰的波动相对于平均干扰电平更小。由于系统的链路级性能取决于总干扰，因此需要留出少量额外的资源以允许这种波动。这正是熟悉的统计多路复用(statistical multiplexing)原理的体现。

在上述实例中，仅考虑了单个小区，假定其中各激活用户经过理想的功率控制，并且唯一的干扰波动源是由随机数量的激活用户引起的。在多小区系统中，来自小区外的干扰电平取决于干扰用户的位置，并成为总干扰电平波动的另一个来源。而且，随机性是由非理想功率控

制引起的，干扰平均原理同样也适用于这类系统，使得 CDMA 系统也能从系统规模增大中受益。习题 4-11 与习题 4-12 会对这些系统进行分析。

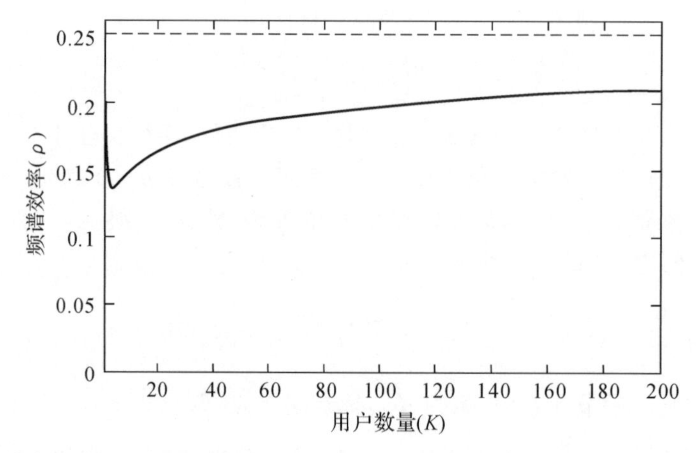

图 4-7　突发系统中频谱效率与用户数量的函数关系曲线[式(4-22)，$p=3/8$，$p_{out}=0.01$，$\beta=6$ dB]

总结讨论注意到，在分析 CDMA 系统中干扰的影响时，本身已经明确假定时间尺度的分隔。在较快的时间尺度，对信号的伪随机特性和多径快衰落进行平均来计算干扰的统计特性，从而决定点对点解调器的误比特率。在较慢的时间尺度，考虑通过用户业务的突发以及大尺度运动来确定中断概率，即不能满足用户的目标误比特率性能的概率。由于这些错误事件完全以不同的时间尺度发生，并且从系统级的观点来看具有完全不同的结果，所以衡量系统性能的这种方法比计算总体平均性能更有意义。

4.3.2　CDMA 下行链路

一对多下行链路的设计采用与上行链路中已经讨论过的伪随机扩展、分集技术、功率控制和软切换等相同的基本原理。但是还存在以下不同之处：

(1)由于基站发射的所有信号都经过相同的信道到达任意指定用户，所以在下行链路中不存在远近问题，下行链路的功率控制并不像在上行链路中那么重要。相反，问题变成如何给不同用户分配不同功率，分配的功率应该是用户受到的小区外干扰大小的函数。但是，这一功率分配问题的理论公式与上行链路的功率控制问题具有相同的结构(见习题 4-13)。

(2)由于给小区内不同用户的信号都是基站发射的，所以可能使用户彼此正交，这在上行链路是非常困难的，因为上行链路需要分散用户之间码片级的同步。这就会降低但不会消除小区内干扰，其原因是发射信号经过多径信道后，来自不同用户的不同时延的信号仍然会相互干扰。尽管如此，如果存在强视距分量，那么由于绝大多数能量都集中在信道的第一个抽头上，因而这种技术就能够大大降低小区内干扰。

(3)另外，下行链路的小区间干扰表现得远不及上行链路。在上行链路中，存在大量分散用户以较小的功率发射信号，于是出现了非常有效的干扰平均。相反，在下行链路中，仅存在几个相邻的基站分别以较高的功率发射信号，干扰平均的效果相当差，与上行链路相比，下行链路的容量受到严重的负面影响。

(4)在上行链路中，软切换是由多个侦听移动台发射信号的基站完成的，无须为这项任务分配额外的系统资源。然而,在下行链路中,多个基站必须同时给处在软切换中的移动台发射信号,由于各小区分配给用户的正交码数量是固定的,所以这就意味着处于软切换中的用户要消耗双倍甚至更多的系统资源(见习题 4-13 关于下行链路软切换问题的精确公式)。

(5)因为公共导频信号可以为所有用户共享,所以通常利用强导频信号在下行链路中执行相干解调。如果已知从各基站到用户的信道,那么处于软切换中的用户同样能够对来自不同基站的信号进行相干合并。在存在强导频信号的情况下,同步也变得更加容易了。

作为一个例子,IS-95 的下行链路如图 4-8 所示。注意,Hadamard 序列在上行链路和下行链路中起着不同的作用,在上行链路中,Hadamard 序列用作各个用户的正交调制,从而实现非相干解调;相反,在下行链路中,给小区中的各个用户分配不同的 Hadamard 序列以保持它们彼此正交(在发射端)。

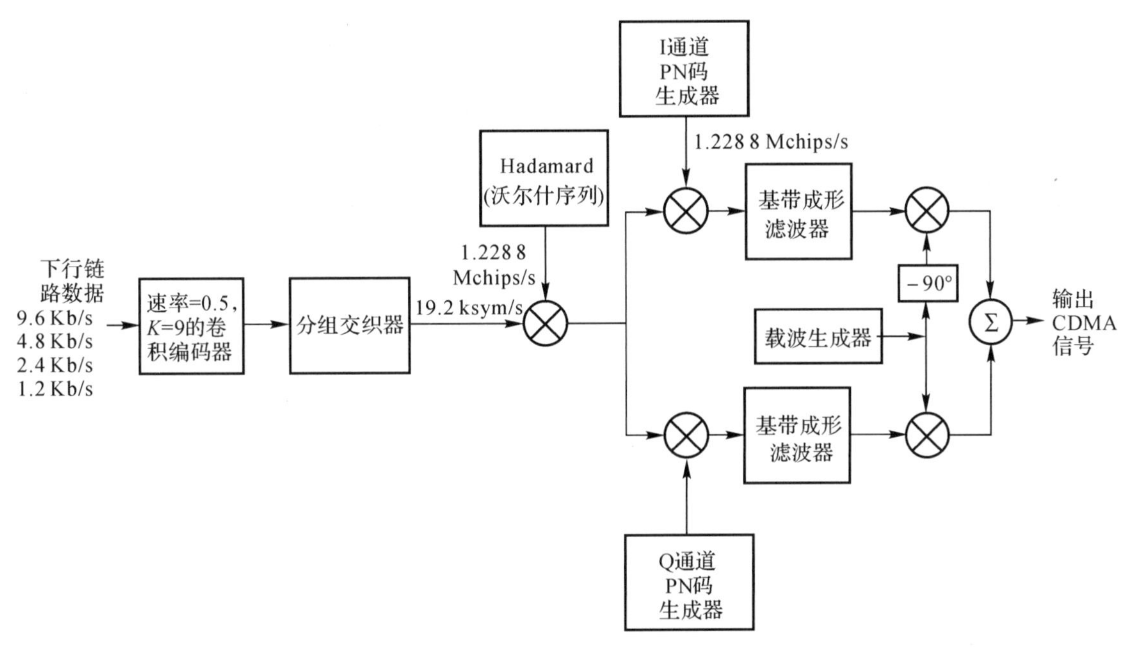

图 4-8　IS-95 下行链路

4.3.3　系统问题

1. 信号特征

考虑式(4-1)给出的用户基带上行链路信号。一方面,由于伪噪声序列 s_n 的突变(从+1变为-1 或者反之),使得该信号占用的带宽非常大。另一方面,信号必须占用指定的带宽,例如,IS-95 系统占用的带宽为 1.228 8 MHz,并在 1.67 MHz 后迅速下降。为了适配所分配的带宽,式(4-1)给出的信号先经过脉冲成形滤波器后再调制到载波上,因此,虽然式(4-1)给出的信号具有理想的 PAPR(等于 1),但最终的发射信号具有较大的 PAPR。基站发射的总信号是所有用户信号的叠加,该聚合信号的 PAPR 性能类似于前一节介绍的窄带系统的 PAPR 性能。

2. 扇区化

在窄带系统中，所有用户都能够保持较高的 SINR，这是由信道分配的本质所决定的，实际上，这一优点的获得是以较低频率复用率为代价的。然而，在 CDMA 系统中，小区内和小区间干扰的存在，造成 SINR 值可能非常小。下面研究采用全频率复用方式的扇区化，在理想情况下(扇区之间完全隔离)，扇区化带来的系统容量增大的因子就等于扇区数量，但是实际上，各扇区还必须处理扇区之间的干扰。与用户信号所面临的噪声相比，扇区内和小区间干扰为主要因素，由扇区化引起的附加干扰并不会导致 SINR 更严重的降低，因此，同一小区中的扇区复用频率并不会对性能产生多大影响。

3. 网络问题

已经观察到，移动台的(精确到码片级)同步捕获是一个运算量非常大的步骤，因此希望这一步骤重复的次数尽可能少。另外，为了实现软切换，必须对与移动台保持通信的所有基站(同步地)执行这一捕获步骤。为了加快同步捕获和最终的切换，IS－95 系统的实现利用了高精度时钟(约 $1/10^6$)，进而通过连接基站的专用有线网络同步基站时钟，这就是为降低切换过程复杂性在设计中所付出的组网代价。

总结 4.2　CDMA

(1)全频率复用包括小区内和小区外用户在内的所有用户都利用整个带宽发射和接收信号。

(2)各用户的信号被调制到伪随机序列上，因此对于其他用户而言，该用户看上去就是白噪声。

(3)干扰管理是实现全频率复用的关键问题：

1)小区内干扰管理通过功率控制实现，准确的闭环功率控制对于克服上行链路的远近问题尤为重要。

2)小区间干扰管理通过平均多个干扰源的影响实现，在上行链路中采用这种方法比在下行链路中更有效。

(4)通过干扰平均也可实现突发用户的统计多路复用，从而增加系统容量。

(5)点对点链路的分集是通过低速率编码、时间交织和瑞克合并联合实现的。

(6)软切换实现了更进一步的宏分集，允许用户与多个基站同时保持通信。

4.4　宽带系统：OFDM

实现无干扰传输的窄带系统设计简化了网络设计的若干问题，其中一个问题是用户性能对于其他用户的接收功率并不敏感。与 CDMA 系统相比，窄带系统对准确功率控制的要求不是很严格，因为此时同一小区中的用户传输是相互正交的。这对于容纳大量以极低平均数据速率传输的用户的系统设计尤为重要：为各用户执行严格的功率控制所需的固定开销对于这类窄带系统来说是极其浪费的。与 CDMA 系统相比，窄带系统还存在由频率复用率低带来的损失。窄带系统由于不进行干扰平均，实际上并不适合于全频率复用。本节介绍一个将上述两类系统的优异特征结合在一起的系统：在小区内保持传输的正交性，并且在小区之间进行全局频率复用，而且后一个特征可以通过干扰平均来实现。

4.4.1　分配设计原理

设计的第一步是选定用户信号，确保其通过无线信道后的正交性。由 CDMA 系统中下行链路信号传输的讨论可知，虽然用户的发射信号是正交的，但是通过多径信道后会在接收机处彼此干扰，因此，信号的任何正交集合都不能满足要求。如果将无线信道建模为线性时不变多径信道，仅有的特征函数则为正弦函数，因此无论是什么样的多径信道，正弦输入在接收端都会保持正交。然而，由于存在信道随时间的波动，所以希望将正交性仅限制在一个相干时间间隔内，正是这一原因，正弦信号不再正交，但是 3.4.4 节介绍的对于多径信道插入循环前缀的 OFDM 子载波却提供了一组 OFDM 分组长度内的正交信号。

下面介绍一种将 OFDM 子载波集合作为用户信号的一种分配方式，这对于下行链路和上行链路都是相同的。正如 3.4.4 节所讨论的，带宽 W 被划分为 N_c 个子载波，子载波的数量 N_c 要选择得尽可能大。由前面的讨论可知 N_c 受到相干时间的限制，也就是说，OFDM 符号周期 $N_c/W<T_c$。各小区要将这 N_c 个子载波分配给该小区中的用户（例如每个用户 n 个子载波）。n 个子载波在频率上应该是分散的，这样才可以利用频率分集，采用这种分配方法后，小区内的用户传输之间就不存在任何干扰了。

但是，采用全频率复用会造成小区间干扰，下面利用上行链路进行具体的说明。在任意 OFDM 符号时间内，共享相同子载波的相邻小区中的两个用户直接相互干扰。如果这两个用户距离很近，干扰就会非常严重，于是，希望使这类混叠最小化。然而，由于频谱完全复用，所以在满负荷系统中的每个 OFDM 符号时间都存在这种混叠。因此，最好的办法是确保干扰不是仅来自单独一个用户（或者一小组用户），并且将（形成一帧的）OFDM 符号的编码序列内的干扰归结于相邻小区内的大量用户传输。这样，一帧内的总干扰就是来自相邻小区中所有用户的平均接收功率的函数。这也是在 4.3 节已经看到的干扰分集的又一个实例。

上述两种系统设计是如何获得干扰分集的呢？CDMA 实例通过干扰平均来充分利用干扰源分集，这是通过每个用户将其信号扩展到整个频谱实现的。从干扰源分集的角度看，GSM 系统中的正交信道分配则不适用于干扰分集。由 4.2 节可以看出，彼此距离很近又在相同时隙相同信道发射信号的相邻小区会造成相互之间严重的干扰，于是导致性能极大下降，其原因很清楚：用户受到的干扰仅来自一个干扰源，没有在一个时隙中对所有用户进行干扰平均。如果没有子载波的跳频和编码，OFDM 系统也会与窄带系统一样，遭受同样的结果。

在下行链路中，小区内的所有传输都源于相同的位置，即基站。然而，基站发射的不同载波的功率可以完全不同，例如，导频信号（训练符号）的功率通常比发送给距离基站很近的一个用户的信号功率高得多。因此，即便在下行链路，也要在每个 OFDM 符号时间对分配给用户的子载波进行跳频，这样，移动台在一帧内受到的干扰就是相邻基站的平均发射功率的函数。

4.4.2　跳频模式

已经得到给用户分配子载波的两条设计准则，分配给用户的 n 个子载波要尽可能分散，而且要每个 OFDM 符号时间内在 n 个子载波中跳频。我们希望相邻小区的跳频模式要尽可能"区别开"。下面就深入研究满足这些主要设计准则的周期性跳频模式的设计，即每 N_c 个 OFDM 符号时间重复一次的跳频模式。我们会看到，选择周期等于 N_c，并假定 N_c 为质数，会简化跳频模式的结构。

N_c 个子载波的周期性跳频模式可以用一个(维数为 N_c 的)方阵表示,其元素取自虚拟信道集合,即 $0,1,\cdots,N_c-1$。在不同的 OFDM 符号时间,各虚拟信道在不同的子载波之间跳频,跳频矩阵的各行对应于子载波,各列表示 OFDM 符号时间,元素表示在不同 OFDM 符号时间采用该子载波的虚拟信道。具体地讲,矩阵的(i,j)元素对应于第 i 个子载波在第 j 个 OFDM 符号时间所占用的虚拟信道号。要求在各个周期内每个虚拟信道在所有子载波间跳频从而实现最大频率分集,而且,虚拟信道在任意 OFDM 符号时间都占用不同的子载波。这两项要求就限制了$(0,1,\cdots,N_c-1)$每个虚拟信道号在跳频矩阵的各行和各列恰好出现一次,这种矩阵称为拉丁方阵(Latin square)。图 4-9 给出了 5 个虚拟信道在 5 个 OFDM 符号时间的跳频模式(即 $N_c=5$),水平轴对应于 OFDM 符号时间,垂直轴表示 5 个物理子载波(见图 3-25),虚拟信道采用的子载波用黑方块表示,相应的跳频模式矩阵为

$$\begin{bmatrix} 0 & 1 & 2 & 3 & 4 \\ 2 & 3 & 4 & 0 & 1 \\ 4 & 0 & 1 & 2 & 3 \\ 1 & 2 & 3 & 4 & 0 \\ 3 & 4 & 0 & 1 & 2 \end{bmatrix}$$

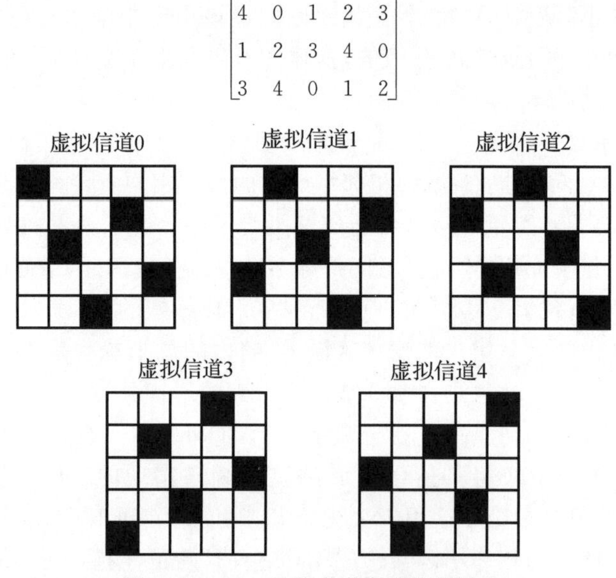

图 4-9 $N_c=5$ 的虚拟信道跳频模式

例如虚拟信道 0 被分配给 OFDM 码元时间与子载波对(0,0)(1,2)(2,4)(3,1)(4,3)。在这种情况下,用户被分配有 n 个虚拟信道,可以容纳 N_c/n 个用户。

各基站都有其各自的决定虚拟信道物理结构的跳频矩阵(拉丁方阵),最大化干扰源分集的设计准则要求相邻基站的虚拟信道之间混叠最小,详细地说就是对于采用这些跳频模式的两个基站的每个虚拟信道对,只有一次时间/子载波冲突,称具有这一属性的两个拉丁方阵是正交的。

当 N_c 为质数时,这 N_c-1 个相互正交的拉丁方阵存在一种简单的结构。对于 $a=1,2,\cdots,N_c-1$,定义一个 $N_c\times N_c$ 矩阵 $\boldsymbol{R}^a$,其(i,j)元素为

$$R_{ij}^a = ai+j \mod N_c \tag{4-23}$$

这里的行和列的索引均从 0 到 N_c-1。在习题 4-14 中,要求读者验证 $\boldsymbol{R}^a$ 为拉丁方阵,而且

对于任意 $a \neq b$,拉丁方阵 $\boldsymbol{R}^a$ 与 $\boldsymbol{R}^b$ 是正交的。图 4-9 画出了 $a=2, N_c=5$ 时的这种拉丁方阵跳频模式。

采用这些拉丁方阵作为跳频模式,就能够评估在单个虚拟信道中数据传输的性能。第一,由于跳频是在整个频带进行的,所以信道中的频率分集就受到控制;第二,由小区间传输引起的干扰来自不同的虚拟信道(并且在 N_c 个符号时间后开始重复)。对若干个 OFDM 符号进行编码就可以实现对满干扰分集的控制:编码确保了来自虚拟信道的任何一路强干扰都不会导致性能的下降。如果允许充分的交织,那么在系统中还可以获得时间分集。

为了在蜂窝系统中成功地实现这些设计目标,小区中的用户必须与其相应的基站保持同步,这样,同时在上行链路发射的信号在基站仍然是正交的。而且相邻基站的信号传输也必须保持同步,这样就可以充分利用所设计的跳频模式对干扰进行平均。可以观察到,仅需在 OFDM 的符号级保持同步,这比码片级同步要粗糙得多。

4.4.3　信号特征与接收机设计

现在考虑特定用户的信号传输(上行链路或者下行链路均可),信号由 n 个虚拟信道组成,在一个时隙构成包含 n 个 OFDM 子载波的集合,这些子载波在 OFDM 符号时间内跳频。因此,虽然(当比值 n/N_c 较小时)信号的信息量“很窄”,但信号本身的带宽却很宽,而且由于所占用的带宽随着不同的符号而变化,所以各(移动台)接收机必须是宽带的,也就是说采样速率与 $1/W$ 成比例。因此,该信号由与 CDMA 信号相同的(跳频)扩频信号构成:数据速率与信号占用带宽之比较小。然而,与 CDMA 信号将能量扩展到整个带宽不同,该信号的能量仅集中在某些子载波上(N_c 个子载波中的 n 个)。正如第 3 章所讨论的,需要测量的信道参数更少了,并且由该信号完成的信道估计优于用 CDMA 信号进行的信道估计。

第三个系统设计的主要优势是频率分集和干扰源分集,该选择在工程上存在几个缺陷。首先,移动台采样速率相当高(与 CDMA 系统设计的采样速率相同,但比第一个系统的采样速率高得多)。所有的信号处理运算(例如 FFT 与 IFFT)降低了这一基本速率,这样就控制了移动接收机所需的处理功率。第二个缺陷是关于上行链路的发射信号。习题 4-15 计算了该设计中典型发射信号的 PAPR,可以看到该值比 GSM 和 CDMA 系统中的信号的 PAPR 高得多。正如前面讨论第一个系统时所指出的,这种较高的 PAPR 会转化为功率放大器的更大偏置,相应地导致平均效率更低。针对这个基本的工程问题(与研究信道不确定性的更为重要的通信问题不同)已经提出了几种工程解决方案,习题 4-16 会讨论其中某些解决方案。

4.4.4　扇区化

OFDM 系统中用户可能的 SINR 的变化范围是多少呢?虽然第一个(窄带)系统给所有的移动用户都提供高 SINR,但在 CDMA 系统中由于小区内干扰的存在,使得用户几乎不可能处于高 SINR 的状态。OFDM 系统中 SINR 可能的变化范围介于这两种极端情况中间。一方面可以看出,唯一的干扰源是小区间干扰,因此,距离基站近的用户可以有较高的 SINR,因为他们受到的小区间干扰比较小;另一方面,小区边缘的用户是干扰受限的,不能支持高 SINR。如果存在接收 SINR 的反馈,那么距离基站更近的用户就能够以更高的数据速率发射和接收,从而很好地利用高 SINR。

扇区化会产生什么影响呢?如果在扇区之间采用全频率复用,则会存在扇区间干扰,现在就可以看出扇区间干扰与小区间干扰之间的重要区别。小区间干扰主要影响位于小区边缘的用户，而扇区间干扰无论用户位于小区边缘还是基站附近都会受到影响(这种影响对于扇区边缘的用户非常明显)。于是，这种干扰会减小该系统能够提供的 SINR 的动态范围。

例 4.1 Flash - OFDM

实现宽带 OFDM 系统部分设计特征的一种技术是 Flarion Technologies 公司研发的 Flash - OFDM[38]。在 1.25 MHz 带宽内有 113 个子载波，即 $N_c=113$。113 个虚拟信道由这些子载波利用拉丁方阵跳频模式产生(在下行链路中，每个 OFDM 符号都跳频一次，而在上行链路中，每 7 个 OFDM 符号跳频一次)，采样速率(或者等效地称为码片速率)为 1.25 MHz，16 个样本(码片)的循环前缀覆盖了约 11 μs 的时延扩展，这意味着 OFDM 符号有 128 个样本，大约长 100 μs。

系统中有 4 个不同颗粒度的业务信道(traffic channels)：上行链路有 5 个(分别包括 7，14，14，14 和 28 个虚拟信道)，下行链路有四个(分别包括 48，24，12，12 个虚拟信道)。根据用户的业务需求和信道条件的不同，用户被调度在不同的业务信道(第 6 章会非常详细地研究调度算法的期望属性)。调度算法每个时隙运行一次：一个时隙的长度大约 1.4 ms，即由 14 个 OFDM 符号组成。因此，如果用户(例如在下行链路)被调度在由 48 个虚拟信道组成的业务信道中，那么他可以在一个时隙发送 672 个 OFDM 符号。适当速率的低密度奇偶校验(Low - Density Parity Check，LDPC)与简单的调制方法(例如，QPSK 或 16 - QAM)相结合就可以将原始信息比特转换为 672 个 OFDM 符号。

业务信道颗粒度的不同层次理论上适合承载突发业务，的确，Flash - OFDM 就是为数据网络设计的，它可以通过其分组交换操作来获得用户突发数据业务的统计多路复用增益。

网络中的移动台有三种不同的状态。当移动台不工作时，就进入“睡眠(sleep)”模式并不断地监听基站信号：这种模式通过关闭移动设备的大多数功能来节省功率。另外，在移动台接收和/或发送数据时处于“开启(ON)”模式：这种模式要求网络给移动台分配资源来执行周期性功率控制更新和时间频率同步。除上述两种状态外，还有一个中间的“保持(HOLD)”模式：最近激活的移动台不进行功率控制更新，但仍然与基站保持时间和频率同步。由于小区内的用户是正交的，功率控制的精度也比较粗糙，所以处于保持状态的用户在需要发送或接收数据时可以很快进入开启状态。Flash - OFDM 在开启、保持和睡眠模式下能够分别支持约 30，130 和 1 000 个移动用户。

对于许多数据应用而言，能够支持大量的用户处于保持状态是非常重要的，因为各用户只是偶尔地以短突发发送业务(http 传递请求、确认等)，但在他们发送数据时，则要求时延短且快速接入无线资源。在 CDMA 系统中支持这种保持状态很困难，因为精确的功率控制对于解决远近问题极其重要，所以要求当前未经功率控制的用户在发送业务之前需缓慢地升高其功率，这就会导致非常严重的时延①。对只是偶尔发送业务的大量用户进行功率控制也是非常浪费的，在类似 OFDM 的正交系统中，就可以在很大程度上避免这种开销，在语音系统中并不会出现这个问题，因此此时各用户连续不断地发送语音信号，功率控制的开销在有效负载中仅

① 旧金山湾(San Francisco Bay)地区的读者可能非常熟悉众所周知的港湾桥(Bay Bridge)“快捷(Fast Track)”车道，汽车一旦进入其中一条车道，就可以很快地通过收费站，但是问题在于穿越交通堵塞进入这些车道会耽搁大量的时间。

占很小的比例(IS - 95 中约为 10%)。

第 4 章　主要知识点

本章集中讨论了蜂窝网络设计中的多址接入、干扰管理以及系统问题,为了突出这些问题,研究了三种不同的系统设计,它们主要特征的比较见表 4 - 1。

表 4 - 1　三种不同的系统设计的主要特征比较

主要特征	窄带系统	宽带 CDMA	宽带 OFDM
信号	窄带	宽带	宽带
小区内带宽分配	正交	伪随机	正交
小区内干扰	无	严重	无
小区间带宽分配	部分复用	全局复用	全局复用
小区间上行链路干扰	突发	平均	平均
功率控制精度	低	高	低
运行 SINR	高	低	范围:由低到高
上行链路信号的 PAPR	低	中	高
系统实例	GSM	IS - 95	Flash - OFDM

4.5 文献说明

无线系统设计人员必须处理的两个重要问题:资源如何在小区内的用户之间分配以及如何处理干扰(包括小区内干扰和小区间干扰)。以三种主要的无线技术为研究案例提出了设计人员在设计时必须考虑到的折中问题。IS - 136[60] 与 GSM[99] 标准是讨论窄带系统设计的基础,宽带 CDMA 设计则是基于已经普遍实现的第二代技术 IS - 95[61]。Viterbi[40] 着重以系统的观点简要描述了 IS - 95 设计的技术基础,我们这里的讨论也受到这方面的影响。基于拉丁方阵的跳频 OFDM 系统最初是由 Wyner[150] 和 Pottie、Calderbank[94] 提出来的,其基本的物理层结构已经形成一种技术(即 Flash - OFDM[38])。

4.6 习　　题

习题 4 - 1　图 4 - 2 设置了一种特殊的复用模式,在一个小区中使用的信道不允许在其所有相邻小区中使用,采用这种分配策略时的复用因子至少为 1/7。这是一种 ad hoc 的小区信道分配形式,其复用比可以改进;例如,四色定理[102] 表明,平面图形可以用 4 种颜色进行着色,并且具有公共边的任何两个顶点都不会共享相同的信道。而且,可以给比较拥挤的小区分配更多的信道。本题就研究这一问题的建模。

用(顶点的)有限集合 $V=\{v_1, v_2, \cdots, v_C\}$ 表示小区,一个顶点对应于一个小区,从而总共有 C 个小区。我们希望仅仅一部分顶点集合能够共享相同的信道,为此定义容许集

(allowable set)$S\subseteq V$:使得 S 中的所有顶点可以共享相同的信道。我们感兴趣的只是最大容许集(maximal allowable set):即不存在同为容许集的严格超集的容许集。假定最大容许集包括 M 个元素,表示为 $S_1,S_2,\cdots,S_M$,各最大容许集可以看作是超边(hyperedge,传统定义的边包含一对顶点),V 与超边的集合就构成了超图(hyper-graph)。可以从文献[7]了解到有关超图的更多知识。

(1)考虑图 4-10 的六边形蜂窝系统。假定不允许任何两个相邻的小区共享相同的信道,而且相同的信道也不允许分配给小区 1,3,5。类似地,小区 2,4,6 也不能共享相同的信道。对于这个例子,C 与 M 分别为多少?试列举最大容许集 $S_1,S_2,\cdots,S_M$。

(2)超边也可以表示为 $C\times M$ 的邻接矩阵(adjacency matrix),其(i,j)元为

$$a_{ij}=\begin{cases}1, & 若\ v_i\in S_j\\ 0, & 若\ v_i\notin S_j\end{cases} \tag{4-24}$$

对于图 4-10 中的例子,试构建其邻接矩阵。

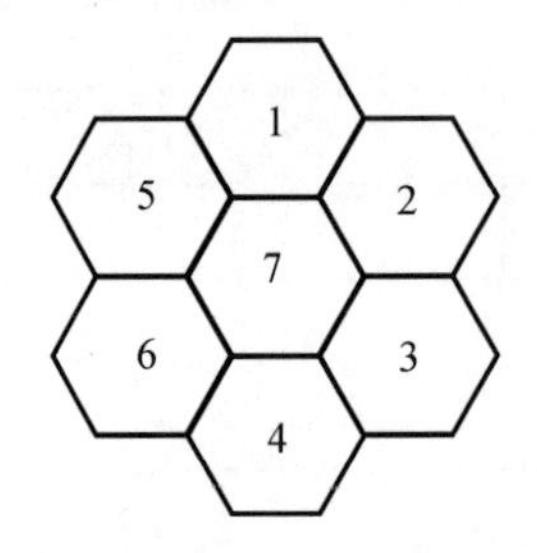

图 4-10 由 7 个小区组成的窄带系统,相邻小区不能共享相同的信道,小区{1,3,5}与小区{2,4,6}也不能共享相同的信道

习题 4-2[84] 习题 4-1 研究了蜂窝系统的平面模型,集中讨论了信道分配;本习题研究建立动态业务与信道分配算法的模型。

设待分配的信道有 N 个,而且分配方式必须满足复用条件:在平面模型中各信道映射到最大允许集之一。业务包括小区发起的呼叫和到达小区的呼叫,考虑如下统计模型,所有小区中平均总呼叫次数为 B,包括新到达的呼叫和因通话完毕而结束的呼叫。业务密度(traffic density)是指到达每个可用信道的呼叫数量,$r=B/N$(单位为厄兰 / 信道),发生在小区 i 中的呼叫次数占总呼叫次数的比例为 p_i(于是 $\sum_{i=1}^{C}p_i=1$)。因此,小区 i 中每信道处理的长期平均呼叫数量为 p_ir。要求每次呼叫都有一个信道为其服务,因此为了满足这些业务需求,分配给小区 i 的平均信道数量至少为 p_ir。在对呼叫数量进行平均的时间尺度上,固定业务分布 $p_1,p_2,\cdots,p_C$,如果分配给小区的全部信道都被占用,则新呼叫就无法接入,出现掉话。

动态信道分配算法将 N 个信道分配给 C 个小区以满足瞬时业务要求,进而满足复用模式。下面集中研究动态信道分配算法的平均性能:各小区所能支持的每路信道的平均业务量之和,表示为 $T(r)$。

(1) 试证明

$$T(r)\leqslant\max_{j=1,2,\cdots,M}\sum_{i=1}^{C}a_{ij} \tag{4-25}$$

提示：右边的量为最大容许集的势(cardinality)。

(2) 试证明

$$T(r) \leqslant \sum_{i=1}^{C} p_i r = r \tag{4-26}$$

即总的到达率也是上界。

(3) 将式(4-25)与式(4-26)的两个简单上界合并，对于C个数的每种固定列表，$y_i \in [0,1]$，$i=1,2,\cdots,C$，试证明

$$T(r) \leqslant \sum_{i=1}^{C} y_i p_i r + \max_{j=1,2,\cdots,M} \sum_{i=1}^{C} (1-y_i) a_{ij} \tag{4-27}$$

习题 4-3　本习题是习题 4-1 与习题 4-2 的后续研究。考虑图 4-10 中的蜂窝系统实例，(所有边缘小区的) 到达率 $p_i=1/8$，$i=1,2,\cdots,6$，(中心小区) 到达率 $p_7=1/4$。

(1) 该系统采用任意动态信道分配算法时，试推导每路信道承载的业务 $T(r)$ 的上界。特别地，利用式(4-27) 推导出上界，但对 $y_1,y_2,\cdots,y_C$ 的所有选择都进行了优化。提示：式(4-27) 中 $T(r)$ 的上界是变量 $y_1,y_2,\cdots,y_C$ 的线性(linear) 函数，于是，可以利用诸如 MATLAB 之类的软件(包括函数 linprog) 得出你的答案。

(2) 一般来说，信道分配策略是动态的，即分配给小区的信道数量是随时间变化的业务的函数。由于我们感兴趣的是信道分配策略在长时间内的平均特性，所以静态信道分配策略同样可能获得良好性能(静态分配策略在一开始就为小区分配信道，并不随着变化的业务等级而改变这种分配方式)。考虑由概率矢量 $\boldsymbol{x}=x_1,x_2,\cdots,x_M$ 且 $\sum_{j=1}^{M} x_j=1$ 定义的如下静态分配策略，给各最大允许集合 S_j 分配$\lfloor Nx_j \rfloor$路信道，即将$\lfloor Nx_j \rfloor$路信道分配给 S_j 中的各个小区。给小区 i 分配的信道数量为

$$\sum_{j=1}^{M} \lfloor Nx_j \rfloor a_{ij}$$

用 $T_x(r)$ 表示利用这种静态信道分配算法所承载的业务。

如果呼入业务足够平滑，使得各个小区承载的业务为该小区中到达的业务量与分配给该小区的信道数量两者的最小值。

$$\lim_{N\to\infty} T_x(r) = \sum_{i=1}^{C} \min\left(rp_i, \sum_{j=1}^{M} x_j a_{ij}\right), \quad \forall r>0 \tag{4-28}$$

什么是优异的静态分配策略？对于图 4-10 中的蜂窝系统模型而言，试验你能想到的简单静态信道分配算法，可以通过仿真平滑的业务到达过程对你的算法进行性能评估(常见模型的业务服从均匀到达且相互独立，到达间隔服从指数分布)，答案与第 1 小题推导的上界相比较，结果如何？

在文献[84]中，作者证明了对于每种平面模型和业务到达速率，存在能够实现第 1 小题中上界的静态分配策略(对于较大的 N 值，因为必须要平滑掉取整效应)。

习题 4-4　本习题研究窄带系统中上行链路发射信号的 PAPR，上行链路发射信号带宽较窄(GSM 标准中为 200 kHz)。考虑如下采用理想脉冲成形滤波器的发射信号的简单模型：

$$s(t) = \Re\left[\sum_{n=0}^{\infty} x[n] \operatorname{sinc}\left(\frac{t-nT}{T}\right) \exp(\mathrm{j}2\pi f_c t)\right], \quad t \geqslant 0 \tag{4-29}$$

式中，T 近似为带宽的倒数(GSM 标准中为 5 μs)；$\{x[n]\}$ 为(复) 数据符号序列；载波频率表

示为 f_c，为简单起见，假定 f_cT 为整数。

(1) 对原始信息比特进行编码、调制，得到数据符号 $x[n]$，将数据符号建模为复单位圆上独立同分布且服从均匀分布的复随机变量，试对数据符号进行平均计算发射信号 $s(t)$ 的平均功率，平均功率表示为 P_{av}。

(2) 发射信号 $s(t)$ 的统计特性是周期为 T 的周期信号，因此，可以集中考虑时间区间 $[0, T]$ 内的峰值功率，表示为

$$PP(x)=\max_{0\leqslant t\leqslant T}|s(t)|^2 \tag{4-30}$$

由于数据符号是随机的，所以峰值功率也是随机变量，试确定平均峰值功率的估计值，所得到的估计值与 T 的关系如何？窄带信号 $s(t)$ 的 PAPR(PP 与 P_{av} 的比值) 意味着什么？

习题 4-5[56]　本题研究CDMA系统中的上行链路功率控制问题。在CDMA系统的上行链路中，总共有 K 个移动台与 L 个基站进行通信，移动台 k 与 L 个基站的一个子集 S_k 中的一个基站通信，这种基站分配方式表示为 c_k(也就是说本题未通过软切换建立分集合并的模型)。将 S_k 限制为单元素集合就可以观察到我们的确没有考虑软切换。正如 4.3.1 节，移动台 k 的发射功率表示为 P_k，从移动台 k 到基站 m 的信道衰落表示为 g_{km}。为了成功地通信，要求 ε_b/I_0 应至少等于目标电平 β，即移动台在上行链路实现成功通信必须满足如下约束条件[见式(4-10)]：

$$\frac{\varepsilon_b}{I_0}=\frac{GP_k g_{k,c_k}}{\sum_{n\neq k}P_n g_{n,c_k}+N_0W}\geqslant\beta_k,\quad k=1,2,\cdots,K \tag{4-31}$$

由此可见各移动台的目标电平是不同的，并且用 $G=W/R$ 表示 CDMA 系统的处理增益。将发射功率写为矢量 $\boldsymbol{p}=(P_1,\cdots,P_K)^{\mathrm{T}}$，试证明式(4-31) 可以写为

$$(\boldsymbol{I}_K-\boldsymbol{F})\boldsymbol{p}\geqslant\boldsymbol{b} \tag{4-32}$$

式中，$\boldsymbol{F}$ 是非对角线元素严格为正的 $K\times K$ 矩阵

$$f_{ij}=\begin{cases}0, & i=j\\ \dfrac{g_{jc_i}\dfrac{\beta_i}{G}}{g_{ic_i}}, & i\neq j\end{cases} \tag{4-33}$$

并且

$$\boldsymbol{b}=N_0W\left(\frac{\frac{\beta_1}{G}}{g_{1,c_1}}\quad\frac{\frac{\beta_1}{G}}{g_{2,c_2}}\quad\cdots\quad\frac{\frac{\beta_K}{G}}{g_{K,c_K}}\right)^{\mathrm{T}} \tag{4-34}$$

可以证明(见习题4-6)，当 $\boldsymbol{F}$ 的全部特征值的绝对值严格小于1时，存在正功率使得 ε_b/I_0 满足目标电平。实际上，在这种情况下，存在逐元素最小的功率矢量成功实现通信，该功率矢量为

$$\boldsymbol{p}^*=(\boldsymbol{I}_K-\boldsymbol{F})^{-1}\boldsymbol{b} \tag{4-35}$$

习题 4-6　考虑对应于CDMA系统上行链路 ε_b/I_0 要求的线性不等式组(4-32)，本题研究实现可靠通信的 CDMA 系统物理参数(即信道增益与期望的目标电平) 的数学约束。

首先观察到 $\boldsymbol{F}$ 为非负矩阵(即元素非负的矩阵)，如果存在正整数 m，使得 $\boldsymbol{F}^m$ 的所有元素严格为正，则称非负矩阵 $\boldsymbol{F}$ 为不可约的(irreducible)。

(1)试证明式(4-33)表示的 $\boldsymbol{F}$ 是不可约的(移动台数量 K 大于 2)。

(2)试证明非负矩阵可以作为有限状态马尔可夫链(Markov chains)的转移概率矩阵。不可约非负矩阵的一项重要性质是 Perron - Frobenius 定理:存在一个严格正特征值(称为 Perron - Frobenius 特征值)大于其他任何特征值的绝对值。而且,存在对应于 Perron - Frobenius 特征值的元素严格为正的唯一右特征矢量,该结果参见有关非负矩阵的著作,见文献[106]。

(3)考虑式(4 - 32)中移动台 ε_b/I_0 约束的矢量形式,$\boldsymbol{F}$ 为不可约非负矩阵,$\boldsymbol{b}$ 的元素严格为正,试证明如下论述是等价的:

1)存在满足式(4 - 32)且元素严格为正的矢量 $\boldsymbol{p}$;

2)矩阵 $\boldsymbol{F}$ 的 Perron - Frobenius 特征矢量严格大于 1;

3) $(\boldsymbol{I}_K-\boldsymbol{F})^{-1}$存在且元素严格为正。

本题的要点是利用不可约非负矩阵 $\boldsymbol{F}$ 的 Perron - Frobenius 特征值刻画允许所有移动台与相应的基站(分配方式为 $k\mapsto c_k$)实现上行链路成功通信的功率矢量是否存在的特征。

习题 4 - 7　本题是习题 4 - 5 的后续研究,在我们的控制下将移动台分配给基站,设 $\boldsymbol{t}=(\beta_1,\cdots,\beta_k)$,表示移动台 ε_b/I_0 的期望目标门限(阈值)矢量,给定移动台和基站的分配方式 $k\mapsto c_k(c_k\in S_k)$,如果存在功率矢量使得所有移动台与其相应的基站能够成功通信(即用户 k 的 ε_b/I_0 满足目标电平 β_k),则称$(c,\boldsymbol{t})$是可行的。

(1)试证明如果$(c,\boldsymbol{t}^{(1)})$可行,并且 $\boldsymbol{t}^{(2)}$ 是另一个期望电平矢量,且使得对于移动台 $k(1\leqslant k\leqslant K)$都有 $\beta_k^{(1)}\geqslant\beta_k^{(2)}$,则$(c,\boldsymbol{t}^{(2)})$也是可行的。

(2)假定$(c,\boldsymbol{t}^{(1)})$与$(c^{(2)},\boldsymbol{t})$是可行的,$\boldsymbol{p}^{(1)*}$ 与 $\boldsymbol{p}^{(2)*}$ 表示允许成功通信的相应的最小功率矢量,定义

$$p_k^{(3)}=\min(p_k^{(1)*},p_k^{(2)*})$$

定义新的分配方式为

$$c_k^{(3)}=\begin{cases}c_k^{(1)}, & \text{若 } p_k^{(1)*}\leqslant p_k^{(2)*}\\ c_k^{(2)}, & \text{若 } p_k^{(1)*}>p_k^{(2)*}\end{cases}$$

定义新的目标电平为

$$\beta_k^{(3)}=\frac{g_{kc_k^{(3)}}p_k^{(3)*}}{N_0W+\sum_{n\neq k}g_{nc_n^{(3)}}p_n^{(3)*}},\quad k=1,2,\cdots,K$$

以及矢量 $\boldsymbol{t}^{(3)}=(\beta_1^{(3)},\beta_2^{(3)},\cdots,\beta_K^{(3)})$。试证明$(c^{(3)},\boldsymbol{t}^{(3)})$是可行的,并且对于移动台 $k(1\leqslant k\leqslant K)$ 而言,$\beta_k^{(3)}\geqslant\beta_k$(即逐元素比较$\boldsymbol{t}^{(3)}\geqslant\boldsymbol{t}$)。

(3) 利用前两小题的结果,试证明如果上行链路通信是可行的,则存在唯一的逐元素最小的功率矢量,使得通过适当的移动台-基站分配方式实现所有移动台在上行链路的成功通信,进而证明对于成功通信的其他任何移动台-基站分配方式而言,相应的最小功率矢量至少与该功率矢量逐元素一样大。

习题 4 - 8[56,151]　本题是习题 4 - 7 的后续研究,我们会看到一种更新上行链路移动台发射功率以及基站- 移动台分配方式的自适应算法。该自适应算法的关键性质是,对于所有的基站-移动台分配方式而言,该算法收敛于逐元素最小的功率[如果存在某种可行的分配方式,如习题 4 - 7(3) 的讨论]。

用户的初始发射功率为任意功率矢量 $\boldsymbol{p}^{(1)}$,起始时刻 1 的基站分配方案为 $c^{(1)}$,假定移动台

在时刻 m 的发射功率表示为(矢量)$\boldsymbol{p}^{(m)}$,基站分配函数表示为 $c^{(m)}$。首先计算移动台 n 受到各基站 $l\in S_n$ 的干扰,其中 S_n 为可以分配给移动台 n 的基站集合。

$$I_{nl}^{(m)}=\sum_{k\neq n}g_{kl}p_k^{(m)}+N_0W \tag{4-36}$$

下面以贪心算法(greedily)的方式将移动台 n 分配给某个基站,并要求在这个移动台 n-基站组合中移动台 n 以最小发射功率就能满足其目标电平 β_n,即

$$p_n^{(m+1)}=\min_{l\in S_n}\frac{\beta_n I_{nl}^{(m)}}{Gg_{nl}} \tag{4-37}$$

$$c_n^{(m+1)}=\arg\min_{l\in S_n}\frac{\beta_n I_{nl}^{(m)}}{g_{nl}} \tag{4-38}$$

考虑同步地对各移动台进行这种贪心更新,即在时刻 $m+1$ 根据时刻 m 其他所有移动台的发射功率对每个移动台发射功率和基站分配方式进行更新。利用映射 $I:\boldsymbol{p}^{(m)}\to\boldsymbol{p}^{(m+1)}$ 来表示这种贪心更新算法。

(1)试证明 I 的如下性质,其中的矢量不等式定义为逐元素进行比较的不等式。

1) 当 $\boldsymbol{p}\geqslant 0$,$I(\boldsymbol{p})\geqslant 0$

2) 只要 $\boldsymbol{p}\geqslant\tilde{\boldsymbol{p}}$,则 $I(\boldsymbol{p})\geqslant I(\tilde{\boldsymbol{p}})$

3) 只要 $\alpha>1$,则 $I(\alpha\boldsymbol{p})<\alpha I(\boldsymbol{p})$。

(2)试证明如果 I 存在不动点(表示为 $\boldsymbol{p}^*$),则不动点是唯一的。证明时既可以利用前一部分得到的结论,也可不予利用。

(3)利用前两小题得到的结论,试证明如果 I 存在不动点,则当 $m\to\infty$ 时,逐元素 $\boldsymbol{p}^{(m)}\to\boldsymbol{p}^*$,其中 $\boldsymbol{p}^{(m)}=I(\boldsymbol{p}^{(m-1)})$,并且 $\boldsymbol{p}^{(1)}$ 与 $c^{(1)}$ 分别为发射功率和基站分配的任意初始值。

(4)试证明如果 I 存在不动点,则上行链路通信问题必须是可行的,而且不动点 $\boldsymbol{p}^*$ 必与习题 4-7(3)推导的最小功率矢量逐元素相等。

习题 4-9 考虑习题 4-8 更新算法的如下异步形式。各移动台根据所有其他移动台发射功率的某些先验知识异步地进行(功率和基站分配)更新,例如移动台 n 在时刻 m 进行更新的依据是移动台 k 在时刻 $\tau_{nk}(m)$ 的发射功率,显然,$\tau_{nk}(m)\leqslant m$。要求各用户最终都利用了其他用户功率的更新,也就是说,对于每个时刻 m_0,存在时刻 $m_1\geqslant m_0$,使得当 $m\geqslant m_1$ 时,均有 $\tau_{nk}(m)\geqslant m_0$ 成立。进一步要求不断地对各用户的功率和基站分配进行更新,试证明,从用户功率的任意初始值开始,异步功率更新算法收敛到最优功率矢量 $\boldsymbol{p}^*$(假定该问题是可行的,从而确保 $\boldsymbol{p}^*$ 存在)。

习题 4-10 考虑 CDMA 的上行链路,假定仅存在一个小区,其中只有两个用户与该小区中的基站通信。

(1)试从数学上表示支持给定 ε_b/I_0 要求(假定二者均为 β)的所有可行功率矢量构成的集合。

(2)画出可行功率矢量集的实例,给出一个可行集合非空的例子和一个可行集合为空集的例子。对于可行集合非空的情况,试确定逐元素最小的功率矢量。

(3)对于第(2)小题中可行集合非空的例子,从任意初始点开始执行 4.3.1 节介绍的(并在习题 4-8 中详细研究的)功率控制算法。试阐明功率更新的轨迹,以及它是如何收敛到逐元素最小的功率解的?(既可以手算又可以利用 MATLAB 计算)

(4)假定存在两个小区以及两个基站,两个用户可以连接至两个基站中的任何一个,即用

户处于软切换状态。试在这种情形下完成第(1)小题和第(2)小题的计算。

(5) 将第(3)小题的迭代功率控制算法扩展到软切换的情形，并重复第(3)小题的计算。

(6) 对于一般的用户数量来说，你认为各用户在最优解时总会连接至信道增益最强的基站吗？试解释原因。

习题 4－11　(小区外干扰平均)考虑由沿高速公路的两个长度为 d 的相邻一维小区组成的蜂窝系统，基站位于小区的中点。假定各小区中有 K 个用户，各用户在其小区中均匀分布，且位置相互独立。小区 i 中用户的信号经功率控制后发送给小区 i 中的基站，同时对相邻小区的基站造成干扰 。功率衰减正比于 $r^{-\alpha}$，其中 r 为距离，系统带宽为 W Hz，各用户的 ε_b/I_0 要求为 β。可以假定背景噪声相对于干扰很小，小区内的各用户保持正交，而来自各干扰源的小区外干扰扩展至整个带宽内(这是本书中 OFDM 系统的一个近似模型)。

(1)当用户所处位置使得干扰非常大时会出现中断，对于给定的中断概率，试给出系统的频谱效率作为 K，α 和 β 函数的近似表达式。

(2)随着 K 与 W 增大的极限频谱效率为多少？该频谱效率与 α 是什么关系？

(3)试画出 $\alpha=2$，$\beta=7$ dB 时频谱效率作为 K 的函数曲线，该函数是 K 的增函数还是减函数？极限值是多少？

(4)已经假定小区内的用户相互正交，但在 CDMA 系统中，同样存在小区内干扰。假定小区内的所有用户在基站进行准确的功率控制，试重新进行本题前三部分的分析。从画出的曲线能够观察到 CDMA 系统与正交系统之间怎样的定性区别？并对此进行直观的解释。提示：首先考虑用户数量由 $K=1$ 增加到 $K=2$ 时会出现什么情况。

习题 4－12　考虑所有时刻都存在 N 个激活用户的单小区 CDMA 系统的上行链路。已经假定通过对接收功率的控制使其恰好等于传递各用户期望 SINR 要求所需的目标电平。实际中，跟踪误差以及反馈链路误差等诸多因素，使得接收功率控制不够精确。假定当目标接收功率电平为 P 时，用户 i 的实际接收功率为 $\varepsilon_i P$，其中 ε_i 为统计特性与 P 无关的独立同分布随机变量。实验数据和理论分析表明，良好的 ε_i 模型为对数正态分布，即 $\lg(\varepsilon_i)$ 服从均值为 μ、方差为 σ^2 的高斯分布。

(1)假定用户功率不存在任何约束，对于给定的各用户的中断概率 p_{out} 与 ε_b/I_0 要求 β，试给出支持 N 个用户的可达频谱效率[单位为 $\text{b}/(\text{s}\cdot\text{Hz}^{-1})$]的近似表达式。

(2)对于合理选取的参数值，试画出该表达式与 N 的函数关系曲线，并将其与理想功率控制的情况进行比较，从中可以看出干扰平均效应吗？

(3)本题中的情形与正文中用户活动平均的例子相比有什么区别？

习题 4－13　在 CDMA 系统下行链路中，各用户的信号被扩展至某伪随机序列①。采用未编码 BPSK 调制，处理增益为 G。从多个基站给移动台发送相同的符号来执行软切换，所发送的符号被扩展到独立选取的伪随机序列上。移动接收机已知用于扩展其数据的所有序列以及信道增益，并且能够以最优方式检测发射符号。忽略衰落并假定移动台与各基站之间为 AWGN 信道。

(1)试给出移动台在两个基站间执行软切换时检测差错概率的表达式，这里可能需要做出几项简化问题的假设，请明确予以说明。

---

① 注意：这与 IS－95 下行链路不同，IS－95 系统每个用户分配一个正交序列。

(2)下面考虑整个网络,各移动台被分配给一组基站,并在它们之间进行软切换。试阐明满足下行链路中各移动台差错概率要求的发射功率控制问题。

习题 4-14 本题研究 OFDM 系统中相邻小区跳频模式的设计。根据 4.4.2 节的设计原理,希望跳频模式为拉丁方阵,而且要求这些拉丁方阵是正交的。描述一对拉丁方阵正交性的方法如下:对于两个拉丁方阵而言,N_c^2 个有序数对(n_1,n_2)占尽了 N_c^2 个概率,即每个有序数对恰好仅出现一次,其中 n_1,n_2 为各拉丁方阵相同位置的元素(即子载波编号)。

(1)试证明 4.4.2 节构建的 N_c-1 个拉丁方阵[表示为式(4-23)中的 R^a]是相互正交的。

(2)试证明不存在多于 N_c-1 个相互正交的拉丁方阵,可以通过有关组合理论的著作[16]了解关于拉丁方阵的更多知识。

习题 4-15 本题帮助我们理解 OFDM 系统中上行链路发射信号的 PAPR。上行链路信号被限制在 N_c 个子载波中的 n 个,n 的选择取决于分配方式以及从一个 OFDM 符号向另一个符号的跳频模式。具体地,假定 n 可以整除 N_c,并且子载波均匀间隔。取载波频率为 f_c,子载波之间的间隔为 $1/T$ Hz,这意味着在一个(长度为 T 的)OFDM 符号内的通带发射信号为

$$s(t)=\Re\left\{\frac{1}{\sqrt{N_c}}\sum_{i=0}^{n-1}\widetilde{d}_i\exp\left[\mathrm{j}2\pi\left(f_c+\frac{iN_c}{nT}\right)t\right]\right\},\quad t\in[0,T]$$

这里用$\widetilde{d}_0,\widetilde{d}_1,\cdots,\widetilde{d}_{n-1}$ 表示根据(编码)数据比特所选取的数据(星座)符号,用ξ表示乘积 f_cT,ξ 通常是一个非常大的数。例如载波频率 $f_c=2$ GHz,带宽 $W=1$ MHz,$N_c=512$,则 OFDM 符号的长度近似为 $T=N_c/W$,于是 ξ 的数量级为10^6。

(1)$s(t)$ 的(平均)功率与数据符号$\widetilde{d}_i$,$i=0,1,\cdots,n-1$之间是什么函数关系?在上行链路中,星座通常较小(由于 SINR 值较低且存在发射功率约束)。典型的例子是等能量星座,如(Q)PSK。本题假定数据符号均匀分布在复平面上的单位圆上,试在该假设下计算 $s(t)$ 相对于数据符号的平均功率,将这一平均值表示为 P_{av}。

(2) 当$s(t)$最大绝对值的二次方在时间区间$[0,T]$内取值时,将信号 $s(t)$ 的峰值功率定义为数据符号的函数,并表示为 $PP(\tilde{\boldsymbol{d}})$,即数据符号 $\boldsymbol{d}$ 的函数。可以看出,峰值功率用我们的符号可以表示为

$$PP(\tilde{\boldsymbol{d}})=\max_{0\leqslant t\leqslant 1}\left(\Re\left\{\frac{1}{\sqrt{N_c}}\sum_{i=0}^{n-1}\widetilde{d}_i\exp\left[\mathrm{j}2\pi\left(\xi+\frac{iN_c}{n}\right)t\right]\right\}\right)^2$$

峰值-平均功率比(PAPR) 即 $PP(\tilde{\boldsymbol{d}})$ 与 P_{av} 之比。

下面要了解 $PP(\tilde{\boldsymbol{d}})$ 随数据符号 $\tilde{\boldsymbol{d}}$ 的变化特性。由于ξ是个很大的数,所以 $s(t)$ 随时间无规则地波动,很难进行彻底的分析。鉴于此,研究 $s(t)$ 在如下采样时刻的样本值:$t=l/W,l=0,1,\cdots,N_c-1$,即

$$s(l/W)=\Re[d[l]\exp(\mathrm{j}2\pi\xi l)]$$

式中,$(d[0],d[1],\cdots,d[N_c-1])$ 为第 i 个元素等于

$$\begin{cases}\widetilde{d}_l, & i=lN_c/n,l\text{ 为整数}\\ 0, & \text{其他}\end{cases}$$

的矢量的 N_c 点 IDFT(见图 3-20)。$s(l/w)$ 的最小幅度等于 $d[l]$ 的幅度,于是可以集中研究 $d[0],d[1],\cdots,d[N_c-1]$ 的幅度,假定数据符号$\widetilde{d}_0,\widetilde{d}_1,\cdots,\widetilde{d}_{n-1}$ 均匀分布在复平面上半径为 $1/\sqrt{N_c}$ 的圆上,试问 $d[0],d[1],\cdots,d[N_c-1]$ 的边缘分布是什么呢?特别地,当 $n,N_c\to\infty$

且 n/N_c 等于某个非零常数时，这些边缘分布会出现什么变化呢？随机变量 $|d[0]|^2/P_{av}$ 可以看作是 PAPR 的下界。

(3) 即使所有的星座符号具有相等的能量，所得到的时域信号的 PAPR 是相当大的。实际上，只要绝大部分码字(例如这部分码字所占的比例为 $1-\eta$) 具有正常的 PAPR，就可以容忍某些码字具有很大的 PAPR。当 n,N_c 较大时，利用分布 $|d[0]|^2/P_{av}$ 作为下界取代 PAPR，试计算由下式定义的 $\theta(\eta)$

$$\mathbb{P}\left\{\frac{|d[0]|^2}{P_{av}}<\theta(\eta)\right\}=1-\eta$$

当 $\eta=0.05$ 时，计算 $\theta(\eta)$。当功率放大器偏置设为平均功率与 θ 之积时，平均 95% 的码字不会出现限幅，这一较大的 $\theta(\eta)$ 值是在上行链路中使用 OFDM 的主要实现障碍之一。

习题 4-16　目前，已经有学者提出了一些技术用于降低 OFDM 传输中的 PAPR，本题就研究其中几项技术。

(1)降低 OFDM 信道高 PAPR 的标准方法是仅在保证 PAPR 较小的子信道上发送信号，一种方法是基于 Golay 补序列[48-50]，这些序列具有极低的 PAPR，仅为 2，但其速率随着子载波的数量迅速趋于零(在二进制情况下，长度为 n 的 Golay 序列大约有 $n\lg n$ 个)。请阅读首先将 Golay 序列应用于多载波通信中的文献[14]与文献[93]。

(2)在许多通信系统中要求所设计的编码具有最大速率。例如，LDPC 编码与 Turbo 编码在(包括 AWGN 信道在内的)大量信道中都非常接近香农极限。因此，改善现有码集 PAPR 特性的策略是非常有用的。鉴于此，文献[64]提出了如下有趣的思想：对各数据符号 $\tilde{d}_0,\tilde{d}_1,\cdots,\tilde{d}_{n-1}$ 引入固定的相位旋转，例如 $\theta_0,\theta_1,\cdots,\theta_{n-1}$，所选择的这些固定旋转使得(与码集相对应的)信号集的 PAPR 总体特性得以改善。对于最坏情况的 PAPR(码集中任意信号在任意时刻的最大信号功率)，文献[116]提出了选择相位旋转的几何观点和高效算法，请阅读文献[64]与文献[116]并介绍这些推导过程。

(3)最坏情况下的 PAPR 在预测偏置设置时可能过于保守，换一种方式，可以允许出现很大的峰值，但其概率要很小。当出现大峰值时，采用功率放大器将无法无失真地重现信号，从而在信号中引入噪声。由于所设计的通信系统能够容许一定量的噪声，所以可以控制峰值过大的概率，再通过差错控制编码改善加性干扰的影响。文献[70]提出了一种降低现有码集 PAPR 的概率方法，其思想是根据 PAPR 性能删除最差的(如一半)码字，由此带来的码率降低是可以忽略的，但发射信号超过某阈值的概率(η)却得大大降低(接近于 η^2)。因为通常选择的放大器的峰值门限要求使得这一概率足够小，所以这种方案允许门限更低。请阅读未发表的手稿[70]，该文献详细介绍了适用于 OFDM 系统的一种方案。

第 5 章　无线信道的容量

上述两章介绍了无线信道通信的特有技术。具体来说，第 3 章主要讨论点对点通信的情况，集中研究减轻衰落效应的分集技术，第 4 章总体上着眼于蜂窝无线网络，并介绍了几种多址接入和干扰管理技术。

本章考虑无线衰落信道通信中更基本的问题。本章将提出这样的问题：指定信道上可以达到的最佳性能是什么？实现这一最佳性能的技术有哪些？本章首先集中研究点对点的情况，在稍后的第 6 章再研究多用户的情况。本章所涉及的内容构成了本书其余各章介绍的无线通信最新进展的理论基础。

研究通信性能限制的基本框架是信息论。性能的基本度量指标是信道容量，即对于任意小的差错概率所能达到的最大通信速率。5.1 节从加性高斯白噪声(Additive White Gaussian Noise，AWGN)这一重要实例开始讨论，并通过启发式的逐步论证给出信道容量的概念，之后将 AWGN 信道作为基本模块研究无线衰落信道的容量。与 AWGN 信道不同，没有适用于所有情况的衰落信道容量的单独定义，于是推导了几种不同的容量概念，共同构成了关于衰落信道性能极限的系统研究。由各种不同的容量度量指标可以清楚地看到衰落信道中不同类型的可用资源——功率、分集以及自由度。本章将讲述第 3 章研究的各种分集技术如何与本章的研究相适应。更为重要的是，由容量结果引出了另外一种技术——机会式通信(opportunistic communication)，后续章节将对其进行深入讨论。

5.1　AWGN 信道容量

信息论是克劳德・香农(Claude Shannon)于 1948 年发明的，用于刻画可靠通信的极限特征。在香农之前，大家普遍认为在有噪声信道中实现可靠通信，即使得差错概率尽可能小，就是要降低数据速率(例如采用重复编码)。香农经过证明得到了意外的结果，即这种理念是不正确的：实际上通过更加智能的信息编码就能够以某严格的速率进行通信，同时使得差错概率尽可能小；但是，存在一个最大速率，称为信道容量：如果试图以高于信道容量的速率进行通信，那么就不可能使得差错概率趋于零。

本节集中讨论大家所熟知的(实)AWGN 信道

$$y[m]=x[m]+w[m] \tag{5-1}$$

式中，$x[m]$与 $y[m]$分别为时刻 m 的实输入与实输出；$w[m]$为服从 $N(0,\sigma^2)$分布的噪声，与时间无关。该信道的重要性表现在以下两方面：

(1)它是本书研究的所有无线信道的基本组成模块；

(2)它作为一个启发性的例子,说明了容量意味着什么,并给出了以严格的正数据速率为什么可能实现任意可靠通信的一种理解。

5.1.1　重复编码

采用未编码 BPSK 符号 $x[m]=\pm\sqrt{P}$ 时的差错概率为 $Q(\sqrt{P/\sigma^2})$,为了降低差错概率,可以将相同的符号重复 N 次来发送一个信息比特,这就是分组长度为 N 的重复码,其码字为 $\boldsymbol{x}_A=\sqrt{P}[1 \quad \cdots \quad 1]^{\mathrm{T}}$,$\boldsymbol{x}_B=\sqrt{P}[-1 \quad \cdots \quad -1]^{\mathrm{T}}$。如果发射信号为 $\boldsymbol{x}_A$,则接收矢量为

$$\boldsymbol{y}=\boldsymbol{x}_A+\boldsymbol{w} \tag{5-2}$$

式中,$\boldsymbol{w}=(w[1] \quad w[2] \quad \cdots \quad w[N])^{\mathrm{T}}$。当 y 与 $\boldsymbol{x}_B$ 之间的距离小于 $\boldsymbol{y}$ 与 $\boldsymbol{x}_A$ 之间的距离时出现错误,差错概率为

$$Q\left(\frac{\|\boldsymbol{x}_A-\boldsymbol{x}_B\|}{2\sigma}\right)=Q\left(\sqrt{\frac{NP}{\sigma^2}}\right) \tag{5-3}$$

这个差错概率随分组长度 N 呈指数衰减。由此可以得到一个好的信息,即选择足够大的 N 就可以实现任意可靠的通信;但是不利的是,每个符号时间的数据速率仅为 $1/N$ b,并且随着 N 的增大,数据速率趋于零。

采用多电平 PAM(前面两电平 BPSK 的推广)可以稍微提高重复编码的可靠通信数据速率。如果重复发送电平在 $\pm\sqrt{P}$ 之间等间隔分布的 M 电平 PAM 符号,则每个符号时间的数据速率为 $\lg M/N$ b①,并且内部电平的差错概率等于

$$Q\left(\frac{\sqrt{NP}}{(M-1)\sigma}\right) \tag{5-4}$$

只要电平数量 M 增大的速率小于 $\sqrt{N}$,就可以保证大分组长度的可靠通信。但是数据速率被限制在 $(\mathrm{lb}\sqrt{N})/N$ 以内,并且随着分组长度的增加仍然会趋于零。难道这就是实现可靠通信所必须付出的代价吗?

5.1.2　填充球体

从几何上看,重复编码将所有码字(M 个电平)仅排列成一维(图 5-1 进行了图示说明,其中所有码字都位于同一直线上)。另外,信号空间的维数 N 较大,从第 3 章已经可以看到,这是一种效率非常低的填充码字的方式。为了更高效地进行通信,码字应该在所有 N 维进行扩展。

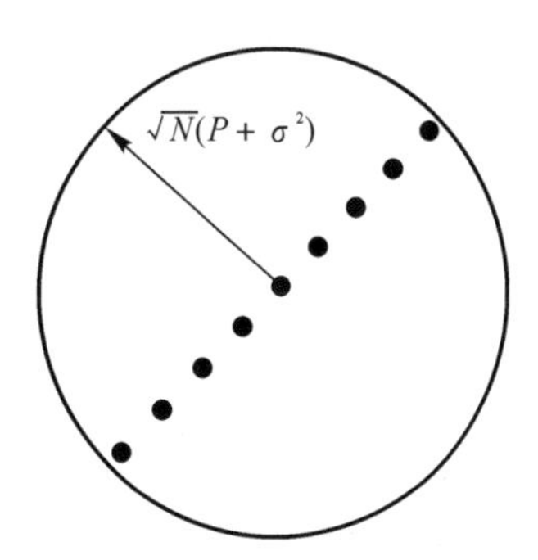

图 5-1　在高维信号空间中重复编码以很低的效率填充码字(信号点)

对于给定的功率约束 P 而言,借助于球体填充图(见图 5-2)就能够估计出码字的最大数量。根据大数定律可知,N 维接收矢量 $\boldsymbol{y}=\boldsymbol{x}+\boldsymbol{w}$ 将以很高的概率位于半径等于 $\sqrt{N(P+\sigma^2)}$ 球内;因此,不失一般性,仅需要关注在该 y 球内发生了什么。另外,当 $N\rightarrow\infty$ 时,再次利用大数定律

① 在本章中,除非特殊说明,所有对数的底数均取 2。

可得

$$\frac{1}{N}\sum_{m=1}^{N} w^2[m] \to \sigma^2 \tag{5-5}$$

对于较大的 N 而言，接收矢量 $\boldsymbol{y}$ 以很高的概率位于以发射码字为圆心、半径为 $\sqrt{N}\sigma$ 的噪声球(noise sphere)表面附近(有时称之为球体硬化效应，sphere hardening)。只要码字周围的噪声球不相互重叠就可以进行可靠的通信。可以用非重叠噪声球填充的码字的最大数量就是 y 球的体积与噪声球的体积之比①

$$\frac{(\sqrt{N(P+\sigma^2)})^N}{(\sqrt{N\sigma^2})^N} \tag{5-6}$$

这表明能够可靠通信的每个符号的最大比特数为

$$\frac{1}{N}\mathrm{lb}\left[\frac{(\sqrt{N(P+\sigma^2)})^N}{(\sqrt{N\sigma^2})^N}\right] = \frac{1}{2}\mathrm{lb}\left(1+\frac{P}{\sigma^2}\right) \tag{5-7}$$

这实际上就是 AWGN 信道的容量(其推证过程具有很强的启发性，附录 B.5 节对这个问题进行了更为详细的研究)。

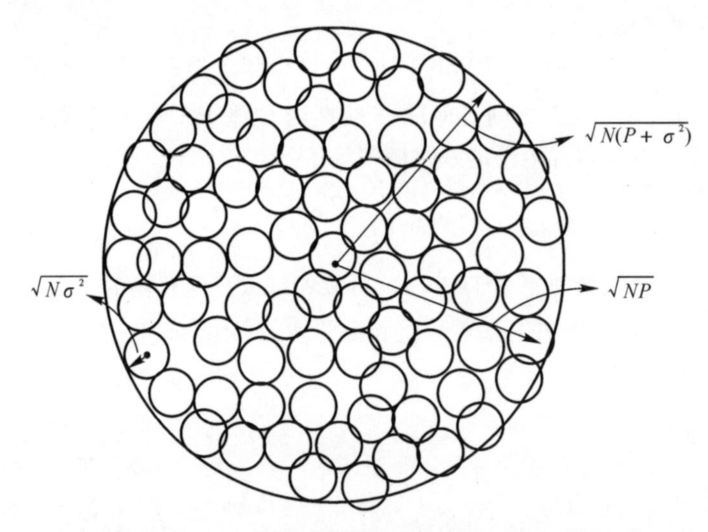

图 5-2　可以填充到 y 球内的噪声球的数量就是能够可靠区分的码字的最大数量

球体填充的论证仅给出了确保可靠通信时可以填充的码字的最大数量，如何构建能够达到这一预期速率的编码是另外的问题。实际上，在香农的论证中并没有明确地构造出任何编码，他所证明的结论是，如果随机地、相互独立地选取各分量独立同分布且服从 $N(0,P)$ 分布的码字，那么随机选取的码字将以很高的概率以任意速率 $R<C$ 工作，这就是所谓的独立同分布高斯编码(i. i. d Gaussian codes)。这种随机编码问题的简要描述参见附录 B.5 节。

站在工程的角度上讲，必须解决的问题是确定能接近容量的易于编码和译码的码字，有关这一问题的研究本身就是一个独立的领域，讨论 5.1 简要地介绍了如下成功事件：已经找到了性能非常接近容量的编码，利用目前的技术可以相当简单地实现。这些编码在本书其余部分

① 半径为 r 的 N 维球的体积正比于 r^N，习题 B-10 给出了准确表达式。

被称为“获取容量的 AWGN 编码(capacity - achieving AWGN codes)”。

讨论 5.1　获取容量的 AWGN 信道编码

考虑在式(5 - 1)给出的实 AWGN 信道中通信的编码，最大似然译码器选择与接收矢量距离最近的码字作为最有可能发射的码字。两个码字之间的距离越近，将二者混淆的概率就越大：这就得到码集的几何设计准则，即码字彼此之间的间隔应尽可能地大。虽然码字间隔最大的码集的性能可能会非常好，但这本身并不是编码构造问题的工程解：所需要的结构应该是描述“容易”、译码“简单”。换句话说，编码与译码的计算复杂度应该是合乎实际的。

许多早期的解决方案都围绕着确保高效的最大似然译码这一主题，对具有这种属性的编码的研究表明代数特性非常好的编码相当丰富，但是其性能与容量的差距相当大。如果将严格的最大似然译码放宽为一种近似的译码方法，就会出现重大的突破。由一种具有近似最大似然性能的迭代译码算法可以得到 Turbo 码和低密度奇偶校验(Low Density Parity Check，LDPC)码。

许多线性奇偶校验码可以与迭代译码算法结合使用。具有良好性能的码可以在离线状态下找到，并且已经验证它们的性能非常接近容量。为了对其性能有一个感性认识，考虑几个实例的性能数值。AWGN 信道在信噪比为 0 dB 时的容量是每符号 0.5 b，精心设计的分组长度为 8 000 b 的 LDPC 编码在此条件(速率为每符号 0.5 b，信噪比为 0.1 dB)下的差错概率近似 10^{-4}。分组长度越大，所得到的差错概率越小。文献[100]全面地综述了这方面的最新进展。

AWGN 信道的容量可能是最为人熟知的信息论的结果，但实际上它只是香农的普遍理论用于特定信道时的特殊情况，附录 B 概括了这一普遍理论。本书中所有的容量结果都可以从这个普遍框架推导出来，为了在正文中更集中地讨论这些结果的含义，其推导过程均被归入附录 B 中。正文中所研究的信道容量或者通过将信道变换为 AWGN 信道的方法进行证明，或者利用前面已经看到的启发式球体填充的方法予以论证。

总结 5.1　通信的可靠速率与容量

(1)速率为 R b/symbol 的可靠通信意味着可以设计出这种速率的编码，其差错概率任意小。

(2)为了实现可靠通信，必须对很长的分组进行编码；这就是要利用大数定律对噪声的随机性进行平均。

(3)长分组的重复编码可以实现可靠通信，但相应的数据速率随着分组长度的增加却趋于零。

(4)重复编码不能以一种高效的方式将码字填充到可用自由度上。将数量与分组长度成指数关系的大量码字进行填充，仍然能够可靠地通信，这表明数据速率可以是严格的正值，正如可靠性可以随着分组长度的增大而任意提高。

(5)可以实现可靠通信的最大数据速率称为信道容量 C。

(6)功率约束为 P、噪声方差为 σ^2 的(实)AWGN 信道的容量为

$$C_{\text{awgn}}=\frac{1}{2}\text{lb}\left(1+\frac{P}{\sigma^2}\right) \tag{5-8}$$

目前已经成功地解决了构造接近这一性能的编码的工程问题。

图 5－3 归纳总结了这里讨论的三种通信方案。

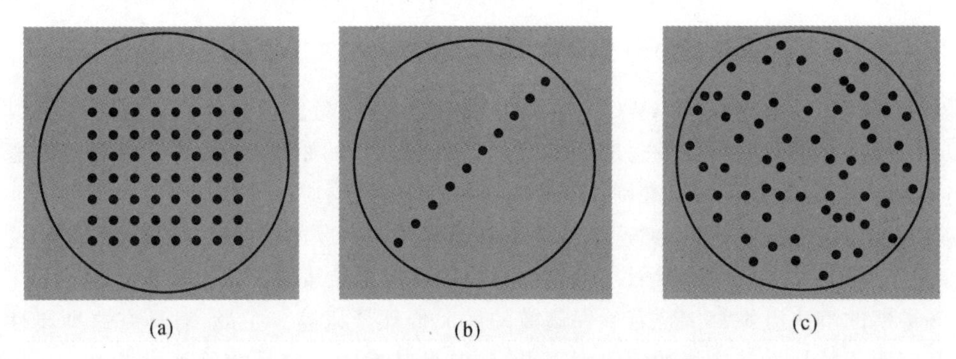

图 5－3　在 N 维空间中观察的三种通信方案

(a)未编码信号传输：因为任一维的噪声都很大，足以造成接收机的混乱，所以差错概率性能很差；

(b)重复编码：虽然码字分散在所有维度上，但仅存在被填充到一个维度上的几个码字；

(c)获取容量的编码：码字分散在所有维上，并且其中大量码字都扩展到该空间中

5.2　AWGN 信道的资源

AWGN 容量公式(5－8)可用于确定功率和带宽等关键资源的作用。

5.2.1　连续时间 AWGN 信道

考虑带宽为 WHz、功率约束为 $\bar{P}$ W、加性高斯白噪声功率谱密度为 $N_0/2$ 的连续时间 AWGN 信道。根据(第 2 章介绍的)通带-基带转换，当采样速率为 $1/W$ 时，该信道可以表示为离散时间复基带信道：

$$y[m]=x[m]+w[m] \tag{5-9}$$

式中，$w[m]$服从$\mathcal{CN}(0,N_0)$分布，且关于时间独立同分布。注意，由于 I 通道分量与 Q 通道分量的噪声是相互独立的，所以每利用一个复信道就可以认为利用了两个相互独立的实 *AWGN* 信道，每个实符号的噪声方差和功率约束分别为 $N_0/2$ 和 $\bar{P}/(2W)$。因此，每个实维数的信道容量为

$$\frac{1}{2}\mathrm{lb}\left(1+\frac{\bar{P}}{N_0 W}\right)\ \text{b/实维数} \tag{5-10}$$

或者每个复维数的信道容量为

$$\mathrm{lb}\left(1+\frac{\bar{P}}{N_0 W}\right)\ b/\text{复维数} \tag{5-11}$$

这是每个复维数或者每个自由度以比特为单位的容量，由于每秒钟产生 W 个复样本，所以连续时间 AWGN 信道的容量为

$$C_{\mathrm{awgn}}(\bar{P},W)=W\,\mathrm{lb}\left(1+\frac{\bar{P}}{N_0 W}\right)\mathrm{b/s} \tag{5-12}$$

注意 $\mathrm{SNR}=\bar{P}/(N_0 W)$ 为每个(复)自由度的信噪比，因此，AWGN 信道容量可以重新写为

$$C_{\mathrm{awgn}}=\mathrm{lb}(1+\mathrm{SNR})\,\mathrm{b/(s\cdot Hz^{-1})} \tag{5-13}$$

该公式给出了 AWGN 信道可以达到的最大频谱效率(spectral efficiency)，最大频谱效率是信噪比的函数。

5.2.2　功率与带宽

现在分析容量公式(5-12)对于通信工程师的重要性。利用该公式的一种方法是将其作为评估信道编码性能的基准。然而，对于系统工程师而言，该公式的主要意义在于，它提供了在更高的层次上思考通信系统性能如何取决于基本的信道可用资源的一种方法，而无须深入研究所采用的特定调制与编码方案。同时还有助于确定限制性能的瓶颈。

AWGN 信道的基本资源包括接收功率 $\bar{P}$ 和带宽 W。首先看容量是如何依赖于接收功率的，为此，我们观察到一个很重要的事实，即函数

$$f(\mathrm{SNR})=\mathrm{lb}(1+\mathrm{SNR}) \tag{5-14}$$

是凹(concave)函数，即对于所有 $x\geqslant 0$，都有 $f''(x)\leqslant 0$(见图 5-4)。这意味着增大功率 $\bar{P}$ 会受减小边缘回报定律的影响：信噪比越高，对容量的影响就越小。下面详细研究低信噪比和高信噪比两种情况。注意到，

$$\mathrm{lb}(1+x)\approx x\,\mathrm{lb}e,\quad 当\ x\approx 0\ 时 \tag{5-15}$$

$$\mathrm{lb}(1+x)\approx \mathrm{lb}x,\quad 当\ x\gg 1\ 时 \tag{5-16}$$

因此，当信噪比较低时，容量随着接收功率 $\bar{P}$ 而线性增加：功率每增加 3 dB(或者说加倍)，容量就会增加一倍。当信噪比较高时，容量随着 $\bar{P}$ 对数增加：功率每增加 3 dB，每个维度仅仅增加 1 bit。这种现象并不奇怪，在第 3 章已经看到，每个维度填充大量比特效率是相当低的。容量结果表明，这种现象不仅对特定的方案成立，实际上对所有通信方案来说都是最基本的结论。事实上，对于固定的差错概率而言，未编码 QAM 的数据速率也随着信噪比而对数增加(见习题 5-7)。

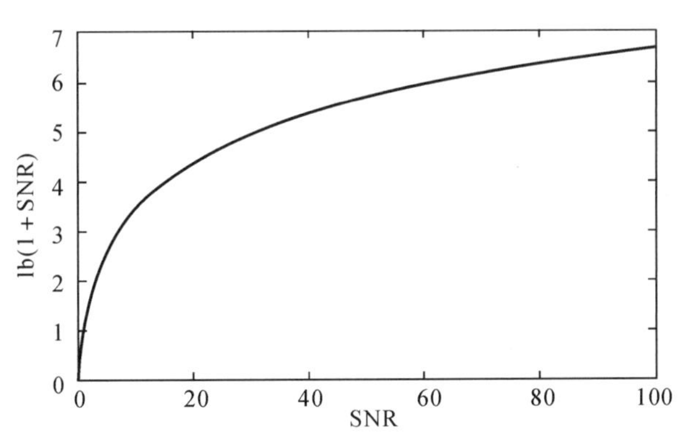

图 5-4　AWGN 信道的频谱效率 lb(1+SNR)

容量对于带宽 W 的依赖性稍微有点复杂，由容量公式可知，容量以两种方式依赖于带宽。首先，带宽可以增加通信中的可用自由度，这可以从固定 $\mathrm{SNR}=\bar{P}/(N_0W)$ 时容量与 W 的线性依赖关系看出。其次，对于给定的接收功率 $\bar{P}$，由于能量被非常稀疏地扩展到不同的自由度，所以每一维的信噪比随着带宽的增加而减小。实际上，可以直接推出容量是带宽 W 的递增凹函数(见图 5-5)。当带宽较小时，每个自由度的信噪比就较高，此时信道容量对于信噪比的微小变化就不敏感。增大 W 会导致容量迅速增加，这是因为自由度的增加要多于对信噪

比降低的补偿，这时系统处于带宽受限(bandwidth－limited)状态。当带宽较大使得每个自由度的信噪比较小时，

$$W\text{lb}\left(1+\frac{\bar{P}}{N_0W}\right)\approx W\left(\frac{\bar{P}}{N_0W}\right)\text{lbe}=\frac{\bar{P}}{N_0}\text{lbe} \tag{5－17}$$

在这种情况下，容量正比于整个频带内的总的接收功率，它对于带宽不敏感，增加带宽对容量的影响很小。另外，容量与接收功率之间是线性关系，增加功率会对容量产生重大的影响，这时系统处于功率受限状态。

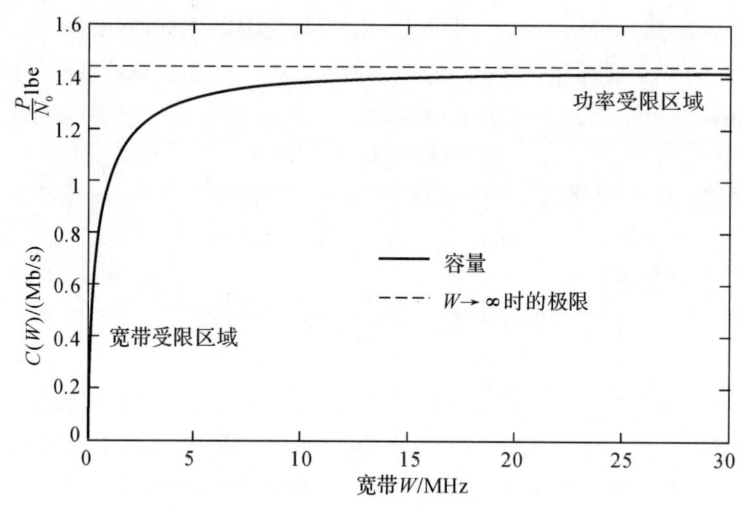

图 5－5　容量与带宽 W 的函数关系($\bar{P}/N_0=10^4$)

随着 W 的增大，容量单调增加(为什么)，并达到如下渐近极限

$$C_\infty=\frac{\bar{P}}{N_0}\text{lbe b/s} \tag{5－18}$$

这是在带宽无限时的极限，即仅有功率约束而无带宽限制时 AWGN 信道的容量，可以看出，即便没有带宽的约束，容量也是有限的。

在某些通信应用中，主要目标是最小化每比特所需的能量 ε_b，而不是最大化频谱效率。对于给定的功率电平 $\bar{P}$，每比特所需的最小能量 ε_b 为 $\bar{P}/C_{\text{awgn}}(\bar{P},W)$，为使该能量最小，应该工作在功率最高效的状态下，即 $\bar{P}\to0$，因此，最小的 ε_b/N_0 为

$$\left(\frac{\varepsilon_b}{N_0}\right)_{\min}=\lim_{\bar{P}\to0}\frac{\bar{P}}{C_{\text{awgn}}(\bar{P},W)N_0}=\frac{1}{\text{lbe}}=-1.59\text{ dB} \tag{5－19}$$

为了达到该最小值，每个自由度的信噪比应趋于零。为能量效率所付出的代价就是时延：如果带宽 W 是固定的，则通信速率(单位为 b/s)会趋于零。这实质上就是通过将总能量扩展到很长的时间间隔来模拟无限带宽的情况，而不是将总功率扩展到很大的带宽。

已经指出，成功设计出可以获取容量的 AWGN 编码是最近的事情。然而，在无限带宽情况下，已经知道采用正交编码① 可以获取容量(等价地讲，就是实现最小的 ε_b/N_0，即 -1.59 dB)，习题 5－8 与习题 5－9 对此进行了较为细致的研究。

① 正交码的一个实例是 IS－95 系统中使用的 Hadamard 序列(4.3.1 节)，利用(大占空比)开关脉冲的位置传递信息的脉冲位置调制(Pulse Position Modulation，PPM)是正交编码的另一个例子。

例 5.2 蜂窝系统中的带宽复用

AWGN 信道的容量公式可以用于比较第 4 章讨论的两种正交蜂窝系统：采用频率复用的窄带系统和采用全局复用的宽带系统。在这两种系统中，小区内的用户是相互正交的，不会彼此干扰，主要感兴趣的参数是复用比 $\rho(\rho\leqslant1)$。如果 W 表示小区内每个用户的带宽，那么各用户则利用带宽 ρW 进行信号传输。参数 $\rho=1$ 对应于的就是宽带 OFDM 系统的完全复用，$\rho<1$则对应于窄带系统。

本例考虑该蜂窝系统的上行链路，正交系统中下行链路的研究是类似的。基站接收来自距离为 r 处的用户的信号，其功率衰减因子为 $r^{-\alpha}$，在自由空间中衰减率 α 等于 2，在地平面单反射路径模型中衰减速率等于 4，参见 2.1.5 节。

复用相同频带的相邻小区中的上行链路传输被平均后构成干扰（这里的平均处理是宽带 *OFDM* 系统的重要特征；在第 4 章的窄带系统中，虽然没有对干扰进行平均，但其影响可以忽略）。用 f_ρ 表示基站处总的小区外干扰占小区边缘处某用户接收信号功率的分数比例，由于干扰取决于复用相同频带的相邻小区的数量，所以分数 f_ρ 取决于复用比以及蜂窝系统的拓扑结构。

例如，在基站的一维线性排列中（见图 5-6），复用比 ρ 在每 $1/\rho$ 个使用相同频带的小区中对应于 1 个小区，因此，分数 f_ρ 大致随 ρ^α 衰减。另外，在基站的二维六边形排列中，复用比 ρ 对应于大约相距$\sqrt{1/\rho}$的最近的复用基站：这意味着 f_ρ 大致随 $\rho^{\alpha/2}$ 衰减。准确的分数 f_ρ 将蜂窝系统的地理特征（例如阴影）以及干扰上行链路传输的地理平均等考虑在内，通常需利用数值仿真得到（文献[140]中的表 6-2 列举了全复用系统中的情况）。在简单模型中，认为干扰来自复用相同频带的小区中心，f_ρ 对于线性蜂窝系统取 $2(\rho/2)^\alpha$，对于六边形平面蜂窝系统取 $6(\rho/4)^{\alpha/2}$（见习题 5-3 与习题 5-4）。

小区边缘用户在基站处的接收 SINR 为

$$\text{SINR}=\frac{\text{SNR}}{\rho+f_\rho\text{SNR}} \tag{5-20}$$

其中，小区边缘用户端的信噪比为

$$\text{SNR}=\frac{P}{N_0Wd^\alpha} \tag{5-21}$$

式中，d 为用户与基站之间的距离，P 为上行链路发射功率。参数 SNR 的工作值由小区的覆盖决定：小区边缘的用户必须具有与最近基站（至少以固定最小速率）进行可靠通信的最小信噪比。各基站共同承担安装成本和循环运行成本，为了使基站数量最少，小区尺寸 d 应该尽可能大；根据上行链路发射功率的不同，确定了小区尺寸 d。

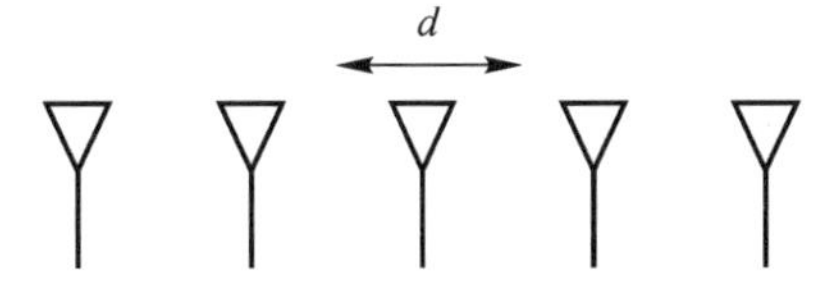

图 5-6 基站沿（表示一条公路的）直线排列的线性蜂窝系统

利用 AWGN 信道容量公式[见式(5-14)]，位于小区边缘的用户进行可靠通信的速率是复用比 ρ 的函数，即

$$R_\rho=\rho W\,\mathrm{lb}_2(1+\mathrm{SINR})=\rho W\mathrm{lb}\left(1+\frac{\mathrm{SNR}}{\rho+f_\rho\mathrm{SNR}}\right)\mathrm{b/s} \tag{5-22}$$

该速率取决于可用自由度的复用比以及小区外干扰量。ρ 较大可以增加每个小区的可用带宽,但同时也增大了小区外的干扰量,利用式(5-22)可以研究最优复用因子。当信噪比较低时,系统不是自由度受限的,而且干扰比噪声小;因此,速率对于复用因子不敏感,这一点可以直接由式(5-22)进行验证。另外,当信噪比较大时,干扰在同时增大,并且 SINR 的峰值出现在 $1/f_\rho$(实际的经验法则是所设置的信噪比应使得干扰与背景噪声具有相同的数量级,这样才能确保工作 SINR 趋于最大值),最大速率为

$$\rho W\mathrm{lb}\left(1+\frac{1}{f_\rho}\right) \tag{5-23}$$

当 ρ 值较小时该速率趋于零,因此不宜采用松散复用。可以证明,对于六边形蜂窝系统而言,采用全局复用可以得到式(5-23)的最大速率(见习题 5-3)。对于线性蜂窝模型而言,相应的最优复用比为 $\rho=1/2$,即每隔一个小区进行一次频率复用(见习题 5-5)。在线性蜂窝系统中由低复用带来的干扰降低要比六边形蜂窝系统大得多,当信噪比较高时,这一区别在两个系统的最优复用比情况下最为显著:六边形蜂窝系统最好采用全局复用,而线性蜂窝系统则最好采用 1/2 复用比。

上述比较对于由信噪比的较小取值和较大取值确定的区间同样成立。图 5-7 与图 5-8 分别给出了线性蜂窝系统与六边形蜂窝系统在不同复用比时式(5-22)的速率曲线,图中的功率衰减速率 α 固定为 3,速率曲线是位于小区边缘的某个用户的信噪比的函数,见式(5-21)。一方面,在六边形蜂窝系统中,显然对于所有信噪比取值采用全局复用最好,另一方面,在线性蜂窝系统中,全局复用与 1/2 复用性能相当,如果工作信噪比大于阈值(图 5-7 中为 10 dB),则要为全局复用付出代价,即 $R_{1/2}>R_1$,否则全局复用就是最优的。如果该信噪比阈值不超过前面提到的经验设置值(即在信噪比条件下速率增益是值得考虑的),则建议选择复用,这种选择必须与式(5-21)控制的小区尺寸进行折中,因为对移动设备有发射功率的约束。

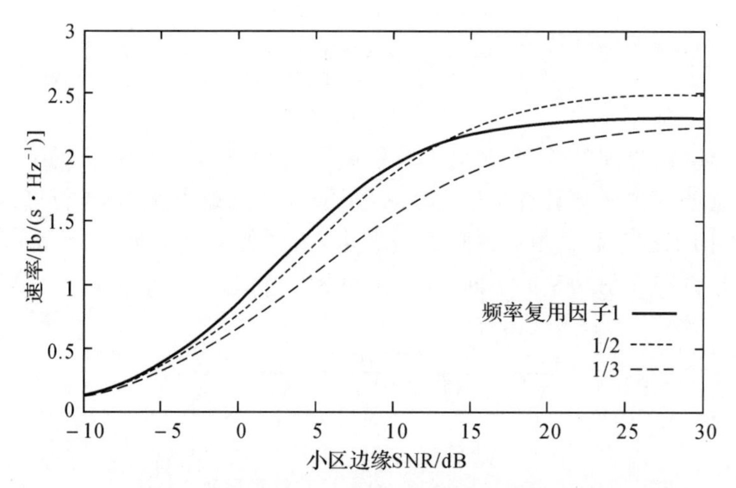

图 5-7 线性蜂窝系统中在全局复用以及复用比为 1/2 和 1/3 三种情况下小区边缘用户的速率与信噪比的函数关系曲线,功率衰减速率 α 设置为 3

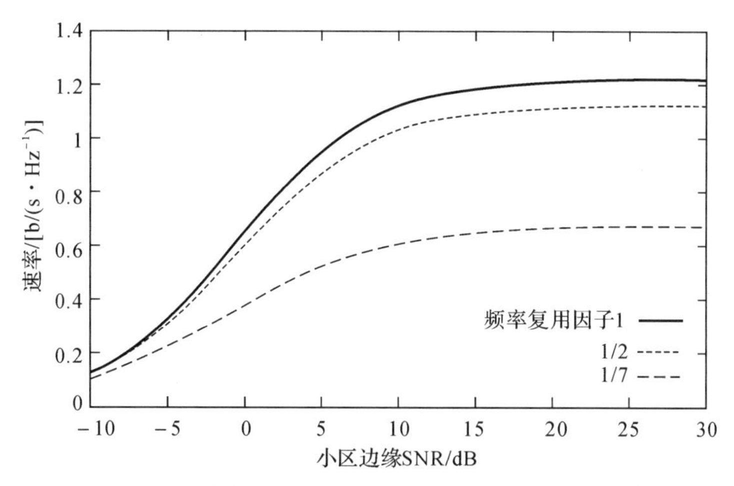

图5-8　六边形蜂窝系统中在全局复用以及复用比为1/2和1/7三种情况下小区边缘用户的速率与信噪比的函数关系曲线，功率衰减速率α设置为3

5.3　线性时不变高斯信道

本节给出与简单AWGN信道密切相关的三个信道实例，它们的容量也很容易计算出来，而且这些信道的最佳编码也可以由基本AWGN信道的最佳编码直接构造。这些信道均为时不变的，对发射机和接收机也是已知的，它们构成了通向下一节将要研究的衰落信道的桥梁。

5.3.1　单输入多输出(SIMO)信道

包括一副发射天线和L副接收天线的SIMO信道为

$$y_l[m]=h_l[m]+w_l[m],\quad l=1,2,\cdots,L \tag{5-24}$$

式中，h_l为从发射天线到第l副接收天线的固定的复信道增益；$w_l[m]$为服从$\mathcal{CN}(0,N_0)$分布的加性高斯噪声，且关于天线是独立的。由$\boldsymbol{y}[m]=[y_1[m]\quad y_2[m]\quad\cdots\quad y_L[m]]^{\mathrm{T}}$检测$x[m]$的充分统计量为

$$\tilde{y}[m]=\boldsymbol{h}^*\boldsymbol{y}[m]=\|\boldsymbol{h}\|^2x[m]+\boldsymbol{h}^*\boldsymbol{w}[m] \tag{5-25}$$

式中，$\boldsymbol{h}=[h_1\quad\cdots\quad h_L]^{\mathrm{T}}$；$\boldsymbol{w}[m]=[w_1[m]\quad w_2[m]\quad\cdots\quad w_L[m]]^{\mathrm{T}}$。如果用$P$表示每个发射符号的平均能量，则式(5-25)就是接收信噪比为$P\|\boldsymbol{h}\|^2/N_0$的AWGN信道，因此，该信道的容量为

$$C=\mathrm{lb}\left(1+\frac{P\|\boldsymbol{h}\|^2}{N_0}\right)\ \mathrm{b/(s\cdot Hz^{-1})} \tag{5-26}$$

采用多副接收天线增加了等效信噪比，并且提供了功率增益。例如，当$L=2$且$|h_1|=|h_2|=1$时，两副接收天线提供的功率增益比单天线系统高3 dB。式(5-25)的线性合并使得输出信噪比最大化，有时称为接收波束成形(receive beam forming)。

5.3.2　多输入单输出(MISO)信道

包括L副发射天线和1副接收天线的MISO信道为

$$y[m]=\boldsymbol{h}^{*}\boldsymbol{x}[m]+w[m] \tag{5-27}$$

式中，$\boldsymbol{h}=[h_1 \quad h_2 \quad \cdots \quad h_L]^{\mathrm{T}}$，且 h_ℓ 为从发射天线 ℓ 到接收天线的(固定的)信道增益。发射天线的总功率约束为 P。

在前面的 SIMO 信道中，充分统计量是 L 维接收信号在 $\boldsymbol{h}$ 上的投影：在正交方向上的投影中包含有对于发射信号检测没有任何帮助的噪声。MISO 信道的相应传输策略自然应该是仅在信道矢量 $\boldsymbol{h}$ 的方向上发送信息，在任何正交方向上发送的信息都会被信道认为是无效的。设置

$$\boldsymbol{x}[m]=\frac{\boldsymbol{h}}{\|\boldsymbol{h}\|}\tilde{x}[m] \tag{5-28}$$

就会使 MISO 信道简化为以下标量 AWGN 信道：

$$y[m]=\|\boldsymbol{h}\|\tilde{x}[m]+w[m] \tag{5-29}$$

其标量输入的功率约束为 P。该标量信道的容量为

$$\mathrm{lb}\left(1+\frac{P\|\boldsymbol{h}\|^{2}}{N_0}\right)\ \mathrm{b/(s \cdot Hz^{-1})} \tag{5-30}$$

还有比这个方案更好的方案吗？MISO 信道的任何可靠编码都可以用作标量 AWGN 信道 $y[m]=x[m]+w[m]$的可靠编码：如果$\{\boldsymbol{X}_i\}$为 MISO 信道的 $L\times N$ 发射(空时)编码矩阵，则 $1\times N$ 接收矢量$\{\boldsymbol{h}^{*}\boldsymbol{X}_i\}$构成了标量 AWGN 信道的编码。因此，MISO 信道中可靠编码所能达到的速率至多是具有相同信噪比的标量 AWGN 信道的容量。习题 5－11 证明了上述传输策略的接收信噪比 $P\|\boldsymbol{h}\|^{2}/N_0$ 实际上就是在给定发射功率约束 P 时可能达到的最大信噪比。其他任何方案的接收信噪比都低于该信噪比，于是相应的可靠通信速率也就必定小于式(5－30)，即小于这里提出的传输策略所能达到的速率。MISO 信道的容量无疑就是

$$C=\mathrm{lb}\left(1+\frac{P\|\boldsymbol{h}\|^{2}}{N_0}\right)\ \mathrm{b/(s \cdot Hz^{-1})} \tag{5-31}$$

直观地看，这种传输策略将来自不同发射天线的接收信号同相(相干)叠加，并给增益更大的发射天线分配更多的功率，从而达到最大化接收信噪比的目的。该策略“将发射信号调整至发射天线阵列方向图的主瓣方向上”，因而称为发射波束成形(transmit beam forming)。通过波束成形可以将 MISO 信道转化为标量 AWGN 信道，因此，对 AWGN 信道最优的编码可以直接用于 MISO 信道。

在 SIMO 与 MISO 两个信道实例中，采用多副天线所带来的好处就是功率增益，为了获得自由度增益，就必须采用多副发射天线和多副接收天线(MIMO)，第 7 章将对此展开深入的研究。

5.3.3 频率选择性信道

1. 转换为并行信道

考虑时不变 L 抽头频率选择性 AWGN 信道

$$y[m]=\sum_{\ell=0}^{L-1}h_\ell x[m-\ell]+w[m] \tag{5-32}$$

其各输入符号的平均功率约束为 P。由 3.4.4 节可知，通过给长度为 N_c 的数据矢量插入长度为 $L-1$ 的循环前缀，就可以将频率选择性信道转化为 N_c 个相互独立的子载波，参见式

(3-137)。设该操作对数据符号的分组(长度为 N_c,其相应的循环前缀长度为 $L-1$) 重复进行,如图 5-9 所示。于是,通过第 i 个 OFDM 分组的通信可以写为

$$\tilde{y}_n[i]=\tilde{h}_n\tilde{d}_n[i]+\tilde{w}_n[i],\quad n=0,1,\cdots,N_c-1 \tag{5-33}$$

这里

$$\tilde{\boldsymbol{d}}[i]=[\tilde{d}_0[i]\quad \tilde{d}_1[i]\quad \cdots\quad \tilde{d}_{N_c-1}[i]]^{\mathrm{T}} \tag{5-34}$$

$$\tilde{\boldsymbol{w}}[i]=[\tilde{w}_0[i]\quad \tilde{w}_1[i]\quad \cdots\quad \tilde{w}_{N_c-1}[i]]^{\mathrm{T}} \tag{5-35}$$

$$\tilde{\boldsymbol{y}}[i]=[\tilde{y}_0[i]\quad \tilde{y}_1[i]\quad \cdots\quad \tilde{y}_{N_c-1}[i]]^{\mathrm{T}} \tag{5-36}$$

分别为第 i 个 OFDM 分组的输入、噪声和输出的离散傅里叶变换。$\tilde{\boldsymbol{h}}$ 为乘以比例因子$\sqrt{N_c}$ 的信道的离散傅里叶变换[见式(3-138)]。由于通过选择很大的$\sqrt{N_c}$,可以使循环前缀中的开销相对于分组长度 N_c 任意小,所以原频率选择性信道的容量与该变换后的信道在 $N\to\infty$ 时的容量相同。

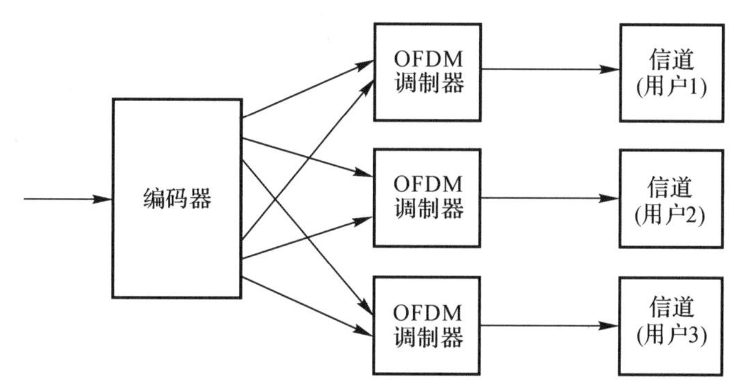

图 5-9　编码 OFDM 系统,信息比特编码后再经 OFDM 调制发送至频率选择性信道,各信道用户对应于一个 OFDM分组,可以对不同的 OFDM分组进行编码,也可以对不同的子载波进行编码

转换后的信道式(5-33)可以看成是一个子信道的集合,一个子信道对应一个子载波 n,各个子信道都是 AWGN 信道。变换后的噪声 $\tilde{\boldsymbol{w}}[i]$ 服从$\mathcal{CN}(0,N_0\boldsymbol{I})$ 分布,因此,各子信道中的噪声服从$\mathcal{CN}(0,N_0)$ 分布,而且不同子信道的噪声相互独立。输入符号的功率约束最终转换为子信道中数据符号的功率约束(离散傅里叶变换的帕塞瓦尔定理)

$$\mathbb{E}[\,\|\tilde{\boldsymbol{d}}[i]\|^2]\leqslant N_cP \tag{5-37}$$

用信息论的术语讲,由受到独立噪声污染的一组无相互干扰子信道组成的信道称为并行信道(parallel channel)。因此,此处转换后的信道就是对子信道有总功率约束的并行 AWGN 信道,于是,很自然地得到图 5-10 的并行 AWGN 信道中的可靠通信策略。将功率分配给各个子信道,其中第 n 个子信道的功率为 P_n,从而使得总功率约束得以满足,这样就可以利用独立的能够获取容量的 AWGN 编码在各子信道上进行通信。采用这种方案能够实现的可靠通信的最大速率为

$$\sum_{n=0}^{N_c-1}\mathrm{lb}\left(1+\frac{P_n\,|\tilde{h}_n|^2}{N_0}\right)\ \text{b/FDM symbol} \tag{5-38}$$

而且,还可以适当地选择功率分配的方式,从而使得式(5-38) 的速率最大化。因此,“最优功率分配”就是这一优化问题的解

$$C_{N_c}=\max_{P_0,\cdots,P_{N_c-1}}\sum_{n=0}^{N_c-1}\log_2\left(1+\frac{P_n\,|\tilde{h}_n|^2}{N_0}\right) \tag{5-39}$$

其约束条件为

$$\sum_{n=0}^{N_c-1}P_n=N_cP,\quad P_n\geqslant 0,\quad n=0,1,\cdots,N_c-1 \tag{5-40}$$

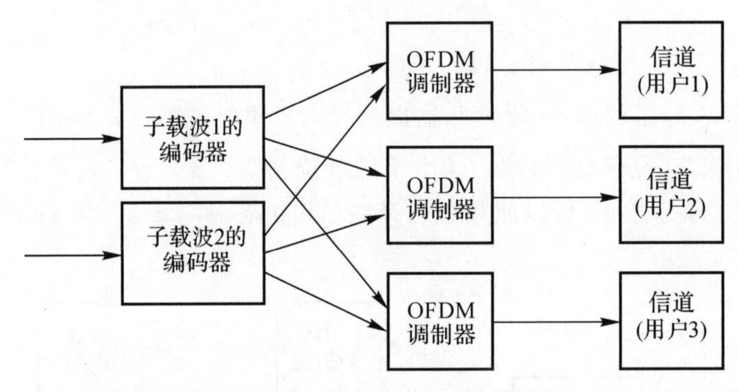

图 5-10　对各子载波进行相互独立的编码，采用适当的功率和速率分配，这种结构就可以获得频率选择性信道的容量

2. 注水功率分配

可以很明确地求出最优功率分配，式(5-39)的目标函数是关于功率的联合凹函数，该优化问题可以采用拉格朗日乘子法进行求解。考虑拉格朗日函数

$$\mathcal{L}(\lambda,P_0,\cdots,P_{N_c-1})=\sum_{n=0}^{N_c-1}\log\left(1+\frac{P_n\,|\tilde{h}_n|^2}{N_0}\right)-\lambda\sum_{n=0}^{N_c-1}P_n \tag{5-41}$$

式中，λ 为拉格朗日乘子。最优功率分配的库恩-塔克(Kuhn-Tucker)条件为

$$\frac{\partial\mathcal{L}}{\partial P_n}\begin{cases}=0, & P_n>0\\ \leqslant 0, & P_n=0\end{cases} \tag{5-42}$$

定义 $x^+=\max(x,0)$，功率分配

$$P_n^*=\left(\frac{1}{\lambda}-\frac{N_0}{|\tilde{h}_n|^2}\right)^+ \tag{5-43}$$

满足式(5-42)的条件，因此是最优的，所选择的拉格朗日乘子 λ 使得功率约束得以满足

$$\frac{1}{N_c}\sum_{n=0}^{N_c-1}\left(\frac{1}{\lambda}-\frac{N_0}{|\tilde{h}_n|^2}\right)^+=P \tag{5-44}$$

图 5-11 为 OFDM 系统中这种最优功率分配策略的示意图。我们认为作为子载波序号 $n=0,1,\cdots,N_c-1$ 的函数 $N_0/|\tilde{h}_n|^2$ 的值描绘出一个容器的底部，如果将平均每个子载波 P 个单位的水注入该容器，则子载波 n 处的水深就是分配给该子载波的功率，$1/\lambda$ 就是水面的高度。因此，这个最优策略称为注水法(water filling)或灌水法(water pouring)。注意，某些子载波的容器底部在水面上方，没有分配给它们的功率，这些子载波的信道质量很差不值得利用它来发射信息。一般而言，子载波越强，发射机分配给它的功率就越大，从而充分利用更好的信道条件，而给信道比较弱的载波分配的功率则更小，甚至不分配功率。

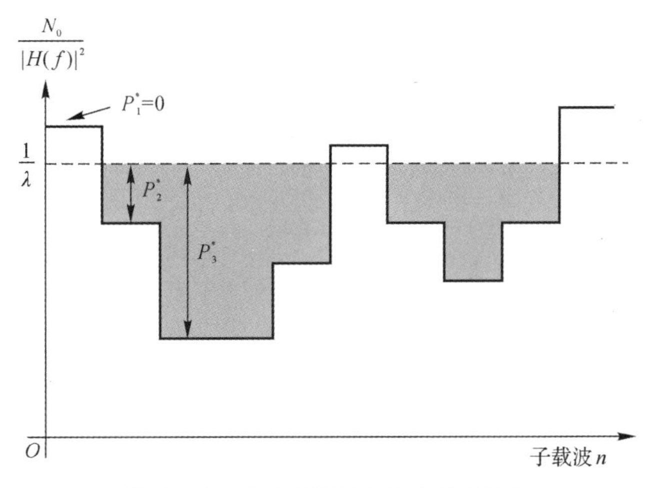

图 5-11　N_c 个子载波的注水功率分配

观察到

$$\tilde{h}_n = \sum_{\ell=0}^{L-1} h_\ell \exp\left(-\frac{j2\pi \ell n}{N_c}\right) \tag{5-45}$$

是 $f=nW/N_c$ 时 $H(f)$ 的离散时间傅里叶变换，其中[参见式(2-20)]

$$H(f) = \sum_{\ell=0}^{L-1} h_\ell \exp\left(-\frac{j2\pi f}{W}\right), \quad f \in [0,W] \tag{5-46}$$

随着子载波数量 N_c 的增大，子载波的频带宽度 W/N_c 趋于零，表示对连续频谱进行越来越精细的采样。因此，最优功率分配收敛到

$$P^*(f) = \left(\frac{1}{\lambda} - \frac{N_0}{|H(f)|^2}\right)^+ \tag{5-47}$$

式中，常数 λ 满足[见式(5-44)]

$$\int_0^W P^*(f)\mathrm{d}f = P \tag{5-48}$$

功率分配可以解释为对频率的注水(见图 5-12)。如果子载波数量为 N_c，则采用独立编码的可靠通信的最大速率为每个 OFDM 符号 C_{N_c} b，即 C_{N_c}/N_c b/(s·Hz^{-1})[C_{N_c} 由式(5-39)给出]，因此，当 $N_c \to \infty$ 时，WC_{N_c}/N_c 收敛于

$$C = \int_0^W \mathrm{lb}\left(1 + \frac{P^*(f)\,|H(f)|^2}{N_0}\right)\mathrm{d}f \text{ b/s} \tag{5-49}$$

3. 对子载波进行编码是否有益处

至此我们所考虑的是一种非常简单的方案：对各子载波进行独立地编码。如果对子载波进行联合编码，有可能会获得更好的性能。的确，在有限分组长度内，对子载波进行联合编码所得到的差错概率比以相同速率对子载波进行独立编码所得到的差错概率要小。然而，有点奇怪的是，并行信道的容量等于对各子载波进行独立编码时可靠通信的最大速率。换句话说，如果分组长度很大，那么，与仅在子载波间分配功率和速率而不进行子载波编码的方案相比，子载波的联合编码并不会提升所获得的可靠通信速率。因此，式(5-49)就是时不变频率选择性信道的容量。

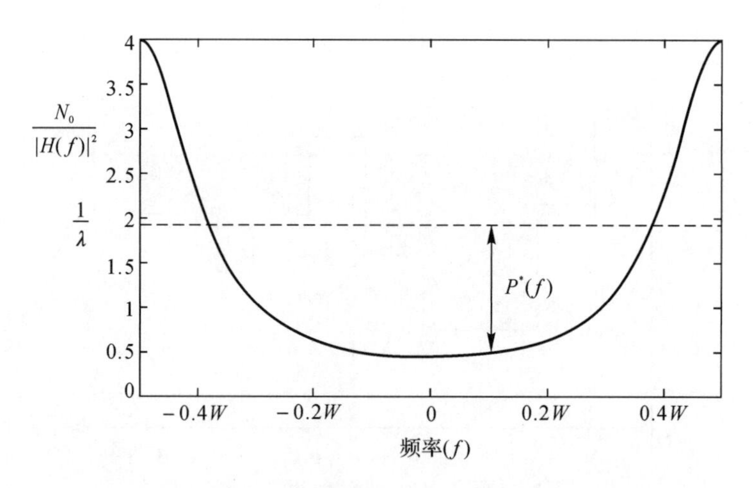

图 5-12　在两抽头信道频谱(高通滤波器)上的注水功率分配:$h[0]=1, h[1]=0.5$

为了理解为什么以较大的分组长度对子载波进行编码不会提高容量,改为利用几何图示进行分析。考虑一种编码方案,分组长度为 N_cN 个符号,对全部 N_c 个子载波进行编码,每个子载波 N 个符号。在高维空间,即 $N \gg 1$,N_cN 维接收矢量经过并行信道后位于一个椭球内,不同的信道增益 $\tilde{h}_n$ 使得该椭球的不同轴发生了伸缩变化。椭球的体积正比于

$$\prod_{n=0}^{N_c-1}(|\tilde{h}_n|^2P_n+N_0)^N \tag{5-50}$$

参见习题5-12。与5.1.2节介绍的一样,噪声球的体积正比于 $N_0{}^{N_cN}$。因此,能够填充到该椭球内的可区分码字的最大数量为

$$\prod_{n=0}^{N_c-1}\left(1+\frac{P_n|\tilde{h}_n|^2}{N_0}\right)^N \tag{5-51}$$

可靠通信的最大速率为

$$\frac{1}{N}\mathrm{lb}\prod_{n=0}^{N_c-1}\left(1+\frac{P_n|\tilde{h}_n|^2}{N_0}\right)^N=\prod_{n=0}^{N_c-1}\mathrm{lb}\left(1+\frac{P_n|\tilde{h}_n|^2}{N_0}\right)^N\ \mathrm{b/OFDM\ sym} \tag{5-52}$$

这就是独立编码所达到的精确速率式(5-38),表明对子载波进行编码并不会得到更好的效果。虽然这里的球体填充论证是启发探索式的,但附录B.6利用信息论的基本原理给出了严格的推导过程。

虽然对于载波的编码并不会提高可靠通信的速率,但它仍然能够改善给定数据速率时的差错概率,因此,子载波编码在实际中仍然有用,特别是当各子载波的分组长度较小时,编码会有效地增加总的分组长度。

本节利用并行信道建立了频率选择性信道的模型,而且并行信道在建立许多其他无线通信模型时同样是非常有用的。

5.4　衰落信道的容量

现在将前面几节推导的基本容量结果用于分析无线衰落信道中的通信极限。

考虑平坦衰落信道的复基带表示：

$$y[m]=h[m]x[m]+w[m] \tag{5-53}$$

式中，$\{h[m]\}$ 为衰落过程；$\{w[m]\}$ 为独立同分布且服从$\mathcal{CN}(0,N_0)$ 分布的噪声。与前面一样，符号速率为 WHz，功率约束为 P J/sym，并且假定$\mathbb{E}[|h[m]|^2]=1$，即进行了归一化处理，则 $\mathrm{SNR}=P/N_0$ 为平均接收信噪比。

3.1.2 节分析了该信道未编码传输的性能，当信息序列可以在整个符号序列内进行编码时，终极性能极限是什么？为了回答这个问题，做出如下简化假设，即假定接收机能够理想地跟踪该衰落过程，也就是说采用相干接收。正如第 2 章所讨论的，典型无线信道的相干时间为数百符号数量级，因此，信道变化相对于符号速率较为缓慢，可以用导频信号进行估计。现在，假定发射机不具备信道现实状态的知识但是具有统计特性知识。发射机已知信道状态的情况将在 5.4.6 节中研究。

5.4.1　慢衰落信道

首先研究信道增益随机但在所有时刻保持恒定，即对于所有 m，$h[m]=h$ 的情况，这就建立了时延要求比信道相干时间短（见表 2－2）的慢衰落模型，也称为准静态（quasi static）模型。

在信道实际状态为h的条件下，就是接收信噪比为$|h|^2\mathrm{SNR}$的 AWGN 信道，该信道所能支持的可靠通信的最大速率为 $\lg(1+|h|^2\mathrm{SNR})$ b/(s • Hz^{-1})，其值是随机信道增益 h 的函数，因而也是随机的（见图 5－13）。现假设发射机以 R b/s 的速率对数据进行编码，如果信道的实际状态h使得$\mathrm{lb}(1+|h|^2\mathrm{SNR})<R$，则不论发射机采用什么样的编码，译码的差错概率都不可能任意小，此时称系统处于中断状态，其中断概率为

$$p_{\mathrm{out}}(R)=\mathbb{P}\{\mathrm{lb}(1+|h|^2\mathrm{SNR})<R\} \tag{5-54}$$

因此，发射机所能完成的最佳处理就是在信道增益足够强可以支持期望速率 R 的假定条件下对数据进行编码，只要满足这一要求，就可以实现可靠通信，否则就会出现中断。

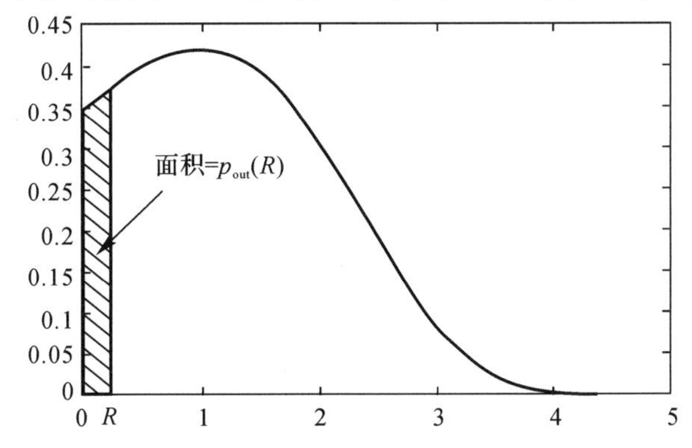

图 5－13　SNR = 0 dB 时瑞利衰落信道中 $\mathrm{lb}(1+|h|^2\mathrm{SNR})$ 的密度，对于任意目标速率 R，中断概率都不为零

更为发人深思的一种解释是,认为信道在衰落增益为 h 时允许速率为 $\mathrm{lb}(1+|h|^2\mathrm{SNR})$ $\mathrm{b/(s\cdot Hz^{-1})}$ 的信息通过。只要信息量超过目标速率就可能实现可靠译码。

对于瑞利衰落[即 h 服从$\mathcal{CN}(0,1)$ 分布],中断概率为

$$p_{\mathrm{out}}(R)=1-\exp\left[\frac{-(2^R-1)}{\mathrm{SNR}}\right] \tag{5-55}$$

在高信噪比时,有

$$p_{\mathrm{out}}(R)\approx\frac{(2^R-1)}{\mathrm{SNR}} \tag{5-56}$$

即中断概率依 1/SNR 的规律减小。回顾 3.1.2 节中讨论的未编码传输,检测差错概率同样依 1/SNR 的规律减小。因此,编码并不能很明显地改善慢衰落信道中的差错概率,其原因是虽然编码能够平均高斯白噪声,但不能平均影响所有编码符号的信道衰落,所以未编码情况下的典型错误事件 —— 深度衰落,同样也是编码情况下的典型错误事件。

AWGN 信道与慢衰落信道在概念上存在差异。在 AWGN 信道中,在保持差错概率尽可能小的同时,用户能够以某正速率(实际上就是小于 C 的任意速率) 发送数据;在慢衰落信道中,只要信道处于深度衰落的概率不为零,就不可能做到这一点。因此,从严格的意义上说,慢衰落信道的容量为零。另外一种性能衡量指标是 ϵ 中断容量 C_ϵ,它是使得中断概率 $p_{\mathrm{out}}(R)$ 小于 ϵ 时的最大传输速率 R,在式(5-54) 中求解 $p_{\mathrm{out}}(R)=\epsilon$ 得到

$$C_\epsilon=\mathrm{lb}\left[1+F^{-1}(1-\epsilon)\mathrm{SNR}\right]\ \mathrm{b/(s\cdot Hz^{-1})} \tag{5-57}$$

式中,F 为 $|h|^2$ 的互补累积分布函数,即 $F(x)=\mathbb{P}\{|h|^2>x\}$。

3.1.2 节研究了未编码传输,当时很自然地仅将讨论的焦点集中在高信噪比的情况;在低信噪比时,未编码传输的差错概率性能非常差。另外,对于编码系统来说,讨论高信噪比和低信噪比两种情况都是有意义的。例如,第 4 章介绍的 CDMA 系统以极低的 SINR 运行,同时采用极低速率的正交编码。于是,自然会提出如下问题:衰落在哪种情况下对中断性能会产生更为严重的影响?可以用两种方式回答这个问题。式(5-57) 表明,为了达到与 AWGN 信道相同的速率,额外需要 $10\lg[1/F^{-1}(1-\epsilon)]$ dB 的功率,无论外界的工作信噪比为多少,情况都是如此,因此,衰落容限 (fade margin) 对于所有信噪比都是相同的。但是,如果研究给定信噪比时的中断容量,那么衰落的影响在很大程度上取决于工作状态。为了理解这个问题,图 5-14 绘制出瑞利衰落信道中 ϵ 中断容量随信噪比变化的函数曲线,为了评估衰落的影响,图中给出了 ϵ 中断容量与相同信噪比时的 AWGN 信道容量的比值。显然,衰落的影响在低信噪比时更为严重,实际上,在高信噪比时:

$$C_\epsilon\approx\mathrm{lbSNR}+\mathrm{lb}\left[F^{-1}(1-\epsilon)\right] \tag{5-58}$$

$$\approx C_{\mathrm{awgn}}-\lg\left[\frac{1}{F^{-1}(1-\epsilon)}\right] \tag{5-59}$$

是一个与信噪比无关的恒定差值。因此,相对损失在高信噪比时更小一点。另一方面,在低信噪比时,有

$$C_\epsilon\approx F^{-1}(1-\epsilon)\ \mathrm{SNRlbe} \tag{5-60}$$

$$\approx F^{-1}(1-\epsilon)C_{\mathrm{awgn}} \tag{5-61}$$

对于合理的小中断概率而言,低信噪比时的中断容量仅是 AWGN 信道容量的一小部分。在瑞利信道中,当 ϵ 较小时,$F^{-1}(1-\epsilon)\approx\epsilon$,衰落对信道的影响相当严重。当中断概率为 0.01 时,中断容量仅为 AWGN 信道容量的1%!分集的作用在高信噪比时十分显著(第 3 章已经介

绍过)，但在低信噪比时却更为重要，直观地讲，信道随机性的影响表现在接收信噪比中，AWGN信道所支持的可靠速率在低信噪比时对接收信噪比的敏感性比在高信噪比时更强，习题5-10对此进行了详细的阐述。

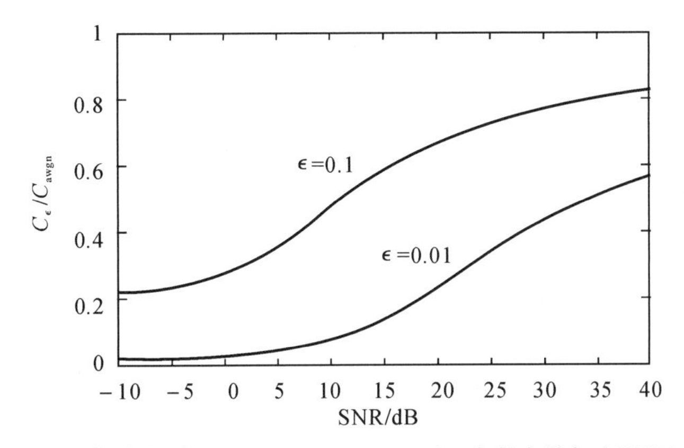

图5-14　在瑞利衰落信道中，当 $\epsilon=0.1$ 和 $\epsilon=0.01$ 时，ϵ 中断容量与 *AWGN* 信道容量的比值

5.4.2　接收分集

如果用 L 副接收天线而不是1副接收天线来提高信道的分集，对于给定的信道增益 $\boldsymbol{h}=[h_1 \quad \cdots \quad h_L]^{\mathrm{T}}$，5.3.1节计算的容量为 $\mathrm{lb}(1+\|\boldsymbol{h}\|^2\mathrm{SNR})$，只要该容量低于目标速率 R，就会出现中断，即

$$p_{\mathrm{out}}^{\mathrm{rx}}(R)=\mathbb{P}\{\mathrm{lb}(1+\|\boldsymbol{h}\|^2\mathrm{SNR})<R\} \tag{5-62}$$

该式可以重新写为

$$p_{\mathrm{out}}(R)=\mathbb{P}\left\{\|\boldsymbol{h}\|^2<\frac{2^R-1}{\mathrm{SNR}}\right\} \tag{5-63}$$

在独立瑞利衰落下，$\|\boldsymbol{h}\|^2$ 是 $2L$ 个独立高斯随机变量的二次方和，服从自由度为 $2L$ 的 χ^2 分布，其概率密度函数为

$$f(x)=\frac{1}{(L-1)!}x^{L-1}\mathrm{e}^{-x},\quad x\geqslant 0 \tag{5-64}$$

当 x 较小时，将 e^{-x} 近似为1，可以在 δ 较小时得到[见式(3-44)]

$$\mathbb{P}\{\|\boldsymbol{h}\|^2<\delta\}\approx\frac{1}{L!}\delta^L \tag{5-65}$$

于是，高信噪比时的中断概率为

$$p_{\mathrm{out}}(R)\approx\frac{(2^R-1)^L}{L!\ \mathrm{SNR}^L} \tag{5-66}$$

与式(5-55)相比较可以看出，分集增益为 L，此时中断概率依 $1/\mathrm{SNR}^L$ 规律减小。这与3.3.1节讨论的未编码传输的结果是一致的。因此，编码不会增加分集增益。

接收分集对 ϵ 中断容量的影响如图5-15所示，ϵ 中断容量由式(5-57)确定，其中 F 为 $\|\boldsymbol{h}\|^2$ 的累积分布函数。由接收天线获得了分集增益和 L 倍的功率增益。为了强调分集增益的影响，利用 $C_{\mathrm{awgn}}=\mathrm{lb}(1+L\mathrm{SNR})$ 对中断容量 C_ϵ 进行归一化处理，这样就可以看到分集给中断容量带来的巨大的益处。当信噪比较低且 ϵ 较小时，由式(5-61)与式(5-65)可得

$$C_{\epsilon} \approx F^{-1}(1-\epsilon)\text{SNR lb}_2\text{e} \tag{5-67}$$

$$\approx (L!)^{\frac{1}{L}}(\epsilon)^{\frac{1}{L}}\text{SNR lb}_2\text{e b/(s}\cdot\text{Hz}^{-1}) \tag{5-68}$$

相对于AWGN信道容量的损失因子为$\epsilon^{1/L}$，而不是没有分集时的ϵ。当$\epsilon=0.01$且$L=2$时，中断容量增至AWGN信道容量的14%(而$L=1$时为1%)。

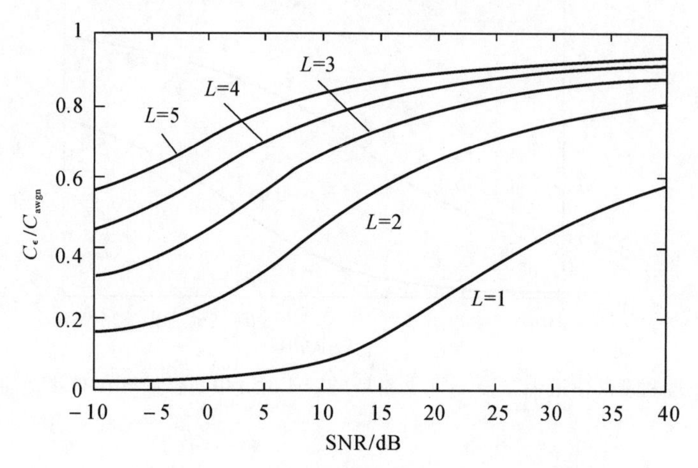

图 5-15 $\epsilon=0.01$，L取不同值时，采用L阶接收分集的ϵ中断容量占AWGN信道容量lb(1+LSNR)的比例

5.4.3 发射分集

假定发射天线有L副，但接收天线只有1副，总功率约束为P，由5.3.2节可知，在信道增益为$\boldsymbol{h}=[h_1 \quad h_2 \quad \cdots \quad h_L]^{\text{T}}$的条件下，信道容量为$\text{lb}(1+\|\boldsymbol{h}\|^2\text{SNR})$。采用对SISO和SIMO两种情况进行分析的方法，可以说，对于固定速率R的中断概率为

$$p_{\text{out}}^{\text{full-csi}}(R)=\mathbb{P}\{\text{lb}(1+\|\boldsymbol{h}\|^2\text{SNR})<R\} \tag{5-69}$$

与相应的包括1副发射天线、L副接收天线的SIMO系统完全相同。然而，只有当发射机已知增益$\boldsymbol{h}$的相位和幅度时才能达到该中断性能，此时发射机会执行发射波束成形，即给信号更强的天线分配更多的功率，并将来自不同天线的信号在接收机中按照相位进行合并。当发射机不知道信道增益h时，就必须采用与h无关的固定的发射策略(在SISO和SIMO信道中不会出现这种细微的区别，因为在这两种情况下发射机无须知道信道的实际状态就可以达到这些信道的容量)。未知信道所带来的性能损失有多少呢？

1. *再论 Alamouti 方案*

为进行具体说明，集中讨论$L=2$(即两副发射天线)的情况，此时，要采用Alamouti方案在发射机未知信道的情况下提取发射分集(参见3.3.2节的介绍)。由式(3-76)可知，采用该方案后，在长度为2个符号时间的分组内的发射码元u_1，u_2相当于经过了增益为$\|\boldsymbol{h}\|$、加性噪声服从$\mathcal{CN}(0,N_0)$分布的等效标量衰落信道[见图5-16(b)]，符号u_1与u_2的能量均为$P/2$。在h_1与h_2已知条件下，等效标量信道的容量为：

$$\text{lb}\left(1+\|\boldsymbol{h}\|^2\frac{\text{SNR}}{2}\right)\text{ b/(s}\cdot\text{Hz}^{-1}) \tag{5-70}$$

因此，如果考虑连续的分组，并对各码流$\{u_1[m]\}$和$\{u_2[m]\}$独立地使用速率为R的

AWGN 容量获取编码，则各码流的中断概率为

$$p_{\text{out}}^{\text{Ala}}(R)=\mathbb{P}\left\{\text{lb}\left(1+\|\boldsymbol{h}\|^2\frac{\text{SNR}}{2}\right)<R\right\} \tag{5-71}$$

与发射机已知信道时的式(5-69)相比，Alamouti 方案的性能的确更差：接收信噪比损失了 3 dB。这可以用传递到接收机能量的效率予以解释，在 Alamouti 方案中，因为两副发射天线在各时刻发送的两个符号来自两个不同的编码码流，所以这两个符号是相互独立的，每个符号的功率为 $P/2$。因此，在任意给定时刻接收天线处的总信噪比为

$$(|h_1|^2+|h_2|^2)\frac{\text{SNR}}{2} \tag{5-72}$$

相比之下，当发射机已知信道时，两副天线发射的符号在接收天线处同相相加，因此是完全相关的(completely correlated)，此时的信噪比为

$$(|h_1|^2+|h_2|^2)\text{SNR}$$

与相互独立的情况相比，功率增益高出 3 dB[①]。直观地看，在信道未知的情况下，因为发射机将信号能量发射到所有方向，而不是将能量集中到特定的方向，所以会存在功率的损失。实际上，Alamouti 方案就是以理想的各向同性方式辐射能量：两副天线发射的信号在投影到任意方向上时都具有相同的能量(见习题 5-14)。

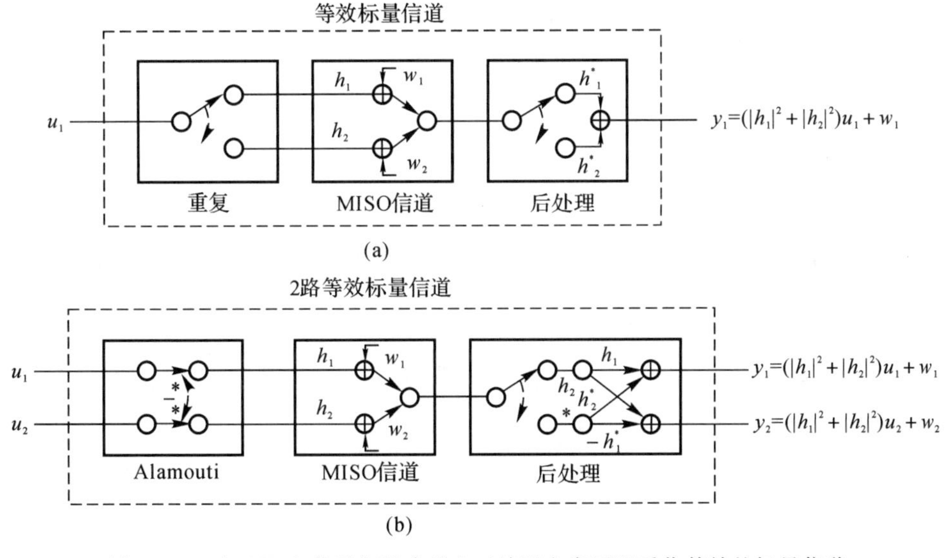

图 5-16　与 MISO 信道相结合的空时编码方案可以看作等效的标量信道

(a) 重复编码；(b) Alamouti 方案。这个方案的中断概率即为等效信道的中断概率

只要天线发射的信号不相关且具有相等的功率，就可以采用各向同性辐射能量的方案(见习题 5-14)。虽然 Alamouti 方案的性能不及发射波束成形，但它在某种重要意义上说是最优的，即它是所有以各向同性方式辐射能量的方案中具有最佳中断概率性能的方案。实际上，任何这样的方案的接收信噪比都必须等于式(5-72)，因此其中断概率必定不会优于具有相同

① 两个等功率同相信号相加得到的和，信号的幅度是各信号的 2 倍，功率是各信号功率的 4 倍，相比之下，两个等功率独立信号之和的功率仅是各信号功率的 2 倍。

接收信噪比的标量慢衰落 AWGN 信道的中断性能，但这正是 Alamouti 方案所能达到的性能。

采用各个方向辐射能量不相等的方式(但又不依赖于随机信道增益)能获得更好的性能吗？换言之，能够通过对来自发射天线的信号进行相关处理并且/或者给天线分配不相等的功率来改善中断概率吗？当然，这个问题的答案取决于增益 h_1、h_2 的分布。如果 h_1、h_2 为独立同分布的瑞利随机变量，那么习题 5-15 利用对称性证明了相关性绝不会改善中断性能，但利用所有的发射天线未必是最优的。习题 5—16 证明了天线功率的均匀分配总是最优的，但是所采用的天线数量取决于工作信噪比。对于目标中断概率的合理值，采用所有天线是最优的，这表明在大多数情况下，Alamouti 方案对独立同分布瑞利衰落信道具有最优中断性能。

如果发射天线数量 $L>2$ 情况又如何呢？附录 B.8 中的信息论结论表明(对于更一般的框架)

$$p_{\text{out}}(R)=\mathbb{P}\left\{\text{lb}\left(1+\|\boldsymbol{h}\|^2\frac{\text{SNR}}{L}\right)<R\right\} \tag{5-73}$$

是可以实现的。这是式(5-71)的自然推广，再次与天线能量的各向同性传输相对应。另外，习题 5-15 与习题 5-16 证明了这一策略对于独立同分布瑞利衰落信道以及多数目标中断概率都是最优的。然而，对于数量更多的发射天线，不存在推广的 Alamouti 方案(见习题 3-17)。第 9 章将回到 $L>2$ 时的中断最优编码设计问题上。

增益为独立同分布瑞利随机变量时，SIMO 信道与 MISO 信道在不同数量发射天线或接收天线下的中断性能如图 5-17 所示，中断性能的区别清楚地概括了由发射机缺乏信道知识造成的接收天线与发射天线之间的不对称性。

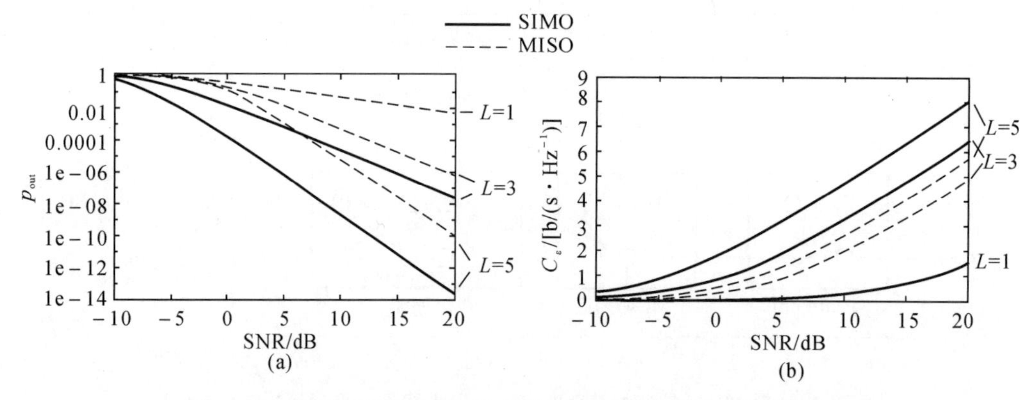

图 5-17　L 取不同值时 SIMO 信道与 MISO 信道的中断性能对比

(a) 固定 $R=1$，作为 SNR 函数的中断概率；(b) 对于固定中断概率，作为 SNR 函数的中断容量

2. *次最优方案：重复编码*

上述分析中将 Alamouti 方案看成是将 MISO 信道转化为标量信道的内编码(innner code)，Alamouti 方案与获取标量 AWGN 信道容量的外编码(outer code)相结合就得到了式(5-71)的中断性能。其他空时编码方案都可以类似地用作内部编码，并且可以用其中断概率来分析和比较信道的中断性能。

这里考虑最简单的例子，即重复编码方案：相同的符号在 L 个符号周期通过 L 副不同的天线进行发射，并且每个时刻仅利用 1 副发射天线。接收机利用最大比合并来解调各个符号，

因此，各符号经历了增益为 $\|\boldsymbol{h}\|$、噪声方差为 N_0 的等效标量衰落信道[见图 5-16(a)]。由于每 L 个符号周期仅发射一个符号，所以为达到原信道 R /sym 的目标速率，该标量信道要求速率达到 LR b/sym。因此，该方案与获取容量的外编码相结合后的中断概率为

$$p_{\text{out}}^{\text{rep}}(R)=\left\{\frac{1}{L}\text{lb}(1+\|\boldsymbol{h}\|^2\text{SNR})<R\right\} \tag{5-74}$$

与式(5-73)的信道中断概率相比，该方案是次最优的，信噪比必须以下面的因子增大，即

$$\frac{2^{LR}-1}{L(2^R-1)} \tag{5-75}$$

才能在相同的目标速率 R 下达到相同的中断概率。等效地，该比值的倒数可以解释为相对于简单重复编码方案可以获得的最大编码增益。对于固定速率 R 来说，性能损失随着 L 而增加：重复编码方案在利用信道自由度时效率越来越低。对于固定的 L 而言，性能损失随着目标速率 R 而增加。另外，当 R 较小时，$2R-1\approx R\ln 2$ 并且 $2RL-1\approx RL\ln 2$，则

$$\frac{L(2^R-1)}{2^{LR}-1}\approx\frac{LR\ln 2}{LR\ln 2}=1 \tag{5-76}$$

即几乎不存在任何性能损失。于是，虽然重复编码方案在目标速率较高时的高信噪比情况下是次最优的，但是在低信噪比情况下近似是最优的。这并不奇怪：在高信噪比时系统是自由度受限的，重复编码方案的低效率体现得更加明显。

总结 5.2　发射分集与接收分集

采用接收分集时的中断概率为

$$p_{\text{out}}^{\text{rx}}(R)=\mathbb{P}\{\text{lb}(1+\|\boldsymbol{h}\|^2\text{SNR})<R\} \tag{5-77}$$

采用发射分集且各向同性传输时的中断概率为

$$p_{\text{out}}^{\text{tx}}(R)=\mathbb{P}\left\{\text{lb}\left(1+\|\boldsymbol{h}\|^2\frac{\text{SNR}}{L}\right)<R\right\} \tag{5-78}$$

接收信噪比中出现一个因子 L 的损失是因为发射机不知道信道方向，并且不能在特定信道方向进行波束成形。

采用两副发射天线，将获取容量的 AWGN 编码与 Alamouti 方案相结合就可以达到该中断概率。

5.4.4　时间分集与频率分集

1. 并行信道的中断性能

增加信道分集的另一种方法是利用信道的时间波动：除了在一个相干周期内对符号进行编码外，还可以在 L 个这样的周期对符号进行编码。注意，该方法是 3.2 节介绍的各相干周期发射一个符号的方案的推广。如果既能在不同周期的符号之间进行编码，又能在各个周期对大量符号进行编码，那么性能极限如何呢？

可以利用 5.3.3 节介绍的并行信道的思想建立这种情况的模型：在相干周期 T_c 内，各子信道 $\ell=1,2,\cdots,L$ 的接收信号为

$$y_\ell[m]=h_x[m]+w[m],\quad m=1,2,\cdots,T_c \tag{5-79}$$

式中，h_ℓ 为第 ℓ 个子载波上(不变的)信道增益。假定相干时间 T_c 足够大，从而可以在各子信道中对大量符号进行编码，对原信道的平均发射功率约束 P 转化为并行信道的总功率约束 LP。

在 5.3.3 节已经看到，对于给定的信道实现而言，子信道的最优功率分配是基于注水法的，然而，由于发射机不知道信道的增益，所以合理的策略应该是给各个子信道分配相等的功率 P，5.3.3 节已经指出，在给定信道增益 h_ℓ 的条件下，可靠通信的最大速率为

$$\sum_{\ell=1}^{L}\mathrm{lb}(1+|h|^2\mathrm{SNR})\ \ \mathrm{b/(s\cdot Hz^{-1})} \tag{5-80}$$

其中，$\mathrm{SNR}=P/N_0$。因此，如果每个子信道的目标速率为 R b/(s·Hz^{-1})，则当

$$\sum_{\ell=1}^{\mathrm{L}}\log(1+|h_\ell|^2\mathrm{SNR})<LR \tag{5-81}$$

时出现通信中断。

只要满足

$$\sum_{\ell=1}^{L}\log(1+|h_\ell|^2\mathrm{SNR})>LR \tag{5-82}$$

就可以设计出能够可靠通信的编码吗？如果是这样，就会在独立同分布瑞利衰落信道中获得 L 倍的分集：仅当和式 $\sum_{\ell=1}^{L}\mathrm{lb}(1+|h_\ell|^2\mathrm{SNR})$ 中的各项均较小时才出现中断。

$\mathrm{lb}(1+|h_\ell|^2\mathrm{SNR})$ 是接收信噪比等于 $|h_\ell|^2\mathrm{SNR}$ 的 AWGN 信道的容量，这样，就得到在 5.3.3 节采用的简单明了的策略，即在第 ℓ 个相干周期利用速率为

$$\mathrm{lb}(1+|h_\ell|^2\mathrm{SNR})$$

的可获取容量的 AWGN 编码，便可在式(5-82)条件成立时得到如下平均速率：

$$\frac{1}{L}\sum_{\ell=1}^{L}\mathrm{lb}(1+|h_\ell|^2\mathrm{SNR})$$

并且满足目标速率。需要说明的是，该策略要求发射机提前知道各相干周期的信道状态，这样发射机才能调整分配给各个周期的速率。但是这种信道知识是得不到的，也就说明这种发射机调整是不必要的。只要满足式(5-82)的条件，信息论就可以确保设计出以速率 R 可靠通信的一个编码。因此，这种时间分集信道的中断概率为

$$p_{\mathrm{out}}(R)=\mathbb{P}\left\{\frac{1}{L}\sum_{\ell=1}^{L}\mathrm{lb}(1+|h_\ell|^2\mathrm{SNR})<R\right\} \tag{5-83}$$

虽然在发射机已知或未知信道时都能够实现该中断性能，但编码策略是完全不同的。当发射机已知信道时，采用动态速率分配和各子信道的独立编码就可以满足要求；当发射机未知信道时，独立的编码意味着在各子信道利用固定速率的编码，并且分集效果很差。只要其中一个子信道有问题就会出现错误。实际上，现在需要在不同的相干周期进行编码：如果信道在其中一个相干周期处于深衰落，只要其他周期的信道足够强就仍然能够检测出信息比特。

2. 几何图示

图 5-18 给出了截至目前所讨论内容的几何图示。考虑一种速率为 R 的编码，它在一个相干时间间隔对所有子信道进行编码，分组长度为 LT_c 个符号，码字位于一个 LT_c 维球内。接收到的 LT_c 维信号位于一个椭球内，该椭球的(L 组)不同轴经过不同子信道增益的扩展和收缩(参见 5.3.3 节)，这个椭球是子信道增益的函数，因而是随机的。无中断条件式(5-82)的几何解释为：该椭球的体积足够大，可以包含 2^{LT_cR} 个噪声球，其中每个噪声球对应一个码字(这已经在 5.3.3 节关于球体填充的论述中看得很清楚了)。中断最优编码就是指，只要随机椭球

的体积至少满足上述要求就能可靠通信的编码，这里的细微差别是相同的编码对于所有这样的椭球都有效。由于任意 L 组维度都可能出现收缩，所以具有鲁棒性的编码码字必须在各个子信道同时很好地分离[见图 5－18(a)]，为各子信道分配一个码字的一组独立编码不具有鲁棒性：只要有一个子信道出现衰落就会出现错误[见图 5－18(b)]。

在 3.2 节已经看到了为所有子信道实现很好分离而设计的并行信道编码，例如，图 3－8 的重复编码和旋转编码的码字就具有在两路子信道分离的属性(这里 $T_c=1$ 个符号，$L=2$ 路子信道)。更一般地，使所有码字对乘积距离最大的编码设计准则自然应该是满足这一属性的。对长分组进行编码可以提供较大的编码增益，信息论可以确保具有足够高编码增益从而达到式(5－83) 的中断概率的编码存在。

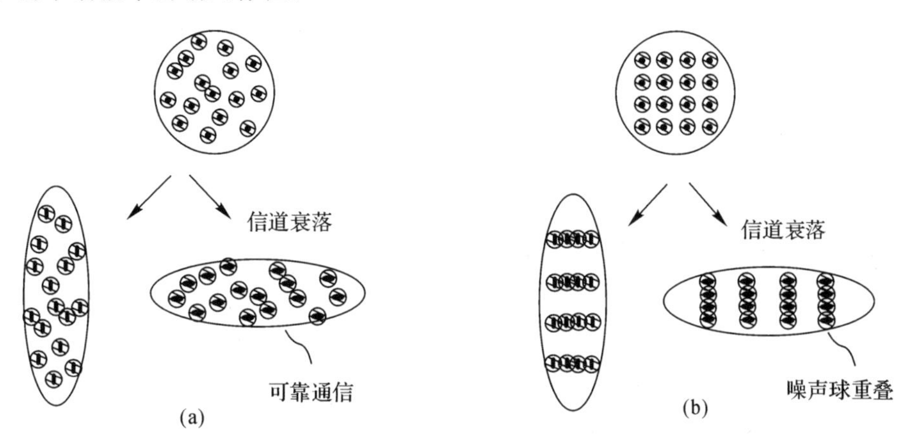

图 5－18　衰落增益对并行信道编码的影响(这里有 $L=2$ 路子信道，各轴线表示子信道的 T_c 维)

(a) 子信道间编码(只要椭球的体积足够大该编码就有效，这要求两个子信道之间有较大的码字距离)；

(b) 各子信道的分离非自适应编码(其中一个轴线的收缩就足以导致码字之间的混淆)

为了达到该差错概率，必须设计出在每一个非中断并行信道[即满足式(5－82) 的并行信道] 中均能够可靠通信的编码。用信息论的术语讲，对一类信道能够实现可靠通信的编码称为对这类信道是通用的，我们就是要找到适合于非中断并行信道的通用编码。在没有分集($L=1$) 的慢衰落标量信道中，这个问题与特定信道的编码设计问题相同，其原因是所有标量信道都由其接收信噪比确定，因此，对信号强度足以支持目标速率的信道有效的编码，自然对质量更好的信道同样有效。对于并行信道而言，各信道可以用信道增益矢量来描述，不存在自然的信道顺序，因此通用编码的设计问题是非常重要的。第 9 章会推导一个通用编码设计准则，用于构造接近于中断概率的通用编码。

3. 推广

在上述推导过程中假定各子信道的功率分配是均匀的。相反，如果分配给子信道 ℓ 的功率为 P_ℓ，则式(5－83) 的中断概率可推广为

$$p_{\text{out}}(R)=\mathbb{P}\left\{\sum_{\ell=1}^{L}\text{lb}(1+|h_\ell|^2\,\text{SNR}_\ell)<LR\right\} \tag{5-84}$$

式中，$\text{SNR}_\ell=P/N_0$。习题 5－17 证明了对于独立同分布瑞利衰落模型而言，与信道增益无关的非均匀功率分配不会改善中断性能。

并行信道可用于时间分集的建模，但同样可以用于频率分集的建模。利用常见的 OFDM

变换就可以将频率选择性慢衰落信道转换为一组并行子信道，其中每路子信道对应一个子载波，这样就可以刻画这些信道的中断容量特征(见习题 5－22)。

现在通过更富有启发性的方式归纳总结本节的重要思想。

总结 5.3　并行信道的中断

由 L 路子信道组成且第 l 路信道的随机增益为 h_l 的并行信道的中断概率为

$$p_{\text{out}}(R)=P\left\{\frac{1}{L}\sum_{l=1}^{L}\text{lb}(1+|h_l|^2\text{SNR})<R\right\} \tag{5-85}$$

式中，R 为每路子信道的速率，$\text{b}/(\text{s}\cdot\text{Hz}^{-1})$。

第 l 个子信道允许通过的每个符号的信息为 $\text{lb}(1+|h_l|^2\text{SNR})$ b，只要允许通过的信息总量超过目标速率，就可以实现可靠译码。

5.4.5　快衰落信道

在慢衰落信道中，信道在码字传输期间保持恒定。如果码字长度跨越若干个相干周期，则可以获得时间分集，从而改善中断概率。当码字长度跨越大量相干周期时，就处于所谓的快衰落状态，此时应该如何刻画这种快衰落信道的性能极限特征呢？

1. 容量推导

首先考虑非常简单的快衰落信道模型：

$$y[m]=h[m]x[m]+w[m] \tag{5-86}$$

其中，$h[m]=h_\ell$ 对于第 ℓ 个相干周期 T_c 内的符号保持恒定，且在不同的相干周期为独立同分布的，这就是所谓的分组衰落模型，如图 5－19(a) 所示。假设在 L 个这样的相干周期进行编码，如果 $T_c\gg 1$，则可将这种编码建模为 L 路衰落独立的并行子信道，由式(5－83) 可得中断概率为

$$p_{\text{out}}(R)=\mathbb{P}\left\{\frac{1}{L}\sum_{=1}^{L}\text{lb}(1+|\ h\ |^2\text{SNR})<R\right\} \tag{5-87}$$

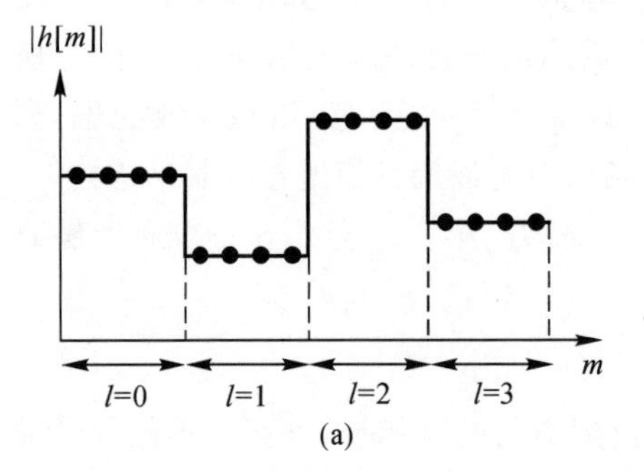

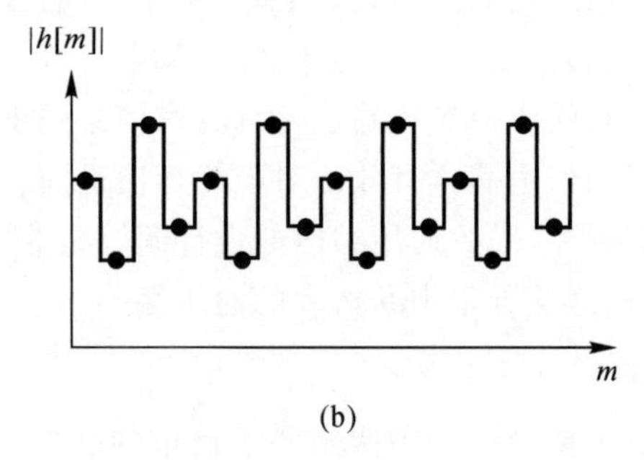

图 5－19　交织对信道强度的作用

(a) 分组衰落模型中信道强度的典型轨迹与符号时间的函数关系；
(b) 交织后信道强度的典型轨迹：可以将这些曲线等效地看作随时间通过信道的信息流的速率

对于有限的 L 而言，有

$$\frac{1}{L}\sum_{l=1}^{L}\text{lb}(1+|h_l|^2\text{SNR})$$

是随机的，并且其低于任意目标速率 R 的概率非零。因此，从实现任意可靠通信的最大速率的意义上讲，不存在容量的有意义的概念，必须采用中断的概念。但是，当 $L\to\infty$ 时，由大数定律可知：

$$\frac{1}{L}\sum_{l=1}^{L}\text{lb}(1+|h_l|^2\text{SNR})\to\mathbb{E}[\text{lb}(1+|h|^2\text{SNR})] \tag{5-88}$$

这样，就可以通过在大量的相干时间间隔内进行编码来平均众多独立的信道衰落，从而真正达到通信的可靠速率 $\mathbb{E}[\text{lb}(1+|h|^2\text{SNR})]$，在这种情况下，给快衰落信道确定正容量就有意义了：

$$C=\mathbb{E}[\text{lb}(1+|h|^2\text{SNR})] \tag{5-89}$$

2. 交织的影响

以上分析的是分组长度为 LT_c 个符号的编码，其中 L 为相干周期的数量，T_c 为各相干分组中符号的数量。为了接近快衰落信道的容量，L 必须很大，由于 T_c 通常也很大，所以总的分组长度会变得相当大以至于无法实现。实际采用的编码长度比较短，但进行了交织处理，使得各码字的符号在时间上间隔很大，并且处于不同的相干周期(例如，IS-95 CDMA 系统中就采用了这种交织，如图 4-4 所示)。那么，交织是否带来了容量性能的损失呢？

回到式(5-86)的信道模型中，假定 $h[m]$ 是独立同分布的，即连续的交织符号经历相互独立的衰落，就可以建立理想交织的模型[参见图 5-19(b)]。附录 B.7.1 已经证明，对于很大的分组长度 N 以及给定的衰落增益 $h[1],h[2]M\cdots,h[N]$，通过该交织信道的最大可达速率为

$$\frac{1}{N}\sum_{m=1}^{N}\text{lb}(1+|h[m]|^2\text{SNR}) \tag{5-90}$$

根据大数定律可知，当 $N\to\infty$ 时，对于几乎所有随机信道增益的实现都有

$$\frac{1}{N}\sum_{m=1}^{N}\text{lb}(1+|h[m]|^2\text{SNR})\to\mathbb{E}[\text{lb}(1+|h|^2\text{SNR})] \tag{5-91}$$

因此，即使进行交织，也能够达到快衰落信道的容量式(5-89)，进行交织的重要益处就在于，利用更短的分组长度便可以达到这一容量。

对上述结论进行更细致的分析就可以揭示交织后的容量($h[m]$ 独立同分布) 为什么与原分组衰落模型的容量($h[m]$ 在各分组中是恒定的) 是相同的：式(5-91) 对这两个衰落过程都是收敛的，通过信道的长期平均速率是相等的。如果认为 $\text{lb}(1+|h[m]|^2\text{SNR})$ 是时刻 m 通过信道的信息流速率，那么唯一的区别就是，在分组衰落模型中，信息流的速率在各相干周期是恒定的，而在交织模型中，信息流的速率随不同的符号而变化，如图 5—19 所示。

这一观察结果表明，式(5-89) 的容量结果对于相当广的一类衰落过程都成立，只是需要式(5-91) 收敛，这就是说对于几乎所有衰落过程的实现，时间平均应该收敛到相同的极限，即遍历性(ergodicity) 的概念，并且对于大量模型都成立，例如，在 2.4 节介绍的高斯衰落模型中就成立。从容量的观点看，重要的仅仅是所允许的信息流的长期时间平均速率，而不是该速率随时间波动的快慢。

3. 讨论

本章前面的部分仅集中推导了时不变信道特别是 AWGN 信道的容量，刚才已经证明了

时变衰落信道同样具有明确定义的容量。然而,这两种情况下容量的有效作用是完全不同的。在AWGN信道中,信息以 $\mathrm{lb}(1+\mathrm{SNR})$ 的恒定速率通过信道,只要编码分组长度足够大,可以将高斯白噪声平均掉,就可以实现可靠通信。由此导致的编/译码时延通常比应用的时延要求小得多,因此这一点不是什么问题。另外,信道强度的波动使得衰落信道中的信息流速率为可变的 $\mathrm{lb}(1+|h[m]|^2\mathrm{SNR})$;此时的编码分组长度必须足够大,用以平均高斯噪声和信道波动。为了平均信道波动,编码后的符号必须扩展到许多相干时间周期,这种编/译码时延会相当大。采用交织技术后,减小了分组长度,但没有减少编/译码时延:在比特被译码之前仍然需要等待许多个相干周期。对于时延限制相对于信道相干时间要求更严格的应用而言,这一容量的概念没有任何意义,并且会受到中断的影响。

可以对式(5-89)的容量表达式做出如下解释。考虑一组编码,分别对应一种可能的衰落状态 h,状态 h 的编码在相应的接收信噪比电平下获得的AWGN信道容量为 $\mathrm{lb}(1+|h|^2\mathrm{SNR})$,利用这些编码可以构建可变速率编码方案,根据当前的信道条件自适应地选择适当速率的编码,于是这种方案的平均吞吐量为 $\mathbb{E}[\mathrm{lb}(1+|h|^2\mathrm{SNR})]$。然而,要想使这种可变速率方案有效运转,发射机就必须知道当前的信道状态,快衰落信道容量式(5-89)的重要性在于,即使在发射机不知道信道且无法跟踪信道的条件下,也能够以该速率可靠地通信[①]。

与前面已经介绍过的慢衰落信道的中断性能[见式(5-83)]类似,针对快衰落信道,信息论结论的本质也能确保达到该信道容量的编码的存在性。实际上,信息论保证了速率为式(5-89)的固定编码对于遍历衰落过程是通用的[即以相同的极限值满足式(5-91)],这类过程包括AWGN信道(信道在所有时刻都是固定的)以及另一个极端的交织快衰落信道(信道随时间的变化是独立同分布的)。这表明获取容量的AWGN信道编码(见讨论5.1)同样适用于快衰落信道。这仍然是一个活跃的研究领域,而且已经成功地将LDPC编码用于瑞利快衰落信道。

4.性能比较

下面通过与AWGN信道的比较来研究容量结果式(5-89)的几个推论。衰落信道的容量总小于具有相同信噪比的AWGN信道的容量,这一结论可以由詹森不等式(Jensen's inequality)直接得出。詹森不等式可表述为:如果 f 为严格的凹函数,u 为任意随机变量,则 $\mathbb{E}[f(u)]\leqslant f(\mathbb{E}[u])$,当且仅当 u 为确定性变量时等号成立(见习题B-2)。直观地,当信道强度在平均值以上时获得的增益不能够补偿信道强度在平均值以下时的损耗,这再次说明了由增大接收功率带来的容量增加服从边际报酬递减规律。

衰落信道在低信噪比时的容量为

$$C=\mathbb{E}[\mathrm{lb}(1+|h|^2\mathrm{SNR})]\approx\mathbb{E}[|h|^2\mathrm{SNR}]\mathrm{lb}_2\,\mathrm{e}=\mathrm{SNR}\ \mathrm{lb}_2\,\mathrm{e}\approx C_{\mathrm{awgn}} \tag{5-92}$$

其中,C_{awgn} 为AWGN信道的容量,单位为b/symbol。因此,低信噪比时的"詹森损耗"(Jensen's loss)可以忽略不计,因为在该状态下的容量与接收信噪比近似呈线性关系。在高信噪比时,

① 注意,如果发射机的确能够跟踪信道,则可以达到比该速率更高的速率,在后面的5.4.6节会看到这一点。

$$C \approx \mathbb{E}[\mathrm{lb}(|h|^2 \mathrm{SNR})] = \mathrm{lbSNR} + \mathbb{E}[\mathrm{lb}\ |h|^2] \approx C_{\mathrm{awgn}} + \mathbb{E}[\mathrm{lb}\ |h|^2] \tag{5-93}$$

即与高信噪比时的 AWGN 信道容量具有恒定的差值，该差值对于瑞利衰落信道为 $-0.83\ \mathrm{b/(s \cdot Hz^{-1})}$，等效地讲，在衰落情况下要达到与 AWGN 信道相等的容量需要增加 2.5 dB 的功率。图 5-20 比较了瑞利衰落信道容量和 AWGN 信道容量与信噪比的函数关系，在图中给出的整个信噪比范围内二者的差别不是很大。

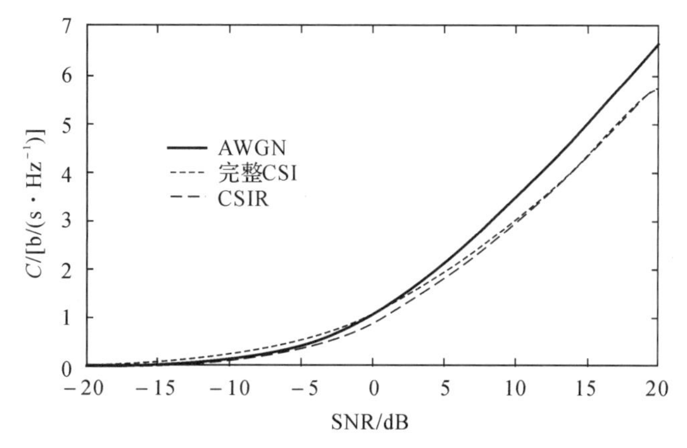

图 5-20　AWGN 信道容量、仅接收机跟踪信道时的衰落信道容量(CSIR)以及发射机与接收机均跟踪信道时的衰落信道容量(完整 CSI)对比曲线(后一种情况的讨论见 5.4.6 节)

5.4.6　发射端辅助信息

以上讨论仅假定接收机能够跟踪信道，下面要考虑发射机也能够跟踪信道的情况。发射机获得这类信道信息的方式有多种，在时分双工(TDD)系统中，发射机利用信道的互易性，根据反向链路的接收信号进行信道测量。在频分双工(FDD)系统中，不存在互易性，发射机必须依赖于来自接收机的反馈信息。例如，CDMA 系统中的功率控制通过上行链路中的反馈传递一些信道状态信息。

1. 慢衰落：信道逆转

在 5.4.1 节讨论慢衰落信道时已经看到，如果发射机没有信道知识，那么只要信道不能够支持目标数据速率 R 就会出现中断。如果发射机已知信道，则可以控制发射功率使得无论衰落状态如何都可以达到速率 R‘。这就是信道逆转(*channel inversion*)策略：无论信道增益如何都保持接收信噪比恒定(该策略就是 4.3 节讨论的 *CDMA* 系统中的功率控制)。如果信道逆转准确，中断概率就等于零，所付出的代价是在信道质量非常差时必须消耗极大的功率。但是，许多系统还是峰值功率受限的，不可能超过该限制进行信道逆转。像 *IS*-95 这样的系统同时采用信道逆转和分集以合理的功耗实现目标速率(见习题 5-4)。

2. 快衰落：注水

在慢衰落情况下，我们感兴趣的是在信道的相干时间周期内达到目标数据速率。在快衰落情况下，所关注的是在许多相干时间周期内平均后的速率。当发射机已知信道时，快衰落信道的容量是多少？再次利用简单的分组衰落模型[见式(5-86)]：

$$y[m]=h[m]x[m]+w[m] \tag{5-94}$$

式中，$h[m]=h_\ell$ 在第 ℓ 个包含 $T_c(T_c \gg 1)$ 个符号的相干周期内保持恒定，并且在不同的相干周期独立同分布。信道在 L 个这样的相干周期内可以建模为由 L 个衰落独立的子信道构成的并行信道(parallel channel)，对于给定的信道增益实现 $h_1, h_2, \cdots, h_L$ 而言，该并行信道的容量(单位为 b/symbol)[见 5.3.3 节式(5-39) 与式(5-40)] 为

$$\max_{P_1, P_2, \cdots, P_L} \frac{1}{L} \sum_{\ell=1}^{L} \mathrm{lb}\left(1+\frac{P_? \ |h_\ell|^2}{N_0}\right) \tag{5-95}$$

其约束条件为

$$\frac{1}{L} \sum_{\ell=1}^{L} P_\ell = P \tag{5-96}$$

式中，P 为平均功率约束。可以看出[见式(5-43)]，最优功率分配即注水 (*water filling*) 分配方式：

$$P_\ell^* = \left(\frac{1}{\lambda}-\frac{N_0}{|h_\ell|^2}\right)^+ \tag{5-97}$$

式中，λ 满足

$$\frac{1}{L} \sum_{\ell=1}^{L} \left(\frac{1}{\lambda}-\frac{N_0}{|h_\ell|^2}\right)^+ = P \tag{5-98}$$

在频率选择性信道中，注水是针对 OFDM 的各子载波进行的；而此处的注水是对时间进行的，在这两种情况下，基本的问题就是并行信道中的功率分配。

分配给第 ℓ 个相干周期的最优功率 P_ℓ 取决于该相干周期内的信道增益和 λ，而 λ 反过来又取决于约束条件式(5-98) 中的其他所有信道增益。因此，实现这一方案看上去需要知道未来的信道状态，幸运的是，当 $L \to \infty$ 时，这个非因果要求就消失了。由大数定律可知，式(5-98) 对于几乎所有衰落过程实现 $\{h[m]\}$ 都收敛到

$$\mathbb{E}\left[\left(\frac{1}{\lambda}-\frac{N_0}{|h|^2}\right)^+\right] = P \tag{5-99}$$

这里的数学期望是关于信道状态的平稳分布运算的，参数 λ 收敛于一个常数，仅取决于信道的统计特性，而与衰落过程的特定实现无关。因此，任何时刻的最优功率仅仅取决于该时刻的信道增益 h：

$$P^*(h) = \left(\frac{1}{\lambda}-\frac{N_0}{|h|^2}\right)^+ \tag{5-100}$$

发射机已知信道时快衰落信道的容量为

$$C = \mathbb{E}\left[\mathrm{lb}\left(1+\frac{P^*(h)\ |h|^2}{N_0}\right)\right] \tag{5-101}$$

可利用式(5-101)、式(5-100) 与式(5-99) 计算信道容量。

已经在分组衰落模型的假设条件下推导了信道容量，按照发射机未知信道时的推导方法可以将上述结论推广到任意遍历衰落过程。

3. 讨论

图 5-21 给出了注水功率分配策略的图示说明，一般而言，发射机会给质量好的信道分配更多的功率，从而充分利用更好的信道条件，而当信道质量差时则分配更少的功率甚至不分配功率。这恰好与信道逆转策略完全相反，注意，实现注水方案时仅需要知道信道增益的幅度，

也就是说不需要相位信息(但发射波束成形则不同)。

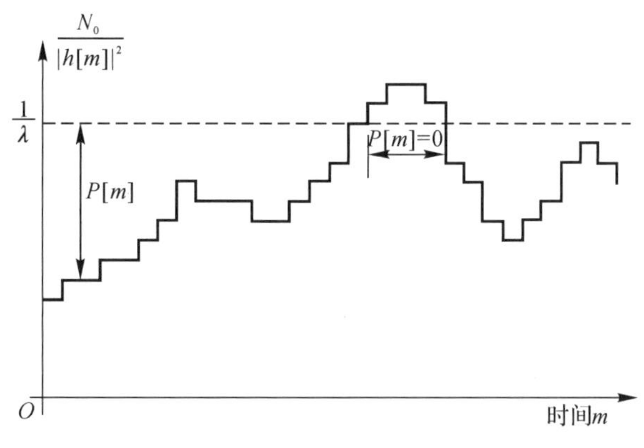

图 5-21　注水策略的图示说明

注水容量的推导提出了一种自然的可变速率编码方案(见图 5-22)。该方案由一组速率不同的编码组成,分别对应于不同的信道状态 h。当信道处于状态 h 时,就采用该状态的编码,由于发射机和接收机均能够跟踪信道,因此可以做到这一点。当信道增益为 h 时,采用发射功率 $P^*(h)$,所以此时编码的速率为 $\mathrm{lb}(1+P^*(h)|h|^2/N_0)\ \mathrm{b/(s \cdot Hz^{-1})}$。此时不需要对信道状态进行编码,这与发射机未知信道的情况完全不同。对于后者,所需的是将编码符号扩展到不同的相干时间周期的一种固定速率编码(见图 5-22)。因此,发射端信道状态的知识不仅可用于进行动态功率分配,而且还可以简化编码设计问题,因为此时可以利用针对 AWGN 信道设计的编码。

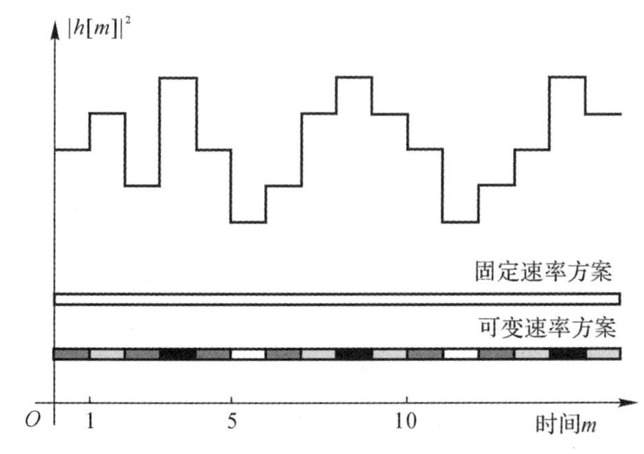

图 5-22　固定速率方案与可变速率方案的比较,在固定速率方案中,仅存在扩展到许多相干周期的一种编码;在可变速率方案中,根据当时的信道质量采用不同的编码(用不同的阴影以示区别),例如,白色编码是在信道强度较弱时采用的低速率编码

4. 注水性能

图 5-20 比较了瑞利衰落下的注水容量和仅接收机已知信道时的容量,图 5-23 重点给出了低信噪比时的情况,文献中也将前者称为具有完整信道辅助信息(Channel Side Information, CSI)的容量,将后者称为具有接收端信道辅助信息(Channel Side Information at the receiver，CSIR)的容量。现在给出几项观察结下：

(1)低信噪比时，具有完整 CSI 的容量远大于具有 CSIR 的容量；

(2)高信噪比时，两者之差趋于零；

(3)在很宽的信噪比范围内，注水容量较 CSIR 容量的增益非常小。

前两项观察结果实际上对很宽的一类衰落模型是非常适用的，并且可以用动态功率分配的好处表现为接收功率增益这一事实予以解释：在信道质量良好时分配更多的功率就会使接收功率大大增强。然而，在高信噪比时，容量对每个自由度的接收功率不敏感，并且根据信道状态改变发射功率会造成增益最小[见图 5-24(a)]。在低信噪比时，容量对接收功率相当敏感(实际上是线性关系)，因此最优发射功率分配带来的接收功率增强会提供很大的增益。因此，动态功率分配在功率有限的(低信噪比)情况下比在带宽有限的(高信噪比)情况下更为重要。

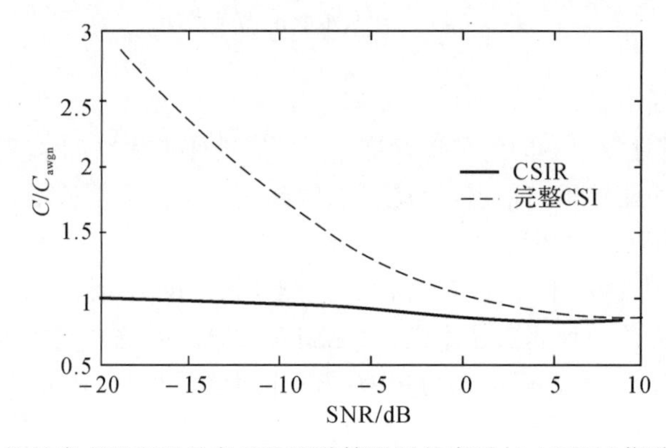

图 5-23 发射机具有 CSI 和不具有 CSI 两种情况下的容量与 AWGN 信道容量的比值曲线

现在详细研究低信噪比的情况。首先考虑信道增益 $|h|^2$ 的峰值为 $G_{\max}$ 的情况，在低信噪比时，注水策略仅在信道非常好，即增益接近 $G_{\max}$ 时发射信息。当几乎没水时，水面接近容器底部[见图 5-24(b)]。在低信噪比时，有

$$C\approx\mathbb{P}\{|h|^2\approx G_{\max}\}\,\mathrm{lb}\left(1+G_{\max}\frac{\mathrm{SNR}}{\mathbb{P}\{|h|^2\approx G_{\max}\}}\right)\approx G_{\max}\mathrm{SNR}\,\mathrm{lb}\,\mathrm{e} \tag{5-102}$$

低信噪比时的 CSIR 容量为 SNR lbe b/(s · Hz^{-1})，因此，发射机 CSI 使得容量增加了 $G_{\max}$倍，即 10 lb$G_{\max}$dB 的增益。而且，由于 AWGN 信道容量与低信噪比时的 CSIR 容量相等，这就得出一个非常有趣的结论，即具有完整 CSI 时，衰落信道的容量比无衰落时的容量大得多。这与 CSIR 情况下衰落信道的容量总是小于具有相同平均信噪比时的 AWGN 信道容量是完全不同的。这种容量的增加源于如下事实：衰落信道中的信道波动会产生峰值和深的零陷，但在每个自由度的能量较小时，发送方仅在信道接近其峰值时抓住机会发射。在非衰落 AWGN 信道中，信道在平均水平下保持恒定，不存在可以利用的峰值。

对于类似于瑞利衰落的模型而言，信道增益实际上是无界的，因此，衰落信道注水容量较 AWGN 信道容量的增益在理论上也是无界的(见图 5-23)。然而，为了获得很大的相对增益，必须工作在很低的信噪比条件下，在这种情况下，接收机很难跟踪并给发射机反馈信道状态来实现注水策略。

总的来说，除非信噪比很低，否则由完整 CSI 获得的性能增益并不比 CSIR 时大，另外，由

于无须对信道状态进行编码，所以完整 CSI 潜在地简化了编码设计问题，相比之下，采用 CSIR 时必须对大量信道状态进行交织和编码。

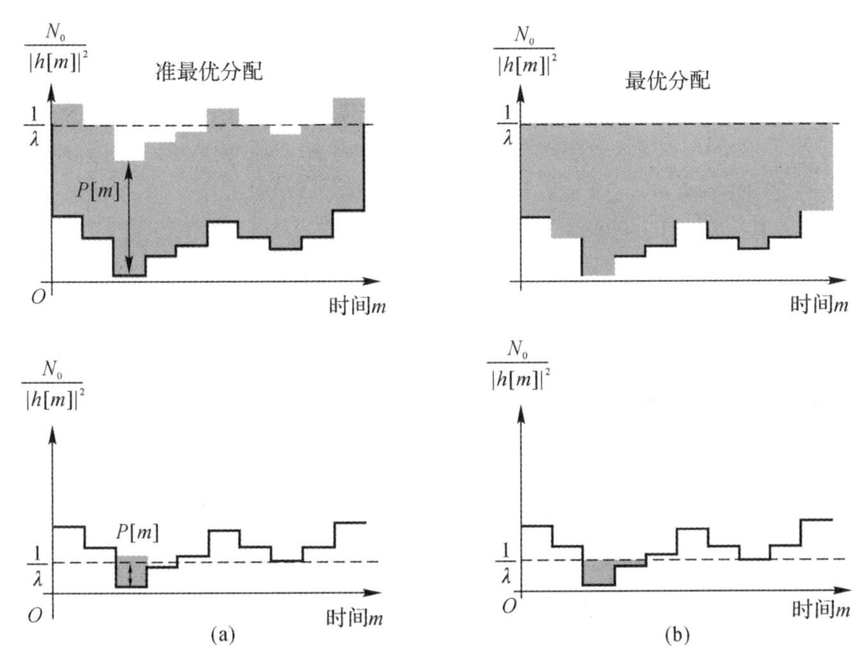

图 5-24　高信噪比和低信噪比条件下的最优/近似最优功率分配

(a)高信噪比：在所有时刻等功率分配几乎是最优的；

(b)低信噪比：将所有功率分配给信道最强的信道几乎是最优的

5. 注水与信道逆转

采用完整 CSI 的衰落信道容量（利用注水功率分配）应该解释为对信道波动取平均后的长期平均信息流速率，虽然注水策略通过在信道质量良好时发射信息提高了系统的长期吞吐量，但一个重要的问题是由此带来的时延。从这一点上看，将注水功率分配策略与信道转换策略进行比较就很有意义。与注水策略相比，信道逆转将大量的功率都消耗在信道质量较差时的信道逆转上，因此其功率效率非常低。另外，信息流的速率在所有衰落状态下都相同，因此相应的时延与信道波动的时间尺度相互独立。因此，可以将信道逆转策略看成是时延有限的功率分配策略，给定平均功率约束时，可以认为这种策略所能达到的最大速率是时延有限的容量。对于时延要求非常高的应用而言，该时延有限的容量是比注水容量更为合适的性能衡量标准。

如果不采用分集技术，时延有限的容量通常是非常小的，当分集数量增加时，遇到信道质量差的概率就会减小，支持时延有限的目标速率所需的平均功耗也会降低。另外，对于给定的平均功率约束，可以获得较大的时延有限的容量（见习题 5-24）。

例 5.2　IS-856 的速率适应

(1)IS-856 下行链路。IS-856 也称为 CDMA2000 1×EV-DO(Enhanced Version Data Optimized)是一个运行带宽为 1.25 MHz 的蜂窝数据标准，其上行链路是基于 CDMA 的，与 IS-95 差不多，但是其下行链路却完全不同（见图 5-25）。

1)多址接入方式为 TDMA,一个时刻有一个用户传输,安排用户传输的最细颗粒度是持续时间为 1.67 ms 的时隙。

2)各用户是速率受控的而不是功率受控的,基站的发射功率在所有时刻都是固定的,并且根据当前的信道条件调整到达用户的传输速率。

相比之下,IS－95 的下行链路(见 4.3.2 节)是基于 CDMA 的,总功率在各用户之间动态地分配以满足各自的 SIR 需求。第 6 章会讨论 IS－856 的多址接入方式和时序问题,这里仅关注它的速率自适应问题。

(2)速率与功率控制。IS－95 中功率控制和 IS－856 中速率控制之间的比较与前面讨论的信道逆转策略和注水策略之间的比较基本上是类似的。在 IS－95 中,功率被动态地分配给用户,从而在所有时刻都保持恒定的目标速率;这种分配方式非常适用于对时延有严格要求并且要求吞吐量恒定的语音业务。在 IS－856 中,当信道较强时,调节速率以发送更多的信息;这特别适用于对时延要求更宽松并且能够更好地利用可变传输速率的数据业务。IS－856 与注水策略的主要区别在于,IS－856 中没有动态功率分配,仅有速率调整。

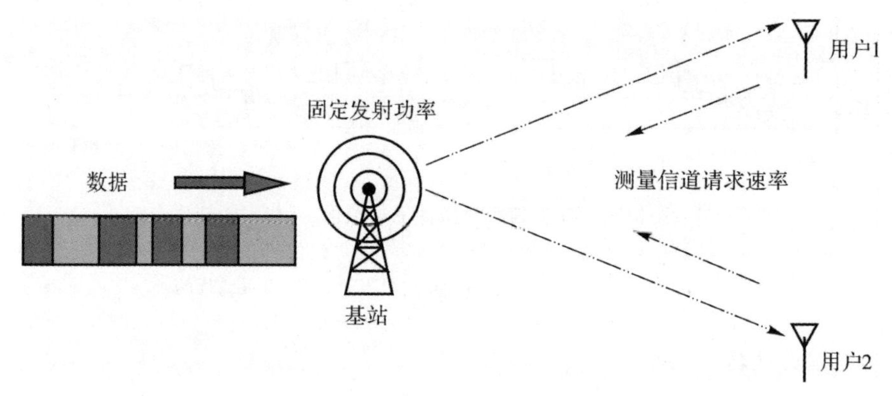

图 5－25　IS－856(CDMA20001×EV－DO)的下行链路,用户根据下行链路导频测量其信道并向基站反馈请求速率,基站以时分方式安排各用户传输

(3) IS－856 中的速率控制。与 IS－95 一样,IS－856 也是 FDD 系统,因此,必须根据移动台反馈给基站的信道状态来执行速率控制。移动台根据基站广播的公共强导频信号测量其自身的信道,利用测量值预测下一个时隙的 SINR,同时利用该 SINR 预测基站给其发送信息时所能达到的速率,并将这一请求速率(requested rate)通过上行链路反馈给基站。之后,发射机从下一个时隙(如果移动台被安排在该时隙)开始以这一请求速率给移动台发送数据包。表 5－1 给出了可能的请求速率、与这些速率对应的 SINR 阈值、所采用的调制方法以及传输所占用的时隙数量。

表　5－1

请求速率/(kb·s^{-1})	SINR 阈值/dB	调制方法	数量
38.4	－11.5	QPSK	16
76.8	－9.2	QPSK	8
153.6	－6.5	QPSK	4

续表

请求速率/($\mathrm{kb \cdot s^{-1}}$)	SINR阈值/dB	调制方法	数量
307.2	−3.5	QPSK	2或4
614.4	−0.5	QPSK	1或2
921.6	2.2	8-PSK	2
1 228.8	3.9	QPSK或16-QAM	1或2
1 843.2	8.0	8-PSK	1
2457.6	10.3	16-QAM	1

为了简化编码器的实现，不同码率的编码都是从基本的1/5码率Turbo码衍生出来的，在大量的时隙重复Turbo编码的符号就可以得到低速率编码；正如习题5-25所示，这种重复在低信噪比情况下较小地损失了频谱效率。在调制时采用更高阶的星座图就可以得到更高速率的编码。

正是存在用来测量信道的强导频信号以及从移动台到基站的速率请求反馈，才使得速率控制成为可能。导频信号被小区中的所有用户所共享，同时还用于相干接收和同步等许多其他功能；速率请求反馈完全用于速率控制的目的，虽然各次请求的长度仅为4 b(用于确定不同的速率水平)，但每个激活用户在每个时隙都要发送该反馈信息，而且需要相当的功率和编码确保信息以非常小的时延被准确地反馈，发送该反馈信息通常消耗大约10%的上行链路容量。

(4)预测不确定性的影响。适当的速率调节依赖于发射机准确的信道跟踪和预测，仅当信道的相干时间远大于移动台测量信道的时刻与基站实际发射数据包的时刻之间的延迟时，才可能完成速率调整。由于获得反馈给基站的请求速率会有时延，所以这种延迟至少是两个时隙(2×1.67 ms)，在低速率时还会更大，因为数据包是在多个时隙发射的，预测的信道必须在这段时间内有效。

当步行速度为3 km/h、载波频率为$f_c=1.9$ GHz时，相干时间约为25 ms，因此可以相当准确地对信道进行预测。当驾驶速度为30 km/h时，相干时间仅为2.5 ms，准确的信道跟踪已经变得非常困难(习题5-26将预测误差与信道的物理参数明确地联系起来)。当速度更快为120 km/h时，相干时间小于1 ms，跟踪信道是不可能的；此时不存在发射机CSI。另外，多时隙的低速率数据包实际上要通过在数据包持续期间具有相当数量的时间分集的快衰落信道，回顾式(5-89)给出的低信噪比情况下的快衰落信道容量：

$$C=\mathbb{E}[\mathrm{lb}(1+|h|^2\mathrm{SNR})]\approx\mathbb{E}[|h|^2]\mathrm{SNR}\,\mathrm{lb}\,e \tag{5-103}$$

式中，h服从衰落的平稳分布。因此，要确定通过该快衰落信道的适当传输速率，只需移动台预测数据包传输时间内的平均SINR就足够了，该平均SINR的预测相当容易。于是，最困难的情况实际上就是极慢衰落与极快衰落之间的状态，此时信道预测存在严重的不确定性，而且在数据包传输时间内没有足够的时间分集。在对SINR进行更为保守的预测和请求速率时必须将这种信道不确定性考虑在内，这就类似于5.4.1节讨论的中断情况，只是信道的随机性是在预测值的条件下，请求速率应该设置成满足目标中断概率(见习题5-27)。

图5-26总结了各种不同的情况，注意编码在这三种情况下的不同作用。在第一种情形

下，当预测 SINR 很准确时，编码的主要作用是克服高斯白噪声；在另外两种情形下，编码通过可用时间分集来克服信道中的残留随机性。

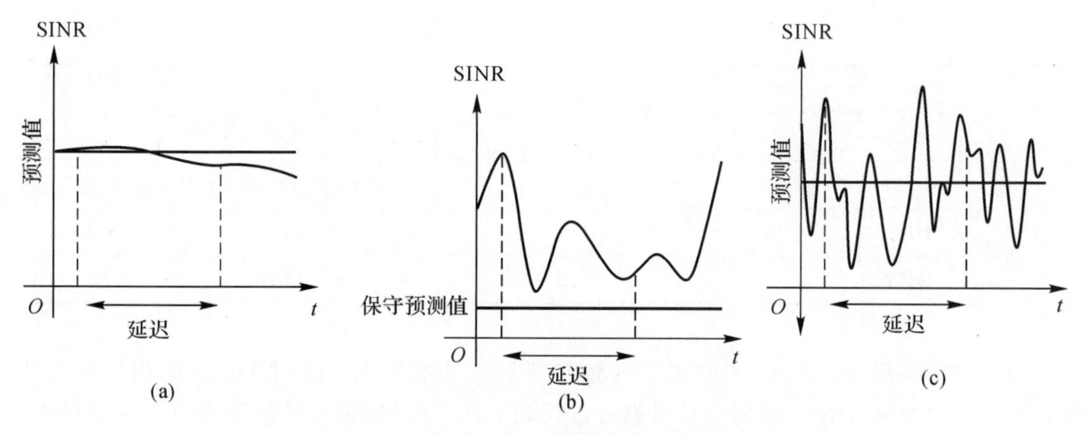

图 5-26　相关时间与预测时间的不同关系

(a)相干时间比预测时间延迟长，预测 SINR 很准确，发射机具有准确理想 CSI；
(b)相干时间和预测时间延迟相当，满足中断准则的预测 SINR 必须是保守的；
(c)相干时间比预测时间延迟短，预测平均 SINR 就足够了，发射机没有 CSI

为了降低由信道保守预测带来的性能损失，IS-856 对重复编码的多时隙数据包采用了递增 ARQ(即混合 ARQ)机制，移动台并不是等待所有时隙的传输结束后才进行译码，而是在接收重复数据的同时逐步对信息进行译码，如果译码成功，移动台就会给基站返回确认信号，这样就可以在剩余时隙停止发送。因此，如果实际 SINR 高于预测 SINR，就可以达到比请求速率更高的速率。

5.4.7　频率选择性衰落信道

到目前为止，已经讨论了平坦衰落信道[见式(5-53)]，5.3.3 节也分析了时不变频率选择性信道式(5-32)的容量。很容易将相关问题的理解推广到欠扩展时变频率选择性衰落信道，即相干时间远大于时延扩展的信道。在各相干时间间隔内将信道建模为如式(5-32)所示的 L 抽头时不变信道，并将其看成 N_c 个(频率)并行子信道。对于欠扩展信道而言，可以将 N_c 选择得较大，从而使循环前缀损失忽略不计。该模型是式(5-53)中平坦衰落信道的推广：在各相干时间间隔内有 N_c 个(频率)子信道，在不同的相干时间间隔内有多个(时间)子信道。总之，仍然是并行信道，于是可以将 5.4.5 节和 5.4.6 节的容量结果扩展至频率选择性衰落信道。特别地，采用完整 CSI(见 5.4.6 节)的快衰落容量可以推广至时间注水与频率注水的相结合的情况，相干时间间隔内提供时间子信道，各相干时间间隔之间提供频率子信道，由习题 5-30 就可以得出这个结论。

5.4.8　总结:观点的转变

下述对衰落信道性能极限的研究进行总结。在发射机未知信道的慢衰落情形下，允许通过信道的信息量是随机的，并且(在差错概率任意小的意义上)不能可靠地支持正的通信速率。中断概率是主要的性能衡量指标，它在高信噪比时以 1/SNR 规律变化，这是由于缺少分集造成的，或者等效地讲，中断容量非常小。如果在空间、时间或者频率上采用 L 条分集支路，中

断概率就会得到改善，衰减规律变为 $1/\mathrm{SNR}^L$。快衰落情形可以看成是无限时间分集的极限，其容量为$\mathbb{E}[\mathrm{lb}(1+|h|^2\mathrm{SNR})]$ b/(s·Hz^{-1})，但是这会带来比信道相干时间大得多的编码时延。最后，如果发射机与接收机都能够跟踪信道，则通过动态功率分配和抓住信道质量良好的机会完成发射，就可以获得更进一步的性能增益。

慢衰落情形着重强调衰落的有害影响：慢衰落信道非常不可靠。在信道中提供更多的分集就可以减轻这种不可靠性，这是看待衰落现象的传统方法，也是第 3 章讨论的重要主题。在只有一副天线的窄带信道中，唯一的分集源就是时间分集。快衰落信道容量式(5-89)可以看成是任意这种时间分集方案的性能极限，尽管如此，只要发射机未知信道，容量还要小于 AWGN 信道的容量。如果发射机已知信道，情况就会发生变化，特别是在低信噪比时，采用完整 CSI 的衰落信道容量就要比 AWGN 信道容量大。在信道波动的峰值附近发射信息就可以充分利用衰落，此时就将信道衰落变敌为友了。

这一关于衰落的新问题将在第 6 章多用户通信中进行深入研究，届时会看到机会式通信对于所有信噪比，而不仅仅是低信噪比都会产生重大的影响。

第 5 章　主要知识点

1. 信道容量

有噪信道上可实现任意可靠性通信的最大信息速率。

2. 线性时不变高斯信道

每个自由度的信噪比为 SNR 的 AWGN 信道的容量为

$$C_{\mathrm{awgn}}=\mathrm{lb}(1+\mathrm{SNR}) \tag{5-104}$$

带宽为 W、平均接收功率为 $\bar{P}$、白噪声功率谱密度为 N_0 的连续时间 AWGN 信道的容量为

$$C_{\mathrm{awgn}}=W\mathrm{lb}\left(1+\frac{\bar{P}}{N_0W}\right) \tag{5-105}$$

在带宽受限的情况下：$\mathrm{SNR}=\bar{P}/(N_0W)$ 比较高，容量与信噪比呈对数关系。

在功率受限的情况下：信噪比较低，容量与信噪比呈线性关系。

时不变信道增益为 $h_1,h_2,\cdots,h_L$ 的 SIMO 信道与 MISO 信道的容量相同：

$$C=\mathrm{lb}(1+\mathrm{SNR}\ \|\boldsymbol{h}\|^2) \tag{5-106}$$

频率响应为 $H(f)$ 且每自由度功率约束为 P 的频率选择性信道的容量为

$$C=\int_0^W \mathrm{lb}\left(1+\frac{P^*(f)\ |H(f)|^2}{N_0}\right)\mathrm{d}f \tag{5-107}$$

式中，$P^*(f)$ 为注水功率，可表示为

$$P^*(f)=\left(\frac{1}{\lambda}-\frac{N_0}{|H(f)|^2}\right)^+ \tag{5-108}$$

且 λ 满足

$$\int_0^W \left(\frac{1}{\lambda}-\frac{N_0}{|H(f)|^2}\right)^+\mathrm{d}f=P \tag{5-109}$$

3. 仅具有接收机 CSI 的慢衰落信道

环境：相干时间远大于编码时延限制。

性能衡量指标：

(1) 目标速率为 R 时的中断概率 $p_{\text{out}}(R)$；

(2) 目标中断概率为？时的中断容量 C_ϵ。

基本的平坦衰落信道为

$$y[m]=hx[m]+w[m] \tag{5-110}$$

其中断概率为

$$p_{\text{out}}(R)=\mathbb{P}\{\text{lb}(1+|h|^2\text{SNR})<R\} \tag{5-111}$$

其中,SNR 为各接收天线的平均信噪比。

采用接收分集时的中断概率为

$$p_{\text{out}}(R)=\mathbb{P}\{\text{lb}(1+\|h\|^2\text{SNR})<R\} \tag{5-112}$$

这就提供了功率增益和分集增益。

采用 L 重发射分集时的中断概率为

$$p_{\text{out}}(R)=\mathbb{P}\left\{\text{lb}\left(1+\|h\|^2\frac{\text{SNR}}{L}\right)<R\right\} \tag{5-113}$$

此时仅提供了分集增益。

采用 L 重时间分集时的中断概率为

$$p_{\text{out}}(R)=\mathbb{P}\left\{\frac{1}{L}\sum_{l=1}^{L}\text{lb}(1+|h_l|^2\text{SNR})<R\right\} \tag{5-114}$$

此时仅提供了分集增益。

4. 快衰落信道

环境：相干时间远小于编码时延。

性能衡量指标：容量。

基本模型为

$$y[m]=h[m]x[m]+w[m] \tag{5-115}$$

其中,$\{h[m]\}$ 为遍历衰落过程。

如果仅采用接收机 CSI,容量为

$$C=\mathbb{E}[\text{lb}(1+|h|^2\text{SNR})] \tag{5-116}$$

如果采用完整的 CSI,容量为

$$C=\mathbb{E}\left[\text{lb}\left(1+\frac{P^*(h)|h|^2}{N_0}\right)\right] \tag{5-117}$$

其中,$P^*(h)$ 为不同衰落状态时的注水功率,即

$$P^*(h)=\left(\frac{1}{\lambda}-\frac{N_0}{|h|^2}\right)^+ \tag{5-118}$$

且 λ 满足

$$\mathbb{E}\left[\left(\frac{1}{\lambda}-\frac{N_0}{|h|^2}\right)^+\right]=P \tag{5-119}$$

在仅采用接收机 CSI 的情况下获得了功率增益,并且在低信噪比时更明显。

5.5 文献说明

信息论以及关于可靠通信和信道容量概念的公式化系统表述见香农的开创性论文[109]，利用简单模型理解工程问题本质的基本原理始终贯穿于通信领域的发展历程中，在该论文中，作为其一般理论的结果，香农还推导了 AWGN 信道的容量，并在随后的论文[110]中更为深入地研究了该信道的几何处理方法。球体填充的论述被广泛地用于 Wozencraft 与 Jacobs 的教科书[148]中。

Shamai 与 Wyner[108]介绍了线性蜂窝模型，Ozarow 等人[88]利用信息论方法开展了无线信道的早期研究，提出了中断容量的概念，Telatar[119]将公式扩展到多副天线的情况。Goldsmith 与 Varaiya[51]分析了采用完整 CSI 的衰落信道容量，他们发现了采用完整 CSI 时注水功率分配的最优性，并得出了在低信噪比时采用完整 CSI 优于仅采用接收机 CSI 的推论。Biglieri、Proakis 与 Shamai[9]给出了有关衰落信道的信息论结果的全面综述。

Bender 等人[6]与 Wu、Esteves[149]详细讨论了 IS－856 的设计问题。

5.6 习　　题

习题 5－1　当仅利用 I 通道时，通过(复)AWGN 信道的最大可靠通信速率为多少？如果平均功率约束相同，在低信噪比和高信噪比两种情况下如何比较该复信道的容量？将得出的结论与 3.1.2 节和习题 3.4 在高信噪比情况下对未编码方案的类似比较联系。

习题 5－2　在基站相距 $2d$ 等间隔设置的线性蜂窝模型中，如果复用比为 ρ，相隔距离为 $2d/\rho$ 的整数倍的基站可以复用相同的频带。假定干扰来源于小区中心，试计算干扰与来自小区边缘某用户的接收功率之比 f_ρ。可以假定所有上行链路传输都采用相同的发射功率 P，主要的干扰来自复用相同频率的最近小区。

习题 5－3　考虑频率复用比为 ρ 的规则六边形蜂窝模型(见图 4－2)。

(1)对于不同的 ρ 值，试确定“适当的”复用模式，实现小区间干扰最小的目标。可以利用习题 5－2 中关于干扰源的假定。

(2)对于所确定的复用模式，试证明 $f_\rho=6\ (\sqrt{\rho}/2)^\alpha$ 是干扰在小区边缘用户接收功率所占的比例的良好近似。提示：可以利用这些比例明确地构建 $\rho=1,1/3,1/4,1/7,1/9$ 的复用模式。

(3)在高信噪比时实现对称上行链路最大速率的复用比是多大[对称速率的表达式为式(5－23)]？

习题 5－4　习题 5－3 假设干扰源自同频小区中心，计算了干扰占信号功率的比例。进一步假设干扰均匀散布于同频小区，重新计算 f_ρ(可能需要改变功率衰减速率 α 执行数值计算)。

习题 5－5　考虑极高信噪比时上行链路的速率表达式(5－23)。

(1)试画出该速率随复用参数 ρ 变化的函数曲线。

(2)试证明 $\rho=1/2$ 时，即每隔一个小区进行一次频率复用时，可以得到最大速率。

习题 5－6　本题研究时分技术，即不同时间间隔采用不同的码字在 AWGN 信道中通信的一种方式。

(1)考虑 AWGN 信道中的如下通信策略,在比例为 α 的时间内以功率电平为 P_1 采用一种可以获取容量的编码,其余时间以功率电平 P_2 采用一种可以获取容量的编码,从而满足平均总功率约束 P。试证明该策略是严格次最优的,即该策略对于功率约束 P 并不是容量获取策略。

(2)考虑加性噪声信道:

$$y[m]=x[m]+w[m] \tag{5-120}$$

噪声关于时间仍然是独立同分布的,但未必是高斯的。设 $C(P)$ 为该信道在平均功率约束 P 下的容量。试证明 $C(P)$ 必为 P 的凹函数。提示:几乎不需要任何计算,对第(1)小题的理解将是很有用的。

习题 5-7 本习题利用 AWGN 信道的容量公式与第 3 章研究的某些通信方案的性能进行比较。高信噪比时 AWGN 信道的容量按照lbSNR b/(s · Hz^{-1})的比例变化,这与未编码 QAM 系统的速率随 SNR 的变化是否一致?

习题 5-8 对于具有一般信噪比的 AWGN 信道而言,不存在明确的容量获取编码,然而,正交编码能够在功率受限的状态下实现最小的 ε_b/N_0,本习题证明正交编码能够以有限的 ε_b/N_0 实现任意可靠性。习题 5-9 说明了在实际应用中如何实现香农极限,现在关注每维度噪声方差为 N_0 的离散时间复 AWGN 信道。

(1)某正交编码由 M 个正交码字组成,每个码字具有相等的能量 ε_s,试问该编码每比特的能量 ε_b 为多少?所需的分组长度为多少?数据速率为多少?

(2)该编码的最大似然差错概率取决于所选择的特定正交集合吗?解释其原因。

(3)试给出成对差错概率的表达式,并给出其上界。

(4)试利用联合界推导总的最大似然差错概率的上界。

(5)为实现可靠通信,假设增加码字的数量 M,并调整每个码字的能量 ε_s,使得 ε_b/N_0 保持不变,试求使得第 4 小题得到的上界随 M 的增大而趋于零的最小 ε_b/N_0 是多少?距离香农极限-1.59 dB 有多远?

(6)数据速率会发生什么变化?当所占用的带宽越来越大但数据速率(单位为 b/s)保持不变时,试重新对该编码予以解释。

(7) 这种正交编码与(5.1.1 节介绍的)分组长度越来越长的重复编码比较的结果如何?这种正交编码在什么意义上更佳?

习题 5-9 (正交编码实现 $\varepsilon_b/N_0=-1.59$ dB)习题 5-8 中推导的最小 ε_b/N_0 不满足香农极限,不是因为正交码不好,而是因为当 ε_b/N_0 接近香农极限时的联合界不够紧。本习题研究在此范围内如何使联合界成为紧界。

(1)设 u_i 为接收信号矢量与第 i 个正交码字内积的实部,试根据 $u_1,u_2,\cdots,u_M$ 表述最大似然检测准则。

(2)假定发射码字 1,在 u_1 很大的条件下,最大似然检测器混淆的码字会非常少,并且条件差错概率的联合界会相当紧。另外,当 u_1 较小时,最大似然检测器混淆的码字会很多,联合界也会变得疏松,而且远大于 1。在后一种情况下,也可以用 1 作为条件差错概率的上界。如果 γ 表示区分 u_1"大"或"小"的阈值,试计算用 γ 表示的最大似然差错概率的上界,并尽可能地简化你所得到的上界。

(3)适当地选取 γ,试求出用 ε_b/N_0 表示的最大似然差错概率的良好上界,从而说明正交编码能够趋近香农极限-1.59 dB。提示:当条件差错概率的联合界近似为 1 时选择的 γ 是良好的,为什么?

(4)前一部分中限定的 ε_b/N_0 的哪些取值范围与习题 5-8 中所用的联合界相吻合?

(5)根据你的分析,在 ε_b/N_0 的不同取值范围可以推导出关于典型差错概率事件的什么结论?

习题 5-10　慢衰落信道的中断性能取决于 $\text{lb}(1+|h|^2\text{SNR})$ 的随机性,量化随机变量随机性的一种方法是利用标准偏差与均值的比值,试证明该参数在高信噪比时趋于零,在低信噪比时如何呢?这一结论对于你对 AWGN 信道各种状态的理解有意义吗?

习题 5-11　试证明对于给定的发射总功率约束,5.3.2 节中的发射波束成形策略使得接收信噪比最大(部分问题是要求使其含义更为准确)。

习题 5-12　考虑在式(5-33)的并行信道中对 N 个 OFDM 分组进行编码,其中 $i=1,2,\cdots,N$,第 n 路子信道的功率为 P_n,设 $\tilde{\boldsymbol{y}}_n=[\tilde{y}_n[1]\quad \tilde{y}_n[2]\quad \cdots\quad \tilde{y}_n[N]]^{\mathrm{T}}$,$\tilde{d}_n$ 与 $\tilde{w}_n$ 定义类似。考虑具有 $2NN_c$ 个实维度的整个接收矢量:

$$\tilde{\boldsymbol{y}}=\text{diag}\{\tilde{h}_1\boldsymbol{I}_N,\cdots,\tilde{h}_{N_c}\boldsymbol{I}_N\}\tilde{\boldsymbol{d}}+\tilde{\boldsymbol{w}} \tag{5-121}$$

其中,$\tilde{\boldsymbol{d}}=[\tilde{\boldsymbol{d}}_1^{\mathrm{T}}\quad \tilde{\boldsymbol{d}}_2^{\mathrm{T}}\quad \cdots\quad \tilde{\boldsymbol{d}}_{N_c}^{\mathrm{T}}]^{\mathrm{T}}$,$\tilde{\boldsymbol{w}}=[\tilde{\boldsymbol{w}}_1^{\mathrm{T}}\quad \tilde{\boldsymbol{w}}_2^{\mathrm{T}}\quad \cdots\quad \tilde{\boldsymbol{w}}_{N_c}^{\mathrm{T}}]^{\mathrm{T}}$

(1) 固定 $\epsilon>0$,椭球 $E^{(\epsilon)}$ 定义为

$$\{\boldsymbol{a}:\boldsymbol{a}^*(\text{diag}\{P_1|\tilde{h}_1|^2\boldsymbol{I}_N,\cdots,P_{N_c}|\tilde{h}_{N_c}|^2I_N\}+N_0\boldsymbol{I}_{NN_c})^{-1}\boldsymbol{a}\leqslant N(N_c+\epsilon)\} \tag{5-122}$$

试证明对于任意 ϵ,

$$\mathbb{P}\{\tilde{y}\in E^{(\epsilon)}\}\to 1,\quad \text{当 } N\to\infty \text{时} \tag{5-123}$$

于是得出结论,当 N 较大时,接收矢量以高概率位于椭球 $E^{(0)}$ 内。

(2)试证明椭球 $E^{(0)}$ 的体积等于

$$\left(\prod_{n=1}^{N_c}(|\tilde{h}_n|^2P_n+N_0)^N\right) \tag{5-124}$$

与半径为 $\sqrt{NN_c}$ 的 $2NN_c$ 维实球体积的乘积,这也证明了式(5-50)中的表达式。

(3) 试证明

$$\mathbb{P}\{\|\tilde{\boldsymbol{w}}\|^2\leqslant N_0N(N_c+\epsilon)\}\to 1,\quad \text{当 } N\to\infty \text{ 时} \tag{5-125}$$

因此,$\tilde{\boldsymbol{w}}$ 以高概率位于半径为 $\sqrt{NN_0N_c}$ 的 $2NN_c$ 维实球内,比较该球的体积与式(5-124)中椭球的体积,从而证明式(5-51)中的表达式。

习题 5-13　考虑包括一副发射天线和 L 副接收天线的系统,独立噪声 $\mathcal{CN}(0,N_0)$ 在各接收天线处污染信号,发射信号的功率约束为 P。

(1) 假定发射天线与各接收天线之间的增益恒定为 1,试求该信道的容量为多少?与一副接收天线的系统相比,该系统的性能增益为多少?该性能增益的本质是什么?

(2) 假定到达各接收天线的信号服从独立瑞利衰落,试计算仅接收机具有信道信息时该(快)衰落信道的容量,与一副接收天线系统相比,该性能增益的本质是什么?当 $L\to\infty$ 时会出现什么情况?

(3)试给出第(2)题中发射机和接收机均具有 CSI 时快衰落信道的容量表达式。当工作在低信噪比时,且采用多副接收天线,接收机具有 CSI 的好处在是否明显(与一副接收天线相

比)？当工作信噪比较高时，情况如何呢？

(4)考虑信道随机、不恒定时的慢衰落情形，试计算中断概率并量化多副接收天线带来的性能增益。

习题 5-14 考虑 MISO 慢衰落信道。

(1)试证明 Alamouti 方案以各向同性的方式辐射能量。

(2)试证明当且仅当天线的发射信号具有相同的功率且不相关时，发射分集方案以各向同性的方式辐射能量。

习题 5-15 考虑包括 L 副发射天线且信道增益为 $\boldsymbol{h}=[h_1 \quad h_2 \quad \cdots \quad h_L]^{\mathrm{T}}$ 的 MISO 信道，每个符号的噪声方差为 N_0，发射天线的总功率约束为 P。

(1) 首先考虑信道增益固定的情况。假定采用的传输策略在任意时刻的输入符号均值为零，协方差矩阵为 $\boldsymbol{K}_x$，试讨论采用该策略通信的最大可达可靠速率不会超过

$$\mathrm{lb}\left(1+\frac{\boldsymbol{h}^* \boldsymbol{K}_x \boldsymbol{h}}{N_0}\right) \quad \mathrm{b/symbol} \tag{5-126}$$

(2) 假定处于慢衰落情况，$\boldsymbol{h}$ 为独立同分布瑞利衰落随机变量，第(1) 题中方案的中断概率为

$$p_{\mathrm{out}}(R)=\mathbb{P}\left\{\mathrm{lb}\left(1+\frac{\boldsymbol{h}*\boldsymbol{K}_x\boldsymbol{h}}{N_0}\right)<R\right\} \tag{5-127}$$

试证明相关性不会改善中断概率性能，即给定总功率约束 P 时，选择 $\boldsymbol{K}_x$ 为对角阵并不会使性能变差。提示：协方差矩阵 $\boldsymbol{K}_x$ 可以分解为如下形式 $\boldsymbol{U}\mathrm{diag}\{P_1,\cdots,P_L\}\boldsymbol{U}^*$。

习题 5-16 对于独立同分布瑞利慢衰落 MISO 信道，习题 5-15 证明了总可以选择非相关输入，使得中断概率为

$$\mathbb{P}\left\{\mathrm{lb}\left(1+\frac{\sum_{l=1}^{L} P_l\,|h_l|^2}{N_0}\right)<R\right\} \tag{5-128}$$

式中，P_l 为分配给天线 l 的功率。假定工作信噪比相对于目标速率较高，且满足

$$\mathrm{lb}\left(1+\frac{P}{N_0}\right)\geqslant R \tag{5-129}$$

式中，P 等于发射总功率约束。

(1) 试证明中断概率式(5-128) 是 $P_1, P_2, \cdots, P_L$ 的对称函数。

(2) 试证明只要 $\sum_{l=1}^{L} P_l = P$，中断概率式(5-128) 关于 $P_j, j=1,2,\cdots,L$ 的二阶偏导数就是非负的。这两个条件意味着在约束 $P_1+P_2+\cdots+P_L=P$ 下，均匀策略即 $P_1=P_2=\cdots=P_L=P/L$ 使得中断概率式(5-128) 最小。这一结果来自文献[11] 的定理 l，该定理给出了最后一步的证明。

(3) 对于 L 的不同取值，试计算在式(5-129) 的条件下，使得均匀策略最优的中断概率的取值范围。

习题 5-17 考虑并行衰落信道的中断概率表达式(5-84)。本题研究瑞利模型，即信道元素 $h_1, h_2, \cdots, h_L$ 为独立同分布且服从$\mathcal{CN}(0,1)$ 分布的随机变量，并说明均匀功率分配即 $P_1=P_2=\cdots=P_L=P/L$ 实现式(5-84) 的最小值。考虑中断概率

$$\mathbb{P}\left\{\sum_{\ell=1}^{L}\text{lb}\left(1+\frac{P_\ell\,|h_\ell|^2}{N_0}\right)<LR\right\} \tag{5-130}$$

(1) 试证明式(5－130) 为 $P_1,P_2,\cdots,P_L$ 的对称函数。

(2) 试证明式(5－130) 为 $P_\ell,\ell=1,2,\cdots,L$ 的凸函数①。

当总功率约束为 $\sum_{\ell=1}^{L}P_\ell=P$ 时，这两个条件意味着中断概率式(5－130) 在 $P_1=P_2=\cdots=P_L=P/L$ 时最小。这一结论来自优化理论中关于矢量偏序的结果，特别地，文献[80] 的定理 3.A.4 给出了所需的证明。

习题 5－18　试计算具有 L 条独立同分布瑞利衰落支路的并行信道在高信噪比时的近似中断概率。

习题 5－19　本题研究慢衰落并行信道。

(1) 试求出在由 L 条支路组成的并行信道中的重复方案的中断概率。

(2) 利用习题 5－18 的结果，试计算实现与高信噪比时容量相同的中断概率的重复方案所需的额外信噪比，它与 L、目标速率 R 和信噪比关系如何？

(3) 在低信噪比时重复前一部分的计算。

习题 5－20　本习题更为详细地研究并行信道的中断容量。

(1) 试求包括 L 条时间分集支路的并行信道在低信噪比状态下的？中断容量的近似表达式。

(2) 在各支路为独立同分布瑞利衰落以及中断概率？很小的情况下，简化得到的近似表达式。

(3) IS－95 的工作带宽为 1. 25 MHz，时延扩展为 1 μs，相干时间为 50 ms，(对语音的)时延约束为 100 ms，各个用户在每个码片经历的 SINR 为－17 dB。试估计各用户的 1%中断容量，该容量与具有相同信噪比的无衰落 AWGN 信道的容量相差多少？提示：可以将该信道建模为各子信道服从独立同分布瑞利衰落的并行信道。

习题 5－21　由第 3 章可知，在 MISO 信道中通信的一种方式是，每时刻通过不同的发射天线发送符号，从而将其转换为并行信道。

(1)首先考虑信道固定的情况(发射机和接收机均已知信道)。试在高信噪比和低信噪比两种条件下计算采用该策略的容量损失。这种传输方案在哪种情况下更好？

(2)现在考虑慢衰落 MISO 信道，试根据 ①高信噪比时的中断概率 $P_{\text{out}}(R)$；②低信噪比时的 ϵ 中断容量 C_ϵ 计算采用该方案时的性能损失。

习题 5－22　考虑仅接收机具有 CSI 的包括 L 条独立同分布瑞利衰落路径的频率选择性信道。

(1)试计算快衰落信道的容量，并给出在高信噪比和低信噪比两种情况下的近似表达式。

(2)试确定慢衰落信道的中断概率表达式，并给出在高信噪比和低信噪比两种情况下的近似表达式。

(3) 3.4 节介绍了每隔 L 个符号时间发射一个符号，在接收端采用最大比合并检测各个符号的次最优方案。如果对发射符号进行理想编码并对最大比输出进行软合并，试求这种方

① 可以观察到，该条件比式(5－130) 是自变量$(P_1,P_2,\cdots,P_L)$ 的联合凸函数弱。

案所能获得的中断性能和快衰落性能，并计算工作在平均信噪比 15 dB 的两条路径组成的 GSM 系统中采用该方案的性能损失(相对于最优中断性能和快衰落性能)，在什么情形下采用该方案才不会损失太多的性能？

习题 5－23 根据对无线信道容量的理解，重新回顾 4.3 节介绍的 CDMA 系统。

(1)在第 4 章 CDMA 系统性能的分析中，通常假定各用户的 ε_b/N_0 需求，该要求取决于各用户的数据速率 R、带宽 WHz 以及所采用的编码。假定在 AWGN 信道中采用可以获取容量的编码，试计算作为数据速率和带宽的函数 ε_b/N_0 要求。在 IS－95 系统中，如果 $R=9.6$ Kb/s，$W=1.25$ MHz，ε_b/N_0 为多少？在低信噪比且功率受限的情况下，ε_b/N_0 要求会出现什么变化？

(2)在 IS－95 中，所采用的编码不是最优的：各编码符号在扩频的最后一级重复 4 次，如果对该编码只有这一条约束，试求在 AWGN 信道中实现可靠通信的最大可达速率。提示：习题 5－13(1)对本题可能有用。

(3)试比较 IS－95 中所采用的编码性能与 AWGN 信道的容量。高信噪比时的性能损失大于低信噪比时的性能损失吗？试解释其原因。

(4)当编码的重复约束与第(2)部分相同时，试计算较第(1)部分的 ε_b/N_0 要求的增加值，这种代价对于工作在 $R=9.6$ Kb/s，$W=1.25$ MHz 的 I－95 系统严重吗？

习题 5－24 本习题研究信道逆转的代价。

(1)考虑窄带瑞利平坦衰落 SISO 信道，试证明实现信道逆转方案所需的平均功率(对信道衰落取平均)对于任意正目标速率是无限的。

(2)假定存在 $L>1$ 副接收天线，试证明此时信道逆转的平均功率是有限的。

(3)对于不同的 L，试计算作为目标速率函数的平均功率，并画出平均功率与目标速率之间的函数关系曲线，从而了解采用多副接收天线带来的增益。定性分析性能增益的本质。

习题 5－25 本习题利用基本的容量结果分析 IS－856 系统，应该采用书中给出的 IS－856的参数。

(1)书中 IS－856 例子的表格给出了采用各种不同速率时的 SINR 阈值，如果采用可以获取容量的编码，这些阈值应该是多少？IS－856 中采用的码字接近最优吗？(可以假定干扰加噪声是高斯的，信道在编码时间尺度上是时不变的)

(2)在低速率时，通过 Turbo 编码以及其后的重复编码降低复杂性来实现编码性能，由重复编码结构造成的 IS－856 编码的次最优性如何？特别地，在最低速率 38.4 Kb/s，编码码元重复 16 次，如果对编码仅有这一条约束，试求可靠通信所需的最小 SINR，将该值与第(1)题计算的相应阈值进行比较，是否可以得出重复带来很大损失的结论呢？

习题 5－26 本题研究反馈给发射机的信道估计误差的性质(与 IS－856 系统一样，适应传输速率)，考虑如下时变信道模型(称为高斯-马尔可夫模型)

$$h[m+1]=\sqrt{1-\delta}h[m]+\sqrt{\delta}w[m+1],\quad m\geqslant 0 \tag{5-131}$$

其中，$\{w[m]\}$ 为独立同分布且服从 $\mathcal{CN}(0,1)$ 分布随机变量序列，且与 $h[0]\sim\mathcal{CN}(0,1)$ 相互独立。信道的相干时间由参数 δ 控制。

(1)试计算式(5－131)中信道过程的自相关函数。

(2)定义相干时间为自相关大于 0.05 的最大时间(参见 2.4.3 节)，试推导用相干时间和采样速率表示的 δ 的表达式。IS－856 系统在不同车速时的 δ 典型值有哪些？

(3)接收机利用训练符号对信道进行估计,估计误差在高信噪比时很小(3.5.2 节计算的),当假定 $h[0]$被准确估计时可以忽略该误差。由于存在时延,反馈 $h[0]$在时刻 n 到达发射机,试根据 $h[0]$计算使得均方误差最小的 $h[n]$的估计器 $\tilde{h}[n]$。

(4)试证明最小均方误差估计器 $\tilde{h}[n]$可以表示为

$$h[n]=\tilde{h}[n]+h_e[n] \tag{5-132}$$

式中,误差 $h_e[n]$与 $\tilde{h}[n]$无关,且服从$\mathcal{CN}(0,\sigma_e^2)$分布。试求用时延 n 和信道波动参数 δ 表示的估计误差的方差 σ_e^2 的表达式,对于反馈链路中存在 2 时隙时延的 IS-856 系统而言,σ_e^2 的典型值有哪些?

习题 5-27　考虑慢衰落信道(见 5.4.1 节)

$$y[m]=hx[m]+w[m] \tag{5-133}$$

其中,$h\sim\mathcal{CN}(0,1)$。如果存在到发射机的反馈链路,则可以将信道质量的估计传递给发射机(与 IS-856 系统相同)。假定发射机已知 $\tilde{h}$,且可以建模为

$$h=\hat{h}+h_e \tag{5-134}$$

式中,估计误差 h_e 与估计值 $\tilde{h}$ 相互独立且服从$\mathcal{CN}(0,\sigma_e^2)$分布[见习题 5-26 以及式(5-132)]。所选择的通信速率 R 是信道估计值$\hat{h}$ 的函数,如果估计是准确的,即 $\sigma_e^2=0$,那么慢衰落信道就是 AWGN 信道,并且可以选择小于容量的 R,从而得到任意小的差错概率。另外,如果估计值含有较大噪声,即 $\sigma_e^2\gg 1$,则得到 5.4.1 节研究的原始慢衰落信道。

(1)试证明在信道估计为 $\hat{h}$ 的条件下的中断概率为

$$\mathbb{P}\{\mathrm{lb}(1+|h|^2\mathrm{SNR})<R(\hat{h})|\hat{h}\} \tag{5-135}$$

(2)对于信道估计 $\hat{h}$ 的每一种实现,固定式(5-135)中的中断概率小于 ϵ,则可以以信道估计 $\hat{h}$ 为函数进行速率调整。为了理解不理想信道估计带来的速率损失,进行如下数值实验。固定 $\epsilon=0.01$,并对信道估计误差的方差 σ_e^2 的不同取值,(利用诸如 MATLAB 等软件)数值计算理想信道反馈时的速率与非理想信道反馈时的速率 R 之间的平均差(平均运算是对于信道及其估计的联合分布进行的)。

不同车速时 IS-856 系统的平均差是多少?可以利用习题 5-26(3)的计算结果,该结果将车速与 IS-856 系统中的 σ_e^2 联系起来。

(3)该数值实例给出了由信道不确定性带来的传输速率的损失量,这部分研究的是作为信道估计函数的最优传输速率的近似。

1) 如果 $\hat{h}$ 较小,试证明最优速率自适应具有如下形式

$$R(\hat{h})\approx\mathrm{lb}(1+a_1\ |\hat{h}|^2+b_1) \tag{5-136}$$

且要找到作为 ϵ 与 σ_e^2 函数的适当常数 a_1,b_1。

2) 当 $\hat{h}$ 较大时,试证明最优速率自适应具有如下形式

$$R(\hat{h})\approx\mathrm{lb}(1+a_2|\hat{h}|+b_2) \tag{5-137}$$

并求出适当的常数 a_2,b_2。

习题 5-28　本章已经在接收机具有 CSI 的假定下分析了快衰落信道的性能,实际上,CSI 是通过发射训练符号获得的。本习题研究如何比较发送训练符号引起的自由度损失与非相干衰落信道的实际容量,将采用分组衰落模型展开对这一问题的研究:信道在与相干时间相等的分组时间内保持恒定,并且在不同的相干时间间隔处于独立的状态。可以表示为如下形式

$$y[m+nT_c]=h[n]x[m+nT_c],\quad m=1,2,\cdots,T_c,\quad n\geqslant 1 \tag{5-138}$$

式中,T_c 为该信道的相干时间(用样本数量来表示),不同分组的信道波动 $h[n]$ 为独立同分布瑞利随机变量。

(1)对于 IS-856 系统而言,不同车速时 T_c 的典型值有哪些?

(2)考虑如下基于导频(或训练符号)的方案,即通过提供接收机 CSI 将非相干通信转换为相干通信,分组中的第一个符号为已知符号,信息通过其余符号(T_c-1 个)发送。在高信噪比时,导频符号使得接收机能够以较高的准确度估计信道(第 n 个分组为 $h[n]$)。试证明在高信噪比时采用该方案的可靠通信速率近似为

$$\frac{T_c-1}{T_c}C(\mathrm{SNR})\ \mathrm{b/(s\cdot Hz^{-1})} \tag{5-139}$$

其中,$C(\mathrm{SNR})$ 为式(5-138)中具有接收机 CSI 的信道容量。该近似表达式在什么数学意义上变得更准确?

(3)阅读并研究文献[89],该文献作者证明了式(5-138)中的原始非相干分组衰落信道的容量(在和前一部分中得到近似的相同意义下)与采用基于导频的方案实现的速率相当[参见式(5-139)]。因此,衰落信道中基于导频的可靠通信在高信噪比时几乎不存在任何性能损失。

习题 5-29 考虑相干时间 T_c 非常短的分组衰落模型[见式(5-138)]。在这种情况下,与具有接收机 CSI 的信道容量相比,基于导频的方案性能并不是很好[见式(5-139)]。阅读并研究有关非相干独立同分布瑞利衰落信道[即式(5-138)中 $T_c=1$ 的分组衰落模型]的容量的文献[68,114,1],主要的结果是高信噪比时的容量近似为

$$\mathrm{lbSNR} \tag{5-140}$$

也就是说,高信噪比时的通信效率相当低。考虑这一结果的直观方式是,对数变换将乘性噪声(信道衰落)转换为加性高斯噪声,这样就可以采用 AWGN 信道中的技术,但此时的等效信噪比仅为 $\mathrm{lb(SNR)}$。

习题 5-30 本习题推导按照如下方式建模的欠扩展频率选择性衰落信道的容量。该信道在各相干时间间隔(长度为 T_c)内是时不变的,在第 i 个相干时间间隔内,信道的 L_n 个抽头系数为①

$$h_0[i],h_1[i],\cdots,h_{L_i-1}[i] \tag{5-141}$$

欠扩展假设($T_c\gg L_i$)意味着下一个相干间隔与当前相干间隔的最后 L_i-1 个符号混叠的边缘效应并不严重,于是可以用相同的(或近似相同的)信道抽头值对不同相干时间间隔进行联合编码,从而实现频率选择性信道提供的相应最大可靠通信速率。为了简化表示,采用这种合理的推理做出如下假设:在有限时间间隔 T_c 内,可靠通信速率可以很好地近似为相应的时不变频率选择性信道的容量。

(1) 设分配给第 i 个相干时间间隔的功率为 $P[i]$,试利用 5.4.7 节的讨论证明第 i 个相干时间间隔的最大可靠通信速率为

---

① 这里的符号稍微有些混乱:书中采用 $h_\ell[m]$ 表示在符号时刻 m 的第 ℓ 个抽头,而这里 $h_\ell[i]$ 表示第 i 个相干时间间隔内的第 ℓ 个抽头。

$$\max_{P_0[i],\cdots,P_{T_c-1}[i]} \frac{1}{T_c}\sum_{n=0}^{T_c-1}\mathrm{lb}\left(1+\frac{P_n[i]\,|\tilde{h}_n[i]|^2}{N_0}\right) \tag{5-142}$$

且满足如下功率约束：

$$\sum_{n=0}^{T_c-1}P_n[i]\leqslant T_cP[i] \tag{5-143}$$

选择 $P_n[i]$ 实现对 $N_0/\,|\tilde{h}_n[i]|^2$ 的注水是最优的，其中 $\tilde{h}_0[i],\cdots,\tilde{h}_{T_c-1}[i]$ 为信道 $h_0[i]$，$h_1[i],\cdots,h_{L_i-1}[i]$ 经$\sqrt{T_c}$ 比例变换后的 T_c 点 DFT。

(2) 下面考虑 M 个相干时间间隔，所分配的功率 $P[1],P[2],\cdots,P[M]$ 满足如下约束条件：

$$\sum_{i=1}^{M}P[i]\leqslant MP$$

试确定各相干时间间隔内作为频率选择性信道函数的最优功率分配 $P_n[i]$，$n=0,1,\cdots,T_c-1$，$i=1,2,\cdots,M$。

(3) 当时间间隔的数量 M 增大时，最优功率分配会出现什么情况？明确说明对频率选择性信道序列的遍历性所做出的任何假设。

第 6 章　多用户容量与机会式通信

第 4 章研究了为实现多个用户共享信道而设计的几种特定的多址接入技术(TDMA/FDMA,CDMA,OFDM),我们自然会提出这样的问题:哪些多址接入方案是“最优的”呢?为了回答这个问题,就必须回顾多用户信道本身的属性。信息理论可以从第 5 章讨论的点对点情形推广到多用户情形,提供多用户通信的极限并提出最优的多址接入策略,出现了诸如连续消除、叠加编码和多用户分集等许多新技术和新概念。

本章首先集中讨论无衰落上行链路(多对一)和下行链路(一对多)AWGN 信道。对于上行链路而言,最优多址接入策略是所有用户将他们的信号扩展到整个带宽,与第 4 章介绍的 CDMA 系统十分类似。然而,这里并不是将来自其他用户的干扰看成噪声对每个用户进行译码,而是需要采用连续干扰消除(Successive Interference Cancellation, SIC)接收机来获取容量。也就是说,对一个用户译码之后,要将其信号从总的接收信号中减去才能进行下一个用户的译码。类似的策略对下行链路也是最优的,用户的信号彼此叠加在一起,并在移动台进行连续干扰消除:各用户对发给所有信道较弱的用户的信息进行译码,并在译码其自身信息之前将其他用户的信息消除。可以证明,在用户到基站的信道完全不同的情况下,将 CDMA 与连续消除联合使用就能够提供比采用第 4 章讨论的传统多址接入技术更大的增益。

然后将讨论的焦点转向多用户衰落信道。第 5 章已经学过的一个主要内容是,对于快衰落信道而言,发射机跟踪信道的能力可以通过机会式通信来增加点对点信道的容量:在信道状况良好时以高速率发射,而在信道质量较差时则以低速率发射甚至不发射。可以将这种认识扩展到多用户环境的上行链路和下行链路,机会式通信的性能增益来自对衰落信道波动的充分利用,与点对点环境相比,多用户环境提供了更多的利用机会。除了选择什么时间发射外,还得选择由哪个/哪些用户发射(上行链路)或者发射给哪个/哪些用户(下行链路),以及用户之间的功率分配,这种额外的选择提供了点对点情况下所没有的更多的性能增益。从而使系统可以受益于多用户分集效应:在大规模网络中,任何时刻都有一个用户的信道以高概率处于其峰值附近。允许这样的用户在该时刻发射,就可以达到多用户总容量。

最后将研究在蜂窝系统中实现机会式通信时出现的系统问题。以第 5 章已经介绍过的第三代无线数据标准 IS-856 作为实例进行研究,说明采用多副天线如何进一步增大来自机会式通信的性能增益,即机会式波束成形技术,提炼出对基于机会式通信和多用户分集的无线系统的全新设计原理的认识。

6.1　上行链路 AWGN 信道

6.1.1　连续干扰消除获得的容量

包括两个用户的上行链路 AWGN 信道的基带离散时间模型(见图 6-1)为

$$y[m]=x_1[m]+x_2[m]+w[m] \tag{6-1}$$

式中,$w[m]\sim\mathcal{CN}(0,N_0)$为独立同分布复高斯噪声,用户 k 的平均功率约束为 P_k J/sym($k=1,2$)。

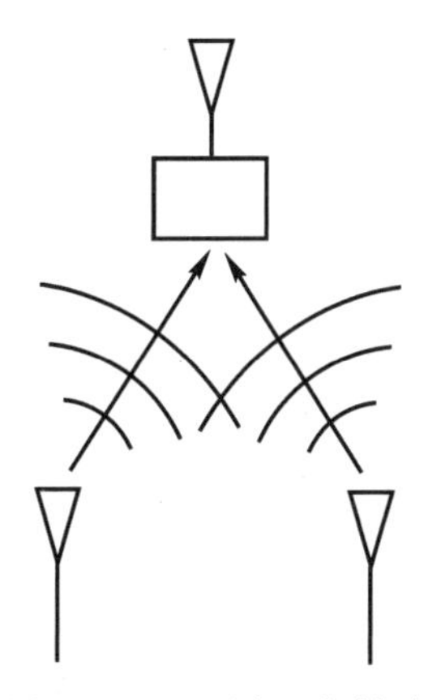

图 6-1　两用户上行链路

在点对点情况下,信道容量提供了性能极限:以任意速率 $R<C$ 都能够实现可靠通信,当 $R>C$ 时不可能实现可靠通信。在多用户情况下,应该将这一概念扩展为容量区域 C:即使得用户 l 与用户 2 能够分别以速率 R_1 与 R_2 同时可靠通信的所有(R_1,R_2)组成的集合。由于两个用户共享相同的带宽,所以自然存在用户可靠通信速率的折中:如果一个用户想以较高的速率通信,另一个用户则需以较低的速率通信。例如,在诸如 OFDM 正交多址接入方案中,改变分配给各用户的子载波数量就能够实现这种折中。容量区域 C 刻画了任意多址接入方案能够达到的最优折中,由该容量区域可以推导出我们感兴趣的其他标量性能衡量指标。例如:

(1)对称容量

$$C_{\text{sym}}=\max_{(R,R)\in C} R \tag{6-2}$$

是两个用户可以同时可靠通信的最大公共速率。

(2)和容量

$$C_{\text{sum}}=\max_{(R_1,R_2)\in C} R_1+R_2 \tag{6-3}$$

为可以达到的最大总吞吐量。

与 AWGN 信道容量相同,上行链路 AWGN 信道的容量区域已经具有非常简单的特征,即该区域是由满足如下三个约束条件的所有速率(R_1,R_2)组成的集合(附录 B.9 给出了规范的证明)

$$R_1<\text{lb}\left(1+\frac{P_1}{N_0}\right) \tag{6-4}$$

$$R_2 < \mathrm{lb}\left(1+\frac{P_2}{N_0}\right) \tag{6-5}$$

$$R_1+R_2 < \mathrm{lb}\left(1+\frac{P_1+P_2}{N_0}\right) \tag{6-6}$$

该区域为如图 6-2 所示的五边形，这三个约束条件是非常自然的，前两个约束条件说明某一用户的速率在另一个用户不在系统中的情况下不能超过点对点链路的容量(称为单用户上界)，第三个约束条件说明总的吞吐量不能超过功率为两个用户接收功率之和的点对点 AWGN 信道容量，这的确是一项有根据的约束，因为两个用户发送的信号是相互独立的，所以总接收信号的功率就是各接收信号功率之和[①]。注意，如果没有第三个约束条件，容量区域就会变成矩形，并且各用户能够同时以点对点容量发射，如同另一个用户不在系统中一样。显然，这种情况过于理想不可能实现，第三个约束条件就是说明这种情况是不可能的：必定存在两个用户性能之间的折中。

然而，令人意外的是，用户 1 能够达到其单用户上界，与此同时用户 2 能够达到非零速率，实际上就是点 A 对应的速率对，即

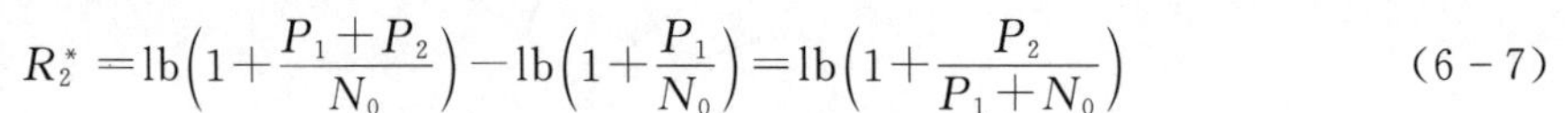

$$R_2^* = \mathrm{lb}\left(1+\frac{P_1+P_2}{N_0}\right) - \mathrm{lb}\left(1+\frac{P_1}{N_0}\right) = \mathrm{lb}\left(1+\frac{P_2}{P_1+N_0}\right) \tag{6-7}$$

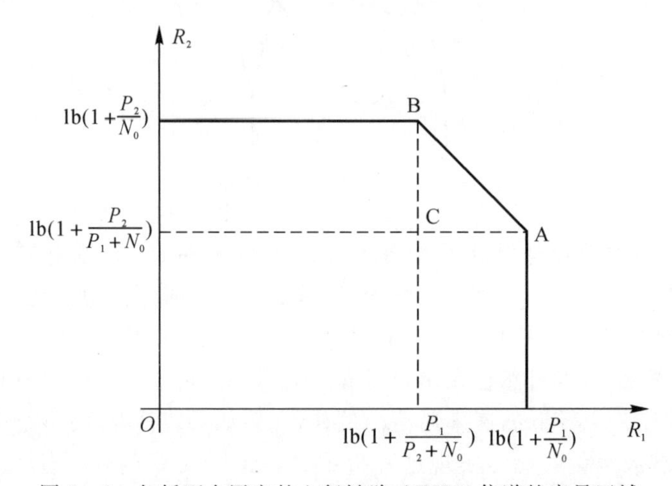

图 6-2　包括两个用户的上行链路 AWGN 信道的容量区域

如何实现这一目标呢？各用户利用可以获取容量的 AWGN 信道编码对其数据进行编码，接收机分两个阶段对两个用户的信息进行译码。第一阶段译码用户 2 的数据，此时将用户 1 的信号看成是高斯干扰，用户 2 可以达到的最大速率由式(6-7)准确地确定，接收机一旦完成用户 2 的数据译码，就可以重建用户 2 的信号，并将其从总的接收信号中减去。于是，接收机就可以译码用户 1 的数据，由于此时仅存在残留于系统中的高斯背景噪声，所以用户 1 能够发射的最大速率就是其单用户上界 $\mathrm{lb}(1+P_1/N_0)$。这种接收机称为连续干扰消除(Successive Interference Cancellation，SIC)接收机，或者简称为连续消除译码器。如果反转消除的顺序，则可以达到另一个顶点，即点 B 的速率对，通过点 A 与点 B 的多址接入策略之间

① 这与 5.3.2 节推导的 MISO 信道容量具有相同的论据。

的时间共享就可以达到线段 AB 上的所有其他速率对点(由习题 6-7 可以看到,采用另一种称为速率分解的方法也可以达到这些中间点速率对)。

从容量区域内的其他任何点被线段 AB 上的点逐元素占优的意义上讲,线段 AB 包含了信道的所有"最优"工作点,因此,通过选择 AB 上的点总能够增加两个用户的速率,而且这一点是可实现的①。如果 AB 上的点中不存在这样的占优点,则选择的工作点取决于系统的目标。如果系统的目标是达到和速率最大,那么 AB 上的任何点都是可行的。另外,某些工作点是不公平的,当一个用户的接收功率远大于另一个用户的接收功率时就处于这样的工作点,在这种情况下,要考虑将工作点设置在拐角点处,首先对强信号用户进行译码:此时弱信号用户达到可能的最佳速率②。习题 6-10 证明了当弱信号用户为一个远离基站的用户时,这种译码顺序在满足两个用户的给定目标速率的情况下具有使得发射总功率最小的性质,这不但可以节约用户的电池功率,而且还转化为提升干扰受限蜂窝系统的容量(见习题 6-11)。

6.1.2　与传统 CDMA 的比较

实现点 A 与点 B 的多址接入技术与第 4 章讨论的 CDMA 技术之间存在某种相似性,唯一的区别是,在前面介绍的 CDMA 系统中,对每个用户的信号进行译码时都将其他用户的信号看作干扰来处理,通常称为传统或单用户 CDMA 接收机。与之相比,SIC 接收机就是一种多用户接收机:例如用户 1 在译码时将用户 2 的信号看作干扰,但在用户 2 译码时可受益于已经将用户 1 的信号从总信号中消除。因此,可以立即得出结论,传统的 CDMA 接收机性能是次最优的,它可实现图 6-2 中严格位于容量区域内部的点 C。

当一个用户的接收功率远大于另一个用户的接收功率时,SIC 接收机较传统 CDMA 接收机的优势便突显了出来:对强信号用户进行译码并将其从总信号中减去,这样弱信号用户所能够达到的数据速率就比需要处理强信号用户干扰时的速率要大得多(见图 6-3)。在蜂窝系统中,这就意味着不必通过发射功率控制保持所有用户的接收功率相等。在距离基站较近的用户可以利用较强的信道并以较高的速率发射的同时,不会降低位于小区边缘的用户信号质量。如果采用传统的接收机,由于远近效应的存在,这一目标是不可能实现的。采用连续干扰消除,我们把远近效应的问题变成了优势。这种优势对于语音业务表现得并不明显,因为用户所需的语音业务数据速率随时间是恒定的,但是对于高速率业务则非常重要,因为当用户距离基站较近时能够利用更高的数据速率。

6.1.3　与正交多址接入的比较

正交多址接入技术怎么样呢? 它们能达到信息论意义上的最优吗? 考虑一种正交方案,将比例为 α 的自由度分配给用户 1,将比例为 $1-\alpha$ 的其余的自由度分配给用户 2(注意,由于功率约束是基于自由度进行平均的,所以这种分配是基于频率进行的还是基于时间进行的并不会影响容量的分析)。由于用户 1 的接收功率为 P_1,所以每个自由度的接收能量为 P_1/α J,用户 1 在整个带宽 W 内所能达到的最大速率为

① 在经济学术语中,AB 上的点成为帕累托最优(Pareto Optimal)点。

② 该工作点也称为最大-最小公平(max-min fair)点。

$$\alpha W \mathrm{lb}\left(1+\frac{P_1}{\alpha N_0}\right) \tag{6-8}$$

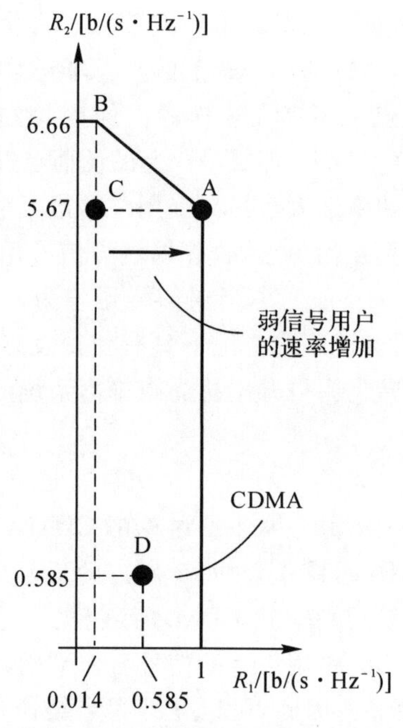

图 6-3　在两个用户的接收功率相差很大的情况下，与传统的 CDMA 译码（点 C）相比，连续消除（点 A）能够为弱信号用户提供更明显的优势。传统的 CDMA 解决方案是控制强信号用户的接收功率，使其等于弱信号用户的接收功率（点 D），但此时两个用户的数据速率都相当低。这里 $P_1/N_0=0$ dB，$P_2/N_0=20$ dB。

类似地，用户 2 所能达到的最大速率为

$$(1-\alpha) W \mathrm{lb}\left[1+\frac{P_2}{(1-\alpha) N_0}\right] \tag{6-9}$$

在 0 到 1 之间改变 α 就会得到正交方案能够达到的所有速率对，如图 6-4 所示。将这些速率与容量区域进行比较，可以看出正交方案一般是次最优的，只有一个点除外：当 $\alpha=P_1/(P_1+P_2)$ 时，即分配给各用户的自由度数量与其接收功率成正比时的点（习题 6-2 研究了其中的原因）。然而，当两个用户的接收功率存在很大的差异（例如图 6-4）时，由于大多数自由度都分配给信号强的用户，信号弱的用户几乎没有速率，所以这个工作点是极其不公平的。另外，先对信号强的用户进行译码再对信号弱的用户进行译码，这样信号弱的用户就能够达到可能的最高速率，因此，这是最公平的可能的工作点（图 6-4 中的点 A）。相比之下，正交多址接入技术则是以牺牲强信号用户的几乎所有速率来趋近弱信号用户的这一性能的。这里再次表明，和 CDMA 相比，SIC 的优势是给距离基站较近的用户以高的速率，同时保护了较远的用户。

6.1.4　一般 *K* 用户上行链路容量

为简单起见，到目前为止讨论的都是两个用户的情况，但可以很容易地将所得到的结果扩展到用户数量任意的情况。K 用户容量区域由 2^{K-1} 个约束条件来描述，一个约束条件表示用

户的一个可能的非空子集 S

$$\sum_{k\in S}R_k < \mathrm{lb}\left(1+\frac{\sum_{k\in S}P_k}{N_0}\right),\quad S\subset\{1,2,\cdots,K\} \tag{6-10}$$

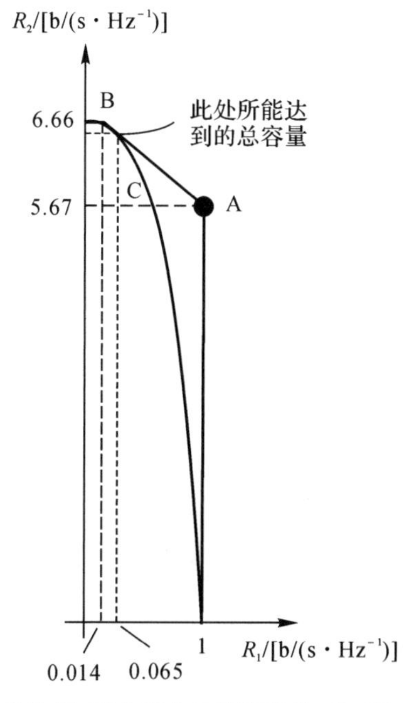

图 6-4　正交多址接入方案的容量性能，两个用户的信噪比为：$P_1/N_0=0$ dB，$P_2/N_0=20$ dB。正交多址接入方案就在一个点达到总容量，但是弱信号用户 1 在该点几乎没有任何速率，因此是一个极其不公平的工作点。点 A 给出了用户 1 的最高可能速率，是最公平的

右边对应于总功率为 S 中所有用户的功率之和，且其他用户不在系统中时单个发射机所能达到的最大和速率，总容量为

$$C_{\mathrm{sum}}=\mathrm{lb}\left(1+\frac{\sum_{k=1}^{K}P_k}{N_0}\right)\quad \mathrm{b/(s\cdot Hz^{-1})} \tag{6-11}$$

可以证明恰好存在 $K!$ 个拐角点，各拐角点分别对应一个用户信号连续消除的顺序(见习题 6-9)。

接收功率相等的情况($P_1=\cdots=P_K=P$) 尤为简单，对应的总容量为

$$C_{\mathrm{sum}}=\mathrm{lb}\left(1+\frac{KP}{N_0}\right) \tag{6-12}$$

对称容量为

$$C_{\mathrm{sym}}=\frac{1}{K}\mathrm{lb}\left(1+\frac{KP}{N_0}\right) \tag{6-13}$$

这是在每个用户都以相同速率工作的情况下，各用户所能达到的最大速率。而且，该速率可以通过正交多路复用达到：将总自由度的 $1/K$ 分配给各个用户[①]。特别在接收功率相等的

① 这一事实仅适用于 AWGN 信道的特殊情况，对于一般情况并不成立，参见 6.3 节。

情况下,可以立即得出结论:第 4 章介绍的 OFDM 方案比(采用传统接收机的)CDMA 方案具有更好的性能。

可以观察到总容量式(6-12)随着用户数量的增加是无界的。相比之下,如果采用传统的 CDMA 接收机(对每个用户进行译码时将其他所有用户的信号看作是噪声),各用户将面临来自 $K-1$ 个用户的总功率为 $(K-1)P$ 的干扰,因此,总速率仅为

$$K\text{lb}\left[1+\frac{P}{(K-1)P+N_0}\right] \quad \text{b/(s} \cdot \text{Hz}^{-1}) \tag{6-14}$$

当 $K \to \infty$ 时,上式的极限为

$$K\frac{P}{(K-1)P+N_0}\text{lbe} \approx \text{lbe} = 1.442 \text{ b/(s} \cdot \text{Hz}^{-1}) \tag{6-15}$$

这种情况下的总频谱效率是有界的:不断增加的干扰最终成为一个制约因素,这样的速率称为是干扰受限的。

上述比较结果可有效地应用于单个小区的情况,此时唯一外部效应就建模为白噪声。在蜂窝网络中必须考虑小区外干扰,而且只要小区外信号不能被译码,无论采用何种接收机,系统仍然是干扰受限的。

6.2 下行链路 AWGN 信道

下行链路通信的特征是一个发射机(基站)给多个用户发送不同的信息(见图 6-5)。包括两个用户的基带下行链路 AWGN 信道为

$$y_k[m] = h_k x[m] + w_k[m], \quad k=1,2 \tag{6-16}$$

式中,$w_k[m] \sim \mathcal{CN}(0, N_0)$ 为独立同分布复高斯噪声;$y_k[m]$ 为用户 k 在时刻 m 的接收信号,$k=1,2$。这里 h_k 为用户 k 的固定(复)信道增益,假定发射机与用户 $k(k=1,2)$ 均已知 h_k,发射信号 $\{x[m]\}$ 的平均功率约束为 P J/sym。可以观察到这一总约束与上行链路的区别:在上行链路中对各用户的信号进行功率约束。下行链路中用户利用其接收到的信号分别译码它们的数据。

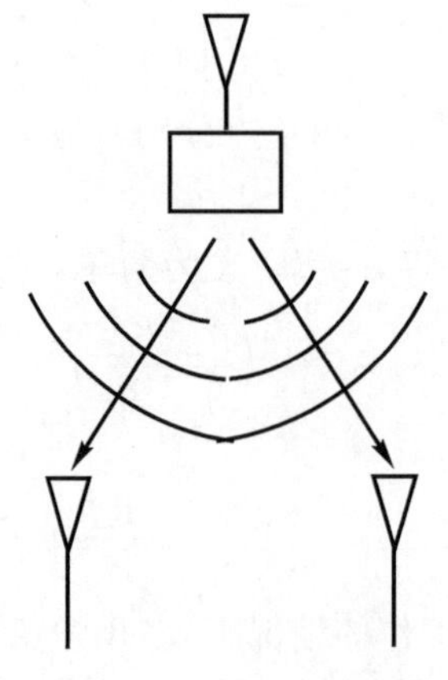

图 6-5 两用户下行链路

与上行链路的情况一样,可以求出容量区域 C,即两个用户能够同时可靠通信的速率

(R_1,R_2) 的区域。单个用户的上界与式(6-4)和式(6-5)相同,即为

$$R_k < \mathrm{lb}\left(1+\frac{P\,|h_k|^2}{N_0}\right),\quad k=1,2 \tag{6-17}$$

利用全部功率和自由度与用户 k 通信(其他用户的速率变为零)就能够得到 R_k 的这个上界,因此,在图 6-6 中有两个极值点(一个用户的速率为零)。同时,能够以某种正交方式在用户之间共享自由度(时间和带宽),从而获得这两个极值点连线上的任意速率对。通过设计更为复杂的通信策略可以实现该三角形以外的速率。

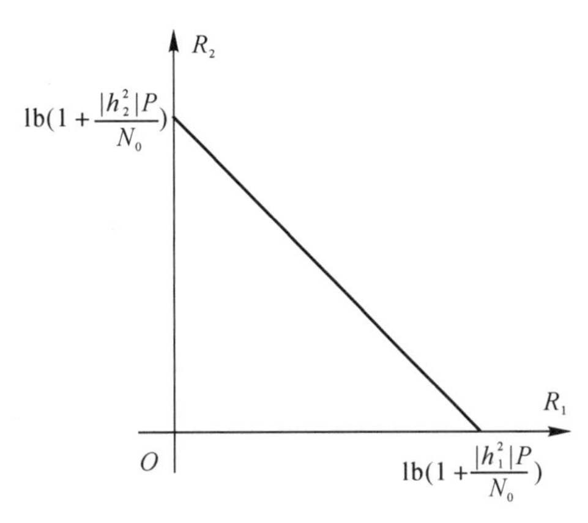

图 6-6　在对称 AWGN 信道下,即 $|h_1|=|h_2|$ 时,两个用户下行链路的容量区域

6.2.1　对称情况:获取容量的两种方案

为了进一步理解上述问题,首先考虑 $|h_1|=|h_2|$ 的对称情况。在这种对称情况下,两个用户的信噪比是相等的,这就意味着如果用户 1 能够成功地译码其数据,则用户 2 也应该能够成功地译码用户 l 的数据(反之亦然)。因此,总信息速率的上界也必为单用户容量:

$$R_1+R_2 < \mathrm{lb}\left(1+\frac{P\,|h_1|^2}{N_0}\right) \tag{6-18}$$

将该式与式(6-17)的单用户上界相比较,并利用对称性假设 $|h_1|=|h_2|$,可以证明图 6-6 中的三角形就是对称下行链路 AWGN 信道的容量区域。

下面继续在对称性假设的条件下思考这个问题,利用点对点 AWGN 信道中的策略以及在两个用户之间共享自由度(时间和带宽)就能够达到容量区域内的速率对。然而,由这两个信道的对称性[见式(6-16)]很自然地提出了另一种方案,其主要思想是,如果用户 1 能够成功地由 y_1 译码其数据,那么具有相同信噪比的用户 2 也应该能够由 y_2 译码用户 1 的数据;于是,用户 2 可以从其接收信号 y_2 中减去用户 1 的信号,从而更好地译码其自身的数据,即能够执行连续干扰消除。考虑如下将两个用户的信号叠加在一起的策略,与扩频 *CDMA* 系统非常类似。发射信号即两个信号之和

$$x[m]=x_1[m]+x_2[m] \tag{6-19}$$

式中,$\{x_k[m]\}$ 为发送给用户 k 的信号。发射机利用扩展在整个带宽内的独立同分布高斯编码对各个用户的信息进行编码(功率分别为 P_1,P_2,且 $P_1+P_2=P$),用户 1 将用户 2 的信号看作噪声,因而能够以以下速率可靠地进行通信

$$R_1 = \text{lb}\left(1+\frac{P_1\ |h_1|^2}{P_2\ |h_1|^2+N_0}\right)=\text{lb}\left[1+\frac{(P_1+P_2)\ |h_1|^2}{N_0}\right]-\text{lb}\left(1+\frac{P_2\ |h_1|^2}{N_0}\right) \tag{6-20}$$

用户 2 执行连续干扰消除：首先将 x_2 处理为噪声，对用户 1 的数据进行译码，之后从 y_2 中减去（以高概率）准确确定的用户 1 的信号，再提取其数据。于是，用户 2 能够支持的可靠通信速率为

$$R_2 = \text{lb}\left(1+\frac{P_2\ |h_2|^2}{N_0}\right) \tag{6-21}$$

该叠加策略的原理示意图如图 6-7 与图 6-8 所示，利用功率约束 $P_1+P_2=P$，可以直接从式(6-20)与式(6-21)看出，该策略同样能够实现容量区域内的速率对（见图 6-6）。至此，我们已经看到了对称下行链路 AWGN 信道的两种最优编码方案：用户间自由度正交分配后进行单用户编码方案和叠加编码方案。

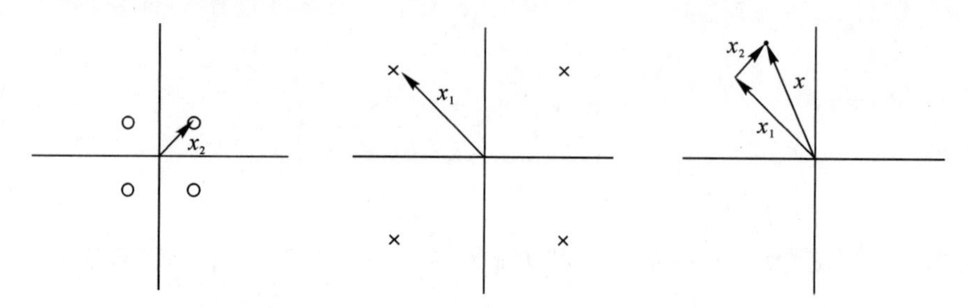

图 6-7　叠加编码举例（用户 2 的 QPSK 星座叠加到用户 1 的星座上）

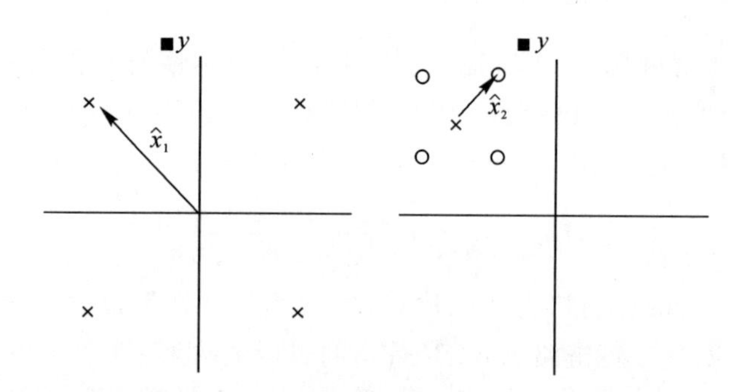

图 6-8　叠加译码示例（首先对用户 1 的发射星座点进行译码，之后再对用户 2 的星座点进行译码）

6.2.2　一般情况：叠加编码获取容量

现在回到没有对称性假设的一般下行链路 AWGN 信道，并取 $|h_1|<|h_2|$。于是用户 2 的信道质量比用户 1 的好，因此对于译码用户 1 能够成功译码的任意数据，用户 2 也能成功译码这些数据。因此，可以利用叠加编码的方案：首先，发射信号为两个用户信号的（线性）叠加；之后，用户 1 将用户 2 的信号看作是噪声并由 y_1 译码其数据；同时，信道质量更好的用户 2 执行连续干扰消除：先译码用户 1 的数据（从而得到对应于用户 1 数据的发射信号），再从 y_2 中减去用户 1 的发射信号并译码其自己的数据。与前面一样，对于各种可能的功率分配 $P=P_1+P_2$，可以实现如下速率对

$$\left.\begin{aligned}R_1&=\mathrm{lb}\left(1+\frac{P_1\ |h_1|^2}{P_2\ |h_1|^2+N_0}\right)\ \mathrm{b/(s\cdot Hz^{-1})}\\R_2&=\mathrm{lb}\left(1+\frac{P_2\ |h_2|^2}{N_0}\right)\ \mathrm{b/(s\cdot Hz^{-1})}\end{aligned}\right\}\tag{6-22}$$

另外，对于各种功率分配 $P=P_1+P_2$ 和自由度分配 $\alpha\in[0,1]$ 正交方案可以达到与上行链路[参见式(6-8) 与式(6-9)] 相同的速率：

$$\left.\begin{aligned}R_1&=\alpha\,\mathrm{lb}\left(1+\frac{P_1\ |h_1|^2}{\alpha N_0}\right)\ \mathrm{b/(s\cdot Hz^{-1})}\\R_2&=(1-\alpha)\,\mathrm{lb}\left(1+\frac{P_2\ |h_2|^2}{(1-\alpha)N_0}\right)\ \mathrm{b/(s\cdot Hz^{-1})}\end{aligned}\right\}\tag{6-23}$$

式中，α 表示分配给用户 1 的带宽比例。图 6-9 绘制出在非对称下行链路 AWGN 信道中采用叠加编码方案和最优正交方案所能实现的速率区域的边界($\mathrm{SNR}_1=0$ dB，$\mathrm{SNR}_2=20$ dB)，可以看出，叠加编码方案的性能优于正交方案的性能。

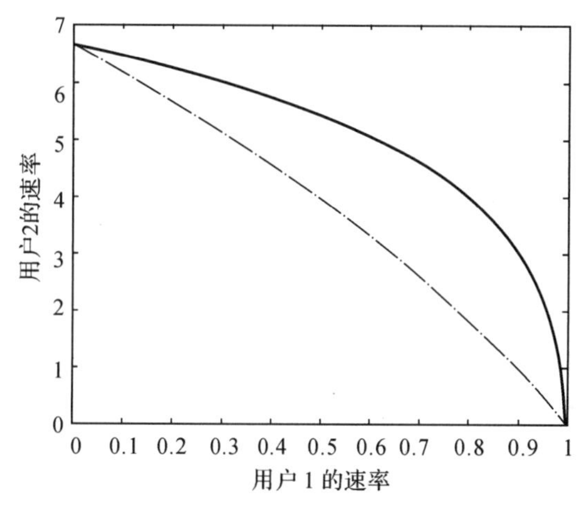

图 6-9　用户信噪比等于 0 dB 和 20 dB(即 $P\ |h_1|^2/N_0=1$，$P\ |h_2|^2/N_0=100$) 的两用户非对称下行链路 AWGN 信道中叠加编码方案(实线) 和正交方案(虚线) 所能达到的速率对[单位为 $\mathrm{b/(s\cdot Hz^{-1})}$] 的边界；在正交方案中，对功率分配 $P=P_1+P_2$ 和自由度分配因子 α 进行联合优化来计算边界

可以证明叠加译码方案严格地优于正交方案(仅有一个用户能够通信的两个拐角点除外)，也就是说，对于正交方案可以达到的任意速率对而言，存在一种功率分配，使得连续译码方案达到更大的速率对(见习题 6-25)。当两个用户的不对称性加重时，这种性能差异就更加显著，特别是叠加编码能够给强信号用户提供非常合理的速率，同时使弱信号用户的速率接近于单用户上界。例如，在图 6-9 中，在保持弱信号用户速率 R_1 为 0.9 $\mathrm{b/(s\cdot Hz^{-1})}$ 的同时，叠加编码能够为强信号用户提供 $R_2=3$ $\mathrm{b/(s\cdot Hz^{-1})}$ 左右的速率，而正交方案则只能提供大约 1 $\mathrm{b/(s\cdot Hz^{-1})}$ 的速率。直观上看，高信噪比的强信号用户是自由度受限的，虽然仅为其分配了少量的发射功率，从而对弱信号用户造成较少的干扰，但采用叠加编码使其能够利用全部的信道自由度。相比之下，正交方案必须为弱信号用户分配相当多的自由度来获得接近单用户的

性能，这样就会造成强信号用户性能的严重下降。

至此已经讨论了一种特定的信号传输方案：将两个用户的信号进行线性叠加后形成发射信号[见式(6-19)]。采用这种特定的编码方法后，SIC译码方案是最优的。然而，可以证明该方案实际上达到了最佳容量，并且下行链路AWGN信道的容量区域边界由式(6-22)确定(见习题6-26)。

虽然以上介绍都局限在两个用户的情况下，但这些结果可以很自然地推广到一般的K用户下行链路信道。在对称情况下，对于所有k值，$|h_k|=|h|$，容量区域由如下单个约束条件确定

$$\sum_{k=1}^{K} R_k < \mathrm{lb}\left(1+\frac{P\,|h|^2}{N_0}\right) \tag{6-24}$$

一般而言，如果$|h_1|\leqslant|h_2|\leqslant\cdots\leqslant|h_K|$，下行链路AWGN信道的容量区域的边界由如下参数化的速率数组确定：

$$R_k = \mathrm{lb}\left(1+\frac{P_k\,|h_k|^2}{N_0+\left(\sum_{j=k+1}^{K} P_j\right)|h_k|^2}\right),\quad k=1,2,\cdots,K \tag{6-25}$$

其中，$P=\sum_{k=1}^{K} P_k$ 为用户之间的功率分配方式。式(6-25)中边界的各速率数组通过叠加编码得到。

因为已经对能够可靠通信的用户速率之间的折中有了全面的特征刻画，所以可以很容易地推导出特定的标量性能衡量指标。尤其关注上行链路的和容量分析，为了得到这一和容量，须要求所有用户同时发射(利用SIC接收机译码数据)。相比之下，由式(6-25)可以看出，下行链路的总容量是通过给信噪比最高的一个用户发射信号而获得的。

总结6.1　上行链路与下行链路AWGN信道容量

上行链路：

$$y[m]=\sum_{k=1}^{K} x_k[m]+w[m] \tag{6-26}$$

其中，用户k的功率约束为P_k。可达速率满足

$$\sum_{k\in S} R_k < \mathrm{lb}\left(1+\frac{\sum_{k\in S} P_k}{N_0}\right),\quad S\subset\{1,2,\cdots,K\} \tag{6-27}$$

通过连续干扰消除(SIC)就可以实现$K!$个拐角点，每个拐角点都对应一种消除顺序，它们都可以实现相同的最优总速率。

一种自然的顺序是首先从信号最强的用户开始译码，依次进行直至信号最弱的用户。

下行链路为

$$y_k[m]=h_k[m]+w_k[m],\quad k=1,2,\cdots,K \tag{6-28}$$

其中，$|h_1|\leqslant|h_2|\leqslant\cdots\leqslant|h_K|$。

对于所有可能的基站总功率分配$P=\sum_{k=1}^{K} P_k$而言，容量区域的边界由如下速率数组确定：

$$R_k = \mathrm{lb}\left(1 + \frac{P_k |h_k|^2}{N_0 + (\sum_{j=k+1}^{K} P_j) |h_k|^2}\right), \quad k = 1, 2, \cdots, K \tag{6-29}$$

在发射机中执行叠加编码并在各接收机中执行连续干扰消除就达到最优点。

每个接收机中的消除顺序总是先译码信号较弱的用户数据，再译码自身的数据。

讨论 6.1　SIC：实现问题

已经看到连续干扰消除在实现信道上行链路和下行链路容量中的重要作用，与第 4 章介绍的多址接入系统的接收机不同，连续干扰消除接收机是一种多用户接收机。这里讨论在无线系统中使用 SIC 接收机的几个实际问题。

(1)与用户数量成正比的复杂性：在上行链路中，无论采用传统的单用户接收机还是连续干扰消除接收机，基站都必须对小区中每个用户的信号进行译码。另外，在下行链路中，移动台采用连续干扰消除接收机意味着移动台必须对发送给其他某些用户的信息进行译码，这在传统的系统中是无须进行的。于是，与小区内的用户数量成正比的各移动台复杂度是很难接受的。而且当用户到基站的信道完全不同时，将叠加编码与 SIC 联合起来会得到最大的性能增益。鉴于空间几何特性，基站附近通常仅有少量的用户，绝大多数用户都位于小区边缘附近，这就提出了一种限制复杂性的实用方法：将小区中的用户划分为几组，每组都包括信道完全不同的少量用户。在各组内执行叠加编码/SIC，同时保持各组间的发射信号相互正交，这样就应该获得相当一部分的性能增益。

(2)差错传播：在容量分析中假定译码是没有错误的，但是采用实际编码时会出现错误。一旦有一个用户出现错误，之后 SIC 译码队列中的所有用户都有可能出现不正确的译码，习题 6-12 证明了如果 $p_e^{(i)}$ 为第 i 个用户不正确译码的概率，并假定之前的所有用户都正确译码，那么采用 SIC 接收机时第 k 个用户的实际差错概率最大为

$$\sum_{i=1}^{k} p_e^{(i)} \tag{6-30}$$

因此，如果所有用户以相同的目标差错概率被编码，那么差错传播的影响就会使差错概率恶化，恶化因子最大即为用户的数量 K。如果 K 适当小，则这种影响很容易通过性能稍好的编码(例如少量增大分组长度的编码)予以补偿。

(3)非理想信道估计：为了从总接收信号中消除某个用户的影响，必须由译码信息重构该用户的贡献，在无线多径信道中，这一贡献还取决于信道的冲激响应。非理想信道估计将导致残留(residual)消除误差，我们所关注的是，如果用户的接收功率有很大的差异(图 6-3 的例子中，用户功率相差 20 dB)，那么消除强信号用户后的残留误差仍然能够淹没弱信号用户的信号。另一方面，在用户信号较强时，也很容易得到精确的信道估计，结果这两种效应相互补偿，同时残留误差的影响不会随着功率的差异而增大(见习题 6-13)。

(4)模数量化误差：当用户的接收信号功率差异很大时，模数(A/D)转换器需要有相当大的动态范围，同时需要有足够的分辨率来准确地量化弱信号的贡献。例如，如果功率相差 20 dB，那么即使弱信号采用 1b 精度量化，模数转换器也需要 8 b 的动态范围，这就对 SIC 接收机能够提供多大的增益产生了实现上的约束。

6.3 上行链路衰落信道

现在将衰落考虑进来,包括 K 个用户的上行链路平坦衰落信道的复基带表示为

$$y[m]=\sum_{k=1}^{K} h_k[m]x_k[m]+w[m] \tag{6-31}$$

式中,$\{h_k[m]\}_m$ 为用户 k 的衰落过程。假定不同用户的衰落过程是相互独立的,并且 $\mathbb{E}[|h_k[m]|^2]=1$。这里集中讨论对称信道的情况,此时各用户受到相同的平均功率约束为 P,衰落过程服从相同的分布。在这种情况下,总容量与对称容量都是关键的性能衡量指标,在稍后的6.7节将会看到,由理想对称情况得到的结论如何应用于更实际的非对称情况。为了理解信道波动的影响,假定基站(接收机)能够准确地跟踪所有用户的衰落过程。

6.3.1 慢衰落信道

首先讨论通信的时间尺度相对于所有用户的相干时间间隔很短的慢衰落情况,即对所有的 m,$h_k[m]=h_k$,假定用户以相同的速率 R b/(s · Hz^{-1}) 发射信号,在信道的各种实现 h_1,h_2,…,h_k 条件下,得到了用户 k 的接收信噪比等于 $|h_k|^2 P/N_0$ 的标准上行链路AWGN信道。如果该上行链路AWGN信道的对称容量小于 R,则基站不可能准确地恢复所有用户的信息,这样就导致了中断。由一般的 K 用户上行链路AWGN信道的容量区域表达式(参见式(6-10))可知,中断事件的概率可以写为

$$p_{\text{out}}^{\text{ul}}=\mathbb{P}\left\{\text{lb}\left(1+\text{SNR}\sum_{k\in S}|h_k|^2\right)<|S|R,\quad \text{部分 } S\subset\{1,2,\cdots,K\}\right\} \tag{6-32}$$

式中,$|S|$ 表示集合 S 的基数(或势),$\text{SNR}=P/N_0$。于是,相应的 ϵ 中断对称容量 C_ϵ^{sym} 为式(6-32)中中断概率小于或等于 ϵ 的最大速率 R。

5.4.1节已经分析了点对点慢衰落信道的中断容量 $C_\epsilon(\text{SNR})$ 的特性,由于该容量恰好对应于单个用户的性能,所以就是 $K=1$ 时的 C_ϵ^{sym}。如果用户不止一个,$C_?^{\text{sym}}$ 仅稍微变小一点:此时各用户不仅要处理随机信道状态,而且要处理用户间干扰。所设计的正交多址接入技术以各用户更少的(因子为 $1/K$)自由度为代价完全消除了用户间干扰(但是信噪比放大了 K 倍)。由于用户经历相互独立的衰落,所以在要求各用户的信息被成功译码的情况下,单个用户的中断概率 p 转化为:

$$1-(1-\epsilon)^K\approx K\epsilon$$

由此得出结论:采用正交多址接入技术的最大对称 ϵ 中断速率等于

$$\frac{C_{\epsilon/K}(K\text{SNR})}{K} \tag{6-33}$$

与正交多址接入技术相比,更为复杂的多址接入方法的中断性能有多大的改进呢?

在低信噪比时,K 取任意值的中断性能与点对点情况[中断概率为式(5-54)中的 p_{out}]一样差。实际上,在低信噪比时式(6-32)可以近似为

$$p_{\text{out}}^{\text{ul}}\approx P\left\{\frac{|h_k|^2 P}{N_0}<R\ln 2\quad \text{部分 } k\in\{1,2,\cdots,K\}\right\}\approx Kp_{\text{out}} \tag{6-34}$$

于是可得到

$$C_{\epsilon}^{\mathrm{sym}} \approx C_{\epsilon/K}(\mathrm{SNR}) \approx F^{-1}\left(1-\frac{\epsilon}{K}\right)C_{\mathrm{awgn}} \tag{6-35}$$

这里利用了式(5-61)中低信噪比时的 C_{ϵ} 近似。由于 C_{awgn} 在低信噪比时与信噪比呈线性关系

$$C_{\epsilon}^{\mathrm{sym}} \approx \frac{C_{\epsilon/K}(K\mathrm{SNR})}{K} \tag{6-36}$$

因此与正交多址接入具有相同的性能[见式(6-33)]。

高信噪比时的分析更为复杂，因此，为了了解用户间干扰对最优多址接入方案的中断性能的影响，绘制出了瑞利衰落下 $K=2$ 个用户时 $C_{\epsilon}^{\mathrm{sym}}$ 与 C_{ϵ} 之比的曲线，如图 6-10 所示。$C_{\epsilon}^{\mathrm{sym}}$ 与 C_{ϵ} 的比值随着信噪比的增大而增大，因此，用户间干扰的影响逐渐变小；然而，当信噪比变得很大时，该比值开始减小，用户间干扰开始起到控制作用。实际上，该比值在信噪比很大时下降至 $1/K$(见习题 6-14)。将在 10.1.4 节研究多天线上行链路的中断性能时更为深入地理解这一特性。

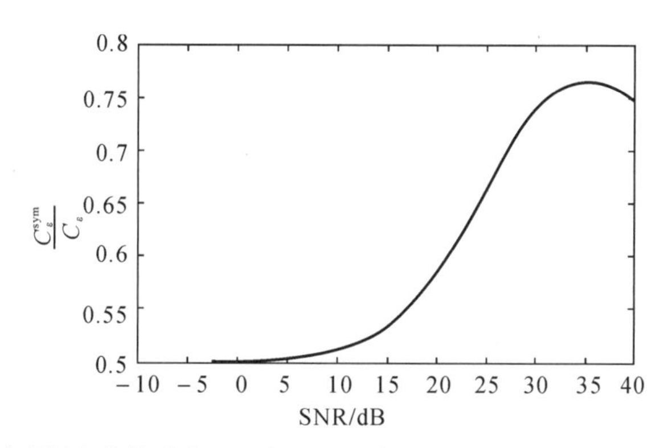

图 6-10　瑞利慢衰落信道中两用户上行链路的对称 ϵ 中断容量与相应的点对点瑞利慢衰落信道的 ϵ 中断容量之比曲线

6.3.2　快衰落信道

现在回到快衰落的情况，各 $\{h_k[m]\}_m$ 被建模为时变遍历过程，如果能够对多个相干时间间隔进行编码，就可以得到上行链路衰落信道容量区域的有意义的定义。如果仅利用接收机 CSI 那么发射机就不能跟踪信道，而且也不存在动态的功率分配。与点对点情况的讨论类似[见 5.4.5 节，特别是式(5-89)]，上行链路快衰落信道的和容量可以表示为

$$C_{\mathrm{sum}} = \mathbb{E}\left[\mathrm{lb}\left(1+\frac{\sum_{k=1}^{K}|h_k|^2 P}{N_0}\right)\right] \tag{6-37}$$

式中，h_k 为表示用户 k 在特定时刻衰落的随机变量，并且对于所有的衰落过程实现(即衰落过程是遍历的)，所取的时间平均都收敛到相同的极限。(具有多个天线单元的)快衰落上行链路容量区域的正式推导参见附录 B.9.3。

如何比较该和容量与无衰落上行链路的和容量[见式(6-12)]呢？詹森不等式(Jensen's inequality)表明

$$\mathbb{E}\left[\text{lb}\left(1+\frac{\sum_{k=1}^{K}|h_k|^2 P}{N_0}\right)\right]\leqslant \text{lb}\left(1+\frac{\mathbb{E}\left[\sum_{k=1}^{K}|h_k|^2\right]P}{N_0}\right)=\text{lb}\left(1+\frac{KP}{N_0}\right)$$

因此,如果发射机未知信道状态信息,则与点对点情况相同,衰落总会产生负面影响。然而,当用户数量变大时,$1/K\sum_{k=1}^{K}|h_k|^2$ 依概率 1 趋近于 1,同时由衰落导致的不利影响也会消失。

为了理解衰落的影响为什么会随着用户数量的增加而消失,集中讨论一种实现和容量的特定译码策略。各用户同时将其信息扩展至整个带宽,对于上行链路AWGN信道是最优的连续干扰消除(SIC)接收机,对于上行链路衰落信道同样是最优的。考虑消除过程的第 k 级处理,即用户 k 被译码,用户 $k+1,k+2,\cdots,K$ 的信号还没有被消除,用户 k 经历的等效信道为

$$y[m]=h_k[m]x_k[m]+\sum_{i=k+1}^{K}h_i[m]x_i[m]+w[m] \tag{6-38}$$

用户 k 达到的速率为

$$R_k=\mathbb{E}\left[\text{lb}\left(1+\frac{|h_k|^2 P}{\sum_{i=k+1}^{K}|h_i|^2 P+N_0}\right)\right] \tag{6-39}$$

由于有许多用户共享频谱,于是用户 k 的 SINR 较低,所以由用户 k 的衰落导致的容量损失较小[见式(5-92)],并且,由于在干扰源之间也进行了平均,干扰源衰落的影响同样会消失,更准确地讲:

$$R_k\approx\mathbb{E}\left[\frac{|h_k|^2 P}{\sum_{i=k+1}^{K}|h_i|^2 P+N_0}\right]\text{lbe}\approx\mathbb{E}\left[\frac{|h_k|^2 P}{(K-k)P+N_0}\right]\text{lbe}=\frac{P}{(K-k)P+N_0}\text{lb}_2\text{e}$$

即用户 k 在(无衰落)AWGN 信道中已经达到的速率,第一个近似源于 SNR 较小时 lb(1 + SNR) 的线性性质,第二个近似源于大数定律。

在 *AWGN* 情况下,利用给各用户分配 $1/K$ 总自由度的正交多址接入技术可以达到总容量。在衰落情况下结果又如何呢? 这种正交方案可以达到的总速率为

$$\sum_{k=1}^{K}\frac{1}{K}\mathbb{E}\left[\text{lb}\left(1+\frac{K|h_k|^2 P}{N_0}\right)\right]=\mathbb{E}\left[\text{lb}\left(1+\frac{K|h_k|^2 P}{N_0}\right)\right] \tag{6-40}$$

当 $K\geqslant 2$ 时,该总速率严格地小于上行链路衰落信道的总容量式(6-37),特别是当用户数量很大时,由衰落导致的不利影响继续存在。

6.3.3 完整的信道辅助信息

现在进入本章所感兴趣的中心话题,即接收机和所有发射机都能跟踪所有用户信道的快衰落信道[①]。与仅采用接收机CSI的情况相反,现在可以按照信道状态的函数动态地向用户分配功率。与点对点的情况类似,我们不失一般性,集中讨论简单的分组衰落模型

$$y[m]=\sum_{k=1}^{K}h_k[m]x_k[m]+w[m] \tag{6-41}$$

① 稍后将会看到,发射机无须明确地跟踪所有用户的信道波动,仅需跟踪所有用户信道的适当函数,接收机就可以计算出该函数并向用户反馈。

式中，$h_k[m]=h_{k,\ell}$ 在第 ℓ 个相干周期 $T_c(T_c \gg 1)$ 内保持恒定，并且在不同的相干周期独立同分布。信道在 L 个这样的相干周期内可以建模为由 L 个衰落独立的子信道组成的并行上行链路信道，各子信道都是一个上行链路 AWGN 信道。对于给定的信道增益实现 $h_{k,\ell}$，$k=1,2,\cdots,K$，$\ell=1,2,\cdots,L$，该并行信道的总容量(单位为 bit) 与点对点的情况相同[见式(5-95)] 为

$$\max_{P_{k,\ell}:k=1,\cdots,K,\ell=1,\cdots,L} \frac{1}{L}\sum_{\ell=1}^{L} \mathrm{lb}\left(1+\frac{\sum_{k=1}^{K} P_{k,\ell}\ |h_{k,\ell}|^2}{N_0}\right) \tag{6-42}$$

其约束条件是功率非负且各用户的平均功率约束为

$$\frac{1}{L}\sum_{\ell=1}^{L} P_{k,\ell}=P,\quad k=1,2,\cdots,K \tag{6-43}$$

该优化问题在 $L\to\infty$ 时的解就是用户应遵循的适当的功率分配策略。

正如对采用完整 CSI 的点对点通信的讨论(见 5.4.6 节)，可以利用可变速率编码方案：在第 ℓ 个子信道中，由式(6-42)优化问题的解所控制的发射功率被用户所使用，同时利用了为这种衰落状态所设计的编码。对于这种编码而言，各码字经历的是时不变上行链路 AWGN 信道，因此，能够采用为上行链路 AWGN 信道所设计的编码的编译码流程。特别是为了实现最大总速率，可以采用正交多址接入：这就意味着可以使用为点对点 AWGN 信道设计的编码。将这种情况与仅接收机具有 CSI 的情况进行比较，已经证明正交多址接入对于衰落信道是严格次最优的。注意，无论用户是否具有对称衰落统计特性，这一关于正交多址接入最优性的论述都是成立的。

在对称上行链路的情况下，最优功率分配呈现出一种尤为简单的结构，利用式(6-42) 的优化问题进行推导，但放宽式(6-43) 中各用户的功率约束，采用如下总功率约束

$$\frac{1}{L}\sum_{\ell=1}^{L}\sum_{k=1}^{K} P_{k,\ell}=KP \tag{6-44}$$

第 ℓ 个子信道的总速率为

$$\mathrm{lb}\left(1+\frac{\sum_{k=1}^{K} P_{k,\ell}\ |h_{k,\ell}|^2}{N_0}\right) \tag{6-45}$$

对于分配给第 ℓ 个子信道的给定总功率 $\sum_{k=1}^{K} P_{k,\ell}$ 而言，当所有功率都分配给信道增益最强的用户时，该值最大。因此，满足约束条件式(6-44) 的优化问题式(6-42) 的解就是在各时刻仅允许处于最佳信道的用户发射。由于任意时刻仅有一个用户发射信号，所以就简化为点对点通信的问题，并且由 5.4.6 节的讨论可以直接推断出最佳用户按照注水策略分配其功率，更准确地讲，最优功率分配策略为

$$P_{k,\ell}=\begin{cases}\left(\dfrac{1}{\lambda}-\dfrac{N_0}{\max_i |h_{i,\ell}|^2}\right)^+, & |h_{k,\ell}|=\max_i |h_{i,\ell}| \\ 0, & \text{其他}\end{cases} \tag{6-46}$$

式中，λ 的选取应满足式(6-44) 的总功率约束。取相干周期数量 $L\to\infty$ 并根据衰落过程的遍历性，就会得到获取容量的最优功率分配策略，即根据联合信道状态($\boldsymbol{h}=h_1,\cdots,h_k$) 的函数为用户分配功率，即

$$P_k^*(\boldsymbol{h})=\begin{cases}\left(\dfrac{1}{\lambda}-\dfrac{N_0}{\max_i |h_i|^2}\right)^+ & |h_k|^2=\max_i |h_i|^2 \\ 0, & \text{其他}\end{cases} \tag{6-47}$$

同时所选取的 λ 满足以下功率约束：

$$\sum_{k=1}^{K}\mathbb{E}[P_k^*(\boldsymbol{h})]=KP \tag{6-48}$$

严格地讲，仅当恰好存在一个信道最强的用户时，该公式才有效，多个用户具有相同衰落状态的一般情况参见习题 6－16）所得到的和容量为

$$C_{\text{sum}}=\mathbb{E}\left\{\text{lb}\left[1+\frac{P_{k^*}(\boldsymbol{h})\,|h_{k^*}|^2}{N_0}\right]\right\} \tag{6-49}$$

式中，下标 $k^*(\boldsymbol{h})$ 表示在联合信道状态为 $\boldsymbol{h}$ 时信道最强的用户。

已经在所有用户总功率约束的假设条件下推导了这一结论，但是由对称性可知，所有用户消耗的功率在最优解下是相同的(这里假定用户的衰落过程是独立同分布的)，因此，自动满足式(6－43) 中的各功率约束，同时也解决了原先的问题。

这一结果是第 5 章提出的机会式通信的概念在多用户情况下的推广，在用户信道质量好的时刻将资源分配给该用户。

如果试图将点对点情况下的最优功率分配问题推广到多用户情况下，就需要将“用户”看成是除时间维度以外的一个新的维度，并且在该维度上能够执行动态功率分配。这样就会猜测，最优解是否就是时间/用户联合空间上的注水解，但正如之前已经看到的，此注水解并不是正确的解。这一推理过程的缺陷就在于认为多个用户在系统中不提供额外的自由度，用户仅仅是共享信道中已经存在的时间/频率自由度。因此，应该将最优功率分配问题看作如何将总的资源(功率)在时间/频率自由度上进行划分以及在每个自由度上用户如何共享这些资源。上述解决方法从和容量最大化的角度表明最优共享就是将全部功率分配给该自由度上信号最强的信道。

已经集中讨论了在用户具有相同的信道特性和功率约束的对称情况下的和容量，可以证实在非对称情况下，达到总容量的最优策略依然是一个时刻有一个用户发射，但选择由哪个用户发射的准则是不同的，习题 6－15 对这个问题进行了分析。然而，在非对称情况下，由于信道统计特性较好的用户会以牺牲其他用户为代价达到较高的速率，所以最大化总速率可能并不是恰当的目标。在这种情况下，令人感兴趣的工作点应该是位于上行链路衰落信道多用户容量区域内，而不是使和速率最大的点，关于这个问题的分析参见习题 6－18。结果表明，与时不变上行链路一样，正交多址接入并不是最优的，相反，即使仍然根据信道的状态进行速率和功率的动态分配，但所有用户都会同时发射并实现联合译码(例如利用 SIC)。

6.3.4 上行链路衰落信道总结

(1)瑞利慢衰落：低信噪比时的对称中断容量等于点对点信道的中断容量，但按照用户数量成比例缩减；高信噪比时的对称中断容量在用户数量适中时近似等于点对点信道的中断容量。正交多址接入在低信噪比时接近最优。

(2)快衰落且具有接收机 CSI：如果存在大量的用户，那么各用户可以的获得与相同平均

信噪比的上行链路 AWGN 信道相同的性能，正交多址接入是严格次最优的。

(3)快衰落且具有完整 CSI：正交多址接入仍然能够实现和容量。在对称上行链路中，各时刻仅允许信道质量最佳的用户发射信号的策略可以实现总容量。

6.4　下行链路衰落信道

下述开始讨论包括 K 个用户的下行链路衰落信道

$$y_k[m]=h_k[m]x[m]+w_k[m] \tag{6-50}$$

式中，$\{h_k[m]\}_m$ 为用户 k 的信道衰落过程。保持发射信号的平均功率约束为 P，并且 $w_k[m]\sim w_k[m]\sim\mathcal{CN}(0,N_0)$ 是关于时间 m 独立同分布的($k=1,\cdots,K$)。

与上行链路相同，考虑对称情况：对于 $k=1,2,\cdots,K$，$\{h_k[m]\}_m$ 为同分布过程。同时，做出与上行链路分析中同样的假定：过程 $\{h_k[m]\}_m$ 为遍历的(即每个实现的时间平均等于统计平均)。

6.4.1　仅利用接收端的信道辅助信息

首先考虑接收机能够跟踪信道但发射机无法获得信道实现(但能够获得用户信道过程的统计特性)的情况。为了对该衰落信道中的通信策略有一个感性认识并理解容量区域，展开与下行链路 AWGN 信道情况相同的讨论。利用式(5-89)中点对点衰落信道容量表示的单用户上界为

$$R_k<\mathbb{E}\left[\mathrm{lb}\left(1+\frac{|h|^2P}{N_0}\right)\right],\quad k=1,2,\cdots,K \tag{6-51}$$

式中，h 为一个随机变量且服从遍历信道过程相同的平稳分布。在对称下行链路 AWGN 信道中，认为用户具有相同的信道质量，从而能够相互译码出各个用户的数据。这里的衰落统计特性是对称的，并且由遍历性的假设可知，有关 AWGN 情况的讨论可以扩展为，如果用户 k 能够可靠地译码其数据，那么其他所有用户同样能够成功地译码用户 k 的数据。与 AWGN 下行链路分析中的式(6-18)类似，我们得到

$$\sum_{k=1}^{K}R_k<\mathbb{E}\left[\mathrm{lb}\left(1+\frac{|h|^2P}{N_0}\right)\right] \tag{6-52}$$

习题 6-27 概述了理解式(6-52)右端为能够达到的最佳和速率的另一种方法。式(6-52)的上界显然可以通过仅给一个用户发射信号或者通过任意用户间的时间共享实现。于是，在对称衰落信道中，我们得到了与对称 AWGN 下行链路相同的结论：容量区域中的速率对可以利用正交方案和叠加编码实现。

具有用户非对称衰落统计量的下行链路衰落信道情况如何呢？在这种非对称模型中也可以采用正交方案，但是叠加译码的适用性并不十分清楚。因为用户信道强度由弱到强排列，所以叠加译码被成功应用于下行链路 AWGN 信道。在非对称衰落情况下，用户通常具有不同的分布，而且不再对用户进行全面排序，此时称下行链路信道为非退化的，我们对这种情况下的良好通信策略还知之甚少。当发射机具有多天线阵列时会出现下行链路信道为非退化的另一种有趣情况，详细研究见第 10 章。

6.4.2 完整信道辅助信息

在上行链路中看到，当发射机也能够跟踪信道时的通信方案变得更为有趣，在这种情况下，发射机可根据信道状态改变其功率。首先考虑下行链路中的类似情况，此时唯一的一台发射机跟踪与其进行通信的所有用户的信道(用户连续跟踪他们各自的信道)。与上行链路相同，可以根据信道衰落电平的不同给用户分配功率。为了解其影响，继续关注和容量会发现，如果不存在衰落，仅给信道质量最佳的用户发射信号就可以实现和容量。随着信道的变化，在满足平均功率约束的条件下，可以找到各个时刻信道质量最佳的用户，进而为其分配适当的功率。基于这一策略，下行链路信道简化为信道增益服从以下分布的点对点信道

$$\max_{k=1,\cdots,K} |h_k|^2$$

最优功率分配即为已经熟悉的注水功率分配

$$P^*(\boldsymbol{h}) = \left(\frac{1}{\lambda} - \frac{N_0}{\max_{k=1,2,\cdots,K} |h_k|^2}\right)^+ \tag{6-53}$$

式中，$\boldsymbol{h} = [h_1 \quad h_2 \quad \cdots \quad h_k]^{\mathrm{T}}$ 为联合衰落状态，选择 $\lambda > 0$ 以满足平均功率约束。最优功率策略与上行链路总容量的策略完全相同，下行链路的总容量为

$$\mathbb{E}\left\{\mathrm{lb}\left[1 + \frac{P^*(\boldsymbol{h})(\max_{k=1,2,\cdots,K} |h_k^2|)}{N_0}\right]\right\} \tag{6-54}$$

6.5 频率选择性衰落信道

将上行链路和下行链路的平坦衰落分析推广到欠扩展频率选择性衰落信道，在概念上是很直接的。正如在 5.4.7 节讨论点对点通信时所看到的，可以将欠扩展信道看作位于各相干时间间隔内的一组子载波，并且随不同的相干时间间隔而独立变化。对所有发射信号插入一个循环前缀就可以很清楚地看到这一点，该循环前缀的长度应大于不同用户可能遇到的最大多径时延扩展。由于这一附加是固定的，所以在通过长分组长度进行通信时会补偿这种损耗。

对多用户信道完全可以采用相同的 OFDM 变换，于是，对于第 n 个子载波，上行链路信道可以写为

$$\tilde{y}_n[i] = \sum_{k=1}^{K} \tilde{h}_n^{(k)}[i]\tilde{d}_n^{(k)}[i] + \tilde{w}_n[i] \tag{6-55}$$

式中，$\tilde{d}^{(k)}[i]$，$\tilde{h}^{(k)}[i]$ 与 $\tilde{y}^{(k)}[i]$ 分别表示在 OFDM 符号时刻 i 时用户 k 的发射序列、信道以及接收序列的离散傅里叶变换。

平坦衰落上行链路信道可以看作一组并行多用户子信道，每个相干时间间隔包含一个多用户子信道。如果具有完整的 CSI，则对称情况下使和速率最大的最优策略就是在各相干时间间隔仅允许信道质量最好的用户发射信号。具有频率选择性衰落的上行链路信道也可以看作一组并行多用户子信道，每一个子载波和每一个相干时间间隔对应一个子信道。于是，最优策略就是允许信道质量最佳的用户在各子信道发射信号，分配给最佳用户的功率在时间和频率上进行注水分配。与平坦衰落的情况相反，多个用户可以通过不同的子载波同时发射信号，完全相同的结论同样适用于下行链路。

6.6　多用户分集

6.6.1　多用户分集增益

现在考虑平坦衰落信道的上行链路与下行链路的总容量[分别见式(6－49)与式(6－54)],二者均可以解释为功率约束等于发射总功率(上行链路为 KP,下行链路为 P)且衰落过程的幅度随 $\{\max_k |h_k[m]|\}$ 变化而变化的点对点链路的注水容量。与仅有一个发射用户的系统相比,多用户增益来源于两方面的作用:

(1) 在上行链路情况下发射总功率的增大;

(2) 在时刻 m 等效信道增益从 $|h_1[m]|^2$ 改善为 $\max_{1\leqslant k\leqslant K}|h_k[m]|^2$。

第一项影响已经在上行链路 AWGN 信道中出现过,同时也会出现在仅接收机具有信道信息的衰落信道中。第二项影响完全是由根据信道状态对用户资源进行动态分配所引起的。

对于不同的用户数量,具有完整 CSI 的上行链路瑞利衰落信道的和容量如图 6－11 所示,该性能曲线是总信噪比 $\mathrm{SNR}=KP/N_0$ 的函数,因此集中反映了上述第二项影响。图中同时给出用户数量不同,仅具有接收端 CSI 的信道和容量曲线,比较的基准为接收功率等于 KP 的点对点 AWGN 信道容量(也是 K 用户上行链路 AWGN 信道的和容量)。图 6－12 集中反映了低信噪比时的情况。

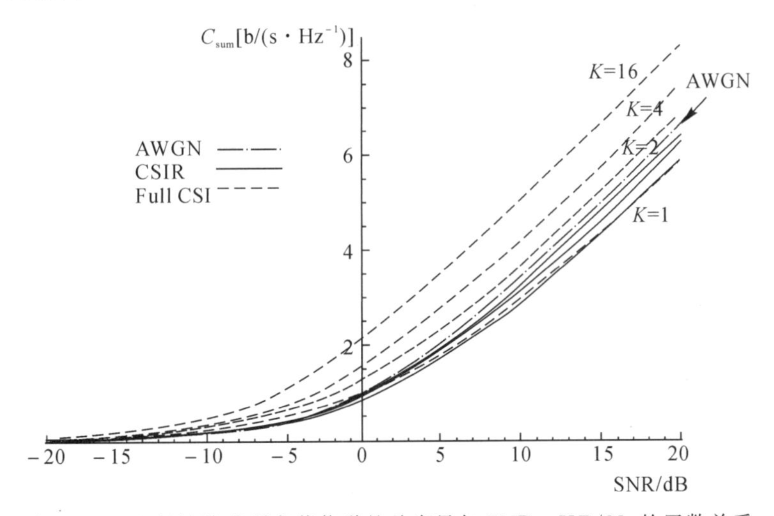

图 6－11　上行链路瑞利衰落信道的总容量与 $\mathrm{SNR}=KP/N_0$ 的函数关系

观察上述曲线可以得到下述结论:

(1)无发射端 CSI 的和容量随用户数量而增加,但并不明显,其原因为前一节解释的多用户平均效应,该和容量的上界就是 AWGN 信道的容量。

(2)具有完整 CSI 的和容量随用户数量大幅增加,实际上,即使只有两个用户,该和容量也已经超过了 AWGN 信道的容量。0 dB 时包括 $K=16$ 个用户的容量,大约是 $K=1$ 个用户时容量的 2.5 倍,对应的功率增益约为 7 dB;$K=16$ 时的容量增益约为 AWGN 信道容量增益的 2.2 倍,并且信噪比为 5.5 dB。

(3)对于 $K=1$,仅具有发射机 CSI 的容量增益在信噪比电平相当低时才变得明显,而在高信噪比时则不存在任何增益。对于 $K>1$,虽然相对增益仍然在低信噪比时更为明显,但在整个信噪比的范围内增益都比较明显,其原因在于这里所说的增益仍然主要是指功率增益。

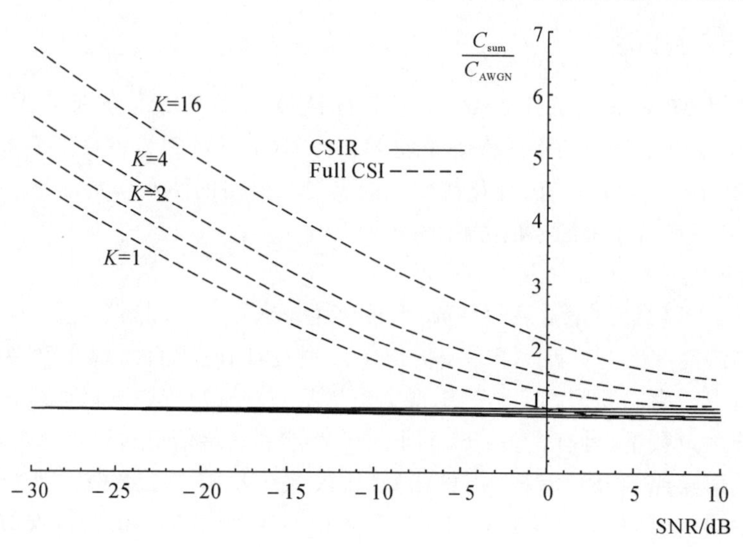

图 6-12　低信噪比情况下,上行链路瑞利衰落信道的总容量与 $\mathrm{SNR}=KP/N_0$ 的函数关系,图中所有曲线均为与 AWGN 信道容量之比

具有完整 CSI 的和容量增加源于多用户分集效应:当存在大量衰落相互独立的用户时,在任意时刻都将以很高的概率存在一个用户拥有强信号信道。如果仅允许该用户发射信号,那么会以最高效的方式利用共享信道资源,从而使总的系统吞吐量最大化,用户数量越多,信号最强的信道信号越强,于是多用户分集增益就越大。

多用户分集增益的大小主要取决于衰落分布 $|h_k|^2$ 的拖尾:拖尾越大,存在拥有强信道用户的可能性就越大,多用户分集增益也越大。如图 6-13 所示,图中给出了总信噪比 KP/N_0 固定为 0 dB 时,瑞利衰落与 κ 因子等于 5 的莱斯衰落的和容量与用户数量之间的函数关系曲线。由 2.4 节可知,莱斯衰落建立了存在强信号镜像视距路径和大量弱反射路径时的模型,参数 κ 定义为镜像视距路径能量与散射分量能量之比。存在视距分量,使得莱斯衰落分布缺乏“随机性”,并且其拖尾比具有相同平均信道增益的瑞利分布的拖尾小,因此可以看出,与瑞利情况相比,莱斯分布的多用户分集增益小得多(见习题 6-21)。

6.6.2　多用户分集与经典分集

已经将上面解释的现象称为多用户分集,与第 3 章讨论的分集技术一样,多用户分集同样来源于存在的独立衰落信号路径,在这种情况下即网络中的多个用户。但是,也存在几点重要的不同之处。首先,第 3 章介绍的分集技术的主要目的是改善慢衰落信道中通信的可靠性,相比之下,多用户分集的作用则是增加快衰落信道中的总的吞吐量。在和容量获取策略下,用户处于任意特定的慢衰落状态时不能保证可以获得高的传输速率,只有通过对信道波动进行平均才能获得较高的长期平均吞吐量。其次,分集技术的设计是为了抵消衰落的负面影响,但多用户分集则是利用信道衰落来改善系统性能:由衰落引起的信道波动确保以高概率存在一个用户,其信道强度远大于平均水平;将全部系统资源分配给该用户就可以充分利用强信道的增益。最后,第 3 章中的分集技术适用于点对点链路,但多用户增益的好处是系统级的,惠及网络中的所有用户。多用户分集的这一特性直接影响着蜂窝系统中多用户分集的实现,接下来就会讨论这一问题。

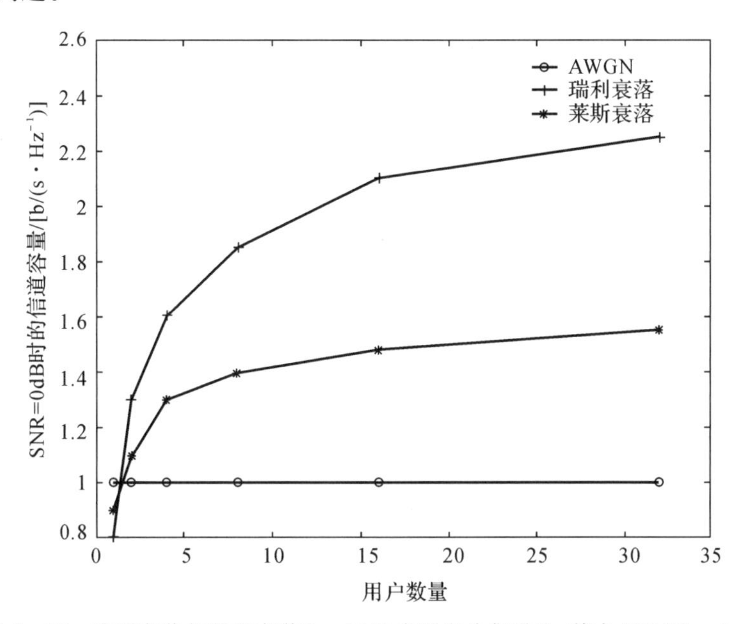

图 6-13　瑞利衰落与莱斯衰落($\kappa=5$)的多用户分集增益,其中 $KP/N_0=0$ dB

6.7　多用户分集:系统级问题

获取多用户分集益处对蜂窝系统的要求包括:

(1)基站能够获的信道质量的测量结果:在下行链路中,要求接收机利用下行链路公共导频信号跟踪其各自信道的信噪比,并将瞬时的信道质量反馈给基站(假定为 FDD 系统);在上行链路中,需要利用来自用户的发射信号跟踪他们的信道质量。

(2)基站不仅能够根据瞬时信道质量调整数据速率,而且能够调度不同用户的发射顺序。

这些特征已经体现在许多第三代系统的设计中,然而,在实现这类增益之前,还有几方面的问题需要考虑。本节就研究了在多用户分集系统的实现过程中遇到的三方面的主要困难及一些主要处理方法。

1. 公平性与时延

为了在实际系统中实现多用户分集的想法,直接面临着两个问题:公平性与时延。在用户衰落统计量相同的理想情况下,与最佳信道用户通信的策略不仅使得系统的总吞吐量最大,而且也使各个用户的吞吐量最大。而实际的数据量是不对称的,存在距离基站较近平均信噪比较高的用户,既有静止的用户又有运动的用户,既有周围散射环境复杂的用户又有周围无散射体的用户。而且,该策略关注的仅是最大化长期平均吞吐量,实际上还存在对时延的要求,此时在时延尺度上的平均吞吐量就是我们感兴趣的性能测度。所面临的挑战是,在利用用户信道条件满足独立波动的系统中所固有的多用户分集的同时,如何处理这些问题。作为一个实例,将研究一种特定的调度程序,实现在处理实际公平性和时延问题的同时,利用了多用户分集。

2. 信道测量与反馈

控制多用户分集的主要系统要求之一是基站需根据用户的信道状态顺序地做出判决。在上行链路,基站可以接入用户的传输(通过用于传递控制信息的信道)并对用户信道进行估计。在下行链路,用户可以利用其信道状态,但需要将这些值反馈给基站。信道状态测量时的误差以及反馈时的时延构成了获取多用户增益时不可忽略的瓶颈。

3. 慢波动与有限波动

已经注意到,多用户分集增益取决于信道波动的分布,尤其是更希望信道中出现更大更快的波动而不是慢波动。然而,在传播环境中很有可能出现仅有一条视距路径而几乎不存在散射路径的情况,于是,信道波动的动态范围就会很小。而且,与应用的时延约束相比,信道衰落变化可能非常缓慢,这样就不能等到信道达到其峰值再进行传输。实际上,信道波动的动态范围在我们研究的时间尺度内是较小的,二者都是在实际系统中实现多用户分集的重要干扰源。将会看到一种在基站利用天线阵列的简单实用方法,该方法即便在信道为慢衰落、波动范围很小时也能够产生快速和大幅度的信道波动。

6.7.1 公平调度与多用户分集

作为一个研究实例,介绍一种称为比例公平调度器的简单调度算法,该算法的设计是为了应对获取多用户分集时所面临的时延与公平性约束的挑战,该调度器是第 5 章介绍的第三代数据标准 IS - 856 的下行链路中采用的基准调度器。IS - 856 的下行链路是基于 TDMA 的,根据用户的请求速率将其调度在长度为 1.67 ms 的不同时隙上(见图 5 - 25)。第 5 章已经讨论了速率适应机制,本节研究其调度特性。

1. 比例公平调度:触及峰值

调度器根据基站之前接收到的来自移动台的请求速率决定在各个时隙由哪个用户发送信息,最简单的调度器无论用户的信道状态如何,按照循环方式给各个用户发送数据。IS - 856 中所使用的调度算法以一种依赖于信道的方式进行调度,从而实现对多用户分集的利用,其工作过程如下:在长度为 t_c 的指数加权窗口中跟踪各个用户的平均吞吐量 $T_k[m]$,基站在时隙 m 接收到来自所有用户的"请求速率"$R_k[m]$,$k=1,2,\cdots,K$,调度算法简单地给系统所有激活用户中:

$$\frac{R_k[m]}{T_k[m]}$$

最大的用户 k^* 发射信号,平均吞吐量 $T_k[m]$利用如下指数加权低通滤波器进行更新,有

$$T_k[m+1]=\begin{cases}(1-1/t_c)T_k[m]+(1/t_c)R_k[m], & k=k^*\\(1-1/t_c)T_k[m], & k=k^*\end{cases} \tag{6-56}$$

观察图 6 - 14 与图 6 - 15 就可以对该算法的工作过程有一个直观的认识,图中画出了两个用户请求数据速率的样本路径与时隙的函数关系(IS - 856 的时隙长度为 1.67 ms)。在图 6 - 14中,两个用户具有相同的衰落统计量,如果调度时间尺度 t_c 远大于信道的相干时间,那

么由对称性可知，各个用户的吞吐量 $T_k[m]$ 收敛于同一数值，该调度算法简化为始终选取请求速率最高的用户。因此，在用户信道质量较好时被调度，同时从长期看，该调度算法是完全公平的。

在图 6-15 中，由于用户与基站之间的距离可能不同，所以即使两个信道都会因多径衰落引起波动，但从平均意义上讲，一个用户的信道可能比另一个用户的信道强得多。始终选取请求速率最高的用户意味着将全部系统资源都分配给统计意义上更强的用户，这是极为不公平的。相反，利用上述调度算法，用户不是根据其请求速率竞争资源，而是根据其关于平均吞吐量的归一化速率进行资源竞争。在统计意义上拥有较强信道的用户将具有更高的平均吞吐量。

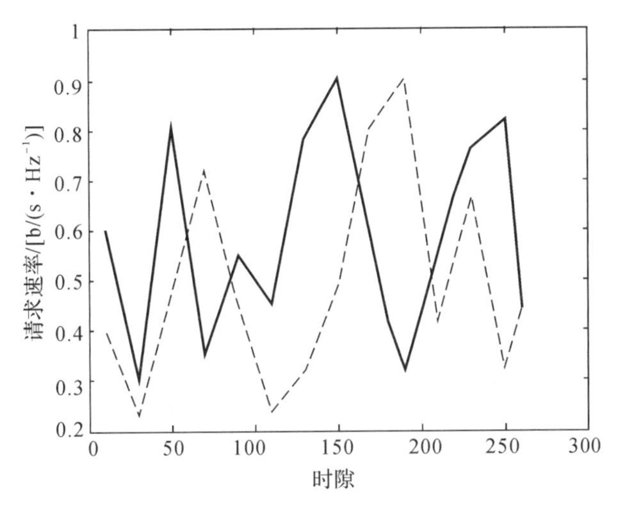

图 6-14　在用户信道统计量对称的情况下，调度算法简化为服务请求速率最大的用户

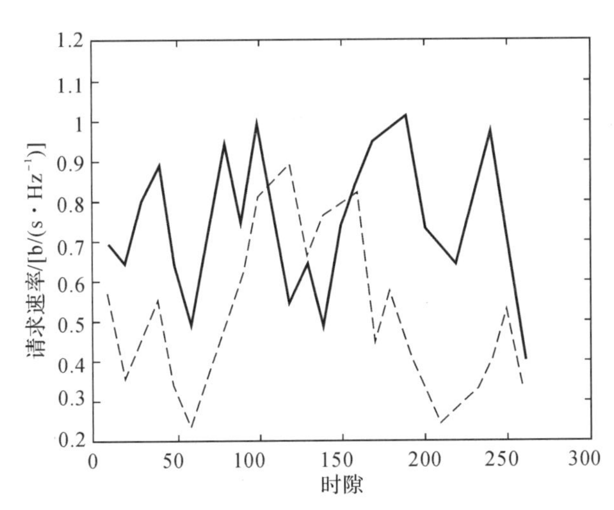

图 6-15　在用户信道统计量不对称的一般情况下，调度算法为延迟时间尺度 t_c 内接近其峰值的用户服务

因此，在用户的瞬时信道质量相对于其时间尺度 t_c 内的平均信道条件更好时，该算法对该用户进行调度。简言之，就是在用户信道接近其自身的峰值时给其发送数据。由于不同用

户的信道波动是相互独立的，因此仍然能够获得多用户分集增益。于是，如果系统中存在足够数量的用户，那么在任意时刻都极有可能存在接近其峰值的用户。

参数 t_c 受到具体应用的延迟时间尺度的制约，峰值就是在这一时间尺度下予以定义的。如果延迟时间尺度较大，则吞吐量在较长的时间尺度内进行平均，并且在用户信道确实遇到峰值被调度发射前，调度器需要能够等待更长时间。

该算法的主要理论特性如下：当 t_c 非常大（趋于 ∞）时，该算法使得所有调度器的

$$\sum_{k=1}^{K} \mathrm{lb} T_k \tag{6-57}$$

最大（见习题 6-28），其中，T_k 为用户 k 的长期平均吞吐量。

2. 多用户分集与叠加编码

比例公平调度是在正交多址接入约束（如 IS-856 中为 TDMA）下处理非对称用户间公平性的一种方法，但是由 6.2.2 节可知，对于 AWGN 信道而言，在这种非对称环境下将叠加编码与 SIC 相结合能够获得比正交多址接入好得多的性能。我们希望在衰落信道中获得类似的增益，于是很自然地将叠加编码与多用户分集调度的益处结合在一起。

一种方法是将小区中的用户根据其靠近基站还是靠近小区边缘分为两类，于是每一类中的用户在统计意义上都具有相当的信道强度。在同类用户中，调度当前信道达到瞬时最强的用户通过叠加编码进行同时传输（见图 6-16），基站附近的用户将发送给远处用户的信号分离后就能够译码其自身的信号。给每一类中最强的用户发射信号就能够获得多用户分集的好处。另外，基站附近用户具有非常强的信道，并且全部自由度都可用（与此相反，正交多址接入中仅部分自由度可用），因而，只需分配较小的功率就可以获得满意的速率。将一小部分功率分配给基站附近用户的好处是，该用户的存在会在最低程度上影响低区边缘用户的性能。因此，通过功率的适当分配就可以保持公平性，习题 6-20 定量给出了该方法优于比例公平 TDMA 调度的效率，习题 6-19 证明了该策略在实现下行链路衰落信道容量区域边界上任一点时是最优的（与此相反，给最佳信道的用户发射的策略仅对和速率是最优的，并且在这种非对称情况下是不公平的工作点）。

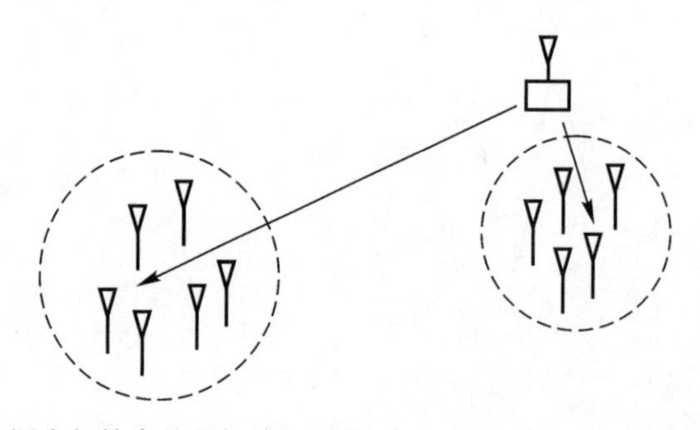

图 6-16　与多用户分集调度相结合的叠加编码，调度每一类中最强的用户通过叠加编码实现同时发射

3. 实际的多用户分集增益

利用比例公平算法可以对实际应用当中实现多用户分集所涉及的问题有更为深入的认识。图 6-17 为在以下三种环境下采用比例公平调度算法时带宽为 1.25 MHz IS-856 下行链路的仿真总吞吐量

(1)固定环境:用户是固定的,但其周围的物体可以运动(2 Hz 莱斯分布,$\kappa=E_{\text{direct}}/E_{\text{specular}}=5$),这里 E_{direct} 为无变化直接路径的能量,而 E_{specular} 是指假定服从瑞利分布的镜像分量或时变分量的能量,该分量的多普勒频谱遵循多普勒扩展为 2 Hz 的克拉克模型(Clarke's model)。

(2)低速运动环境:用户以步行速度(3 km/h,瑞利分布)运动。

(3)高速运动环境:用户以 30 km/h 的速度运动,瑞利分布。

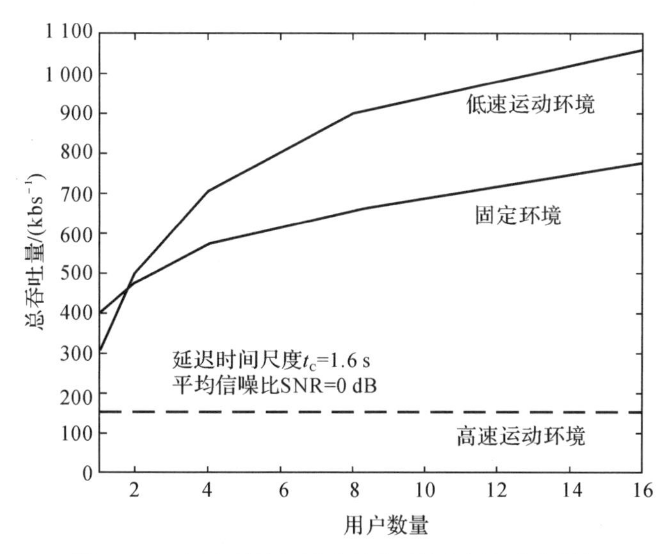

图 6-17　固定环境与运动环境下的多用户分集增益

为比较公平起见,平均信道增益$\mathbb{E}[|h|^2]$在上述三种情况下保持相同。在固定环境和低速运动环境下,总的吞吐量随着用户数量的增加而增加,但在低速运动环境下增加得更为明显。虽然在这两种情况下都存在信道波动,但运动环境下信道波动的动态范围和波动速率均大于在固定环境下的动态范围和波动速率(见图 6-18),这就意味着在延迟时间尺度(这些例子中 $t_c=1.67$ s)内,运动环境下的信道波动峰值可能更高,并且这些峰值决定了调度算法的性能。因此,在固定环境下固有的多用户分集非常有限。

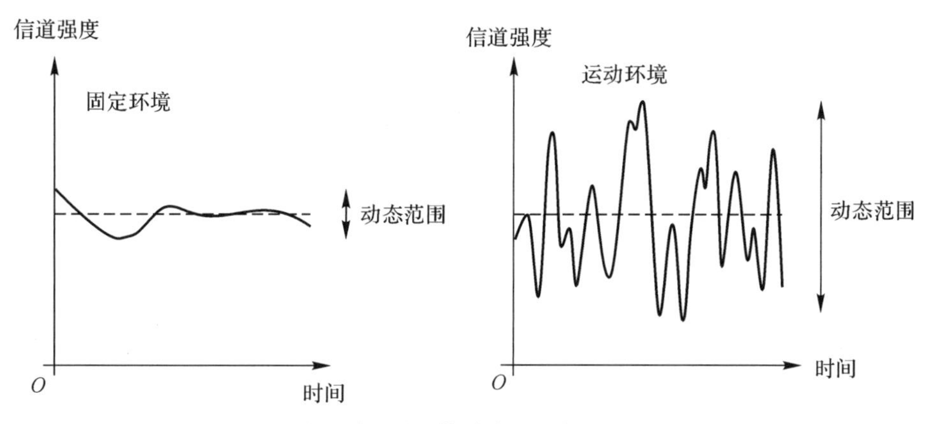

图 6-18　在运动环境下信道波动更快且动态范围更大

那么,由此能够认为高速运动环境下的吞吐量增益更高吗?实际上,事实完全相反,此时的总吞吐量几乎不随用户数量的增加而增加。结果表明以该速率运动的接收机很难跟踪并预测信道波动,所以预测信道是实际衰落过程经低通平滑后的结果。因此,即使实际信道存在波动,如果不知道信道在什么时候状态良好也不可能实现机会式通信。

下述讨论如何在高速运动环境下改善信道的跟踪,6.7.3 节将讨论在固定环境下改进固有多用户分集的一种方法。

6.7.2 信道预测与反馈

预测误差受到两方面的影响:利用导频信号测量信道时的误差以及向基站反馈信息时的时延。在下行链路中,导频信号为大量用户所共享,其信号很强,因此测量误差相当小,预测误差主要由反馈时延造成,在 IS-856 中,该时延大约为两个时隙,即 3.33 ms。当车辆速度为 30 km/h,载波频率为 1.9 GHz 时,相干时间近似为 2.5 ms,此时信道相干时间与时延相近,从而使得预测变困难。

降低反馈时延的一种补救措施是缩小调度时隙的长度,但是这样做会增加请求速率的反馈频率,从而增加系统开销。仍然存在降低反馈时延的方法。在当前系统中,每个用户都反馈请求速率,但实际上仅信道接近其峰值的用户才有机会被调度发射,因此,另一种方法是仅当各用户当前的请求速率与平均吞吐量之比 $R_k[m]/T_k[m]$ 超过某一阈值 γ 时,才反馈请求速率。通过选择这个阈值 γ 可以实现用户发送反馈总量的平均值与给定时隙无用户发送任意反馈(这样就浪费了这个时隙)的可能性之间的折中(见习题 6-22)。

在 IS-856 系统中的下行链路实现了多用户分集调度,但同样的概念还适用于上行链路,只是预测误差与反馈的问题有所不同。在上行链路中,基站不断地测量用户的信道,从而每个用户都需要一个独立的导频;下行链路包含一路导频信号,通过用户之间的分担就可以得到一路强导频。然而,上行链路中分配给导频的功率通常很小,因此,期望测量误差在上行链路影响更大,而且即便现在用户没有被调度发射,也必须不断地发送导频信号,从而对其他用户造成一定的干扰。另一方面,基站仅需广播某个时隙调度哪个用户发射,所以反馈量比下行链路少得多(实现选择性反馈方案时除外)。

以上讨论适用于 FDD 系统,习题 6-23 将要求读者对 TDD 系统的类似问题展开讨论。

6.7.3 利用失谐天线实现机会式波束成形

多用户分集的数量取决于信道波动的速率和动态范围。在信道波动较小的环境中,一个很自然的想法是,为什么不引入速度更快、幅度更大的信道波动来放大多用户分集增益呢?集中在下行链路介绍利用基站的多副发射天线实现这一目的的方法,如图 6-19 所示。

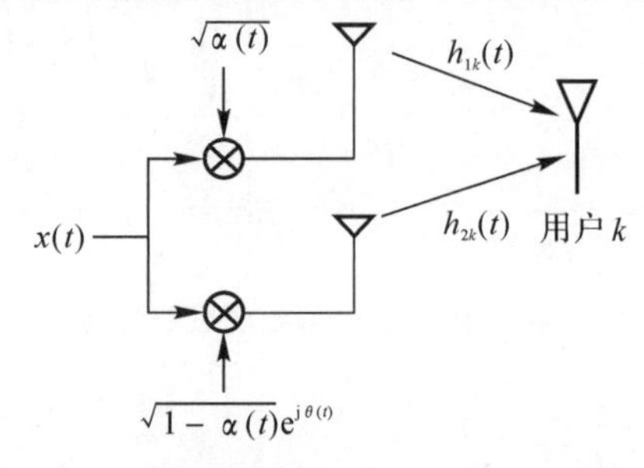

图 6-19 相同信号通过两副时变相位和功率的天线进行发射

考虑基站包括 n_t 副发射天线的系统，设 $h_{lk}[m]$ 为时刻 m 从天线 l 到用户 k 的复信道增益。在时刻 m，所有天线发射相同的符号 $x[m]$，只是在各天线 $l(l=1,2,\cdots,n_t)$ 都乘以一个复数 $\sqrt{\alpha_l[m]}\mathrm{e}^{\mathrm{j}\theta_l[m]}$，要求 $\sum_{l=1}^{n_t}\alpha_l[m]=1$ 以保持发射总功率不变。用户 k 的接收信号（可与式（6－50）中的基本下行链路衰落信道模型进行比较）为

$$y_k[m]=\left(\sum_{l=1}^{n_t}\sqrt{\alpha_l[m]}\mathrm{e}^{\mathrm{j}\theta_l[m]}h_{lk}[m]\right)x[m]+w_k[m] \tag{6-58}$$

如果用矢量形式表示，则该方案在时刻 m 发射 $\boldsymbol{q}[m]x[m]$，式中

$$\boldsymbol{q}[m]=\begin{bmatrix}\sqrt{\alpha_1[m]}\mathrm{e}^{\mathrm{j}\theta_1[m]}\\ \sqrt{\alpha_2[m]}\mathrm{e}^{\mathrm{j}\theta_2[m]}\\ \vdots\\ \sqrt{\alpha_{n_t}[m]}\mathrm{e}^{\mathrm{j}\theta_{n_t}[m]}\end{bmatrix} \tag{6-59}$$

为单位矢量，并且

$$y_k[m]=(\boldsymbol{h}_k^*[m]q[m])x[m]+w_k[m] \tag{6-60}$$

式中，$\boldsymbol{h}_k[m]^*=(h_{1k}[m],\cdots,h_{n_tk}[m])$ 为从发射天线阵列到的用户 k 的信道矢量。

于是，用户 k 经历的总信道增益为

$$\boldsymbol{h}_k^*[m]\boldsymbol{q}[m]=\sum_{l=1}^{n_t}\sqrt{\alpha_l[m]}\mathrm{e}^{\mathrm{j}\theta_l[m]}h_{lk}[m] \tag{6-61}$$

$\alpha_l[m]$ 表示分配给各发射天线的功率比例，$\theta_l[m]$ 表示各天线对信号施加的相移，随时间改变这些量（$\alpha_l[m]$ 变化范围为 0 到 l，$\theta_l[m]$ 的变化范围为 0 到 2π），天线就可以在时变方向上发射信号，并且即使物理信道增益 $\{h_{lk}[m]\}$ 波动非常小，也会在整个信道中引起波动（见图6－20）。

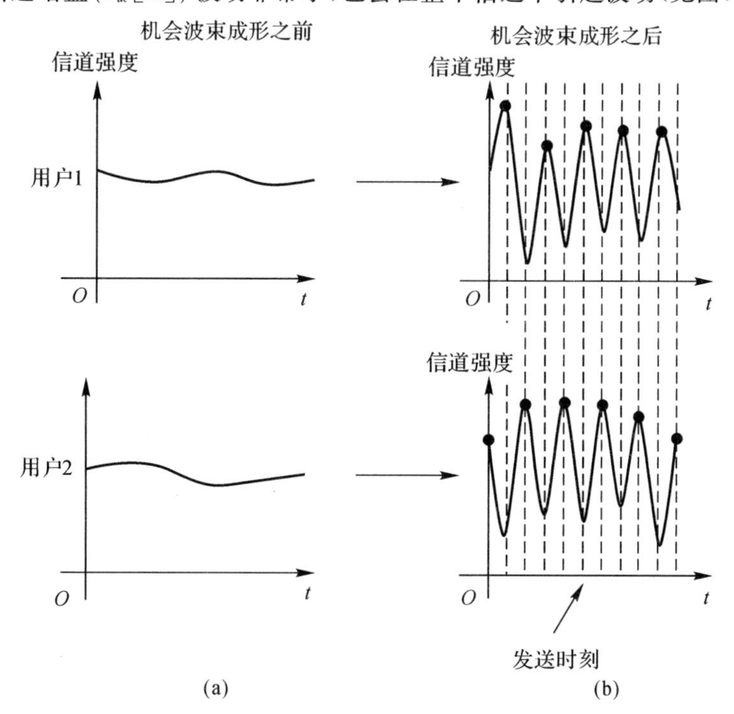

图 6－20　采用机会式波束成形之前（图(a)）与之后（图(b)）两个用户的慢衰落信道的图形表示

与单副发射天线的系统相同，各用户 k 向基站反馈其自己信道总的接收信噪比 $|\boldsymbol{h}_k^*[m]q[m]|^2/N_0$（或者信道当前能够支持的等效数据速率），基站相应地调度给用户发送的时刻，无须测量各信道增益 $h_{lk}[m]$（相位或幅度）。实际上，多副发射天线的存在对于用户是完全透明的。因此，只需要一路导频信号进行信道测量（与测量每个天线增益都需要一路导频信道的情况相反），该导频符号与数据符号一样都在发射天线重复发射。

$\{\alpha_l[m]\}$ 与 $\{\theta_l[m]\}$ 随时间的波动速率（或者等效地，发射方向 $\boldsymbol{q}[m]$ 的波动速率）是系统的一个设计参数，希望该参数在感兴趣的延迟时间尺度内尽可能快地提供全部信道波动。另外，能够达到多快的速度还存在实际的限制，波动应该足够慢，并且应该在允许用户可靠地估计信道并反馈信噪比的时间尺度上出现波动。同时，波动应该足够慢以确保用户经过的信道不会发生突然变化，从而保持信道跟踪环路的稳定性。

1. 慢衰落：机会式波束成形

为了解这一方案的性能，考虑用户 k 的信道增益矢量保持恒定的慢衰落情况，即对于所有 m，$\boldsymbol{h}_k[m]=\boldsymbol{h}_k$（实际上，这意味着感兴趣的延迟时间尺度内的所有 m）。当仅使用一副天线时，该用户的接收信噪比必将保持恒定，如果系统中的所有用户都经历这样的慢衰落，则不能利用任何多用户分集增益。另外，如果采用以上提出的方案，各用户 k 的总信道增益 $\boldsymbol{h}_k^*[m]\boldsymbol{q}[m]$ 就会随时间改变并且提供利用多用户分集的机会。

现在集中讨论一个特定的用户 k。如果 $\boldsymbol{q}[m]$ 在所有方向上变化，那么用户 k 经历的信道的幅度二次方 $|\boldsymbol{h}_k^*[m]\boldsymbol{q}[m]|^2$ 的变化范围为 0 到 $\|\boldsymbol{h}_k\|^2$，当信号传输对齐到用户 k 的信道方向上时，即 $\boldsymbol{q}[m]=\boldsymbol{h}_k/\|\boldsymbol{h}_k\|$ 时（回顾 5.3 节例 5.2）出现峰值，于是，波束成形配置中的功率和相位值为

$$\alpha_l=\frac{|h_{lk}|^2}{\|\boldsymbol{h}_k\|^2},\quad l=1,2,\cdots,n_t$$

$$\theta_l=-\arg(h_{lk}),\quad l=1,2,\cdots,n_t$$

为了能够对特定用户进行波束成形，基站需要知道来自所有天线的各信道的幅度响应和相位响应，这就要求反馈更多的信息而不仅仅是总的信噪比。然而，如果系统中存在大量用户，那么比例公平算法仅在用户总的信噪比接近其峰值时才调度给该用户发射。因此，在慢衰落环境下这种技术能够接近相干波束成形的性能，但仅需总的信噪比反馈（见图 6-21）。在这种情况下，该技术可以解释为机会式波束成形，通过改变分配给发射天线的相位和功率，对波束进行随机扫描并在任意时刻调度给当前距离该波束最近的用户发射。当用户数量很大时，任意时刻都可能存在距离该波束非常近的用户，这一直观认识已经被正式证明（见习题 6-29）。

2. 快衰落：增加信道波动

通过增加总信道质量的快速时间尺度波动，机会式波束成形极大地改善了慢衰落环境中的性能，信道波动的速率是人为提高的。如果信道本身的波动已经很快（相对于延时时间尺度），那么机会式波束成形还会有所帮助吗？快衰落情况下的长期吞吐量仅取决于信道增益的平稳分布，于是，在快衰落时机会式波束成形的影响就取决于总信道增益的平稳分布如何由功率和相位的随机性进行修正。直观地讲，如果能够增加 h_k 分布的动态范围，就可以更好地利用多用户分集增益，这样最大信噪比就可以变得更大。下面考虑普通衰落模型的两个实例。

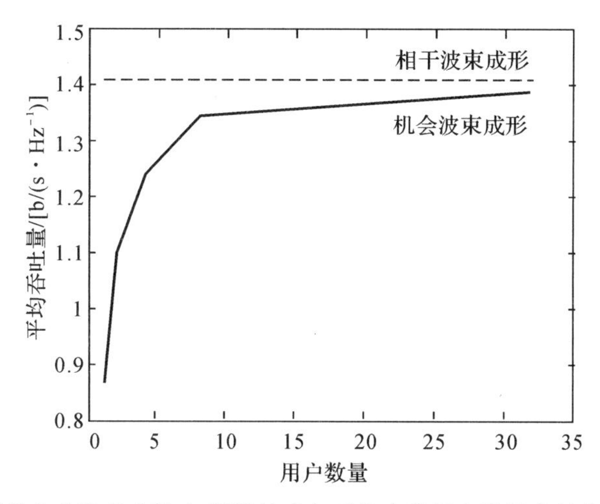

图 6-21　采用机会式波束成形时，频谱效率与系统中的用户数量之间的函数关系曲线，此时为瑞利慢衰落信道中用户和信道随时间不变的情形。图中的频谱效率曲线表示关于瑞利分布的平均性能。随着用户数量的增加，该性能接近真实波束成形时的性能

(1)独立瑞利衰落：该模型适用于存在全散射且发射天线间距足够大的环境，信道增益 $h_{1k}[m], h_{2k}[m], \cdots, h_{n_t k}[m]$ 为独立同分布复高斯随机变量。在这种情况下，信道矢量 $\boldsymbol{h}_k[m]$ 是各向同分布的，对于任意选取的 $\boldsymbol{q}[m]$，$\boldsymbol{h}_k^*[m]\boldsymbol{q}[m]$ 为循环对称高斯矢量，而且总的增益对不同的用户是相互独立的。因此，信道的平稳统计量与一副发射天线时的原始情况相同，于是，在独立瑞利快衰落环境下，机会式波束成形技术并不会提供任何性能增益。

(2)独立莱斯衰落：与瑞利衰落的情况相反，机会式波束成形在莱斯环境下，特别是当 κ 因子很大时，会产生很重要的影响。在这种情况下，这一方案会极大地增加波动的动态范围，这是因为基本莱斯衰落过程的波动就来源于散射分量，同时其相位和功率都是随机的，除散射分量引起的波动外，来自不同发射天线的信号的直接路径分量相干叠加和抵消也会引起波动。如果直接路径分量比散射分量(κ 值很大)强得多，则采用这种技术可以产生更大的波动。

图 6-22 证实了这一直观认识，图中画出了在 $\kappa=10$ 的莱斯衰落下比例公平算法(t_c 很大，为 100 个时隙的数量级)的总吞吐量。从图中可以看出，采用机会式波束成形后，从一副天线变为两副天线时，性能会得到相当大的改善，为便于比较，图中还画出了纯瑞利衰落时的类似曲线。正如所料，在这种情况下不存在任何性能改善。图 6-23 比较了一副天线和两副天线情况下总信道增益 $|\boldsymbol{h}_k[m]^* q[m]|$ 的平稳分布，由此可以看出机会式波束成形所带来的动态范围增大。

3. 天线：失谐、智能与超智能

到目前为止，本节的讨论都集中在利用多副发射天线引入更大、更快的信道波动，从而获得多用户分集的收益。将这一技术与本书前面已经讨论过的另外两种点对点发射天线技术进行比较，会对此有一个更深入的理解：

(1)与 Alamouti 方案类似的空时码(3.3.2 节)：空时码主要用于增加慢衰落点对点链路的分集。

(2)发射波束成形(5.3.2 节)：除提供分集外，通过用户端信号的相干叠加还能够获得功

率增益。

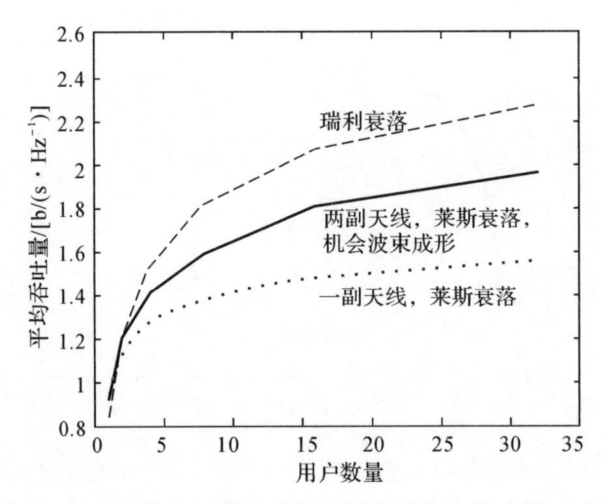

图 6-22　在莱斯快衰落下，采用与不采用机会式波束成形时的总吞吐量与用户数量之间的函数关系曲线，功率分配 α_l 均匀分布在区间[0,1]上，相位 θ_l 均匀分布在区间[0,2π]上

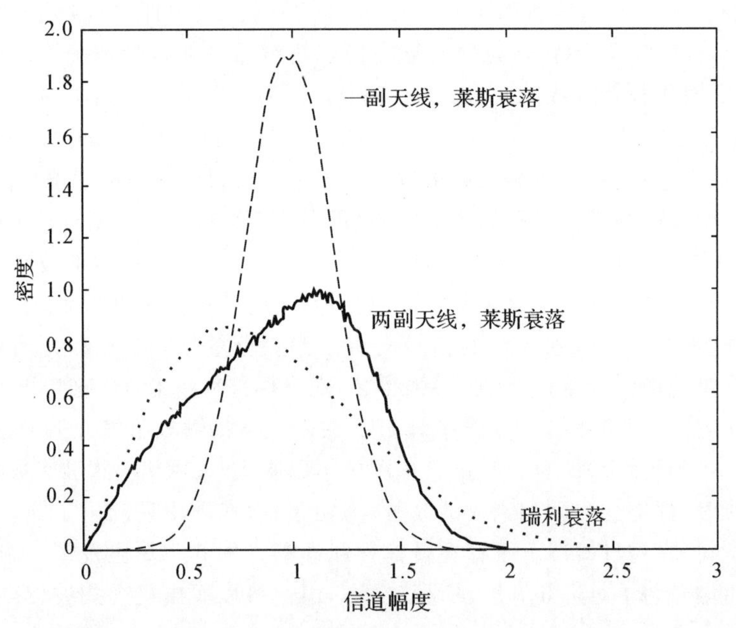

图 6-23　在莱斯衰落下，利用两副发射天线，采用与不采用机会式波束成形时总信道增益的分布比较，图中同时给出了瑞利分布的情况

这三种技术具有不同的系统要求。与 Alamouti 方案类似的相干空时码要求用户跟踪全部发射天线对应的独立的信道增益(包括幅度和相位)，这就要求各发射天线有单独的导频符号。发射波束成形甚至有更强的要求，即发射机必须已知信道，在 FDD 系统中，这就意味着实现独立信道增益(幅度和相位)的反馈。与这两项技术相比，机会式波束成形技术无论在用户端还是发射端都不要求知道关于独立信道增益的任何知识，实际上，用户完全不知道存在多副

发射天线这一事实,此时的接收机与一副天线情况下的接收机也相同,因此,称之为失谐天线。机会式波束成形的确依赖于多用户分集调度,要求各用户反馈总的信噪比,然而,此时仅需一路导频信号来测量整个信道。

将这些技术用于下行链路时的性能如何呢？在慢衰落环境下,我们已经注意到,当系统中存在大量用户时,机会式波束成形的性能接近发射波束成形的性能。另外,空时码的性能不及发射波束成形的性能,因为空时码无法捕获阵列功率增益,这就意味着,当存在大量用户时,在下行链路的两副发射天线采用 Alamouti 方案的性能比机会式波束成形与多用户分集调度联合使用时的性能差 3 dB。因此,失谐天线与智能调度相结合的性能超过了智能空时码的性能,同时接近超智能发射波束成形的性能。

在瑞利快衰落环境中的性能如何呢？在这种情况下,由于已经实现了全部多用户分集增益,因此失谐天线对整个信道没有任何影响。另外,空时码增加了点对点链路的分集,因而减少了信道波动以及多用户分集增益(习题 6－31 对此进行更为详细的说明)。因此,在具有速率控制和调度的多用户下行链路采用空时码作为点对点技术实际上是有害的,因为此时甚至是自然存在的多用户分集也会被消除。采用发射波束成形对性能产生的影响不是很清楚:一方面,它降低了信道波动,从而降低了多用户分集增益,但另一方面它又提供了阵列功率增益。然而,在 FDD 系统中,快衰落信道可能使反馈相干波束成形所需的大量信息变得非常困难。

上述三种方案的比较结果见表 6－1。这三种技术都是在一个时刻利用多副天线给单个用户发射信号,如果发射机具有完整的信道知识,超智能方案就能够利用多天线信道中固有的多个自由度给多个用户同时发射,第 10 章将对此展开讨论。

表 6－1　利用发射天线的三种方法的比较

	失谐天线 (机会式波束成形)	智能天线 (空时码)	超智能天线 (发射波束成形)
信道知识	总的信噪比	接收端的完整 CSI	接收端与发射端的完整 CSI
慢衰落性能增益	分集增益与功率增益	仅分集增益	分集增益与功率增益
快衰落性能增益	无影响	多用户分集↓	多用户分集↓功率↑

6.7.4　多小区系统中的多用户分集

至此已经讨论了高斯白噪声假设下的单小区情形。对于全频率复用的宽带蜂窝系统(例如第 4 章介绍的基于 CDMA 和 OFDM 的系统),研究小区间干扰对系统性能的影响是非常重要的,特别是在干扰受限的情况下。在蜂窝系统中,通过 SINR(信干噪比)测量用户的信道质量就可以捕获这种影响。在衰落环境下,接收信号与接收干扰的能量随时间波动,由于多用户分集调度算法根据信道的 SINR(取决于信道的幅度和干扰的幅度)进行资源分配,所以它会自动利用接收信号能量与干扰能量的这两种波动:该算法试图给瞬时信道质量好且干扰弱的用户调度资源。因此,多用户分集很自然地利用了时变干扰来提高网络的空间复用程度。

从这个观点看,在基站发射天线处幅度和相位的随机化的另一个作用是,不仅增大了小区内目标用户的接收信号的波动幅度,而且增加了基站在相邻小区中造成的干扰的波动。因此,机会式波束成形在干扰受限的蜂窝系统中具有两方面的好处。实际上,机会式波束成形同时执行了机会归零:天线发射信号的幅度和相位的随机化允许对小区内某用户进行近似的相干波束成形,同时也在相邻小区内的其他用户处产生近似零陷,这实质上是对当前调度的用户进行干扰回避。

现在集中讨论下行链路平坦慢衰落的情形,从而了解机会式波束成形与归零带来的性能增益。如果在所有基站处都进行幅度和相位的随机化,那么受到 J 个相邻基站干扰的典型用户的接收功率为

$$y[m]=(\boldsymbol{h}^{*}\boldsymbol{q}[m])\,x[m]+\sum_{j=1}^{J}(\boldsymbol{g}_{j}^{*}\boldsymbol{q}_{j}[m])\,u_{j}[m]+z[m] \tag{6-62}$$

式中,$x[m]$,$\boldsymbol{h}$,$\boldsymbol{q}[m]$ 分别为信号、信道矢量和所研究基站的随机发射方向;$u_j[m]$,$\boldsymbol{g}_j$,$\boldsymbol{q}_j[m]$ 分别为来自第 j 个基站的干扰信号、信道矢量和随机发射方向。所有基站都具有相同的发射功率 P 以及 n_{t} 副发射天线,并且独立地执行幅度和相位的随机化。

关于信号 $x[m]$ 与干扰 $u_j[m]$ 进行平均,能够计算出用户 k 的(时变)SINR 为

$$\mathrm{SINR}_{k}[m]=\frac{P\mid\boldsymbol{h}^{*}\boldsymbol{q}[m]\mid^{2}}{P\sum_{j=1}^{J}\mid\boldsymbol{g}_{j}^{*}\boldsymbol{q}_{j}[m]\mid^{2}+N_{0}} \tag{6-63}$$

随着随机发射方向 $\boldsymbol{q}[m]$,$\boldsymbol{q}_j[m]$ 的变化,总的 SINR 也随时间改变,这是因为所研究基站以及干扰基站的总增益的波动引起的。当 $\boldsymbol{q}[m]$ 对齐在信道矢量 $\boldsymbol{h}$ 附近时以及/或者对于大量 j,$\boldsymbol{q}_j[m]$ 与 $\boldsymbol{g}_j$ 近似正交,即用户位于第 j 台基站干扰方向图的零点附近时,SINR 较高。在包括大量其他用户的系统中,当用户的 SINR 达到其峰值 $P\|\boldsymbol{h}\|^2/N_0$ 时,即当接收信号最强且干扰被完全消除时,比例公平调度器将为该用户服务。因此,机会归零与波束成形技术具有将用户从低SINR的干扰受限状态转向高SINR的噪声受限状态的潜能,习题6-30对SINR分布的拖尾进行了分析。

6.7.5 系统级观点

透过多用户分集可以看到一种新型的无线系统设计原理。在第 4 章介绍的系统中,许多设计技术关注的是使得各个点对点链路尽可能接近 AWGN 信道,实现不随时间变化的可靠信道质量,这可以通过信道平均完成,采用了诸如多径合并、时间交织以及天线分集等以保持信道衰落恒定的分集技术,同时也采用了基于扩频实现干扰平均的干扰管理技术。

然而,如果转换观点,将由一组点对点链路组成的无线系统看成是许多用户共享相同资源(频谱与时间)的无线系统,则会提出完全不同的设计目标。的确,本章的结论正表明应该试图利用信道波动,这是通过一种适当的"骑上峰值(ride the peaks)"的调度算法实现的,即在考虑到诸如时延与公平性等实际业务约束的情况下,调度信道非常强的用户进行发射。失谐天线技术在不存在任何变化时通过制造变化而有了更进一步的发展,这是通过同时改变用户利用机会式波束成形和归零接收到的信号与干扰的强度实现的。

机会式通信方法的可行性取决于业务是否能够容忍调度时延。另外,还存在一些不太灵活的业务形式,无线系统的功能是由开销控制信道支持的,这类信道是"电路交换的",因而不同于具有动态调度灵活性的数据业务,具有非常严格的延迟要求。从这些信号的角度看,希望保持信道没有衰落,与采用调度器时希望信道出现又快又大的波动的要求彻底矛盾。

这个问题表明了如下设计观点:将超低延迟信号(例如控制信号)从灵活延迟数据中分离

出来。实现这一分离的一种方法是将带宽分为两个部分，使得其中一部分尽可能平坦(例如利用第 4 章介绍的原理，在这部分带宽上进行扩频)并用于传输具有超低延迟需求的业务流，这里的性能衡量指标是使信道对于某些固定的数据速率尽量可靠(相当于保持低中断概率)；第二部分采用机会式波束成形引入又大又快的信道波动，并通过调度器控制多用户分集增益，这一部分的性能衡量指标为是否最大化多用户分集增益。

机会式波束成形与归零的增益取决于接收信号接近波束成形且所有干扰近似为零的概率。在干扰受限的情况下，如果 $P/N_0 \gg 1$，则性能主要取决于后一个事件的概率(见习题 6 - 30)。在下行链路中，由于绝大部分干扰仅来自于一个或两个基站，所以这一概率比较大。上行链路与此恰好完全不同：存在来自大量移动台的干扰要进行干扰平均，于是总干扰接近于零的概率就非常小，干扰平均作为宽带全复用系统(诸如第 4 章介绍的基于 CDMA 和 OFDM 的系统)的主要设计特征之一对于本章介绍的机会式通信实际上是不利的，原因是它降低了干扰归零的可能性，从而也降低了出现 SINR 峰值的可能性。

在典型的小区中都存在用户的某种分布，有些用户距离基站较近，有些用户则距离小区边缘较近。距离基站近的用户 SINR 高，并且是噪声受限的，相邻小区干扰的贡献相对较小，这些用户主要受益于机会式波束成形。另外，距离小区边缘近的用户 SINR 低，并且是干扰受限的，平均干扰功率远大于背景噪声功率，这些用户既受益于机会式波束成形又受益于小区间干扰的机会归零。因此，该系统中小区边缘的用户比小区内部的用户受益更大，由于小区边缘用户的服务质量较差，所以从系统公平性的观点看，这恰是我们非常希望的。这一特征对于没有软切换(在分组数据调度系统中很难实现软切换)的系统而言尤为重要。为了使机会归零的优势最大化，在满足常规硬件约束的条件下，应将基站发射功率设置得尽可能大。[见习题6 - 30 (5)，对这一问题进行了更为详细的研究]

我们把多用户分集看作功率增益的一种主要形式，与一副天线的情况相比，采用多发射天线阵列的机会式波束成形技术对慢衰落环境下用户接收信噪比的 t 提高近似为 n_t 倍。如果各移动台采用由 n_r 副接收天线组成的天线阵列(同时基站仅采用一副发射天线)，则与一副接收天线相比，任何用户的接收信噪比都会获得 n_r 倍的改善，这种增益是由接收机波束成形实现的。由于移动台各天线单元具有完整的信道信息，所以很容易完成上述运算，因此，机会式波束成形的增益与各移动台安装接收天线阵列的增益约为同一个数量级。

因此，对于系统设计人员而言，鉴于空间以及各移动设备安装多副天线成本的约束，机会式波束成形技术是系统实现的必然选择，而且该技术既不需要对任何用户设备进行额外的处理，也不需要更新现有的空中链路接口标准。换句话说，移动接收机对是否采用这项技术完全一无所知，这就意味着该项技术无须“嵌入”(即通过将其适当地包含在空中接口标准和接收机设计中实现嵌入)，而且可以随时增加或删除。从整个系统设计的观点看，这是此项技术的重要优势之一。

在第 4 章研究的蜂窝无线系统中，小区扇区化使得天线的发射功率更为集中，同时也降低了移动用户经历的同一基站发射给其他扇区中用户的信号引起的干扰。当基站安装位置很高，从而基站周围存在有限散射时，这种技术可获得较大的增益；相反，在基站安装密度很大的系统中(提供移动宽带数据业务的无线系统所期望的一种有效策略)，要求基站安装高度高从而使(基站周围的)局部散射最小就不合理了。在城市环境中，基站周围存在大量的局部散射，扇区化的增益最小，扇区内的用户同时经历了同一基站发送给其他扇区信号的干扰(由局部散射引起),机会式波束成形技术可以理解为扫描随机波束并在波束成形后调度给用户的传输,因此,自动实现了扇区化的增益。于是得出结论,即便是在基站海拔低,存在大量局部散射的情况下,机会式波束成形技术也特别适合于获取扇区化增益。在蜂窝系统中,采用机会式波束成形技术还可以获得归零增益,这种增益通常在全频率复用系统中通过相邻基站的协同传输或者对频率复用模式的适当设计才能获得。

上述讨论的总结见表 6-2。

表 6-2　传统的多址接入与机会式通信的比较

	传统的多址接入	机会式通信
指导原则	平均掉信号的快速波动	利用信道波动
发射端知识	须跟踪慢速波动,无须跟踪快速波动	跟踪尽可能多的波动
控制	对慢速波动进行功率控制	对所有波动进行速率控制
时延要求	能够支持严格的时延	要求一定的松弛性
发射天线的作用	点对点分集	增加波动
下行链路的功率增益	多副接收天线	通过多副发射天线实现机会式波束成形
干扰管理	干扰平均	机会式干扰避免

第 6 章　主要知识点

本章研究了上行链路信道和下行链路信道的容量,讨论了两组重要的概念:连续干扰消除(SIC)与叠加编码以及多用户机会式通信与多用户分集。

SIC 与叠加编码

(1)上行链路。

允许用户在整个带宽内同时发射并采用 SIC 对用户进行译码就可以实现容量。

与存在远近效应环境下的传统多址接入技术相比,SIC 具有显著的性能增益。它在为弱信号用户提供尽可能最好性能的同时,利用附近用户的强信道为其提供高传输速率。

(2)下行链路。

通过叠加用户信号并在接收机进行连续干扰消除来实现容量,强信道用户首先对弱信道用户的信号进行译码,之后再译码自身的信号。

叠加编码/SIC 相对于正交技术具有显著的增益,给强信道用户仅分配少量的功率来实现高传输速率,同时给弱信道用户提供近似最优的性能。

多用户机会式通信与多用户分集

(1)机会式通信。

对称上行链路衰落信道为

$$y[m]=\sum_{k=1}^{K}h_k[m]x_k[m]+w[m] \tag{6-64}$$

仅接收端具有 CSI 时的和容量为

$$C_{\text{sum}}=\mathbb{E}\left[\text{lb}\left(1+\frac{\sum_{k=1}^{K}|h_k|^2P}{N_0}\right)\right] \tag{6-65}$$

当用户数量很大时上述和容量非常接近于 AWGN 信道容量。正交多址接入是严格次最优的。

具有完整 CSI 时的总容量为

$$C_{\text{sum}}=\mathbb{E}\left[\log\left(1+\frac{P_{k*}(h)\ |h_{k*}|^2}{N_0}\right)\right] \tag{6-66}$$

式中，k^* 为联合信道状态 $\boldsymbol{h}$ 中信道最强的用户。在衰落状态下仅给拥有最佳信道的用户发射并执行注水功率分配 $P_{k*}(\boldsymbol{h})$ 就可以实现这一容量。

对称下行链路衰落信道为

$$y_k[m]=h_k[m]x[m]+w_k[m],\quad k=1,2,\cdots,K \tag{6-67}$$

仅接收端具有 CSI 时的和容量为

$$C_{\text{sum}}=\mathbb{E}\left[\log_2\left(1+\frac{|h_k|^2P}{N_0}\right)\right] \tag{6-68}$$

可以通过正交多址接入实现。

具有完整 CSI 时的总容量与上行链路的情况相同。

(2)多用户分集。

多用户分集增益：在完整 CSI 下，容量随用户数量增加而增加，在大规模系统中，总会以高概率存在一个用户拥有很强的信道。

实现多用户分集的系统问题如下：

1)公平性：当一些用户的信道在统计意义上比其他用户的信道强时，如何保证接入信道的公平性。

2)时延：不能为获得良好信道等待过长的时间。

3)信道跟踪：必须对信道进行测量并以足够快的速度进行反馈。

4)幅度小速度慢的信道波动：当信道变化过于缓慢并且/或者动态范围过小时，多用户分集增益就会受到限制。

本章所讨论的解决方案为：

1)在时延约束范围内，当某一用户信道接近其峰值时，比例公平调度器向其发送信号，每个用户接入信道的时间基本相同。

2)通过减小时隙和更为频繁地进行反馈可以降低信道反馈时延，各用户仅在其信道接近峰值时有选择地反馈信道状态便可以减少总的反馈。

3)利用多副发射天线执行机会式波束成形就能够加速信道波动，同时增加其动态范围，这种方法可以扫描随机波束并在波束成形后调度用户的传输。

在蜂窝系统中，多用户分集调度也起到了避免干扰的作用，即当用户信道很强并且小区外干扰很弱时才安排用户传输。

采用多副发射天线既可以执行机会式波束成形，又可以执行机会式波束归零。

6.8 文献说明

Ahlswede[2]与 Liao[73]首先提出了一般多址接入信道的经典论述，描述了容量区域的特征，并推导了高斯多址接入信道这一特殊情况的容量区域。Gallager[45]做了关于 MAC 文献的全面综述。Hui[59] 首先观察到采用单用户译码的上行链路和容量的上界为1.442 b/(s・Hz^{-1})。

Cover[25]介绍了一般的广播信道，其容量的完整特征正是信息论中存在争议的著名问题之一。将叠加编码作为最优策略可以全面理解按照信道质量对用户进行“排序”的退化广播信道，参见 Cover 与 Thomas 合著的教材[26]的 14.6 节。Marton[81]给出了最佳内外边界，文献[24]提供了全面的文献综述。

Gallager[44]推导了采用接收端 CSI 的上行链路衰落信道的容量区域，同时证明了正交多址接入方案在衰落信道中是严格次最优的。Knopp 与 Humblet[65]研究了采用完整 CSI 的上行链路衰落信道的和容量，指出仅给一个用户发射信号是最优策略。在此之前，Cheng 与 Verdú[20]在研究时不变上行链路频率选择性信道时也得出了类似结论，这些信道都是并行高斯多址接入信道的实例，因此二者的结论在数学上是等价的，后一篇文献的作者还推导了两个用户情况下的容量区域。Tse 与 Hanly[122]利用区域的基本多拟阵属性得出了任意数量用户时的容量区域解。

Tse[124]，Li 与 Goldsmith[74]完成了采用完整 CSI 的下行链路衰落信道的研究，此项研究的重要结论是，衰落下行链路的确为并行退化广播信道，并且对其容量有了彻底的理解（El Gamal[33]）。下行链路与上行链路的资源分配解决方案存在有趣的相似性，第 10 章会进一步深入研究这一联系。

与我们所理解的点对点衰落信道相比，多用户分集是上行链路与下行链路衰落信道研究的一个关键的区别特征。术语“多用户分集”是由 Knopp 与 Humblet[66]提出的，Tse[19]利用比例公平调度器将多用户分集的概念合并到 IS－856(CDMA 2000 EV－DO)的下行链路设计中。在实际情况中，已经报道的性能增益达到 50%～100%（Wu 与 Esteves[149]）。

如果信道为缓慢变化的，那么多用户分集增益就是有限的，机会式波束成形的思想是在保持相同平均信道质量的同时，通过制造波动缓解了这种缺陷，这一想法是由 Visvanath 等人[137]提出的，他们还研究了机会式波束成形对系统设计的影响。

关于控制多用户分集增益的调度器设计已经开展了不少研究工作，并出现了比例公平调度器的理论分析，如 Borst 与 Whiting 的工作[12]。

6.9 习　　题

习题 6－1　因为两个用户发送的信息相互独立，并且不能协作编码，所以式(6－6)中的和约束成立。如果两个用户能够协作编码，仍然假定两个用户各自的功率约束为 P_1 与 P_2，那么他们能够达到的最大和速率为多少？在 $P_1=P_2$ 的情况下，试求在低信噪比和高信噪比下该协作增益的数值，在哪种情形下增益更大？

习题 6－2　考虑式(6－1)中的基本上行链路 AWGN 信道，用户 $k(k=1,2)$的功率约束为

P_k。6.1.3 节指出，当自由度的划分与用户的功率成正比时，正交多址接入是最优的。试验证这一结论，同时证明其他任何一种自由度的划分都是严格次最优的，即相应的速率对严格地位于图 6－2 中多边形容量区域的内部。提示：将和速率看作是点对点信道的性能并应用习题 5－6的结果。

习题 6－3　对于两个用户的上行链路信道，计算对称容量式(6－2)，确定存在非常好的工作点的情形。

习题 6－4　考虑单个 IS－95 小区的上行链路，控制所有用户的发射功率使得基站的接收功率均为 P。

(1) 在 IS－95 系统中，译码由传统的 CDMA 接收机完成，将来自其他用户的干扰处理为高斯噪声。假定采用可以获取容量的点对点编码，该系统可以容纳的语音用户数最大为多少？可以假定总带宽为 1.25 MHz，每个用户的数据速率为 9.6 Kb/s，并且背景噪声与小区内干扰相比可以忽略不计。

(2) 假定其中一个用户为数据用户并且恰好位于基站附近，如果不控制其功率，那么对其信号的接收功率高出其他用户 20 dB，设计一台能为该用户提供更高速率的接收机，同时仍然给其他(语音)用户传输 9.6 kb/s 的数据，该用户获得的速率为多少？

习题 6－5　考虑 IS－95 系统的上行链路。

(1)单个小区被建模为半径为 1 km 的圆盘，如果小区边缘的移动台以其最大功率极限发射信号，则其在基站处的接收信噪比在没有其他用户发射的情况下为 15 dB。试(通过数值仿真)估计 16 个用户独立均匀地分布于圆盘小区内的上行链路的平均总容量，并将该结果与采用传统 CDMA 译码且各用户在基站受到理想功率控制的系统中的相应总吞吐量进行比较。试求采用更为复杂的接收机可能实现的频谱效率的百分比增益为多少？计算时可以假定所有移动台都具有相同的发射功率约束，且路径损耗(功率)衰减与 r^{-4} 成正比。

(2) 第(1)小题忽略了小区外干扰，如果考虑小区外干扰，小区边缘用户的接收 SINR 仅为－10 dB，重新完成第(1)小题的计算，采用更复杂接收机带来的潜在增益仍然很大吗？

习题 6－6　考虑 IS－856 系统的下行链路。

(1)假定有两个用户位于小区边缘，用户按照 TDMA 方式工作，且为各用户安排的时间相等。当有信号发射给用户时，各用户的接收 SINR 为 0 dB，试求各用户获得的速率。总带宽为 1.25 MHz 且可以假定在 AWGN 信道中采用可以获取容量的编码。

(2)假定基站附近还有另一个用户，其 SINR 高于另外两个用户 20 dB，考虑针对该用户的两种处理方式：

1)给该用户分配一定比例的时隙，并将其余时隙平均分配给小区边缘的两个用户。

2)给该用户分配一定比例的功率，并将其信号叠加到两个用户的信号上，小区边缘的两个用户仍然以相等的时隙采用 TDMA 方式工作，强信号用户利用 SIC 译码器在各时隙译码其他用户的信号之后再提取其自身的信号。

由于小区边缘两个用户的接收信号很弱，所以尽可能保持其服务质量最佳是很重要的，于是假定约束条件为，在该强信号用户加入之前，这两个用户均具有他们可以达到的 95％的速率。试比较强信号用户在上述两种方案下实现的性能。

习题 6－7　两用户 AWGN 上行链路信道的容量区域如图 6－2 所示，利用连续消除可以实现两个拐角点 A 与 B，线段 AB 上的点可以通过时分方式实现。本习题研究利用连续消除

实现线段 AB 上每个点(R_1,R_2)的另一种方式，由定义必须有

$$R_k<\mathrm{lb}\left(1+\frac{P_k}{N_0}\right),\quad k=1,2 \tag{6-69}$$

$$R_1+R_2=\mathrm{lb}\left(1+\frac{P_1+P_2}{N_0}\right) \tag{6-70}$$

由下式

$$R_2=\mathrm{lb}\left(1+\frac{P_2}{\delta+N_0}\right) \tag{6-71}$$

sk 定义$\delta>0$。

考虑用户 1 将其自身划分为功率约束分别为$P_1-\delta$和δ的两个用户，即用户 1a 和用户 1b，按照用户 1a、用户 2 和用户 1b 的顺序，通过连续消除对用户进行译码，即首先对用户 1a 进行译码，接着对用户 2 进行译码(用户 1a 已经被删除)，最后对用户 1b 进行译码(没有受到用户 1a 和用户 2 的干扰)。

(1)试计算用户 1a、用户 2 和用户 1b 采用上述连续消除时的可靠通信速率(r_{1a},r_2,r_{1b})。

(2) 试证明$r_2=R_2$且$r_{1a}+r_{1b}=R_1$，这意味着线段AB上的点(R_1,R_2)可以通过其中一个用户将其自身“划分”为两个虚拟用户后形成的三个用户的串行消除实现。

习题 6-8 习题 6-7 研究了两个用户的速率划分多址接入技术，阅读并研究文献[101]，该文献介绍了这一结果，并将其推广到K用户上行链路：$K-1$个用户(通过适当的功率分配)将其自身划分为两个用户，从而满足总功率约束的容量区域边界上的任意速率矢量可以通过连续消除实现($2K-1$个用户排列为适当的顺序)。

习题 6-9 考虑速率约束为$P_1,P_2,\cdots,P_K$的K用户 AWGN 上行链路信道。对于K个用户的每个子集 S 而言，容量区域即位于这些约束条件交集的速率矢量集合[见式(6-10)]：

$$\sum_{k\in\delta}R_k<\mathrm{lb}\left[1+\frac{\sum\limits_{k\in\delta}P_k}{N_0}\right] \tag{6-72}$$

(). 给定用户顺序$\pi_1,\pi_2,\cdots,\pi_K$(其中π表示集合$\{1,2,\cdots,K\}$的一个排列)，试证明速率矢量$(R_1^{(\pi)},R_2^{(\pi)},\cdots,R_K^{(\pi)})$

$$R_{p_k}^{(\pi)}=\mathrm{lb}\left[1+\frac{P_{\pi_k}}{\sum\limits_{i=k+1}^{K}P_{\pi_i}+N_0}\right],\quad k=1,2,\cdots,K \tag{6-73}$$

位于容量区域内。以用连续消除的观点来看，该速率矢量可解释为：用户按照$\pi_1,\pi_2,\cdots,\pi_K$的顺序进行串行译码，每步译码之后执行删除操作。于是，用户π_K不会受到之前译码用户$\pi_1,\pi_2,\cdots,\pi_{k-1}$的干扰，但会受到其后面用户(即$\pi_{k-1},\pi_k,\cdots,\pi_K$)的干扰，图 6-2 中的拐角点$A$对应于排列$\pi_1=2,\pi_2=1$，点$B$对应于恒等排列$\pi_1=1,\pi_2=2$。

(2) 考虑在容量区域中最大化关于速率矢量的线性目标函数$\sum\limits_{k=1}^{K}a_kR_k$，其中$a_1,a_2,\cdots,a_K$为非负数($a_k$可以解释为用户$k$单位速率的收益)。试证明最大值出现在式(6-73) 定义的速率矢量处，其中排列π由如下性质定义

$$a_{\pi_1}\leqslant a_{\pi_1}\leqslant\cdots\leqslant a_{\pi_K} \tag{6-74}$$

这意味着可以在容量区域内以贪婪算法的方式优化线性目标函数，即根据优先级(用户k

的优先级为a_k）对用户进行排序，这种顺序可以用式(6－74)中的排列π表示；接着接收机按照该顺序通过连续消除对用户进行译码，首先译码优先级最低的用户（受到来自其他所有用户的全面干扰），最后译码优先级最高的用户（不受其他用户的干扰）。提示：证明如果不按照式(6－74)中的顺序，则总可以通过改变译码顺序改善目标函数。

(3) 由于容量区域是超平面的交集，所以是一个凸多面体，凸多面体的一种等效表示是列举其顶点，即多面体中不能表示为其他点的任意子集的严格凸组合的点。试证明$(R_1^{(\pi)}, R_2^{(\pi)}, \cdots, R_K^{(\pi)})$是容量区域的一个顶点。提示：考虑如下事实，线性目标函数在凸多面体的一个顶点处取得最大值，并且每个顶点对于某个线性目标函数必定是最优的。

(4) 试证明具有式(6－73)形式的顶点（每种排列一个，所以总共有$K!$个顶点）是容量区域中唯一感兴趣的顶点（这表明容量区域中的其他任何顶点都是由这$K!$个顶点之一逐元素控制的）。

习题 6－10　考虑K用户上行链路AWGN信道。本书集中讨论了容量区域$\mathcal{C}(\boldsymbol{P})$，即对于给定功率约束矢量$\boldsymbol{P}=[P_1 \quad P_2 \quad \cdots \quad P_K]^{\mathrm{T}}$的可达速率集合。一个“对偶”特征是功率区域$\mathcal{P}(R)$：即能够支持给定目标速率矢量$\boldsymbol{R}=(R_1, R_2, \cdots, R_K)^{\mathrm{T}}$的所有可行接收功率矢量集合。

(1) 试写出描述$\mathcal{P}(\boldsymbol{R})$的约束条件，并画出$K=2$时的容量区域。

(2) $\mathcal{P}(R)$的顶点有哪些？

(3) 试设计译码策略以及在满足给定目标速率的同时使得$\sum_{k=1}^{K} b_k P_k$最小的功率分配策略，其中常数b_k为正，应该解释为“功率价格”。提示：习题 6－9 对于求解是有帮助的。

(4) 假定用户与基站之间的距离不同，从而用户k发射功率的衰减因子为γ_i，试设计译码策略以及在满足给定目标速率$\boldsymbol{R}$的同时使得用户的发射总功率最小的功率分配策略。

(5) 在IS－95系统中，各用户所采用的编码未必是可以获取容量的，但只要满足ε_b/I_0为7 dB的要求就认为通信是可靠的。假定这些编码与SIC联合使用，试求使得上行链路中发射总功率最小的最优译码顺序。

习题 6－11　（采用SIC对干扰受限容量的影响）考虑习题 4－11 中的两小区蜂窝系统，已经针对CDMA和OFDM计算出多用户情况下干扰受限的频谱效率。现在假定用SIC取代CDMA系统中传统的接收机，当采用SIC时，目标ε_b/I_0要求中的干扰I_0是指来自未被删除用户的干扰。以下问题均假定干扰消除是理想的。

(1) 首先研究一个小区，并假定背景噪声功率为N_0，该系统采用SIC接收机后仍然干扰受限吗？采用传统CDMA接收机时是否干扰受限？

(2) 假定存在K个用户，其中用户k与基站之间的距离为r_k，试给出与传统CDMA接收机（β要求为ε_b/I_0）相比，采用最优译码顺序的SIC后所节省的发射总功率（单位为dB）表达式。

(3) 试给出用户数量很多、带宽很宽的渐近状态下所节省功率的表达式，其中用户随机地分布于习题 4－11 确定的单个小区内，当$\beta=7$dB且功率衰减为γ^{-2}（即$\alpha=2$）时，该值是多少？

(4) 在两小区组成的系统中，试解释即使采用SIC该系统也是干扰受限的原因。

(5) 尽管如此，由于降低的发射功率转化为小区外干扰的降低，所以采用SIC会增加干扰受限容量。试给出采用SIC后用β和α表示的渐近干扰受限频谱效率的表达式，计算时可以忽略背景噪声并假定对距离基站近的用户的译码总是先于对距离基站远的用户的译码。

(6)当$\beta=7$ dB且$\alpha=2$时,试比较传统CDMA系统和OFDM系统的性能。

(7)第(5)问的删除顺序是最优的吗?如果不是,试求最优顺序并给出所得到的渐近频谱效率的表达式。提示:可以参考习题6-10的一些思路。

习题6-12 试验证在SIC中考虑到差错传播的第k个用户的实际差错概率上界式(6-30)。

习题6-13 考虑两用户上行链路衰落信道:

$$y[m]=h_1[m]x_1[m]+h_2[m]x_2[m]+w[m] \tag{6-75}$$

式中,用户信道$\{h_1[m]\}$,$\{h_2[m]\}$是统计独立的。设$h_1[m]$与$h_2[m]$为服从$\mathcal{CN}(0,1)$分布的随机变量,用户k的功率为P_k,$k=1,2$,且$P_1\gg P_2$,背景噪声$w[m]$为独立同分布且服从$\mathcal{CN}(0,N_0)$分布的随机变量。*SIC*接收机首先对用户1进行译码,将其贡献从$\{y[m]\}$中删除后再对用户2进行译码,下面就评估h_1的信道估计误差对用户2性能的影响。

(1)假定信道相干时间为T_c,用户l利用20%的功率发送训练信号,试求h_1的均方估计误差。可以假定与3.5.2节相同的设置,并且由于$P_1>>P_2$,从而可以忽略用户2在该估计过程中的影响。

(2) SIC接收机对来自用户1的发射信号进行译码,并将其贡献从$\{y[m]\}$中减去,假定信息译码正确,残留误差是由h_1的信道估计误差引起的。试计算由该信道估计误差导致的用户2的SINR性能下降。画出$T_c=10$ ms时该性能下降随P_1/N_0变化的函数曲线。如果增大用户的功率P_1,这种性能下降会更加严重吗?试解释其原因。

(3)在第(2)小题中,尽管准确地译码用户1的信息,用户2仍然面临着由于用户1的存在带来的某些干扰,这是由用户1的信道估计误差造成的。在第(2)小题的计算中采用了由训练符号推导出来的用户1的信道估计误差表达式,然而,在第一个用户的信息被正确译码的条件下,用户1的信道估计可以得到改善。试对这种情况建立适当的模型,并由此得出用户l信道估计误差的近似值。重新做第(2)小题的计算,答案会发生本质的变化吗?

习题6-14 考虑在K个用户以对称速率R b/(s·Hz^{-1})传输数据的对称瑞利慢衰落上行链路中中断事件的概率[$p_{\text{out}}^{\text{ul}}$参见式(6-32)]。

(1) 设$p_{\text{out}}^{\text{ul}}$固定为$\epsilon$,试说明极高信噪比(信噪比定义为$P/N_0$)时的主事件即总速率为

$$KR>\text{lb}\left(1+\frac{\sum_{k=1}^{K}P\ |h_k|^2}{N_0}\right)$$

(2) 试证明ϵ中断容量C_ϵ^{sym}在极高信噪比时可以近似为

$$C_\epsilon^{\text{sym}}\approx\frac{1}{K}\,\text{lb}_2\left(1+\frac{P\epsilon^{\frac{1}{K}}}{N_0}\right)$$

(3) 试证明在极高信噪比时,C_ϵ^{sym}与C_ϵ(上行链路中仅一个用户时的ϵ中断容量)之比近似为$1/K$。

习题6-15 6.3.3节已经讨论了在用户具有相同信道统计特性和功率约束时,实现上行链路衰落信道的总容量的最优多址接入策略。

(1).试在信道统计特性和用户功率约束任意的一般情况下,求解这一问题。提示:构建凸优化问题式(6-42)的拉格朗日算子,其中式(6-43)中各功率约束具有不同的拉格朗日乘子。

(2)你认为总容量在非对称情况下是一个合理的性能衡量指标吗?

习题 6-16　在任意时刻总存在信道最强的唯一用户的假设条件下，6.3.3 节已经推导了对称上行链路中具有完整 CSI 的最优功率分配，当衰落分布连续时，这一假设条件依概率 1 成立，而且，在该假设条件下，解是唯一的。这与上行链路 AWGN 信道存在实现最优总速率的连续解集且其中仅一个解是正交的形成对比。本习题表明，如果衰落分布是离散的(对诸如有限数量速率电平的反馈等实际衡量指标进行建模)，那么一个时刻仅给一个用户发射信号即使在衰落信道中也未必是唯一最优解。

考虑具有完整 CSI 的两用户上行链路，两个用户经历独立同分布平稳遍历平坦衰落过程。这两个用户平坦衰落的平稳分布只取两个值，即信道幅度(以相等的概率)取 0 或 1。各用户的平均功率约束均为 $\bar{P}$，试计算所有的最优联合功率分配以及使总速率最大的译码策略，最优解是唯一的吗？提示：将功率分配给信道完全衰落(处于幅度为 0 的状态)的用户显然不会有任何好处。

习题 6-17　本习题继续研究实现对称上行链路衰落信道的总容量的最优功率和速率控制策略的性质。

(1)试证明实现对称上行链路衰落信道的总容量的最优功率/速率控制策略可以通过求解各衰落状态下的如下优化问题得到：

$$\max_{r,p}\sum_{k=1}^{K}r_k-\lambda\sum_{k=1}^{K}p_k \tag{6-76}$$

且满足如下约束条件：

$$\boldsymbol{r}\in\mathcal{C}(\boldsymbol{p},\boldsymbol{h}) \tag{6-77}$$

式中，$\mathcal{C}(\boldsymbol{p},\boldsymbol{h})$ 是接收功率为 $p_k\,|h_k|^2$ 的上行链路 AWGN 信道的容量区域，选择 λ 满足各用户的平均功率约束 P。

(2) 当信道不对称，但仍然对和速率感兴趣时，会出现什么情况？

习题 6-18[122]　本章集中讨论了使和速率最大的功率/速率分配策略，更一般地，还可以研究使加权总速率 $\sum_k\mu_kR_k$ 最大的策略。由于上行链路衰落信道的容 量区域是凸的，所以对所有非负 μ_i 求解这个问题就可以刻画整个容量区域的特征(而不仅仅是总容量点本身)。

与习题 6-17 类似，可以证明对各衰落状态 $\boldsymbol{h}$ 求解如下优化问题就可计算出最优功率/速率分配策略：

$$\max_{r,p}\sum_{k=1}^{K}\mu_kr_k-\sum_{k=1}^{K}\lambda_kp_k \tag{6-78}$$

且满足以下约束条件：

$$\boldsymbol{r}\in\mathcal{C}(\boldsymbol{p},\boldsymbol{h}) \tag{6-79}$$

其中，λ_k 的选择必须满足用户的平均功率约束 P_k(对衰落分布取平均)。如果定义 $q_k=p_k\,|\,h_k\,|^2$ 为接收功率，则可以将该优化问题重新写为

$$\max_{r,p}\sum_{k=1}^{K}\mu_kr_k-\sum_{k=1}^{K}\frac{\lambda_k}{|\,h_k\,|^2}p_k \tag{6-80}$$

且约束条件为

$$\boldsymbol{r}\in\mathcal{C}(\boldsymbol{q}) \tag{6-81}$$

其中，$\mathcal{C}(\boldsymbol{q})$ 为上行链路 AWGN 信道的容量区域。试按照如下几个步骤求解该优化问题。

(1) 试验证点对点 AWGN 信道的容量可以表示为如下积分形式：

$$C_{\text{awgn}}=\text{lb}\left(1+\frac{P}{N_0}\right)=\int_0^P\frac{1}{N_0+z}\text{d}z \tag{6-82}$$

试根据可以将一个用户划分成功率为 $\text{d}z$ 的大量无穷小虚拟用户(见习题 6-7),给出相应的解释,进一步解释 $1/(N_0+z)\text{d}z$ 的含义?

(2) 首先在上述上行链路衰落信道中,即点对点的情况时,考虑 $K=1$ 的情况。定义效用函数:

$$u_1(z)=\frac{\mu_1}{N_0+z}-\frac{\lambda_1}{|h_1|^2} \tag{6-83}$$

其中,N_0 为背景噪声功率。试根据 $u_1(z)$ 与 z 的关系图表示最优解,并解释该解为贪心解,同时给出 $u_1(z)$ 含义的解释。提示:充分利用第 1 小题中速率划分的解释。

(3) 当 $K>1$ 时,定义用户 k 的效用函数为

$$u_k(z)=\frac{\mu_k}{N_0+z}-\frac{\lambda_k}{|h_k|^2} \tag{6-84}$$

试根据 $u_k(z),k=1,2,\cdots,K$ 与 z 的关系图猜测最优解应该是什么?

(4) 试证明对于非负的 z,各对效用函数最多相交一次。

(5) 利用前一部分,验证你在第(3) 小题的推测。

(6) 通过连续消除能实现最优解吗?

(7) 试证明对于总容量问题而言(即当 $\mu_1=\mu_2=\cdots=\mu_k$ 时的问题),得到的解简化为已知解。

(8) 当存在两组用户,使得各组内的用户具有相同的 μ_k 与 λ_k(但 h_k 未必相同)时所得解有什么特征?

(9) 利用所得到的优化问题式(6-78) 的解,对各用户平均接收信噪比为 0 dB 的两用户瑞利衰落上行链路信道的容量区域边界进行数值计算。

习题 6-19[124] 考虑下行链路衰落信道。

(1) 阐明并求解习题 6-18 在下行链路的问题。

(2) 最优解中发射总功率是随时间变化的函数,但现在假定发射总功率在所有时刻均为 P(IS-856 系统的情况),请重新推导优化问题。

习题 6-20 在 IS-856 系统的某小区内存在 8 个位于小区边缘的用户和 1 个位于基站附近的用户,每个用户都经历独立的瑞利衰落,但位于基站附近用户的平均信噪比是位于小区边缘用户的 γ 倍。当基站的所有功率都分配给一个小区边缘用户时,其平均信噪比为 0 dB。所有时刻都采用固定的发射功率 P。

(1) 试在 t_c 较大时仿真比例公平调度算法,并在 γ 取值 $1\sim100$ 时计算各用户的性能。可以假定采用容量获取编码。

(2) 固定 γ,试说明在给定小区边缘所有用户的(相等) 速率时,如何在基站附近用户的所有策略中计算最优可达速率。提示:利用习题 6-19 的结果。

(3) 试绘制出强信号用户相对于其在比例公平算法下(弱信号用户具有相同的速率) 获得的速率的潜在增益曲线。

习题 6-21 由 6.6 节可知,因为等效信道增益变成了 K 个用户信道增益的最大值,所以出现了多用户分集增益:

$$|h|^2=\max_{k=1,\cdots,K}|h_k|^2$$

(1) 设 $h_1,h_2,\cdots,h_K$ 为独立同分布且服从$\mathcal{CN}(0,1)$ 分布的随机变量，试证明

$$E[|h|^2]=\sum_{k=1}^{K}\frac{1}{k} \tag{6-85}$$

提示：(利用归纳法) 可以很容易地证明如下更强的结果：

$$|h|^2 \text{ 与 } \sum_{k=1}^{K}\frac{|h_k|^2}{k} \text{ 具有相同的分布} \tag{6-86}$$

(2) 利用前一部分的结果或者直接证明：

$$\frac{\mathbb{E}[|h|^2]}{\ln_e K}\to 1,\quad K\to\infty \tag{6-87}$$

因此，等效信道的均值随着用户数量的增大而对数增大。

(3) 假定 $h_1,h_2,\cdots,h_K$ 为独立同分布且服从$\mathcal{CN}(\sqrt{\kappa}/\sqrt{\kappa+1},1/(1+\kappa))$ 分布的随机变量(即反射路径功率与散射路径功率之比为 κ 的莱斯随机变量)，试证明：

$$\frac{E[|h|^2]}{\ln K}\to\frac{1}{1+\kappa},\quad K\to\infty \tag{6-88}$$

也就是说，与瑞利衰落的情况相比，等效信道均值的下降因子为 $1+\kappa$。可以直观地看出这一结果吗？提示：可以利用如下极限定理(文献[28] 第 261 页)。设 $h_1,h_2,\cdots,h_K$ 为独立同分布实随机变量，具有相同的累积分布函数 $F(\cdot)$，概率密度函数 $f(\cdot)$，且满足 $F(h)$ 小于 1，并且对于所有 h 是二次可导的，同时使

$$\lim_{h\to\infty}\frac{\mathrm{d}}{\mathrm{d}h}\left[\frac{1-F(h)}{f(h)}\right]=0 \tag{6-89}$$

于是

$$\max_{0\leqslant k\leqslant K} Kf(l_K)(h_k-l_K)$$

依分布收敛于累积分布函数为如下的一个极限随机变量

$$\exp(-\mathrm{e}^{-x})$$

上述 l_K 由 $F(l_K)=1-1/K$ 确定。该结果表明 K 个这样的独立同分布随机变量的最大值按照 l_K 增大。

习题 6-22　(有选择反馈)IS-856 下行链路中的 K 个用户均经历平均信噪比为 0 dB 的独立同分布瑞利衰落，仅当用户信道大于阈值 γ 时，各用户才有选择地反馈所请求的速率。假定选择 γ 使得没有用户发送请求速率的概率为 ϵ，试求以请求速率发送的用户数量的期望值，并画出 $K=2,4,8,16,32,64$ 以及 $\epsilon=0.1$ 和 $\epsilon=0.01$ 时该数量的曲线。确定有选择反馈有效吗?

习题 6-23　6.7.2 节关于信道测量、预测以及反馈的讨论都是基于 FDD 系统的，试针对 TDD 系统的上行链路和下行链路讨论类似的问题。

习题 6-24　考虑两用户下行链路 AWGN 信道[见式(6-16)]为

$$y[m]=h_k x[m]+z_k[m],\quad k=1,2 \tag{6-90}$$

其中，$z_k[m]$ 为独立同分布且服从$\mathcal{CN}(0,N_0)$ 边缘高斯过程($k=1,2$)，本题中取 $|h_1|>|h_2|$。

(1) 试证明该下行链路信道的容量区域不取决于加性高斯噪声过程 $z_1[m]$ 与 $z_2[m]$ 之间的相关性。提示：由于两个用户不可能协同工作，所以用户 k 的差错概率仅取决于与 $z_k[m]$ 的边缘分布($k=1,2$)。

(2) 下面考虑两个用户加性噪声过程之间的特定相关性，但($z_1[m],z_2[m]$) 为随时间 m

变化的独立同分布$\mathcal{CN}(0,K_z)$随机过程。为了保持边缘分布，协方差矩阵$\boldsymbol{K}_z$的对角线元素必须都等于N_0，唯一可以自由选择的参数是非对角线元素(表示为ρN_0，$|\rho|\leqslant 1$)

$$\boldsymbol{K}_z=\begin{bmatrix}N_0 & \rho N_0\\ \rho N_0 & N_0\end{bmatrix}$$

现在允许两个用户协同工作，实际上就是建立了包括一副发射天线和两副接收天线的点对点 AWGN 信道。试计算作为ρ函数的该信道的容量$[C(\rho)]$，并证明如果速率对(R_1,R_2)位于下行链路 AWGN 信道的容量区域内，则

$$R_1+R_2\leqslant C(\rho) \tag{6-91}$$

(3) 可以选择相关系数ρ使得式(6-91)中的上界最小，试求出最小的ρ(表示为$\rho_{\min}$)，并证明相应的(最小)$C(\rho_{\min})$等于$\mathrm{lb}(1+|h_1|^2P/N_0)$。

(4) 前一部分的计算结果令人感到相当吃惊：单个用户l就可以实现速率$\log(1+|h_1|^2P/N_0)$。这意味着采用特定的相关系数($\rho_{\min}$)，对用户之间的协同并未带来好处。试证明在每个时刻m采用$\rho_{\min}$确定的相关系数，随机变量序列$x[m]$，$y_1[m]$，$y_2[m]$构成马尔可夫链(即在$y_1[m]$条件下，随机变量$x[m]$与$y_2[m]$是相互独立的)，从而正式证明上述结论。这种方法对于刻画诸如基站具有多副天线的复杂下行链路的容量区域特征时是很有用的。

习题 6-25 考虑采用由式(6-22)与式(6-23)分别确定的叠加编码和正交信号传输的下行链路 AWGN 信道的速率矢量[见式(6-16)]。试证明叠加编码严格地优于正交方案，也就是说，对于正交方案实现的每个非零速率对而言，存在使各用户增加其速率的叠加编码方案。

习题 6-26 阅读并研究文献[8]，该文献证明了叠加编码和译码对于下行链路 AWGN 信道的充分性。

习题 6-27 考虑仅具有接收机 CSI 的两用户对称下行链路衰落信道[见式(6-50)]。我们已经看到，下行链路信道的容量区域不依赖于加性噪声过程$z_1[m]$与$z_2[m]$之间的相关性[见习题 6-24(1)]。考虑如下特定的相关性：$(z_1[m],z_2[m])$为$\mathcal{CN}(0,\mathbf{K}[m])$随机过程且关于时间$m$是独立的。为了保持边缘方差，协方差矩阵$\mathbf{K}[m]$的对角线元素必须都等于$N_0$，用$\rho[m]N_0$($|\rho[m]|\leqslant 1$)表示该矩阵的非对角线元素。下面假定两个用户可以协同工作。

(1) 试证明通过仔细地选择$\rho[m]$(作为$h_1[m]$与$h_2[m]$的函数)，协同工作并不会带来任何好处：也就是说，对于下行链路衰落信道中的任意速率对R_1，R_2而言，

$$R_1+R_2\leqslant \mathbb{E}\left[\mathrm{lb}\left(1+\frac{|h|^2P}{N_0}\right)\right] \tag{6-92}$$

与单个用户实现的速率相同[见式(6-51)]，其中h的分布为衰落过程$\{h_k[m]\}$ $(k=1,2)$的对称平稳分布。提示：参考习题 6-24(3)。

(2) 可以得出结论，对称下行链路衰落信道的容量区域由式(6-92)确定。

习题 6-28 试证明采用无限时间尺度窗口的比例公平算法(在所有调度算法中)使得用户吞吐量的对数之和最大，这就证明了式(6-57)，在文献[12]等文献中推导了这一结果。

习题 6-29 考虑在慢衰落环境中与比例公平调度器联合使用的机会式波束成形方案，阅读并研究文献[137]的定理l，该定理说明各用户可以获得的速率近似等于对其信号进行发射波束成形并利用用户数量进行比例变换时的瞬时速率。

习题 6－30　在蜂窝系统中,下行链路的多用户分集增益可以用最大 SINR 表示[见式(6－63)]:

$$\mathrm{SINR}_{\max} = \max_{k=1,2,\cdots,K} \mathrm{SINR}_k = \frac{P\,|h_k|^2}{N_0 + P\sum_{j=1}^{J}|g_{kj}|^2} \tag{6-93}$$

式中,P 表示用户的平均接收功率。下面用 SNR 表示 P/N_0,设 $h_1, h_2, \cdots, h_K$ 均为独立同分布且服从 $\mathcal{CN}(0,1)$ 分布的随机变量,$\{g_{kj}, k=1,2,\cdots,K, j=1,2,\cdots,J\}$ 为独立同分布且服从 $\mathcal{CN}(0,0.2)$ 分布的随机变量,且与 h 相互独立(用因子 0.2 建模移动用户位于与其通信基站附近,而不是位于给其造成干扰的其他基站附近的平均情况,参阅 4.2.3)。

(1) 利用习题 6－21 中的极限定理证明:

$$\frac{\mathbb{E}[\mathrm{SINR}_{\max}]}{x_K} \to 1, \quad K \to \infty \tag{6-94}$$

其中,x_K 满足如下非线性方程:

$$\left(1+\frac{x_K}{5}\right)^J = K\exp\left(-\frac{x_K}{\mathrm{SNR}}\right) \tag{6-95}$$

(2) 试画出 $K=1,2,\cdots,16$,SNR 取值范围为 0～20 dB 时的 x_K 曲线,试直观地证明 x_K 随 SNR 值的增大而增大。提示:$|h_k|^2$ 小于或等于小正数 ϵ 的概率近似等于 ϵ 本身,$|h_k|^2$ 而大于 $1/\epsilon$ 的概率则为 $\exp(-1/\epsilon)$,因此,SINR 变大的可能方式是分母变小,而不是分子变大。

(3) 利用(1) 的结果或直接证明,当 SNR 值较小时,等效 SINR 的均值按照 lb$K$ 规律增大。也可以直接从式(6－93) 得到这一点:当 SNR 值较小时,等效 SINR 就是 K 个瑞利分布随机变量的最大值,由习题 6－21(2) 可知,该均值按照 lb$K$ 规律增大。

(4) 当 SNR 值很高时,可以将式(6－95) 中的 $\exp(-x_K/\mathrm{SNR})$ 近似为 1。按照这一近似,利用第(1) 小题的结果证明比例 x_K 近似服从 $K^{1/J}$ 规律,这是比低信噪比时更快的增大速率。

(5) 在蜂窝系统中,通常选择 P 值,使得背景噪声 N_0 和干扰项在一个数量级,这对于不存在用户调度的系统是有意义的:由于系统是干扰加噪声受限的,所以不存在使一者(干扰或背景噪声) 远小于另一者的点。按照本习题的表示符号,这意味着 SNR 近似为 0 dB。试根据本习题的计算,推断采用多用户分集控制调度器的系统应如何设计 P? 于是,传统的发射功率设置就必须根据这一全新的系统观点进行修正。

习题 6－31　(空时码与多用户分集调度之间的相互作用) 针对基站采用双发射天线的场景提出了一种 IS－856 下行链路设计,当给一个用户发射信号时,采用 Alamouti 编码方案,且在用户之间调度等效瞬时信噪比最佳的用户。下面将比较采用该方案相对于仅采用一副发射天线并调度瞬时信噪比最佳的用户方案,以获得相对的性能增益。假定发射天线间的衰落相互独立且服从瑞利分布。

(1) 试绘制出 Alamouti 方案的瞬时有效信噪比分布曲线,并与单天线时的信噪比分布进行比较。

(2) 假定仅有一个用户(即 $K=1$),根据 1 中得到的曲线,你认为双发射天线能够提供增益吗? 证明你的回答。提示:利用詹森不等式。

(3) 当 $K>1$ 时,情况如何呢? 试绘制出平均信噪比 SNR＝0 dB,K 取不同值时,这两种方案的可达吞吐量曲线。

(4) 本题提出的采用双发射天线的方法巧妙吗?

第7章　MIMO Ⅰ：空间多路复用与信道建模

本书的前几章，我们已经讨论了几种多天线在无线通信中的应用。第3章研究了多天线分集增益，可以增加无线链路的可靠性，分别研究了接收分集和发射分集，而且接收天线还能够提供功率增益。第5章研究了发射机已知信道状态信息时，多副发射天线通过发射波束成形可以提供功率增益。在第6章中，多副发射天线用于产生信道多样性，满足机会通信的要求，该方案可以认为是机会波束成形，同时也能够提供功率增益。

本章及接下来的几章将研究一种利用多天线的新方法。在合适的信道衰落条件下，同时采用多副发射天线和多副接收天线（即MIMO信道）可以提供额外的空间维度并产生自由度增益，利用这些额外的自由度可以将多个数据流空间复用到MIMO信道上，从而带来容量的增加。一般来说，对于n副发射天线和n副接收天线的MIMO信道，其可达的容量正比于n。

在以往的认知中，当基站安装多副天线时，该多址接入系统允许多个用户同时与基站通信，多副天线可以实现不同用户信号的空间分离。20世纪90年代中期，研究人员发现采用多副发射天线和多副接收天线的点对点信道也会出现类似的效应，即使当发射天线相距不远时也是如此。只要散射环境足够丰富，接收天线就能够将来自不同发射天线的信号分离。在前面的研究中，已经了解到机会通信技术是充分利用信道衰落的，本章将从另外一个角度分析信道衰落帮助提升通信性能。

为了深入理解，下面对比机会通信与MIMO技术提供的性能增益的本质。机会通信技术主要提供功率增益，该功率增益在功率受限系统的低信噪比情况下尤为明显，但在带宽受限系统的高信噪比情况下则不很明显。而MIMO技术不仅能够提供功率增益，还可以提供自由度增益。因此，MIMO成为在高信噪比情况下大幅度提升容量的有效技术。

MIMO通信是一个内容非常丰富的主题，对它的研究将覆盖本书其余章节。本章集中研究物理环境属性多空间多路复用性能的影响，并阐明在MIMO统计信道模型中如何体现这些属性。本章的内容组织如下：首先通过容量分析，明确决定确定性MIMO信道多路复用性能的关键参数；之后介绍一系列MIMO物理信道，评估其空间多路复用性能；基于这些实例的深入分析，很自然地，在角度域对MIMO信道进行建模，同时讨论基于该方法的统计模型。类似与第2章的方法，本章从几个理想的多径无线信道实例着手进行分析，从中理解基本物理现象，进而研究更适合于通信方案设计与性能分析的统计衰落模型。实际上，在特定的信道建模技术中，也会看到大量的类似方法。

本章重点研究平坦衰落MIMO信道，但也可以直接扩展到频率选择性MIMO信道，这方面的内容可以参考习题。

7.1　确定性 MIMO 信道的多路复用容量

安装有 n_t 副发射天线和 n_r 副接收天线无线通信系统的窄带时不变信道可以用一个 $n_t \times n_r$ 阶确定性矩阵 $\boldsymbol{H}$ 描述，$\boldsymbol{H}$ 具有哪些决定信道空间多路复用容量的重要属性呢？下面将通过对信道容量的分析来回答这个问题。

7.1.1　通过奇异值分解分析容量

时不变信道可以表示为

$$\boldsymbol{y} = \boldsymbol{H}\boldsymbol{x} + \boldsymbol{w} \tag{7-1}$$

式中，$\boldsymbol{x} \in \mathcal{C}^{n_t}$、$\boldsymbol{y} \in \mathcal{C}^{n_r}$ 与 $\boldsymbol{w} \sim \mathcal{CN}(0, N_0 \boldsymbol{I}_{n_r})$ 分别表示一个符号时刻的发射信号、接收信号与高斯白噪声，为简单起见省略了时间索引。信道矩阵 $\boldsymbol{H} \in \mathcal{C}^{n_t \times n_r}$ 为确定性的，并假定在所有时刻都保持不变，而且对于发射机和接收机是已知的。这里，h_{ij} 表示从发射天线 j 到接收天线 i 的信道增益，对发射天线的信号的总功率约束为 P。

这就是矢量高斯信道，将矢量信道分解为一组并行的、相互独立的标量高斯子信道就可以计算出该信道的容量。由线性代数的基本原理可知，每个线性变换都能表示为三种运算的组合：旋转运算、比例运算以及另一个旋转运算。用矩阵形式表示，矩阵 $\boldsymbol{H}$ 具有以下奇异值分解（SVD），即

$$\boldsymbol{H} = \boldsymbol{U}\boldsymbol{\Lambda}\boldsymbol{V}^* \tag{7-2}$$

式中，$\boldsymbol{U} \in \mathcal{C}^{n_t \times n_r}$ 与 $\boldsymbol{V} \in \mathcal{C}^{n_t \times n_r}$ 为（旋转）酉矩阵[1]；$\boldsymbol{\Lambda} \in \Re^{n_t \times n_r}$ 是对角线元素为非负实数、非对角线元素为零的矩形对角矩阵[2]；对角线元素 $\lambda_1 \geqslant \lambda_2 \geqslant \cdots \geqslant \lambda_{n_{\min}}$ 为矩阵 $\boldsymbol{H}$ 的有序奇异值，其中 $n_{\min} = \min(n_t, n_r)$。因为

$$\boldsymbol{H}\boldsymbol{H}^* = \boldsymbol{U}\boldsymbol{\Lambda}\boldsymbol{\Lambda}^{\mathrm{T}}\boldsymbol{U}^* \tag{7-3}$$

所以奇异值 λ_i^2 的二次方为矩阵 $\boldsymbol{H}\boldsymbol{H}^*$ 的特征值，同时也是矩阵 $\boldsymbol{H}^*\boldsymbol{H}$ 的特征值。注意，奇异值共有 $n_{\min}$ 个，可以将矩阵 $\boldsymbol{H}$ 的 SVD 重新写为

$$\boldsymbol{H} = \sum_{i=1}^{n_{\min}} \lambda_i \boldsymbol{u}_i \boldsymbol{v}_i^* \tag{7-4}$$

即矩阵 $\boldsymbol{H}$ 可以表示为秩为 1 的矩阵 $\lambda_i \boldsymbol{u}_i \boldsymbol{v}_i^*$ 之和。另外，可以看出，$\boldsymbol{H}$ 的秩精确地等于非零奇异值的个数。

如果定义

$$\tilde{\boldsymbol{x}} = \boldsymbol{V}^* \boldsymbol{x} \tag{7-5}$$

$$\tilde{\boldsymbol{y}} = \boldsymbol{U}^* \boldsymbol{y} \tag{7-6}$$

$$\tilde{\boldsymbol{w}} = \boldsymbol{U}^* \boldsymbol{w} \tag{7-7}$$

则可以将信道模型(7-1)重新写为

$$\tilde{\boldsymbol{y}} = \boldsymbol{\Lambda}\tilde{\boldsymbol{x}} + \tilde{\boldsymbol{w}} \tag{7-8}$$

式中，$\tilde{w} \sim \mathcal{CN}(0, N_0 \boldsymbol{I}_{n_r})$ 与 $\boldsymbol{w}$ 具有相同的分布[见附录 A 中式(A-22)]，并且有 $\|\tilde{\boldsymbol{x}}\|^2 =$

---

① 酉矩阵 $\boldsymbol{U}$ 满足 $\boldsymbol{U} * \boldsymbol{U} = \boldsymbol{U}\boldsymbol{U}^* = \boldsymbol{I}$。

② 虽然该矩阵可能不是方阵，但可以称其为对角线矩阵。

$\|\boldsymbol{x}\|^2$。因此能量保持恒定,等效的并行高斯信道表示为

$$\tilde{y}_i := \lambda_i \tilde{x}_i + \tilde{w}_i, \quad i=1,2,\cdots,n_{\min} \tag{7-9}$$

等效表示如图 7-1 所示。

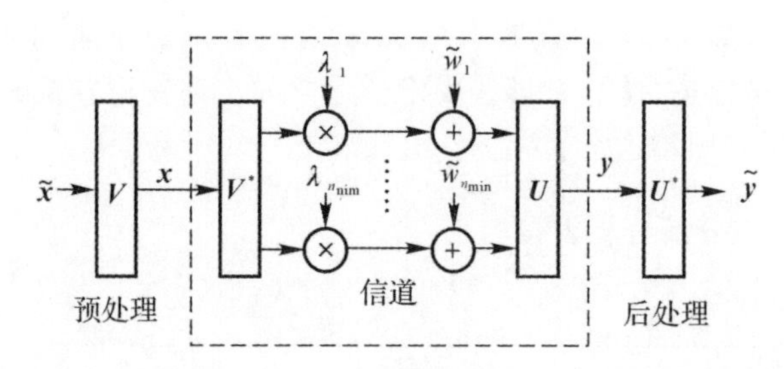

图 7-1 通过奇异值分解(SVD)将 MIMO 信道转换为并行信道

SVD 分解可以解释为两个坐标交换:如果输入用 $\boldsymbol{V}$ 的各列定义的坐标系统表示,并且输出用 $\boldsymbol{U}$ 的各列定义的坐标系统表示,那么输入/输出关系是非常简单的。式(7-8)就是用这两个新坐标系对原始信道式(7-1)重新表示的输入和输出关系。

在第 5 章中,计算时不变频率选择性信道或具有完整 CSI 的时变衰落信道时,可以将交叉信道转换为高斯并行信道。时不变 MIMO 信道也是信道并行化的另外一个例子,这里空间维度所起的作用与其他问题中时间维度和频率维度的作用是相同的。大家熟知的容量表达式为

$$C = \sum_{i=1}^{n_{\min}} \mathrm{lb}\left(1 + \frac{P_i^* \lambda_i^2}{N_0}\right) \ \mathrm{b/(s \cdot Hz^{-1})} \tag{7-10}$$

式中,$P_1^*, P_2^*, \cdots, P_{n_{\min}}^*$ 为注水分配功率:

$$P_i^* = \left(\mu - \frac{N_0}{\lambda_i^2}\right)^+ \tag{7-11}$$

通过选择 μ 满足总功率约束 $\sum_i P_i^* = P$。每一个 λ_i 对应于信道(也称为特征信道)的一个特征模式。各非零特征信道能够支持一路数据流的传输,因此,MIMO 信道能够支持多路数据流的空间复用。图 7-2 为基于 SVD 的可靠通信架构,该架构与第 3 章介绍的 OFDM 系统之间存在明显的相似之处。这两种情况都是利用变换将矩阵信道转换为一组并行的独立子信道。在 OFDM 系统中,由式(3-139) 循环矩阵 $\boldsymbol{C}$ 描述矩阵信道定义了综合考虑循环前缀和输入符号的 ISI 信道。实际上,式(3-143) 中的分解 $\boldsymbol{C}=\boldsymbol{Q}^{-1}\boldsymbol{\Lambda}\boldsymbol{Q}$ 就是循环矩阵 $\boldsymbol{C}$ 的 SVD 分解,其中,$\boldsymbol{U}=\boldsymbol{Q}^{-1}$ 且 $\boldsymbol{V}^*=\boldsymbol{Q}$。ISI 信道与 MIMO 信道之间的重要区别在于,前者的 $\boldsymbol{U}$、$\boldsymbol{V}$ 矩阵(DFT) 不依赖于 ISI 信道的特定实现,而后者的 $\boldsymbol{U}$,$\boldsymbol{V}$ 矩阵则依赖 MIMO 信道的特定实现。

7.1.2 秩与条件数

现在进一步讨论决定性能的关键参数。为了方便讨论,将分为高信噪比和低信噪比两种情况分别研究。在高信噪比时,注水算法水位深,给非零特征模式等功率分配策略是渐近最优的,见图 5-24(a),即

$$C \approx \sum_{i=1}^{k} \mathrm{lb}\left(1 + \frac{P\lambda_i^2}{kN_0}\right) \approx k\,\mathrm{lbSNR} + \sum_{i=1}^{k}\left(\frac{\lambda_i^2}{k}\right) \ \mathrm{b/(s \cdot Hz^{-1})} \tag{7-12}$$

式中,k 为非零 λ_i^2 的个数,即矩阵 $\boldsymbol{H}$ 的秩,信噪比 $\mathrm{SNR}=P/N_0$。参数 k 表示每秒每赫兹的空间自由度数量,它表征经过 MIMO 信道后的发射信号维数,即 $\boldsymbol{H}$ 镜像的维数,等于矩阵 $\boldsymbol{H}$ 的秩。

当 $\boldsymbol{H}$ 是满秩的,MIMO 信道提供 $n_{\min}$ 个空间自由度。

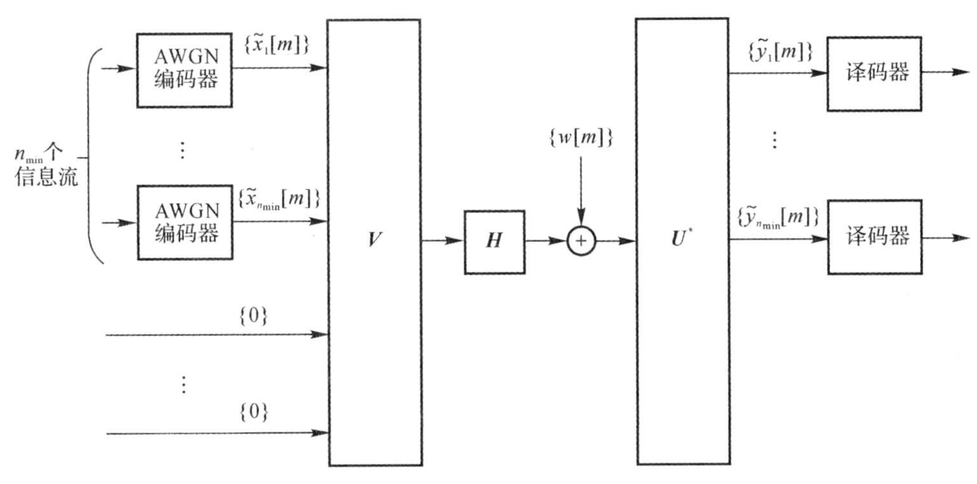

图 7-2 MIMO 通信的 SVD 结构

上述矩阵的秩是信道容量的一阶粗略度量。为了得到更精细的衡量指标,需要研究非零奇异值本身特征。由詹森不等式可得

$$\frac{1}{k}\sum_{i=1}^{k}\mathrm{lb}\left(1+\frac{P\lambda_i^2}{kN_0}\right)\leqslant\left[1+\frac{P}{kN_0}\left(\frac{1}{k}\sum_{i=1}^{k}\lambda_i^2\right)\right] \tag{7-13}$$

如果对于所有发射天线进行等功率分配,那么

$$\sum_{i=1}^{k}\lambda_i^2=\mathrm{tr}[\boldsymbol{HH}^*]=\sum_{i,j}|h_{ij}|^2 \tag{7-14}$$

可以解释为矩阵信道的总的功率增益。于是,上述结论表明,在总功率增益相等的所有信道中,全部奇异值都相等的信道可以产生最大容量。更一般地讲,奇异值越不分散的信道,在高信噪比下可达容量就越大。在数值分析中,$\max_i\lambda_i/\min_i\lambda_i$ 定义为矩阵 $\boldsymbol{H}$ 的条件数,如果条件数趋近于 1,则称该矩阵为良态的。由上述结果可以得到如下重要结论:良态信道矩阵有利于高信噪比下的通信。

在低信噪比时,最优策略就是仅给最强的信道模式分配功率,在图 5-24(b) 中也即从容器底部注水,所得到的容量为

$$C\approx\frac{P}{N_0}(\max_i\lambda_i^2)\ \mathrm{lbe}\ \mathrm{b/(s\cdot Hz^{-1})} \tag{7-15}$$

可得,MIMO 信道提供的功率增益为 $\max_i\lambda_i$。在这种情形下,信道矩阵的秩或条件数意义不大,主要的影响因素是有多少能量从发射机传递到接收机。

7.2 MIMO 信道的物理建模

本节将研究物理环境对于 MIMO 信道的空间多路复用性能的影响。为此,将研究一系列理想化信道模型,并分析其信道矩阵的秩和条件数。这些确定性信道模型也给出了 MIMO 信道统计建模的常规方法,这部分内容将在 7.3 节中讨论。不作特殊说明,本节的讨论的天线阵列为均匀线阵,即天线以均匀的间隔分布于一条直线上。虽然分析的细节取决于特定的天线

结构，但是在此仅提出一种分析思路。

7.2.1 视距 SIMO 信道

最简单的 SIMO 信道只有一条视距信道[见图 7-3(a)]，通信环境为不存在任何反射体和散射体的自由空间，各天线对之间仅存在直接通信路径。假设天线间隔为 $\Delta_r\lambda_c$，其中，λ_c 为载波波长，Δ_r 为用载波波长归一化的接收天线间隔。假设天线阵列的尺寸远小于发射机与接收机之间的距离。

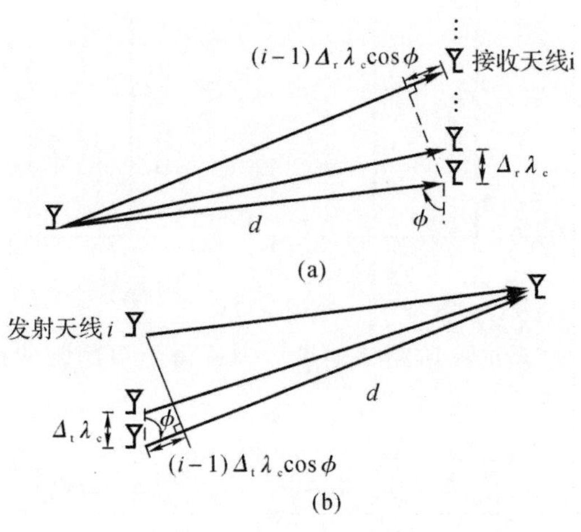

图 7-3 多天线通信中的视距信道

(a) 包括一副发射天线和多副接收天线的无线通信系统的视距信道，来自发射天线的信号几乎并行地到达接收天线；(b) 包括多副发射天线和一副接收天线的无线通信系统视距信道

发射天线与第 i 副接收天线之间信道的连续时间冲激响应 $h_i(\tau)$ 为

$$h_i(\tau)=a\delta(\tau-d_i/c),\quad i=1,2,\cdots,n_r \tag{7-16}$$

式中，d_i 为发射天线与第 i 副接收天线之间的距离；c 为光速；a 为路径衰减，假定路径衰减对于所有天线对都相同。假设 $d_i/c\ll 1/W$，其中，W 为传输带宽，则由式(2-34)与式(2-27)可得基带信道增益为

$$h_i=a\exp\left(-\frac{\mathrm{j}2\pi f_c d_i}{c}\right)=a\exp\left(-\frac{\mathrm{j}2\pi d_i}{\lambda_c}\right) \tag{7-17}$$

式中，f_c 为载波频率。SIMO 信道可以写为

$$\boldsymbol{y}=\boldsymbol{h}x+\boldsymbol{w} \tag{7-18}$$

式中，x 为发射符号；$\boldsymbol{w}\sim\mathcal{CN}(0,N_0\boldsymbol{I})$ 为噪声；$\boldsymbol{y}$ 为接收矢量。信道增益矢量 $\boldsymbol{h}=[h_1\cdots h_{n_r}]^{\mathrm{T}}$ 也称为信号方向或由发射信号映射在接收天线阵列上空间特征。

由于发射机与接收机之间的距离远大于接收天线阵列的尺寸，所以从发射天线到各接收天线的路径为一阶平行的，并且

$$d_i\approx d+(i-1)\Delta_r\lambda_c\cos\phi,\quad i=1,2,\cdots,n_r \tag{7-19}$$

式中，d 为从发射天线到第一副接收天线之间的距离；ϕ 为视距路径到接收天线阵列的入射角(习题 7-1 对此进行验证)；$(i-1)\Delta_r\lambda_c\cos\phi$ 为接收天线 i 相对于接收天线 1 在视距方向上路径偏移。进一步定义

$$\Omega=\cos\phi$$

为相对于接收天线阵列的方向余弦。空间特征 $\boldsymbol{h}=[h_1 \quad h_2 \quad \cdots \quad h_{n_r}]^{\mathrm{T}}$ 可表示为

$$\boldsymbol{h}=a\exp\left(-\frac{\mathrm{j}2\pi d}{\lambda_c}\right)\begin{bmatrix}1\\ \exp(-\mathrm{j}2\pi\Delta_r\Omega)\\ \exp(-\mathrm{j}2\pi2\Delta_r\Omega)\\ \vdots\\ \exp(-\mathrm{j}2\pi(n_r-1)\Delta_r\Omega)\end{bmatrix} \tag{7-20}$$

即由相对时延引起的相邻天线单元接收信号的相位差为 $2\pi\Delta_r\Omega$。为了表述方便,定义

$$\boldsymbol{e}_r(\Omega)=\frac{1}{\sqrt{n_r}}\begin{bmatrix}1\\ \exp(-\mathrm{j}2\pi\Delta_r\Omega)\\ \exp(-\mathrm{j}2\pi2\Delta_r\Omega)\\ \vdots\\ \exp(-\mathrm{j}2\pi(n_r-1)\Delta_r\Omega)\end{bmatrix} \tag{7-21}$$

为方向余弦 Ω 上的单位空间特征。

最佳接收机只是将噪声污染的接收信号投影到该信号方向上,也就是最大比合并或接收波束成形(见 5.3.1 节)。从另外一个角度解释,最佳接收机是对不同的时延进行调整,从而使天线的接收信号能够进行相长合并,得到 n_r 倍的功率增益,所获取的容量为

$$C=\mathrm{lb}\left(1+\frac{P\,\|\boldsymbol{h}\|^2}{N_0}\right)=\mathrm{lb}\left(1+\frac{Pa^2n_r}{N_0}\right)\ \mathrm{b/(s\cdot Hz^{-1})} \tag{7-22}$$

从式(7-22)可以看出,SIMO 信道提供了功率增益,但没有获得自由度增益。

在讨论视距信道时,有时也将接收天线阵列称为相位阵列天线。

7.2.2　视距 MISO 信道

与 SIMO 信道相反,采用多副发射天线和一副接收天线构成了 MISO 信道,如图 7-3(b)所示,如果发射天线间隔为 $\Delta_t\lambda_c$ 并且仅存在一条发射角为 ϕ(方向余弦 $\Omega=\cos\phi$)的视距路径,那么 MISO 信道可以表示为

$$y=\boldsymbol{h}^*x+w \tag{7-23}$$

式中

$$\boldsymbol{h}=a\exp\left(-\frac{\mathrm{j}2\pi d}{\lambda_c}\right)\begin{bmatrix}1\\ \exp(-\mathrm{j}2\pi\Delta_t\Omega)\\ \exp(-\mathrm{j}2\pi2\Delta_t\Omega)\\ \vdots\\ \exp(-\mathrm{j}2\pi(n_t-1)\Delta_t\Omega)\end{bmatrix} \tag{7-24}$$

沿 $\boldsymbol{h}$ 的 $\boldsymbol{e}_t(\Omega)$ 方向可以进行最佳传输(发射波束成形),式中

$$\boldsymbol{e}_t(\Omega)=\frac{1}{\sqrt{n_t}}\begin{bmatrix}1\\ \exp(-\mathrm{j}2\pi\Delta_t\Omega)\\ \exp(-\mathrm{j}2\pi2\Delta_t\Omega)\\ \vdots\\ \exp(-\mathrm{j}2\pi(n_t-1)\Delta_t\Omega)\end{bmatrix} \tag{7-25}$$

为发射方向 Ω 上的单位空间特征(见 5.3.2 节)。调整来自各发射天线的信号相位,使它们在接收机处相长叠加,得到 n_t 倍的功率增益。MISO 的容量与式(7-22)相同,同样不存在自由度增益。

7.2.3 仅存在一条视距路径的收发天线阵列

现在考虑天线之间仅存在一条直接视距路径的 MIMO 信道,发射天线与接收天线均为线性阵列。假定载波波长归一化的发射天线间隔为 Δ_t,载波波长归一化的接收天线间隔为 Δ_r,第 k 个发射天线与第 i 个接收天线之间的信道增益为

$$h_{ik}=a\exp\left(-\frac{\mathrm{j}2\pi d_{ik}}{\lambda_c}\right) \tag{7-26}$$

式中,d_{ik} 为两天线之间的距离;a 为沿视距路径的衰减,假定该衰减对于所有天线对都相同。此外,假定天线阵列的尺寸远小于发射机与接收机之间的距离,则有

$$d_{ik}=d+(i-1)\Delta_r\lambda_c\cos\phi_r-(k-1)\Delta_t\lambda_c\cos\phi_t \tag{7-27}$$

式中,d 为发射天线 1 与接收天线 1 之间的距离;ϕ_t 与 ϕ_r 分别为发射天线阵列、接收天线阵列与视距路径的夹角。定义 $\Omega_t=\cos\phi_t$ 以及 $\Omega_r=\cos\phi_r$,将式(7-27)代入式(7-26)可得

$$h_{ik}=a\exp\left(-\frac{\mathrm{j}2\pi d}{\lambda_c}\right)\exp[\mathrm{j}2\pi(k-1)\Delta_t\Omega_t]\exp[-\mathrm{j}2\pi(i-1)\Delta_r\Omega_r] \tag{7-28}$$

信道矩阵可进一步写为

$$\boldsymbol{H}=a\sqrt{n_tn_r}\exp\left(-\frac{\mathrm{j}2\pi d}{\lambda_c}\right)\boldsymbol{e}_r(\Omega_r)\,\boldsymbol{e}_t^*(\Omega_t) \tag{7-29}$$

式中,$\boldsymbol{e}_r(\cdot)$ 与 $\boldsymbol{e}_t(\cdot)$ 分别由式(7-21)与式(7-25)定义。因此,$\boldsymbol{H}$ 为具有唯一非零奇异值 $\lambda_1=a\sqrt{n_tn_r}$ 的秩为 1 的矩阵,由式(7-10)可以得出该信道的容量为

$$C=\mathrm{lb}\left(1+\frac{Pa^2n_tn_r}{N_0}\right)\ \mathrm{b/(s\cdot Hz^{-1})} \tag{7-30}$$

需要注意的是,虽然存在多副发射天线和多副接收天线,但发射信号均投影在一维空间(唯一的非零特征模式),因此,仅有一个空间自由度可以利用。所有发射天线到接收天线的接收信号空间特征(即 $\boldsymbol{H}$ 的各列)均对齐到相同方向 $\boldsymbol{e}_r(\Omega_r)$,因此,即使存在多副发射天线和多副接收天线,可用空间自由度的数量也不会增加。

因子 n_tn_r 为 MIMO 信道的功率增益。如果 $n_t=1$,则功率增益等于接收天线的数量,并且接收机采用最大比合并(接收波束成形)就可以获得该增益;如果 $n_r=1$,则功率增益等于发射天线的数量,通过发射波束成形就可以获得该增益。对于任意数量的发射天线和接收天线,既可以受益于发射波束成形又可以受益于接收波束成形,发射信号在各接收天线处按照相位相长叠加,各接收天线的信号再进一步实现相长合并。

总之,在仅存在视距路径的环境下,MIMO 信道提供了功率增益,但没有提供自由度增益。

7.2.4 地理位置上分离的天线阵列

1. 地理位置上分离的发射天线阵列

如何才能获得自由度增益呢?考虑一个场景,相邻发射天线之间的距离非常大,与发射机

和接收机之间的距离相当。具体地讲，假定有两副发射天线（见图 7-4），各发射天线到接收天线阵列之间仅存在一条视距路径，衰减分别为 a_1 和 a_2，入射角分别为 ϕ_{r1} 和 ϕ_{r2}。仍然假设来自发射天线的信号时延扩展远小于 $1/W$，这样就能够继续使用单抽头模型。由发射天线到达接收天线阵列的空间特征为

$$\boldsymbol{h}_k = a_k \sqrt{n_r} \exp\left(-\frac{j2\pi d_{lk}}{\lambda_c}\right) \boldsymbol{e}_r(\Omega_{rk}), \quad k=1,2 \tag{7-31}$$

式中，d_{1k} 为发射天线 k 与接收天线 1 之间的距离；$\Omega_{rk}=\cos\phi_{rk}$；$\boldsymbol{e}_r(\cdot)$ 由式（7-21）定义。

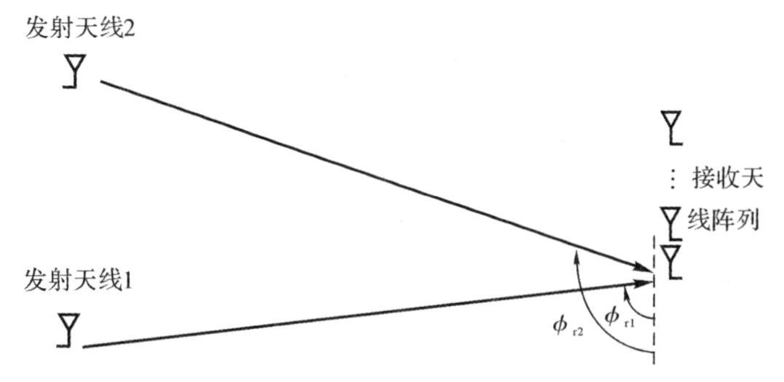

图 7-4　分别与接收天线阵列之间存在视距路径的地理位置上分离的两副发射天线

可以直接证明，空间特征 $\boldsymbol{e}_t(\Omega)$ 是 Ω 的周期函数，且周期为 $1/\Delta_r$，并且在一个周期内没有任何重复（见习题 7-2）。因此，只要方向余弦的间隔满足

$$\Omega_r = \Omega_{r2} - \Omega_{r1} \neq 0 \mod \frac{1}{\Delta_r} \tag{7-32}$$

信道矩阵 $\boldsymbol{H}=[h_1 \quad h_2]$ 的各个列就不同且线性无关。在这种情况下，存在两个非零奇异值 λ_1^2 与 λ_2^2，即通信系统获得两个自由度。直观地讲就是，发射信号可以被接收天线阵列从两个可分辨的不同方向上接收。与这个结果此形成对比的是 7.2.3 节的例子，天线间距很近地排列在一起，发射天线的空间特征相互对齐。

需要注意的是，由于方向余弦 Ω_{r1} 与 Ω_{r2} 位于区间 $[-1,1]$，其差值不可能大于 2，所以当天线间隔 $\Omega_r \leqslant 1/2$ 时，式（7-32）的条件简化为一种更简单的形式，即 $\Omega_{r1} \neq \Omega_{r2}$。

2. 角度域的分辨力

当方向余弦的间隔 $\Omega_r \neq 0 \mod 1/\Delta_r$ 时，信道矩阵 $\boldsymbol{H}$ 为满秩矩阵，但仍然是非常病态的矩阵。下面给出使得 $\boldsymbol{H}$ 为良态矩阵且可以有效地利用两个自由度获取高容量的角度间隔的数量级估计。

矩阵 $\boldsymbol{H}$ 的条件数取决于两副发射天线的空间特征对齐方式：空间特征对齐的越不好，矩阵 $\boldsymbol{H}$ 的条件数就越好。两个空间特征之间的夹角 θ 可以通过下式计算：

$$|\cos\theta| = |\boldsymbol{e}_r^*(\Omega_{r1})\, \boldsymbol{e}_r(\Omega_{r2})| \tag{7-33}$$

注意，$\boldsymbol{e}_r^*(\Omega_{r1})\, \boldsymbol{e}_r(\Omega_{r2})$ 仅取决于差值 $\Omega_r = \Omega_{r2} - \Omega_{r1}$，于是定义

$$f_r(\Omega_{r2} - \Omega_{r1}) = \boldsymbol{e}_r^*(\Omega_{r1})\, \boldsymbol{e}_r(\Omega_{r2}) \tag{7-34}$$

通过直接计算，可以得到[见习题（7-3）]

$$f_r(\Omega_r) = \frac{1}{n_r} \exp[j\pi\Delta_r\Omega_r(n_r-1)] \frac{\sin(\pi L_r \Omega_r)}{\sin(\pi L_r n_r / n_r)} \tag{7-35}$$

式中，$L_r = n_r\Delta_r$ 为归一化的接收天线阵列长度，因此

$$|\cos\theta| = \left|\frac{\sin(\pi L_r\Omega_r)}{n_r\sin(\pi L_r\Omega_r/n_r)}\right| \tag{7-36}$$

可以看出，矩阵 $\boldsymbol{H}$ 的状态直接取决于这个参数。为简单起见，考虑增益 $a_1 = a_2 = a$ 时的情况，矩阵 $\boldsymbol{H}$ 奇异值的二次方为

$$\lambda_1^2 = a^2 n_r(1 + |\cos\theta|),\quad \lambda_2^2 = a^2 n_r(1 - |\cos\theta|) \tag{7-37}$$

该矩阵的条件数为

$$\frac{\lambda_1}{\lambda_1} = \sqrt{\frac{1+|\cos\theta|}{1-|\cos\theta|}} \tag{7-38}$$

当 $\cos\theta \approx 1$ 时，该矩阵为病态矩阵，否则为良态矩阵。对于固定的阵列尺寸和不同取值的 n_r，图 7-5 给出了 $|\cos\theta| = |f_r(\Omega_r)|$ 与 Ω_r 之间的函数关系曲线，函数 $f_r(\cdot)$ 具有下述性质：

(1) $f_r(\Omega_r)$ 是周期为 $n_r/L_r = 1/\Delta_r$ 的周期函数；

(2) $f_r(\Omega_r)$ 的峰值位于 $\Omega_r = 0$；$f(0) = 1$；

(3) 当 $\Omega_r = k/L_r, k = 1, 2, \cdots, n_r - 1$ 时，$f_r(\Omega_r) = 0$。

$f_r(\cdot)$ 的周期性源于空间特征 $\boldsymbol{e}_r(\cdot)$ 的周期性，其宽度为 $2/L_r$ 的主瓣集中于 $1/\Delta_r$ 的整数倍附近，其他所有旁瓣都具有非常小的峰值。这意味着只要式(7-39)对于某些整数 m 成立

$$\left|\Omega_r - \frac{m}{\Delta_r}\right| \ll \frac{1}{L_r} \tag{7-39}$$

特征就接近于对齐，信道矩阵呈病态的。由于 Ω_r 的变化范围为 $-2 \sim 2$，所以只要天线间隔 $\Delta_r \leqslant 1/2$，该条件就简化为

$$|\Omega_r| \ll \frac{1}{L_r} \tag{7-40}$$

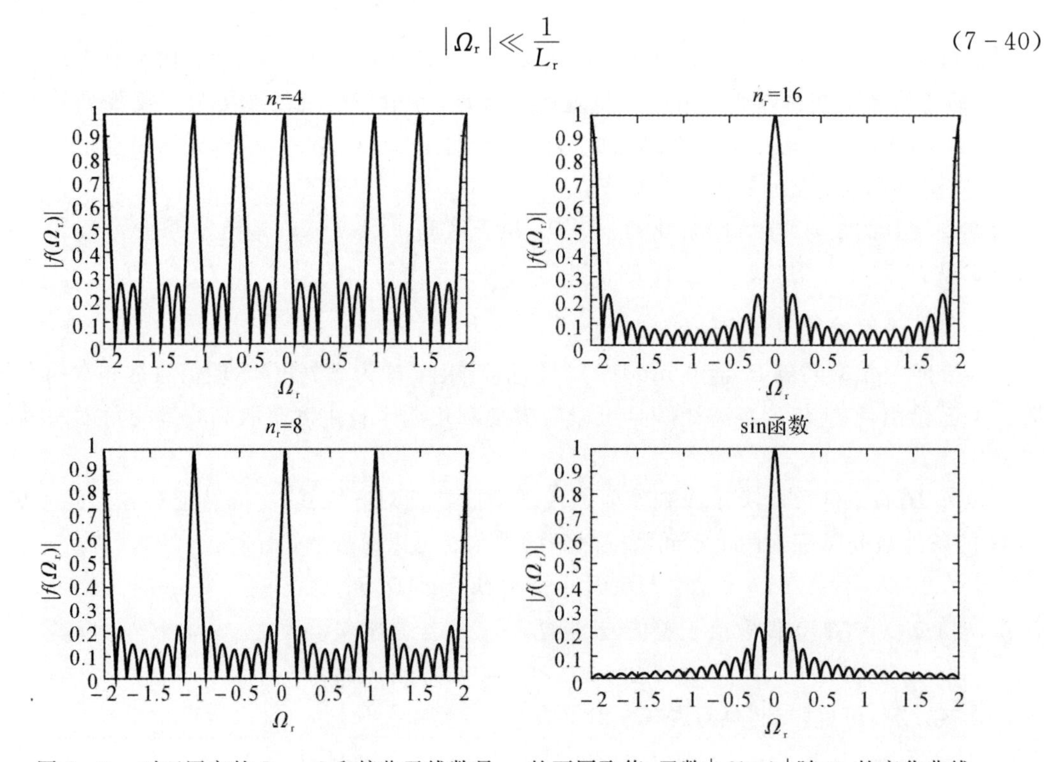

图 7-5　对于固定的 $L_r = 8$ 和接收天线数量 n_r 的不同取值，函数 $|f(\Omega_r)|$ 随 Ω_r 的变化曲线

对于固定的天线长度 L_r 而言，增加天线的数量不会从本质上改变上图的量值，实际上，当 $n_r \to \infty$，$\Delta_r \to 0$ 时，有

$$f_r(\Omega_r) \to e^{j\pi L_r \Omega_r} \operatorname{sinc}(L_r \Omega_r) \tag{7-41}$$

并且 $f_r(\cdot)$ 对于 n_r 的依赖性也消失了。利用定义 $\operatorname{sinc}(x) = \sin(\pi x)/(\pi x)$[见式(2-30)]，就可以由式(7-35) 直接推导出式(7-41)。

参数 $1/L_r$ 可以看作角度域中分辨力的一种测度：如果 $\Omega_r \ll 1/L_r$，那么来自两副发射天线的信号就不能被接收天线阵列所分辨，实际上就是仅存在一个自由度。因此，在给定空间的增加天线单元的数量并不会提高接收天线阵列的角度分辨力，主要的原因还是受到了天线阵列长度的制约。

常用的天线阵列角度域分辨力的图形表示是(接收) 波束成形方向图。如果信号以方向 ϕ_0 到达接收端，则最佳接收机会将接收信号投影到矢量 $\boldsymbol{e}_r(\cos\phi_0)$ 上，也即前面所定义的(接收) 波束成形矢量。来自其他任意方向上 ϕ 的信号衰减因子为

$$|\boldsymbol{e}_r^*(\cos\phi_0)\,\boldsymbol{e}_r(\cos\phi)| = |f_r(\cos\phi - \cos\phi_0)| \tag{7-42}$$

与矢量 $\boldsymbol{e}_r(\cos\phi)$ 有关的波束成形方向图可以用如下极坐标曲线表示，参见图 7-6 与图7-7：

$$[\phi, f_r(\cos\phi - \cos\phi_0)] \tag{7-43}$$

关于波束成形方向图有两点需要重点关注：

(1) 在 ϕ_0 附近以及满足如下条件的任意角度 ϕ 附近都存在主瓣：

$$\cos\phi = \cos\phi_0 \bmod \frac{1}{\Delta_r} \tag{7-44}$$

这是由 $f_r(\cdot)$ 的周期性得到的。如果天线间隔 $\Delta_r < 1/2$，那么仅在 ϕ 处存在一个主瓣，同时在 $-\phi$ 处存在其镜像。如果间隔大于 1/2，则存在多对主瓣，如图 7-6 所示。

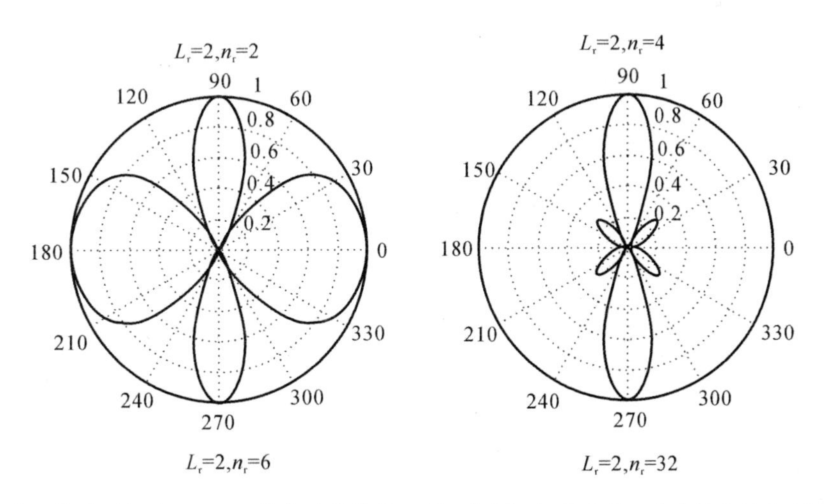

图 7-6　当天线阵列长度 $L_r = 2$，接收天线数量 n_r 取不同值时，指向为 90° 的接收波束成形方向图。注意，波束成形方向图总是关于 0° ～ 180° 轴对称，因此波瓣总是成对出现的。对于 $n_r = 4, 6, 32$ 而言，天线间隔 $\Delta_r \leqslant 1/2$，仅存在一个指向 90° 的主瓣(及其镜像)。对于 $n_r = 2$ 而言，$\Delta_r = 1 > 1/2$，则同时还存在另外一个主瓣

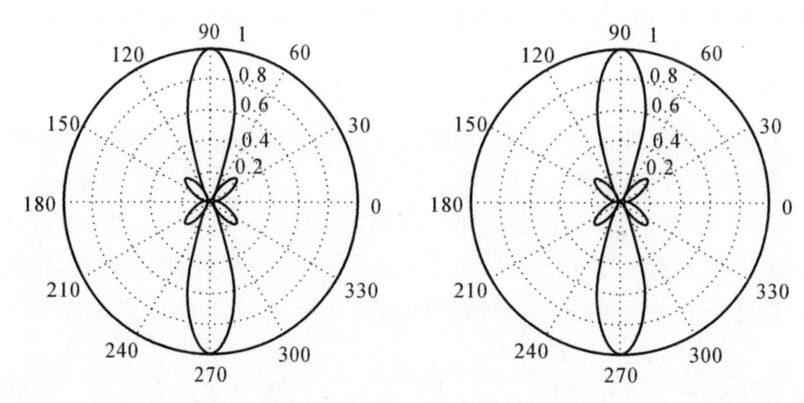

续图 7-6　当天线阵列长度 $L_r=2$，接收天线数量 n_r 取不同值时，指向为 90° 的接收波束成形方向图。注意，波束成形方向图总是关于 0° ～ 180° 轴对称，因此波瓣总是成对出现的。对于 $n_r=4,6,32$ 而言，天线间隔 $\Delta_r \leqslant 1/2$，仅存在一个指向 90° 的主瓣（及其镜像）。对于 $n_r=2$ 而言，$\Delta_r=1>1/2$，则同时还存在另外一个主瓣

（2）主瓣的方向余弦宽度为 $2/L_r$，也称之为波束宽度。阵列长度 L_r 越大，波束就越窄，同时角度分辨力也越高：除了所感兴趣的方向附近很窄范围内的信号外，来自其余所有方向上的信号都被该天线阵列滤除，如图 7-7 所示。通过调整不同的波束指向，沿角度间隔大于 $1/L_r$ 的路径到达的信号能够被天线阵列予以区分。

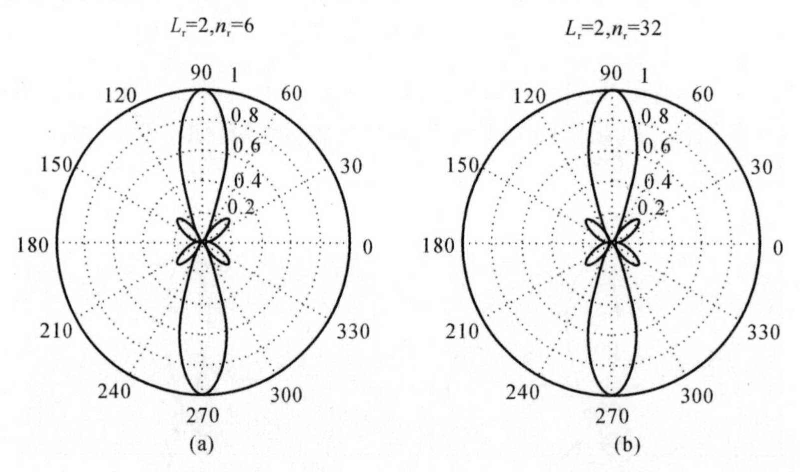

图 7-7　不同天线阵列长度对应的波束成形方向图，天线间隔固定为半载波波长，阵列长度越长，波束就越窄

(a) $L_r=4$；(b) $L_r=8$

天线阵列尺寸 L_r 与无线信道带宽 W 二者的作用存在明显的相似性。参数 $1/W$ 度量了时间域中信号的分辨力，接收机不能区分以远小于 $1/W$ 的时间间隔到达的多径信号。参数 $1/L_r$ 度量了角度域中的信号分辨力，接收机无法分辨以远小于 $1/L_r$ 的角度到达的信号。正如过采样不能使时域分辨力超过 $1/W$ 一样，增加更多的天线单元也无法使角度域分辨力超过 $1/L_r$，MIMO 衰落信道的统计建模中会借鉴这一相似性，本书将在 7.3 节予以更为准确的解释。

3. 地理位置上分离的接收天线阵列

使发射天线之间的距离足够远并保持接收天线近距离集中就可以增加自由度的数量,然而,使得接收天线之间的距离足够远并保持发射天线近距离集中也可以达到相同的目的,如图 7-8 所示,此时信道矩阵为

$$\boldsymbol{H}=\begin{bmatrix}\boldsymbol{h}_1^*\\ \boldsymbol{h}_2^*\end{bmatrix} \tag{7-45}$$

式中

$$\boldsymbol{h}_i=a_i\exp\left(\frac{\mathrm{j}2\pi d_{i1}}{\lambda_{\mathrm{c}}}\right)\boldsymbol{e}_{\mathrm{t}}(\Omega_{\mathrm{t}i}) \tag{7-46}$$

式中,Ω_{ti} 为从发射天线阵列到接收天线 i 的传播路径的方向余弦,d_{i1} 为发射天线 1 与接收天线 i 之间的距离。因此,只要满足

$$\Omega_{\mathrm{t}}=\Omega_{\mathrm{t2}}-\Omega_{\mathrm{t1}}\neq 0 \quad \bmod \frac{1}{\Delta_{\mathrm{t}}} \tag{7-47}$$

矩阵 $\boldsymbol{H}$ 的两行就线性无关,从而该信道矩阵的秩为 2,进而得到 2 个自由度。随着来自发射天线阵列的发射信号的改变,信道的输出张成了一个二维空间。为了使得 $\boldsymbol{H}$ 为良态矩阵,两副接收天线的角度间隔 Ω_t 应该与 $1/L_t$ 相当或大于 $1/L_t$,其中,$L_t=n_t\Delta_t$ 是载波波长归一化的发射天线阵列长度。

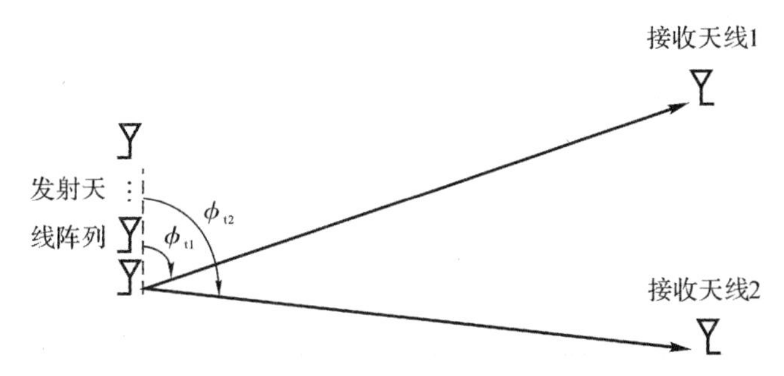

图 7-8　与发射天线阵列之间存在视距路径的两副在地理位置上分离的接收天线

与接收波束成形方向图类似,也可以定义发射波束成形方向图。当发射机将其信号集中于方向 ϕ_0,发射波束成形方向图度量在其他方向辐射的能量。波束宽度为 $2/L_t$,天线阵列越长,发射机沿指定方向的能量就越集中,信息到达多副接收天线的空间多路复用性能就越好。

7.2.5　视距路径加一条反射路径

如果发射天线之间或接收天线之间的间隔都不能足够远,是否能够得到与 7.2.4 节中例子类似的效果吗?再次考虑那个例子中的发射天线阵列和接收天线阵列,现在假定除视距路径以外,还存在另外一条墙面反射路径,如图 7-9(a) 所示,其中,称直接路径为路径 1,反射路径为路径 2。记路径 i 的衰减为 a_i,与发射天线阵列的夹角为 ϕ_{ti}($\Omega_{ti}=\cos\phi_{ti}$),与接收天线阵列的夹角为 ϕ_{ri}($\Omega_{ri}=\cos\phi_{ri}$)。由叠加原理可得信道矩阵 $\boldsymbol{H}$ 为

$$\boldsymbol{H}=a_1^{\mathrm{b}}\,\boldsymbol{e}_{\mathrm{r}}(\Omega_{\mathrm{r1}})\,\boldsymbol{e}_{\mathrm{t}}^*(\Omega_{\mathrm{t1}})+a_2^{\mathrm{b}}\,\boldsymbol{e}_{\mathrm{r}}(\Omega_{\mathrm{r2}})\,\boldsymbol{e}_{\mathrm{r}}^*(\Omega_{\mathrm{t2}}) \tag{7-48}$$

式中,$i=1,2$,且

$$a_i^{\mathrm{b}} = a_i \sqrt{n_{\mathrm{t}} n_{\mathrm{r}}} \exp\left(-\frac{\mathrm{j}2\pi d^{(i)}}{\lambda_{\mathrm{c}}}\right) \tag{7-49}$$

$d^{(i)}$ 为发射天线 1 与接收天线 2 之间沿路径 i 的距离。可以看出，只要

$$\Omega_{\mathrm{t1}} \neq \Omega_{\mathrm{t2}} \quad \bmod \frac{1}{\Delta_{\mathrm{t}}} \tag{7-50}$$

并且

$$\Omega_{\mathrm{r1}} \neq \Omega_{\mathrm{r2}} \quad \bmod \frac{1}{\Delta_{\mathrm{r}}} \tag{7-51}$$

矩阵 $\boldsymbol{H}$ 的秩就为 2。为了使得 $\boldsymbol{H}$ 为良态矩阵，发射阵列处两条路径的角度间隔 $|\Omega_{\mathrm{t}}|$ 应该与 $1/L_{\mathrm{t}}$ 相当或大于 $1/L_{\mathrm{t}}$，并且接收阵列的角度间隔 $|\Omega_r|$ 应该与 $1/L_{\mathrm{r}}$ 相当或大于 $1/L_{\mathrm{r}}$，式中

$$\Omega_{\mathrm{t}} = \cos\phi_{\mathrm{t2}} - \cos\phi_{\mathrm{t1}}, \quad L_{\mathrm{t}} = n_{\mathrm{t}}\Delta_{\mathrm{t}} \tag{7-52}$$

且

$$\Omega_{\mathrm{r}} = \cos\phi_{\mathrm{r2}} - \cos\phi_{\mathrm{r1}}, \quad L_{\mathrm{r}} = n_{\mathrm{r}}\Delta_{\mathrm{r}} \tag{7-53}$$

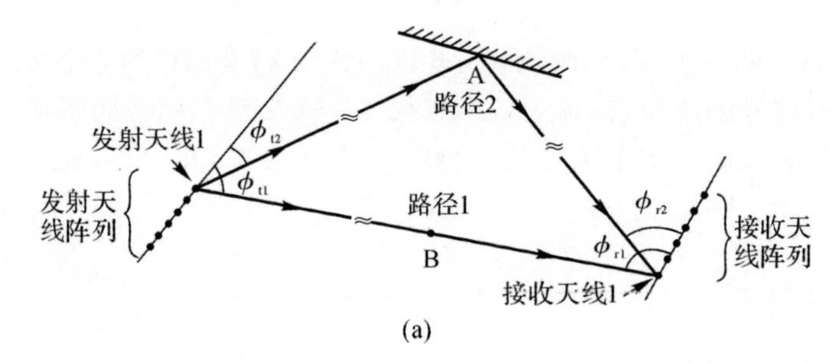

(a)

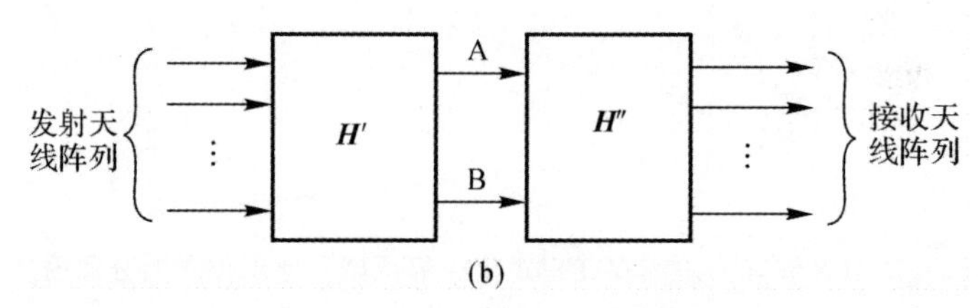

(b)

图 7-9　MIMO 信道

(a) 包括直接路径和反射路径的 MIMO 信道；

(b) 将信道看作(虚拟) 中继为 A 和 B 的两个信道 $\boldsymbol{H}'$ 与 $\boldsymbol{H}''$ 的级联

为了看清楚多条路径所起的作用，将矩阵 $\boldsymbol{H}$ 重新写为 $\boldsymbol{H} = \boldsymbol{H}''\boldsymbol{H}'$，其中

$$\boldsymbol{H}'' = \left[a_1^{\mathrm{b}}\, \boldsymbol{e}_{\mathrm{r}}(\Omega_{\mathrm{r1}})\, a_2^{\mathrm{b}}\, \boldsymbol{e}_{\mathrm{r}}(\Omega_{\mathrm{r2}})\right], \quad \boldsymbol{H}' = \begin{bmatrix} \boldsymbol{e}_{\mathrm{t}}^*(\Omega_{\mathrm{t1}}) \\ \boldsymbol{e}_{\mathrm{t}}^*(\Omega_{\mathrm{t2}}) \end{bmatrix} \tag{7-54}$$

$\boldsymbol{H}'$ 为 $2\times n_{\mathrm{t}}$ 矩阵，而 $\boldsymbol{H}''$ 为 $n_{\mathrm{r}}\times 2$ 矩阵。可以将 $\boldsymbol{H}'$ 解释为从发射天线阵列到位于图 7-9(a) 所示的点 A 与点 B 处的两台虚拟接收机之间的信道矩阵，点 A 为墙面反射路径的入射点，点 B 位于视距路径上，由于点 A 与点 B 在地理位置上相距很远，所以矩阵 $\boldsymbol{H}'$ 的秩为 2，其条件数取决于参数 $L_{\mathrm{t}}\Omega_{\mathrm{t}}$。类似地，可以将第二个矩阵 $\boldsymbol{H}''$ 解释为从位于点 A 和点 B 的两台虚拟发射机到接收天线阵列之间的矩阵信道，对应矩阵的秩也 2，其条件数取决于参数 $L_{\mathrm{r}}\Omega_{\mathrm{r}}$。如果这两个矩阵是良态的，则总的信道矩阵 $\boldsymbol{H}$ 亦为良态的。

包括两条路径的 MIMO 信道实际上就是图 7-8 的 $n_{\mathrm{t}}\times 2$ 信道与图 7-4 所示的 $2\times n_{\mathrm{r}}$ 信

道的级联。虽然发射天线之间与接收天线之间近距离集中,但多条路径实际上扮演着地理上相距很远的虚拟“中继”。从发射阵列到中继之间的信道以及从中继到接收阵列之间的信道都包含两个自由度,所以整个信道也包含两个自由度,于是空间多路复用成为可能。本书将多径衰落看作提供了可以加以利用的有利条件。

需要重点关注的是,本例中发射天线阵列与接收天线阵列处两条路径的角度间隔很大,这一点对于 $\boldsymbol{H}$ 为良态矩阵是非常关键的。这一结论在某些环境下可能不成立,例如,如果反射体位于接收机周围,并且距离接收机比距离发射机近得多,那么发射机处的角度间隔 Ω_t 就较小。类似地,如果反射体位于发射机周围,并且距离发射机比距离接收机近得多,那么接收机处的角度间隔 Ω_r 就较小。在以上任何一种情况下,$\boldsymbol{H}$ 都不会是很好的良态矩阵(见图 7-10)。上述结论表明,在蜂窝系统中,如果基站位于很高的塔顶,绝大多数散射体和反射体位于移动台周围,那么基站天线阵列的尺寸必须是波长的若干倍,这样才能够利用以上空间多路复用效应。

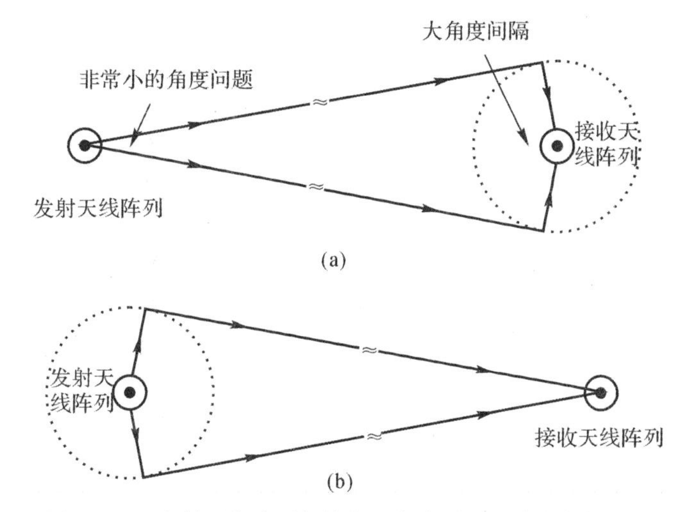

图 7-10　发射天线阵列与接收天线阵列处不同的角度间隔

(a)反射体和散射体位于接收机周围环形区域内,其发射机处的角度间隔很小

(b)反射体和散射体位于发射机周围环形区域内,其接收机处的角度间隔很小

总结 7.1 MIMO 信道的多路复用容量

SIMO 信道与 MISO 信道可以提供功率增益,但不能提供自由度增益。

包括位于同一位置的若干发射天线和位于同一位置的若干接收天线的视距 MIMO 信道同样不提供自由度增益。

接收天线阵列角度间隔大于 $1/L_r$、发射天线相距很远的 MIMO 信道可以提供有效的自由度增益。发射天线阵列角度间隔大于 $1/L_t$,接收天线相距很远的 MIMO 信道也是获得相同的增益。

包括位于同一位置的若干发射天线和位于同一位置的若干接收天线,但散射体/反射体相距很远的多径 MIMO 信道也可以提供自由度增益。

7.3 MIMO 衰落信道的建模

前一节中的例子均讨论确定性信道，基于对这些问题的理解，下面转向研究能够刻画空间多路复用关键特性的统计 MIMO 模型。

7.3.1 基本方法

前一节通过先后研究物理信道矩阵 $\boldsymbol{H}$ 的秩及其条件数，评估了物理 MIMO 信道的容量。例如在 7.2.4 节的例子中，矩阵 $\boldsymbol{H}$ 的秩为 2，但条件数则取决于两个空间特征之间夹角与天线阵列空间分辨力的相对大小。这种两步分析过程针对某些场景概念上有些不可行，具体体现在，当考虑通信系统设计与分析时，包含独立多径的 MIMO 信道物理模型并不能完全抽象地反映物理信道。相反，可以根据空间上可分辨的路径将该物理模型抽象为更高层次的模型。

实际上，在第 2 章频率选择性信道统计建模时，我们已经遵循了类似的策略，即直接对离散时间采样的抽头增益进行建模，而不是对独立的物理路径增益建模，可将各个抽头看成是由所有独立的物理路径构成的时间可分辨路径，系统带宽控制了物理路径组成可分辨路径的精细程度。从通信的角度讲，建模行为是针对可分辨路径进行的，而不是各独立路径进行的。直接对抽头而不是独立路径进行建模的另一项好处是汇聚相关独立路径为抽头使统计建模更加可靠。

与带宽受限系统的有限时间分辨力类似，阵列尺寸受限系统也产生有限角度分辨力，在 MIMO 信道建模时可以遵循 2.2.3 节的方法。发射天线阵列长度 L_t 和接收天线阵列长度 L_r 控制着角度域的可分辨程度：发射方向余弦之差小于 $1/L_t$ 并且接收方向余弦之差小于 $1/L_r$ 的路径对于天线阵列来说是无法分辨的。这表明在角度域中，发射机以固定的角度间隔 $1/L_t$ 进行“采样”，同时接收机以固定的角度间隔 $1/L_r$ 进行“采样”，因此，可以用这些新的输入和输出坐标表示信道。于是，这些角坐标中第(k,l)个信道增益粗略地等于发射方向余弦位于 l/L_t 周围的宽度为 $1/L_t$ 的角度窗口内的所有路径与接收方向余弦位于 k/L_r 周围的宽度为 $1/L_r$ 的角度窗口内的所有路径增益之和。图 7-11 所示为具有相应角度窗口的线性发射天线阵列与线性接收天线阵列。下一小节将对均匀线性阵列进行进一步深入的讨论。

7.3.2 MIMO 多径信道

考虑窄带 MIMO 信道建模为

$$\boldsymbol{y}=\boldsymbol{H}\boldsymbol{x}+\boldsymbol{w} \tag{7-55}$$

n_t 副发射天线与 n_r 副接收天线均构成均匀线性阵列，其归一化长度分别为 L_t 与 L_r，发射天线之间的归一化间隔为 $\Delta_t=L_t/n_t$，接收天线之间的归一化间隔为 $\Delta_r=L_r/n_r$。这里，归一化运算是对通带发射信号的波长 λ_c 进行的。为简化表示，本节考虑信道 $\boldsymbol{H}$ 是固定的，在后面的研究也很容易推广到时变条件下。

假定在发射机与接收机之间存在任意数量的物理路径，第 i 条路径的衰减为 a_i，与发射天线阵列之间的夹角为 $\phi_{ti}(\Omega_{ti}=\cos\phi_{ti})$，与接收天线阵列之间的夹角为 $\phi_{ri}(\Omega_{ri}=\cos\phi_{ri})$，信道矩阵 $\boldsymbol{H}$ 可表示为

$$\boldsymbol{H}=\sum_i a_i^{\mathrm{b}}\boldsymbol{e}_{\mathrm{r}}(\Omega_{\mathrm{r}i})\boldsymbol{e}_{\mathrm{t}}^*(\Omega_{\mathrm{t}i}) \tag{7-56}$$

与 7.2 节相同

$$a_i^{\mathrm{b}}=a_i\sqrt{n_{\mathrm{t}}n_{\mathrm{r}}}\exp\left(-\frac{\mathrm{j}2\pi d^{(i)}}{\lambda_{\mathrm{c}}}\right)$$

$$\boldsymbol{e}_{\mathrm{r}}(\Omega)=\frac{1}{\sqrt{n_{\mathrm{r}}}}\begin{bmatrix}1\\ \exp(-\mathrm{j}2\pi\Delta_{\mathrm{r}}\Omega)\\ \vdots\\ \exp(-\mathrm{j}2\pi(n_{\mathrm{r}}-1)\Delta_{\mathrm{r}}\Omega)\end{bmatrix} \tag{7-57}$$

$$\boldsymbol{e}_{\mathrm{t}}(\Omega)=\frac{1}{\sqrt{n_{\mathrm{t}}}}\begin{bmatrix}1\\ \exp(-\mathrm{j}2\pi\Delta_{\mathrm{t}}\Omega)\\ \vdots\\ \exp(-\mathrm{j}2\pi(n_{\mathrm{t}}-1)\Delta_{\mathrm{t}}\Omega)\end{bmatrix} \tag{7-58}$$

式中,$d^{(i)}$ 表示发射天线 l 与接收天线 l 之间沿路径 i 的距离;矢量 $\boldsymbol{e}_{\mathrm{t}}(\Omega)$ 与 $\boldsymbol{e}_{\mathrm{r}}(\Omega)$ 分别为沿 Ω 方向的发射单位空间特征与接收单位空间特征。

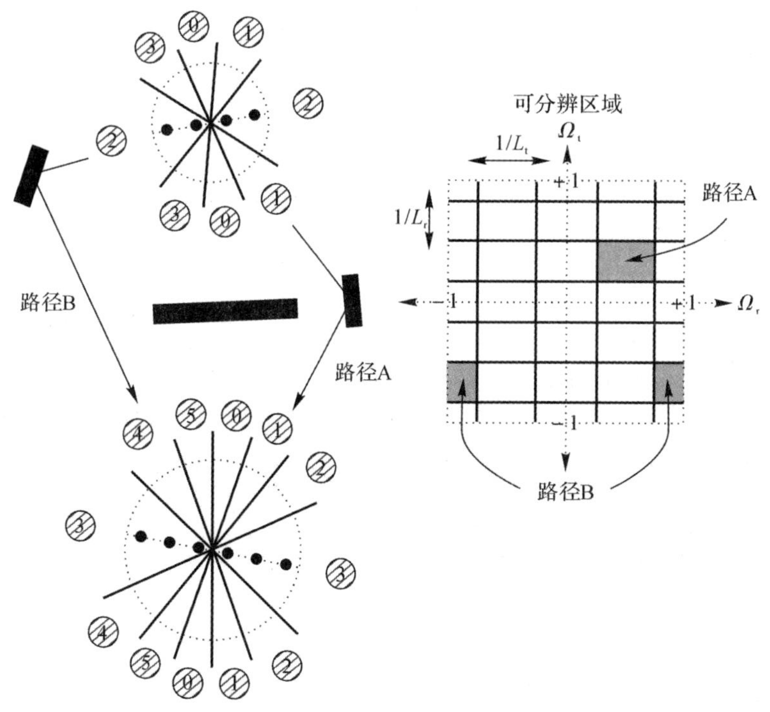

图 7-11　MIMO 信道的角度域表示,由于天线阵列的有限分辨力,物理路径被划分为角度域带宽为 $1/L_{\mathrm{r}}\times 1/L_{\mathrm{t}}$ 的可分辨区域,图中有 6 副接收天线($L_{\mathrm{r}}=3$) 和 4 副发射天线($L_{\mathrm{t}}=2$)

7.3.3　信号的角度域表示

现在首先介绍如何准确定义发射信号与接收信号的角度域表示。以方向余弦 Ω 到达接收天线阵列的信号与式(7-57)确定的单位空间特征$\boldsymbol{e}_{\mathrm{r}}(\Omega)$对齐。由7.2.4节式(7-35)分析可知：

$$f_{\mathrm{r}}(\Omega)=\boldsymbol{e}_{\mathrm{r}}^{*}(0)\,\boldsymbol{e}_{\mathrm{r}}(\Omega)=\frac{1}{n_{\mathrm{r}}}\exp[j\pi\Delta_{\mathrm{r}}\Omega(n_{\mathrm{r}}-1)]\frac{\sin(\pi L_{\mathrm{r}}\Omega)}{\sin(\pi L_{\mathrm{r}}\Omega/n_{\mathrm{r}})} \tag{7-59}$$

特别地，如图7-5所示，可得

$$f_{r}\left(\frac{k}{L_{r}}\right)=0,\text{且 } f_{\mathrm{r}}\left(\frac{-k}{L_{\mathrm{r}}}\right)=f_{\mathrm{r}}\left(\frac{n_{\mathrm{r}}-k}{L_{\mathrm{r}}}\right),\quad k=1,2,\cdots,n_{\mathrm{r}}-1 \tag{7-60}$$

因此，n_{r}个固定矢量

$$\delta_{\mathrm{r}}=\left\{\boldsymbol{e}_{\mathrm{r}}(0),\boldsymbol{e}_{\mathrm{r}}\left(\frac{1}{L_{\mathrm{r}}}\right),\cdots,\boldsymbol{e}_{\mathrm{r}}\left(\frac{n_{\mathrm{r}}-1}{L_{\mathrm{r}}}\right)\right\} \tag{7-61}$$

构成了接收信号空间$\mathcal{C}^{n_{r}}$的正交基，该基提供了接收信号的角度域表示。

这种表示为什么有用呢？在前面的图7-6与图7-7的分析中，波束成形方向图与各矢量$\boldsymbol{e}_{\mathrm{r}}(\Omega)$有关，该方向图中有一对或多对宽度为$2/L_{\mathrm{r}}$的主瓣以及一些小的旁瓣，不同的基矢量$\boldsymbol{e}_{\mathrm{r}}(k/L_{\mathrm{r}})$有不同的主瓣。这意味着，从某个任意物理方向接收信号，其绝大多数能量集中在某个特定的$\boldsymbol{e}_{\mathrm{r}}(k/L_{\mathrm{r}})$矢量对应的方向上，而在其他矢量方向上几乎没有接收能量。因此，该正交基提供了将总的接收信号简单地并近似地分解到不同物理方向的多条路径上，路径的空间分辨力最高为$1/L_{\mathrm{r}}$。

类似地，可以定义发射信号的角度域表示。在方向Ω上的发射信号与式(7-58)定义的单位矢量$\boldsymbol{e}_{\mathrm{t}}(\Omega)$对齐。$n_{\mathrm{t}}$个固定矢量

$$\delta_{\mathrm{t}}=\left\{\boldsymbol{e}_{\mathrm{t}}(0),\boldsymbol{e}_{\mathrm{t}}(\frac{1}{L_{\mathrm{t}}}),\cdots,\boldsymbol{e}_{\mathrm{t}}(\frac{n_{\mathrm{t}}-1}{L_{\mathrm{t}}})\right\} \tag{7-62}$$

构成了发射信号空间$\mathcal{C}^{n_{t}}$的正交基，该基提供了发射信号的角度域表示。沿任意物理方向的发射信号，其绝大多数能量集中在某个特定的矢量$\boldsymbol{e}_{\mathrm{t}}(k/L_{\mathrm{t}})$对应的方向上，而在其他矢量方向上几乎没有发射能量。因此，该正交基提供了将总的发射信号简单地并近似地分解到不同物理方向的多条路径上，路径的空间分辨力最高为$1/L_{\mathrm{t}}$。

1. 角度域基举例

不同的接收角基向量对应的波束成形方向图，如图7-12所示，需要区分如下三种不同的情况：

(1) 天线以半波长($\Delta_{\mathrm{r}}=1/2$)临界间隔排列：在这种情况下，各个基矢量$\boldsymbol{e}_{\mathrm{r}}(k/L_{\mathrm{r}})$仅在$\pm\arccos(k/L_{\mathrm{r}})$附近有一对主瓣。

(4) 天线稀疏间隔排列($\Delta_{\mathrm{r}}>1/2$)：在这种情况下，某些基矢量的主瓣多于一对。

(5) 天线稠密间隔排列($\Delta_{\mathrm{r}}<1/2$)：在这种情况下，某些基矢量没有主瓣。

上述结论可以由周期函数$f_{\mathrm{r}}(\Omega_{\mathrm{r}})$及其周期为$1/\Delta_{\mathrm{r}}$来解释，矢量$\boldsymbol{e}_{\mathrm{r}}(k/L_{\mathrm{r}})$对应的波束成形方向图以下面的极坐标曲线表示：

$$\left(\phi,\left|f_{\mathrm{r}}(\cos\phi-\frac{k}{L_{\mathrm{r}}})\right|\right) \tag{7-63}$$

此时，主瓣分布于满足如下条件的所有角度ϕ处，即

$$\cos\phi=\frac{k}{L_{\mathrm{r}}}\bmod\frac{1}{\Delta_{\mathrm{r}}} \tag{7-64}$$

在临界间隔情况下，$1/\Delta_{\mathrm{r}}=2$，k/L_{r}介于$0\sim2$之间，式(7-64)中的$\cos\phi$存在唯一解。在稀疏

间隔情况下，$1/\Delta_r < 2$，对于某些 k 值存在多个解：$\cos\phi = k/L_r + m/\Delta_r$，$m$ 为整数。在稠密间隔情况下，$1/\Delta_r > 2$，对于满足 $L_r < k < n_r - L_r$ 的 k 值，式(7-64)无解，这些角度域基矢量不与任何物理方向相对应。

仅在天线临界间隔的情况下存在角度域窗口与角度域基矢量之间的一一对应关系，这种情况是最简单的，因此，在后续讨论中假定天线是临界间隔的。其他情况的深入讨论参见 7.3.7 节。

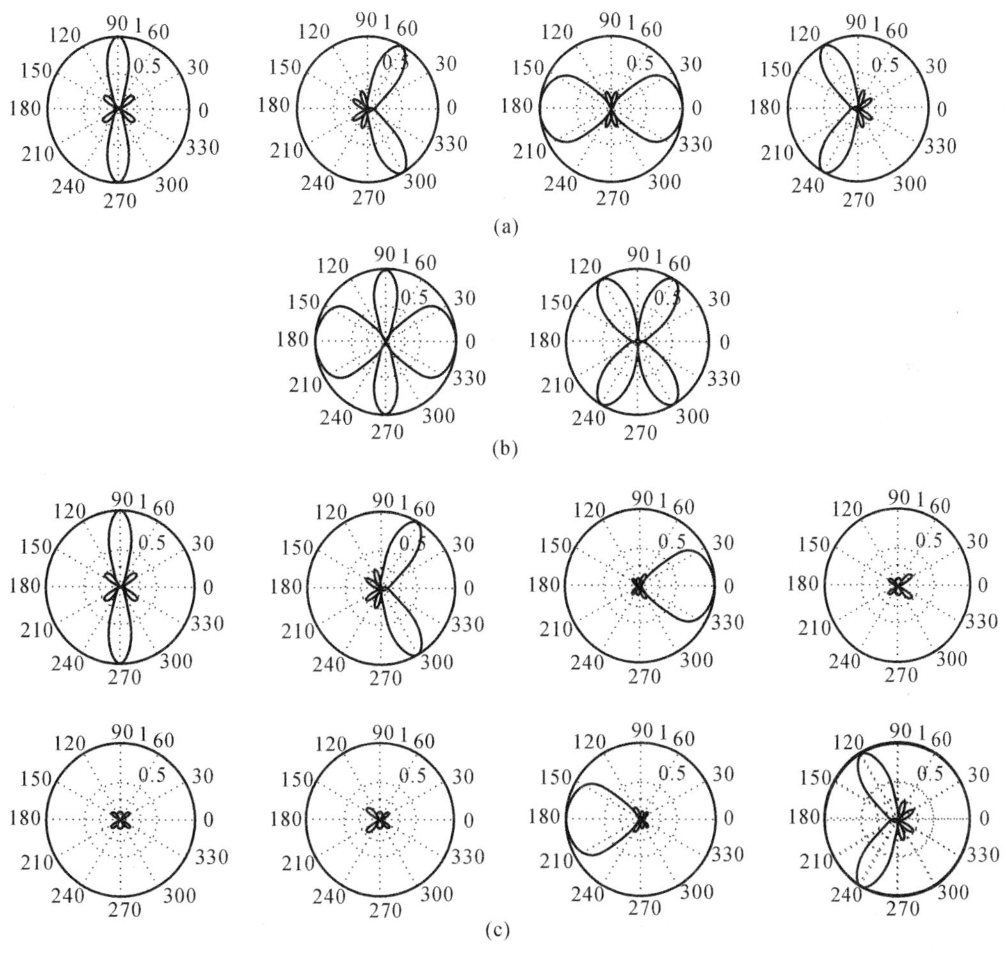

图 7-12　接收角基向量对应的波束形成方向图。该方向图与天线间距无关，具有相同的主瓣宽度，但主瓣的数目取决于天线间距

(a)$L_r = 2$，$n_r = 4$ 临界间隔情况；(b)$L_r = 2$，$n_r = 2$ 稀疏间隔情况；(c)$L_r = 2$，$n_r = 8$ 稠密间隔情况

2. 与 DFT 等同的角度域变换

空域与角度域之间的变换实际上是熟悉的一种变换。设$\boldsymbol{U}_t$ 为 $n_t \times n_t$ 酉矩阵，其各列为空间$\boldsymbol{S}_t$ 的基矢量，如果 $\boldsymbol{x}$ 与$\boldsymbol{x}^a$ 分别为天线阵列的 n_t 维发射信号矢量及其角度域表示，则它们之间的关系可表示为

$$\boldsymbol{x} = \boldsymbol{U}_t \boldsymbol{x}^a, \quad \boldsymbol{x}^a = \boldsymbol{U}_t^* \boldsymbol{x} \tag{7-65}$$

$\boldsymbol{U}_t$ 的第(k,l) 个元素为

$$\frac{1}{\sqrt{n_t}}\exp\left(-\frac{j2\pi kl}{n_t}\right), \quad k,l=0,1,\cdots,n_t-1 \tag{7-66}$$

因此，角度域表示$\boldsymbol{x}^a$正是$\boldsymbol{x}$的离散傅里叶逆变换[见式(3-142)]。然而，应该注意到，由于采用了均匀线性阵列，所以该角度域表示的这种特定变换实际上就是DFT。另外，信号的角度域表示是一个更为广义的概念，可以适用于其他的天线阵列结构。习题7-8给出了另一个例子。

7.3.4 MIMO信道的角度域表示

现在讨论如何在角度域中表示式(7-55)的MIMO衰落信道。$\boldsymbol{U}_t$与$\boldsymbol{U}_r$分别为$n_t\times n_t$与$n_r\times n_r$酉矩阵，其各列分别为S_t与S_r(IDFT矩阵)中的矢量。变换

$$\boldsymbol{x}^a=\boldsymbol{U}_t^*\boldsymbol{x} \tag{7-67}$$

$$\boldsymbol{y}^a=\boldsymbol{U}_r^*\boldsymbol{y} \tag{7-68}$$

分别为发射信号与接收信号的角度域坐标变换(上标“a”表示角度域量)，将其代入式(7-55)就可以得到信道的角度域等效表示：

$$\boldsymbol{y}^a=\boldsymbol{U}_r^*\boldsymbol{H}\boldsymbol{U}_t\boldsymbol{x}^a+\boldsymbol{U}_r^*\boldsymbol{w}=\boldsymbol{H}^a\boldsymbol{x}^a+\boldsymbol{w}^a \tag{7-69}$$

式中

$$\boldsymbol{H}^a=\boldsymbol{U}_r^*\boldsymbol{H}\boldsymbol{U}_t \tag{7-70}$$

为用角度域坐标表示的信道矩阵，并且

$$\boldsymbol{w}^a=\boldsymbol{U}_t^*\boldsymbol{w}\sim\mathcal{CN}(0,N_0\boldsymbol{I}_{n_r}) \tag{7-71}$$

由式(7-56)中信道矩阵$\boldsymbol{H}$表示形式可知

$$h_{kl}^a=\boldsymbol{e}_r^*(k/L_r)\boldsymbol{H}\boldsymbol{e}_t(l/L_t)=\sum_i a_i^b[\boldsymbol{e}_r^*(k/L_r)\boldsymbol{e}_r(\Omega_{ri})][\boldsymbol{e}_t^*(\Omega_{ti})\boldsymbol{e}_t(l/L_t)] \tag{7-72}$$

由7.3.3节可知，基矢量$\boldsymbol{e}_r(k/L_r)$的波束成形方向图的主瓣位于k/L_r周围，如果

$$\left|\Omega_{ri}-\frac{k}{L_r}\right|<\frac{1}{L_r} \tag{7-73}$$

那么，以$\boldsymbol{e}_r^*(k/L_r)\boldsymbol{e}_r(\Omega_{ri})$为第$i$条路径的主要项。定义$\mathcal{R}_k$为接收方向余弦位于$k/L_r$附近、宽度为$1/L_r$的窗口内的所有路径构成的集合，如图7-13所示。区域$\mathcal{R}_k$可以解释为在接收角度域基矢量$\boldsymbol{e}_r(k/L_r)$对应方向上集中绝大多数能量的物理路径组成的集合。类似地，定义$\mathcal{T}_l$为发射方向余弦位于k/L_t附近、宽度为$1/L_t$的窗口内的所有路径构成的集合，区域$\mathcal{R}_l$可以解释为在发射角度域基矢量$\boldsymbol{e}_t(l/L_t)$对应方向上集中绝大多数能量的物理路径组成的集合。于是，元素h_{kl}^a主要是集合$\mathcal{T}_l\cap\mathcal{R}_k$内的物理路径增益$a_i^b$的函数，可以解释为从第$l$个发射角度域区域到第$k$个接收角度域区域的信道增益。

集合$\mathcal{T}_l\cap\mathcal{R}_k$内的路径在角度域中是不可分辨的，由于天线孔径尺寸(L_t和L_r)有限，多条不可分辨的物理路径可以近似合并为一条增益为h_{kl}^a的可分辨路径。这里

$$\{\mathcal{T}_l\cap\mathcal{R}_k, l=0,1,\cdots,n_t-1,k=0,1,\cdots,n_r-1\}$$

构成了所有路径集合的一个划分。因此，近似地来说，不同物理路径对信道矩阵的角度域表示$\boldsymbol{H}^a$中的不同元素都有所贡献。

本节的讨论验证了图7-11的直观考虑。注意分析式(7-72)与式(2-34)之间的相似性，后者量化了连续时间信道如何被系统的有限带宽所平滑，而前者则量化了连续空间信道如何

被有限天线孔径所平滑。而且,后者的平滑函数为 sinc 函数,而前者的平滑函数为 f_r 和 f_t。

为了简化符号表示,下面集中讨论上述固定信道,但是可以很容易地引入时变:在 m 时刻,第 i 条时变路径的衰减为 $a_i[m]$,长度为 $d^{(i)}[m]$,发射角度为 $\phi_{ti}[m]$,接收角度为 $\phi_{ri}[m]$。于是,在 m 时刻所得到的信道 $\boldsymbol{H}[m]$ 及其角度域表示$\boldsymbol{H}^a[m]$ 均为时变的。

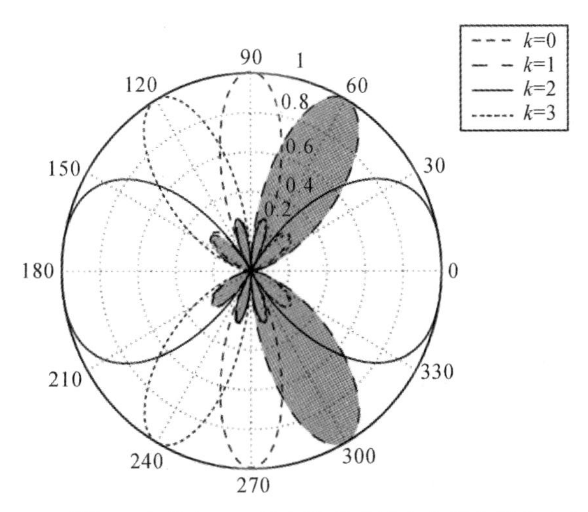

图 7-13 区域$\mathcal{R}_k$ 为到达 $\boldsymbol{e}_r(k/L_r)$ 波束成形方向图主瓣方向上的所有路径组成的集合($L_r=2, n_r=4$)

7.3.5 角度域统计建模

MIMO 衰落信道统计建模的基础是将物理路径划分为角度域可分辨区域并合并为增益为 $h_{kl}^a[m]$ 的可分辨路径的近似。假定物理路径的增益 $a_i^b[m]$ 是独立的,则可以将可分辨路径增益 $h_{kl}^a[m]$ 建模为独立的,而且角度 $\{\phi_{ri}[m]\}_m$ 与 $\{\phi_{ti}[m]\}_m$ 的时间尺度变化通常比增益 $\{a_i^b[m]\}_m$ 慢得多,因此,在所研究的时间尺度内,可以合理地假定路径不会从一个角度域区域移动到另一个角度域区域,同时 $\{h_{kl}^a[m]\}_m$ 能够建模为关于k 和l 独立的过程(可以参见2.3节表 2-1 关于频率选择性信道的类似结论)。在包含大量物理路径的角度域区域(k,l) 中,利用中心极限定理,可以将总增益 $h_{kl}^a[m]$ 近似为一个复循环对称高斯随机过程。另外,在不包含任何路径的角度域区域(k,l) 中,元素 $h_{kl}^a[m]$ 近似为 0。对于接收端和/或发射端具有有限角度扩展的信道而言,$\boldsymbol{H}''[m]$ 的大量元素都为 0,图 7-14 与图 7-15 给出了几个具体实例。

7.3.6 自由度与分集

1. 自由度

给定统计模型后,可以将 MIMO 信道的空间多路复用容量进行量化,随机矩$\boldsymbol{H}^a$ 的秩依概率 1 为(见习题 7-6)

$$\text{rank}(\boldsymbol{H}^a)=min\{非零行数,非零列数\} \tag{7-74}$$

由此就得到 MIMO 信道中的可用自由度数量。

非零行与非零列的数量依次取决于以下两个不同的因素:

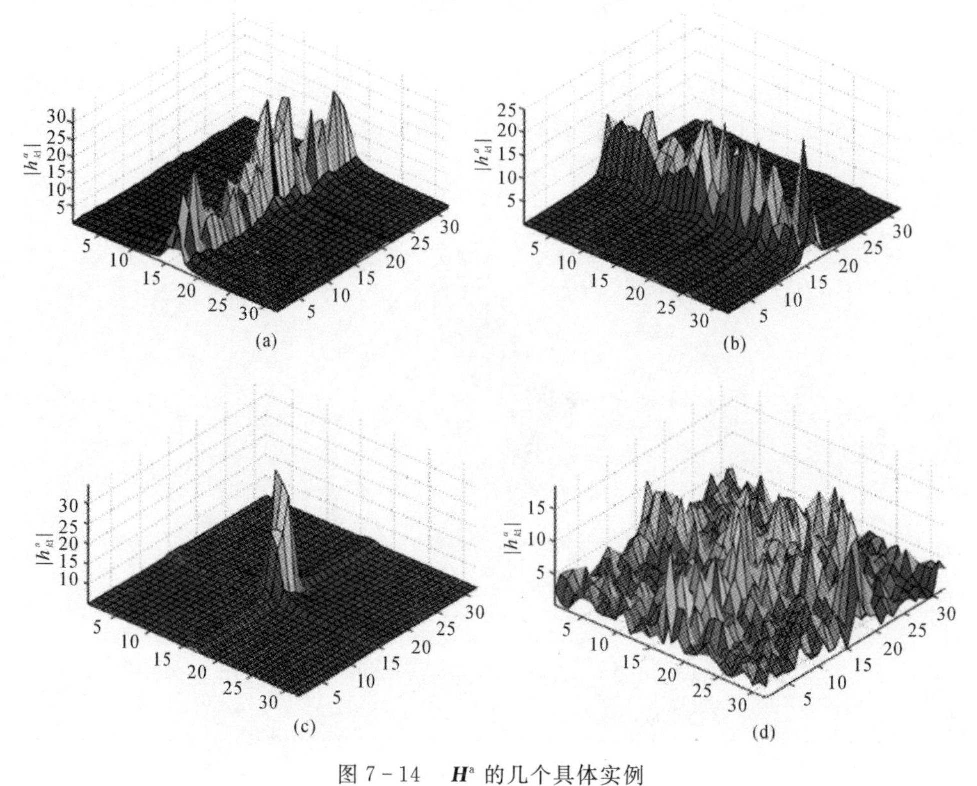

图 7-14　$\boldsymbol{H}^{a}$ 的几个具体实例

(a) 发射端和接收端扩展分别为 60° 和 360°；(b) 发射端和接收端扩展分别为 360° 和 60°；
(c) 发射端和接收端扩展均为 60° 和 60°；(d) 发射端和接收端扩展均为 360°

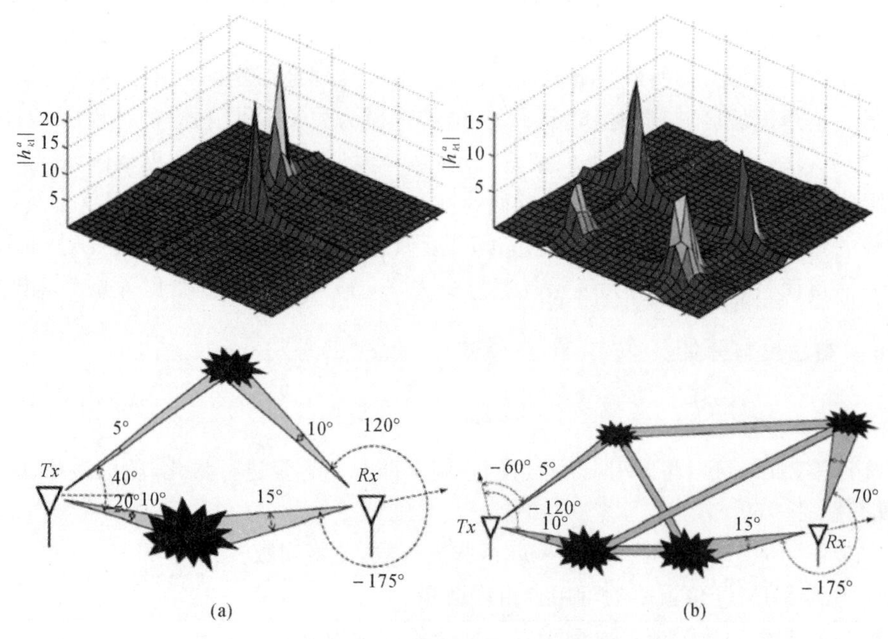

图 7-15　$\boldsymbol{H}^{a}$ 的几个具体实例

(a) 两组散射体，所有路径都经过一跳到达接收机；(b) 所有路径经过多跳到达接收机

(1) 多径环境中的散射体与反射体的数量。存在的散射体与反射体数量越多,随机矩阵 $\boldsymbol{H}^{a}$ 中的非零元素数量就越大,自由度也就越大。

(2) 发射天线阵列与接收天线阵列的长度 L_t 与 L_r。当天线阵列长度较小时,大量的不同路径就会合并为一条可分辨路径,增大天线孔径就可以分辨更多的路径,从而使得 $\boldsymbol{H}^{a}$ 中的非零元素增多,同时也增加了自由度。

下面的例 7.1 给出了基于群集响应模型根据多径环境和阵列长度显式计算自由度的公式。

例 7.1　分簇响应模型的自由度

1. 克拉克模型

首先考虑例 2.2 中介绍的克拉克模型。在该模型中,信号沿一组角度均匀分布的连续路径到达接收机,如果接收天线阵列长度为 L_r,则接收角度域区域的数量为 $2L_r$,并且所有这些区域都是非空的,因此,矩阵 $\boldsymbol{H}^{a}$ 的所有 $2L_r$ 行都非零。如果散射体和反射体距离接收机比距离发射机更近[见图 7-10(a)、图 7-14(a) 所示],则发射端的角度域扩展 Ω_t(以方向余弦度量)小于最大值 2。因此,矩阵 $\boldsymbol{H}^{a}$ 中非零行的数量为 $\lceil L_t\Omega_t \rceil$,这些路径被分解为多个角度宽度为 $1/L_t$ 的区域,进而,MIMO 信道的自由度为

$$\min\{\lceil L_t\Omega_t \rceil, 2L_r\} \tag{7-75}$$

如果散射体和反射体同样位于发射机周围所有方向,那么 $\Omega_t=2$,MIMO 信道的自由度变为

$$\min\{2L_t, 2L_r\} \tag{7-76}$$

由式(7-76)可知,给定了天线阵列长度,自由度的最大值也就确定了。由于假定天线间隔为载波波长的一半,因此该公式还可以表示为

$$\min\{n_t, n_r\}$$

也即信道矩阵 $\boldsymbol{H}$ 的秩。

2. 广义分簇响应模型

在更为一般的模型中,散射体与反射体并非分布于发射机和接收机周围的所有方向上,而是构成若干个分簇(见图 7-16),各分簇仅反射一组连续的路径。基于分簇响应模型的几种室内信道测量结果见表 7-1,在室内环境下,形成分簇可能是墙面和天花板反射、家具散射、门口缝隙衍射及软隔板透射等的结果。当信道中的障碍物尺寸与发射机到接收机之间的距离相当时,这个模型十分合理。

表 7-1　一些室内信道测量结果

	频率/GHz	分簇数量	总角度扩展/(°)
USCUWB[27]	0～3	2～5	37
IntelUWB[91]	2～8	1～4	11～17
Spencer[112]	6.25～7.25	3～5	25.5
COST259[58]	24	3～5	18.5

注:Intel 测量结果覆盖非常宽的带宽;所测得的分簇数量与角度域扩展是依赖于频率的,该组数据在图 7-18 中有更进一步的详细说明。

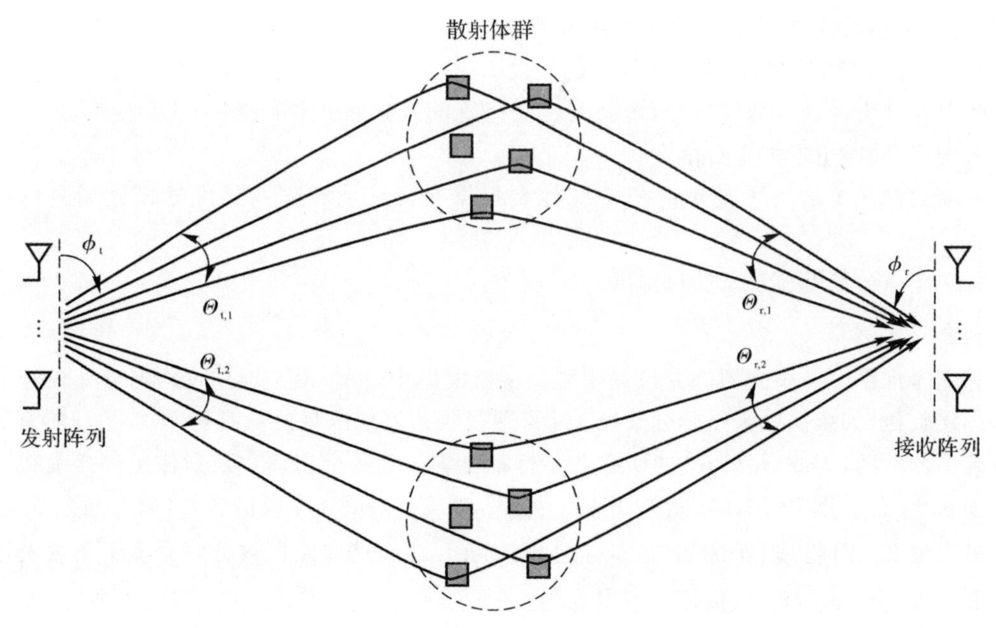

图 7-16 多径环境的分簇响应模型,各散射体组反射一组连续的路径

在该模型中,路径到达的方向余弦 Θ_r 被划分为若干个不相交区间:$\Theta_r = U_k\Theta_{rk}$。类似地,在发射端有 $\Theta_t = U_k\Theta_{tk}$。此时,信道的自由度可计算为

$$\min\left\{\sum_k \left\lceil L_t \mid \Theta_{tk} \mid \right\rceil,\quad \sum_k \left\lceil L_r \mid \Theta_{tk} \mid \right\rceil\right\} \tag{7-77}$$

当 L_t 与 L_r 较大时,自由度近似为

$$\min\{L_t\Omega_{t,\text{total}}, L_r\Omega_{r,\text{total}}\} \tag{7-78}$$

式中

$$\Omega_{t,\text{total}} = \sum_k |\Theta_{tk}|,\qquad \Omega_{r,\text{total}} = \sum_k |\Theta_{rk}| \tag{7-79}$$

分别为发射端和接收端分簇的总角度扩展。该公式清楚地验证了天线阵列与多径环境对自由度的分隔效应,角度扩展越大,自由度就越大。对于固定的角度扩展,增大天线阵列的长度就可以提高从各分簇中分辨路径的能力,从而增加可用自由度(见图 7-17)。

回忆讨论 2.1,可以得出带宽为 W、持续时间为 T 的信号近似具有 $2WT$ 个自由度这一结论。事实上,式(7-78)可以类比这一结论,此时天线阵列长度 L_t 和 L_r 起到与带宽 W 相同的作用,总角度扩展 $\Omega_{t,\text{total}}$ 和 $\Omega_{r,\text{total}}$ 起到与信号持续时间 T 相同的作用。

3. 载波频率的影响

作为式(7-78)的一个应用,下面回答 MIMO 信道的可用自由度是如何依赖于所用载波频率这一问题。前面已经提到,阵列长度 L_t 与 L_r 是关于载波波长的归一化数值,因此,对于天线阵列的固定物理长度而言,归一化长度 L_t 与 L_r 随着载波频率的增大而增大。进一步,自由度的数量随着载波频率的增大而增加,这一结论可以解释为,当载波频率较高时,给定面积内可以容纳更多的天线单元。另外,环境的角度扩展通常随着载波频率的增大而减小,原因有两方面:

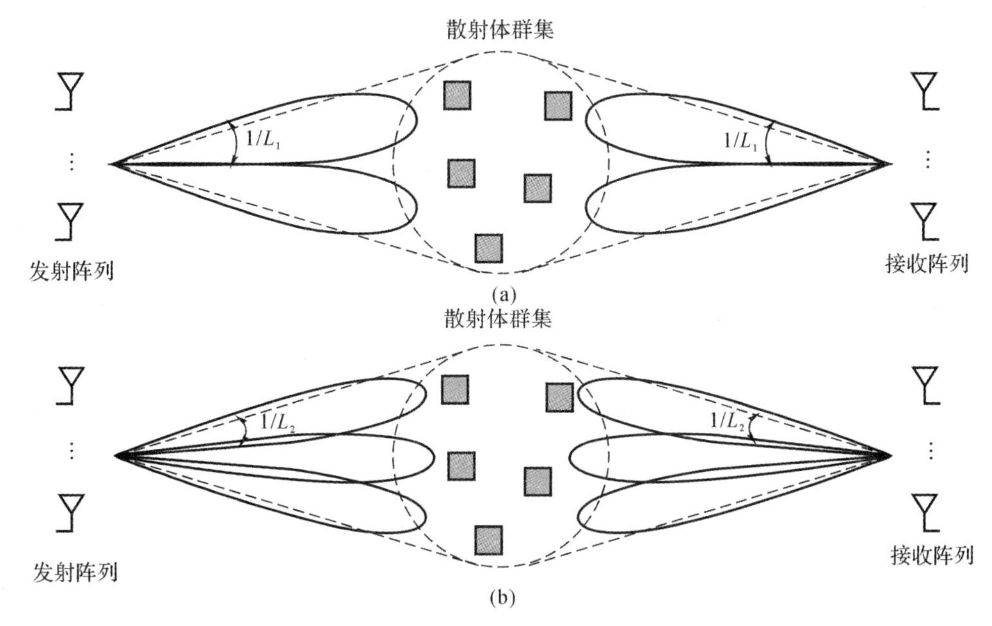

图7-17　增大天线阵列孔径可以增加了角度域中路径分辨力能力,进而提升自由度

(a) 阵列长度 L_1;　(b) 阵列长度 $L_2 > L_1$

(1) 频率越高的信号在受到信道障碍物透射或者反射后,衰减越大,因而减少了有效分簇的数量;

(2) 相对于典型信道障碍物的特征尺寸,高频载波的波长较小,因此散射从本质上看更接近反射,从而得到的角度扩展更小。

在这些因素的共同作用下,使 $\Omega_{\mathrm{t,total}}$ 和 $\Omega_{\mathrm{r,total}}$ 随着载波频率增加而减少,因此,载波频率对总的自由度的影响未必是单调的。一组室内测量结果如图7-18所示,自由度数量随着载波频率先增加再减少,实际上存在一个使自由度数量最大的最佳载波频率。这个例子表明,在确定MIMO信道的可用自由度时,同时将物理环境与天线阵列共同考虑是非常重要的。

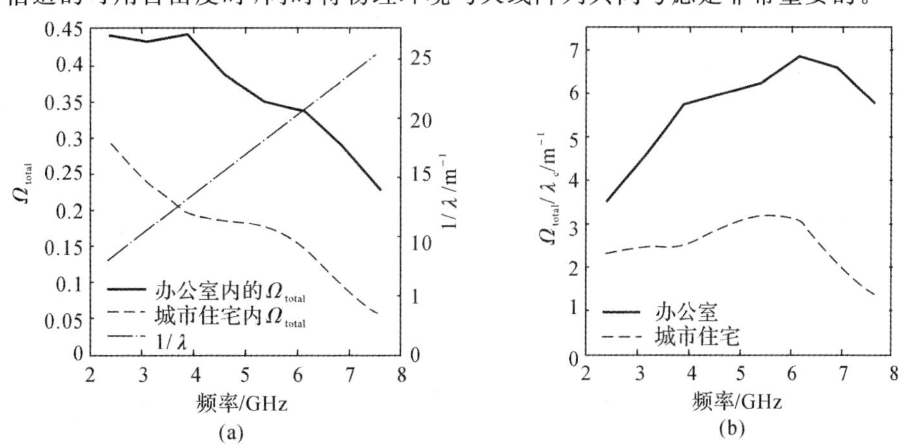

图7-18　不同频率下的角度扩展[91]

(a) 散射环境中总的角度扩展 Ω_{total}(假定在发射端和接收端是相等的)

随载波频率的增大而减小,归一化阵列长度依 $1/\lambda_c$ 的比例增大;

(b) 与 $\Omega_{\mathrm{total}}/\lambda_c$ 成比例的MIMO信道自由度数量随着载波频率的增大先增加再减少

2. 分集

本章集中讨论空间多路复用技术及其关键参数 —— 自由度。在慢衰落环境中，另一个重要的参数是信道的分集度，即整个信道处于深衰落时必须处于深衰落的独立信道增益的数量。在角度域 MIMO 模型中，分集度就是矩阵$\boldsymbol{H}^a$ 中非零元素的数量，图 7－19 给出了几个实例。注意，自由度相同的信道可以具有完全不同的分集度，自由度数量主要取决于发射端和接收端散射体 / 反射体的角度扩展，而分集度取决于发射角度与接收角度之间的连通程度。在多跳路径信道中，沿某一发射角发射的信号可以以若干个接收角到达接收端，如图 7-15 所示，与信号沿某一发射角发射并以唯一角度接收的单跳路径信道相比，虽然二者的角度扩展可能相同，但这种信道的分集度更大。

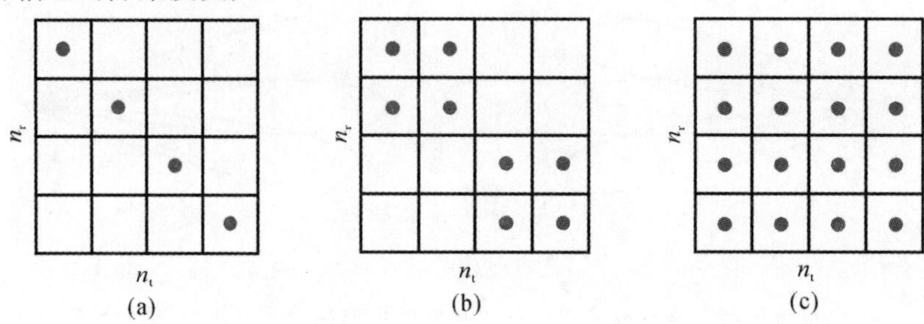

图 7－19　三个 MIMO 信道的角度域表示，三者均具有 4 个自由度，但分集数量分别为 4,8,16，它们建立了不断增加路径中反射体数量的信道模型（见图 7－15）

7.3.7　对于天线间隔的依赖性

到目前为止，主要集中讨论了天线临界间隔的情况（即天线间隔 Δ_t 与 Δ_r 等于载波波长的一半），那么，如果改变天线间隔，对信道统计特性以及自由度数量等关键参数会产生什么影响呢？

为了回答这个问题，固定天线阵列的长度 L_t 与 L_r，并改变天线间隔，或者等价地改变天线单元的数量。下面集中对接收端展开讨论，发射端的情况是类似的。假定天线阵列长度为 L_r，与基矢量$\{\boldsymbol{e}_r(k/L_r)\}_k$ 有关的波束成形方向图的主瓣宽度均为 $2/L_r$，如图 7－12 所示，这样就控制了天线阵列最大可能的分辨力：无论存在多少个天线单元，到达宽度为 $1/L_r$ 的角度域窗口内的路径都不可能进行分辨，总共存在 $2L_r$ 个这样的角度域窗口对整个接收方向进行划分，如图 7－20 所示。实际上，是否能够达到这一最大分辨力取决于天线单元的数量。

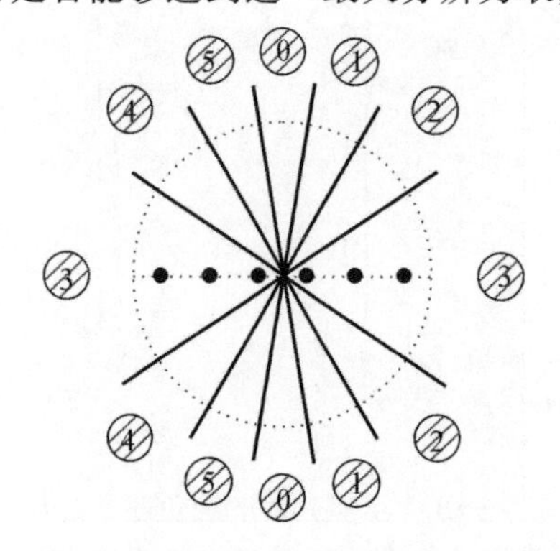

图 7－20　长度为 L_r 的天线阵列将接收方向划分为 $2L_r$ 个角度域窗口，这里 $L_r = 3$，即存在 6 个角度域窗口。注意，因为关于 0° ～ 180° 呈轴对称，所以各角度域窗口表现为镜像对的形式，每一对仅对应于一个角度域窗口

由前面的讨论可知,区域$\mathcal{R}_k$ 也可以解释为在基矢量$\boldsymbol{e}_r(k/L_r)$ 对应方向上集中绝大多数能量的所有物理路径构成的集合,这些区域控制着天线阵列的分辨力。在临界间隔($\Delta_r = 1/2$)情况下,所有基矢量的波束成形方向图仅有一个主瓣(及其镜像),在角度域窗口与可分辨区域$\mathcal{R}_k$ 之间存在一一对应关系,到达不同窗口的路径可以被阵列所分辨,如图 7-21 所示。在稀疏间隔($\Delta_r > 1/2$)的情况下,某些基矢量的波束成形方向图包括多个主瓣,到达这些主瓣对应的不同窗口的路径均被合并至一个区域,并且不能被阵列所分辨(见图 7-22)。在稠密间隔($\Delta_r < 1/2$)的情况下,$2L_r$ 个基矢量的波束成形方向图仅有一个主瓣,可用于 $2L_r$ 个角度域窗口之间的分辨,其余 $n_r - 2L_r$ 个基矢量的波束成形方向图没有主瓣,因而不与任何角度域窗口相对应,在沿这些基矢量方向上几乎不存能量,因此并不会真正意义上参与通信过程,如图 7-23 所示。

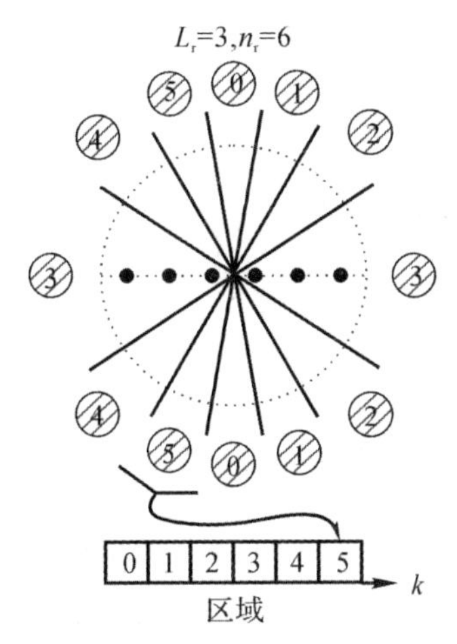

图 7-21　天线以半波长进行临界排列,每个可分辨区域恰对应于一个角度窗口,图中存在 6 个角的窗口,即 6 个可分辨区域

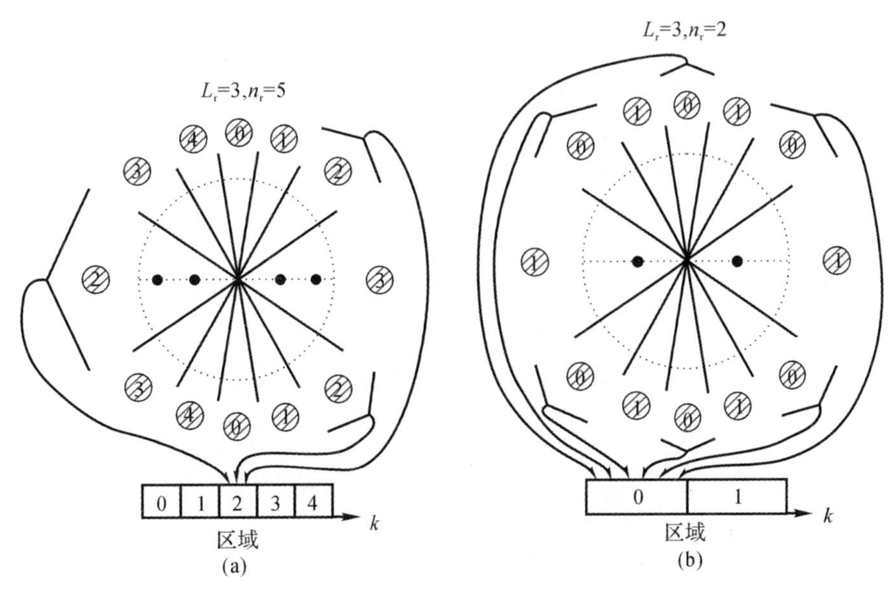

图 7-22　不同稀疏间隔天线阵列

(a) 稀疏间隔的天线阵列:一些区域包含来自多个角度窗口的路径;

(b) 非常稀疏间隔的天线阵列:所有的区域都包含多个角度窗口的路径

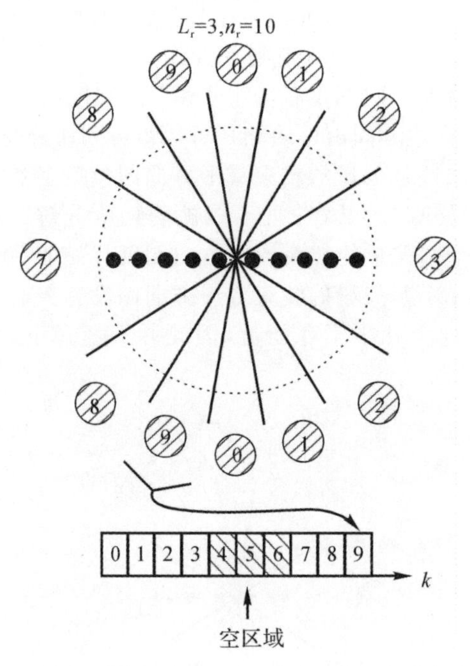

图 7－23　稠密间隔的天线阵列中，某些区域不包含任何物理路径

由上述分析可以得到如下重要结论：如果给定天线阵列长度 L_t 与 L_r，那么可获得的最大角度分辨力能够由以半波长间隔排列天线单元来实现。排列得越稀疏的天线阵列会降低天线阵列的分辨力，同时减少自由度数量和信道分集度。而排列得越稠密的天线阵列则增加了与任何物理方向都不存在对应关系的伪基矢量，因而不会提升分辨能力。从角度信道矩阵 $\boldsymbol{H}^a$ 的角度讲，其效果是增加了全零行和列，从空间信道矩阵 $\boldsymbol{H}$ 的角度讲，其效果是使得元素的相关性增强。实际上，角度域表示清楚地表明，仅利用与物理方向相对应的基矢量就能够将稠密间隔系统简化为等价的 $2L_t \times 2L_r$ 临界间隔系统，如图 7－24 所示。

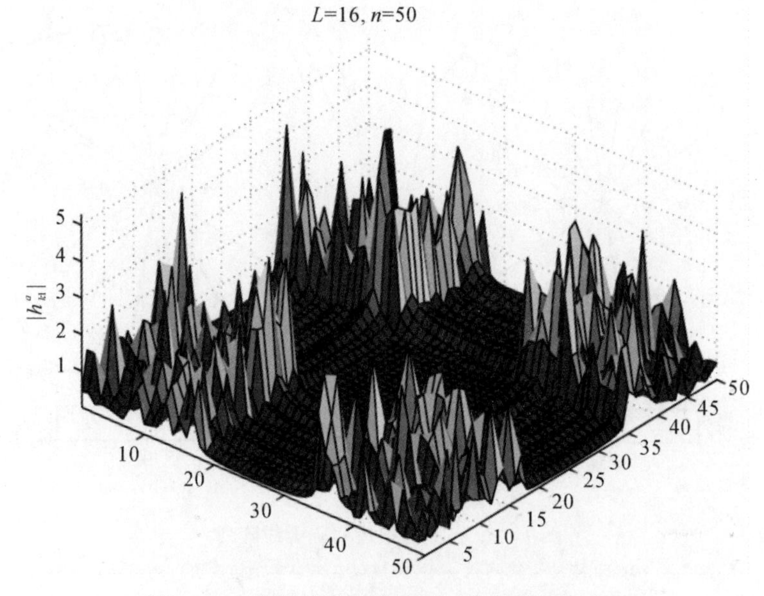

图 7－24　稠密间隔天线阵列对应的典型矩阵 $\boldsymbol{H}^a$

在给定阵列长度 L_r 的范围内增大天线间隔并不会增加信道中的自由度数量。在保持天线单元数量 n_r 不变的前提下,增大天线间隔会得到什么样的结果呢?如果系统是硬件受限的,而不受放置天线阵列的空间大小限制时,这个问题就很有意义。增大天线间隔会减小 n_r 个角度基矢量波束成形方向图的波束宽度,但会增加各自的主瓣数量,如图 7 - 25 所示。如果散射环境足够丰富,使得接收信号从所有方向到达接收端,那么信道矩阵 $\boldsymbol{H}^a$ 的非零行数已经是最大可能值 n_r,因此增大间隔并不会增加信道中的自由度数量。另一方面,如果散射集中在某些方向上,那么增大间隔有可能使散射信号在更多的区域接收,从而增加了自由度数量,如图 7 - 25 所示。针对空间信道矩阵 $\boldsymbol{H}$,其效果是使得矩阵元素变得更加随机、更加独立。在位于基站的高塔上,周围包括极少散射体,多径角度扩展很小,因此,必须使天线间隔为许多个波长才能实现信道增益的解相关。

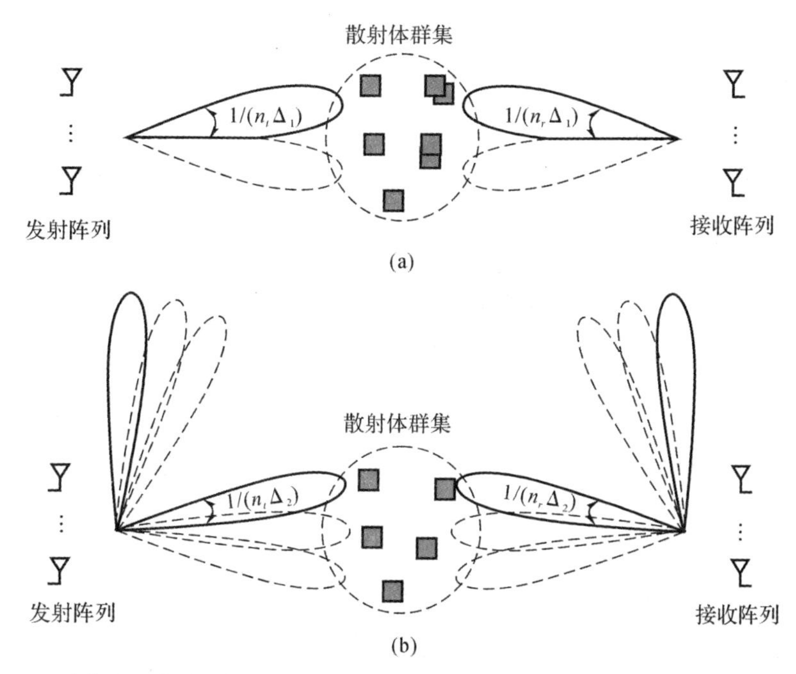

图 7 - 25　分簇响应信道举例,增大固定数量的天线之间的间隔使自由度数量由 2 增加到 3
(a) 天线间隔 $\Delta_1 = 1/2$;　(b) 天线间隔 $\Delta_2 > \Delta_1$

现在给出上述结果基于采样的解释。首先,认为离散天线阵列是基本连续阵列 $[-L_r/2, L_r/2]$ 的采样,该阵列中的接收信号 $x(s)$ 是连续空间位置 $s \in [-L_r/2, L_r/2]$ 的函数。与 7.3.3 节所示的离散情况相同,空域信号 $x(s)$ 及其角度域表示 $x^a(\Omega)$ 构成了傅里叶变换对,但是,由于实际物理方向的方向余弦取值为 $\Omega \in [-1,1]$,所以接收信号的角度域表示 $x^a(\Omega)$ 在区间 $[-1,1]$ 以外为零,因此,空域信号 $x(s)$ 是"带限"于 $[-W,W]$ 的,"带宽" $W=1$。由采样定理可知,信号 $x(s)$ 可以由间隔为 $1/(2W)=1/2$ 的采样唯一确认,其中 $2W=2$ 为奈奎斯特采样速率。当 $L_r \to \infty$ 时上述结论才是精确的,当 L_r 有限时是近似的。因此,以临界间隔排布天线单元足以描述接收信号,而不需要连续的天线单元。天线间隔大于 1/2 是不够的:此时为欠采样情况。上述分辨力的损失类似于以低于奈奎斯特速率对带限信号进行采样时的混叠效应。

7.3.8 独立同分布瑞利衰落模型

常用的 MIMO 衰落模型是独立同分布瑞利衰落模型,即信道增益矩阵 $\boldsymbol{H}[m]$ 的元素是独立、同分布的循环对称复高斯随机变量。由于矩阵 $\boldsymbol{H}[m]$ 及其角度域表示 $\boldsymbol{H}^{a}[m]$ 之间的关系为

$$\boldsymbol{H}^{a}[m]=\boldsymbol{U}_{r}^{*}\boldsymbol{H}[m]\boldsymbol{U}_{t} \tag{7-80}$$

式中,$\boldsymbol{U}_{t}$ 与 $\boldsymbol{U}_{r}$ 为固定酉矩阵,所以 $\boldsymbol{H}^{a}$ 应该与 $\boldsymbol{H}$ 具有相同的独立同分布的高斯分布。因此,利用这里介绍的建模方法,就能够清楚地看到用多径环境和天线阵列表示的独立同分布瑞利衰落模型的物理基础。在各可分辨角度域区域中应该存在大量路径,而能量均匀地分散在这些区域中,这就是所谓的强散射环境。如果在角度域中的某些方向上路径很少或者没有路径,那么矩阵 $\boldsymbol{H}$ 中的元素则是相关的,而且应将天线临界间隔排列或稀疏间隔排列。如果稠密间隔天线排列,那么矩阵 $\boldsymbol{H}^{a}$ 中的某些元素近似为零,矩阵 $\boldsymbol{H}$ 中的元素强相关。然而,通过简单的变换就可以将信道简化为包含很少临界间隔天线的等效信道。

与临界间隔的情况相比,稀疏间隔使得信道矩阵更容易满足独立同分布瑞利衰落的假设,这是因为此时各区域扩展到更多不同的角度域窗口,所以包括来自多个发射和接收方向的更多路径。这就证实了天线间隔越大,矩阵 $\boldsymbol{H}$ 中元素的相关性越弱的直观认识。另外,如果物理环境已经在各个方向上的产生了散射,那么临界间隔排列的天线足以满足独立同分布瑞利衰落的假定。

为了方便分析,通常会使用独立同分布瑞利衰落模型来评估 MIMO 通信方案的性能,但重要的是要记住使该模型关于物理环境和天线阵列均有效的假设。

第 7 章主要知识点

(1) 角度域表示是 MIMO 信道的一种自然表示形式,突出了天线阵列与物理环境之间的相互作用。

(2) 线性天线阵列的角度域分辨力是由其长度控制的:长度为 L 的阵列提供的分辨力为 $1/L$。天线单元以载波半波长临界间隔时,可以获得 $1/L$ 的最大角度域分辨力;稀疏间隔时,角度域分辨力因混叠而降低;稠密间隔时,角度域分辨力也不会超过 $1/L$。

(3) 长度分别为 L_{t} 和 L_{r} 的发射天线阵列和接收天线阵列将角度域划分为 $2L_{t}\times 2L_{r}$ 个由不可分辨多径构成的区域,相同区域内的路径合并为角度域信道矩阵 $\boldsymbol{H}^{a}$ 的一个元素。

(4) 假定 $\boldsymbol{H}^{a}$ 的元素服从方差可能不同的独立高斯分布,就可以得到 $\boldsymbol{H}^{a}$ 的统计模型,不包含任何路径的角度域区域对应于零元素。

(5)MIMO 信道的自由度数量是矩阵 $\boldsymbol{H}^{a}$ 的非零行数与非零列数的最小值,分集度就是非零元素的数量。

(6) 在分簇响应模型中,自由度数量近似为

$$\min\{L_{t}\Omega_{t,\text{total}},L_{r}\Omega_{r,\text{total}}\} \tag{7-81}$$

MIMO 信道的多路复用容量随着散射体 / 反射体的角度扩展 $\Omega_{t,\text{total}}$,$\Omega_{r,\text{total}}$ 以及天线阵列长度的增加而增加,当天线间隔为半波长临界间隔或者稀疏间隔时,能够实现这一数量的自由度。如果最大角度扩展为 2,则自由度数量为 $\min\{2L_{t},2L_{r}\}$。

当天线为临界间隔时,自由度数量也等于 $\min\{n_{t},n_{r}\}$

(7) 独立同分布瑞利衰落模型在强散射环境下是合理的,所谓强散射环境是指角度域区域都充满路径而且各个区域中的能量大致相等。天线单元应该保持临界间隔或者稀疏间隔。

7.4 文献说明

MIMO 信道建模的角度域方法是基于 Sayeed[105] 与 Poon 等人[90,92] 的工作,其中,文献[105]考虑了离散天线单元阵列,而文献[90, 92]考虑了连续天线单元,强调空间多路复用能力不仅受到天线单元数量的限制,而且还受天线阵列尺寸的限制。本章仅考虑了线性阵列,但文献[90]同时还研究了诸如圆环和球面等其他天线阵列配置。分簇响应模型的自由度公式(7-78)的推导见文献[90]。

Raleigh 与 Cioffi[97]、Gesbert 等人[47] 以及 Shiu 等人[111] 给出了 MIMO 信道建模的其他相关方法。其中后者的研究采用与克拉克模型类似的模型来推导 MIMO 信道的统计特性,该模型包括两个由散射体构成的环,其中一个位于发射机周围,另一个位于接收机周围。

7.5 习　　题

习题 7-1

(1) 对于 7.2.1 节介绍的采用均匀线性阵列的 SIMO 信道而言,试给出发射天线与第 i 副接收天线之间距离的准确表达式,并明确在什么意义上式(7-19) 是一个近似。

(2) 在 MIMO 情况下重新分析近似式(7-27)。

习题 7-2　试验证式(7-21) 定义的单位矢量 $\boldsymbol{e}_r(\Omega_r)$ 是周期为 $1/\Delta_r$ 的周期矢量,并且在一个周期内没有任何重复。

习题 7-3　验证式(7-35)。

习题 7-4　有关 MIMO 通信的早期研究[97] 表明,包括 n_t 副发射天线、n_r 副接收天线以及 K 条多径的 MIMO 信道的自由度数量为

$$\min\{n_t, n_r, K\} \tag{7-82}$$

这是决定信道多路复用能力的关键参数。以上论断有什么问题呢?

习题 7-5　本习题研究天线间隔在 MIMO 信道的角度域表示中的作用。

(1) 考虑图 7-21 中的临界间隔天线阵列,有 6 个区域,分别对应一个特定的物理角度域窗口,所有这些角度域窗口都具有相同宽度的立体角。试计算与各区域 $\mathcal{T}_l, l=0,1,\cdots,5$ 对应的以弧度为单位的角度域窗口宽度,并证明从与该天线阵列垂直的直线处移到与天线阵列平行的直线处时,以弧度为单位的宽度会增大。

(2) 考虑图 7-22 中的稀疏间隔天线阵列,试证明从角度域窗口到区域 $\mathcal{T}_l$ 的映射,并计算与各区域 $\mathcal{T}_l(l=0,1,\cdots,n_t-1)$ 对应的以弧度为单位的角度域窗口宽度(区域 $\mathcal{T}_l$ 的角度域窗口宽度是与 $\mathcal{T}_l$ 对应的所有角度域窗口的宽度之和)。

(3) 试证明图 7-23 的稠密间隔天线阵列中从角度域窗口到区域 $\mathcal{T}_l$ 的映射,并计算与各区域对应的以弧度为单位的角度域窗口宽度。

习题 7-6　角度域矩阵 $\boldsymbol{H}^a$ 的非零元素为相互独立的复高斯随机变量,试证明该矩阵的秩依概率 1 由式(7-74) 确定。

习题 7-7 第 2 章介绍了克拉克平坦衰落模型，其发射机和接收机都只有一副天线。下面假定接收机具有 n_r 副天线，分别间隔半个波长，发射机仍然具有一副天线，即 SIMO 信道。在 m 时刻，有

$$\boldsymbol{y}[m]=\boldsymbol{h}[m]x[m]+\boldsymbol{w}[m] \tag{7-83}$$

式中，$\boldsymbol{y}[m]$ 和 $\boldsymbol{h}[m]$ 分别为 n_r 维接收矢量和信道空间特征。

(1) 首先考虑接收机静止的情况，试近似计算角度域中 $\boldsymbol{h}$ 的系数的联合统计量。

(2) 进一步假设接收机以速度 v 运动，试计算信道各角度域系数的多普勒扩展和多普勒频谱。

(3) 当 $n_r\to\infty$ 时，多普勒扩展会发生什么变化？随着 n_r 的增大，估计和跟踪过程 $\{\boldsymbol{h}[m]\}$ 会出现什么样的困难呢？是变得更容易、更难还是保持不变，请解释其原因。

习题 7-8 考虑载波波长归一化半径为 R、n 个均匀间隔的环形阵列

(1) 试计算 ϕ 方向上的空间特征。

(2) 试求 ϕ_1 和 ϕ_2 方向上的两个空间特征之间的夹角 $f(\phi_1,\phi_2)$。

(3) $f(\phi_1,\phi_2)$ 仅仅取决于差值 $\phi_1-\phi_2$ 吗？如果不是，解释其原因。

(4) 试绘制出 $R=2$ 且 n 取不同值 $\lceil \pi R/2\rceil$，$\lceil \pi R\rceil$，$\lceil 2\pi R\rceil$ 和 $\lceil 4\pi R\rceil$ 时的曲线 $f(\phi_1,0)$，观察该曲线并阐述得到的推论。

(5) 试推导角度域分辨力。

(6) 长度为 L 的线性阵列在 $\cos\phi$ 域中具有 $1/L$ 的分辨力，也就是说，在 ϕ 域中的分辨力是不均匀的。你能设计一种在 ϕ 域中具有均匀分辨力的线性阵列吗？

习题 7-9 (空间采样) 考虑在具有 $M=10$ 条多径的信道中 $L_t=L_r=2$ 的 MIMO 系统。第 i 条多径与发射阵列之间的夹角为 $i\Delta\phi$，与接收阵列之间的夹角为 $i\Delta\phi$，其中 $\Delta\phi=\pi/M$。

(1) 假定存在 n_t 副发射天线和 n_r 副接收天线，试计算信道矩阵。

(2) 试计算 $n_t=n_r$ 从 4 变到 8 时的信道特征值。

(3) 描述特征值的分布，并将其与 7.3.4 节中的区域解释进行比较。

习题 7-10 本习题研究频率选择性 MIMO 信道的角度域表示。

(1) 尝试基于频率选择性 MIMO 信道的时域表示[见式(8-112)]推导其角度域等效表示[见式(7-69)]：

$$\boldsymbol{y}^{a}[m]=\sum_{l=0}^{L-1}\boldsymbol{H}_l^{a}[m]\,\boldsymbol{x}^{a}[m-l]+\boldsymbol{w}^{a}[m] \tag{7-84}$$

(2) 考虑式(8-113) 的等效并行 MIMO 信道(循环前缀所用的开销除外)。

1) 针对不同 OFDM 子载波 n，讨论物理环境中的散射体密度和时延扩展在推导 $\widetilde{H}_n$ 的合适统计模型时所起的作用。

2) 试证明 MIMO 信道 $\widetilde{\boldsymbol{H}}_n$ 的边缘分布对于各子载波 $n=0,1,\cdots,N-1$ 是相同的。

习题 7-11 某 MIMO 信道具有方向余弦变化范围为 $\Theta_t=\Theta_r=[0,1]$ 的一个分簇，试计算以天线间隔 $\Delta_t=\Delta_r=\Delta$ 为函数的 $n\times n$ 信道的自由度数量。

第 8 章　MIMO Ⅱ：容量与多路复用结构

本章研究 MIMO 衰落信道的容量，讨论能够从获取信道多路复用增益的收发信机结构，聚焦研究发射机未知信道状态时的容量。在快衰落 MIMO 信道中，可得以下结论：

(1) 高信噪比时，独立同分布瑞利快衰落信道的容量与 $n_{\min}$ lbSNR b/(s・Hz^{-1}) 成比例，其中，$n_{\min}$ 为发射天线数 n_t 与接收天线数 n_r 的最小值，也即自由度增益。

(2) 低信噪比时，容量近似为 n_rSNR lbe b/(s・Hz^{-1})，也即接收波束成形功率增益。

(3) 对于所有信噪比，容量与 $n_{\min}$ 呈线性比例关系，这是由功率增益与自由度增益共同作用的结果。

此外，如果发射机也能够跟踪信道，那么还可以获得发射波束成形增益以及机会通信增益。

针对确定性时不变 MIMO 信道，容量获取收发信机结构比较简单(见 7.1.1 节)：在适当的坐标系统中对独立数据流进行多路复用(见图 7-2)，接收机将接收矢量变换到另一个适当的坐标系统中，分别对不同的数据流进行译码。如果发射机未知信道，那么必须事先固定一个坐标系，并在这个坐标系中将独立数据流进行多路复用。结合联合译码，这种发射机结构实现了快衰落信道的容量，在文献中也将该结构称为 V-BLAST 结构[①]。

8.3 节讨论比独立数据流的联合最大似然译码更简单的接收机结构。目前存在多种能够获得信道全部自由度的接收机结构，其中的一种特殊结构联合使用最小均方误差(MMSE) 估计与连续干扰消除技术，即 MMSE-SIC 接收机，可以获取容量。

慢衰落 MIMO 信道的性能可以通过中断概率和相应的中断容量来表征。在低信噪比时，一个时刻利用一副发射天线就可以获取中断容量，实现满分集增益 $n_t n_r$ 和功率增益 n_r。另外，高信噪比时的中断容量还受益于自由度增益，要简洁地刻画其特征比较困难，此问题留到第 9 章再进行分析。

虽然采用 V-BLAST 结构可以实现快衰落信道的容量，但该结构对于慢衰落信道则是严格次最优的。事实上，它甚至还没有实现 MIMO 信道期望的满分集增益。为了说明这一问题，考虑通过发射天线直接发送独立数据流，在这种情况下，各数据流的分集仅限于接收分集，为了从信道中获取满分集，必须进行发射天线间编码。将发射天线间编码与 MMSE-SIC 结合起来的一种修正结构，即 D-BLAST[②] 结构不仅能够从信道中获取满分集，而且其性能还接

---

① V-BLAST(Vertical Bell LAbs Space-Time) 结构。现有文献中提出了结合不同接收机结构的几个版本的 V-BLAST 结构，但是他们均采用相同的多路复用独立数据流的发射结构，称为本质特征。

② D-BLAST(Diagonal Bell LAbs Space-Time) 结构。

近于中断容量。

8.1 V-BLAST 结构

考虑时不变信道：

$$\boldsymbol{y}[m]=\boldsymbol{Hx}[m]+\boldsymbol{w}[m], \quad m=1,2,\cdots \tag{8-1}$$

当发射机已知信道矩阵 $\boldsymbol{H}$ 时，由 7.1.1 节可知，最优策略是在 $\boldsymbol{H}^*\boldsymbol{H}$ 的特征矢量的方向上发射独立数据流，也即在由矩阵 $\boldsymbol{V}$ 定义的坐标系统中发射数据流，其中，$\boldsymbol{H}=\boldsymbol{U\Lambda V}^*$ 为矩阵 $\boldsymbol{H}$ 的奇异值分解，该坐标系统与信道有关。当考虑发射机未知衰落信道矩阵时，考虑更为通用的收发信机架构，如图 8-1 所示。图中 n_t 个独立的数据流在由酉矩阵 $\boldsymbol{Q}$ 确定的任意坐标系统中进行多路复用，其中该酉矩阵未必与信道矩阵 $\boldsymbol{H}$ 有关，这就是 V-BLAST 结构。在接收端可以对数据流进行联合译码。假设第 k 个数据流分配的发射功率为 P_k，且满足功率约束，即功率之和 $P_1+P_2+\cdots+P_{n_t}=P$。利用速率为 R_k 的容量获取高斯编码进行预编码，系统可达的总速率为 $R=\sum_{n_t}^{k=1} R_k$。

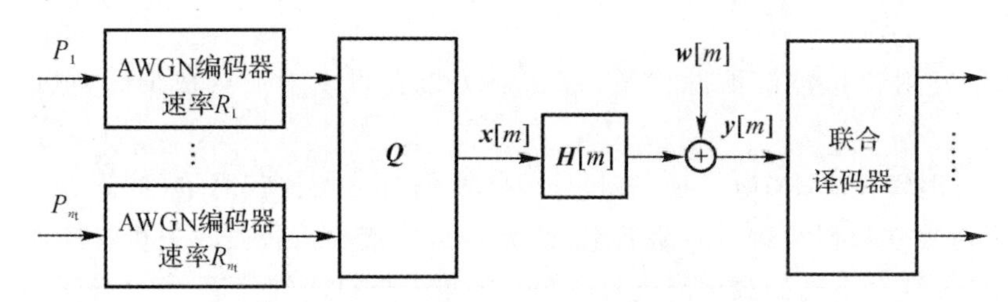

图 8-1 MIMO 通信的 V-BLAST 结构

现在讨论几种特殊情况：

(1) 如果 $\boldsymbol{Q}=\boldsymbol{V}$ 并且进行注水功率分配，则得到图 7-2 的容量获取结构。

(2) 如果 $\boldsymbol{Q}=\boldsymbol{I}_{n_r}$，则独立数据流被发送到不同的发射天线。

现在利用与第 5 章关于球体填充的类似论述，讨论最高可靠通信速率的上界：

$$R<\text{lbdet}\left(\boldsymbol{I}_{n_r}+\frac{1}{N_0}\boldsymbol{HK}_x\boldsymbol{H}^*\right)\ \text{b/(s}\cdot\text{Hz}^{-1}) \tag{8-2}$$

式中，$\boldsymbol{K}_x$ 为发射信号 $\boldsymbol{x}$ 的协方差矩阵，该协方差矩阵是多路复用坐标系和功率分配的函数，即

$$\boldsymbol{K}_x=\boldsymbol{Q}\text{diag}\{P_1,P_2,\cdots,P_{n_t}\}\boldsymbol{Q}^* \tag{8-3}$$

考虑在长度为 N 的时域符号块内的通信，长度为 $n_r N$ 的接收矢量以高概率位于体积与下式成比例的椭球内：

$$\det\left(N_0\boldsymbol{I}_{n_r}+\boldsymbol{HK}_x\boldsymbol{H}^*\right)^N \tag{8-4}$$

该公式是式(5-50)并行信道对应体积公式的直接推广，并在习题 8-2 中予以证明。为了确保可靠通信，必须保证各码字周围的半径为$\sqrt{N_0}$、体积正比于 $N_0^{n_r N}$ 噪声球互不交叠，因此能够填充的码字的最大数量为比值：

$$\frac{\det\left(N_0\boldsymbol{I}_{n_r}+\boldsymbol{HK}_x\boldsymbol{H}^*\right)^N}{N_0^{n_r N}} \tag{8-5}$$

由此就可以得出结论,可靠通信速率的上界为式(8-2)。

那么,问题是采用 V-BLAST 结构能够达到该上界吗?注意到独立数据流在 V-BLAST 结构中多路复用,是否需要对数据流进行编码才能达到式(8-2)所示的上界?为了解释这个问题,考虑特殊的 MISO 信道($n_r=1$),并设 $\boldsymbol{Q}=\boldsymbol{I}_{n_t}$,即独立数据流由各发射天线独立发送。这恰好就是 6.1 节介绍的上行链路信道,发射天线类似于用户。由上行链路和容量可知:

$$\text{lb}\left(1+\frac{\sum_{k=1}^{n_t}|h_k|^2P_k}{N_0}\right) \tag{8-6}$$

式(8-6)也就是这个特殊情况下上界[见式(8-2)]。因此,独立数据流的 V-BLAST 结构完全能够达到式(8-2)所示的上界。在更为一般的情况下,可以将 V-BLAST 结构与包括 n_r 副接收天线、信道矩阵为 $\boldsymbol{HQ}$ 的上行链路信道进行类比。与一副发射天线的情况相同,式(8-2)所示的上界就是该上行链路信道的总容量,因此采用 V-BLAST 结构是可以达到上界的。关于这种上行链路信道的分析详见第 10 章,其基于信息论的分析见附录 B.9。

8.2　快衰落 MIMO 信道

快衰落 MIMO 信道可以表示为

$$\boldsymbol{y}[m]=\boldsymbol{H}[m]\boldsymbol{x}[m]+\boldsymbol{w}[m],\quad m=1,2,\cdots \tag{8-7}$$

式中,$\{\boldsymbol{H}[m]\}$ 为随机衰落过程。为了能够利用关于信道衰落时间平均定义信道容量,现做出与前几章相同的假设,即假设 $\{\boldsymbol{H}[m]\}$ 为平稳遍历过程。考虑归一化处理,设 $\mathbb{E}[|h_{ij}|^2]=1$,与前面的研究一样,考虑相干通信,假设接收机能够准确地跟踪信道衰落过程。下面首先研究发射机仅具有衰落信道统计特性的情况,然后进一步研究发射机也能够准确跟踪衰落信道的情况,即获取完整 CSI,这种情况非常类似于时不变 MIMO 信道的情况。

8.2.1　具有接收端 CSI 时的容量

考虑采用如图 8-1 所示的 V-BLAST 结构,其多路复用坐标系 $\boldsymbol{Q}$ 与信道无关,功率分配为 $P_1,P_2,\cdots,P_{n_t}$,发射信号的协方差矩阵为$\boldsymbol{K}_x$,与信道实现无关。在给定信道状态 $\boldsymbol{H}$ 下可以达到的速率为

$$\text{lbdet}\left(\boldsymbol{I}_{n_r}+\frac{1}{N_0}\boldsymbol{H}\boldsymbol{K}_x\boldsymbol{H}^*\right) \tag{8-8}$$

在信道的大量相干时间间隔进行编码,就可以实现可靠通信的长期速率为

$$\mathbb{E}_H\left[\text{lbdet}\left(\boldsymbol{I}_{n_r}+\frac{1}{N_0}\boldsymbol{H}\boldsymbol{K}_x\boldsymbol{H}^*\right)\right] \tag{8-9}$$

于是,适当选择以信道统计量为函数的协方差$\boldsymbol{K}_x$,可以实现可靠通信速率为

$$C=\max_{\boldsymbol{K}_x:\text{tr}[\boldsymbol{K}_x]\leqslant P}\mathbb{E}\left[\text{lbdet}\left(\boldsymbol{I}_{n_r}+\frac{1}{N_0}\boldsymbol{H}\boldsymbol{K}_x\boldsymbol{H}^*\right)\right] \tag{8-10}$$

式中的迹约束为发射总功率的约束。这正是快衰落 MIMO 信道的容量,证明见附录B.7.2 节。需要强调的是,所选择的输入协方差矩阵要与信道统计量相匹配,而不是与信道实现相匹配,因为后者对于发射机来说是未知的。

式(8-10)中的最优$\boldsymbol{K}_x$ 显然取决于信道过程 $\{\boldsymbol{H}[m]\}$ 的平稳分布。例如,如果仅存在少数

几条时不变主路径(各角度域区域中只有一条路径),则可以将 $\boldsymbol{H}$ 看作确定性的,在这种情况下,由 7.1.1 节可知,多路复用数据流的最优坐标系位于 $\boldsymbol{H}^*\boldsymbol{H}$ 的特征方向上,而且基于注水算法实现 $\boldsymbol{H}$ 的特征模式之间的功率分配。

下面考虑另一种极端情况:各角域区域中存在大量能量近似相等的路径。为了便于理解,回顾式(7-80)的角度域表示:$\boldsymbol{H}^{a}=\boldsymbol{U}_{r}^{*}\boldsymbol{\Lambda}\boldsymbol{U}_{t}$,这个统计建模的主要优势在于:$\boldsymbol{H}^{a}$ 的元素由不同的物理路径产生,可以建模为统计独立的(见 7.3.5 节)。这里感兴趣的情况是:$\boldsymbol{H}^{a}$ 的元素具有零均值,即任何角度域窗口中都没有主路径。由于相互独立,所以在各发射角度域窗口内分别发送信号是合理的,此时接收功率对应于各角度域窗口内路径的强度。也就是说,在由 $\boldsymbol{U}_{t}$ 确定的坐标系统[因此式(8-3)中 $\boldsymbol{Q}=\boldsymbol{U}_{t}$]中进行多路复用,此时协方差矩阵可表示为

$$\boldsymbol{K}_{x}=\boldsymbol{U}_{t}\boldsymbol{\Lambda}\boldsymbol{U}_{t}^{*} \tag{8-11}$$

式中,$\boldsymbol{\Lambda}$ 为元素非负的对角阵,各对角线元素表示角度域窗口内的发射功率,因此对角线元素之和等于 P。习题 8-3 对此进行了正式证明,由该题可以看到,即使 $\boldsymbol{H}^{a}$ 的元素仅为不相关的,上述结论仍然成立。

如果发射天线之间还存在额外的对称性,例如当 $\boldsymbol{H}^{a}$ 的元素为独立同分布随机变量 $\mathcal{CN}(0,1)$(即独立同分布瑞利衰落模型)时,则可以进一步证明各发射角度域窗口的分配功率是相等的(见习题 8-4 与习题 8-6),因此,在这种情况下,最优协方差矩阵就是

$$\boldsymbol{K}_{x}=\left(\frac{P}{n_{t}}\right)\boldsymbol{I}_{n_{t}} \tag{8-12}$$

更一般地,将角域表示 $\boldsymbol{H}=\boldsymbol{U}_{t}\boldsymbol{H}^{a}\boldsymbol{U}_{t}^{*}$ 与式(8-11)代入式(8-10),选择最优功率(即 $\boldsymbol{\Lambda}$ 的对角线元素)最大化下的优化问题:

$$C=\max_{\boldsymbol{\Lambda}:\mathrm{Tr}[\boldsymbol{\Lambda}]\leqslant P}\mathbb{E}\left[\mathrm{lbdet}\left(\boldsymbol{I}_{n_{r}}+\frac{1}{N_{0}}\boldsymbol{U}_{r}\boldsymbol{H}^{a}\boldsymbol{\Lambda}\boldsymbol{H}^{a*}\boldsymbol{U}_{r}^{*}\right)\right]= \tag{8-13}$$

$$\max_{\boldsymbol{\Lambda}:\mathrm{Tr}[\boldsymbol{\Lambda}]\leqslant P}\mathbb{E}\left[\mathrm{lbdet}\left(\boldsymbol{I}_{n_{r}}+\frac{1}{N_{0}}\boldsymbol{H}^{a}\boldsymbol{\Lambda}\boldsymbol{H}^{a*}\right)\right] \tag{8-14}$$

当等功率分配时,即最优 $\boldsymbol{\Lambda}$ 等于 $(P/n_{t})\boldsymbol{I}_{n_{t}}$,所得到的容量为

$$C=\mathbb{E}\left[\mathrm{lbdet}\left(\boldsymbol{I}_{n_{r}}+\frac{\mathrm{SNR}}{n_{t}}\boldsymbol{H}\boldsymbol{H}^{*}\right)\right] \tag{8-15}$$

式中,$\mathrm{SNR}=P/N_{0}$ 为各接收天线的公共信噪比。

如果 $\lambda_{1}\geqslant\lambda_{2}\geqslant\cdots\geqslant\lambda_{n_{\min}}$ 为矩阵 $\boldsymbol{H}$ 的排序奇异值,均为随机变量,则可将式(8-15)重新写为

$$C=\mathbb{E}\left[\sum_{i=1}^{n_{\min}}\mathrm{lb}\left(1+\frac{\mathrm{SNR}}{n_{t}}\lambda_{i}^{2}\right)\right]=\sum_{i=1}^{n_{\min}}\mathbb{E}\left[\mathrm{lb}\left(1+\frac{\mathrm{SNR}}{n_{t}}\lambda_{i}^{2}\right)\right] \tag{8-16}$$

将式(8-16)与式(7-10)的注水容量进行比较,就可以看到发射机已知信道与发射机未知信道两种情况的容量对比。当发射机已知信道时,根据不同特征模式的强度分配不同的功率;当发射机未知信道但信道充分随机时,最优协方差矩阵为单位阵,也即给不同特征模式分配的功率相同。

8.2.2 性能增益

式(8-16)的 MIMO 衰落信道的容量是随机信道矩阵 $\boldsymbol{H}$ 奇异值 λ_{i} 的函数,由詹森不等式可得

$$\sum_{i=1}^{n_{\min}} \mathrm{lb}\left(1+\frac{\mathrm{SNR}}{n_{\mathrm{t}}}\lambda_i^2\right) \leqslant n_{\min}\mathrm{lb}\left[1+\frac{\mathrm{SNR}}{n_{\mathrm{t}}}\left(\frac{1}{n_{\min}}\sum_{i=1}^{n_{\min}}\lambda_i^2\right)\right] \tag{8-17}$$

当且仅当奇异值全部相等时等号成立。因此,如果信道矩阵 $\boldsymbol{H}$ 足够随机且为统计良态,同时总的信道增益很好地分布于各奇异值,那么就可以获得大的容量。特别地,在高信噪比时会出现获得全部自由度的信道。

图 8-2 给出了不同天线数量时独立同分布瑞利衰落模型的容量曲线。可以看到,对于这种随机信道而言,MIMO 系统的容量可以非常大,在中等信噪比到高信噪比时,$n\times n$ 信道的容量大约是 1×1 系统容量的 n 倍。容量渐近斜率与以 dB 为单位的信噪比之间的关系与 n 成正比,表明容量与 SNR 的比例关系近似于 $n\mathrm{lbSNR}$。

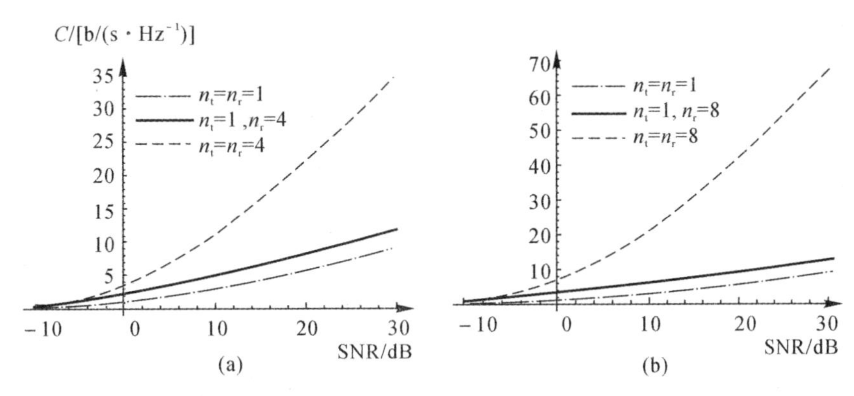

图 8-2 独立同分布瑞利衰落信道的容量

(a)4×4 信道; (b)8×8 信道

1. 高信噪比情况

在高信噪比条件下,性能增益更为明显。在高信噪比时,独立同分布瑞利信道的容量为

$$C \approx n_{\min}\mathrm{lb}\frac{\mathrm{SNR}}{n_{\mathrm{t}}} + \sum_{i=1}^{n_{\min}} \mathbb{E}\left[\mathrm{lb}\lambda_i^2\right] \tag{8-18}$$

并且对于所有的 i,有

$$\mathbb{E}\left[\mathrm{lb}\lambda_i^2\right] > -\infty \tag{8-19}$$

因此,可以获得全部 $n_{\min}$ 个自由度。实际上,进一步分析可知:

$$\sum_{i=1}^{n_{\min}} \mathbb{E}\left[\mathrm{lb}\lambda_i^2\right] = \sum_{i=|n_{\mathrm{t}}-n_{\mathrm{r}}|+1}^{\max\{n_{\mathrm{t}},n_{\mathrm{r}}\}} \mathbb{E}\left[\mathrm{lb}\chi_{2i}^2\right] \tag{8-20}$$

式中,χ_{2i}^2 是自由度为 $2i$ 的 χ^2 分布随机变量。

注意,自由度的数量受限于发射天线数量和接收天线数量中最小值,因此,要获得更大容量,就需要安装多副发射天线和多副接收天线。为了强调这一事实,图 8-2 中还给出了 $1\times n_{\mathrm{r}}$ 信道的容量曲线,该容量为

$$C = \mathbb{E}\left[\mathrm{lb}\left(1+\mathrm{SNR}\sum_{i=1}^{n_{\mathrm{r}}} |h_i|^2\right)\right] \ \mathrm{b/(s\cdot Hz^{-1})} \tag{8-21}$$

可以看出,在高信噪比区域,该信道容量远远小于 $n_{\mathrm{t}}\times n_{\mathrm{r}}$ 系统的容量,其原因就在于 $1\times n_{\mathrm{r}}$ 信道中仅有一个自由度。从 1×1 系统变为 $1\times n_{\mathrm{r}}$ 系统所获得的增益为功率增益,仅使得容量-信噪比曲线平移。在高信噪比时,功率增益远不及自由度增益。

2. 低信噪比情况

当 x 较小时，有近似公式$(1+x)\approx x\mathrm{e}$，基于这个公式，式(8-15)可以近似为

$$C=\sum_{i=1}^{n_{\min}}\mathbb{E}\left[\mathrm{lb}\left(1+\frac{\mathrm{SNR}}{n_\mathrm{t}}\lambda_i^2\right)\right]\approx\sum_{i=1}^{n_{\min}}\frac{\mathrm{SNR}}{n_\mathrm{t}}\mathbb{E}[\lambda_i^2]\,\mathrm{lbe}=$$
$$\frac{\mathrm{SNR}}{n_\mathrm{t}}\mathbb{E}[\mathrm{Tr}[\boldsymbol{HH}^*]]\,\mathrm{lbe}=\frac{\mathrm{SNR}}{n_\mathrm{t}}\mathbb{E}\Big[\sum_{i,j}|h_{ij}|^2\Big]\mathrm{lb}_2\mathrm{e}=$$
$$n_\mathrm{r}\mathrm{SNRlbe}\ \mathrm{b/(s\cdot Hz^{-1})}$$

因此，在低信噪比时，相比于单天线系统，$n_\mathrm{t}\times n_\mathrm{r}$ 系统可得到的功率增益为 n_r，这是由于多副接收天线能够实现接收信号的相干合并，从而功率合并增益。注意，增加发射天线的数量并不会增大功率增益，因为与发射机已知信道时的情况不同，发射机无法执行发射波束成形以获得不同天线发射信号的相长叠加。因此，在低信噪比及发射机不具备信道状态信息的情况下，多副发射天线并不十分有用：$n_\mathrm{t}\times n_\mathrm{r}$ 信道的性能与 $1\times n_\mathrm{r}$ 信道的性能相当。图 8-3 对比了 $n\times n$ 信道和 $1\times n$ 信道可达容量，这里的容量分别用 1×1 信道容量进行归一化。由图可见，当信噪比约为 -20 dB 时，1×4 信道容量与 4×4 信道容量非常接近。

由第 4 章可知，采用全局频率复用的蜂窝系统的工作 SINR 通常非常低，例如，IS-95 CDMA 系统中每个码片的 SINR 为 $-17\sim-15$ dB。于是，上述结论表明，简单地将点对点 MIMO 技术移植到这类系统增加每个链路的容量并不会比仅在一端增加天线提供更多的额外增益。另一方面，如果用多副天线实现多址接入和干扰管理，情况就完全不同了，这一问题将在第 10 章再进行讨论。

高信噪比情况与低信噪比情况的另一个区别在于：高信噪比时的信道随机性对于得到大容量增益至关重要，而在低信噪比时的作用却微乎其微。上述低信噪比条件下的结论并不取决于信道增益 $\{h_{ij}\}$ 是否独立或相关。

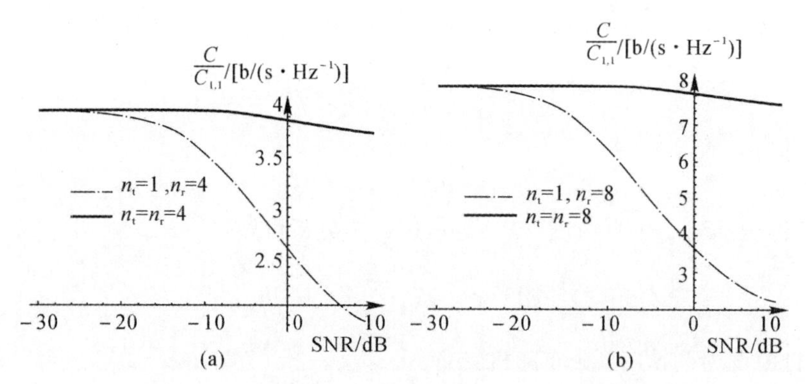

图 8-3　低信噪比条件下容量对比(各容量均以 1×1 信道容量进行归一化)

(a)1×4 与 4×4 信道；(b)1×8 与 8×8 信道

3. 大规模天线阵列情况

已经看到在高信噪比情况下，容量随着发射天线数量和接收天线数量的最小值线性增加，也即自由度增益。在低信噪比情况下，容量随着接收天线的数量线性增加，也即功率增益。当按比例同时增加 n_t 和 n_r 时，两类增益的联合作用能否使得在任意信噪比条件下系统容量都能线性增加？这个答案是肯定的。下面利用 $n_\mathrm{t}=n_\mathrm{r}=n$ MIMO 信道容量予以证明。

在独立同分布瑞利衰落情况下,由式(8-15)可知,信道容量为

$$C_{nn}(\mathrm{SNR})=\mathbb{E}\left[\sum_{i=1}^{n}\mathrm{lb}\left(1+\mathrm{SNR}\frac{\lambda_i^2}{n}\right)\right] \tag{8-22}$$

可见,可达容量强烈依赖于 n 和 SNR。假设 $\lambda_1/\sqrt{n},\cdots,\lambda_n/\sqrt{n}$ 为随机矩阵 $\boldsymbol{H}/\sqrt{n}$ 的奇异值,由 Marčenko 与 Pastur[78] 给出的随机矩阵结论可知,矩阵 $\boldsymbol{H}/\sqrt{n}$ 的奇异值的经验分布收敛于所有矩阵 $\boldsymbol{H}$ 实现的确定性极限分布。图 8-4 验证了这一收敛性,对应的极限分布即所谓的 1/4 圆律①。相应的二次方奇异值的极限密度为

$$f^*(x)=\begin{cases}\dfrac{1}{\pi}\sqrt{\dfrac{1}{x}-\dfrac{1}{4}}, & 0\leqslant x\leqslant 4\\ 0, & \text{其他}\end{cases} \tag{8-23}$$

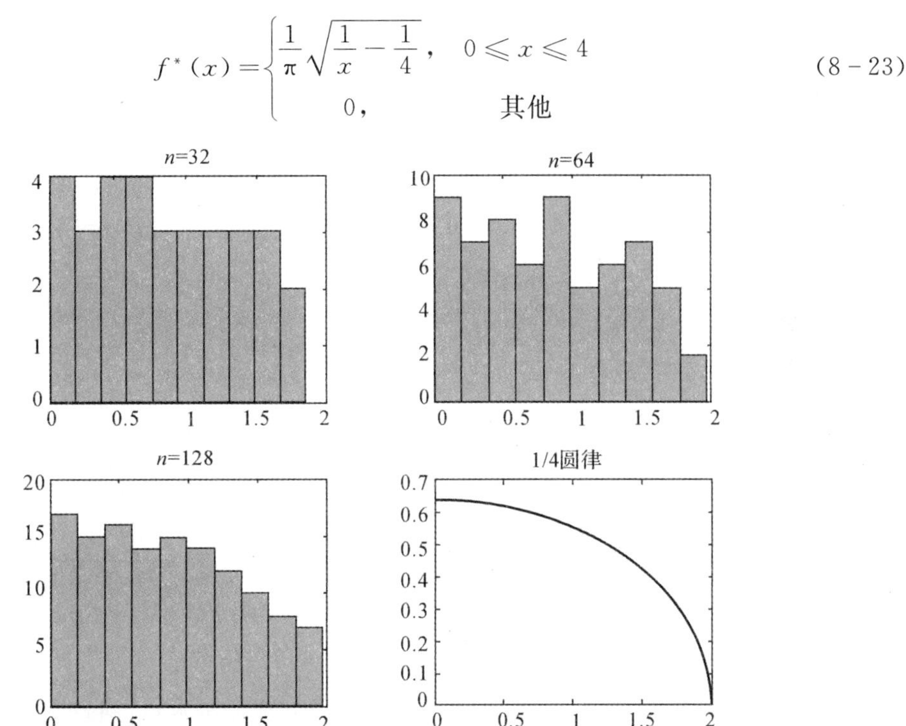

图 8-4　矩阵 $\boldsymbol{H}/\sqrt{n}$ 的奇异值经验分布的收敛性,对于不同的 n 值,产生了矩阵 $\boldsymbol{H}/\sqrt{n}$ 的一个随机实现,并画出奇异值的经验分布(直方图)。随着 n 的增大,直方图收敛于 1/4 圆律

因此,可得以下结论:当 n 增大时,有

$$\frac{1}{n}\sum_{i=1}^{n}\mathrm{lb}\left(1+\mathrm{SNR}\frac{\lambda_i^2}{n}\right)\rightarrow\int_0^4\mathrm{lb}(1+\mathrm{SNR}x)f^*(x)\mathrm{d}x \tag{8-24}$$

如果令

$$c^*(\mathrm{SNR})=\int_0^4\mathrm{lb}(1+\mathrm{SNR}x)f^*(x)\mathrm{d}x \tag{8-25}$$

那么对于式(8-23)中的密度,可以求出该积分为(见习题 8-17)

$$c^*(\mathrm{SNR})=2\mathrm{lb}\left[1+\mathrm{SNR}-\frac{1}{4}F(\mathrm{SNR})\right]-\frac{\mathrm{lbe}}{4\mathrm{SNR}}F(\mathrm{SNR}) \tag{8-26}$$

① 需要注意的是,虽然奇异值是无界的,但是从极限角度考虑,奇异值依概率 1 处于区间[0, 2]。

式中

$$F(\mathrm{SNR})=\left(\sqrt{4\mathrm{SNR}+1}-1\right)^{2} \tag{8-27}$$

这里 $c^*(\mathrm{SNR})$ 的重要意义在于：

$$\lim_{n\to\infty}\frac{C_{nn}(\mathrm{SNR})}{n}=c^*(\mathrm{SNR}) \tag{8-28}$$

在任意信噪比条件下，系统容量随着 n 线性增加，其中，常数 $c^*(\mathrm{SNR})$ 为增加的速率。

当 n 很大时，可得以下近似

$$C_{nn}(\mathrm{SNR})\approx nc^*(\mathrm{SNR}) \tag{8-29}$$

图 8-5 对比了 $n=2,4$ 时的实际容量值和上述的近似值，可以看出，即便对于这样小的 n 值，近似性能也是非常好的。由习题8-7可知，除独立同分布瑞利模型外，在其他统计模型下，系统容量同样随着 n 的增大而线性增加。

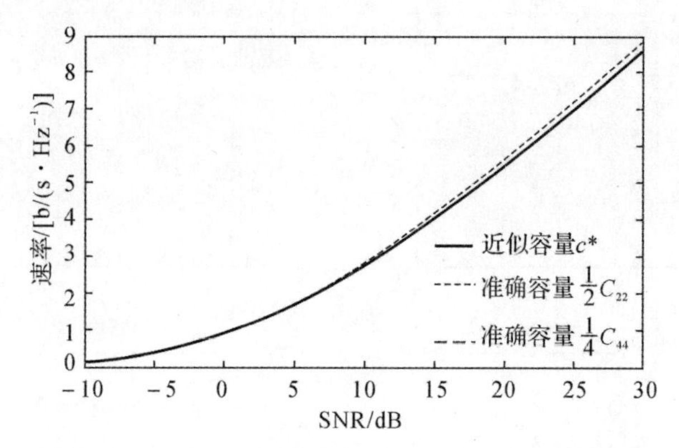

图 8-5　假设 n 很大时的近似容量与 $n=2,4$ 时的实际容量的比较

4. 线性比例：更为深入的研究

为了更好地理解容量为什么随着天线数量呈线性比例增长，下面将 MIMO 信道与其他三种 情况的容量进行比较。

(1) 包括大规模发射天线阵列的 MISO 信道。

针对 $n\times1$ MISO 信道，由式(8-15) 可得其容量为

$$C_{n1}=\mathbb{E}\left[\mathrm{lb}\left(1+\frac{\mathrm{SNR}}{n}\sum_{i=1}^{n}|h_i|^2\right)\right]\ \mathrm{b/(s\cdot Hz^{-1})} \tag{8-30}$$

当 $n\to\infty$ 时，由大数定律可得

$$C_{n1}\to\mathrm{lb}(1+\mathrm{SNR})=C_{\mathrm{awgn}} \tag{8-31}$$

当 $n=1$ 时，由于存在“詹森损耗”(见 5.4.5 节)，1×1 衰落信道(仅具有接收端 CSI) 的容量小于AWGN信道的容量，但由图5-20可知，该损耗在整个信噪比取值范围并不大。增加发射天线的数量可以降低瞬时信噪比波动

$$\frac{1}{n}\sum_{i=1}^{n}|h_i|^2\mathrm{SNR} \tag{8-32}$$

从而降低詹森损耗。然而，由于初始的损耗并不大，因此增益最小。由于总的发射功率是固定的，所以多副发射天线既不会提供功率增益，也不会提供空间自由度增益(在慢衰落信道中，多副发射天线提供了分集增益，但这里研究的快衰落条件下不可实现分集增益)。

(2) 包括大规模接收天线阵列的 SIMO 信道。

$1\times n$ SIMO 信道的容量为

$$C_{1n}=\mathbb{E}\left[\text{lb}\left(1+\text{SNR}\sum_{i=1}^{n}|h_i|^2\right)\right] \tag{8-33}$$

当 n 比较大时,有

$$C_{1n}\approx \text{lb}(n\text{SNR})=\text{lb}n+\text{lbSNR} \tag{8-34}$$

也就是说,接收天线提供了随接收天线数量线性增加的功率增益,同时系统容量随着接收天线数量对数增加而增加。这与 MISO 情况形成鲜明的对比:存在差别的原因在于由大规模接收天线阵列获得的接收总功率的线性增加。然而,容量的增加与 n 仅是对数关系。由于接收总功率的增加均累积到信道的唯一自由度上,所以系统只获得功率增益,而不能获得空间自由度增益。

图 8-6 给出了在 SIMO,MISO 和 MIMO 三种信道下,容量与 n 的函数关系曲线。

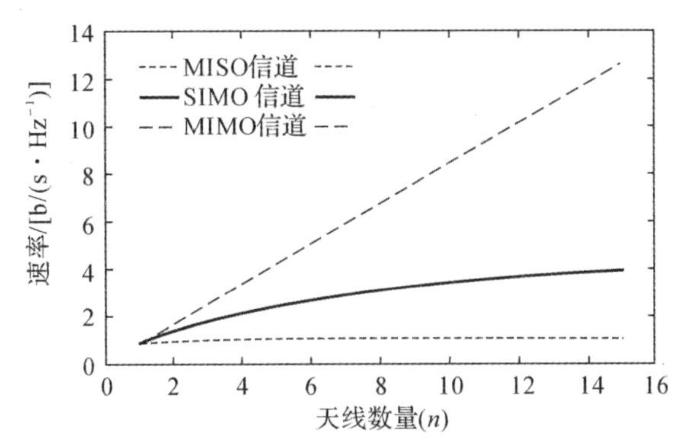

图 8-6　$n\times 1$MISO 信道、$1\times n$SIMO 信道与 $n\times n$MIMO 信道的容量与 n 的函数关系曲线(SNR = 0 dB)

5. 具有无限带宽的 AWGN 信道

如果功率约束为 P、AWGN 噪声谱密度为 $N_0/2$,则无限带宽条件下极限容量为[见式(5-18)]

$$C_{\infty}=\lim_{W\to\infty}W\text{lb}\left(1+\frac{\bar{P}}{N_0W}\right)=\frac{\bar{P}}{N_0}\ \text{b/s} \tag{8-35}$$

虽然自由度数量增加了,但是容量仍然有界,这是因为接收总功率是固定的,从而每个自由度的信噪比变为零。这个结论可进一步解释为,系统可以获得自由度增益,但由于不存在功率增益,所以必须将接收功率扩展到许多自由度。

对比上述所有情况可知,$n\times n$ MIMO 信道的容量随着 n 线性增加,原因包括如下两方面:接收总功率线性增加;由信道矩阵 $\boldsymbol{H}$ 的随机性和良态带来的自由度的线性增加。

需要注意的是,矩阵是否良态取决于在增加天线数量时,是否能够保持信道增益 $\{h_{ij}\}$ 的非相关性。在强散射环境下,保持天线间距固定为半波长并增大天线阵列的孔径 L 就可以达到这一目的。另外,如果只是在固定的孔径 L 内增加越来越多的天线单元,那么天线增益就会变得越来越相关。实际上,由 7.3.7 节可知,在角度域中,天线稠密间隔且孔径为 L 的 MIMO

信道能够简化为天线间隔为半波长的 $2L \times 2L$ 等效信道。因此，自由度数量最终受限于天线阵列孔径，而不是天线单元数量。

8.2.3 完整 CSI

已经讨论了仅接收机能够跟踪信道时的情况，这也是实际中最感兴趣的情况。在衰落非常缓慢的 TDD 系统或 FDD 系统中，发射机也有可能跟踪信道矩阵，下面就讨论在这种情况下如何获得信道容量。虽然发射机获取信道信息并不会带来额外的自由度增益，但有可能带来额外的功率增益。

1. 容量

在完整 CSI 情形下信道容量的推导与 7.1.1 节讨论的时不变情况略有不同。在各时刻 m，将信道矩阵分解为 $\boldsymbol{H}[m]=\boldsymbol{U}[m]\boldsymbol{\Lambda}[m]\boldsymbol{V}^*[m]$，因此，MIMO 信道可以表示为并行信道：

$$\tilde{y}_i[m]=\lambda_i[m]\tilde{x}_i[m]+\tilde{w}_i[m], \quad i=1,2,\cdots,n_{\min} \tag{8-36}$$

式中，$\lambda_1[m]\geqslant\lambda_2[m]\geqslant\cdots\geqslant\lambda_{\min}[m]$ 为矩阵 $\boldsymbol{H}[m]$ 的降序排序奇异值，并且有

$$\tilde{\boldsymbol{x}}[m]=\boldsymbol{V}^*[m]\boldsymbol{x}[m]$$
$$\tilde{\boldsymbol{y}}[m]=\boldsymbol{U}^*[m]\boldsymbol{y}[m]$$
$$\tilde{\boldsymbol{w}}[m]=\boldsymbol{U}^*[m]\boldsymbol{w}[m]$$

在 5.4.6 节研究单天线快衰落信道时，针对快衰落并行子信道的强度采用注水策略为其分配功率：

$$P^*(\lambda)=\left(\mu-\frac{N_0}{\lambda^2}\right)^+ \tag{8-37}$$

式中，μ 的选择应满足如下发射总功率约束：

$$\sum_{i=1}^{n_{\min}}\mathbb{E}\left[\left(\mu-\frac{N_0}{\lambda_i^2}\right)^+\right]=P \tag{8-38}$$

注意，该策略是关于时间和空间(特征模式）的注水策略。此时的容量为

$$C=\sum_{i=1}^{n_{\min}}\mathbb{E}\left[\mathrm{lb}\left(1+\frac{P^*(\lambda_i)\lambda_i^2}{N_0}\right)\right] \tag{8-39}$$

2. 收发信机结构

获取容量的收发信机结构很容易从图 7-2 的基于奇异值分解的结构得出。信息比特被划分为 $n_{\min}$ 个并行比特流，并独立进行编码，之后再补充 $n_t-n_{\min}$ 个零符号流。比特流中时刻 m 的符号表示为矢量 $\tilde{\boldsymbol{x}}[m]$，该矢量在发送到信道之前先与矩阵 $\boldsymbol{V}[m]$ 相乘，其中 $\boldsymbol{H}[m]=\boldsymbol{U}[m]\boldsymbol{\Lambda}[m]\boldsymbol{V}^*[m]$ 为信道矩阵在时刻 m 的奇异值分解。信道输出再左乘矩阵 $\boldsymbol{U}^*[m]$ 以提取独立比特流，然后再独立进行译码。分配给各比特流的功率是依赖于时间的，由注水公式 (8-37) 确定，并且相应地传输速率也是动态分配的。如果各比特流采用 AWGN 容量获取编码 ，则整个系统将实现 MIMO 信道的容量。

3. 性能分析

现在讨论独立同分布瑞利衰落模型。由于随机矩阵 $\boldsymbol{HH}^*$ 依概率 1 为满秩矩阵(见习题

8－12),实际上就是良态矩阵(见习题 8－14),故可以证明在高信噪比时,注水策略为所有空间模式进行功率为 $P/n_{\min}$ 的等功率分配,并且在不同时刻也进行等功率分配,则有

$$C \approx \sum_{i=1}^{n_{\min}} \mathbb{E}\left[\mathrm{lb}\left(1+\frac{\mathrm{SNR}}{n_{\min}}\lambda_i^2\right)\right] \tag{8-40}$$

式中,$\mathrm{SNR}=P/N_0$。将该容量与仅具有接收机 CSI 的容量式(8－16) 进行比较,可以看出,两种情况获得的自由度数量是相同的($n_{\min}$),但是当发射机能够跟踪信道时,可以获得功率增益 $n_t/n_{\min}$。因此,只要发射天线多于接收天线,发射机 CSI 就能够产生 n_t/n_r 倍的功率放大。原因很简单,如果发射机不具备信道信息,发射能量就会均匀分布在 $\mathcal{C}^{n_t}$ 中的所有方向;然而,如果发射机已知CSI,那么发射能量就可以仅仅集中于n_r个非零特征模式上,它们构成了$\mathcal{C}^{n_t}$中的一个 n_r 维子空间。例如,当 $n_r=1$ 时,仅具有接收机 CSI 的容量为

$$\mathbb{E}\left[\mathrm{lb}\left(1+\mathrm{SNR}/n_t\sum_{i=1}^{n_t}|h_i|^2\right)\right]$$

而具有完整 CSI 时的高信噪比容量为

$$\mathbb{E}\left[\mathrm{lb}\left(1+\mathrm{SNR}\sum_{i=1}^{n_t}|h_i|^2\right)\right]$$

因此,通过发射波束成形得到的功率增益因子为 n_t。当采用两副发射天线时,该增益为 3 dB。

在低信噪比时,由于在特征模式间进行动态功率分配,发射机 CSI 可以帮助获取额外的增益,此时,在任意给定时刻,更多的功率分配给更强的特征模式。该增益与第 6 章讨论的机会通信对应增益具有相同的性质。

针对大规模天线阵列,会发生什么情况呢? 利用8.2.2节 Marčenko与Pastur的随机矩阵理论可知,对于所有时刻 m,信道矩阵 $\boldsymbol{H}[m]/\sqrt{n}$ 的随机奇异值$\lambda_i[m]/\sqrt{n}$ 都收敛到相同的确定性极限分布 f^*,这表明注水策略中不存在随时间变化的动态功率分配,仅存在随空间变化的动态功率分配,有时称之为信道硬化效应。

总结 8.1 MIMO 信道的性能增益

具有接收机 CSI 的 $n_t \times n_r$ 独立同分布瑞利衰落 MIMO 信道 $\boldsymbol{H}$ 的容量为

$$C_{nn}(\mathrm{SNR})=\mathbb{E}\left[\mathrm{lbdet}\left(\boldsymbol{I}_{n_r}+\frac{\mathrm{SNR}}{n_t}\boldsymbol{H}\boldsymbol{H}^*\right)\right] \tag{8-41}$$

在高信噪比时,该容量近似等于(取决于加性常数)$n_{\min}\mathrm{lb}\dfrac{\mathrm{SNR}}{n_t}$ b/(s·Hz^{-1})。

在低信噪比时,该容量近似等于 $n_r\mathrm{SNR}\ \mathrm{lb}_2\mathrm{e}$ b/(s·Hz^{-1}),因此仅实现了接收波束成形增益。

当 $n_t=n_r=n$时,该容量可以近似为$nc^*(\mathrm{SNR})$,其中$c^*(\mathrm{SNR})$为式(8－26)定义的常数。

结论:在 $n\times n$ MIMO 信道中,在整个信噪比取值范围内,系统容量随着 n 线性增加。

如果发射机已知信道状态信息,则在低信噪比条件下,可以实现额外的 n_t/n_r 倍的发射波束成形增益以及来自空时注水策略的额外功率增益。

8.3 接收机结构

图 8-1 的收发信机结构实现了具有接收机 CSI 的快衰落 MIMO 信道容量，该容量是通过接收端数据流的联合最大似然译码获得的，但其复杂性随着数据流数量的增加而指数增加。目前，基于软信息的译码器，进而简化译码准则，是研究热点(习题 8-15 对部分方法进行了综述)。本节研究一些简化的接收机结构，利用线性运算将数据流联合译码转换为各数据流独立译码，这些结构可以有效利用前一节描述的空间自由度增益。结合数据流的串行消除技术，就可以实现快衰落 MIMO 信道的容量。本节将集中讨论接收机设计，因此，设置图 8-1 中 $\boldsymbol{Q}=\boldsymbol{I}_{n_t}$，也即直接天线阵列中每根天线发射一个独立数据流。

8.3.1 线性解相关器

1. 几何推导

即使发射机不能跟踪信道矩阵也能够获得 $\boldsymbol{H}$ 的全部自由度，这个结果是否令人感到意外呢？当发射机已知信道状态信息时，SVD 结构使得发射机能够等效地发送并行数据流，以便实现接收端的正交性，进而消除数据流之间的干扰。这种接收机对数据进行预旋转，使并行数据流能够沿信道特征模式进行发送，从而实现上述目的。当发射机未知信道状态信息时，这是不可能做到的。的确，通过式(7-1)所示的 MIMO 信道之后，发射天线发送的独立数据流都交叉耦合地到达接收机。事先并不清楚接收机能够足够高效地分离数据流，从而最终获得全部自由度，但实际上这样的接收机已经实现了，比如 3.3.3 节讨论的 2×2 信道逆转接收机。本节介绍该接收机的更为一般的结构。

为了简化符号表示，首先集中讨论信道矩阵时不变情况，此时，符号时刻 m 的接收矢量可以写为

$$\boldsymbol{y}[m]=\sum_{i=1}^{n_t}\boldsymbol{h}_i x_i[m]+\boldsymbol{w}[m] \tag{8-42}$$

式中，$\boldsymbol{h}_1,\boldsymbol{h}_2,\cdots,\boldsymbol{h}_{n_t}$ 为矩阵 $\boldsymbol{H}$ 的各个列向量，天线发射的数据流 $\{x_i[m]\}$ 都是相互独立的，$x_i[m]$ 表示第 i 副天线发射的数据流。对于第 k 个数据流，式(8-42)可以重新写为

$$y[m]=\boldsymbol{h}_k x_k[m]+\sum_{i\neq k}\boldsymbol{h}_i x_i[m]+\boldsymbol{w} \tag{8-43}$$

对比 7.2.1 节的 SIMO 点对点信道可以看出，第 k 个数据流面临着来自其他数据流的额外干扰源。消除这种干扰的一种思路是，将接收信号 $\boldsymbol{y}$ 投影到与矢量 $\boldsymbol{h}_1,\boldsymbol{h}_2,\cdots,\boldsymbol{h}_{k-1},\boldsymbol{h}_{k+1},\cdots,\boldsymbol{h}_{n_t}$ 张成子空间相正交的子空间(以后用 $\boldsymbol{V}_k$ 表示)中。设 $\boldsymbol{V}_k$ 的维数为 d_k，投影为线性运算，可以用一个 $d_k\times n_r$ 矩阵 $\boldsymbol{Q}_k$ 表示，该矩阵的各行构成了 $\boldsymbol{V}_k$ 的标准正交基，它们均与矢量 $\boldsymbol{h}_1,\boldsymbol{h}_2,\cdots,\boldsymbol{h}_{k-1},\boldsymbol{h}_{k+1},\cdots,h_{n_t}$ 正交。矢量 $\boldsymbol{Q}_k\boldsymbol{v}$ 可以解释为矢量 $\boldsymbol{v}$ 在 $\boldsymbol{V}_k$ 上的投影，但是可以用由 $\boldsymbol{Q}_k$ 各行构成的 $\boldsymbol{V}_k$ 的基所定义的坐标系来表示。该投影运算的图示说明如图 8-7 所示。

如果第 k 个数据流的空间特征 $\boldsymbol{h}_k$ 不是其他数据流空间特征的线性组合，那么数据流之间的干扰消除是可实现的，也就是说，所得到的 $\boldsymbol{h}_k$ 投影是一个非零矢量。换句话说，如果数据流的数量大于接收信号的维数(即 $n_t>n_r$)，那么即便矩阵 $\boldsymbol{H}$ 是满秩的，干扰消除也是不可实现的。因此，系统设计时，应该限制数据流的数量不超过 n_r，这就意味着仅利用发射天线的一个

子集。为了方便表述，在后面解相关器的讨论中均假定 $n_t \leqslant n_r$，也即所有发射天线均可利用。

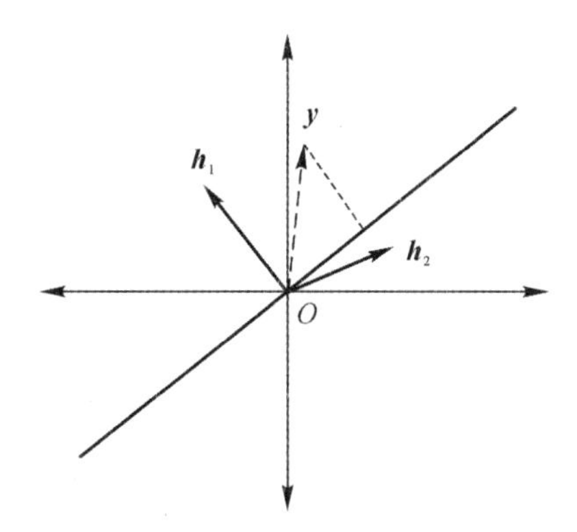

图 8-7　投影运算的图形表示:将 $\boldsymbol{y}$ 投影到与矢量 $\boldsymbol{h}_1$ 正交的子空间中,实现对数据流 2 的解调

经投影运算后可得

$$\tilde{\boldsymbol{y}}[m] = \boldsymbol{Q}_k \boldsymbol{y}[m] = \boldsymbol{Q}_k \boldsymbol{h}_k x_k[m] + \tilde{\boldsymbol{w}}[m]$$

式中，$\tilde{\boldsymbol{w}}[m] = \boldsymbol{Q}_k \boldsymbol{w}[m]$ 为噪声，且投影之后仍为白噪声。此时，第 k 个数据流的最优解调可以通过利用与矢量 $\boldsymbol{Q}_k \boldsymbol{h}_k$ 匹配的匹配滤波完成，该匹配滤波器(即最大比合并器)的输出信噪比为

$$\frac{P_k \| \boldsymbol{Q}_k \boldsymbol{h}_k \|^2}{N_0} \tag{8-44}$$

式中，P_k 为分配给数据流 k 的功率。

投影运算与随后的匹配滤波器合称为解相关器(也称为干扰消除或者迫零接收机)。由于投影和匹配滤波都是线性运算，所以解相关器是一种线性滤波器。滤波器 $\boldsymbol{c}_k$ 为

$$\boldsymbol{c}_k^* = (\boldsymbol{Q}_k \boldsymbol{h}_k)^* \boldsymbol{Q}_k \tag{8-45}$$

或者

$$\boldsymbol{c}_k = (\boldsymbol{Q}_k^* \boldsymbol{Q}_k) \boldsymbol{h}_k \tag{8-46}$$

即用原始坐标表示的 $\boldsymbol{h}_k$ 在子空间 $\boldsymbol{V}_k$ 上的投影。由于匹配滤波器可以获得最大输出信噪比，所以解相关器也能够解释为，在满足消除来自其他所有数据流的干扰的约束条件下，使得输出信噪比最大的线性滤波器。直观地讲，接收信号被投影到空间 $\boldsymbol{V}_k$ 内并与 $\boldsymbol{h}_k$ 最近的方向上。

截至目前仅讨论了第 k 个数据流，下面对各数据流分别进行解相关运算，如图 8-8 所示。已经从几何角度描述了解相关器，但是整个解相关器组还存在一个更为简明的公式:第 k 个数据流的解相关器就是矩阵 $\boldsymbol{H}$ 的伪逆矩阵 $\boldsymbol{H}^\dagger$ 的第 k 行，该伪逆矩阵定义为

$$\boldsymbol{H}^\dagger = (\boldsymbol{H}^* \boldsymbol{H})^{-1} \boldsymbol{H}^* \tag{8-47}$$

习题 8-11 验证了该公式的正确性。在 $\boldsymbol{H}$ 为方阵且可逆的特殊情况下，$\boldsymbol{H}^\dagger = \boldsymbol{H}^{-1}$，此时解相关器正是 3.3.3 节讨论过的信道逆转接收机。

2. 确定性矩阵 $\boldsymbol{H}$ 的性能

从第 k 个数据流到相应的解相关器输出之间的信道是高斯信道，其信噪比见式(8-44)，高斯编码可获取最大数据速率，计算为

$$C_k = \mathrm{lb}\left(1 + \frac{P_k \| Q_k h_k \|^2}{N_0}\right) \tag{8-48}$$

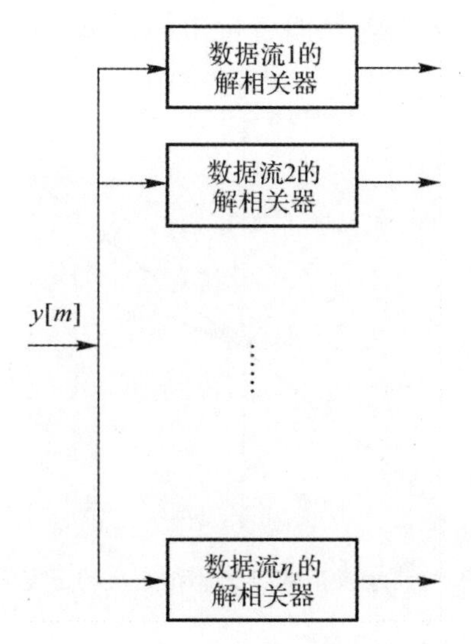

图 8-8　数据流并行估计的解相关器组

为了更好地理解，下面将这个结论与式(8-43)所示的无数据流间干扰的理想情况进行比较。可以观察到，如果式(8-43)中不存在数据流间干扰，则与7.2.1节的SIMO信道完全相同，滤波器与$\boldsymbol{h}_k$相匹配，所获得的信噪比为

$$\frac{P_k \| \boldsymbol{h}_k \|^2}{N_0} \tag{8-49}$$

由于数据流间干扰只影响第k个数据流的恢复，所以，用式(8-44)中的SNR作为评估指标，解相关器的性能必定不及无数据流间干扰时匹配滤波器所能获得的性能。同样能够清楚地看到：投影运算不能够增加矢量的长度，因此，$\| \boldsymbol{Q}_k \boldsymbol{h}_k \| \leqslant \| \boldsymbol{h}_k \|$。进一步讲，投影运算总会减小$\boldsymbol{h}_k$的长度，除非$\boldsymbol{h}_k$与其他数据流的空间特征相互正交。

下面回到图8-8的解相关器组，这里针对各数据流采用高效编码可达的通信总速率为式(8-48)中各独立数据流速率之和，即

$$\sum_{k=1}^{n_t} C_k$$

3. 衰落信道中的性能

前面的讨论都是针对确定性信道$\boldsymbol{H}$。同理，在时变快衰落情况下，应该针对时刻时的不同衰落进行编码，且通常与交织操作相结合。对所有信道过程$\{\boldsymbol{H}[m]\}_m$的平稳分布简单地取平均操作就可以计算出可达最大速率，即

$$R_{\mathrm{decorr}} = \sum_{k=1}^{n_t} \overline{C}_k \tag{8-50}$$

式中

$$\overline{C}_k = \mathbb{E}\left[\mathrm{lb}\left(1 + \frac{P_k \| \boldsymbol{Q}_k \boldsymbol{h}_k \|^2}{N_0}\right)\right] \tag{8-51}$$

由于传输独立的数据流和并利用解相关器组完成接收只是针对若干可能通信策略中的一种，所以式(8-50)中的可达速率通常小于或等于具有接收机CSI的MIMO衰落信道的容量[见式(8-10)]。为了进一步理解这个问题，下面考虑特定的独立同分布瑞利衰落统计模型。

根据最优协方差矩阵与单位阵成比例的形式[见式(8-12)]这一事实，对各数据流进行等功率分配，即 $P_k=P/n_t$。由式(8-50)可知，假设成功解相关且 $n_{\min}=n_t$，针对独立同分布瑞利衰落时，解相关器组的性能为

$$R_{\text{decorr}}=\mathbb{E}\left[\sum_{k=1}^{n_{\min}}\text{lb}\left(1+\frac{\text{SNR}}{n_t}\parallel \boldsymbol{Q}_k\boldsymbol{h}_k\parallel^2\right)\right] \tag{8-52}$$

由于$\boldsymbol{h}_k\sim\mathcal{CN}(\boldsymbol{0},\boldsymbol{I}_{n_r})$，所以$\parallel \boldsymbol{h}_k\parallel^2\sim\chi^2_{2n_r}$，其中$\chi^2_{2i}$是自由度为$2i$的卡方分布随机变量[见式(3-36)]。而且，由于$\boldsymbol{Q}_k\boldsymbol{Q}_k^*=\boldsymbol{I}_{\dim V_k}$，$\boldsymbol{Q}_k\boldsymbol{h}_k\sim\mathcal{CN}(0,\boldsymbol{I}_{\dim V_k})$，且可以证明信道$\boldsymbol{H}$依概率1为满秩矩阵(见习题8-12)，这意味着 $\dim \boldsymbol{V}_k=n_r-n_t+1$(见习题8-13)，因此，$\parallel \boldsymbol{Q}_k\boldsymbol{h}_k\parallel^2\sim\chi^2_{2(n_r-n_t+1)}$。这个明确实例验证了前面观察到的投影运算会减小长度这一事实。在二次方系统的特殊情况下，$\dim \boldsymbol{V}_k=1$，并且$\boldsymbol{Q}_k\boldsymbol{h}_k$为一个服从循环对称高斯分布的标量，这一点已经在3.3.3节的2×2实例中指出。

图8-9给出了不同天线数量时的R_{decorr}曲线，由图可见，以信噪比(单位:dB)为横坐标，解相关器组获得的速率的渐近斜率与$n_{\min}$成比例，这一斜率与MIMO信道容量相同。特别地，高信噪比时的速率可以近似为

$$R_{\text{decorr}}\approx n_{\min}\text{lb}\,\frac{\text{SNR}}{n_t}+\mathbb{E}\left[\sum_{k=1}^{n_t}\text{lb}(\parallel \boldsymbol{Q}_k\boldsymbol{h}_k\parallel^2)\right] \tag{8-53}$$

$$=n_{\min}\text{lb}\left(\frac{\text{SNR}}{n_t}\right)+n_t\ \mathbb{E}\left[\sum_{k=1}^{n_t}\text{lb}\chi^2_{2(n_r-n_t+1)}\right] \tag{8-54}$$

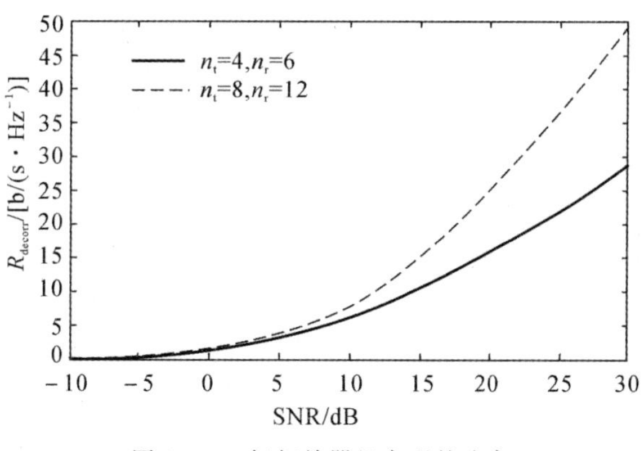

图8-9　解相关器组实现的速率

对比式(8-53)、式(8-54)和该信道在高信噪比条件下的容量展开式[见式(8-18)和式(8-20)]，可以观察到如下几点：

(1) 对于解相关器组获得的速率和MIMO信道的容量而言，高信噪比展开式中的一阶项是相同的，因此，解相关器能够完全利用MIMO信道的空间自由度。

(2) 高信噪比展开式中的第二项(常数项)表明：与MIMO信道容量相比，采用解相关器组时的速率性能恶化。图8-10显示了在$n_t=n_r=n$特殊情况下的这一差别。

上述分析是针对高信噪比情况展开的。对于任意固定的信噪比，同样可以直接证明，与容量一样，解相关器组可达总速率随着天线的数量呈线性比例变化(见习题8-21)。

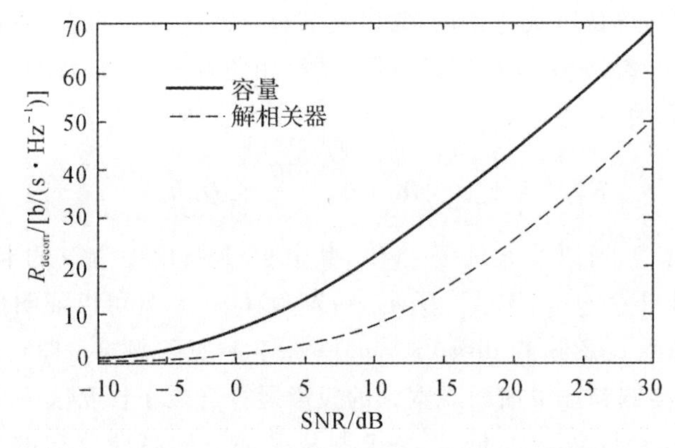

图 8-10　在 $n_t = n_r = 8$、独立同分布瑞利衰落信道中采用解相关器组可达速率曲线,同时给出了 MIMO 信道的容量便于比较

8.3.2　连续消除

前面介绍的是利用一组独立滤波器估计数据流,然而,其中一个滤波器的输出结果可用于辅助其他滤波器的运算。事实上,也可以采用 6.1 节上行链路容量分析中采用的连续消除策略:一旦一个数据流被成功地恢复,就可以将其从接收矢量中减去,从而降低接收机解调其余数据流的计算负担。基于这一动机,考虑对图 8-8 中的一组分立接收机结构进行如下修改:利用第一个解相关器译码数据流 $x_1[m]$,之后从接收信号矢量中减去该译码数据流;如果第一个数据流被成功译码,那么由于 x_1 已经被正确地消除,第二个解相关器仅须处理干扰数据流 x_3,x_4,…,x_{n_t}。因此,第二个解相关器可以将减去 $x_1[m]$ 接收信号矢量投影到与 $\boldsymbol{h}_3$,$\boldsymbol{h}_4$,…,$\boldsymbol{h}_{n_t}$ 张成的子空间的正交子空间上,进行数据流 $x_2[m]$ 的译码。不断重复上述过程,直到最后一个解相关器为止,它已经无须处理来自其他数据流的任何干扰,这里假定各个前级的信号相减操作是成功的。本节讨论的连续干扰消除 (Successive Interference Cancellation, SIC)解相关器的结构如图 8-11 所示。

这种接收机存在的问题之一是差错传播:译码第 k 个数据流时的错误导致相减后的信号是不正确的,该差错会进一步传播给之后的所有数据流($k+1$,…,n_t) 的译码。该方案性能的细致分析是非常复杂的,但是如果数据流编码合适并且分组长度很长,从而使得数据流能够以极高的概率成功消除,分析就会变得比较容易。基于这个假设,第 k 个数据流只会受到后续数据流,即第 $k+1$,…,n_t 个数据流的干扰。因此,相应的投影运算(表示为$\tilde{\boldsymbol{Q}}_k$) 就是投影到更高维的子空间中,该子空间与 $\boldsymbol{h}_{k+1}$,…,$\boldsymbol{h}_{n_t}$ 张成的子空间相互正交,而不是与 $\boldsymbol{h}_1$,$\boldsymbol{h}_2$,…,$\boldsymbol{h}_{k-1}$,$\boldsymbol{h}_{k+1}$,…,$\boldsymbol{h}_{n_t}$ 张成的子空间相互正交。参照前一节的计算过程,第 k 个数据流的信噪比[见式(8-44)]为

$$\frac{P_k \parallel \tilde{\boldsymbol{Q}}_k \boldsymbol{h}_k \parallel^2}{N_0} \tag{8-55}$$

无疑期望这是对简单解相关器组的改进,为此,下面再次回到独立同分布瑞利衰落模型进行具体说明。与简单解相关器组中式(8-52) 的高信噪比展开式[见式(8-53)]类似,对各数据流采用 SIC 和等功率分配,可得

$$R_{\text{dev-sic}}=n_{\min}\operatorname{lb}\frac{\text{SNR}}{n_{\text{t}}}+\mathbb{E}\Big[\sum_{k=1}^{n_t}\operatorname{lb}(\|\widetilde{\boldsymbol{Q}}_k\boldsymbol{h}_k\|^2)\Big] \tag{8-56}$$

与基本解相关器组的分析类似，可以得出依概率 1，$\|\widetilde{\boldsymbol{Q}}_k\boldsymbol{h}_k\|^2\sim\chi^2_{2(n_{\text{r}}-n_{\text{t}}+k)}$（见习题 8-13），于是进一步可得

$$\mathbb{E}[\operatorname{lb}(\|\widetilde{\boldsymbol{Q}}_k\boldsymbol{h}_k\|^2)]=\mathbb{E}[\operatorname{lb}\chi^2_{2(n_{\text{r}}-n_{\text{t}}+k)}] \tag{8-57}$$

在高信噪比时，将该速率与简单解相关器组和 MIMO 信道容量[见式(8-53)与式(8-18)]进行比较，可以得到如下结论：

(1)对于解相关器组获得的速率和 MIMO 信道的容量而言，高信噪比展开式中的一阶项是相同的，因此，串行消除并没有提供额外的自由度。

(2)对于下一项(即常数项)，可以看出，与简单解相关器组相比，采用 SIC 解相关器可以获得性能增益：改进后的常数项等于容量展开式中的常数项。这一性能增益可以看作功率增益，通过译码和相减而不是线性迫零，使得各级的有效信噪比得以改善。

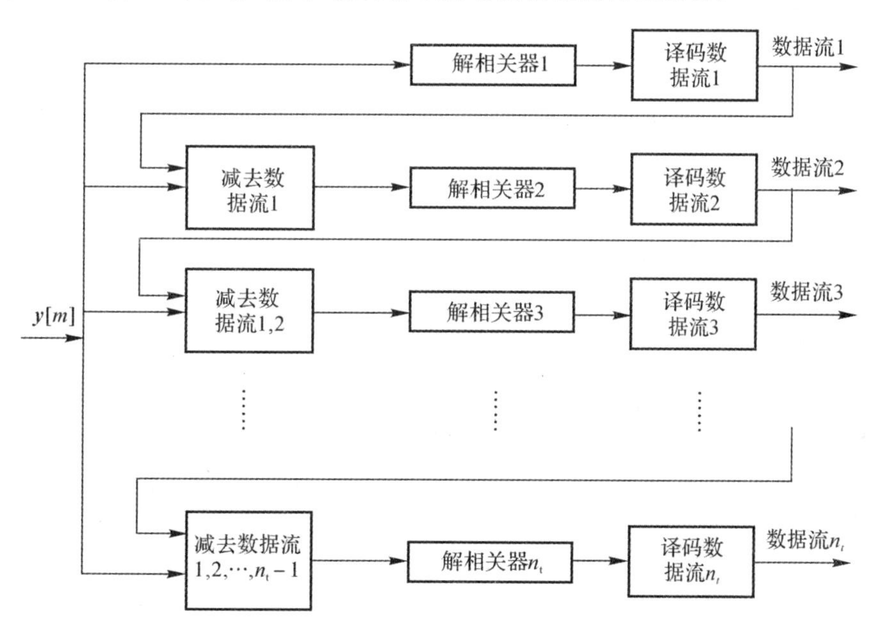

图 8-11　SIC 解相关器：具有数据流干扰连续消除功能的解相关器组

8.3.3　线性 MMSE 接收机

1. 解相关器的局限性

前面已经讨论了基本解相关器组与 SIC 解相关器的性能。在高信噪比时，对于独立同分布瑞利衰落而言，基本解相关器组获得了信道中的全部自由度；采用 SIC 后，高信噪比容量展开式中的常数项也得以达到。低信噪比时情况如何呢？图 8-12 给出了解相关器组可达速率(采用或不采用连续消除两种情况)与 MIMO 信道容量之比的曲线。

由图可见，虽然解相关器组在高信噪比时具有较好的性能，但在低信噪比时解相关器可达的速率远远不及 MIMO 信道容量。那么接下来做什么呢？

为了更进一步地理解，给出了匹配滤波器组的性能曲线，第 k 个滤波器与发射天线 k 的空

间特征$\boldsymbol{h}_k$相匹配。由图 8－13 可见，在低信噪比时匹配滤波器组的性能远远优于解相关器组的性能，虽然高信噪比时匹配滤波器组的性能远不及解相关器组的性能。

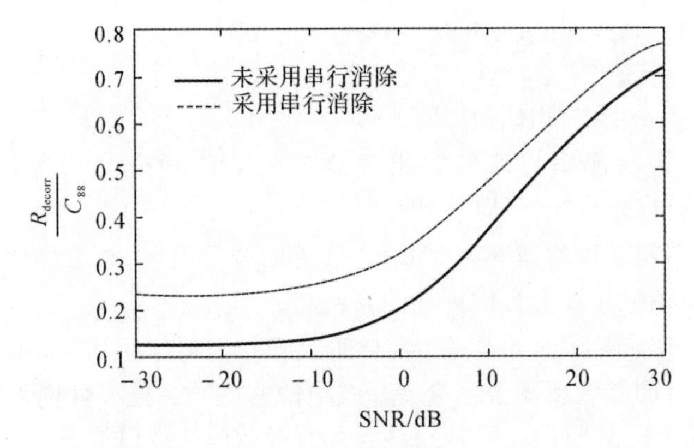

图 8－12　在低信噪比时采用和不采用连续消除两种情况下，解相关器组的性能($n_t = n_r = 8$)

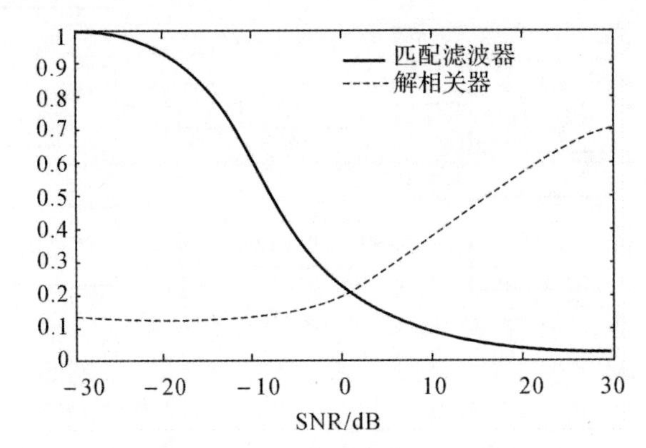

图 8－13　匹配滤波器组与解相关器组的性能(速率与容量之比)比较。在低信噪比时，匹配滤波器的性能较好；相反，在高信噪比时解相关器组的性能较好。图中信道为 $n_t = n_r = 8$ 独立同分布瑞利衰落信道

2. MMSE 接收机的推导

采用解相关器的依据是它能够彻底消除数据流之间的干扰，事实上，在所有能够彻底消除干扰的线性接收机中，解相关器能够使得输出信噪比最大。另外，匹配滤波(最大比率合并)是无任何数据流间干扰时 SIMO 信道的最优策略，在 7.2.1 节例 1 中，我们称为接收波束成形。因此，可以看到在彻底消除数据流间干扰(不考虑在该过程中会损失多少感兴趣数据流的能量)与尽可能多地保留感兴趣的数据流能量(可能以更高的数据流间干扰为代价)之间存在一种折中，解相关器与匹配滤波器就是这一折中的两个极端。在高信噪比时，与加性高斯噪声相比，数据流间干扰为主导因素，此时解相关器性能良好。另外，在低信噪比时，数据流间干扰并不是什么问题，此时接收波束成形(匹配滤波器)为较好的策略。实际上，匹配滤波器组可以在低信噪比时实现 MIMO 信道容量(见习题 8－20)。

因此，希望能够设计一种线性接收机，实现同时抑制数据流间干扰与背景高斯噪声的最优

折中,也就是说,这个接收机可以针对任意信噪比时的输出信干噪比(SINR)最大。在数据流间干扰很大(即信噪比很大)时,这种接收机类似于解相关器,而在数据流间干扰很小(即信噪比很小)时,这种接收机类似于匹配滤波器(见图 8-14)。这可看成是将接收波束成形在同时存在干扰和噪声时的一般推广。

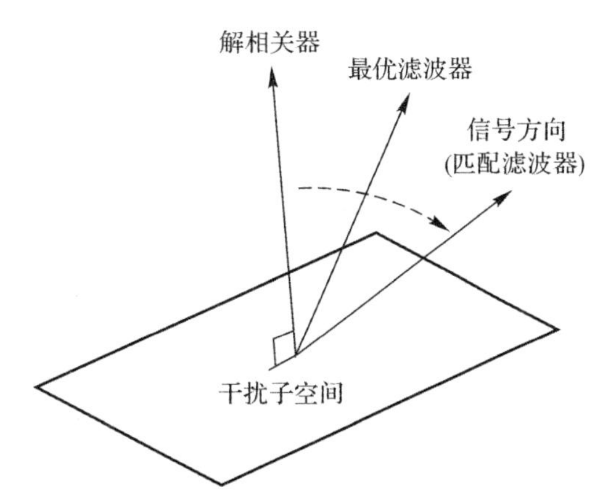

图 8-14　最优滤波器在高信噪比时类似于解相关器组,而在低信噪比时类似于匹配滤波器

为了用公式准确地表示这一折中,首先研究如下通用矢量信道:

$$\boldsymbol{y}=\boldsymbol{h}x+\boldsymbol{z} \tag{8-58}$$

式中,$\boldsymbol{z}$ 是协方差矩阵$\boldsymbol{K}_z$ 可逆的循环对称有色复噪声;$\boldsymbol{h}$ 为确定性矢量;x 为待估计的未知标量符号。假定 $\boldsymbol{z}$ 与 x 是不相关的,希望选择具有最大输出信噪比的滤波器。如果噪声为白噪声,则将 $\boldsymbol{y}$ 投影到 $\boldsymbol{h}$ 的方向上是最优的。由此,间接表明有色噪声情况下的一般策略为:首先对噪声进行白化处理,之后再按照加性白噪声的策略进行处理。也就是说,首先对 $\boldsymbol{y}$ 进行可逆线性变换$\boldsymbol{K}_z^{-\frac{1}{2}}$①,使得噪声 $\tilde{\boldsymbol{z}}=\boldsymbol{K}_z^{-\frac{1}{2}}\boldsymbol{z}$ 变为白噪声,即

$$\boldsymbol{K}_z^{-\frac{1}{2}}\boldsymbol{y}=\boldsymbol{K}_z^{-\frac{1}{2}}\boldsymbol{h}x+\tilde{\boldsymbol{z}} \tag{8-59}$$

接着将输出投影到$\boldsymbol{K}_z^{-\frac{1}{2}}\boldsymbol{h}$ 方向上,得到等效标量信道为

$$(\boldsymbol{K}_z^{-\frac{1}{2}}\boldsymbol{h})^*\boldsymbol{K}_z^{-\frac{1}{2}}\boldsymbol{y}=\boldsymbol{h}^*\ \boldsymbol{K}_z^{-1}\boldsymbol{y}=\boldsymbol{h}^*\ K_z^{-1}\boldsymbol{h}x+\boldsymbol{h}^*\ \boldsymbol{K}_z^{-1}\boldsymbol{z} \tag{8-60}$$

于是,式(8-60) 的线性接收机可以矢量表示为

$$\boldsymbol{v}_{\mathrm{mmse}}=\boldsymbol{K}_z^{-1}\boldsymbol{h} \tag{8-61}$$

此时,可以使得输出信噪比最大。同样可以证明该接收机经过适当的比例变换可以使估计 x 时的均方误差最小(见习题 8-18)。因此,这个接收机也称为线性最小均方误差(Minimum Mean Squared Error,MMSE)接收机,对应的可达 SINR 为

$$\sigma_x^2\ \boldsymbol{h}^*\ \boldsymbol{K}_z^{-1}\boldsymbol{h} \tag{8-62}$$

现在就可以将 8.3.1 节接收机结构中各数据流的解相关器替换为线性 MMSE 接收机。

---

①　由于$\boldsymbol{K}_z$ 是可逆协方差矩阵,基于特征值分解,$\boldsymbol{K}_z=\boldsymbol{U\Lambda U}^*$,其中,$\boldsymbol{U}$ 为旋转矩阵,对角矩阵$\boldsymbol{\Lambda}$的对角线元素均为正的。现在,定义$\boldsymbol{K}_z^{\frac{1}{2}}=\boldsymbol{U\Lambda}^{\frac{1}{2}}\boldsymbol{U}^*$,其中,对角阵$\boldsymbol{\Lambda}^{\frac{1}{2}}$ 的对角线元素是对角矩阵$\boldsymbol{\Lambda}$的对角线元素的二次方根值。

下面还是首先分析信道矩阵 $\boldsymbol{H}$ 固定的情况。第 k 个数据流的等效信道为

$$\boldsymbol{y}[m]=\boldsymbol{h}_k x_k[m]+\boldsymbol{z}_k[m] \tag{8-63}$$

式中，$\boldsymbol{z}_k$ 表示数据流 k 经历的噪声和干扰，记为

$$\boldsymbol{z}_k[m]=\sum_{i\neq k}\boldsymbol{h}_i x_i[m]+\boldsymbol{w}[m] \tag{8-64}$$

如果分配给数据流 i 的功率为 P_i，则可以显式地计算出$\boldsymbol{z}_k$ 的协方差为

$$\boldsymbol{K}_{z_k}=N_0\boldsymbol{I}_{n_r}+\sum_{i\neq k}^{n_t}P_i\boldsymbol{h}_i\boldsymbol{h}_i^* \tag{8-65}$$

并且要注意，该协方差也是可逆的。将该协方差矩阵的表达式代入式(8-61)与式(8-62)中，可以得到第 k 级线性接收机为

$$\left(N_0\boldsymbol{I}_{n_r}+\sum_{i\neq k}^{n_t}P_i\boldsymbol{h}_i\boldsymbol{h}_i^*\right)^{-1}\boldsymbol{h}_k \tag{8-66}$$

相应的输出 SINR 为

$$P_k\boldsymbol{h}_k^*\left(N_0\boldsymbol{I}_{n_r}+\sum_{i\neq k}^{n_t}P_i\boldsymbol{h}_i\boldsymbol{h}_i^*\right)^{-1}\boldsymbol{h}_k \tag{8-67}$$

3. 性能分析

线性 MMSE 接收机的设计综合考虑了解相关器和接收机波束成形，下面就对此进行分析。在极低信噪比时(即 $P_1,P_2,\cdots,P_{n_t}$ 与 N_0 相比非常小)

$$\boldsymbol{K}_{z_k}\approx N_0\boldsymbol{I}_{n_r} \tag{8-68}$$

此时式(8-66)所示的线性 MMSE 接收机简化为匹配滤波器。另外，在高信噪比时，$\boldsymbol{K}_z^{-\frac{1}{2}}$ 运算简化为将 $\boldsymbol{y}$ 投影到与$\boldsymbol{h}_1,\cdots,\boldsymbol{h}_{k-1},\boldsymbol{h}_{k+1},\cdots,\boldsymbol{h}_{n_t}$ 张成子空间相正交的子空间上，并且线性 MMSE 接收机简化为解相关器。

假定对各数据流采用容量可达编码，那么数据流 k 能够可靠传输的最大数据速率为

$$C_k=\mathrm{lb}(1+P_k\boldsymbol{h}_k^*\boldsymbol{K}_{z_k}^{-1}\boldsymbol{h}_k) \tag{8-69}$$

同样可以直接对时变衰落情况进行同样的分析，第 k 个数据流的数据速率为

$$\overline{C}_k=\mathbb{E}[\mathrm{lb}(1+P_k\boldsymbol{h}_k^*\boldsymbol{K}_{z_k}^{-1}\boldsymbol{h}_k)] \tag{8-70}$$

式中，平均运算是对矩阵 $\boldsymbol{H}$ 的平稳分布进行的。

在独立同分布瑞利衰落信道中采用等功率分配的 MMSE 滤波器组的性能曲线如图 8-15 所示。由图可见，在整个信噪比取值范围内，MMSE 接收机的性能都严格优于解相关器和匹配滤波器的性能。

4. MMSE - SIC

与 8.3.2 节对解相关器的改进类似，下面同样引入数据流的连续消除来改善基本线性 MMSE 接收机组的性能，如图 8-16 所示。采用 MMSE-SIC 接收机后会带来什么样的性能改善呢？图 8-17 给出了 $n_t=n_r=8$、独立同分布瑞利衰落情况下与 MIMO 信道容量之比的性能曲线。由图可以观察到一个令人吃惊的结果：采用连续消除和等功率分配的线性 MMSE 接收机组能够实现独立同分布瑞利衰落信道的容量。

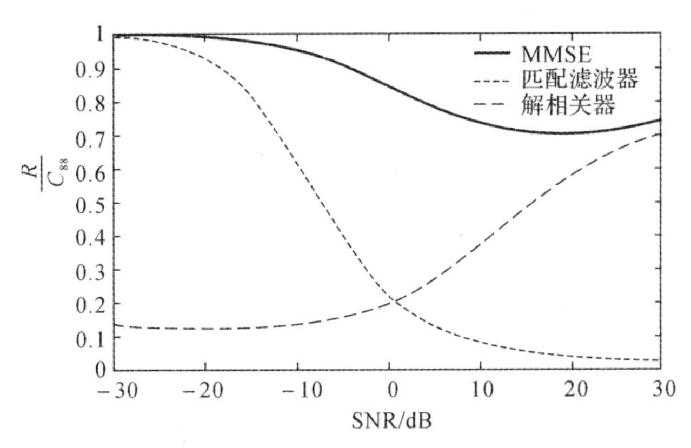

图 8 - 15　基本 MMSE 接收机组与匹配滤波器组和解相关器组的性能(以可达速率与 MIMO 容量之比表示)比较，MMSE 接收机的性能在整个信噪比取值范围内都优于其他两种结构的性能。信道为 $n_t = n_r = 8$ 的独立同分布瑞利衰落信道

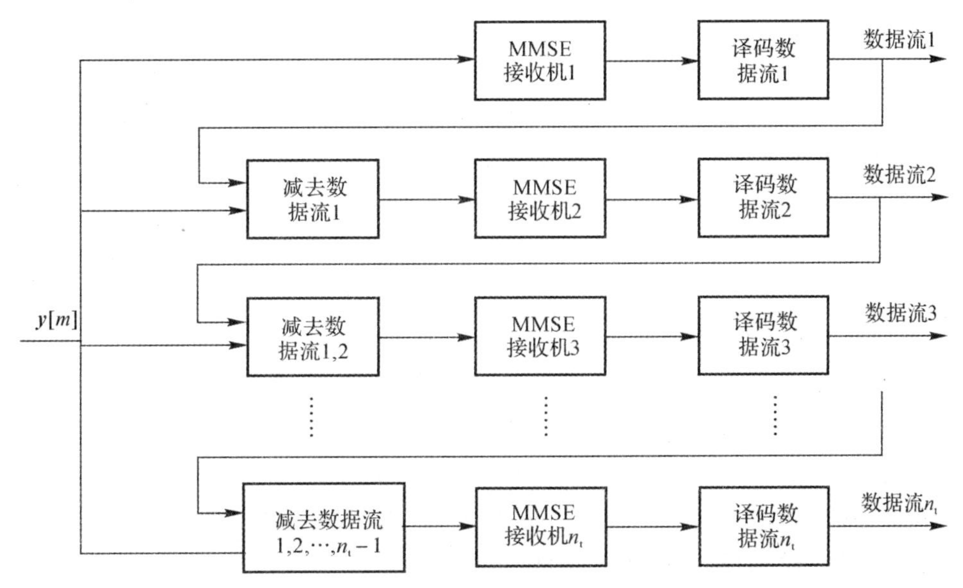

图 8 - 16　MMSE - SIC：一组线性 MMSE 接收机，每个接收机分别估计一路并行数据流，其中每一级从接收信号矢量里成功消除一个数据流

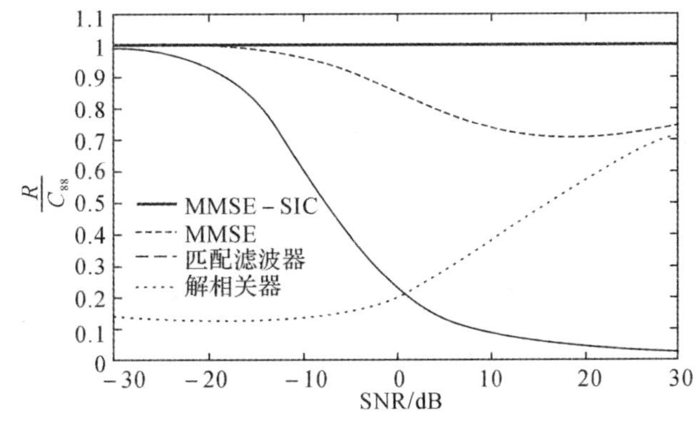

图 8 - 17　在独立同分布瑞利衰落情况下，MMSE - SIC 接收机能够实现 MIMO 信道的容量

实际上,MMSE-SIC 接收机在更强的意义下是最优的:对于任意矩阵 $\boldsymbol{H}$,该接收机能够实现 8.1 节中收发信机结构的最大可能和速率式[见式(8-2)],也就是说,如果 MMSE-SIC 接收机用于解调数据流,并且数据流 k 的 SINR 与速率分别为 SINR_k 与 $\text{lb}(1+\text{SINR}_k)$,那么速率和为

$$\sum_{k=1}^{n_t}\text{lb}(1+\text{SINR}_k)=\text{lbdet}\left(\boldsymbol{I}_{n_r}+\frac{1}{N_0}\boldsymbol{H}\boldsymbol{K}_x\boldsymbol{H}^*\right) \tag{8-71}$$

这就是最大可能的和速率。虽然可以通过矩阵运算直接验证该结论的正确性(见习题 8-22),但下一节从基本信息论(背景知识参见附录 B)的角度给出了更为深入的解释,这个层次上的理解将非常有助于学习第 10 章中采用 MMSE-SIC 结构分析多天线上行链路。

8.3.4 基于信息论的最优性分析①

1. MMSE 是信息无损的

作为理解 MMSE-SIC 接收机为什么最优的关键一步,首先回顾一下带有加性有色噪声的通用矢量信道[见式(8-58)]

$$\boldsymbol{y}=\boldsymbol{h}x+\boldsymbol{z} \tag{8-72}$$

但现在进一步假定 x 与 $\boldsymbol{z}$ 为高斯的。在这种情况下,可以看出线性 MMSE 滤波器[$\boldsymbol{v}_{\text{mmse}}=\boldsymbol{K}_z^{-1}\boldsymbol{h}$,见式(8-61)]不仅使信噪比最大,而且还提供了检测 x 的充分统计量,也即它是信息无损的。因此

$$I(x;\boldsymbol{y})=I(x;\boldsymbol{v}_{\text{mmse}}^*\boldsymbol{y}) \tag{8-73}$$

习题 8-19 完成了这一步骤的证明。

2. 时不变信道

再次考虑时不变 MIMO 信道矩阵 $\boldsymbol{H}$,有

$$\boldsymbol{y}[m]=\boldsymbol{H}\boldsymbol{x}[m]+\boldsymbol{w}[m]$$

选择输入 $\boldsymbol{x}$ 服从 $\mathcal{CN}(0,\text{diag}\{P_1,\cdots,P_{n_t}\})$ 分布,输入与输出之间的互信息可以重新写为

$$\begin{aligned}I(\boldsymbol{x};\boldsymbol{y})=I(x_1,x_2,\cdots,x_{n_t};\boldsymbol{y})&=I(x_1;\boldsymbol{y})+I(x_2;\boldsymbol{y}\mid x_1)+\cdots+\\&\quad I(x_{n_t};\boldsymbol{y}\mid x_1,\cdots,x_{n_t-1})\end{aligned} \tag{8-74}$$

式中,最后一个等式是基于互信息链式法则[见附录 B 中式(B-18)]。下面研究链式法则展开式中的第 k 项 $I(x_k;\boldsymbol{y}\mid x_1,\cdots,x_{k-1})$,在 $x_1,\cdots,x_{k-1}$ 条件下,从输出信号中减去它们的贡献后可得

$$\boldsymbol{y}'=\boldsymbol{y}-\sum_{i=1}^{k-1}\boldsymbol{h}_i x_i=\boldsymbol{h}_k x_k+\sum_{i>k}\boldsymbol{h}_i x_i+\boldsymbol{w}$$

因此

$$I(x_k;\boldsymbol{y}\mid x_1,\cdots,x_{k-1})=I(x_k;\boldsymbol{y}')=I(x_k;\boldsymbol{v}_{\text{mmse}}^*\boldsymbol{y}') \tag{8-75}$$

式中,$\boldsymbol{v}_{\text{mmse}}$ 为由 $\boldsymbol{y}'$ 估计 x_k 时的 MMSE 滤波器,最后一个等式是由 MMSE 接收机为信息无损的事实直接得到的。因此,MMSE-SIC 接收机第 k 级可达速率准确地等于 $I(x_k;\boldsymbol{y}\mid x_1,x_2,\cdots,$

① 第一次学习时可以跳过这部分内容。这部分内容的学习需要附录 B 中的知识,除了第 10 章 MIMO 上行链路分析,这部分内容对于本书其他部分内容的理解不是必需的。

x_{k-1}),该接收机可以可达总速率准确地等于 MIMO 信道的输入 $\boldsymbol{x}$ 与输出 $\boldsymbol{y}$ 之间的总互信息。

于是,可以看到 MMSE 滤波器特殊的原因:其标量输出保持了接收信号矢量中关于 x_k 的信息。这一性质对于解相关器或匹配滤波器等其他滤波器是不成立的。

在 MISO 信道特殊情况下,标量输出可以表示为

$$y[m]=\sum_{k=1}^{n_t} h_k x_k[m]+w[m] \tag{8-76}$$

第 k 级 MMSE 接收机简化为简单的标量乘法和译码,于是等效于将来自天线 $k+1,k+2,\cdots,n_t$ 的信号看作高斯干扰的条件下对 x_k 进行译码。如果将式(8-76)解释为包含 n_t 个用户的上行链路,那么 MMSE-SIC 接收机就简化为 6.1 节介绍的 SIC 接收机。由此可以看出,SIC 接收机在实现 K 用户上行信道总速率 $I(x_1,x_2,\cdots,x_K;y)$ 的意义上为什么是最优的另一种解释:它"实现了"互信息的链式法则。

3. 衰落信道

现在考虑利用图 8-1 的收发信机结构在时变衰落 MIMO 信道中进行通信,但接收机采用 MMSE-SIC 接收机,且接收机具有 CSI。如果 $\boldsymbol{Q}=\boldsymbol{I}_{n_t}$,MMSE-SIC 接收机可以获得的可靠通信和速率等于式(8-77) 确定的输入形式下信道互信息:

$$\mathcal{CN}(\boldsymbol{0},\operatorname{diag}\{P_1,P_2,\cdots,P_{n_t}\}) \tag{8-77}$$

在独立同分布瑞利衰落情况下,最优输入就是 $\mathcal{CN}(\boldsymbol{0},\boldsymbol{I}_{n_t})$,因此 MMSE-SIC 接收机能够达到 MIMO 信道容量。

更一般地,如果将 MIMO 信道在角度域建模为均值为零、元素不相关的矩阵 $\boldsymbol{H}$,那么最优输入分布总具有式(8-77) 的形式(见 8.2.1 节与习题 8-3)。利用 MMSE-SIC 接收机对独立数据流进行译码仍然能够实现这类 MIMO 信道的容量,但此时的数据流是通过角度域发射窗口进行发射的,而不是直接通过天线本身发射。这意味着图 8-1 的满足 $\boldsymbol{Q}=\boldsymbol{U}_t$ 且采用 MMSE-SIC 接收机的收发信机结构能够达到快衰落 MIMO 信道的容量。

讨论 8.1 CDMA 多用户检测与 ISI 均衡之间的联系

考虑独立数据流通过各天线发送的情况[见式(8-42)],此时的接收矢量为以不同接收空间特征接收的数据流的组合,其中第 k 个数据流与接收空间特征 $\boldsymbol{h}_k$ 相对应。如果将空间与带宽做类比,那么式(8-42) 就可以表征 CDMA 系统上行链路的模型:数据流与用户相等价(因为用户不能相互合作,很自然地保证了它们之间的独立性),$\boldsymbol{h}_k$ 表示用户 k 的接收特征序列,接收天线的数量与 CDMA 信号的码片数量相等价。基站接收到信号,并同时对通信的不同用户的信息进行译码,而且基站能够采用具有或不具有连续消除功能的一组线性滤波器。通常,研究基站接收机设计及其复杂性和性能称为多用户检测,有关多用户检测研究详见文献[131]。

下面讨论与频率选择性信道中点对点通信的联系。在 3.4.4 节中,研究了频率选择性信道的 OFDM 通信方式,该系统中的 ISI 可以表示为式(3-139) 的矩阵形式。对这种表示形式解释如下:分组长度为 N_c、抽头数为 L 的时不变频率选择性信道[见式(3-129)]下的通信等价于 $N_c\times N_c$MIMO 信道的通信。等效的 MIMO 信道 $\boldsymbol{H}$ 与频率选择性信道的抽头有关,假设第 ℓ 个抽头表示为 h_ℓ(当 $\ell\geqslant L$ 时,抽头 $h_\ell=0$),信号矩阵的元素可表示为

$$H_{ij}=\begin{cases}h_{i-j}, & i\geqslant j\\ 0, & 其他\end{cases} \tag{8-78}$$

由于信道的频率选择特性,之前发射的符号成为当前符号的干扰,恢复频率选择性信道中发射符号的相关技术的研究是经典通信理论均衡的组成部分。在我们的类比中,在不同时刻通过频率选择性信道的发射符号对应于通过不同发射天线发射的符号,因此,频率选择性信道的均衡与 MIMO 信道的收发信机设计之间存在一定的类比关系(见表 8-1)。

表 8-1 ISI 均衡与 MIMO 通信的类比(除最后一项内容在第 10 章讨论外,其余各项内容均已涉及)

ISI 均衡	MIMO 通信
OFDM	SVD
线性迫零均衡器	解相关器/干扰消除器
线性 MMSE 均衡器	线性 MMSE 接收机
判决反馈均衡器(DFE)	连续干扰消除(SIC)
ISI 预编码	Costa 预编码

8.4 慢衰落 MIMO 信道

现在,将注意力转向慢衰落 MIMO 信道

$$\boldsymbol{y}[m]=\boldsymbol{Hx}[m]+\boldsymbol{w}[m] \tag{8-79}$$

式中,$\boldsymbol{H}$ 为时不变随机矩阵。接收机已知信道实现,但发射机仅知道信道的统计特性。按照常规,发射总功率约束为 P。假定通信的目标速率为 R b/(s · Hz^{-1})。如果发射机已知信道实现,那么,只要满足

$$\text{lbdet}\left(\boldsymbol{I}_{n_r}+\frac{1}{N_0}\boldsymbol{HK}_x\boldsymbol{H}^*\right)>R \tag{8-80}$$

就可以采用图 8-1 的收发信机结构,通过给数据流分配适当的速率实现可靠通信,其中发射总功率约束意味着协方差矩阵应满足条件 $\text{tr}[\boldsymbol{K}_x]\leqslant P$。然而,一旦式(8-80)定义的条件能够满足,信息论确保了实现可靠通信的与信道状态相独立的编码方案的存在性。在每一路满足式(8-80)的 MIMO 信道中实现可靠通信的意义上讲,这种编码是通用的,这类似于慢衰落并行信道中获取中断性能的编码方案的通用性(见 5.4 节)。当 MIMO 信道不满足式(8-80)中的条件时,就会出现中断,可以通过选择发射策略(也即调整协方差)使得中断事件的概率最小:

$$p_{\text{out}}^{\text{mimo}}(R)=\min_{K_x:\text{tr}[\boldsymbol{K}_x]\leqslant P}\mathbb{P}\left\{\text{lbdet}\left(\boldsymbol{I}_{n_r}+\frac{1}{N_0}\boldsymbol{HK}_x\boldsymbol{H}^*\right)<R\right\} \tag{8-81}$$

8.5 节会介绍实现该中断性能的收发信机结构。

当然,该优化问题的解取决于信道 $\boldsymbol{H}$ 的统计特性。例如,如果 $\boldsymbol{H}$ 为确定性的,则最优解就是执行 $\boldsymbol{H}$ 的奇异值分解并对特征模式采用注水功率分配策略。然而。如果 $\boldsymbol{H}$ 为随机的,则不能基于适应某特定的信道实现的协方差矩阵进行优化求解,而应该针对某个信道实现集中统计特性优良的协方差矩阵来求解。

将式(8-81)所示中断优化问题与计算具有接收机 CSI 时的快衰落容量问题[见式

(8－10)]进行比较,可以从中受到启发。当基于协方差矩阵$\boldsymbol{K}_x$为参数进行编码策略设计时,如果认为

$$f(\boldsymbol{K}_x,\boldsymbol{H})=\mathrm{lb}\det\left(\boldsymbol{I}_{n_r}+\frac{1}{N_0}\boldsymbol{H}\boldsymbol{K}_x\boldsymbol{H}^*\right) \tag{8-82}$$

是信道$\boldsymbol{H}$传输信息流的速率,此时快衰落容量为

$$C=\max_{\boldsymbol{K}_x:\mathrm{tr}[\boldsymbol{K}_x]\leqslant P}\mathbb{E}_H[f(\boldsymbol{K}_x,\boldsymbol{H})] \tag{8-83}$$

而中断概率为

$$p_{\mathrm{out}}(R)=\min_{\boldsymbol{K}_x:\mathrm{tr}[\boldsymbol{K}_x]\leqslant P}\mathbb{P}\{f(\boldsymbol{K}_x,\boldsymbol{H})<R\} \tag{8-84}$$

在快衰落情况下,对随时间变化的衰落进行编码,相关的性能测度是信道支持的信息流速率的长期平均值。在慢衰落情况下,可以针对给定的一个信道实现,优化问题为使信息流速率小于目标速率的概率最小化。因此,前者关注的是最大化随机变量$f(\boldsymbol{K}_x,\boldsymbol{H})$的期望值,而后者关注的则是最小化该随机变量小于目标速率的拖尾概率。虽然最大化该期望值通常有助于减小这个拖尾概率,但一般而言,二者之间并不存在一一对应关系,拖尾概率取决于诸如方差等的高阶矩。

可以通过独立同分布瑞利衰落模型来进一步理解最优协方差矩阵的性质。独立同分布瑞利快衰落 MIMO 信道的最优协方差矩阵为$\boldsymbol{K}_x^*=P/n_t\,\boldsymbol{I}_{n_t}$,该协方差矩阵意味着在所有方向上均匀发射,因而它也能很好地减小信息速率$f(\boldsymbol{K}_x,\boldsymbol{H})$的方差,进而间接地降低拖尾概率。事实上,参见 5.4.3 节与习题 5－16,我们也看到,对于高信噪比时的 MISO 信道(即$n_r=1$),针对中断性能该矩阵是最优协方差矩阵。文献[119]推断在高信噪比时,该矩阵也是独立同分布瑞利慢衰落 MIMO 信道的最优协方差矩阵。此时,对应的中断概率

$$p_{\mathrm{out}}^{\mathrm{iid}}(R)=\mathbb{P}\left\{\mathrm{lb}\det\left(\boldsymbol{I}_{n_r}+\frac{\mathrm{SNR}}{n_t}\boldsymbol{H}\boldsymbol{H}^*\right)<R\right\} \tag{8-85}$$

通常被认为是高信噪比时实际中断概率的良好上界。

更为一般地,可以推断,针对一个天线子集,并在所采用天线上进行均匀发射,这个矩阵也是最优的。所采用的天线数量取决于信噪比电平:对应于目标速率的信噪比越低,所采用的天线数量就越少;特别是当对应于目标速率的信噪比极低时,仅采用一副发射天线就是最优的。在介绍单副接收天线时(见 5.4.3 节)已经验证了这一推断的正确性,下面考虑将其自然地推广到 MIMO 信道。然而,在典型中断概率时,对应于目标速率的信噪比很高,此时采用所有天线就是很好的策略。

1. 高信噪比

在高信噪比时中断性能如何呢?首先,MIMO 信道提供了更多的分集。我们知道,如果$n_r=1$(MISO 信道)且为独立同分布瑞利衰落,则得到的分集增益等于n_t。另外,如果$n_t=1$(MISO 信道)且为独立同分布瑞利衰落,则得到的分集增益等于n_r。在独立同分布瑞利衰落 MIMO 信道中,能够实现的分集增益为n_tn_r,即信道中独立随机变量的数量。下面介绍一个简单的重复发射方案,在n_t个连续符号周期的每个符号周期内,利用n_t副中其中一个发射天线连续发射相同符号x,就可以得到等效的标量信道:

$$\tilde{y}=\sum_{i=1}^{n_r}\sum_{j=1}^{n_t}|h_{ij}|^2x+w \tag{8-86}$$

此时对应的中断概率按照 $1/\mathrm{SNR}^{n_t n_r}$ 的规律衰减。习题 8-23 证明了独立同分布瑞利衰落 MIMO 信道的中断概率的衰减速率不会超过这一速率。

因此,MIMO 信道得到的分集增益就是 $n_t n_r$。相应的 MIMO 信道的 ϵ 中断容量既得益于分集增益,又得益于空间自由度增益。第 9 章将研究这两种增益在高信噪比时的组合特征。

8.5 D-BLAST:一种中断最优结构

上述已经指出,信息论确保了以协方差矩阵为参数的编码方案的存在性,该编码方案可以保证满足式(8-80)所示条件的每路 MIMO 信道能以速率 R 可靠通信。本节将推导实现中断性能的收发信机结构,首先考虑图 8-1 的 V-BLAST 结构在慢衰落 MIMO 信道中的性能。

8.5.1 V-BLAST 结构的次最优性

考虑具有 MMSE-SIC 接收机(见图 8-16)的图 8-1 的 V-BLAST 结构,已经证明这种接收机结构能够达到快衰落 MIMO 信道的容量。该结构具有以下两个主要特征:

(1) 独立编码的数据流在适当的坐标系 $\boldsymbol{Q}$ 中多路复用,并通过天线阵列发射,并且给数据流 k 分配适当的功率 P_k 和适当的速率 R_k。

(2) 线性 MMSE 接收机组与连续消除相结合(即 MMSE-SIC 接收机)可用于解调数据流。

MMSE-SIC 接收机利用 MMSE 滤波器解调来自发射天线 1 的数据流,对该数据流进行译码,再从接收信号向量中减去此数据流的贡献,之后继续处理数据流 2,以此类推。各数据流可以看作为一层。

同样的结构能在慢衰落信道中实现最优中断性能吗? 一般地讲,答案是否定的。下面就通过独立同分布瑞利衰落模型对此进行具体的说明。此时,数据流通过单独的天线发射,显而易见各数据流的分集增益至多为 n_r:如果从第 k 副发射天线到所有 n_r 副接收天线的信道增益处于深衰落,则第 k 个数据流中的数据将会丢失;另外,MIMO 信道本身提供了 $n_t n_r$ 的分集增益,因此,V-BLAST 结构并没有利用信道中的全部分集,所以不是中断最优的。根本的问题在于没有对数据流进行编码,以至于如果一副发射天线的信道恶劣,相应的数据流就会被错误地译码。

前面已经提到,在独立同分布瑞利衰落模型中,V-BLAST 结构各数据流的分集增益至多为 n_r,如果仅发射唯一的数据流,则分集增益就是 n_r,如果同时发射多个数据流,则对于不同接收机结构,分集增益甚至会更低。如果在 V-BLAST 结构中用解相关器组代替线性 MMSE 接收机组,并考虑 $n_t \leqslant n_r$ 的情况,这个问题可以看得更加清楚。在这种情况下,可以显式地计算出各级输出信噪比的分布,实际上,8.3.2 节就已经完成了这一计算,可得

$$\mathrm{SINR}_k \sim \frac{P_k}{N_0}\chi^2_{2[n_r-(n_t-k)]} \tag{8-87}$$

因此,第 k 个数据流的分集增益为 $n_r-(n_t-k)$。由于 n_t-k 为第 k 层未被消除的干扰数据流的数量,所以可将其解释为,由干扰引起的分集损耗精确地等于需要消除的干扰数据流的数量。第一个数据流的分集增益最差,为 n_r-n_t+1,这也是整个系统的瓶颈,因为后续数据流的正确译码取决于该数据流的正确译码和消除。在二次方系统的情况下,第一个数据流的分

集增益仅为 1，也即无分集增益，已经在 3.3.3 节中 2×2 实例的特殊情况下看到了这一结果。虽然这一分析是对解相关器进行的，但可以证明 MMSE 接收机恰恰也产生同样的分集增益（见习题8-24）。另外，利用数据流的联合最大似然检测就能够恢复 n_r 的分集增益（正如3.3.3 节 2×2 实例中的情况）。然而，这仍然与信道的全部分集增益 $n_t n_r$ 相距甚远。

针对基本 V-BLAST 结构，已经提出了很多的改进方法，例如，将连续消除顺序设定为信道的函数，以及根据数据流在消除顺序中的位置为不同数据流分配不同的速率。然而，只要在发射天线上发送独立编码的数据流，获得的分集增益就不会超过 n_r。

这里给出 V-BLAST 结构为什么次最优的更为准确的解释，由此也显示了应该如何改进 V-BLAST 结构。对于给定的 $\boldsymbol{H}$，式(8-87) 给出以下分解

$$\text{lbdet}\left(\boldsymbol{I}_{n_r}+\frac{1}{N_0}\boldsymbol{H}\boldsymbol{K}_x\boldsymbol{H}^*\right)=\sum_{k=1}^{n_t}\text{lb}(1+\text{SINR}_k) \tag{8-88}$$

式中，SINR_k 为第 k 层消除时 MMSE 解调器输出的信干噪比。由于输出 SINR 是信道矩阵 $\boldsymbol{H}$ 的函数，所以输出 SINR 是随机的。假定目标速率为 R，并针对各个数据流确定各自的目标速率为 $R_1,R_2,\cdots,R_{n_t}$，假定所选择的发射策略[由协方差矩阵$\boldsymbol{K}_x=\boldsymbol{Q}\text{diag}\{P_1,P_2,\cdots,P_{n_t}\}\boldsymbol{Q}^*$ 描述，见式(8-3)] 可以获得式(8-81) 中的中断概率。注意到，如果

$$\text{lbdet}\left(\boldsymbol{I}_{n_r}+\frac{1}{N_0}\boldsymbol{H}\boldsymbol{K}_x\boldsymbol{H}^*\right)<R \tag{8-89}$$

或者等效地

$$\sum_{k=1}^{n_t}\text{lb}(1+\text{SINR}_k)<\sum_{k=1}^{n_t}R_k \tag{8-90}$$

那么，信道处于中断状态。然而，只要任一数据流中的随机 SINR 不能够支持分配给该数据流的速率，V-BLAST 结构就会处于中断状态，即对于任意 k，有

$$\text{lb}(1+\text{SINR}_k)<R_k \tag{8-91}$$

显然，即使信道并未处于中断状态，也会出现上述情况。因此 V-BLAST 结构不是通用的，也不是中断最优的。这个问题不会出现在快衰落信道中，因为对快衰落信道中瞬时信道的波动进行了编码，所以第 k 个数据流可以达到如下确定的速率：

$$\mathbb{E}[\text{lb}(1+\text{SINR}_k)]\ \ \text{b/(s}\cdot\text{Hz}^{-1}) \tag{8-92}$$

8.5.2　发射天线间编码：D-BLAST

V-BLAST 结构的重要改进必须引入发射天线间的编码，那么应如何改进这种结构呢？为了更清楚地说明这个问题，可以将 V-BLAST 结构与并行衰落信道进行类比。在 V-BLAST结构中，第k个数据流在（随机）信噪比为SINR_k 的信道传输，因此整个信道可以看作包括 n_t 路子信道的并行信道。V-BLAST 结构并没有进行子信道间编码，于是，只要这些子信道中的一路处于深度衰落，且不能够支持该子信道的数据流速率，就会出现通信中断。另外，通过子信道间编码可以平滑各个子信道的随机性，从而得到更好的中断性能。由 5.4.4 节关于并行信道的讨论可知，只要

$$\sum_{k=1}^{n_t}\text{lb}(1+\text{SINR}_k)>R \tag{8-93}$$

就可能实现可靠通信。由式(8-88) 的分解可以看到，这也正是原始 MIMO 信道的无中断条

件。因此,并行信道的通用编码能够直接应用于原始 MIMO 信道的通用编码。

但是这里还存在一个问题,为了获得第二路子信道的数据流(信干噪比表示为SINR_2),假定第一路数据流已经被译码并成功将其从接收信号矢量中消除。然而,要进行子信道间编码,两路数据流就应该进行联合译码,这看上去像鸡与蛋的问题:不译码第一路数据流就无法消除其信号,并使第二路数据流处于主导信号的位置。解决这一问题的关键在于对多个码字执行交错处理,从而使各个码字扩展到多副发射天线,但不同发射天线同时发送的符号包含不同的码字。

下述通过一个包括两副发射天线的简单例子(见图 8-18)解释这一过程。第 i 个码字$\boldsymbol{x}^{(i)}$由两个长度均为 N 的分组$\boldsymbol{x}_A^{(i)}$ 与$\boldsymbol{x}_B^{(i)}$ 组成,在前 N 个符号时间内,第一副天线不发射,第二副天线发射第一个码字的分组$\boldsymbol{x}_A^{(1)}$,接收机在接收天线处执行信道的最大比率合并来估计$\boldsymbol{x}_A^{(1)}$,这就得到信噪比为SINR_2 的等效子信道,因为另一副天线没有发射任何信息。

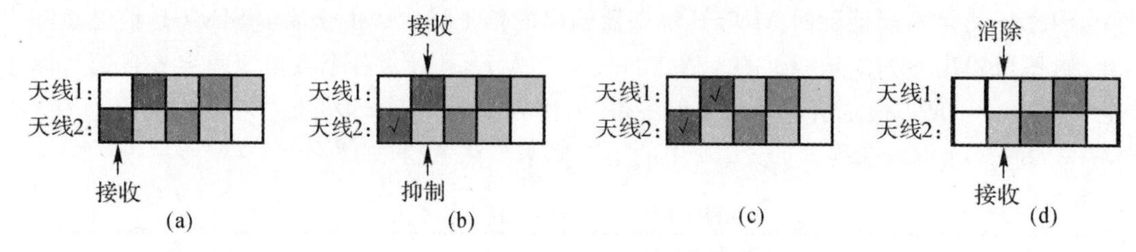

图 8-18　D-BLAST 结构的工作原理

(a) 在无干扰条件下估计第一个码字分组 A 的软估计；(b) 抑制天线 2 的干扰后对分组 B 进行 MMSE 软估计；(c) 结合上述软估计译码第一个码字；(d) 消除第一个码字的共贡献,开始第二个码字的译码过程

在第二个 N 个符号时间内,第一副天线发送$\boldsymbol{x}_B^{(1)}$(第一个码字的分组 B),第二副天线发射$\boldsymbol{x}_A^{(2)}$(第二个码字的分组 A)。接收机将$\boldsymbol{x}_A^{(2)}$ 看作待抑制的干扰,对$\boldsymbol{x}_B^{(1)}$ 进行线性 MMSE 估计,这样就得到信噪比为SINR_1 的等效子信道。因此,总的来看,第一个码字经历了上述并行信道的传输(见习题 8-25),如果假设采用通用并行信道编码,那么只要

$$\mathrm{lb}(1+\mathrm{SNR}_1)+\mathrm{lb}(1+\mathrm{SNR}_2)>R \tag{8-94}$$

就能够实现第一个码字的译码。

一旦码字 l 被译码,就可以将$\boldsymbol{x}_B^{(1)}$ 从第二个 N 个符号时间内的接收信号中消除,这样接收信号中就只留下$\boldsymbol{x}_A^{(2)}$,继续重复上述过程即可。习题 8-26 将这种结构推广到任意数量发射天线的系统中。

在 V-BLAST 结构中,各编码数据流或编码层沿空时网格水平扩展,并向上沿垂直方向逐一叠置。在上述改进结构中,各层通过空时网格的对角线叠置(见图 8-18),于是自然将这种结构称为对角 BLAST 结构,简称为 D-BLAST 结构。

D-BLAST 方案存在速率损失的问题,因为在初始阶段某些天线必须保持静默。例如,在图 8-18 所示的双发射天线结构中($N=1$,5 层),总共 10 个符号中有两个被设置为 0,下降后速率相比最大可达速率的比率为 4/5(习题 8-27 将这一计算推广到一般形式)。因此,当层数有限时,D-BLAST 结构不能实现 MIMO 信道的中断性能。随着层数的增加,速率损失被各层分摊,可以接近于 MIMO 中断性能。实际上,D-BLAST 结构还受到差错传播的影响:如果一层 的译码不正确,那么后续所有层都会受到影响。这实际上限制了重新初始化之前能够连续发射的层数,在这种情况下,由初始化和截断引起的速率损失是不能忽略的。

8.5.3　讨论

实际上,D-BLAST应该看作一种收发信机结构,而不是空时编码:通过信号处理和不同天线间的码字交织,D-BLAST结构将MIMO信道转换为并行信道。因此,任何好的并行信道编码都可以移植到MIMO信道中,特别地,并行信道通用编码与D-BLAST结构相结合就是MIMO信道的通用空时编码。

将D-BLAST结构与第3章和第5章讨论的Alamouti方案进行比较是很有意义的。Alamouti方案也可以看成是一种收发信机结构:它将2×1 MISO慢衰落信道转换为SISO慢衰落信道。任意SISO信道通用编码与Alamouti方案相结合就会得到MISO信道的通用编码。与D-BLAST结构相比,基于这种编码方案的信号处理更为简单,并且不存在速率损失或差错传播的问题。另外,D-BLAST结构对于任意数量的发射天线和接收天线的系统都是可行,然而我们已经看到,Alamouti方案并不能推广到任意数量的发射天线(见习题3-16)。而且,由第9章可知,Alamouti方案对于包括多副发射天线和接收天线的MIMO信道是严格次最优的,这是因为与D-BLAST结构不同,Alamouti方案没有利用信道中的全部可用自由度。

第8章主要知识点

1.快衰落MIMO信道的容量

在具有接收机CSI的强散射环境下,容量近似为

(1)高信噪比时的$\min(n_t,n_r)\mathrm{lbSNR}$:即空间自由度增益;

(2)低信噪比时的$n_r\,\mathrm{SNRlb}_2\mathrm{e}$:即接收波束成形增益。

当$n_r=n_t=n$时,对于所有SNR,容量近似为$nc^*(\mathrm{SNR})$,其中$c^*(\mathrm{SNR})$为常数。

2.收发信机结构

(1)具有完整CSI:通过发射信号与接收信号基的适当变化,将MIMO信道转换为$n_{\min}$个并行信道。这种收发信机结构是受任意线性变换的奇异值分解启发而得到的,即通过奇异值分解可以得到一个旋转、比例运算和另一旋转的组合。

(2)具有接收机CSI:通过各发射天线发送独立数据流,最大似然接收机对数据流进行联合译码,从而获得容量,称之为V-BLAST结构。

3.接收机结构

(1)简单接收机结构:分别对数据流执行译码,包括如下三种主要结构:

1)匹配滤波器:利用接收天线阵列对数据流的接收空间特征进行波束成形,在低信噪比时的性能接近于容量。

2)解相关器:将接收信号投影到与其他所有数据流的接收信号特征相互正交的子空间上。

为了实现投影运算,要求$n_r\geqslant n_t$;

如果$n_r\geqslant n_t$,高信噪比时解相关器组捕获了全部空间自由度。

3)MMSE:实现捕获感兴趣数据流的能量与抑制数据流间干扰的最优折中的线性接收机,在低信噪比和高信噪比时均接近最优性能。

(2) 连续消除:按照一定的顺序进行译码,并利用译码运算后的结果消除译码数据流对接收信号的影响。

具有连续消除功能的线性 MMSE 接收机组对所有信噪比都实现了快衰落 MIMO 信道的容量。

4. 慢衰落 MIMO 信道的中断性能

独立同分布瑞利慢衰落 MIMO 信道提供的分集增益为 $n_t n_r$。由于 V-BLAST 结构没有进行发射天线间编码,所以它所能实现的分集增益至多为 n_r。将 V-BLAST 的数据流在不同发射天线之间进行交织就可以实现 MIMO 信道的最优中断性能,这就是 D-BLAST 结构。

8.6 文献说明

对 MIMO 通信的研究起源于由 Foschini[40],Foschini 与 Gans[41] 以及 Telatar[119] 对容量的分析。Foschini 与 Gans 主要分析了慢衰落 MIMO 信道的中断容量,而 Telatar 研究了在最优注水策略下固定 MIMO 信道的容量、具有接收机 CSI 时快衰落信道的遍历容量以及慢衰落信道的中断容量。D-BLAST 结构是由 Foschini[40] 提出的,而 V-BLAST 结构则是由 Wolniansky 等人[147] 在研究点对点 MIMO 通信时提出的。

线性接收机、解相关器和 MMSE 的研究起源于 CDMA 信号的多用户检测,多用户检测的全面阐述和总结参见 Verdú 的著作[131],此人也是这一领域的开拓者。特别地,解相关器是由 Lupas 与 Verdú[77] 提出的,MMSE 接收机是由 Madhow 与 Honig[79] 提出的,Varanasi 与 Guess[129] 证明了与连续消除相结合的 MMSE 接收机的最优性。

通信理论中的随机矩阵可以参考 Tulino 与 Verdú 的文献[127]。本章中用到的大型随机矩阵的奇异值渐近分布的结论参考 Marčenko 与 Pastur 的文献[78]。

8.7 习　　题

习题 8-1 (互易性) 试证明以下两个系统的信道容量相同:① 采用 n_t 副发射天线、n_r 副接收天线、且信道矩阵为 $\boldsymbol{H}$ 的时不变 MIMO 信道;② 采用 n_r 副发射天线、n_t 副接收天线、信道矩阵为$\boldsymbol{H}^*$、且与 ① 具有相同总功率约束的时不变 MIMO 信道。

习题 8-2 考虑在图 8-1 的收发信机结构中对分组长度为 N 的数据流进行编码,从而实现在式(8-1) 所示的时不变 MIMO 信道中的通信。

(1) 固定 $\epsilon > 0$ 并考虑下式定义的椭球 $E^{(\epsilon)}$:

$$\{\boldsymbol{a} : \boldsymbol{a}^* (\boldsymbol{HK}_x \boldsymbol{H}^* \otimes \boldsymbol{I}_N + N_0 \boldsymbol{I}_{n_r N})^{-1} \boldsymbol{a} \leqslant N(n_r + \epsilon)\} \tag{8-95}$$

式中,符号 $\otimes$ 表示矩阵之间的张量积(即克罗内克积)。特别地,$\boldsymbol{HK}_x \boldsymbol{H}^* \otimes \boldsymbol{I}_N$ 是一个 $n_r N \times n_r N$ 的分块对角阵,即

$$\boldsymbol{HK}_x \boldsymbol{H}^* \otimes \boldsymbol{I}_N = \begin{bmatrix} \boldsymbol{HK}_x \boldsymbol{H}^* & & & 0 \\ & \boldsymbol{HK}_x \boldsymbol{H}^* & & \\ & & \ddots & \\ 0 & & & \boldsymbol{HK}_x \boldsymbol{H} \end{bmatrix}$$

试证明对于每个 ϵ,长度为 $n_r N$ 的接收信号矢量$\boldsymbol{y}^N$ 以很高的概率位于椭球 $E^{(\epsilon)}$ 内,即

$$\mathbb{P}\{\boldsymbol{y}^N \in E^{(\epsilon)}\} \to 1, \quad N \to \infty \tag{8-96}$$

(2) 试证明椭球 $E^{(\epsilon)}$ 的体积等于

$$\det(N_0 \boldsymbol{I}_{n_r} + \boldsymbol{H}\boldsymbol{K}_x \boldsymbol{H}^*)^N \tag{8-97}$$

与半径为$\sqrt{n_r N}$ 的 $2n_r N$ 维实球的体积之积,这就证明了式(8-4)。

(3) 试证明长度为 $n_r N$ 的噪声矢量$\boldsymbol{w}^N$ 满足:

$$\mathbb{P}\{\| \boldsymbol{w}^N \|^2 \leqslant N_0 N(n_r + \epsilon)\} \to 1 \text{ 当 } N \to \infty \tag{8-98}$$

因此,$\boldsymbol{w}^N$ 以高概率位于半径为$\sqrt{N_0 n_r N}$ 的 $2n_r N$ 维实球内,比较该球的体积与式(8-97)所定义的椭球体积,从而证明式(8-5)。

习题 8-3[130,126]　考虑 MIMO 信道 $\boldsymbol{H}$ 的角度域表示$\boldsymbol{H}^a$,将$\boldsymbol{H}^a$ 的元素统计建模为零均值联合非相关随机变量。

(1) 分析具有接收机 CSI 的 MIMO 信道容量表达式(8-10),并将 $\boldsymbol{H} = \boldsymbol{U}_r \boldsymbol{H}^a \boldsymbol{U}_t^*$ 代入,试证明:

$$C = \max_{\boldsymbol{K}_x : \operatorname{tr}(\boldsymbol{K}_x) \leqslant P} \mathbb{E}\left[\operatorname{lbdet}\left(\boldsymbol{I}_{n_r} + \frac{1}{N_0}\boldsymbol{H}^a \boldsymbol{U}_t^* \boldsymbol{K}_x \boldsymbol{U}_t \boldsymbol{H}^{a*}\right)\right] \tag{8-99}$$

(2) 试证明在不改变式(8-99)中输入协方差最大值的情况下,可将其限制为如下特殊形式:

$$\boldsymbol{K}_x = \boldsymbol{U}_t \boldsymbol{\Lambda} \boldsymbol{U}_t^* \tag{8-100}$$

式中,对角阵 $\boldsymbol{\Lambda}$ 的对角线元素为非负数,且之和等于 P。提示:可以考虑协方差矩阵具有如下形式

$$\boldsymbol{K}_x = \boldsymbol{U}_t \widetilde{\boldsymbol{K}}_x \boldsymbol{U}_t^* \tag{8-101}$$

式中,$\widetilde{\boldsymbol{K}}_x$ 同样是满足总功率约束的协方差矩阵。为了证明$\widetilde{\boldsymbol{K}}_x$ 可以限制为对角矩阵,考虑如下分解:

$$\widetilde{\boldsymbol{K}}_x = \boldsymbol{\Lambda} + \boldsymbol{K}_{\text{off}} \tag{8-102}$$

其中,$\boldsymbol{\Lambda}$ 为对角矩阵,$\boldsymbol{K}_{\text{off}}$的对角线元素均为零(从而包含了$\widetilde{\boldsymbol{K}}_x$ 的所有非对角线元素)。验证如下一系列不等式:

$$\mathbb{E}\left[\operatorname{lbdet}\left(\boldsymbol{I}_{n_r} + \frac{1}{N_0}\boldsymbol{H}^a \boldsymbol{K}_{\text{off}} \boldsymbol{H}^{a*}\right)\right] \leqslant \operatorname{lb} \mathbb{E}\left[\det\left(\boldsymbol{I}_{n_r} + \frac{1}{N_0}\boldsymbol{H}^a \boldsymbol{K}_{\text{off}} \boldsymbol{H}^{a*}\right)\right] = \tag{8-103}$$

$$\operatorname{lbdet}\left(\mathbb{E}\left[\boldsymbol{I}_{n_r} + \frac{1}{N_0}\boldsymbol{H}^a \boldsymbol{K}_{\text{off}} \boldsymbol{H}^{a*}\right]\right) \tag{8-104}$$

$$0 \tag{8-105}$$

可以利用詹森不等式(见习题 8-2)得到式(8-103)。在式(8-104)中,$\mathbb{E}[\boldsymbol{X}]$表示$(i,j)$元素等于$\mathbb{E}[\boldsymbol{X}_{ij}]$的矩阵,下面利用$\boldsymbol{H}^a$ 的元素不相关的性质推导式(8-104)与式(8-105)。最后,利用式(8-102)中的分解最终得到式(8-100),也就是说验证式(8-101)中的协方差矩阵$\widetilde{\boldsymbol{K}}_x$ 为对角阵就足够了。

习题 8-4[119]　考虑独立同分布瑞利衰落,即 $\boldsymbol{H}$ 的元素为独立同分布且服从$\mathcal{CN}(0,1)$分布的随机变量,以及仅具有接收机 CSI 的快衰落信道容量[见式(8-10)]。

(1) 对于独立同分布瑞利衰落而言,试证明对于每个酉矩阵 $\boldsymbol{U}$,$\boldsymbol{H}$ 的分布与 $\boldsymbol{H}\boldsymbol{U}$ 的分布是相同的。这就是独立同分布复高斯随机矢量旋转不变性的一般形式[见附录 A 式(A-22)]。

(2) 直接证明对于独立同分布瑞利衰落而言,式(8-10)中的输入协方差$\boldsymbol{K}_x$可以限制为对角矩阵[不要借助习题8-3(2)]。

(3) 进一步证明在对角矩阵中,最优输入协方差为$(P/n_t)\boldsymbol{I}_{n_t}$。提示:证明如下映射

$$(P_1,\cdots,P_{n_t})\mapsto\mathbb{E}\left[\operatorname{lbdet}\left(\boldsymbol{I}_{n_r}+\frac{1}{N_0}\boldsymbol{H}\operatorname{diag}\{P_1,\cdots,P_{n_t}\}\boldsymbol{H}^*\right)\right] \tag{8-106}$$

是联合凹的,进而证明该映射是对称的,也就是说重新排列变量$P_1,P_2,\cdots,P_{n_t}$的顺序并不会改变它的值。可以观察到,当所有函数自变量相同时,联合凹对称函数在满足和约束的条件下达到最大值,从而得出期望的结论。

习题8-5 考虑第4章研究的蜂窝系统上行链路:窄带系统(GSM)、宽带CDMA系统(IS-95)以及宽带OFDM系统(Flash-OFDM)。

(1) 假定基站安装有由多副接收天线组成的天线阵列,试讨论接收天线阵列对第4章介绍的三个系统的性能影响,哪个系统受益最大?

(2) 考虑MIMO上行链路,即移动台也安装多副发射天线,试讨论对三个系统的性能影响,哪个系统受益最大?

习题8-6 由习题8-3可知,最优输入协方差具有如下形式$\boldsymbol{K}_x=\boldsymbol{U}_t\boldsymbol{\Lambda}\boldsymbol{U}_t^*$,其中$\boldsymbol{\Lambda}$为对角矩阵。本习题研究在哪种情况下,当$\boldsymbol{\Lambda}=(P/n_t)\boldsymbol{I}_{n_t}$,从而使最优输入协方差也等于$(P/n_t)\boldsymbol{I}_{n_t}$(已经在习题8-4中看到:对于独立同分布瑞利衰落,这个结论是成立的)。直观地讲,只要发射角度域窗口之间完全对称,该论述就是正确的,下面就详细分析这一启发式思想。

(1) 对称性条件在形式上对应于如下关于角域表示$\boldsymbol{H}^a=\boldsymbol{U}_t\boldsymbol{H}\boldsymbol{U}_r^*$的各列(共有$n_t$列,分别对应于发射角域窗口)的假设:$n_t$个列矢量是相互独立的,而且这些矢量服从相同的分布。不规定任何一列内元素的联合分布,而是要求它们具有零均值。在这种对称性条件下,试证明最优输入协方差为$(P/n_t)\boldsymbol{I}_{n_t}$。

(2) 利用前一部分的结果或直接证明,对于任一

$$\boldsymbol{H}=[\boldsymbol{h}_1\cdots\boldsymbol{h}_{n_t}] \tag{8-107}$$

最优协方差矩阵都是$(P/n_t)\boldsymbol{I}_{n_t}$,这一结论从而强化了习题8-4的结果。式中,$h_1,h_2,\cdots,h_{n_t}$为独立同分布且服从$\mathcal{CN}(\boldsymbol{0},\boldsymbol{K}_h)$分布的随机矢量,$\boldsymbol{K}_h$为某协方差矩阵。

习题8-7 8.2.2节证明了如果具有接收机CSI,那么对于所有信噪比,独立同分布瑞利衰落$n\times n$ MIMO信道的容量会随n的增加而线性增加。本阅读练习中,考虑其他一些统计信道模型,这些信道下容量也是随n的增加而线性增加的。

(1) 具有独立同分布元素(但未必服从瑞利分布)的MIMO信道的容量随n的增加而线性增加,该结论的推导见文献[21]。

(2) 在文献[21]中,作者还考虑了相关信道模型:MIMO信道的元素为联合复高斯的,其协方差矩阵可逆。作者证明了容量还随着天线数量的增加而线性增加。

(3) 在文献[75]中,作者证明了随着独立同分布元素数量按照n的二次方规律增大(此时,独立同分布元素的数量正比于n^2,其他元素都等于零),MIMO信道的容量线性增加。

习题8-8 考虑分组衰落MIMO信道(习题5-28中单天线模型的推广):

$$y[m+nT_c]=\boldsymbol{H}[n]\boldsymbol{x}[m+nT_c]+\boldsymbol{w}[m+nT_c],\quad m=1,2,\cdots,T_c,\quad n\geqslant 1 \tag{8-108}$$

式中,T_c 表示信道的相干时间(通过样本数量来衡量),不同分组 $\boldsymbol{H}[n]$ 中的信道波动服从瑞利独立同分布。基于导频的通信方案在各相干时间间隔的前 k 个时间采样期间发射已知符号:各已知符号通过不同的发射天线发送,其他的天线保持静默。在高信噪比时,k 个导频符号帮助接收机部分地估计信道:在第 n 个分组期间,高精确度地对 $\boldsymbol{H}[n]$ 的 n_t 列中的 k 列进行估计。这样就可以在具有接收机 CSI 的 $k\times n_t$MIMO 信道中实现可靠通信。

(1) 试证明在高信噪比时采用该方案的可靠通信速率至少近似为

$$\left(\frac{T_c-k}{T_c}\right)\min(k,n_r)\mathrm{lbSNR}\ \mathrm{b/(s\cdot Hz^{-1})} \tag{8-109}$$

提示:信息论中的一个结论是,将信道不确定的影响替换为高斯噪声(具有相同的协方差)只能使可靠通信的速率变得更小。

(2) 试证明最优训练时间(即所采用的相应发射天线数量)为

$$k^*=\min\left(n_t,n_r,\frac{T_c}{2}\right) \tag{8-110}$$

将式(8-110)代入式(8-109)中可以看到,采用导频方案后的空间自由度数量为

$$\left(\frac{T_c-k^*}{T_c}\right)k^* \tag{8-111}$$

(3) 阅读并研究文献[155],该文献证明了在高信噪比时非相干分组衰落信道的容量具有与式(8-111)所示相同数量的空间自由度。

习题 8-9　考虑时不变频率选择性 MIMO 信道:

$$y[m]=\sum_{\ell=0}^{L-1}\boldsymbol{H}_\ell\boldsymbol{x}[m-\ell]+\boldsymbol{w}[m] \tag{8-112}$$

构建适当的 OFDM 传输和接收方案,将原始信道变换为如下并行 MIMO 信道:

$$\tilde{\boldsymbol{y}}_n=\tilde{\boldsymbol{H}}_n\tilde{\boldsymbol{x}}_n+\tilde{\boldsymbol{w}}_n,\quad n=0,1,\cdots,N_c-1 \tag{8-113}$$

其中,N_c 为 OFDM 的子载波数量。试根据$\boldsymbol{H}_\ell,\ell=0,1,\cdots,L-1$ 确定$\tilde{\boldsymbol{H}}_n,n=0,1,\cdots,N_c-1$。

习题 8-10　考虑固定物理环境和相应的平坦衰落 MIMO 信道。假定发射功率约束和带宽加倍,试证明具有接收机 CSI 的 MIMO 信道容量也恰好加倍,这一比例关系与单天线 AWGN 信道中的情况一致。

习题 8-11　考虑独立数据流$\{x_i[m]\}$通过发射天线($i=1,2,\cdots,n_t$)发射的表达式(8-42):

$$y[m]=\sum_{i=1}^{n_t}\boldsymbol{h}_i\boldsymbol{x}_i[m]+\boldsymbol{w}[m] \tag{8-114}$$

假定 $n_t\leqslant n_r$。

(1) 这里详细研究解相关器的工作原理,下面假设对于每个 $i=1,2,\cdots,n_t$,$\boldsymbol{h}_i$ 不是其他矢量$\boldsymbol{h}_1,\cdots,\boldsymbol{h}_{i-1},\boldsymbol{h}_{i+1},\cdots,\boldsymbol{h}_{n_t}$ 的线性组合。记 $\boldsymbol{H}=[\boldsymbol{h}_1\quad h_2\quad\cdots\quad\boldsymbol{h}_{n_t}]$。试证明该假设与$\boldsymbol{H}^*\boldsymbol{H}$ 可逆的事实是等价的。

(2) 考虑对式(8-114)中接收矢量作如下运算:

$$\hat{\boldsymbol{x}}[m]=(\boldsymbol{H}^*\boldsymbol{H})^{-1}\boldsymbol{H}^*\boldsymbol{y}[m]= \tag{8-115}$$

$$\boldsymbol{x}[m]+(\boldsymbol{H}^*\boldsymbol{H})^{-1}\boldsymbol{H}^*\boldsymbol{w}[m] \tag{8-116}$$

因此,$\hat{x}_i[m]=x_i[m]+\tilde{w}_i[m]$,其中 $\tilde{\boldsymbol{w}}[m]=(\boldsymbol{H}^*\boldsymbol{H})^{-1}\boldsymbol{H}^*w[m]$ 为有色高斯噪声。这意味着第 i 个数据流没有受到来自接收信号 $\hat{x}_i[m]$ 中其他任何数据流的干扰。试证明 $\hat{x}_i[m]$ 必为第 i 个数据流的解相关器输出(存在一个比例常数),由此得出结论:式(8-47)是正确的。关于解

相关器的这条性质以及更多性质可以从文献[131]的第5章找到，通过简单的计算可以验证 $n_t = n_r = 2$ 这一特殊情况。

习题 8-12 假定 $\boldsymbol{H}(n_t < n_r)$ 的元素独立同分布且服从 $\mathcal{CN}(0,1)$ 分布，用 $\boldsymbol{h}_1, h_2, \cdots, \boldsymbol{h}_{n_t}$ 表示 $\boldsymbol{H}$ 的各列。试证明各列线性相关的概率为零。于是进一步得出结论，$\boldsymbol{H}$ 的秩严格地小于 n_t 的概率为零。

习题 8-13 假定 $\boldsymbol{H}(n_t < n_r)$ 的元素独立同分布且服从 $\mathcal{CN}(0,1)$ 分布，用 $\boldsymbol{h}_1, \boldsymbol{h}_2, \cdots, \boldsymbol{h}_{n_t}$ 表示 $\boldsymbol{H}$ 的各列。试利用习题8-12的结果证明由矢量 $\boldsymbol{h}_1, \boldsymbol{h}_2, \cdots, \boldsymbol{h}_{k-1}, \boldsymbol{h}_{k+1}, \cdots, h_{n_t}$ 张成的子空间的维数依概率1为 $n_t - 1$。于是得出结论，与该子空间正交的子空间 $\boldsymbol{V}_k$ 的维度依概率1为 $n_r - n_t + 1$。

习题 8-14 考虑瑞利衰落 $n \times n$ MIMO 信道 $\boldsymbol{H}$，其元素为独立同分布且服从 $\mathcal{CN}(0,1)$ 分布随机变量。书中已经讨论了关于 $\boldsymbol{H}/\sqrt{n}$ 的奇异值经验分布收敛性的随机矩阵结果，该结果表明 $\boldsymbol{H}/\sqrt{n}$ 的条件数收敛到确定的极限分布，这意味着随机矩阵 $\boldsymbol{H}$ 是良态的，相应的极限密度为

$$f(x) = \frac{4}{x^3} e^{-2/x^2} \tag{8-117}$$

阅读并研究文献[32]中定理7.2对该结果的推导证明。

习题 8-15 考虑在时不变 $n_t \times n_r$ MIMO 信道中的通信

$$\boldsymbol{y}[m] = \boldsymbol{Hx}[m] + \boldsymbol{w}[m] \tag{8-118}$$

利用容量获取的高斯编码（如 LDPC 编码）对信息比特进行编码，再将编码后的比特调制为发射信号 $\boldsymbol{x}[m]$，发射信号矢量的元素通常为规则星座（例如 QAM）中的星座点。接收机一般分为两级：第一级为解调，在各时刻计算关于发射 QAM 符号的软信息（也即调制为发射矢量的比特对应的后验概率）；第二级将关于这些比特的软信息反馈给信道译码器。

本题为阅读练习，研究接收机的第一级。在时刻 m，解调过程就是求出构成矢量 $\boldsymbol{x}[m]$ 的 QAM 星座点，并使得 $\|\boldsymbol{y}[m] - \boldsymbol{Hx}[m]\|^2$ 尽可能最小。这是一个经典的"最小二乘"问题，但定义域限定为一个有限点集。当调制方式为 QAM 时，定义域为整数网格的一个有限子集。众所周知，整数最小二乘问题是一个很困难的计算问题，已经提出了若干低复杂度的启发式求解算法，其中之一是球体译码算法，阅读文献[133]理解该算法，并分析针对衰落信道的平均译码复杂度。

习题 8-16 8.2.2节证明了独立同分布瑞利衰落信道的两个事实：① 固定 n 且在低信噪比时，$1 \times n$ 信道的容量趋于 $n \times n$ 信道的容量；② 固定信噪比，但 n 很大时，$1 \times n$ 信道的容量仅随着 n 的增加而对数增加，而 $n \times n$ 信道的容量却随着 n 的增加线性增加。分析并解释这个明显的矛盾。

习题 8-17 试验证式(8-26)，该结果的推导见文献[132]。

习题 8-18 考虑信道表达式(8-58)：

$$\boldsymbol{y} = \boldsymbol{h}x + \boldsymbol{z} \tag{8-119}$$

式中，$\boldsymbol{z}$ 为服从 $\mathcal{CN}(\boldsymbol{0}, \boldsymbol{K}_z)$ 分布的随机矢量；$\boldsymbol{h}$ 为确定的（复）矢量；x 为待估计的零均值未知（复）随机变量。假定噪声 $\boldsymbol{z}$ 与数据符号 x 是不相关的。

(1) 考虑利用矢量 $\boldsymbol{c}$（归一化使得 $\|\boldsymbol{c}\| = 1$）由 y 得到的 x 的估计：

$$\hat{x} = a\boldsymbol{c}^* \boldsymbol{y} = a\boldsymbol{c}^* \boldsymbol{h}x + a\boldsymbol{c}^* \boldsymbol{z} \tag{8-120}$$

试证明使得均方误差($\mathbb{E}[|x-\hat{x}|^2]$)最小的常数 a 等于

$$\frac{\mathbb{E}[|x|^2]|\boldsymbol{c}^*\boldsymbol{h}|^2}{\mathbb{E}[|x|^2]|\boldsymbol{c}^*\boldsymbol{h}|^2+\boldsymbol{c}^*\boldsymbol{K}_z\boldsymbol{c}}\frac{\boldsymbol{h}^*\boldsymbol{c}}{|\boldsymbol{h}^*\boldsymbol{c}|} \tag{8-121}$$

(2) 利用式(8－121)中的 a 值试计算式(8－120)中线性估计的最小均方误差(表示为 MMSE)，并证明

$$\frac{\mathbb{E}[|x|^2]}{\text{MMSE}}=1+\text{SNR}=1+\frac{\mathbb{E}[|x|^2]|\boldsymbol{c}^*\boldsymbol{h}|^2}{\boldsymbol{c}^*\boldsymbol{K}_z\boldsymbol{c}} \tag{8-122}$$

(3) 由于已经证明了在所有估计器中，$\boldsymbol{c}=\boldsymbol{K}_z^{-1}\boldsymbol{h}$ 使得信噪比最大[见式(8－61)]，所以得出以下结论：该线性估计[适当地选择比例因子 a，如式(8－121)所示]使得由式(8－119)得出的 x 的线性估计的均方误差最小。

习题 8－19　考虑具有加性有色高斯噪声的通用矢量信道[见式(8－72)]中的检测问题。

(1) 试证明线性 MMSE 接收机的输出

$$\boldsymbol{v}_{\text{mmse}}^*\boldsymbol{y} \tag{8-123}$$

是由 $\boldsymbol{y}$ 检测 x 的充分统计量。这是对附录 A 中从矢量检测问题提取标量充分统计量[见式(A－55)]的推广。

(2) 由前一部分可知，随机变量 $\boldsymbol{y}$ 与 x 在 $\boldsymbol{v}_{\text{mmse}}^*\boldsymbol{y}$ 条件下是相互独立的，试利用这一结果验证式(8－73)。

习题 8－20　由图 8－13 可以观察到，在可达总速率与容量之比趋于 1 的意义上，在低信噪比时，线性匹配滤波器组可以实现 8×8 独立同分布瑞利衰落信道的容量，试证明这一结论对于一般的 n_t 与 n_r 也是正确的。

习题 8－21　考虑 $n\times n$ 独立同分布平坦瑞利衰落信道，试证明以下几种接收机结构的可达总速率随着 n 呈线性变化的比例关系：线性解相关器组；匹配滤波器组；线性 MMSE 接收机组。可以假定对独立信息流编码后通过各发射天线发射出去，并且天线之间的功率分配是均匀的。提示：关于线性 MMSE 接收机的计算是比较困难的，必须仅利用经验特征值分布证明 n 值较大时，线性 MMSE 接收机的性能渐近地取决于各数据流所经历的干扰的协方差矩阵，之后再利用 8.2.2 节中 n 值较大条件下的随机矩阵结果。为了完成第一步的证明，需在干扰数据流的空间特征已知条件下计算输出 SINR 的均值和方差，这一计算参见文献[132,123]。

习题 8－22　直接通过矩阵运算验证式(8－71)。

提示：可以利用如下矩阵求逆引理(矩阵 $\boldsymbol{A}$ 可逆)：

$$(\boldsymbol{A}+\boldsymbol{x}\boldsymbol{x}^*)^{-1}=\boldsymbol{A}^{-1}-\frac{\boldsymbol{A}^{-1}\boldsymbol{x}\boldsymbol{x}^*\boldsymbol{A}^{-1}}{1+\boldsymbol{x}^*\boldsymbol{A}^{-1}\boldsymbol{x}} \tag{8-124}$$

习题 8－23　考虑独立同分布瑞利衰落 MIMO 信道的中断概率[见式(8－81)]。试通过证明如下各步成立，验证中断概率随 SNR(等于 P/N_0)的衰减速率不会超过 n_tn_r：

$$p_{\text{out}}(R)\geqslant\mathbb{P}\{\text{lbdet}(\boldsymbol{I}_{n_r}+\text{SNR}\boldsymbol{H}\boldsymbol{H}^*)<R\}\geqslant \tag{8-125}$$

$$\mathbb{P}\{\text{SNR Tr}[\boldsymbol{H}\boldsymbol{H}^*]<R\}\geqslant \tag{8-126}$$

$$\mathbb{P}(\{\text{SNR}|h_{11}|^2<R\})^{n_tn_r}= \tag{8-127}$$

$$(1-\text{e}^{-\frac{R}{\text{SNR}}})^{n_tn_r}\approx \tag{8-128}$$

$$\frac{R^{n_tn_r}}{\text{SNR}^{n_tn_r}} \tag{8-129}$$

习题 8－24　针对采用 MMSE－SIC 接收机的 V－BLAST 结构，试计算各数据流的最大

分集增益。提示：高信噪比时，各数据流受到的干扰非常大，此时线性 MMSE 接收机的 SINR 非常接近于解相关器的 SINR。

习题 8-25 考虑一个在 2×2MIMO 信道中的通信，该通信利用 $N=l$ 且两层为等功率分配（即 $P_1=P_2=P$）的 D-BLAST 结构。本习题推导采用 MMSE-SIC 后并行信道（包括 $L=2$ 条分集支路）的一些性质，用 $\boldsymbol{H}=[\boldsymbol{h}_1\ \boldsymbol{h}_2]$ 以及如下投影表示 MIMO 信道：

$$\boldsymbol{h}_{1\parallel 2}=\frac{\boldsymbol{h}_1^*\ \boldsymbol{h}_2}{\|\boldsymbol{h}_2\|^2}\boldsymbol{h}_2,\quad \boldsymbol{h}_{1\perp 2}=\boldsymbol{h}_1-\boldsymbol{h}_{1\parallel 2} \tag{8-130}$$

将并行信道表示为

$$y_\ell=g_\ell x_\ell+w_\ell,\quad \ell=1,2 \tag{8-131}$$

(1) 试证明

$$|g_1|^2=\|\boldsymbol{h}_{1\perp 2}\|^2+\frac{\|\boldsymbol{h}_{1\parallel 2}\|^2}{\mathrm{SNR}\|\boldsymbol{h}_2\|^2+1},\quad |g_2|^2=\|\boldsymbol{h}_2\|^2 \tag{8-132}$$

其中，$\mathrm{SNR}=P/N_0$。

(2) 在高信噪比时，$|g_1|^2$ 的边缘分布是什么？$|g_1|^2$ 与 $|g_2|^2$ 是正相关还是负相关的？

(3) 该并行信道提供的最大分集增益是多少？

(4) 假定式(8-131)所示的并行信道中的 $|g_1|^2$ 与 $|g_2|^2$ 相互独立，但与以前一样具有相同的边缘分布，该并行信道提供的最大分集增益是多少？

习题 8-26 将在 8.5 节 $2\times n_r$MIMO 信道中所讨论的 D-BLAST 结构的交错数据流结构推广到包括 $n_t>2$ 副发射天线的 MIMO 信道。

习题 8-27 考虑包括 n_t 副发射天线的 MIMO 信道、分组长度为 N 的 D-BLAST 结构，试确定初始化阶段引起的速率损失，该损失是 N 与 n_t 的函数。

第9章 MIMO Ⅲ:分集-多路复用折中与通用空时码

前一章分析了 *MIMO* 通信的性能优点,并讨论了获得这些优点对应结构设计。前面的讨论主要聚焦在快衰落情况,关于慢衰落 *MIMO* 信道的分析更为复杂。虽然快衰落信道的通信性能可以用单一的数值(即容量)来描述,但慢衰落信道的性能必须用中断概率曲线 $p_{out}(\cdot)$ 来描述,其中中断概率是目标速率的函数。事实上,中断概率曲线就是数据速率与差错概率之间的折中。而且,除了快衰落情况下的功率增益和自由度增益外,多天线在慢衰落情况下还会提供分集增益。本章重点讨论的是慢衰落信道中多天线性能优点的特征以及获取这些优点的优异空时编码方案的设计。

中断概率曲线 $p_{out}(\cdot)$ 是评估空时码性能的常用基准,然而却很难刻画出 *MIMO* 信道中断概率曲线的解析特征,为此我们提出了能够捕获高信噪比状态下 *MIMO* 通信的双重优势的一种近似:数据速率增加(通过空间自由度或等效的多路复用增益的增加来描述)和可靠性的提升(通过分集增益的增加来描述)。所获得的双重好处是这两类增益之间的重要折中[①],利用最优分集-多路复用折中作为本书前面讨论的各种空时方案的比较基准,折中曲线也能表明空时编码方案在多大程度上达到最优。折中最优方案设计的核心思想是本章第二部分讨论的通用性。

第3章已经研究了空时码设计的一种方法,利用这种方法设计的编码针对衰落信道增益的分布作平均操作,可获得较小的差错概率。该方法的缺点是所设计编码的性能对于假定的衰落分布很敏感,这是一个难以解决的问题,正如在第2章提到的,准确的无线信道统计建模是很困难的。然而,中断公式揭示了另一种不同的评估方法。中断性能的有效解释是针对通用编码存在性的:这种编码可以实现在每个 *MIMO* 信道中都能进行非中断的可靠通信。从工程角度讲,这类编码具有鲁棒性:对于不同衰落分布,它们可以实现可能的最佳中断性能。这一结果构造了一种通用编码设计准则:采用全部非中断信道的最坏情况成对差错概率,而不采用不同信道衰落分布的平均成对差错概率。但是令人意外的是,这种通用编码设计准则与对瑞利分布取平均得到的乘积距离密切相关。因此,乘积距离准则虽然表面上看是针对瑞利分布的,但实际上它是更为基本的准则。本章将利用通用编码设计的思想构建出实现最优分集-多路复用折中的编码。

本章均假定接收机完全已知信道矩阵,而发射机未知信道状态信息。

---

① 细心的读者会注意到,在第3章研究 2×2MIMO 瑞利衰落信道时,已经对这两种类型增益之间关系略有所知。

9.1 分集-多路复用折中

本节基于分集增益与多路复用增益之间的折中利用中断公式刻画了慢衰落 *MIMO* 信道的性能，之后利用这一折中作为统一框架对本书讨论的各种空时编码方案进行性能比较。

9.1.1 公式化表示

第 3 章和第 5 章在分析慢衰落情形下通信方案的性能时，重点强调的是分集增益，据此，衡量慢衰落信道性能的关键指标就是能够从信道中提取的最大分集增益。例如，包括 n_t 副发射天线和 n_r 副接收天线的独立同分布瑞利慢衰落 MIMO 信道的最大分集增益为 $n_t \times n_r$，即对于固定的目标速率 R，中断概率 $p_{out}(R)$ 在高信噪比时依 $1/\mathrm{SNR}^{n_t n_r}$ 规律衰减。

由第 7 章可知，快衰落 MIMO 信道的关键性能优势在于通过增大额外的自由度提高空间多路复用能力。例如，独立同分布瑞利衰落信道的容量与 $n_{min}\mathrm{lbSNR}$ 成比例，其中 $n_{min}=\min(n_t,n_r)$ 为信道中空间自由度的数量，这种快衰落信道(遍历) 容量是通过对随时间变化的信道波动取平均得到的。在慢衰落情形下，不能采用这样的取平均运算，也就不可能以这一速率进行可靠通信，但是，信道能够实现的传输信息速率是一个在快衰落容量附近波动的随机变量。然而，仍然期望即使在慢衰落情况下也能够受益于自由度的增加，但最大分集增益并没有给出以下启示：例如，$n_t \times n_r$ 信道与 $n_t n_r \times 1$ 信道具有相同的最大分集增益，但前者会比后者具有更好的空间多路复用性能。因此获得空间多路复用好处所需要的还不只是最大分集增益。

可以观察到，要实现最大分集增益就需要以固定速率 R 进行通信，且该速率与高信噪比时的快衰落容量(按照 $n_{min}\mathrm{lon}_2\mathrm{SNR}$ 规律增大) 相比变得相当小。因此，牺牲 MIMO 信道的全部空间多路复用增益可使可靠性最大化，为了挽回部分空间多路复用增益，通信速率可以设置为 $R=r\mathrm{lbSNR}$，即快衰落容量的一部分。于是，将如下慢衰落信道的分集-多路复用折中用公式表示是很有意义的。

如果

$$R=r\mathrm{lbSNR} \tag{9-1}$$

且

$$p_{out}(R)\approx \mathrm{SNR}^{-d^*(r)} \tag{9-2}$$

或者更准确地讲，有

$$\lim_{\mathrm{SNR}\to\infty}\frac{\mathrm{lb}p_{out}(r\mathrm{lbSNR})}{\mathrm{lbSNR}}=-d^*(r) \tag{9-3}$$

则可以在多路复用增益为 r 时实现分集增益 $d^*(r)$，曲线 $d^*(\cdot)$ 就是慢衰落信道的分集-多路复用折中。

上述折中刻画了信道慢衰落性能极限，类似地，用差错概率取代中断概率，还可以将任何空时编码方案的分集-多路复用折中进行公式化。

空时编码方案是一类编码，其性能与信噪比 SNR 相关性很强。如果数据速率依以下比例变化：

$$R=r\mathrm{lbSNR} \tag{9-4}$$

并且差错概率依如下关系变化：

$$p_e \approx \mathrm{SNR}^{-d} \tag{9-5}$$

即

$$\lim_{\mathrm{SNR}\to\infty} \frac{\mathrm{lb}p_e}{\mathrm{lbSNR}} = -d \tag{9-6}$$

则可以获得多路复用增益 r 和分集增益 d 。

分集-多路复用折中公式初看似乎抽象,下面就通过几个实例将其具体化。我们将分析特定编码方案的折中性能,并了解如何进行性能比较以及与信道最优分集-多路复用折中方案的性能差异。具体地讲,这里采用独立同分布瑞利衰落模型进行研究,9.2 节将介绍基于通用编码思想的折中最优空时码的一般设计方法。

9.1.2　标量瑞利信道

1. PAM 与 QAM

考虑慢衰落标量瑞利信道

$$y[m] = hx[m] + w[m] \tag{9-7}$$

其中,加性噪声为独立同分布且服从$\mathcal{CN}(0,1)$分布的随机变量,功率约束为 SNR。假定 h 服从 $\mathcal{CN}(0,1)$ 分布,并考虑采用数据速率为 $R\mathrm{b}/(\mathrm{s}\cdot\mathrm{Hz}^{-1})$ 进行未编码 PAM 调制通信。3.1.2 节已经完成了 $R=1$ 时的差错概率分析,对于 R 的一般取值,分析是类似的。平均差错概率受控于 PAM 星座点之间最小距离,星座的变化范围大约从 $-\sqrt{\mathrm{SNR}}$ 到 $+\sqrt{\mathrm{SNR}}$,由于存在 2^R 个星座点,所以最小距离近似为

$$D_{\min} \approx \frac{\sqrt{\mathrm{SNR}}}{2^R} \tag{9-8}$$

并且在高信噪比时的差错概率近似为[见式(3-28)]:

$$p_e \approx \frac{1}{2}\left(1-\sqrt{\frac{D_{\min}^2}{4+D_{\min}^2}}\right) \approx \frac{1}{D_{\min}^2} \approx \frac{2^{2R}}{\mathrm{SNR}} \tag{9-9}$$

设数据速率为 $R = r\mathrm{lbSNR}$,则有

$$p_e \approx \frac{1}{\mathrm{SNR}^{1-2r}} \tag{9-10}$$

于是得到的分集-多路复用折中为

$$d_{\mathrm{pam}}(r) = 1-2r, \quad r \in \left[0,\frac{1}{2}\right] \tag{9-11}$$

注意,在上述差错概率的近似分析中,关注的是差错概率随信噪比和数据速率变化的比例关系,但忽略了常数乘法器,就分集-多路复用折中而言,它们并不会产生什么影响。

对数据速率为 R 的 QAM 可以采用上述同样的分析,此时在虚部和实部两个维度各存在 $2^{R/2}$ 个星座点,因此,最小距离近似为

$$D_{\min} \approx \frac{\sqrt{\mathrm{SNR}}}{2^{R/2}} \tag{9-12}$$

并且在高信噪比时的差错概率近似为

$$p_e \approx \frac{2^R}{\mathrm{SNR}} \tag{9-13}$$

于是得到的分集-多路复用折中为

$$d_{\text{qam}}(r)=1-r,\quad r\in[0,1] \tag{9-14}$$

折中曲线如图 9-1 所示。

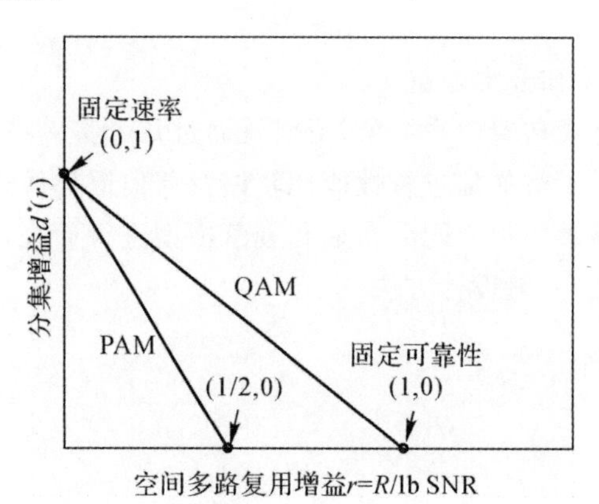

图 9-1　单天线慢衰落瑞利信道的折中曲线

将折中曲线的两个端点与我们已经知道的概念联系起来，数值 $d_{\max}=d(0)$ 可以解释为，在固定数据速率时，差错概率以多快的速率随信噪比减小的信噪比指数，这正是经典分集增益。对于 PAM 和 QAM 而言，该值均为 1。差错概率的减小是因为 $D_{\min}$ 的增大引起的，如图 9-2 所示。

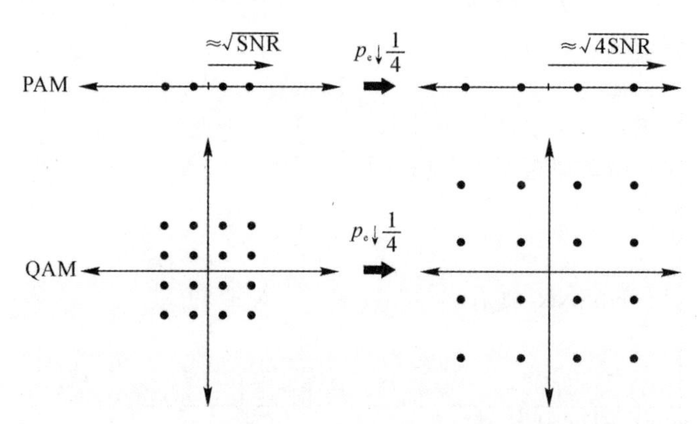

图 9-2　对于 PAM 和 QAM，由于最小距离加倍，信噪比升高 6 dB，使得差错概率减小 1/4

另外，使得 $d(r_{\max})=0$ 的数值 $r_{\max}$ 描述了在固定差错概率时数据速率随信噪比增大的快慢，该值也可以解释为此方案所利用的(复) 自由度数量。对于 QAM 而言，该值为 1，但对于 PAM 而言，该值仅为1/2，这与 3.1.3 节观察到的结果是一致的，即 PAM 仅采用了 QAM 一半的自由度。数据速率增加的原因是在给定 $D_{\min}$ 时填充了更多的星座点，如图 9-3 所示。

这两个端点代表了利用资源(信噪比) 增加的两种极端方式：固定数据速率时提高可靠性，或者固定可靠性时增加数据速率。更一般地，可以同时增加数据速率(正的多路复用增益 r) 并提高可靠性(正的分集增益 $d>0$)，但是所能获得的两类增益之间存在折中，分集-多路复用曲线就描述了这一折中。注意，经典分集增益仅描述了固定数据速率时差错概率的衰减速率，并没有提供利用可用自由度的任何信息。例如，虽然 QAM 在利用可用自由度方面效率明显较高，但 PAM 与 QAM 具有相同的经典分集增益。折中曲线以对称方式处理差错概率和数据速率，给出了更完整的图示说明，由该折中曲线可以看出，QAM 的确优于 PAM(见图9－1)。

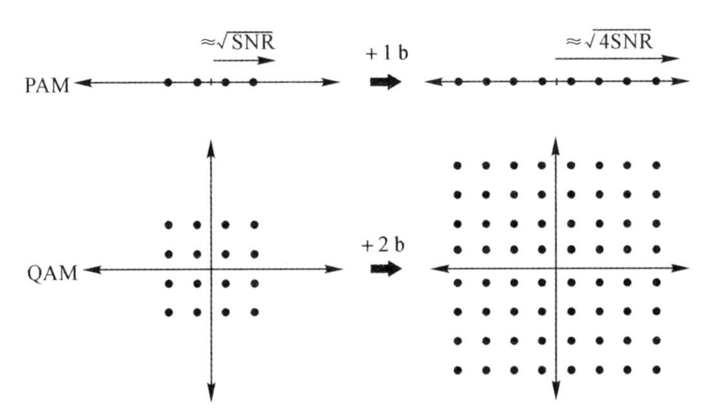

图 9－3　信噪比升高 6 dB，使得 QAM 的数据速率增大 2 $b/(s\cdot Hz^{-1})$，但使得 PAM 的据数速率仅增大 1 $b/(s\cdot Hz^{-1})$

2. 最优折中

至此已经讨论了在两种特定方案下分集与多路复用之间的折中：未编码 PAM 与 QAM。标量信道本身的基本分集-多路复用折中如何呢？对于慢衰落瑞利信道而言，目标数据速率为 $R=r\mathrm{lbSNR}$ 时的高信噪比中断概率为

$$p_{\text{out}}=\mathbb{P}\{\mathrm{lb}(1+|h|^2\mathrm{SNR})<r\mathrm{lbSNR}\}=\mathbb{P}\left\{|h|^2<\frac{\mathrm{SNR}^r-1}{\mathrm{SNR}}\right\}\approx\frac{1}{\mathrm{SNR}^{1-r}} \tag{9-15}$$

最后一步利用了以下事实：对于很小的 ϵ，在瑞利信道中有 $\mathbb{P}\{|h|^2<\epsilon\}\approx\epsilon$。于是

$$d^*(r)=1-r,\quad r\in[0,1] \tag{9-16}$$

因此，未编码 QAM 方案实现了分集增益与多路复用增益之间的最优折中。

分集增益与多路复用增益之间的折中可以看成是在高信噪比时，平衡衰落信道的差错概率与数据速率之间基本折中的一个粗略方式。虽然这种方式非常简单，但低复杂度方案能够在这种较为粗略的情况下实现最优折中(未编码 QAM 实现了慢衰落瑞利信道的折中)。为了实现中断概率与数据速率之间的确切折中，必须以更高的复杂性为代价，对长分组长度进行编码。

9.1.3　并行瑞利信道

考虑各子信道服从独立同分布瑞利衰落的慢衰落并行信道

$$y_\ell[m]=h_\ell x_\ell[m]+w_\ell[m],\quad \ell=1,2,\cdots,L \tag{9-17}$$

式中，w_ℓ 为独立同分布且服从 $\mathcal{CN}(0,1)$ 分布的加性噪声，每路子信道的发射功率受到 SNR 的约束。已经看到，L 路瑞利衰落子信道提供的(经典)分集增益等于 L(见 3.2 节与 5.4.4 节)，这就是相对于基本单天线慢衰落信道的 L 倍改善。按照前一节的说法，也就是 $d^*(0)=L$。对

于任意正的多路复用速率而言,分集增益如何呢?

假定每路子信道的目标数据速率为 $R=r\text{lbSNR}$ b/(s·Hz^{-1}),最优分集 $d^*(r)$ 可以利用中断概率随信噪比增加而减小的速率来计算。对于独立同分布瑞利衰落并行信道而言,每路子信道目标速率为 $R=r\text{lbSNR}$ 时的中断概率为[见式(5-83)]

$$p_{\text{out}}=\mathbb{P}\left\{\sum_{\ell=1}^{L}\text{lb}(1+|h_\ell|^2\text{SNR})<Lr\text{lbSNR}\right\} \tag{9-18}$$

当各子信道无法支持速率 R 时通常会出现中断(见习题 9-1),因此可以得到

$$p_{\text{out}}\approx(\mathbb{P}\{\text{lb}(1+|h_1|^2\text{SNR})<r\text{lbSNR}\})^L\approx\frac{1}{\text{SNR}^{L(1-r)}} \tag{9-19}$$

因此,包括 L 条分集支路的并行信道的最优分集-多路复用折中为

$$d^*(r)=L(1-r),\quad r\in[0,1] \tag{9-20}$$

即对于每个多路复用增益 r,都是标量单天线性能的 L 倍[见式(9-16)],这一性能曲线见图 9-4 所示。

一种特殊的方案是在 L 路子信道中发送相同的 QAM 码元,重复发送的方式将并行信道转换为二次方幅度为 $\sum_\ell|h_\ell|^2$ 的标量信道,但速率降低为原来的 $1/L$。该方案获得的分集-多路复用折中可以计算为(见习题 9-2)

$$d_{\text{rep}}(r)=L(1-Lr),\quad r\in\left[0,\frac{1}{L}\right] \tag{9-21}$$

经典分集增益 $d_{\text{rep}}(0)$ 为 L,即并行信道的满分集,但由于重复发送使得每路子信道的自由度数量仅为 $1/L$。

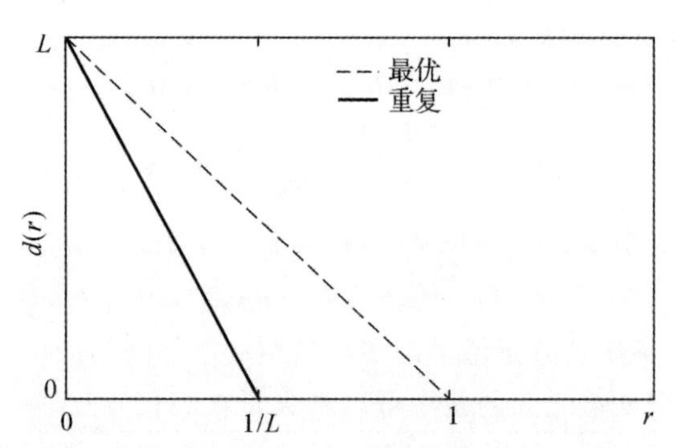

图 9-4 包括 L 路子信道的独立同分布瑞利衰落并行信道以及重复发送方案的分集-多路复用折中

9.1.4 MISO 瑞利信道

考虑包括 n_t 副发射天线与一副接收天线且信道系数为独立同分布瑞利随机变量的 MISO 信道:

$$y[m]=\boldsymbol{h}^*\boldsymbol{x}[m]+w[m] \tag{9-22}$$

与前面一样,加性噪声 $w[m]$ 为独立同分布且服从 $\mathcal{CN}(0,1)$ 分布的随机变量,总的发射功率约束为 SNR。已经看到,包括 n_t 副发射天线的瑞利衰落 MISO 信道提供的(经典)分集增益为 n_t(见 3.3.2 节与 5.4.3 节)。当正的多路复用速率为 r 时,这一分集增益会增加多少呢?

研究目标数据速率为 $R=r\mathrm{lbSNR}$ b/(s・Hz^{-1})时的中断概率就可以回答这个问题：

$$p_{\text{out}}=\mathbb{P}\left\{\mathrm{lb}\left(1+\|\boldsymbol{h}\|^2\frac{\mathrm{SNR}}{n_{\mathrm{t}}}\right)<r\mathrm{lbSNR}\right\} \tag{9-23}$$

此时 $\|\boldsymbol{h}\|^2$ 是自由度为 $2n_{\mathrm{t}}$ 的 χ^2 分布随机变量，并且$\mathbb{P}\{\|\boldsymbol{h}\|^2<\epsilon\}\approx\epsilon^{n_{\mathrm{t}}}$[参见式(3-44)]，因此，$p_{\text{out}}$ 随着信噪比的增大依$\mathrm{SNR}^{-n_{\mathrm{t}}(1-r)}$ 规律减小，独立同分布瑞利衰落 MISO 信道的最优分集-多路复用折中为

$$d^*(r)=n_{\mathrm{t}}(1-r),\quad r\in[0,1] \tag{9-24}$$

于是，针对所有多路复用增益，MISO 信道提供的分集增益扩大 n_{t} 倍。

在 $n_{\mathrm{t}}=2$ 的情况下，Alamouti 方案将 MISO 信道转换为与原始 MISO 信道具有相同中断特性的标量信道。因此，如果将 QAM 码元与 Alamouti 方案一起使用，就可以实现 MISO 信道的分集-多路复用折中。相比之下，利用两副发射天线并且一个时刻仅其中一副发射相同 QAM 码元的重复方案实现的分集-多路复用折中曲线为

$$d_{\text{rep}}(r)=2(1-2r),\quad r\in\left[0,\frac{1}{2}\right] \tag{9-25}$$

这些方案以及 2×1 MISO 信道的折中曲线如图 9-5 所示。

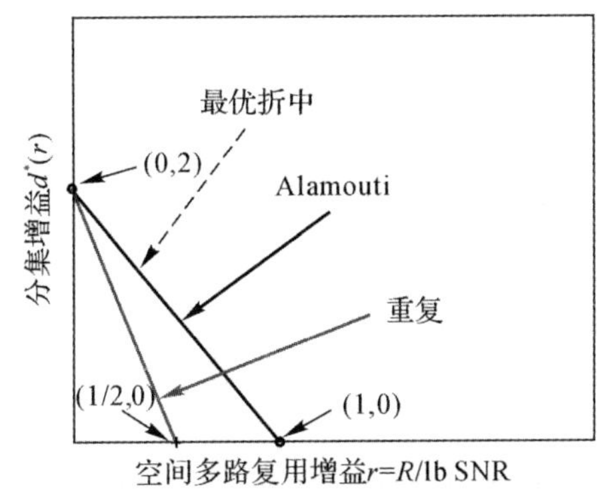

图 9-5　2×1 独立同分布瑞利衰落 MISO 信道中两种发送方案的分集多路复用折中

9.1.5　2×2 MIMO 瑞利信道

1. 回顾四种方案

3.3.3 节分析了 2×2 独立同分布瑞利衰落 MIMO 信道中 4 种方案的(经典)分集增益与自由度(结果参见总结 3.2)。同样可以计算出这些方案与未编码 QAM 结合使用时的分集-多路复用折中，结果见表 9-1 和图 9-6，所采用的经典分集增益与自由度对应于图中这些曲线的端点。

表 9-1　2×2 信道中 4 种方案的性能总结

	经典分集增益	所利用的自由度	分集-多路复用折中
重复	4	1/2	$4-8r,\quad r\in[0,1/2]$
Alamouti	4	1	$4-4r,\quad r\in[0,1]$
V-BLAST(ML)	2	2	$2-r,\quad r\in[0,2]$

续表

	经典分集增益	所利用的自由度	分集-多路复用折中
V-BLAST(迫零)	1	2	$1-r/2$, $r\in[0,2]$
信道本身	4	2	$4-3r$, $r\in[0,1]$ $2-r$, $r\in[1,2]$

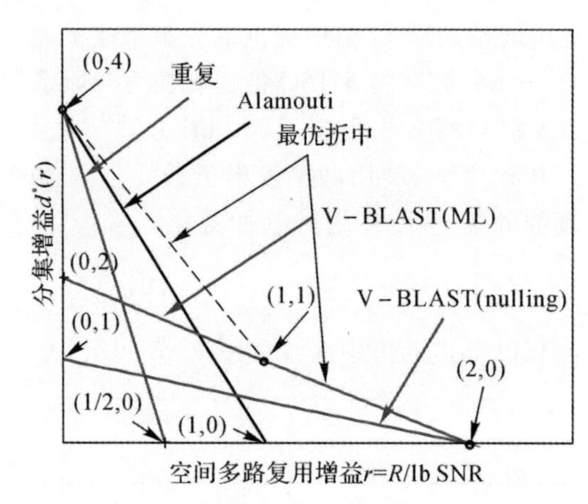

图 9-6　2×2 独立同分布瑞利衰落 MIMO 信道中 4 种方案的分集-多路复用折中

重复方案、Alamouti 方案以及结合迫零的 V-BLAST 方案均将 MIMO 信道转换为标量信道,可以直接计算出它们的分集-多路复用折中(见习题 9-3、习题 9-4 以及习题 9-5)。结合最大似然译码的 V-BLAST 方案的分集-多路复用折中可以从两个码字$\boldsymbol{x}_A$与$\boldsymbol{x}_B$(平均发射能量归一化为 1) 之间的成对差错概率着手分析[见式(3-92)]:

$$\mathbb{P}\{\boldsymbol{x}_A\to\boldsymbol{x}_B\mid\boldsymbol{H}\}\leqslant\frac{16}{\mathrm{SNR}^2\parallel\boldsymbol{x}_A-\boldsymbol{x}_B\parallel^4}\tag{9-26}$$

各码字就是通过两副天线发射的一对 QAM 符号,因此相距最近的码字之间的距离即其中任一个 QAM 星座图中两个相邻星座点之间的距离,也就是说$\boldsymbol{x}_A$与$\boldsymbol{x}_B$的区别仅为两个 QAM符号中的一个。如果总数据速率为R b/(s·Hz^{-1}),则各QAM符号承载$R/2b$,所以通道$\boldsymbol{I}$与$\boldsymbol{Q}$各承载$R/4$b。两个相邻星座点之间的距离数量级为$1/2^{R/4}$,因此,最坏情况下的成对差错概率数量级为

$$\frac{16\cdot2^R}{\mathrm{SNR}^2}=16\ \mathrm{SNR}^{-(2-r)}\tag{9-27}$$

式中,数据速率$R=r\mathrm{lbSNR}$。这就是最坏情况下的成对差错概率,但习题 9-6 证明了总的差错概率也具有相同的数量级。因此,结合最大似然译码的 V-BLAST 方案的分集-多路复用折中为

$$d(r)=2-r,\quad r\in[0,2]\tag{9-28}$$

正如 3.3.3 节已经讲过的,利用(经典)分集增益与自由度不能够充分说明哪种方案最佳。例如,Alamouti 方案比 V-BLAST 方案具有更高的(经典)分集增益,但所利用的自由度较少。相比之下,折中曲线提供了清楚的比较基础,由图可以看出,较好的方案取决于工作点的

目标分集增益(或差错概率):对于较小的目标分集增益而言,V - BLAST 方案优于 Alamouti 方案,但对于较高的目标分集增益而言,情况恰好相反。

2. 最优折中

这四种方案中的任何一种都能实现 2×2 信道的最优折中吗？结果表明 2×2 独立同分布瑞利衰落 MIMO 信道的折中曲线是点(4, 0)(1, 1)(2, 0)的分段线性连接(见图 9 - 6)。因此,除结合最大似然译码的 V - BLAST 方案仅在 $r>1$ 时最优外,所有这些方案都是次最优折中。

最优折中曲线的端点分别为(4, 0)和(2, 0),这与 2×2 MIMO 信道的最大分集增益为 4 且可用自由度为 2 的事实是一致的。更为有趣的是,与前面计算的所有折中曲线不同,该曲线不是一条直线,而是包含两条线段的分段线性曲线。结合最大似然译码的 V - BLAST 方案在每个符号时间发送两个符号,各符号的(经典)分集增益为 2,并且实现了该曲线的平缓部分$2-r$。但是陡峭部分 $4-3r$ 情况如何实现呢？直观地看,应该存在一种方案在 3 个符号时间发送 4 个符号(速率为 4/3 symbols/s/Hz),同时实现满分集增益 4,在 9.2.4 节将研究这种方案。

9.1.6　$n_t \times n_r$ MIMO 独立同分布瑞利信道

1. 最优折中

考虑独立同分布瑞利衰落增益的 $n_t \times n_r$ MIMO 信道。数据速率为 $R = r\text{lbSNR}$ b/(s • Hz^{-1})的最优分集增益就是中断概率[见式(8 - 81)]随 SNR 减小的速率,中断概率可以计算为

$$p_{\text{out}}^{\text{mimo}}(r\text{lbSNR}) = \min_{\boldsymbol{K}_x : \text{tr}[\boldsymbol{K}_x] \leqslant \text{SNR}} \mathbb{P}\{\text{lbdet}(\boldsymbol{I}_{n_r} + \boldsymbol{H}\boldsymbol{K}_x\boldsymbol{H}^*) < r\text{lbSNR}\} \tag{9-29}$$

虽然最优协方差矩阵$\boldsymbol{K}_x$ 依赖于信噪比和数据速率,但第 8.4 节证明了通常选择$\boldsymbol{K}_x = \text{SNR}/n_t \, \boldsymbol{I}_{n_t}$ 较好地近似实际中断概率。在折中曲线公式的粗略比例关系中,这一结论更为准确:式(9 - 29) 中断概率的减小速率与协方差矩阵为比例单位阵时的情况相同(见习题 9 - 8)。因此,为了确定多路复用速率为 r 时的最优分集增益,可以考虑式(8 - 85),也即

$$p_{\text{out}}^{\text{iid}}(r\text{lbSNR}) = \mathbb{P}\left\{\text{lbdet}\left(\boldsymbol{I}_{n_r} + \frac{\text{SNR}}{n_t}\boldsymbol{H}\boldsymbol{H}^*\right) < r\text{lbSNR}\right\} \tag{9-30}$$

通过分析这个表达式,就可以计算出 $n_t \times n_r$ 独立同分布瑞利衰落信道的分集-多路复用折中,即图 9 - 7 的连接以下各点的分段线性曲线:

$$[k, (n_t - k)(n_r - k)], \quad k = 0, 1, \cdots, n_{\min} \tag{9-31}$$

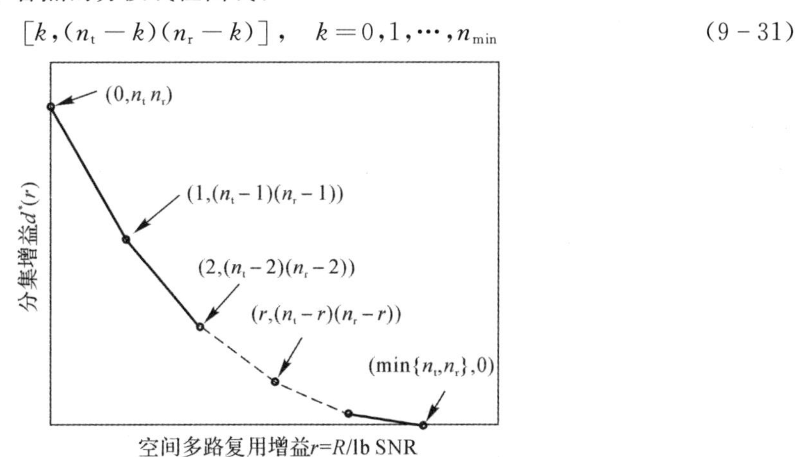

图 9 - 7　独立同分布瑞利衰落信道的分集-多路复用折中 $d^*(r)$

折中曲线简洁地总结了慢衰落 MIMO 信道的性能。在 $r \to 0$ 的一种极端情况下，可实现最大分集增益 $n_t n_r$，但是是以极低的多路复用增益为代价的；在 $r \to n_{\min}$ 的另一种极端情况下，可以获得全部自由度。然而，系统此时非常接近快衰落容量，几乎不存在对于慢衰落信道随机性的保护，分集增益趋近于 0。折中曲线连接着这两个极端，并且提供了比这两个极端点更全面的慢衰落性能图示。例如，系统中增加一副发射天线和一副接收天线就可以使自由度 $\min(n_t, n_r)$ 增加 1，这对应于使最大可能的多路复用增益增加 1。折中曲线给出了关于系统优势更为精练的图示：对于任一分集要求 d 而言，所能够支持的多路复用增益增加 1，这是因为整个折中曲线向右平移 1，如图 9－8 所示。

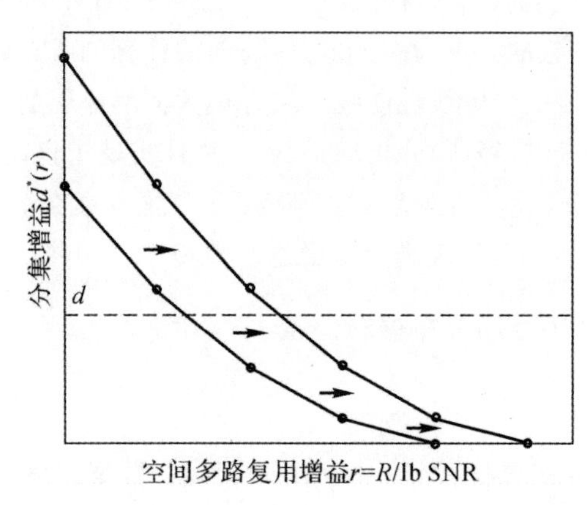

图 9－8　增加一副发射天线和一副接收天线使得各分集下的空间多路复用增益增加 1

由于最优折中曲线是基于中断概率的，所以要实现最优折中曲线理论上要求分组长度任意大。然而事实上，已经证明：分组长度为 $l = n_t + n_r - 1$ 的空时码即可实现这一曲线。在 9.2.4 节中，将会看到一种实现折中曲线的方案，但需要分组长度任意大。

2. 几何解释

为了更为直观，下面考虑 r 取整数值时最优折中的几何图示。中断概率由下式给出：

$$p_{\text{out}}(r\text{lbSNR}) = \mathbb{P}\left\{\text{lbdet}\left(\boldsymbol{I}_{n_r} + \frac{\text{SNR}}{n_t}\boldsymbol{H}\boldsymbol{H}^*\right) < r\text{lbSNR}\right\} = \left\{\sum_{i=1}^{n_{\min}} \text{lb}\left(1 + \frac{\text{SNR}}{n_t}\lambda_i^2\right) < r\text{lbSNR}\right\} \tag{9-32}$$

式中，λ_i 为矩阵 $\boldsymbol{H}$ 的（随机）奇异值。存在 $n_{\min}$ 种可能的通信模式，但模式 i 的有效性取决于该模式的接收信号强度 $\text{SNR}\lambda_i^2/n_t$ 的大小，如果 $\text{SNR}\lambda_i^2/n_t$ 与 SNR 数量级相同，则认为是完全有效的模式；如果与 $\text{SNR}\lambda_i^2/n_t$ 与 1 为同一数量级或更小，则为完全无效模式。

在小多路复用增益（$r \to 0$）时，如果任何模式均无效则会出现中断，即所有二次方奇异值均很小，与 1/SNR 为同一数量级。从几何上讲，当信道矩阵 $\boldsymbol{H}$ 趋近于零矩阵时会发生此事件，如图 9－9 与图 9－10 所示。由于 $\sum_i \lambda_i^2 = \sum_{i,j} |h_{ij}|^2$，仅当全部 $n_t n_r$ 个二次方幅度信道增益 $|h_{ij}|^2$ 很小，与 1/SNR 为同一数量级时，该事件就会发生。由于信道增益是相互独立的，并且 $\mathbb{P}\{|h_{ij}|^2 < 1/\text{SNR}\} \approx 1/\text{SNR}$，所以该事件的概率与 $1/\text{SNR}^{n_t n_r}$ 为同一数量级。

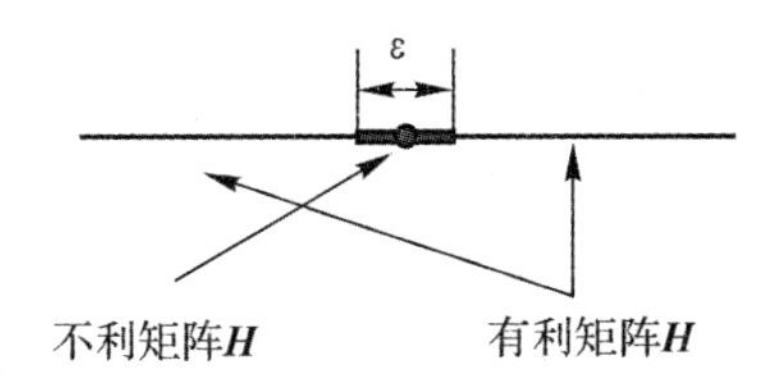

图 9-9 1×1 信道的几何图示,当$|h|$趋近于0时出现中断

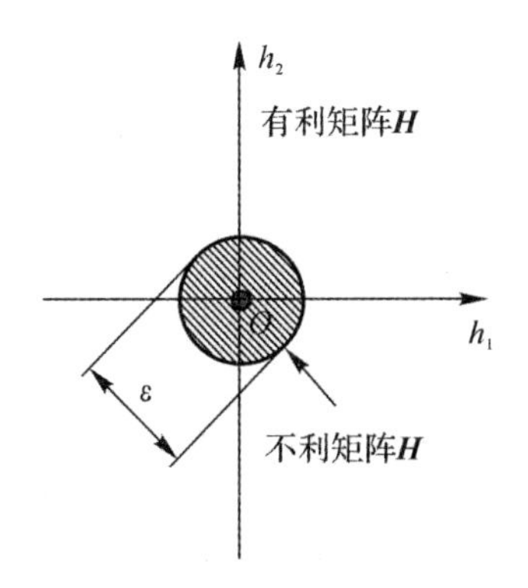

图 9-10 1×2 信道的几何图示,当$|h_1|^2+|h_2|^2$趋近于0时出现中断

现在考虑r为正整数的情况,即更为复杂的情况。如果发生式(9-32)的中断事件,此时奇异值λ_i的取值存在大量可能的组合,同时通信模式也具有不同的有效性。然而,可以证明在高信噪比时发生中断的典型方式就是r个模式完全有效并且其他模式彻底无效。这意味着矩阵$\boldsymbol{H}$的r个最大奇异值与1同阶,而其他奇异值与1/SNR同阶或更小,从几何上看,$\boldsymbol{H}$接近于一个秩为r的矩阵。这个事件的概率有多大呢?

在$r=0$的情况下,中断事件发生在信道矩阵$\boldsymbol{H}$接近于秩为0的矩阵时,信道矩阵位于$n_t n_r$维空间$\mathcal{C}^{n_r\times n_t}$,所以要发生该事件,所有$n_t n_r$维都会产生折叠,由此导致的中断概率为$1/\text{SNR}^{n_t n_r}$。当多路复用增益为$r$($r$为正整数)时,一旦信道矩阵$\boldsymbol{H}$接近由所有秩为$r$的矩阵张成的空间$\mathcal{V}_r$时,中断事件就会发生。这就要求$\boldsymbol{H}$元素的折叠与$\mathcal{V}_r$"正交",因此,可以预期该事件的概率近似为$1/\text{SNR}^d$,其中$d$为出现剧烈变化的维数①。如图9-11所示,很容易计算出d。秩为r的$n_r\times n_t$矩阵$\boldsymbol{H}$可以用$rn_t+(n_r-r)r$个参数描述:rn_t个参数对应$\boldsymbol{H}$的r个线性无关行矢量,$(n_r-r)r$个参数对应于利用前r行矢量的线性组合表示其余n_r-r行。因此,$\mathcal{V}_r$是$rn_t+(n_r-r)r$维的,并且在$\mathcal{C}^{n_r\times n_t}$中与$\mathcal{V}_r$正交的子空间维数为

$$n_t n_r-[n_t r+(n_r-r)r]=(n_t-r)(n_r-r)$$

这正是式(9-32)中的中断概率的信噪比指数。

① $\mathcal{V}_r$不是一个线性空间,因此严格地讲,不能使用正交维度的概念。然而,$\mathcal{V}_r$是一个流形,意即每一点的邻域看上去都是具有相同维数的欧几里得空间。因此,正交维度的概念(称为$\mathcal{V}_r$的"余维数")仍然有意义。

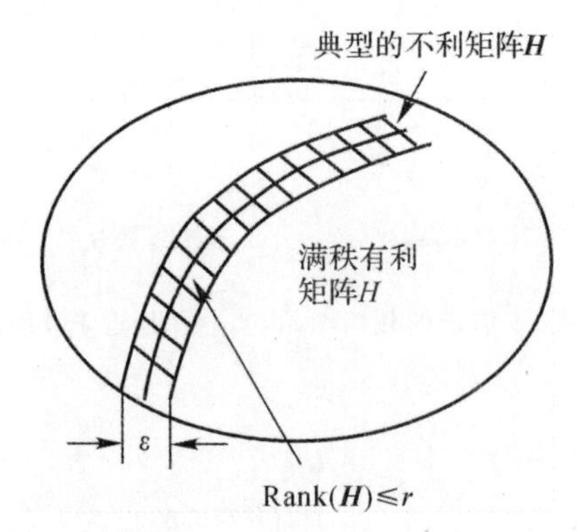

图 9-11　多路复用增益为 r(r 为整数)时 $n_t \times n_r$ 信道的几何图示，当信道矩阵 $\boldsymbol{H}$ 接近于秩为 r 的矩阵时出现中断

9.2　最优分集-多路复用折中的通用编码设计

中断公式的有效解释是基于通用编码的存在性的,此时通用编码能够在信道处于非中断状态时实现任意小。为了实现这样的性能,需要采用任意长度的分组和高效的编码。由第 3 章可知,在高信噪比情况下,典型的差错事件就是信道处于深度衰落,这种深度衰落事件不仅取决于信道,而且还取决于所采用的方案。这就得到了通用性概念在高信噪比下的松弛形式:

如果仅当信道本身处于中断状态时,所采用的方案才处于深度衰落状态,则该方案为近似通用的。

近似通用方案已经足以实现信道的分集-多路复用折中,而且还可以明确地构造出分组长度较短的近似通用方案。本节将介绍实现最优分集-多路复用折中的编码设计方法。首先考虑标量信道,之后过渡到更为复杂的模型,最后以一般的 $n_t \times n_r$MIMO 信道结束。

9.2.1　对于标量信道 QAM 是近似通用的

由 9.1.2 节可知,未编码 QAM 实现了标量瑞利衰落信道的最优分集-多路复用折中,通过典型的差错事件分析,就可以更为深入地理解其中的原因。在信道增益为 h 的条件下,数据速率为 R 的未编码 QAM 的差错概率近似为

$$Q\left(\sqrt{\frac{\mathrm{SNR}}{2}\mid h\mid^2 d_{\min}^2}\right) \tag{9-33}$$

式中,$d_{\min}$ 为两个归一化星座点之间的最小距离,即

$$d_{\min} \approx \frac{1}{2^{R/2}} \tag{9-34}$$

当$\sqrt{\mathrm{SNR}}\mid h\mid d_{\min} \gg 1$时,即接收端星座点的间隔远远大于加性高斯噪声的标准差时,由于高斯拖尾概率以极快的速率衰减,所以很少出现差错。因此,作为幅度数量级近似,导致差错发生的原因通常为

深衰落事情可表示为

$$\mid h\mid^2 < \frac{2^R}{\mathrm{SNR}} \tag{9-35}$$

这种深衰落事件类似于 3.1.2 节中 BPSK 经历的深衰落事件。另外,信道中断条件为

$$\text{lb}(1+|h|^2\text{SNR})<R \tag{9-36}$$

或者等效为

$$|h|^2<\frac{2^R-1}{\text{SNR}} \tag{9-37}$$

在高信噪比和高速率时,信道中断条件表达式(9-37)与 QAM 的深衰落事件表达式(9-35)是相一致的。因此,QAM 的典型差错仅发生在信道处于中断状态时。由于最优分集-多路复用折中决定于信道的中断概率,从而解释了 QAM 实现最优折中的原因(完全基于这种典型差错事件观点的 QAM 折中最优性的严格证明参见习题 9-9,该习题也是利用典型差错事件分析经典分集增益的习题 3-3 的推广形式)。

9.1.2 节通过差错概率关于瑞利衰落的平均计算了 QAM 的分集-多路复用折中,恰好等于最优折中。现在基于 QAM 深度衰落事件与中断条件关系的解释更为深刻。这个解释是基于信道增益 h 已知为条件,而与 h 的具体分布没有任何关系。这表明:不仅在瑞利衰落下,还是在任意信道统计特性下 QAM 都可以实现最优分集-多路复用折中,这正是通用性的真正含义。例如,对于具有$\mathbb{P}\{|h|^2<\epsilon\}\approx\epsilon^k$ 的近似零值特性的信道而言,由式(9-15)可以直接得出最优分集-多路复用折中曲线:$d^*(r)=k(1-r)$。该信道中的未编码 QAM 同样也能够实现这一折中。

需要注意的是,QAM 的近似通用性仅取决于其归一化最小距离:

$$d_{\min}^2>\frac{1}{2^R} \tag{9-38}$$

凡是具有这一特征的其他任何星座图同样是近似通用的(见习题 9-9)。

总结 9.1 近似通用性

如果仅当信道本身处于中断状态时,所采用的方案才处于深衰落状态,则该方案为近似通用的。

近似通用的方案足以实现信道的分集-多路复用折中。

9.2.2 并行信道的通用编码设计

3.2.2 节推导了具有良好编码增益并能从并行信道中提取最大分集增益的编码设计准则,该准则推导是基于衰落信道统计特性下的平均差错概率。例如,独立同分布瑞利衰落并行信道产生的是乘积距离准则(见总结 3.1)。本节根据编码在非中断最坏情况下的性能研究通用的设计准则。令人惊奇的是,该通用编码设计准则在高信噪比时简化为乘积距离准则。利用该通用设计准则能够刻画出前一节采用典型差错事件思想的近似通用编码的特性。

1.通用编码设计准则

首先讨论包括 L 条分集支路的并行信道的情形,并仅关注一个时刻的符号(从而省略时间索引),因此,

$$y_\ell=h_\ell x_\ell+w_\ell \tag{9-39}$$

式中,$\ell=1,2,\cdots,L$。同前,w_ℓ 为独立同分布且服从$\mathcal{CN}(0,1)$ 分布的噪声。假定每路子信道的通信速率为 R b/(s·Hz^{-1}),各码字是长度为 L 的矢量,任意码字的第 ℓ 个分量通过第 ℓ 路子信道发射,如式(9-39)所示。对于 L 路子信道中的每一路,码字由一个符号组成,在更一般地

讲，既研究不同子信道符号之间的编码，又研究不同子信道之间的编码。在更一般情况下编码设计准则的推导参见习题 9－10。

信道处于非中断状态下，也即信道增益满足

$$\sum_{\ell=1}^{L}\mathrm{lb}(1+|h_\ell|^2\mathrm{SNR})\geqslant LR \tag{9-40}$$

与前面一样，SNR 为每路子信道的发射功率约束。

对于固定的码字对 $\boldsymbol{x}_A$ 与 $\boldsymbol{x}_B$，在信道增益为 h 的条件下，发射 $\boldsymbol{x}_A$ 时接收到 $\boldsymbol{x}_B$ 的可能性大于 $\boldsymbol{x}_A$ 的概率为［见式(3－51)］

$$\mathbb{P}\{\boldsymbol{x}_A\to\boldsymbol{x}_B\mid\boldsymbol{h}\}=Q\left(\sqrt{\frac{\mathrm{SNR}}{2}\sum_{\ell=1}^{L}|h_\ell|^2|d_\ell|^2}\right) \tag{9-41}$$

式中，d_ℓ 为归一化码字之差的第 ℓ 个分量［见式(3－52)］

$$d_\ell=\frac{1}{\sqrt{\mathrm{SNR}}}(x_{A\ell}-x_{B\ell}) \tag{9-42}$$

非中断信道条件下的最坏情况成对差错概率是函数 $Q(\sqrt{\cdot})$，此函数可以用于评估满足式(9－40)的约束条件下以下优化问题的解：

$$\min_{h_1,h_2,\cdots,h_L}\frac{\mathrm{SNR}}{2}\sum_{\ell=1}^{L}|h_\ell|^2|d_\ell|^2 \tag{9-43}$$

如果定义 $Q_\ell=\mathrm{SNR}\cdot|h_\ell|^2|d_\ell|^2$，则该优化问题可以重新写为

$$\min_{Q_1\geqslant0,Q_2\geqslant0,\cdots,Q_L\geqslant0}\frac{1}{2}\sum_{\ell=1}^{L}Q_\ell \tag{9-44}$$

约束条件为

$$\sum_{\ell=1}^{L}\mathrm{lb}\left(1+\frac{Q_\ell}{|d_\ell|^2}\right)\geqslant LR \tag{9-45}$$

该优化问题类似于并行高斯信道下支持每路子信道的目标速率为 R b/(s・Hz^{-1}) 时的最小所需总功率的问题。这个优化问题的解可以通过标准的注水算法进行求解，且最坏情况下的信道为

$$|h_\ell|^2=\frac{1}{\mathrm{SNR}}\left(\frac{1}{\lambda|d_\ell|^2}-1\right)^+,\quad \ell=1,2,\cdots,L \tag{9-46}$$

其中，λ 为使得式(9-46)中信道满足式(9－40)的等号所选择的拉格朗日乘子。最坏情况下的成对差错概率为

$$Q\left[\sqrt{\frac{1}{2}\sum_{\ell=1}^{L}\left(\frac{1}{\lambda}-|d_\ell|^2\right)^+}\right] \tag{9-47}$$

式中，λ 满足

$$\sum_{\ell=1}^{L}\left[\mathrm{lb}\left(\frac{1}{\lambda|d_\ell|^2}\right)\right]^+=LR \tag{9-48}$$

2. 举例

现在通过几个简单的编码方案更好地理解通用设计准则，式(9－47)中函数 $Q(\sqrt{\cdot/2})$ 的自变量为

$$\sum_{\ell=1}^{L}\left(\frac{1}{\lambda}-|d_\ell|^2\right)^+ \tag{9-49}$$

式中,λ 满足式(9-48)的约束条件。

(1) 未编码:来自 L 个相互独立的分别包含 2^R 个点的星座图(例如 QAM)的符号分别通过各子信道发射,由于除其中一个 $|d_\ell|^2$ 外其他都同为零,所以此时的性能极差。因此,式(9-49)设计准则的计算结果为零。

(2) 重复编码:设符号取自 QAM 星座图(包括 2^{RL} 个点),但在各子信道重复发射这个的符号。对于各子信道目标速率为 $R=2$ b/(s·Hz^{-1})的 2 路并行信道,其重复编码如图 9-12 所示,$|d_\ell|^2$ 的最小值为 4/9。由于进行重复发送,所以子信道中任意一对码字之差都是相等的。如果选择最坏情况下的一对码字之差,则式(9-49)通用准则的计算结果为 8/3(见习题9-12)。

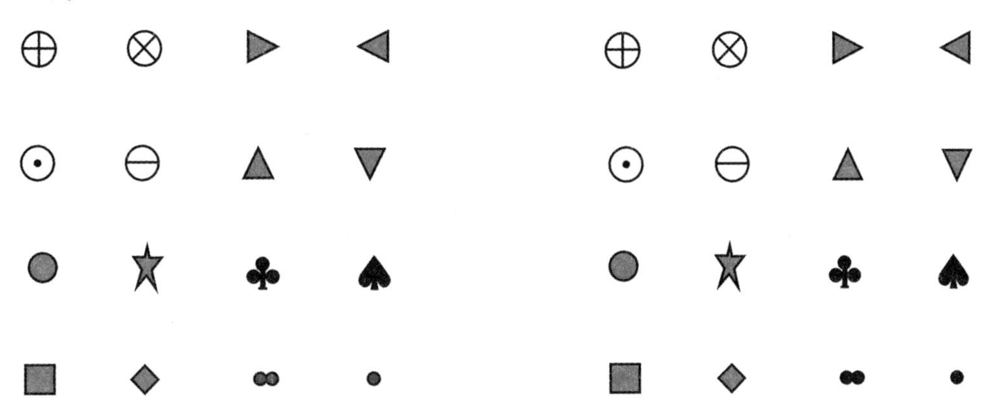

图 9-12　各子信道速率 $R=2$ b/(s·Hz^{-1})时,2 路并行信道的重复编码

(3) 置换编码:考虑 2 路并行信道,各子信道的符号取自不同 QAM 星座图,这类似于重复编码(见图 9-12),但所研究的子信道中 QAM 星座点的映射方式不同。特别地,通过点的映射,使得如果两个点在一个 QAM 星座图中彼此距离很近,那么这两个点在另一个 QAM 星座图中的镜像点间隔很远。每路子信道速率 $R=2$ b/(s·Hz^{-1})时的一种选择如图 9-13 所示,图中一个星座图内距离最近的相邻两点在另一个星座图内的镜像点至少间隔两倍的最小距离。选择这种编码在最坏情况下的成对码字的差别为例,则式(9-49)通用准则的计算结果为 44/9(见习题 9-13)。

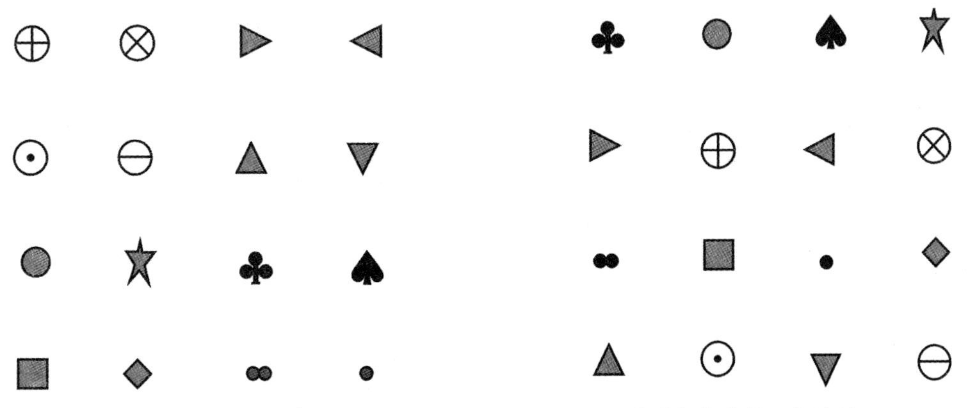

图 9-13　各子信道速率 $R=2$ b/(s·Hz^{-1})时,2 路并行信道的置换编码

这种编码涉及两个QAM星座图之间的一一映射，可以通过QAM星座点的置换对其进行参数化。重复码是这类编码的一种特殊情况：它对应于恒等置换。

3. 高信噪比时的通用编码设计准则

虽然可以计算出给定码字的通用准则表达式(9-49)，但该表达式相当复杂(见习题9-11)，也不宜作为编码设计的准则。然而，在式(9-42)的优化问题中放宽非负性约束就可以得到相对简单的边界限制，即允许水深为负值，从而得到式(9-49)的下界为

$$L2^R \mid d_1 d_2 \cdots d_L \mid^{2/L} - \sum_{\ell=1}^{L} \mid d_\ell \mid^2 \tag{9-50}$$

当每路子信道的通信速率R很大时，对于优异的编码，注水问题(9-44)的水位在各子信道都很深，从而该下界是紧的。而且，对于优异的编码而言，第二项比第一项要小，于是，此时的通用准则近似为

$$L2^R \mid d_1 d_2 \cdots d_L \mid^{2/L} \tag{9-51}$$

因此，通用编码设计问题就是选择使成对乘积距离最大的码字，在此情形下，该准则与独立同分布瑞利衰落并行信道的准则相一致(见3.2.2节)。

4. 近似通用编码的属性

可以利用以上推导的通用编码设计准则来刻画在高信噪比并行信道中近似通用编码的属性。按照9.2.1节的方案，首先定义典型成对差错事件，即当式(9-41)中函数$Q(\sqrt{\cdot/2})$的自变量小于1时，有

$$\mathrm{SNR}\sum_{\ell=1}^{L} |h_\ell|^2 \mid d_\ell \mid^2 < 1 \tag{9-52}$$

要使编码为近似通用，就需要该事件仅在信道中断时发生，等效地讲，只要信道不处于中断状态，该事件就不应该发生。这说明以上推导的最坏情况编码设计准则应该大于1，在高信噪比时，利用式(9-51)，该条件变为

$$\mid d_1 d_2 \cdots d_L \mid^{2/L} > \frac{1}{L2^R} \tag{9-53}$$

而且这一条件应该对任意一对码字都成立。习题9-14证明了该条件足以确保编码方案实现并行信道的最优分集-多路复用折中。

以图9-13中的置换码作为具有良好通用设计准则值的编码实例，这类编码包含了近似通用编码。为了说明这一点，首先需要将图9-13中置换码实例的基本结构推广到更高的速率和两路以上子信道，下面就通过仅具有一种分组长度的编码来完成如下推广。

将各子信道选取码字的星座图固定为QAM星座图，各QAM星座图包含了要发射的全部信息：因此，当各子信道的数据速率为R时，QAM星座图中的总点数为2^{LR}。整个编码由各子信道的QAM星座点之间的映射确定，由于映射为一一映射，所以可以用QAM星座点的置换来表示。特别地，编码可由$L-1$个置换$\pi_2, \pi_3, \cdots, \pi_L$确定，对于各消息，比如$m$，指定为第一路子信道QAM星座图中的一个QAM星座点，比如q，那么，要传递消息m，所需发射的码字为

$$(q, \pi_2(q), \cdots, \pi_L(q))$$

即通过第ℓ路子信道发射的QAM星座点为$\pi_\ell(q)$，π_1定义为恒等置换。$L=3$时各子信道速率为$4/3\ \mathrm{b/(s \cdot Hz^{-1})}$(即QAM星座图中包括$2^4$个星座点)的置换编码实例如图9-14所示。

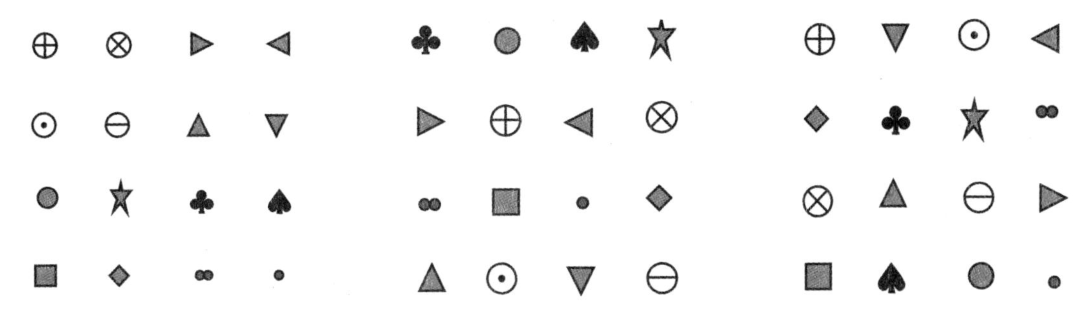

图 9 - 14　包括 3 路子信道的并行信道的置换编码,全部信息(4 b)都包含在各 QAM 星座图中

在给定物理约束(工作信噪比、数据速率以及子信道数量)的情况下,工程师可以选择适当置换,使得通用编码设计准则最大,因此,置换编码提供了根据需求设计特定编码的框架,该框架意义重大。习题 9 - 15 证明了即便是随机选取的置换,也以很高的概率为近似通用的。

5. 比特反转方案:中断条件的有效解释

利用近似通用编码的概念可以给出并行信道中断条件的有效解释,为了能够集中讨论本质问题,我们重点研究两路子信道的情形,即 $L=2$。如果并行信道总的通信速率为 $2R$ b/(s・Hz^{-1}),则非中断条件为

$$\mathrm{lb}(1+|h_1|^2\mathrm{SNR})+\mathrm{lb}(1+|h_2|^2\mathrm{SNR})>2R \tag{9-54}$$

解释该条件的一种方法是,如果第一路子信道传输 $\mathrm{lb}(1+|h_1|^2\mathrm{SNR})$ 比特的信息,第二路子信道传输 $\mathrm{lb}(1+|h_2|^2\mathrm{SNR})$ 比特的信息,因此,只要所传输的总比特数超过目标信息速率,那么就可能实现可靠通信。下面在高信噪比情形下,以置换编码为例具体说明中断条件。

假定对两路子信道中的通道 $\boldsymbol{I}$ 和 $\boldsymbol{Q}$ 进行独立地编码,这样就可以仅集中讨论其中一路,比如通道 $\boldsymbol{I}$。希望通过两次使用通道 $\boldsymbol{I}$ 实现 R b 的通信。与标量信道的典型事件分析类似,如果

$$|h_1|^2>\frac{2^{2R}}{\mathrm{SNR}} \tag{9-55}$$

或者

$$|h_1|^2\mathrm{SNR}>2^{2R} \tag{9-56}$$

则可以仅从第一路 $\boldsymbol{I}$ 子信道正确恢复出全部 R 个信息比特。

然而,没有必要仅利用第一路 $\boldsymbol{I}$ 子信道恢复全部信息比特,因为第二路 $\boldsymbol{I}$ 子信道也包含了相同的信息,并且可以在恢复过程中使用。的确,如果将有序的 R 比特看成是星座点 x_1^{I} 的二进 制表示,那么可以直观地预料到,如果

$$|h_1|^2\mathrm{SNR}>2^{2R_1} \tag{9-57}$$

则能够恢复出至少 R_1 个最有效信息比特。如果将反转的 R 比特看成是星座点 x_2^{I} 的二进制表示,则当

$$|h_2|^2\mathrm{SNR}>2^{2R_2} \tag{9-58}$$

成立时,就能够恢复出至少 R_2 个最高有效比特。但是由于进行了反转,第二路 $\boldsymbol{I}$ 子信道表示中的最高有效比特就是第一路 $\boldsymbol{I}$ 子信道表示中的最低有效比特。因此,只要 $R_1+R_2\geqslant R$,就能够恢复出全部 R b,于是转换为条件

$$\mathrm{lb}(|h_1|^2\mathrm{SNR})+\mathrm{lb}(|h_2|^2\mathrm{SNR})>2R \tag{9-59}$$

这个条件正好是高信噪比时的非中断条件表达式(9 - 54)。

可以证明这里介绍的稍加修正的比特反转方案是近似通用的(见习题 9-16),该方案简单变化后仍为近似通用的(见习题 9-17)。

总结 9.2　并行信道的通用编码

寻找出产生最坏情况成对差错概率的非中断信道就能够计算出两个码字之间的通用编码设计准则。

在高信噪比和高速率时,通用编码设计准则与如下乘积距离成比例:

$$|d_1 d_2 \cdots d_L|^{2/L} \tag{9-60}$$

式中,L 为子信道的数量;d_ℓ 为码字的第 ℓ 个分量的差。

如果编码的乘积距离足够大,则该编码就是并行信道下的近似通用编码:对于各子信道数据速率为 R b/(s・Hz^{-1}) 的编码,要求

$$|d_1 d_2 \cdots d_L|^2 > \frac{1}{(L2^R)^L} \tag{9-61}$$

对于两路并行信道,简单的比特反转方案是近似通用的;对于 L 路并行信道,随机置换编码以高概率是近似通用的。

9.2.3　MISO 信道的通用编码设计

$n_t \times 1$ MISO 信道式(9-22)的中断事件为

$$\mathrm{lb}\left(1 + \|\boldsymbol{h}\|^2 \frac{\mathrm{SNR}}{n_t}\right) < R \tag{9-62}$$

在 $n_t = 2$ 的情况下,Alamouti 方案将 MISO 信道转换成增益为 $\|\boldsymbol{h}\|$ 且信噪比减小 50% 的标量信道,因此,中断特性与原 MISO 信道完全相同,并且 Alamouti 方案给出了 2×1 MISO 信道转换为标量信道的通用方法。标量信道的任何近似通用方案(例如 QAM),与 Alamouti 方案联合使用时,对于 MISO 信道也是近似最优的,并且能够实现其分集-多路复用折中。

在发射天线数量大于 2 的一般情况下,不存在与 Alamouti 方案的等价方案。这里研究构建一般 MISO 信道通用方案的两种方法。

1. 将 MISO 信道看作并行信道

一个时刻采用一副发射天线发射信号就将 MISO 信道转换为并行信道,已经用该转换方法并结合重复编码讨论了 MISO 信道的分集增益(见 3.3.2 节)。用适当的并行信道编码(例如 9.2.2 节讨论的比特反转方案)取代重复编码,可以看到,将 MISO 信道转换为并行信道实际上对于独立同分布瑞利衰落信道是折中最优的。

假定在 MISO 信道中以速率 $R = r\mathrm{lbSNR}$ b/(s・Hz^{-1}) 通信,一个时刻采用一副发射天线就得到包含 n_t 条分集支路的并行信道,且各子信道通信的数据速率为 R b/(s・Hz^{-1})。独立同分布瑞利衰落并行信道的最优分集增益为 $n_t(1-r)$[见式(9-20)];因此,一个时刻采用一副天线并与折中最优的并行信道编码相结合就可以实现独立同分布瑞利衰落 MISO 信道的最大分集增益[见式(9-24)]。

为了理解将 MISO 信道转换为并行信道带来多大的最优中断性能损失,我们给出了具有相同速率[$R = 2$ b/(s・Hz^{-1})]的两种方案的差错概率曲线,两种方案为采用未编码 QAM 的 Alamouti 方案与图 9-13 给出的置换编码。由图 9-15 所示的性能曲线可见,对于相同的差错

概率性能,将 MISO 信道转换为并行信道造成的信噪比损失约为 1.5 dB。

2. 转换为并行信道的通用性

已经看到将 MISO 信道转换为并行信道对于独立同分布瑞利衰落信道是折中最优的,那么这种转换是通用的吗? 换句话说,在任意信道统计特性下,并行信道的折中最优方案对于 MISO 信道也是折中最优的吗? 一般而言,答案是否定的。为了说明这一点,考虑如下 MISO 信道模型:假定除第一副发射天线的信道外,其余信道的质量极差。为了使本例更具体,设 $h_\ell=0,\ell=2,3,\cdots,n_t$。折中曲线取决于中断概率(中断概率仅取决于第一路信道的统计特性):

$$p_{\text{out}}=\mathbb{P}\{\text{lb}(1+\text{SNR}\mid h_1\mid^2)<R\} \tag{9-63}$$

一个时刻采用一副发射天线是对自由度的浪费:因为来自除第一副天线以外的其他信道均为零,所以不存在通过这些信道发射任何信号的可行性。对于一个时刻由一副天线发射的并行信道的中断概率,这种自由度的损失是显而易见的:

$$p_{\text{out}}^{\text{parallel}}=\mathbb{P}\{\text{lb}(1+\text{SNR}\mid h_1\mid^2)<n_tR\} \tag{9-64}$$

比较式(9-63)与式(9-64)可以清楚地看出,转换为并行信道对于该信道模型不是折中最优的。

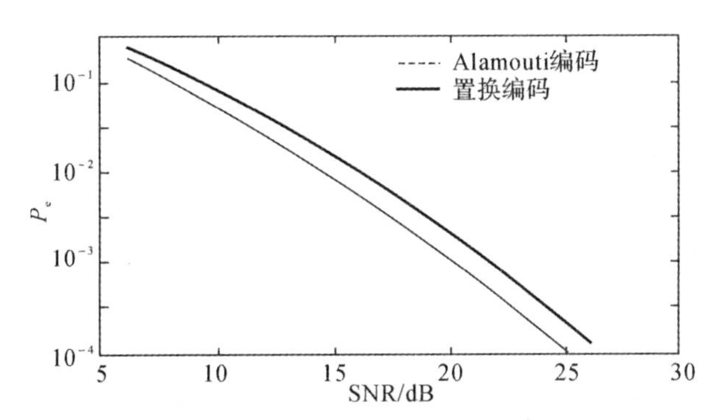

图 9-15 一个时刻采用一副发射天线时,对于包括两副发射天线的瑞利衰落 MISO 信道,采用未编码 QAM 的 Alamouti 方案与置换编码的中断概率比较:在图中所示的差错概率范围内,置换编码较 Alamouti 方案的性能损失约 1.5 dB

实质上,一个时刻采用一副天线就是将时间自由度和空间自由度同等看待。所有时间自由度都是相同的,但空间自由度未必相同:在上述极端实例中,除第一副发射天线以外的其他空间信道均为零。因此,当所有空间信道对称时,MIMO 信道的并行信道转换就是正确的。这个论断的证明参见习题 9-18,结果表明并行信道转换对于有限的一类 MISO 信道是近似通用的,即具有独立同分布空间信道系数的 MISO 信道。

3. 通用编码设计准则

如果不转换为并行信道,也可以直接设计出 MISO 信道的通用方案,那么什么是合适的编码设计准则呢? 在独立同分布瑞利衰落信道的情形下,3.3.2 节推导了码字差矩阵的行列式准则,与之对应的通用 MISO 方案的准则是什么呢? 下面通过研究所有非中断 MISO 信道中的最坏情况成对差错概率就能回答这个问题。

在特定 MISO 信道实现的条件下,(将发射码字矩阵$\boldsymbol{X}_A$ 错判为$\boldsymbol{X}_B$ 的) 成对差错概率为[见

式(3-82)]

$$\mathbb{P}\{\boldsymbol{X}_A \to \boldsymbol{X}_B \mid \boldsymbol{h}\} = Q\left(\frac{\|\boldsymbol{h}^*(\boldsymbol{X}_A - \boldsymbol{X}_B)\|}{\sqrt{2}}\right) \tag{9-65}$$

3.3.2 节我们对这个数值做关于 MISO 信道统计特性的平均[见式(3-83)],这里考虑所有非中断信道的最坏情况为

$$\max_{\boldsymbol{h}:\|\boldsymbol{h}\|^2 > \frac{n_t(2^R-1)}{\mathrm{SNR}}} Q\left(\frac{\|\boldsymbol{h}^*(\boldsymbol{X}_A - \boldsymbol{X}_B)\|}{\sqrt{2}}\right) \tag{9-66}$$

由线性代数的基本结论可知,式(9-66)中的最坏情况成对差错概率可以显式地写为(见习题 9-19)

$$Q\left(\sqrt{\frac{1}{2}\lambda_1^2 n_t(2^R-1)}\right) \tag{9-67}$$

式中,λ_1 为如下归一化码字差矩阵的最小奇异值:

$$\frac{1}{\sqrt{\mathrm{SNR}}}(\boldsymbol{X}_A - \boldsymbol{X}_B) \tag{9-68}$$

实际上,最坏情况下的信道将其自身调整在码字差矩阵最小奇异值的方向上,因此,MISO 信道的通用编码设计准则就是确保不存在过小的奇异值,等价地讲就是:

$$\text{使得码字差矩阵的最小奇异值最大化} \tag{9-69}$$

这种设计准则的直观解释为通用编码必须能够保护自身免受质量最差的非中断信道的影响。非中断的条件仅对信道矢量 $\boldsymbol{h}$ 的范数予以约束,但没有对其方向提出任何约束。因此,情形最差的信道将其本身调整到码字差矩阵"最弱的方向",从而造成极为严重的破坏。因此,相应的最坏情况下的成对差错概率将受控于码字差矩阵最小奇异值。另外,独立同分布瑞利信道并不存在任何特殊的方向,因此适应其统计特性的设计准则要求很好地保护平均方向,这就转换为行列式准则。虽然这两个准则是不同的,但是行列式值较大的编码,其最小奇异值通常也较大,在这方面两个准则(基于最坏情况和平均情况)是相互关联的。

利用通用编码设计准则可以推导出使编码实现折中曲线时的属性(正如前一节对并行信道的分析),希望典型差错事件仅在信道处于中断时发生,这对应于最差情况差错概率式(9-67)中 $Q(\sqrt{(\cdot)/2})$ 的自变量大于 1,即对于每一对码字:

$$\lambda_1^2 > \frac{1}{n_t(2^R-1)} \approx \frac{1}{n_t 2^R} \tag{9-70}$$

可以明确地证明,两数据流采用独立未编码 QAM 的 Alamouti 方案满足式(9-70)的近似通用性,参见习题 9-20。

总结 9.3　MISO 信道的通用编码

通过一个时刻采用一副发射天线的方案就可以将 MISO 信道转换为并行信道,这一转换对于衰落系数独立同分布的一类 MISO 信道是近似通用的。

通用编码设计准则就是使码字差矩阵的最小奇异值最大化。

9.2.4　MIMO 信道的通用编码设计

现在讨论采用多副发射天线和多副接收天线的慢衰落信道:

$$y[m]=\boldsymbol{Hx}[m]+\boldsymbol{w}[m] \tag{9-71}$$

该信道的中断事件为

$$\text{lbdet}(\boldsymbol{I}_{n_r}+\boldsymbol{HK}_x\boldsymbol{H}^*)<R \tag{9-72}$$

式中,$\boldsymbol{K}_x$ 为式(9-29)中的最优协方差矩阵。

1. D-BLAST 方案的通用性

在8.5节中看到,结合MMSE-SIC接收机的D-BLAST结构将MIMO信道转换为由 n_t 路子信道构成的并行信道。假定D-BLAST结构中选择的发射策略 $\boldsymbol{K}_x$[协方差矩阵表示分配给数据流的功率与坐标系的组合,在发射之前符号在该坐标系下进行叠加,参见式(8-3)]就是式(9-72)中的 $\boldsymbol{K}_x$。该转换的重要性即式(8-88)表示的守恒性:并行信道中第 k 路子信道的等效信噪比表示为 SINR_k,则

$$\text{lbdet}(\boldsymbol{I}_{n_r}+\boldsymbol{HK}_x\boldsymbol{H}^*)=\sum_{k=1}^{n_t}\text{lb}(1+\text{SINR}_k) \tag{9-73}$$

然而,各子信道的SINR,$\text{SINR}_1,\cdots,\text{SINR}_{n_t}$ 是相关的。另外已经看到(分组长度为1的)编码实现了任意并行信道的折中曲线(见9.2.2节),这表明如果对各交织数据流采用近似通用的并行信道编码,那么当各数据流的速率为 $R=r\text{lbSNR}$ b/(s·Hz^{-1})时,结合MMSE-SIC接收机的D-BLAST结构的分集增益由下式随信噪比增大而衰减的速率确定:

$$\mathbb{P}\left\{\sum_{k=1}^{n_t}\text{lb}(1+\text{SINR}_k)<R\right\} \tag{9-74}$$

对于分组长度为1(即8.5.2节的符号中 $N=1$)的 n 路交织数据流而言,在MIMO信道中,D-BLAST结构的初始损耗使每路数据流的速率由 R b/(s·Hz^{-1})降低为 $nR/(n+n_t-1)$ b/(s·Hz^{-1})(见习题8-27)。假定D-BLAST结构与 n 路交织数据流的分组长度为1的通用并行信道编码联合使用,如果该编码在MIMO信道中的多路复用增益为 r,代入式(9-74)中的速率并与式(9-73)比较后得到,所获得的分集增益即为下式的衰减速率:

$$\mathbb{P}\left\{\text{lbdet}(\boldsymbol{I}_{n_r}\boldsymbol{HK}_x\boldsymbol{H}^*)<\frac{r(n+n_t-1)}{n}\text{lbSNR}\right\} \tag{9-75}$$

将该结果与中断概率的实际衰减特性[见式(9-29)]相比较可以看出,在MIMO信道中,当多路复用增益为 r 时,传输 n 路交织数据流的D-BLAST/MMSE-SIC结构的分集增益等于下式的衰减速率:

$$p_{\text{out}}^{\text{mimo}}\left(\frac{r(n+n_t-1)}{n}\text{lbSNR}\right] \tag{9-76}$$

因此,当交织数据流数量 n 很大时,D-BLAST/MMSE-SIC结构就可以完全实现MIMO信道的折中曲线。如果数据流数量有限,那么严格地讲,这种结构就是折中次最优的。实际上,用所有数据流的联合最大似然译码取代MMSE-SIC接收机就能够改善折中性能。为了具体地说明这个问题,考虑仅包括两路交织数据流(即 $n=2$)的2×2瑞利衰落MIMO信道(即 $n_t=n_r=2$)。发射信号持续3个符号时间,可表示为

$$\begin{bmatrix} 0 & x_B^{(1)} & x_B^{(2)} \\ x_A^{(1)} & x_A^{(2)} & 0 \end{bmatrix} \tag{9-77}$$

如果采用MMSE-SIC接收机,多路复用速率为r时所获得的分集增益就是多路复用速率为 $3r/2$ 时的最优分集增益,最优折中曲线的这种比例关系如图9-16所示。另外,如果采

用最大似然(ML)接收机,性能则会有重大改善,同样如图 9-16 所示。这就在多路复用速率位于 0 到 1 时实现了最优分集性能,实际上就是在 9.1.5 节要找的利用 3 个符号时间发送 4 个符号的方案。采用联合最大似然接收机的 D-BLAST 结构的性能分析相当复杂,见习题 9-21。MMSE-SIC 接收机在本质上是次最优的,因为它的处理方式更有利于数据流 1 而不利于数据流 2,但 ML 接收机则同等地处理两个数据流。当存在大量交织数据流时,这种不对称性仅有很小的边缘效应,但当数据流数量很小时,的确会影响性能。

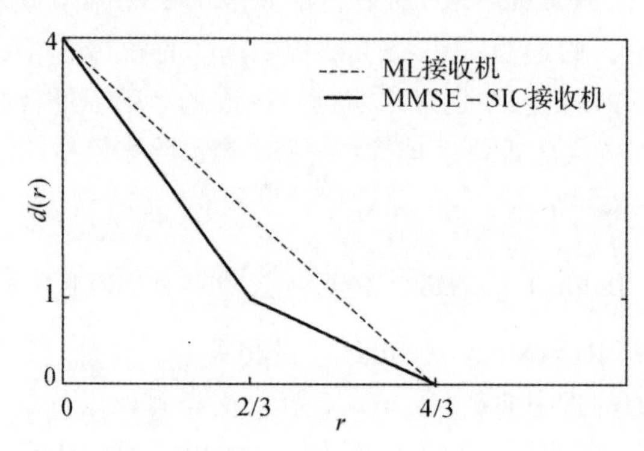

图 9-16　采用 ML 接收机和 MMSE-SIC 接收机的 D-BLAST 结构的折中性能

2. 通用编码设计准则

已经看到 D-BLAST 结构是一种通用结构,但如何识别出另一种空时编码何时也具有通用的良好中断性能呢?为了回答这个问题,可以推导一种基于最差情况非中断信道的编码设计准则。考虑分组长度为 n_t 的空时编码矩阵,质量最差的信道将其自身调整到码字差矩阵的"最弱方向"上。如果仅采用一副接收天线,MISO 信道则为行矢量,MISO 信道将其本身调整在码字差矩阵最小奇异值的方向上(见 9.2.3 节)。此处的 MIMO 信道存在 $n_{\min}$ 个方向,相应的设计准则为 MISO 信道设计准则的推广,高信噪比时的通用编码设计准则即最大化

$$\lambda_1\lambda_2\cdots\lambda_{n_{\min}} \tag{9-78}$$

式中,$\lambda_1,\lambda_2,\cdots,\lambda_{n_{\min}}$ 为归一化码字差矩阵的 $n_{\min}$ 个最小奇异值[见式(9-68)],推导过程参见习题 9-22。如果 $n_t \leqslant n_r$,就是第 3 章通过将编码性能关于独立同分布瑞利统计特性取平均推导出的行列式准则。

中等信噪比时的编码设计准则类似于并行信道的通用编码设计准则表达式[见式(9-49)]。

3. 近似通用编码的属性

采用与 9.2.2 节完全相同的推导过程,通过上述通用编码设计准则就能够刻画 MIMO 信道中近似通用编码的属性(见习题 9-23):

$$|\lambda_1\lambda_2\cdots\lambda_{n_{\min}}|^{2/n_{\min}} > \frac{1}{n_{\min}2^{R/n_{\min}}} \tag{9-79}$$

正如在并行信道中(见习题 9-14),该条件仅仅是一个数量级的关系。如下松弛条件:

$$|\lambda_1\lambda_2\cdots\lambda_{n_{\min}}|^{2/n_{\min}} > c\,\frac{1}{n_{\min}2^{R/n_{\min}}},\text{对某个常数 } c>0 \tag{9-80}$$

也可以用作近似通用性的条件:该条件足以保证编码实现最优分集多路复用折中。由该结果

可以推断出几个有意思的结论。

(1) 对于 $n_t \times n_r$MIMO 信道,且 $n_r \leqslant n_t$,即接收天线数量等于或大于发射天线数量,如果编码满足式(9-80)的近似通用性条件,那么该编码对于 $n_t \times l$MIMO 信道也是近似通用的,其中 $l \geqslant n_r$。

(2) 归一化码字矩阵的奇异值的上界为 $2\sqrt{n_t}$(见习题 9-24),因此,对于 $n_t \times n_r$MIMO 信道满足式(9-80)的编码对于 $n_t \times l$ MIMO 信道同样满足式(9-80)的准则,其中 $l \leqslant n_r$,从而对于 $n_t \times l$ MIMO 信道($l \leqslant n_r$)也是近似通用的。

由以上两项观察结果可以得出以下结论:

对于 $n_t \times n_t$ MIMO 信道满足式(9-80)的编码对于接收天线数 n_r 为任意值时的 $n_t \times n_r$ MIMO 信道均是近似通用的。

习题 9-25 证明了旋转编码对于 2×2 MIMO 信道满足式(9-80),所以该编码对于每一种$2 \times n_r$ MIMO 信道都是近似通用的。

我们已经观察到,采用交织数据流的近似通用并行信道编码的 D-BLAST 结构对于 MIMO 信道是近似通用的,换言之,证明其在 $n_t = n_r$ 时满足式(9-80)的条件就可以确认其近似通用性。这里通过包括 D-BLAST 发射码字矩阵中两个交织数据流的 2×2 信道来理解这个问题[见式(9-77)]。归一化码字差矩阵

$$\boldsymbol{D} = \begin{bmatrix} 0 & d_B^{(1)} & d_B^{(2)} \\ d_A^{(1)} & d_A^{(2)} & 0 \end{bmatrix} \tag{9-81}$$

式中,$(d_B^{(\ell)}, d_A^{(\ell)})$ 为近似通用并行信道编码的归一化成对之差码字,满足式(9-53)的条件

$$|d_B^{(\ell)} d_A^{(\ell)}| > \frac{1}{4 \times 2^R}, \quad \ell = 1,2 \tag{9-82}$$

这里,R 表示单位为 b/(s·Hz^{-1})的各数据流的速率。$\boldsymbol{D}$ 的两个奇异值之积为

$$\lambda_1^2 \lambda_2^2 = \det(\boldsymbol{DD}^*) = |d_B^{(1)} d_A^{(1)}|^2 + |d_B^{(2)} d_A^{(2)}|^2 + |d_B^{(2)} d_A^{(1)}|^2 > \frac{1}{4 \times 2^R} \tag{9-83}$$

式中,最后一个不等式是由式(9-82)得到的。各数据流的速率 R b/(s·Hz^{-1})对应于 MIMO 信道 $2R/3$ b/(s·Hz^{-1})的速率,因此,比较式(9-83)与式(9-79)就验证了由初始损失引起速率降低的 D-BLAST 的近似通用性。换句话说,式(9-77)中 D-BLAST 结构在多路复用速率为 r 时通过 MIMO 信道获得的分集增益为 $d^*(3R/2)$。

讨论 9.1 下行链路的通用编码

考虑基站安装有多副发射天线的蜂窝系统下行链路,假定要通过下行链路给小区中的所有用户广播相同的信息,希望所采用的传输方案与用户的接收天线数量无关:根据移动设备的模型、年代和类型的不同,各用户可以拥有不同数量的接收天线。

针对这个问题,通用 MIMO 编码提供了很有吸引力的解决方案。对于 $n_t \times n_r$ MIMO 信道,假定采用满足式(9-79)的空时码以速率 R 广播公共信息,由于该编码对于每一种 $n_t \times n_r$ MIMO 信道都是近似通用的,所以各用户获得的分集在速率 R 时可能同时达到最佳。总之,各用户获得的分集增益相对于如下两项参数是同时最佳的:用户接收天线的数量;用户当前经历的衰落信道的统计特性。

第 9 章主要知识点

对于高信噪比时的慢衰落信道而言,数据速率与差错概率之间的折中是通过多路复用与分集增益之间的折中来描述。最优分集增益 $d^*(r)$ 是在数据速率随 $r$lbSNR 增大时差错概率随信噪比增大而减小的速率。经典的分集增益就是在固定速率,即多路复用增益 $r=0$ 时的分集增益。

最优分集增益 $d^*(r)$ 由数据速率为 $r$lbSNR b/(s·Hz^{-1}) 时信道的中断概率决定,可通过在所有非中断信道中同时实现可靠通信的通用编码的存在性给出有效的解释。

通用编码的观点提供了一种新的编码设计准则。此时研究的是通过质量最差非中断信道时的编码性能,而不是针对信道统计特性的平均性能。

(1) 对于并行信道而言,通用准则使码字差的乘积最大化。令人惊讶的是,这与对瑞利信道统计特性取平均得到的准则相同。

(2) 对于 MISO 信道而言,通用准则使码字差矩阵的最小奇异值最大化。

(3) 对于 $n_t \times n_r$ MIMO 信道而言,通用准则使码字差矩阵的 $n_{\min}$ 个最小奇异值的积最大化。当 $n_r \geqslant n_t$ 时,该准则与对独立同分布瑞利信道统计特性取平均得到的准则相同。

通过 D-BLAST 结构可以将 MIMO 信道转换为并行信道,这种转换是通用的: D-BLAST结构中各交织数据流的通用并行信道编码起到 MIMO 信道通用编码的作用。通过增加交织数据流的数量可以降低 D-BLAST 结构中由初始化引起的速率损耗。然而对于 MISO 信道而言,仅包括一路数据流,即在一个时刻采用一副发射天线的 D-BLAST 转换,对于衰落系数独立同分布的一类信道是近似通用的。

9.3 文献说明

空时码设计已经成为一个内容丰富且成熟的研究领域,许多著作都对这个问题进行了全面的介绍:例如 Larsson、Stoica 与 Ganesan 的著作[72],以及 Paulraj 等人的著作[89]。一些研究工作涉及了分集增益与多路复用增益之间的折中关系,Zheng 与 Tse 的研究工作[156]给出了差错概率与数据速率之间较为粗糙的比例公式,分析了它们在独立同分布瑞利衰落信道中基本折中的相应特征。

通用通信的概念,即在一类信道中可靠通信,是由 Blackwell 等人[10]、Dobrushin[31] 以及 Wolfowitz[146] 首先针对离散无记忆信道予以公式化的,他们证明了通用编码的存在性。之后,该结论被 Root 与 Varaiya[103] 扩展到高斯信道中。受到这些信息论结果的启发,Wesel 及其合作者在一系列工作中研究了通用编码设计的问题,最初的结果见其博士论文[142]。参考文献[143]给出了并行信道在最差情况下的编码设计衡量指标以及乘积距离准则的启发式推导过程,这一结果在文献[67]中被推广到 MIMO 信道。高信噪比状态下近似通用性的一般概念是由 Tavildar 与 Viswanath[118] 推导的。在此之前,针对 2×2 MIMO 信道的特殊情况,Yao 与 Wornell[152] 利用行列式条件式(9-80)证明了他们提出的旋转编码的折中最优性。推导出的近似通用性条件[见式(9-38)、式(9-53)、式(9-70)与式(9-80)]也是必要的,其推导过程见 Tavildar 与 Viswanath 的文献[118]。

折中最优空时码的设计是一个非常活跃的研究领域,最近已经提出了多种不同的方法,包括 Yao 与 Wornell[152] 以及 Dayal 与 Varanasi[29] 提出的 2×2 信道的旋转编码、El Gamal 等人[34] 提出的格型空时(Lattice Space - Time, LAST)码、Tavildar 与 Viswanath[118] 由 D-BLAST方案推导出的并行信道的置换码、Belfiore 等人[5] 提出的 2×2 信道的 Golden 编码以及 Elia 等人[35] 提出的基于循环相除代数的编码。上述大多数编码的折中最优性可以通过验证近似通用性条件予以说明。

9.4　习　　题

习题 9-1　在信道系数为独立同分布瑞利随机变量的 L 路并行信道中,试证明各子信道多路复用速率为 r 时的最优分集增益为 $L-Lr$。

习题 9-2　考虑通过并行信道的 L 路独立同分布瑞利子信道发送相同码字的重复编码方案,试证明该方案在各子信道多路复用速率为 r 时能够获得的最大分集增益为 $L(1-Lr)$。

习题 9-3　考虑通过 $n_t\times n_r$ 独立同分布瑞利衰落 MIMO 信道的 n_t 副发射天线(一个时刻利用其中一副发射天线)发送相同码字的重复编码方案,试证明该方案在多路复用速率为 r 时能够获得的最大分集增益为 $n_tn_r(1-n_tr)$。

习题 9-4　考虑在 $2\times n_r$ 独立同分布瑞利衰落 MIMO 信道中采用 Alamouti 方案。发射码字矩阵跨越 2 个符号时间,$m=1,2$(见 3.3.2 节):

$$\begin{bmatrix} u_1 & -u_2^* \\ u_2 & u_1^* \end{bmatrix} \tag{9-84}$$

(1) 如果以此作为式(9-71)中 MIMO 信道的输入,试证明两个符号时间内的信道输出可以写为[见式(3-75)]

$$\begin{bmatrix} \boldsymbol{y}[1] \\ (\boldsymbol{y}[2]^*)^{\mathrm{T}} \end{bmatrix} = \begin{bmatrix} \boldsymbol{h}_1 & \boldsymbol{h}_2 \\ (\boldsymbol{h}_2^*)^{\mathrm{T}} & -(\boldsymbol{h}_1^*)^{\mathrm{T}} \end{bmatrix} \begin{bmatrix} u_1 \\ u_2 \end{bmatrix} + \begin{bmatrix} \boldsymbol{w}[1] \\ (\boldsymbol{w}[2]^*)^{\mathrm{T}} \end{bmatrix} \tag{9-85}$$

式中,$\boldsymbol{h}_1$ 与 $\boldsymbol{h}_2$ 为矩阵 $\boldsymbol{H}$ 的两列。

(2) 可以观察到,式(9-85)中等效信道矩阵的两列是正交的,试证明可以提取出数据符号 u_1、u_2 的简单充分统计量为[见式(3-76)]

$$r_i = \|\boldsymbol{H}\| u_i + w_i,\quad i=1,2 \tag{9-86}$$

式中,$\|\boldsymbol{H}\|^2$ 即为 $\|\boldsymbol{h}_1\|^2+\|\boldsymbol{h}_2\|^2$;加性噪声 w_1 与 w_2 为独立同分布且服从 $\mathcal{CN}(0,1)$ 分布的随机变量。

(3) 综上得出结论,每个数据流的多路复用速率为 r 时,任一数据流(u_1 或 u_2)的最大分集增益为 $2n_r(1-r)$。

习题 9-5　考虑在 $n_t\times n_r(n_r\geqslant n_t)$ 独立同分布瑞利衰落 MIMO 信道中采用解相关器组的 V-BLAST 结构,试证明各数据流通过的等效信道为服从 $\chi^2_{2(n_r-n_t+1)}$ 分布的标量衰落信道。由此得出结论,多路复用增益为 r 时的分集增益为 $(n_r-n_t+1)(1-r/n_t)$。

习题 9-6　证明式(9-26)中成对差错概率之和(差错概率的联合界)随信噪比的衰减速率为 $2-r$,在式(9-26)中 $\boldsymbol{x}_A$,$\boldsymbol{x}_B$ 均为 QAM 符号对,以此进一步验证式(9-28)成立。

习题 9-7　将习题 9-6 的结果进行推广。试证明通过包括 n 副发射天线和 n 副接收天线的独立同分布瑞利衰落 MIMO 信道发射未编码 QAM 符号[每路速率为 $R=r/n\mathrm{lbSNR}$ b/(s·Hz^{-1})]的分集增益为 $n-r$。

习题 9-8 考虑式(9-29)中 $p_{\text{out}}^{\text{mimo}}$ 与式(9-30)中 $p_{\text{out}}^{\text{iid}}$ 的表达式。设 MIMO 信道 $\boldsymbol{H}$ 的元素服从某联合分布,但未必服从独立同分布瑞利分布。

(1) 试证明

$$p_{\text{out}}^{\text{iid}}(r\text{lbSNR}) \geqslant p_{\text{out}}^{\text{mimo}}(r\text{lbSNR}) \geqslant \mathbb{P}\{\text{lbdet}(\boldsymbol{I}_{n_r} + \text{SNR}\boldsymbol{HH}^*) < r\text{lbSNR}\} \tag{9-87}$$

(2) 试证明上述下界随信噪比增大而衰减的多项式速率与 $p_{\text{out}}^{\text{iid}}$ 的相同。

(3) 由以上分析得出结论,$p_{\text{out}}^{\text{mimo}}$ 与 $p_{\text{out}}^{\text{iid}}$ 随信噪比增大而衰减的多项式速率是相同的。

习题 9-9 考虑标量慢衰落信道:

$$y[m] = hx[m] + w[m] \tag{9-88}$$

其最优分集-多路复用折中 $d^*(\cdot)$ 为

$$\lim_{\text{SNR}\to\infty} \frac{\text{lb}p_{\text{out}}(r\text{lbSNR})}{\text{lbSNR}} = -d^*(r) \tag{9-89}$$

设 $\epsilon > 0$,考虑关于信道增益 h 的如下事件

$$E_\epsilon = \{h : \text{lb}(1 + |h|^2 \text{SNR}^{1-\epsilon}) < R\} \tag{9-90}$$

(1) 在事件 $\mathbb{E}_\epsilon$ 的条件下或反之,试证明速率为 $R = r\text{lbSNR}$ b/symbol 的 QAM 的差错概率 $p_e(\text{SNR})$ 满足

$$\lim_{\text{SNR}\to\infty} \frac{\text{lb}p_e(\text{SNR})}{\text{lbSNR}} \leqslant -d^*(r)(1-\epsilon) \tag{9-91}$$

提示:应该证明在 $\mathbb{E}_\epsilon$ 不发生的条件下,差错概率衰减非常快,与 $\mathbb{E}_\epsilon$ 发生条件下的差错概率相比可以忽略不计。

(2) 如何进一步得出结论:QAM 可以实现任意标量信道的分集-多路复用折中。

(3) 更一般地,试证明满足条件式(9-38)的任意星座可以实现信道的分集-多路复用折中曲线。

(4) 进一步一般化,试证明满足如下条件的任意星座可以实现信道的分集-多路复用折中曲线

$$d_{\min}^2 > c\frac{1}{2^R},\text{对任意常数 } c > 0 \tag{9-92}$$

这就证明了式(9-38)确实仅是一个幅度数量级条件,比该条件稍弱一些的条件对于近似通用的编码也是必须的,参见文献[118]。

习题 9-10 考虑以分组长度 N 的编码实现在式(9-17)的并行信道中的通信。试推导通用编码设计准则,也即推广 9.2.2 节分组长度为 1 时的推导过程。

习题 9-11 试明确计算并行衰落信道的通用编码设计准则,对于给定的归一化码字对之差,该准则使得式(9-49)中的表达式最大。

(1) 假定所有子信道中的码字之差具有相同的幅度,即 $|d_1| = |d_2| \cdots = |d_L|$。试证明此时最坏情况信道对于所有子信道是相同的,而且式(9-49)中的通用准则极大地简化为

$$L(2^R - 1)|d_1|^2 \tag{9-93}$$

(2) 假定码字之差的排序为 $|d_1| \leqslant d_2 \leqslant \cdots \leqslant |d_L|$。

1) 试证明如果第 ℓ 个子信道的最坏情况 h_ℓ 非零,则对于其他子信道 $(1, 2, \cdots, \ell-1)$ 也同样非零。

2) 考虑最大的 k 使得

$$|d_k|^{2k} \leqslant 2^{RL}|d_1 \cdots d_k|^2 \leqslant |d_{k+1}|^{2k} \tag{9-94}$$

其中，$|d_{L+l}|$定义为$+\infty$。试证明最坏情况的信道在子信道$k+1,k+2,\cdots,L$中均为零，可以观察到当所有码字差具有相同幅度时$k=L$，这与第 1) 部分中的结果是一致的。

(3) 利用前一部分的结果[以及式(9-94)中的符号k]的推导式(9-49)中λ的显式表达式：

$$\lambda^k|d_1 d_2 \cdots d_k|^2 = 2^{-RL} \tag{9-95}$$

由此得出结论，通用编码设计准则就是最大化：

$$\left[k\left(2^{RL}|d_1 d_2 \cdots d_k|^2\right)^{1/k} - \sum_{\ell=1}^{k}|d_\ell|^2\right] \tag{9-96}$$

习题 9-12　考虑图 9-12 所示的重复编码，该编码是为各子信道速率$R=2$ b/(s・Hz^{-1})的两路并行信道设计的。下面计算对于所有码字对最小化的通用设计准则的值，试证明该值等于 8/3。提示：选择 QAM 星座中最邻近的码字对就可以得到该最小值，由于这是一种重复编码，所以码字之差对于两路信道是相同的，可以利用式(9-93)评估该通用设计准则。

习题 9-13　考虑图 9-13 所示的置换编码[每路子信道速率$R=2$ b/(s・Hz^{-1}))。试证明对于码字对的所有选择最小化的通用设计准则的值等于 44/9。

习题 9-14　试研究式(9-53)中近似通用性条件的含义。

(1) 试证明如果并行信道方案满足式(9-53)的条件，则该编码可以实现并行信道的分集-多路复用折中。提示：首先完成习题 9-9。

(2) 试证明即使当该方案满足如下更为松弛的条件时，仍然能够实现分集-多路复用折中：

$$|d_1 d_2 \cdots d_L|^{2/L} > c\,\frac{1}{L2^R}\text{，对某个常数 } c>0 \tag{9-97}$$

习题 9-15　考虑 9.2.2 节介绍的L路并行信道的一类置换编码，码字表示为$(q,\pi_2(q),\cdots,\pi_L(q))$，其中$q$属于包括$2^{LR}$星座点的归一化 QAM 星座(这样通道$\boldsymbol{I}$和$\boldsymbol{Q}$的峰值均被约束为$\pm 1$)；于是，这种编码在每路子信道中的速率为$R$ b/(s・Hz^{-1})。由本习题可知，这类编码中包含有近似通用编码。

(1) 考虑采用统一测度的随机置换，由于存在2^{LR}！种置换，因此各置换出现的概率为$1/2^{LR}$！。试证明遍历码字对和随机置换的成对码字之差平均乘积倒数的上界为

$$\mathbb{E}_{\pi_2,\cdots,\pi_L}\left[\frac{1}{2^{LR}(2^{LR}-1)} \times \sum_{q_1 \neq q_2} \frac{1}{|q_1-q_2|^2\,|\pi_2(q_1)-\pi_2(q_2)|^2 \cdots |\pi_L(q_1)-\pi_L(q_2)|^2}\right] \leqslant L^L R^L \tag{9-98}$$

(2) 由前一部分结论可得，存在置换$\pi_2,\pi_3,\cdots,\pi_L$使得

$$\frac{1}{2^{LR}}\sum_{q_1}\left(\sum_{q_2 \neq q_1} \frac{1}{|q_1-q_2|^2\,|\pi_2(q_1)-\pi_2(q_2)|^2 \cdots |\pi_L(q_1)-\pi_L(q_2)|^2}\right) \leqslant L^L R^L 2^{LR} \tag{9-99}$$

(3) 假设固定q_1，并考虑所有可能的成对码字之差的乘积倒数之和

$$f(q_1) = \sum_{q_2 \neq q_1} \frac{1}{|q_1-q_2|^2\,|\pi_2(q_1)-\pi_2(q_2)|^2 \cdots |\pi_L(q_1)-\pi_L(q_2)|^2} \tag{9-100}$$

由于$f(q_1) \geqslant 0$，试由式(9-99)证明，至少一半的 QAM 星座点q_1必须具有如下性质

$$f(q_1) \leqslant 2L^L R^L 2^{LR} \tag{9-101}$$

进而得出结论，对于这样的 q_1（包含了 QAM 星座中至少一半的星座点），对每一个 $q_2 \neq q_1$，都有

$$|q_1 - q_2|^2 |\pi_2(q_1) - \pi_2(q_2)|^2 \cdots |\pi_L(q_1) - \pi_L(q_2)|^2 \geqslant \frac{1}{2L^L R^L 2^{LR}} \tag{9-102}$$

(4) 最后通过讨论如下几个问题得出结论，存在对于并行信道近似通用的置换码。

1) 将 QAM 星座中不到一半的星座点数删除掉仅会使总速率 LR 降低不超过 1 b/(s·Hz^{-1})，从而不会影响多路复用增益。

2) 式(9-102) 中关于置换码字之差的乘积距离条件不完全满足式(9-77) 中近似通用性的条件，将式(9-77) 中的条件放宽为

$$|d_1 d_2 \cdots d_L|^{2/L} > c\frac{1}{R2^R}, \text{对某个常数 } c > 0 \tag{9-103}$$

并证明这是编码实现最优分集-多路复用折中曲线的充分条件。

习题 9-16 考虑 9.2.2 节介绍的并行信道的比特反转方案。严格地讲，式(9-57) 中的条件对于 $0 \sim 2^R - 1$ 之间的每个整数并不是恒成立的。然而，使该条件不成立的整数集合很小(也就是说，删除这些整数并不会改变该方案的多路复用速率)。因此，适当删除部分码字的比特反转方案对于两路并行信道是近似通用的。阅读并研究文献[118] 中关于删除比特反转方案的详细介绍。

习题 9-17 考虑 9.2.2 节介绍的比特反转方案，但是反转后每隔一个比特会置反。于是，对于每一对归一化的码字差而言，可以证明

$$|d_1 d_2|^2 > \frac{1}{64 \times 2^{2R}} \tag{9-104}$$

其中各路子信道的数据速率为 R b/(s·Hz^{-1})。试证明每隔一个比特进行置反的比特反转方案对于两路并行信道是近似通用的，阅读并研究文献[118] 对式(9-104) 的证明。提示：将式(9-104) 与式(9-53) 进行比较并利用习题 9-14 推导的结果。

习题 9-18 考虑 MISO 信道，其 n_t 副发射天线对应的衰落信道系数 $h_1, h_2, \cdots, h_{n_t}$ 独立同分布。

(1) 试证明随着信噪比的增大，

$$\mathbb{P}\left\{\text{lb}\left(1 + \frac{\text{SNR}}{n_t}\sum_{\ell=1}^{n_t} |h_\ell|^2\right) < r\,\text{lbSNR}\right\} \tag{9-105}$$

与

$$\mathbb{P}\left\{\sum_{\ell=1}^{n_t} \text{lb}(1 + \text{SNR}\,|h_\ell|^2) < n_t r\,\text{lbSNR}\right\} \tag{9-106}$$

具有相同的衰减速率。

(2) 试分别利用 MISO 信道的中断概率以及 MISO 经适当变换后得到的并行信道的中断概率解释式(9-105) 与式(9-106)，并证明对于独立同分布衰落系数而言，9.2.3 节讨论的将 MISO 信道转换为并行信道是近似通用的。

习题 9-19 考虑 $n_t \times n_t$ 阶矩阵 $\boldsymbol{D}$，试证明

$$\min_{\boldsymbol{h}: \|\boldsymbol{h}\| = 1} \boldsymbol{h}^* \boldsymbol{D}\boldsymbol{D}^* \boldsymbol{h} = \lambda_1^2 \tag{9-107}$$

式中,λ_1 为 $\boldsymbol{D}$ 的最小奇异值。

习题9-20 考虑采用Alamouti发射码字,其中独立未编码QAM符号 u_1、u_2 取自包括 2^R 个星座点的QAM星座。

(1) 对于每个码字之差矩阵

$$\begin{bmatrix} d_1 & -d_2^* \\ d_2 & d_1^* \end{bmatrix} \tag{9-108}$$

试证明矩阵的两个奇异值相同且等于$\sqrt{|d_1|^2+|d_2|^2}$。

(2) 采用式(9-68)所示的归一化码字之差矩阵并且QAM符号 u_1,u_2 的功率约束为SNR/2(即通道 $\boldsymbol{I}$ 和 $\boldsymbol{Q}$ 的峰值约束为$\pm\sqrt{\text{SNR}/2}$),试证明如果码字之差 d_ℓ 非零,则有

$$|d_\ell|^2 \geqslant \frac{2}{2^R}, \quad \ell=1,2$$

(3) 由前几步可以得出结论,码字差矩阵的最小奇异值的二次方的下界为 $2/2^R$。由于式(9-70)中的近似通用性条件是一个数量级关系(与 2^R 项相邻的常数因子不会产生任何影响,见习题9-9与习题9-14),所以已经明确证明了两个数据流采用未编码QAM的Alamouti方案对于双发射天线MISO信道而言是近似通用的。

习题9-21 考虑用于2×2独立同分布瑞利衰落MIMO信道的仅包括两路交织数据流的D-BLAST结构,如式(9-77)所示。以速率 $R=r\text{lbSNR b/(s}\cdot\text{Hz}^{-1})$ 分别对两个数据流进行独立的编码,从而构成码字对$(x_A^{(\ell)},x_B^{(\ell)})$,$\ell=1,2$。采用近似通用的并行信道编码(例如9.2.2节介绍的比特反转方案)对两路数据流进行编码。

关于瑞利衰落MIMO信道取平均的联合界可用于证明各数据流采用联合最大似然译码所获得的分集增益为 $4-2r$,阅读并研究文献[118]中对该结论的证明。

习题9-22[67] 考虑 $n_t\times n_r$ 慢衰落MIMO信道中速率为 R b/(s·Hz^{-1})、长度至少为 n_t 的发射码字矩阵[见式(9-71)]。

(1) 试证明在MIMO信道的特定实现 $\boldsymbol{H}$ 的条件下,码字矩阵$\boldsymbol{X}_A$ 与$\boldsymbol{X}_B$ 之间的成对差错概率为

$$Q\left(\sqrt{\frac{\text{SNR}}{2}\|\boldsymbol{HD}\|^2}\right) \tag{9-109}$$

式中,$\boldsymbol{D}$ 为归一化码字差矩阵[见式(9-68)]。

(2) 奇异值分解为 $\boldsymbol{H}=\boldsymbol{U}_1\boldsymbol{\Psi}\boldsymbol{V}_1^*$ 与 $\boldsymbol{D}=\boldsymbol{U}_2\boldsymbol{\Lambda}\boldsymbol{V}_2^*$,试证明式(9-109)中的成对差错概率可以写为

$$Q\left(\sqrt{\frac{\text{SNR}}{2}\|\boldsymbol{\Psi}\boldsymbol{V}_1^*\boldsymbol{U}_2\boldsymbol{\Lambda}\|^2}\right) \tag{9-110}$$

(3) 假定奇异值在 $\boldsymbol{\Lambda}$ 中升序排列,而在 $\boldsymbol{\Psi}$ 中降序排列,对于固定的 $\boldsymbol{\Psi}$,$\boldsymbol{\Lambda}$,$\boldsymbol{U}_2$,试证明使得式(9-110)中成对差错概率最小的信道特征方向$\boldsymbol{V}_1^*$ 为

$$\boldsymbol{V}_1=\boldsymbol{U}_2 \tag{9-111}$$

(4) 可以观察到,信道的中断条件仅取决于 $\boldsymbol{H}$ 的奇异值 $\boldsymbol{\Psi}$(见习题9-8),由前一部分可以得出结论,MIMO信道的最坏情况成对差错概率的计算简化为如下优化问题:

$$\min_{\psi_1,\psi_2,\cdots,\psi_{n_{\min}}} \frac{\text{SNR}}{2}\sum_{\ell=1}^{L}|\psi_\ell|^2|\lambda_\ell|^2 \tag{9-112}$$

其约束条件为

$$\sum_{\ell=1}^{n_{\min}} \mathrm{lb}\left(1+\frac{\mathrm{SNR}}{n_t}\mid \psi_\ell \mid^2\right) \geqslant R \tag{9-113}$$

式中

$$\boldsymbol{\Psi}=\mathrm{diag}\{\psi_1,\psi_2,\cdots,\psi_{n_{\min}}\}, \quad \boldsymbol{\Lambda}=\mathrm{diag}\{\lambda_1,\lambda_2,\cdots,\lambda_{n_t}\}$$

(5) 可以观察到式(9-112) 中的优化问题及其约束条件式(9-113) 与并行信道中相应的优化问题和约束条件非常相似[分别见式(9-43) 与式(9-40)]，因此，MIMO 信道的通用编码设计准则与具有如下参数的并行信道的设计准则[见式(9-47)] 相同：

1) 存在 $n_{\min}$ 路子信道；

2) 每路子信道的速率为 $R/n_{\min}$ b/(s・Hz^{-1})；

3) 并行信道的系数为 $\psi_1,\psi_2,\cdots,\psi_{n_{\min}}$，也是 MIMO 信道的奇异值；

4) 码字之差为码字差矩阵的最小奇异值 $\lambda_1,\lambda_2,\cdots,\lambda_{n_t}$。

习题 9-23　利用 MIMO 信道与适当定义的并行信道的最坏情况成对差错概率之间的相似性(见习题 9-22)，证明式(9-79) 中 MIMO 信道的近似通用性条件。

习题 9-24　考虑 $n_t \times n_r$ 慢衰落 MIMO 信道中长度 $l \geqslant n_t$ 的发射码字矩阵，总功率约束为 SNR，于是对于任意发射码字矩阵 $\boldsymbol{X}$，有 $\|\boldsymbol{X}\|^2 \leqslant l\mathrm{SNR}$。对于一对码字矩阵 $\boldsymbol{X}_A$ 与 $\boldsymbol{X}_B$，设归一化码字差矩阵为 $\boldsymbol{D}$[见式(9-68) 的归一化方法]。

(1) 试证明 $\boldsymbol{D}$ 满足：

$$\|\boldsymbol{D}\|^2 \leqslant \frac{2}{\mathrm{SNR}}(\|\boldsymbol{X}_A\|^2+\|\boldsymbol{X}_B\|^2) \leqslant 4l \tag{9-114}$$

(2) 将 $\boldsymbol{D}$ 的奇异值表示为 $\lambda_1,\lambda_2,\cdots,\lambda_{n_t}$，试证明

$$\sum_{\ell=1}^{n_t} \lambda_\ell^2 \leqslant 4l \tag{9-115}$$

因此，各奇异值的上界为 $2\sqrt{l}$，是一个不随信噪比增大的常数。

习题 9-25[152]　考虑双发射天线 MIMO 信道的如下传输方案(涉及 2 个符号)，发射码字矩阵的元素定义为

$$\begin{bmatrix} x_{11} \\ x_{22} \end{bmatrix}=\boldsymbol{R}(\theta_1)\begin{bmatrix} u_1 \\ u_2 \end{bmatrix}, \quad \begin{bmatrix} x_{21} \\ x_{12} \end{bmatrix}=\boldsymbol{R}(\theta_2)\begin{bmatrix} u_3 \\ u_4 \end{bmatrix} \tag{9-116}$$

其中，u_1,u_2,u_3,u_4 是长度为 $2^{R/2}$ 的相互独立的 QAM 符号，该方案的数据速率为 R b/(s・Hz^{-1})。旋转矩阵 $\boldsymbol{R}(\theta)$ 定义为[见式(3-46)]

$$\begin{bmatrix} \cos\theta & -\sin\theta \\ \sin\theta & \cos\theta \end{bmatrix} \tag{9-117}$$

选择角度 θ_1 和 θ_2 分别等于 $1/2\tan^{-1}2$ 和 $1/2\tan^{-1}(1/2)$，文献[152] 的定理 2 证明了每个归一化码字之差矩阵 $\boldsymbol{D}$ 的行列式满足

$$\mid \det\boldsymbol{D} \mid^2 \geqslant \frac{1}{10\times 2^R} \tag{9-118}$$

于是得出结论，如果适当地选取上述 θ_1,θ_2，则式(9-116) 给出的编码对于包括两副发射天线的每路 MIMO 信道都是近似通用的。

第 10 章　MIMO Ⅳ：多用户通信

第 8 章和第 9 章已经介绍了点对点信道中多副发射天线和多副接收天线的作用。本章将聚焦多用户通信信道的技术研究，分别研究上行链路（多对一）与下行链路（一对多）两个场景下的多天线的作用。除允许空间多路复用并为各用户提供分集外，采用多副天线也使得基站能够同时发射或接收多个用户的数据，这同样也是由多副天线带来自由度增加的结果。

第 8 章已经介绍了点对点信道中的几种 MIMO 收发信机结构，对于某些结构，例如具有或不具有连续消除功能的线性接收机，其复杂性主要体现在接收机。独立的数据流通过不同的发射天线发射，无须发射天线之间的任何协同工作。将发射天线与用户同等看待，则可以将这些接收机结构直接用于各用户仅具有一副发射天线但基站具有多副接收天线的上行链路，这也是蜂窝无线系统的常见配置。

如何更好地利用不同用户安装多副接收天线的下行链路的良好策略，目前还不是很清楚，因此各用户的接收机结构必须是分离的，一个结构对应一个用户。然而上行链路与下行链路之间存在有趣的对偶关系，通过研究这种对偶关系就可以将上行链路的各种接收机结构映射为相应的下行链路发射机结构。特别地，存在一种有趣的预编码策略，即将“发射对偶”原理应用于基于接收机的连续消除策略，会花一些时间来讨论这个问题。

本章的主要内容如下：10.1 节首先集中讨论各用户拥有一副发射天线、基站拥有多副接收天线的上行链路；之后在 10.2 节将研究结果扩展至各用户拥有多副发射天线的 MIMO 上行链路；10.3 节与 10.4 节转向研究在下行链路中采用多副天线的情况，讨论实现下行链路容量的预编码策略；10.5 节通过讨论在蜂窝网络中采用 MIMO 技术的系统内涵得出结论，这就将本章所学习的新知识与第 4 章和第 6 章的内容联系在一起。

10.1　采用多副接收天线的上行链路

首先从窄带时不变上行链路开始讨论，其中各用户仅安装有一副发射天线，基站安装有一个天线阵列（见图 10－1）。从用户到基站的信道是时不变的，基带模型为

$$\mathbf{y}[m] = \sum_{k=1}^{K} \mathbf{h}_k x_k[m] + \mathbf{w}[m] \qquad (10-1)$$

式中，$y[m]$ 为 m 时刻的接收矢量（维数即为接收天线的数量 n_r）；$\mathbf{h}_k$ 为用户 k 到达基站天线阵列的信号的空间特征。用户 k 在 m 时刻的标量发射符号表示为 $x_k[m]$，$\mathbf{w}[m]$ 为独立同分布且服从 $\mathcal{CN}(\mathbf{0}, N_0 \mathbf{I}_{n_r})$ 分布的噪声。

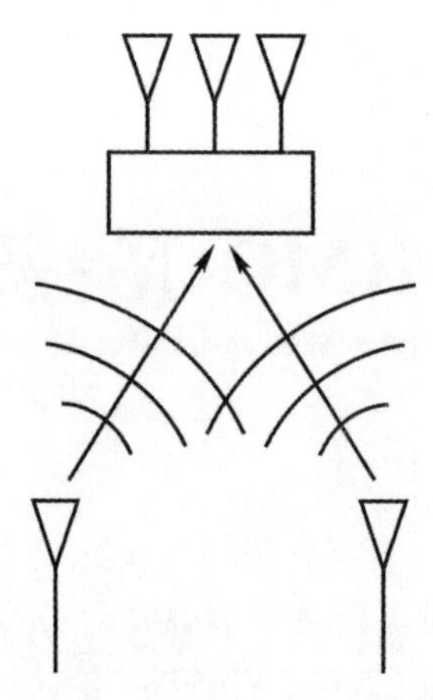

图 10-1　各用户拥有一副发射天线、基站拥有多副接收天线的上行链路

10.1.1　空分多址接入

在文献中，通常将在上行链路中使用多副天线的技术称为空分多址接入(Spatial Division Multiple Access, SDMA)，利用不同用户信号到达接收天线阵列的不同空间特征区分用户的上行信号。

很容易观察到，该上行链路与第 7 章介绍的 MIMO 点对点信道十分类似，只是发射天线发射的信号不能进行协调。8.3 节准确地研究了不同的数据流通过各发射天线发射的方法。这里可以在用户与发射天线之间形成一种类比关系(于是，8.3 节 MIMO 点对点信道中发射天线的数量 n_t 就等于用户数量 K)。而且，等效的 MIMO 点对点信道 $\boldsymbol{H}$ 表示为$[\boldsymbol{h}_1 \cdots \boldsymbol{h}_K]$，各列为用户到基站的 SIMO 信道。

因此，图 8-1 的收发信机结构与 8.3 节介绍的接收机结构相结合就可以得到一种 SDMA 策略。例如，各用户的信号可以用线性解相关器或 MMSE 接收机解调，其中 MMSE 接收机可实现最大化目标用户信号强度与抑制其他用户干扰之间的最优折中。为了获得更好的性能，还可以将线性接收机结构与连续消除技术结合，从而得到 MMSE-SIC 接收机(见图10-2)。采用连续消除技术后，还可以进一步选择消除顺序，从可以更好地处理后续删除用户的意义上讲，通过选择不同的顺序，用户就可以按照不同的优先级共享上行链路的公共资源。

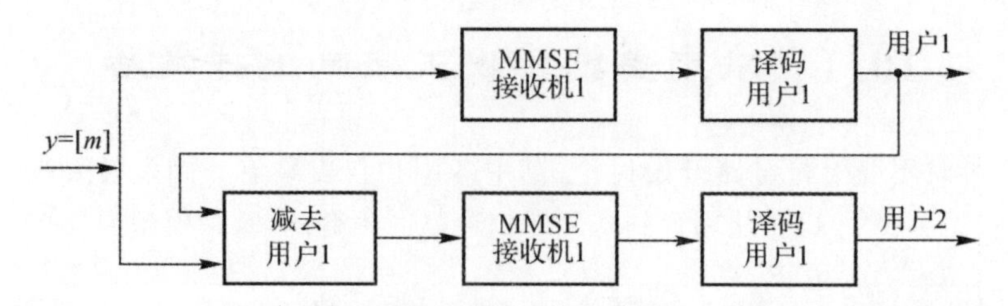

图 10-2　MMSE-SIC 接收机：首先译码用户 1 的数据，之后在下一级处理之前将该数据的发射信号从接收信号中减去；通过改变消除的顺序，这种接收机结构可以实现容量区域的两个拐角点

如果总的信道矩阵 $\boldsymbol{H}$ 为良态矩阵，那么所有这些 SDMA 方案就能够充分利用上行链路信

道的全部自由度 $\min\{K, n_r\}$(虽然不同的方案具有不同的功率增益)。这样就能够同时支持多个用户,而且各用户的数据速率不受干扰的限制。由于用户在地域上是相互隔离的,所以即使环境的散射有限,他们发射的信号也会从不同的方向到达接收机天线阵列,同时 $\boldsymbol{H}$ 为良态矩阵的假设通常是有效的(回顾 7.2.4 节例 7.4)。这一点与发射天线在同一处排列的点对点情况不同,点对点情况时必须在丰富的散射环境下才能保证信道矩阵 $\boldsymbol{H}$ 是良态的。

给定用户的功率电平,则可利用 8.3 节推导出的公式计算不同 SDMA 方案中各用户获得的 SINR(见习题 10-1)。对于线性接收机结构而言,还可以构造出如下功率控制问题:给定用户的目标 SINR 要求,如何优化选择功率和线性滤波器以满足系统要求?这与 4.3.1 节介绍的上行链路 CDMA 功率控制问题类似,只是在选择发射功率以及接收滤波器时更加灵活。首先观察到,对于任意选取的发射功率而言,总是希望各用户采用 MMSE 滤波器,因为这种选择使每个用户的 SINR 最大;其次,与 CDMA 系统类似,功率控制问题具有基本的单调性:当用户降低其发射功率时,它会产生更小的干扰,从而使系统中的其他所有用户都受益。因此,存在一个逐分量最优的功率解,即每个用户采用可能的最小功率支持所需的 SINR 要求(见习题 10-2)。下面这种简单的分布式功率控制算法会收敛到最优解:在每一步,各用户首先根据其他用户当前功率电平更新其 MMSE 滤波器,之后再更新其自身的发射功率以恰好满足其 SINR 要求(见习题 10-3)。

10.1.2　SDMA 容量区域

由 8.3.4 节可知,在所有接收机结构中,MMSE-SIC 接收机可以实现最大总速率,上行链路信道的性能极限可以用第 6 章介绍的容量区域的概念来刻画其特征。与该极限相比,MMSE-SIC 实现的性能与结果如何呢?

当基站采用一副接收天线时,第 6 章给出了两用户上行链路信道的容量区域,即图 6-2 所示的五边形,则有

$$R_1 < \mathrm{lb}\left(1 + \frac{P_1}{N_0}\right)$$

$$R_2 < \mathrm{lb}\left(1 + \frac{P_2}{N_0}\right)$$

$$R_1 + R_2 < \mathrm{lb}\left(1 + \frac{P_1 + P_2}{N_0}\right)$$

式中,P_1 与 P_2 分别为用户 1 与用户 2 的平均功率约束。各速率约束对应于各用户独自占用整个信道时所能达到的最大速率;和速率约束就是将两个用户看作一个用户的两副发射天线,在发送独立信号时点对点信道的总速率。

对于多副接收天线的情况,SDMA 的容量区域就是上述情况的自然扩展(附录 B.9 节给出了正规的证明):

$$R_1 < \mathrm{lb}\left(1 + \frac{\|\boldsymbol{h}_1\|^2 P_1}{N_0}\right) \tag{10-2}$$

$$R_2 < \mathrm{lb}\left(1 + \frac{\|\boldsymbol{h}_2\|^2 P_2}{N_0}\right) \tag{10-3}$$

$$R_1 + R_2 < \mathrm{lb}\det\left(\boldsymbol{I}_{n_r} + \frac{1}{N_0}\boldsymbol{H}\boldsymbol{K}_x\boldsymbol{H}^*\right) \tag{10-4}$$

式中，$\boldsymbol{K}_x = \mathrm{diag}(P_1, P_2)$。该容量区域如图 10－3 所示。

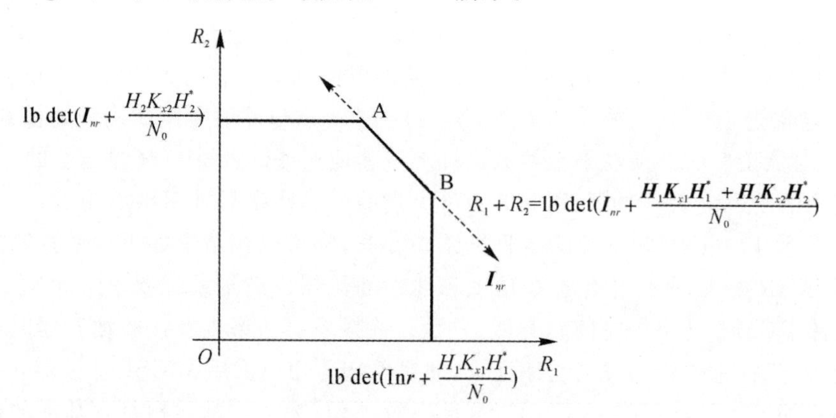

图 10－3　两用户 SDMA 上行链路的容量区域

如果用户独自占用整个信道，那么从各用户到基站点对点 SIMO 信道的容量作为各用户能够确保可靠通信的最大速率，这就得到式(10－2)与式(10－3)的约束条件。用户 $k(k=1,2)$ 的点对点容量可以通过接收波束成形(即将接收矢量 $\boldsymbol{y}$ 投影到$\boldsymbol{h}_k$ 的方向上)，将等效信道转换为 SISO 信道，再对用户数据进行译码来实现。

不等式(10－4)是对用户通信速率之和的约束条件，右边是将两个用户看作一个用户的两副发射天线，且天线输入相互独立时，在点对点信道中获得的总速率[见式(8－2)]。

对于实现将两个用户作为一个用户的两副发射天线时点对点信道的总速率而言，图10－2 中的 MMSE－SIC 接收机是最优的，所以该结构在上行链路实现的两个用户的速率满足不等式(10－4)中的等式。而且，如果首先消除用户 1，则用户 2 仅需处理背景高斯噪声即可，其性能达到单用户容量上界式(10－2)，于是，实现了图 10－3 中拐角点 A 对应的容量，交换用户的消除顺序就可以实现图 10－3 中的拐角点 B 对应的容量。因此，在实现与两个拐角点 A 与 B 对应的速率对的意义上，MMSE－SIC 接收机对于 SDMA 是信息论最优的。显然，速率点 A 由速率对(R_1, R_2)确定：

$$\left.\begin{aligned} R_2 &= \mathrm{lb}\left(1+\frac{P_2\,\|\,\boldsymbol{h}_2\,\|^2}{N_0}\right) \\ R_1 &= \mathrm{lb}(1+P_1\,\boldsymbol{h}_1^*\,(N_0\,\boldsymbol{I}_{n_r}+P_2\,\boldsymbol{h}_2\,\boldsymbol{h}_2^*)^{-1}\,\boldsymbol{h}_1) \end{aligned}\right\} \tag{10-5}$$

式中，$P_1\,\boldsymbol{h}_1^*\,(N_0\,\boldsymbol{I}_{n_r}+P_2\,\boldsymbol{h}_2\,\boldsymbol{h}_2^*)^{-1}\,\boldsymbol{h}_1$ 为将用户 2 的信号看作有色高斯干扰时，用户 1 的 MMSE 接收机的输出 SIR[见式(8－62)]。

对于一副接收天线的(标量)上行链路信道而言，由 6.1 节可知采用 SIC 接收机同样是可以实现拐角点的，该接收机各级对用户进行译码时将所有未被消除的用户信号看作是高斯噪声。在采用多副接收天线的矢量情况下，同样将未被消除的用户信号看作是高斯噪声，但此时为有色高斯噪声矢量。当用户收到有色噪声污染时，MMSE 滤波器是最优解调器(见 8.3.3 节)，因此，将各级连续消除与 MMSE 滤波相结合是单天线信道 SIC 接收机的自然推广。的确，正如 8.3.4 节所解释的，SIC 接收机是 MMSE－SIC 接收机在仅有一副接收天线时的特例，二者之所以“最优”的原因相同：它们“实现了”互信息的链式法则。

多副接收天线与单副接收天线上行链路容量区域的比较(分别见图 6－2 与图 10－3)凸显了在 SDMA 系统中采用多副接收天线的重要性。下面集中讨论当 N_0 相对于 P_1 与 P_2 非常小时的高信噪比情况。如果基站具有一副接收天线，由图 6－2 可见，用户可以共享的空间自由度仅存在一个。相比之下，如果采用多副接收天线，则由图 10－3 可见，虽然各用户的速率仅包括不超过一个空间自由度，但和速率却包括两个空间自由度，这说明两个用户能够同时共享一个空间自由度，这是采用一副接收天线不可能实现而采用 SDMA 可以实现的情况。回顾解相关器的讨论就可以清楚其中的直观解释（见 8.3.1 节）。接收信号空间的维度大于用户发射信号张成空间的维度，于是在译码用户 1 的信号时，可以将接收信号投影到与用户 2 发射信号正交的方向上，完全消除用户之间的干扰（这里同时采用了数据流与用户之间的类比关系），这样就得到两路高信噪比的等效并行信道。采用 MMSE－SIC 接收机改进简单的解相关器，进而可以精确地达到信息论极限。

基于这一观察，可以进一步研究容量区域边界上的两个拐角点（图 10－3 中点 A 与 B）。如果工作在点 A，则可以认为用户 1 与用户 2 各拥有一个空间自由度。对应于上行链路对称容量［见式（6－2）］的点 C 同样允许两个用户各拥有一个空间自由度（一般而言，对称容量点 C 未必位于连接点 A 与点 B 的线段上，然而，当信道对称时即 $\|\boldsymbol{h}_1\| = \|\boldsymbol{h}_2\|$，该点则位于这条线段的中点上）。虽然利用图 10－2 中的接收机结构不能直接实现点 C，但是通过工作点 A 与 B（这两个点能够用 MMSE－SIC 接收机实现）的时间共享就可以实现该速率对。

以上讨论局限于两个用户的上行链路，完全可以很自然地扩展到 K 个用户的情形，此时的容量区域为 K 维多面体，即使下式成立的速率集合：

$$\sum_{k\in S} R_k < \text{lbdet}\left(\boldsymbol{I}_{n_r} + \frac{1}{N_0}\sum_{k\in S} P_k \boldsymbol{h}_k \boldsymbol{h}_k^*\right),\quad \mathcal{S}\subset\{1,2,\cdots,K\} \tag{10-6}$$

该容量区域的边界上存在 $K!$ 个拐角点，各个拐角点由 K 个用户的一种排序确定，对应的速率可以通过使用该用户消除顺序时的 MMSE－SIC 接收机实现。

10.1.3　系统问题

在上行链路中什么是实际的方式利用多副接收天线，它们的性能与容量如何进行比较呢？首先考虑第 4 章介绍的窄带系统，其中资源是正交分配的。6.1 节研究了基站拥有一副接收天线的上行链路正交多址接入技术，与式（6－8）和式（6－9）类似，当基站拥有多副接收天线，且将比例为 α 的自由度分配给用户 1 时，两用户所能达到的速率为

$$\left[\alpha\,\text{lb}\left(1+\frac{P_1\|\boldsymbol{h}_1\|^2}{\alpha N_0}\right)\right],\quad (1-\alpha)\,\text{lb}\left[1+\frac{P_2\|\boldsymbol{h}_2\|^2}{(1-\alpha)N_0}\right] \tag{10-7}$$

将该速率对与单接收天线配置下正交多址接入技术实现的速率对进行比较是很有意义的［见式（6－8）与式（6－9）］，二者的区别在于用户 k 的接收信噪比被放大 $\|\boldsymbol{h}_k\|^2$ 倍，这就是接收波束成形功率增益，然而自由度增益没有任何增加，总的自由度增益仍然为 1。对于相同的接收信噪比而言，存在功率增益就使得用户可以降低其发射功率，但是，由于窄带系统采用正交资源分配和稀疏的带宽复用，所以已经工作在高信噪比状态，在这种情况下功率增益对系统并不会产生太大的好处，而自由度增益则可能产生更大的影响。

在高信噪比状态下，已经看到，与仅有一副接收天线的基站对应一个自由度不同，两用户 SDMA 和容量具有两个空间自由度，因此，在有多副接收天线时，正交多址接入并没有很好地利用可用的空间自由度。事实上，通过比较正交多址接入速率与容量区域就可以很清楚地看到这个问题。当采用一副接收天线时，发现恰好能够到达上行链路容量区域边界上的一个点

(见图 6-4),除非存在严重的功率差别,否则差距不会很大。当采用多副接收天线时,图 10-4 表明正交多址接入速率在所有点都是严格次最优的[①],而且差距较大。

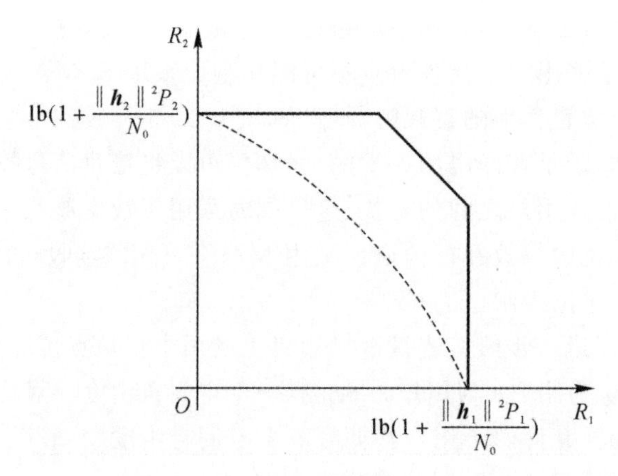

图 10-4　基站拥有多副接收天线时的两用户上行链路:正变多址接入的性能严格地次于容量区域

直观地讲,为了利用可用自由度,两个用户必须同时接入信道,并且他们的信号在基站是可以分离的(用户到基站的空间特征$\boldsymbol{h}_1$ 与$\boldsymbol{h}_2$ 为线性独立的)。为了获得这一好处,接收机需要采用更为复杂的信号处理方法,从总的信号中提取各个用户的信号。当系统中存在更多用户时,SDMA 的复杂度随着用户数量 K 的增加而增加。另外,可用自由度受到接收天线数量 n_r 的限制,所以不存在比 n_r 个用户同时进行 SDMA 时再大的自由度增益,这就提出一种准最优多址接入策略,即将用户划分为包括 n_r 个用户的若干组,各组内采用 SDMA,各组间采用正交多址接入。习题 10-5 非常详细地研究了这一方案的性能。

另外,在低信噪比时,信道是功率受限的而不是自由度受限的,与正交多址接入相比,SDMA 提供很小的性能增益。通过分析低信噪比时 MIMO 信道容量的特征就可以观察到这一点,参见 8.2.2 节,习题 10-6 对此进行了细致分析。

一般来说,采用多副接收天线可以为用户提供波束成形增益,虽然这种功率增益对于窄带系统并没有多大好处,但对于工作在低信噪比下的宽带 CDMA 和宽带 OFDM 上行链路而言,功率增益是非常有益的。

总结 10.1　SDMA 与正交多址接入

MMSE-SIC 接收机对于实现 SDMA 容量是最优的。

包括 n_r 副接收天线和 K 个用户的 SDMA 提供了 $\min(n_r,K)$ 个空间自由度。

包括 n_r 副接收天线的正交多址接入仅提供一个空间自由度,但提供了 n_r 倍的功率增益。

在低信噪比时正交多址接入提供了与 SDMA 相当的性能,但在高信噪比时,性能远不及 SDMA。

10.1.4　慢衰落

现在介绍时延约束小于所有用户相干时间情况下的衰落,即慢衰落。上行链路衰落可以

---

① 当 $\boldsymbol{h}_1$ 与 $\boldsymbol{h}_2$ 互为倍数关系时的退化情况除外,参见习题 10-4。

写为式(10－1)的展开形式,即

$$\boldsymbol{y}[m]=\sum_{k=1}^{K}\boldsymbol{h}_k[m]x_k[m]+\boldsymbol{w}[m] \tag{10-8}$$

在慢衰落模型中,每个用户 k 在所有时刻 m,有$\boldsymbol{h}_k[m]=\boldsymbol{h}_k$。与单天线上行链路(见 6.3.1 节)一样,仅分析对称上行链路:用户具有相同的发射功率约束 P,而且用户信道统计独立同分布。在这种情况下,对称容量是一个常用的性能衡量指标,假定用户以相同的速率 R b/(s・Hz^{-1})进行发射。

10.1.2 节已经研究了接收空间特征实现$\boldsymbol{h}_1,\boldsymbol{h}_2,\cdots,\boldsymbol{h}_k$ 已知的条件时不变上行链路,当该信道的对称容量小于 R 时,就会出现中断,由式(10－6)可得中断事件的概率为

$$p_{\text{out}}^{\text{ul-mimo}}=\mathbb{P}\left\{\text{lbdet}\left(\boldsymbol{I}_{n_r}+\text{SNR}\sum_{k\in\delta}\boldsymbol{h}_k\boldsymbol{h}_k^*\right)<|\delta|R,\quad \delta\subset\{1,2,\cdots,K\}\right\} \tag{10-9}$$

式中,$\text{SNR}=P/N_0$。使 $p_{\text{out}}^{\text{ul-mimo}}$ 小于或等于 ϵ 的相应最大速率 R 就是 ϵ 中断对称容量 C_ϵ^{sym}。如果系统中仅有一个用户,则 C_ϵ^{sym} 就是 5.4.2 节研究的具有接收分集的点对点信道的 ϵ 中断容量 $C_\epsilon(\text{SNR})$。更一般地,当 $K>1$ 时,C_ϵ^{sym} 的上界就是该中断容量,用户更多时,用户间干扰就成了另一个误差源。

正交多址接入彻底消除了用户间干扰,相应的最大对称中断速率与式(6－33)相同,即

$$\frac{C_{\epsilon/K}(K\text{SNR})}{K} \tag{10-10}$$

可以看出,与基站仅有一副接收天线时的情况一样(见 6.3.1 节),低信噪比时的正交多址接入是接近最优的。在低信噪比时 $p_{\text{out}}^{\text{ul-mimo}}$[当 $n_r=1$,类似的近似参见式(6－34)]可以近似为

$$p_{\text{out}}^{\text{ul-mimo}}\approx Kp_{\text{out}}^{\text{rx}} \tag{10-11}$$

式中,$p_{\text{out}}^{\text{rx}}$ 为具有接收分集的点对点信道的中断概率[见式(5－62)]。因此,C_ϵ^{sym} 近似为 $C_{\epsilon/K}(\text{SNR})$。另外,在低信噪比时式(10－10)中的速率也近似等于 $C_{\epsilon/K}(\text{SNR})$。

已经看到,在高信噪比时,正交多址接入对于一副接收天线时的中断性能和 SDMA 的容量区域两种情况都是次最优的。通过研究解相关器组的中断性能可以得到更好的基准性能:这种接收机结构在点对点 MIMO 信道中的容量性能很好,如图 8－9 所示。采用这种解相关器组可以彻底消除用户间干扰(假定 $n_r\geqslant K$),而且,当瑞利衰落独立同分布时,各用户经历的等效点对点信道包括 n_r-K+1 条接收分集支路(见 8.3.1 节)。因此,最大对称中断速率就是包括 n_r-K+1 条接收分集支路的点对点信道的 ϵ 中断容量,从而得到如下解释:

采用解相关器组时,接收天线的数量 n_r 每增加 1 副就意味着,或者允许与各个用户具有相同中断性能的另一个用户接入系统,或者使各用户经历的分集支路的有效数量增加 1。

如果用联合最大似然接收机代替解相关器组,中断性能会得到怎样的改善呢?高信噪比时 C_ϵ^{sym} 的直接分析相当复杂,因此,这里借助第 9 章介绍的较粗糙的分集-多路复用折中来回答这个问题。对于解相关器组而言,各用户经历的分集增益为$(n_r-K+1)(1-r)$,其中 r 为各用户的多路复用增益(见习题 9－5),这给出了联合最大似然接收机的分集-多路复用性能下界。另一方面,上行链路的中断性能不可能优于无用户间干扰的情况,即各用户经历包括 n_r 条接收分集支路的点对点信道的情况。相应的单用户折中曲线为 $n_r(1-r)$,中断性能的这些上下界如图 10－5 所示。

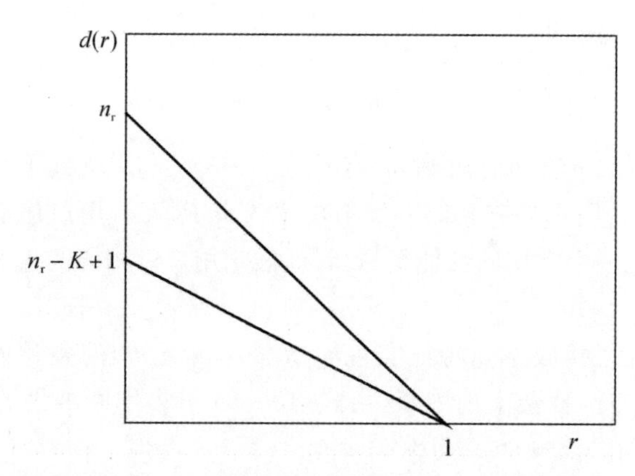

图 10-5　采用解相关器组的上行链路分集-多路复用折中曲线[等于$(n_r-K+1)(1-r)$，是采用联合最大似然接收机时中断性能的下界]以及无用户间干扰时的折中曲线[等于$n_r(1-r)$，是单用户上行链路中断性能的上界]，其中后者是可以实现的

可以对在上行链路采用联合最大似然接收机时的折中曲线做出如下评估：当接收天线的数量不少于用户数量时(即$n_r \geqslant K$)，折中曲线与各用户不考虑用户间干扰时推导的上界相同。换句话说，折中曲线为$n_r(1-r)$，并且即便系统中还存在其他用户也能够实现单用户性能。于是，与解相关器组相比，可以得到联合最大似然接收机的性能解释为：

采用联合最大似然接收机时，接收天线的数量n_r每增加1副就意味着，允许另一个用户接入系统的同时使各用户经历的分集支路的有效数量增加1。

当$n_r < K$时，上行链路的最优折中曲线更为复杂。可以观察到，此时上行链路中总的空间自由度受限于n_r，因而每个用户的最大多路复用速率不可能大于n_r/K。另外，当没有用户间干扰时，各用户的多路复用增益可以达到l；因此，对于足够大的多路复用速率而言，该上界是不可达的。可以证明，当每个用户的多路复用速率略小，即$r \leqslant n_r/(K+1)$时，所获得的分集增益仍然等于单用户时的上界$n_r(1-r)$。如果r大于该阈值(但仍然小于n_r/K)，分集增益则为总的多路复用速率等于Kr时$K \times n_r$ MIMO信道的分集增益，这就等同于K个用户将他们的总速率联合在一起。上行链路总的最优折中曲线如图10-6所示，图中两条线段将以下各点连接起来：

$$(0,n_r),\quad \left[\frac{n_r}{K+1},\frac{n_r(K-n_r+1)}{K+1}\right],\quad \left(\frac{n_r}{K},0\right)$$

习题10-7给出了该折中曲线的计算过程。

6.3.1节给出了拥有一副接收天线的上行链路C_ϵ^{sym}与无用户间干扰的点对点信道的中断容量$C_\epsilon(\text{SNR})$之比的曲线。对于固定的中断概率ϵ而言，增大信噪比对应于减小所需的分集增益。将$n_r=1$与$K=2$代入图10-6中可以看到，只要所需的分集增益大于2/3，相应的多路复用增益就等于不存在用户间干扰情形下的增益。这就解释了图6-10中C_ϵ^{sym}与$C_\epsilon(\text{SNR})$之比最初随着信噪比增加的特性。如果继续增大信噪比，相应的期望分集增益则会低于2/3，此时因用户间干扰会给可达多路复用速率带来损失，这一损失对应于图6-10中比值随信噪比的进一步增大而下降。

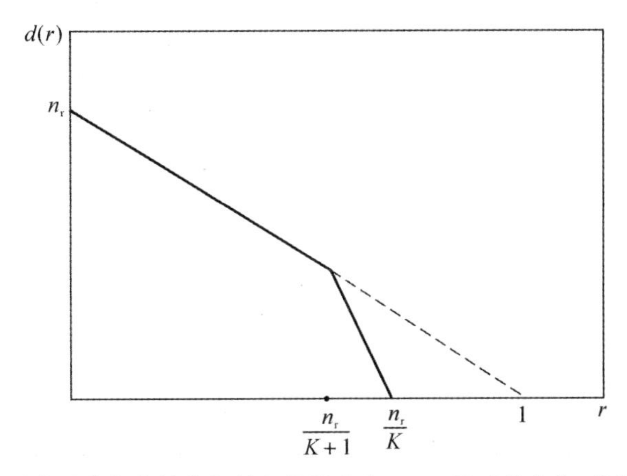

图10-6　采用联合最大似然接收机的上行链路在 $n_r < K$ 时的分集-多路复用折中曲线，这里表示的是每用户多路复用速率 r。多路复用增益不超过 $n_r/(K+1)$ 时，单用户折中性能 $n_r(1-r)$ 是可达的。每用户最大自由度数量为 n_r/K，受限于接收天线数量

10.1.5　快衰落

本节关注在用户信道的若干个相干间隔内进行的通信，在这样的情况下会经历大多数衰落电平。这就是6.3节研究的单天线上行链路和8.2节研究的点对点MIMO信道时所采用的快衰落假设。为简化分析，按照惯例假定基站能够完全跟踪所有用户的信道。

1. 接收机CSI

首先考虑用户仅具有信道统计模型(与前几章一样，信道为平稳、遍历的)的情况，即具有接收机CSI的情况。为了简化符号表示，仅考虑上行链路中的两个用户(即 $K=2$)，各用户的速率不能超过仅一个用户发射时的速率(也即式(5-91)在多副接收天线时的扩展)，各用户的速率可表示为

$$R_k \leqslant \mathbb{E}\left[\text{lb}\left(1+\frac{\|\boldsymbol{h}_k\|^2 P_k}{N_0}\right)\right],\quad k=1,2 \tag{10-12}$$

同时，速率之和的约束[即式(6-37)在多副接收天线时的扩展，参见式(8-10)]为

$$R_1+R_2 \leqslant \mathbb{E}\left[\text{lbdet}\left(\boldsymbol{I}_{n_r}+\frac{1}{N_0}\boldsymbol{H}\boldsymbol{K}_x\boldsymbol{H}^*\right)\right] \tag{10-13}$$

式中，$\boldsymbol{H}=[\boldsymbol{h}_1\ \boldsymbol{h}_2]$ 且 $\boldsymbol{K}_x=\text{diag}\{P_1,P_2\}$。容量区域为五边形(见图10-7)，采用线性MMSE滤波器的接收机结构与译码用户的连续消除相级联就可以实现两个拐角点，附录B.9.3给出了正式的证明。

下面介绍式(10-13)中的容量之和，这恰好是协方差矩阵为对角阵时接收机具有CSI是的点对点MIMO信道的容量。总容量在一副接收天线情况下的性能增益[见式(6-37)]与在仅具有一副接收天线的点对点MIMO信道的性能增益本质上是相同的。如果信道矩阵 $\boldsymbol{H}$ 为充分随机良态矩阵，则性能增益较大(见8.2.2节的讨论)。由于用户在地域上远距离间隔的可能性很大，所以信道矩阵很大可能是良态的(回顾7.2.4节例7.4中的讨论)。特别地，观察到的一个重要事实是，各用户均具有一个空间自由度，然而只有一副接收天线时，总容量本身

也具有一个空间自由度。

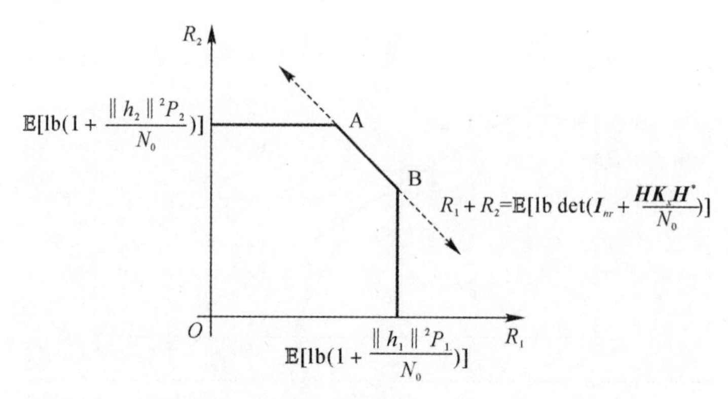

图 10－7　接收机具有 CSI 时的两用户 SIMO 上行链路的容量区域

2. 完整 CSI

现在介绍另一种情况，即基站和各用户具有完整 CSI 的情况①。6.3 节已经针对一副发射天线和一副接收天线系统研究了上行链路具有完整 CSI 时的性能，而本节研究接收天线阵列系统中的性能。

这里假设用户能够根据信道的实际状态改变其发射功率，当然仍需满足平均功率约束条件。如果将时刻 m 用户 k 的发射功率表示为 $P_k(\boldsymbol{h}_1[m],\boldsymbol{h}_2[m])$，即时刻 m 信道状态$\boldsymbol{h}_1[m]$，$\boldsymbol{h}_2[m]$ 的函数，那么用户与基站同时可靠通信的速率对(R_1,R_2) 满足[类似于式(10－12) 与式(10－13)]

$$R_k \leqslant \mathbb{E}\left[\mathrm{lb}\left(1+\frac{\|\boldsymbol{h}_k\|^2P_k(\boldsymbol{h}_1,\boldsymbol{h}_2)}{N_0}\right)\right],\quad k=1,2 \tag{10-14}$$

$$R_1+R_2 \leqslant \mathbb{E}\left[\mathrm{lbdet}\left(\boldsymbol{I}_{n_r}+\frac{1}{N_0}\boldsymbol{HK}_x\boldsymbol{H}^*\right)\right] \tag{10-15}$$

式中，$\boldsymbol{K}_x=\mathrm{diag}\{P_1(\boldsymbol{h}_1,\boldsymbol{h}_2),P_2(\boldsymbol{h}_1,\boldsymbol{h}_2)\}$ 。改变功率分配，用户可以式(10－14) 与式(10－15) 定义的五边形并集内的速率对进行通信，在两个不同功率分配策略之间进行时间共享，用户还能够实现这个五边形并集构成的凸包②内的每个速率对，这就是具有完整CSI的上行链路的容量区域。功率分配仍然满足平均功率约束 P(为表示方便，各用户的功率约束取值相同)，即

$$\mathbb{E}[P_k(\boldsymbol{h}_1,\boldsymbol{h}_2)]\leqslant P,\quad k=1,2 \tag{10-16}$$

在点对点信道中已经看到，根据信道状态的波动采用注水算法可以获得功率分配(见 5.4.6 节)。为了更好地理解功率在多副接收天线的上行链路中的作用，重点介绍以下和容量：

$$C_{\mathrm{sum}}=\max_{P_k(\boldsymbol{h}_1,\boldsymbol{h}_2),k=1,2}\mathbb{E}\left[\mathrm{lbdet}\left(\boldsymbol{I}_{n_r}+\frac{1}{N_0}\boldsymbol{HK}_x\boldsymbol{H}^*\right)\right] \tag{10-17}$$

式中，功率分配满足式(10－16) 中的平均功率约束条件。在基站拥有一副接收天线的上行链路中(见 6.3.3 节)，已经知道，使总容量最大的功率分配仅允许信号质量最佳的用户发射[通

① 在 FDD 系统中，基站无须向每个用户反馈所有用户的全部信道状态，仅需要将发射功率的大小传递给用户。

② 集合的凸包(convex hull) 是指可以表示为集合元素凸组合的所有点构成的集合。

过注水算法对最佳信道状态用户进行功率分配，见式(6-47)]。此时基站接收到的各用户信号为一个矢量(用户 k 为$\boldsymbol{h}_k$)，并且不存在针对这一结论的任何用户自然排序。这里仍然采用拉格朗日方法得到最优功率分配，但是求解有些复杂，具体参见习题10-9。

10.1.6　再谈多用户分集

第6章研究具有完整CSI的上行链路性能的重要收获就是发现了多用户分集。采用多副接收天线对多用户分集会产生怎样的影响呢？已经看到(见6.6节)，当只有一副接收天线且用户信道统计特性独立同分布时，上行链路的和容量可以解释为如下具有完整CSI的点对点信道的容量：

(1) 功率约束为各用户功率约束之和(等于 KP，且各用户功率约束相等，即 $P_i=P$)；

(2) 信道质量为 $|h_{k^*}|^2=\max_{k=1,2,\cdots,K}|h_k|^2$ 对应于最强用户 k^*。

相应的总容量为[见式(6-49)]

$$C_{\text{sum}}=\mathbb{E}\left[\operatorname{lb}\left(1+\frac{P^*(h_{k^*})|h_{k^*}|^2}{N_0}\right)\right] \tag{10-18}$$

式中，P^* 为注水功率分配[见式(5-100)与式(6-47)]。当采用多副接收天线时，无法简单刻画最优功率分配的特征，为了理解这个问题，首先考虑一个时刻仅一个用户发射的次最优策略。

1. 一个时刻仅一个用户发射的策略

在这种情况下，基站的多副接收天线为用户提供接收波束成形增益。下面可以根据由基站的多副接收天线带来的波束成形功率增益对用户进行排序，因此，与一副天线情况下最强的用户类似，这里可以选择接收波束成形增益最大的用户，即 $\|\boldsymbol{h}_k\|^2$ 最大的用户。假定用户信道统计特性独立同分布，则采用该策略的和速率为

$$\mathbb{E}\left[\operatorname{lb}\left(1+\frac{P_{k^*}^*(\|\boldsymbol{h}_{k^*}\|^2)\|\boldsymbol{h}_{k^*}\|^2}{N_0}\right)\right] \tag{10-19}$$

比较式(10-19)与式(10-18)可知，唯一的区别在于标量信道增益 $|h_k|^2$ 被接收波束成形增益 $\|\boldsymbol{h}_k\|^2$ 所取代。

多用户分集增益取决于用户信道质量的最大值变大的概率(即拖尾概率)。例如，已经知道(见6.7节)，瑞利衰落时的多用户分集增益大于(平均信道质量相同的)莱斯衰落时的多用户分集增益，如果到达接收天线阵列的信道(具有单位平均信道质量)独立同分布，则由大数定律可知

$$\frac{\|\boldsymbol{h}_k\|^2}{n_{\text{r}}}\to 1,\quad n_{\text{r}}\to\infty \tag{10-20}$$

因此，当 n_{r} 足够大时，接收波束成形增益可以近似为 $\|\boldsymbol{h}_k\|^2\approx n_{\text{r}}$，这意味着接收波束成形增益的拖尾在 n_{r} 较大时快速衰减。

作为一种示例，图10-8为独立同分布瑞利衰落 $\|\boldsymbol{h}_k\|^2$(即随机变量$\chi_{2n_{\text{r}}}^2$)的密度与 n_{r} 之比的曲线。由图可见，n_{r} 的值越大，经比例变换后的随机变量$\chi_{2n_{\text{r}}}^2$ 的密度就越集中在其均值周围。这一结果在本质上类似于6.7节图6-23给出的在瑞利衰落和莱斯衰落下信道质量的密度曲线。因此，虽然接收天线阵列提供了波束成形增益，但多用户分集增益仍然是受限，这种影响如图10-9所示，由图可见，与相应的AWGN信道相比时，其总容量并没有随用户数量大

幅增加。

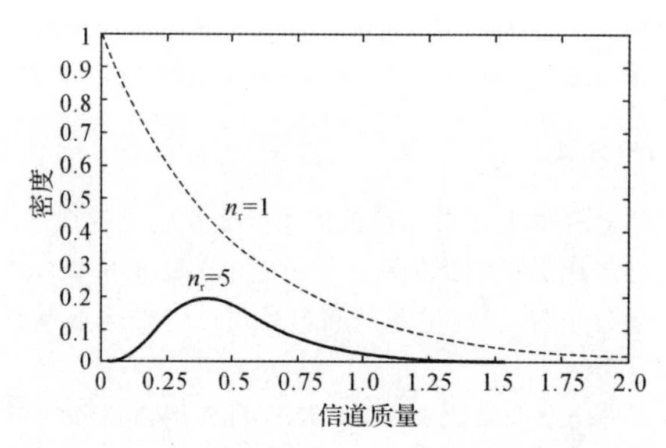

图 10-8　当 $n_r=1,5$ 时，随机变量 $\chi^2_{2n_r}$ 与 n_r 之比的密度曲线，n_r 的值越大，归一化随机变量就越集中在其均值周围

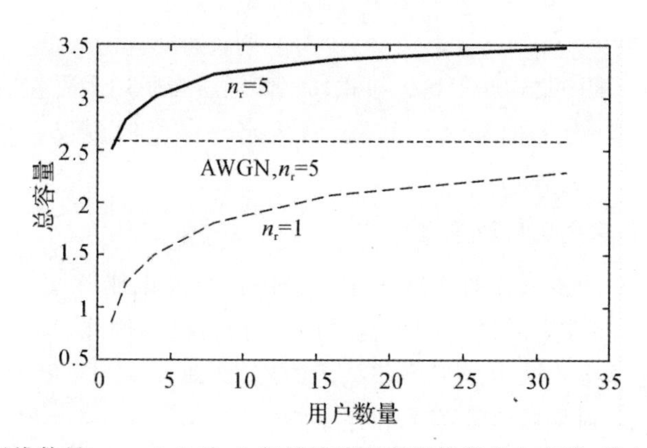

图 10-9　接收天线数量 $n_r=1,5$ 时，上行链路瑞利衰落信道的和容量，其中 SNR = 1(0 dB)，瑞利衰落信道 $h\sim\mathcal{CN}(0,\boldsymbol{I}_{n_r})$；图中同时给出了 $n_r=5$ 且 SNR = 5(7 dB) 时上行链路 AWGN 信道的相应性能以便于比较

2. 最优功率分配策略

上述已经讨论了在任意时刻仅允许一个用户（质量最佳的用户）发射的次最优策略下，多副接收天线对多用户分集的影响。下面考虑和容量如何从多用户分集中受益，即研究对于用户速率之和最优的功率分配策略。在前面的讨论中，已经找到这种功率分配策略的简单形式：对于点对点单天线信道而言，该策略就是注水策略。对于单天线上行链路而言，这种策略就是仅允许质量最佳的用户发射，而且分配给最佳用户的功率就是根据其信道质量进行的注水功率。在采用多副接收天线的上行链路中，一般不存在如此简单的表达形式，然而，当 n_r 与 K 较大且数值相当时，以下简单策略非常接近于最优策略（见习题 10-10）。每个用户都发射信号，并且其功率为根据其自身信道状态进行注水功率分配，即

$$P_k(\boldsymbol{H})=\left(\frac{1}{\lambda}-\frac{I_0}{\|\boldsymbol{h}_k\|^2}\right)^+,\quad k=1,2,\cdots,K \tag{10-21}$$

与前面一样，所选择的注水水位 λ 应满足平均功率约束。

将式(10-21) 中的注水分配与一副接收天线时上行链路的注水分配[见式(6-47)] 进行

比较会受到一定的启发。重要的区别在于,当仅有一个用户发射信号时,注水是根据信道质量相对于背景噪声(功率密度为 N_0)的比值进行的。然而,这里,利用类似的注水功率分配策略,所有用户同时发射信号。因此,式(10 - 21)中的注水分配是根据信道质量(接收波束成形增益)相对于背景干扰加噪声的比值进行的,这个比值用式(10 - 21)中的 I_0 表示。特别地,高信噪比时式(10 - 21)的注水策略可简化为所有时刻的恒定功率分配(在接收天线数量多于用户数量的条件下)。

现在多用户分集的影响就清楚了。这个问题简化为点对点信道中采用注水算法的基本机会式通信增益。该增益仅仅取决于随时间波动的各用户信道质量,因而失去了增益的多用户特性。正如前面所讲到的(见 6.6 节),与多用户情形比较,点对点信道中机会式通信的增益更为有限。

总结 10.2　机会通信与多接收天线

正交多址接入:预先安排的用户可获得功率增益,但降低多用户分集增益。

SDMA:多个用户同时发射。

(1) 最优功率分配根据小区内干扰电平由注水策略予以近似。

(2) 失去了机会式通信增益的多用户特性。

10.2　MIMO 上行链路

现在转而考虑移动台的多副发射天线和基站的多副接收天线的作用(见图 10 - 10)。用户 k 的发射天线数量表示为 $n_{tk}, k=1,2,\cdots,K$。本节首先研究时不变信道,相应的模型即式(10 - 1)的展开:

$$\boldsymbol{y}[m]=\sum_{k=1}^{K}\boldsymbol{H}_k\boldsymbol{x}_k[m]+\boldsymbol{w}[m] \qquad (10-22)$$

式中,$\boldsymbol{H}_k$ 为固定的 $n_r \times n_{tk}$ 矩阵。

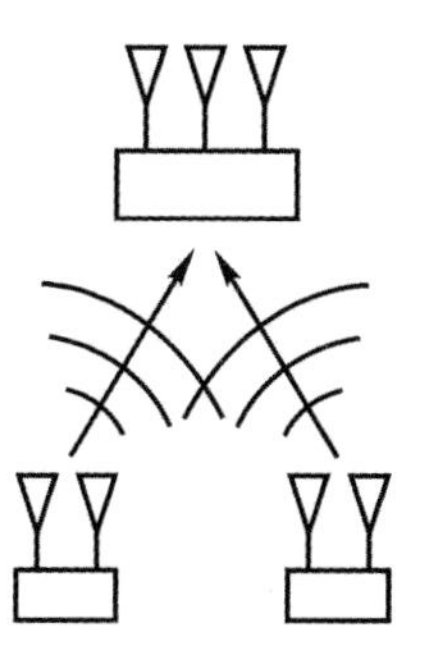

图 10 - 10　各用户具有多副发射天线、基站具有多副接收天线的 MIMO 上行链路

10.2.1　采用多副发射天线的 SDMA

可以很自然地将 10.1.2 节 SDMA 的讨论扩展到多副发射天线的情况,照例从 $K=2$ 个用户开始讨论。

(1) 发射机结构:各用户将其数据进行划分并编码为独立的信息数据流,其中用户 k 采用 $n_k=\min(n_{tk},n_r)$ 个信息流(与点对点 MIMO 信道相同)。分配给 n_k 个数据流的功率为 P_{k_1}, $P_{k_2},\cdots,P_{k_{n_k}}$,经过一次旋转$\boldsymbol{U}_k$ 操作后通过用户 k 的发射天线阵列发射出去。这类似于第 5 章的点对点 MIMO 信道中的发射机结构。在时不变点对点 MIMO 信道中,旋转矩阵 $\boldsymbol{U}$ 选择为信道矩阵奇异值分解中右旋转矩阵,根据信道矩阵二次方奇异值对数据流进行注水功率分配(见图 7-2),发射机结构如图 10-11 所示。

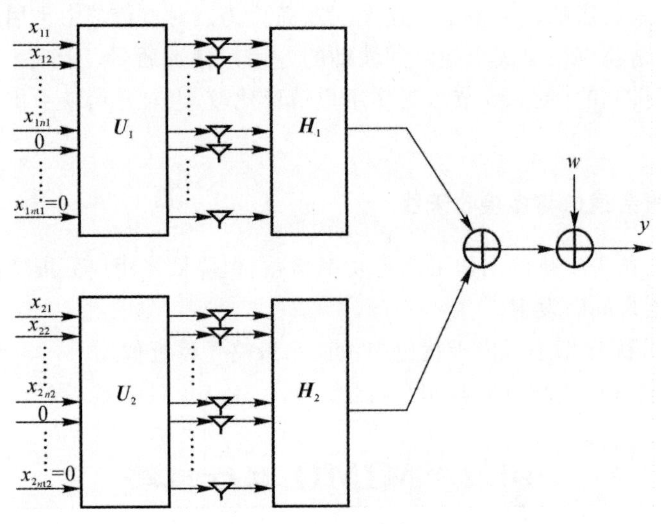

图 10-11　两用户 MIMO 上行链路的发射机结构,各用户将其数据划分为独立的数据流,并为各数据流分配功率,再经旋转后通过发射天线阵列发射出去

(2) 接收机结构:基站采用 MMSE-SIC 接收机译码用户数据流,这是第 8 章接收机结构的一种扩展(见图 8-16),该结构如图 10-12 所示。

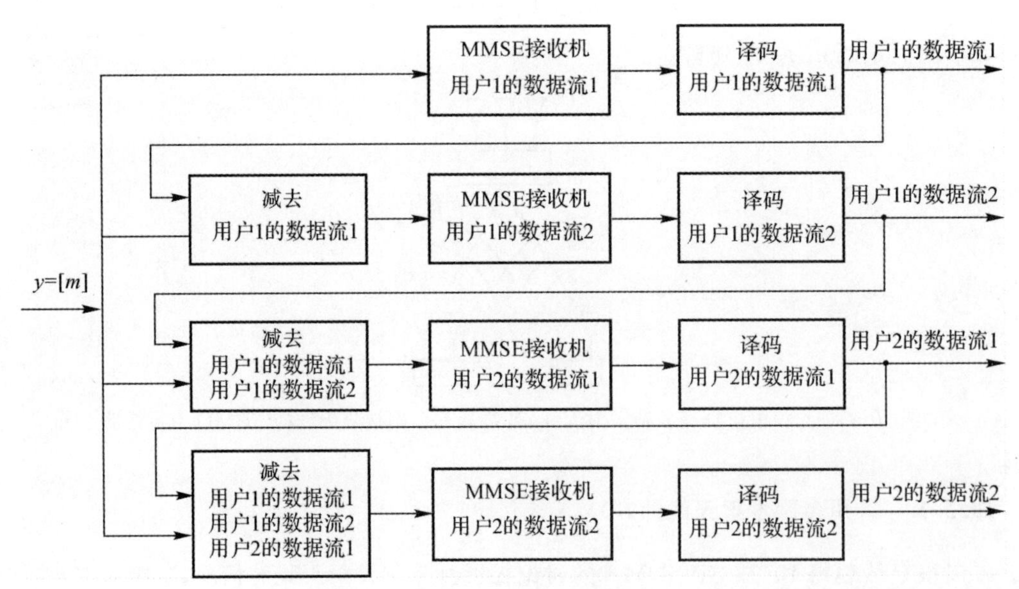

图 10-12　两用户 MIMO 上行链路的接收机结构,图中各用户拥有两副发射天线,并将其数据划分为两个数据流;基站利用线性 MMSE 滤波器对用户数据流进行译码,并在译码后进行串行消除

与式(10－2)、式(10－3) 和式(10－4) 类似，这种收发信机能够达到的速率 R_1、R_2 必须满足以下限制

$$R_k \leqslant \mathrm{lbdet}\left(\boldsymbol{I}_{n_r} + \frac{1}{N_0}\boldsymbol{H}_k \boldsymbol{K}_{xk} \boldsymbol{H}_k^*\right), \quad k=1,2 \tag{10-23}$$

$$R_1 + R_2 \leqslant \mathrm{lbdet}\left(\boldsymbol{I}_{n_r} + \frac{1}{N_0}\sum_{k=1}^{2} \boldsymbol{H}_k \boldsymbol{K}_{xk} \boldsymbol{H}_k^*\right) \tag{10-24}$$

式中，$\boldsymbol{K}_{xk} = \boldsymbol{U}_k \boldsymbol{\Lambda}_k \boldsymbol{U}_k^*$；对角阵 $\boldsymbol{\Lambda}_k$ 的 n_{tk} 个对角线元素为分配给数据流的功率 $P_{k_1}, P_{k_2}, \cdots, P_{k_{n_k}}$ (如果 $n_k < n_{tk}$，则其余的对角线元素等于零，如图 10－11 所示)。约束条件式(10－23) 与式(10－24) 定义的速率区域为一个五边形，如图 10－13 所示，类似于图 10－3 的速率区域。图 10－2 中的接收机结构首先对用户 1 的数据流进行译码，删除后再对用户 2 的数据流进行译码，从而得到图 10－13 中的拐角点 A。

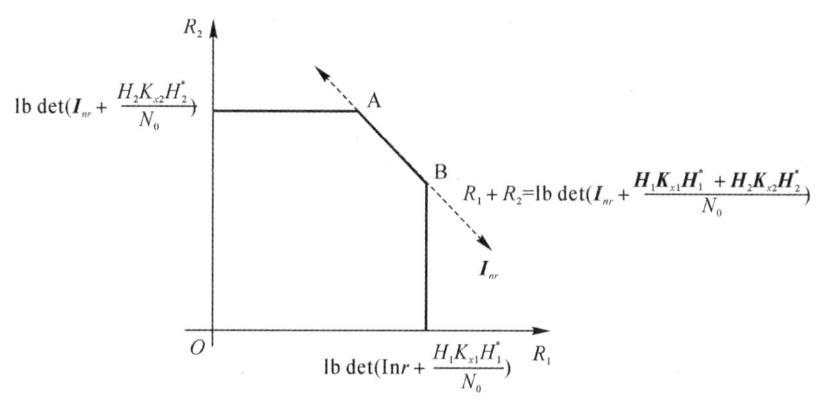

图 10－13　采用由协方差矩阵$\boldsymbol{K}_{x1}$ 与$\boldsymbol{K}_{x2}$ 确定的发射机策略(即数据流的功率分配以及由发射天线阵列发送之前旋转矩阵的选择) 的两用户 MIMO 上行链路的容量区域

如果各用户采用一副发射天线，发射机结构则会大为简化，即仅存在一个数据流，全部功率都分配给该数据流。如果采用多副发射天线，则需要选择在数据流之间的功率分配方式，同时还需要选择在数据流通过发射天线发射之前的旋转矩阵 $\boldsymbol{U}$。一般而言，不同功率分配和旋转矩阵的选择会得到不同的五边形(见图 10－14)，容量区域为所有这些五边形的并集构成的凸包；因此，容量区域通常不是五边形。这是因为与一副发射天线的情况不同，此时不存在使得式(10－23) 与式(10－24) 中三项约束条件右边同时达到最大的协方差矩阵$\boldsymbol{K}_{x1}$ 与$\boldsymbol{K}_{x2}$。根据两个用户性能折中方式的不同，可以选用不同的输入策略，这就是习题 10－12 中的凸规划问题。

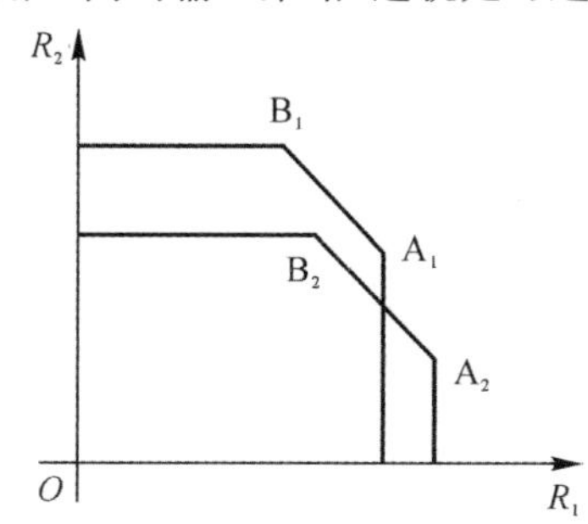

图 10－14　在用户 k 发射滤波器协方差矩阵：$\boldsymbol{K}_{xk}$，$k=1,2$ 的两种特定选择下，两用户 MIMO 多址接入信道可达的容量区域

本节的讨论都局限于两个用户的上行链路的情况，也可以很自然地推广到 K 个用户的情形。此时的容量区域是 K 维的，对于调制用户 $k(k=1,2,\cdots,K)$ 数据流的固定传输滤波器而言，在可达速率区域的边界上存在 $K!$ 个拐角点，各拐角点由 K 个用户的一种排列确定，相应的速率元组可以通过线性 MMSE 滤波器组以及用户间数据(也包括用户的数据流间数据) 连续消除来实现。其收发信机结构是图 10－11 与图 10－12 中两用户结构在 K 个用户条件下的扩展。

10.2.2　系统问题

由容量结果可以得出一些简单的工程理解。考虑包括 K 个移动台的上行链路信道，各移动台仅有一副发射天线，基站有 n_r 副接收天线。假定系统设计人员想给各移动台增加一副发射天线，这一措施如何转化为空间自由度数量的增加呢？

如果孤立地研究各用户并将上行链路信道看作是从各用户到基站的相互隔离的SIMO点对点链路的集合，则给移动台额外增加一副天线就会使得这种链路增加一个可用空间自由度。然而，这却是一种误导。由于存在和速率约束，所以空间自由度的总数受限于 K 与 n_r 最小值，因此，如果 $K>n_r$，则空间自由度数量已经受限于基站接收天线数量，增加移动台发射天线的数量不会再增加空间自由度的总数。本例题指出了将上行链路信道作为一个整体而不是孤立点对点链路的一个集合进行研究的重要性。

另一方面，各用户的多副发射天线对于正交多址接入的性能大有好处(然而，当 $n_r>1$ 时是次最优的)。如果采用一副发射天线，正交多址接入的空间自由度总数仅为 1，增加各用户发射天线的数量会增加空间自由度的数量，用户 k 在发射时拥有 $\min(n_{tk},n_r)$ 个空间自由度。

10.2.3　快衰落

以下信道模型为式(10－22) 的扩展：

$$\mathbf{y}[m]=\sum_{k=1}^{K}\mathbf{H}_k[m]\,\mathbf{x}_k[m]+\mathbf{w}[m] \tag{10-25}$$

信道波动 $\{\mathbf{H}_k[m]\}_m$ 对于用户 k 是相互独立的，并且随时间 m 是平稳遍历的。

在接收机 CSI 模型中，用户仅知道信道的统计特性，而基站可以跟踪所有用户信道的实际状态。用户仍然能够采用图 10－11 中的 SDMA 发射机结构：将数据划分为独立的数据流，并将总功率分配给不同的数据流，之后通过发射天线阵列发射经旋转变换后的数据流。然而，功率分配和旋转矩阵的选择仅取决于信道的统计特性，而与任意时刻 m 的信道具体状态无关。

8.2.1 节讨论具有接收机 CSI 的点对点 MIMO 信道时，我们已经看到发射信号的某种附加结构。如果采用天线阵列，并且散射足够丰富从而使得信道元素可以建模为零均值非相关随机变量，获取容量的发射信号通过不同的角度域窗口发射独立的数据流，即协方差矩阵具有如下形式[见式(8－11)]：

$$\mathbf{K}_x=\mathbf{U}_t\mathbf{\Lambda}\mathbf{U}_t^* \tag{10-26}$$

式中，对角矩阵 $\mathbf{\Lambda}$ 的非负元素表示各发射角度域窗口的发射功率；旋转矩阵 $\mathbf{U}_t$ 表示通过角域窗口发射的信号向线性天线阵列发送的实际信号的变换[见式(7－68)]。

在上行链路 MIMO 信道中也有类似的结论。当各用户的 MIMO 信道(在角度域观察) 具有零均值非相关元素时，考虑式(10－26) 中的协方差矩阵就足够了，即用户 k 的发射协方差矩

阵为

$$\boldsymbol{K}_{xk}=\boldsymbol{U}_{tk}\boldsymbol{\Lambda}_k\boldsymbol{U}_{tk}^* \tag{10-27}$$

式中,矩阵$\boldsymbol{\Lambda}_k$ 的对角线元素表示分配给数据流的功率,并且每个功率对应一个角域窗口,这样功率之和就等于用户 k 的功率约束 P_k(见习题 10-13)。当选择这种发射策略时,与式(10-12) 和式(10-13) 的情况一样,用户共同可靠通信的速率对(R_1,R_2) 受到以下约束:

$$R_k\leqslant\mathbb{E}\left[\mathrm{lbdet}\left(\boldsymbol{I}_{n_r}+\frac{1}{N_0}\boldsymbol{H}_k\boldsymbol{K}_{xk}\boldsymbol{H}_k^*\right)\right],\quad k=1,2 \tag{10-28}$$

$$R_1+R_2\leqslant\mathbb{E}\left[\mathrm{lbdet}\left(\boldsymbol{I}_{n_r}+\frac{1}{N_0}\sum_{k=1}^{2}\boldsymbol{H}_k\boldsymbol{K}_{xk}\boldsymbol{H}_k^*\right)\right] \tag{10-29}$$

该约束条件形成了一个五边形,其拐角点可采用线性 MMSE 滤波器与数据流的连续消除相结合的结构来实现(见图 10-12)。

容量区域是这些五边形并集构成的凸包,一个五边形对应一种用户数据流的功率分配方式(即$\boldsymbol{\Lambda}_1$,$\boldsymbol{\Lambda}_2$ 的对角线元素)。在具有某种附加对称性(例如在独立同分布瑞利衰落模型)的点对点 MIMO 信道中,已经看到获取容量的功率分配方式是给数据流分配相等的功率[见式(8-12)]。在 MIMO 上行链路中也有类似的结论。当所有用户经历独立同分布瑞利衰落时,给数据流进行等功率分配,即

$$\boldsymbol{K}_{xk}=\frac{P_k}{n_{tk}}\boldsymbol{I}_{n_{tk}} \tag{10-30}$$

可以实现整个容量区域,因此,在这种情况下,容量区域就是一个五边形(见习题 10-14)。

具有完整 CSI 时容量区域的分析与前面的分析十分类似(见 10.1.5 节),由于要反馈的参数数量增多(从而用户可以根据时变信道改变其发射策略),所以这种情形也与工程实践不太相关,至少对 FDD 系统是这样的。

10.3　采用多副发射天线的下行链路

现在研究从基站到多个用户的下行链路信道,此时基站采用发射天线阵列,但各用户只采用一副接收天线(见图 10-15)。由于为基站安装多副天线比为移动用户安装多副天线更容易,所以在实际中通常对此比较感兴趣。与上行链路一样,首先考虑信道固定的时不变情形。基站采用 n_r 副天线、K 个用户分别采用一副接收天线的窄带下行链路的基带模型为

$$\boldsymbol{y}_k[m]=\boldsymbol{h}_k^*\boldsymbol{x}[m]+w_k[m],\quad k=1,2,\cdots,K \tag{10-31}$$

式中,$\boldsymbol{y}_k[m]$ 为用户 k 在时刻 m 的接收矢量;$\boldsymbol{h}_k^*$ 为一个 n_t 维行矢量,表示从基站到用户 k 的信道。从几何上讲,用户 k 观察到的是在加性高斯噪声下发射信号在空间方向$\boldsymbol{h}_k^*$ 上的投影。噪声 $w_k[m]\sim\mathcal{CN}(0,N_0)$,并且随时间 m 是独立同分布的。这里隐含的一个重要假设是:对于基站和用户,信道的$\boldsymbol{h}_k$ 均已知。

10.3.1　下行链路的自由度

假定矩阵 $\boldsymbol{H}=[\boldsymbol{h}_1\boldsymbol{h}_2\cdots\boldsymbol{h}_K]$ 是满秩的,如果用户能够相互配合,则所得到的 MIMO 点对点信道具有 $\min(n_t,K)$ 个空间自由度。当用户不能相互协作时,是否仍能获得满空间自由度吗?

现在讨论一种特殊情况，假定$\boldsymbol{h}_1, \boldsymbol{h}_2, \cdots, \boldsymbol{h}_K$ 相互正交(只有当 $K \leqslant n_t$ 时才可能)。在这种情况下，可以给各用户发射独立的数据流，使得给第 k 个用户的数据流$\{\widetilde{x}_k[m]\}$沿发射空间特征的方向$\boldsymbol{h}_k$ 发送，即

$$\boldsymbol{x}[m] = \sum_{k=1}^{K} \widetilde{x}_k[m] \boldsymbol{h}_k \tag{10-32}$$

整个信道分解为一组并行信道，用户 k 接收到

$$y_k[m] = \| \boldsymbol{h}_k \|^2 \widetilde{x}_k[m] + w_k[m] \tag{10-33}$$

因此，可以给用户发射 K 个无干扰的数据流，从而获得信道的满空间自由度。

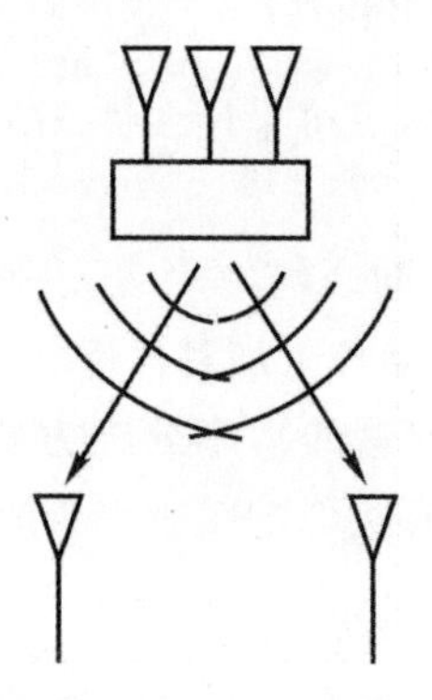

图 10-15　基站采用多副发射天线、各用户采用一副接收天线的下行链路

当用户的信道彼此不正交时，一般会发生什么情况呢？可以看出，为了获得上例中用户的无干扰信道，发射特征$\boldsymbol{h}_k$ 的关键性质是$\boldsymbol{h}_k$ 与所有其他用户空间方向的$\boldsymbol{h}_i$ 相互正交。对于一般信道(仍然假定$\boldsymbol{h}_1, \boldsymbol{h}_2, \cdots, \boldsymbol{h}_k$ 之间线性独立，因此 $K \leqslant n_t$)而言，可以用与其他所有$\boldsymbol{h}_i$ 相正交的子空间$\boldsymbol{V}_k$ 中的矢量$\boldsymbol{u}_k$ 取代空间特征$\boldsymbol{h}_k$ 来保持相同的性质，由此得到的用户 k 的信道为

$$y_k[m] = (\boldsymbol{h}_k^* \boldsymbol{u}_k)\widetilde{x}_k[m] + w_k[m] \tag{10-34}$$

因此，在一般情况下同样也可以获得K个空间自由度。可以进一步选择$\boldsymbol{u}_k \in \boldsymbol{V}_k$ 使得上述信道的信噪比最大，从几何上看，这是由$\boldsymbol{h}_k$ 在子空间$\boldsymbol{V}_k$ 上的投影确定的。该发射滤波器就是上行链路中，也是点对点信道中采用的解相关接收滤波器(见 8.3.1 节解相关器的几何推导)。

上述讨论是在$K \leqslant n_t$ 的情况下展开的。当$K \geqslant n_t$ 时可以采用相同的方案，但一个时刻仅能给 n_t 个用户发射信号，从而获得 n_t 个空间自由度。因此，在所有情况下所能够获得的空间自由度总数为 $\min(n_t, K)$，与所有接收机能够协同工作时点对点链路的空间自由度相同。

可以观察到的一个重要问题是，获得该性能的前提假设是基站具有信道知识$\boldsymbol{h}_k$。在研究SDMA 时，要求基站具有同样的信道辅助信息，并证明了此时可以获得的空间自由度与用户可以协同工作时相同。在 TDD 系统中，基站可以利用信道互易性，通过测量上行链路信道来推测下行链路信道。在 FDD 系统中，上行链路信道与下行链路信道一般来说是完全不同的，因此需要有反馈:特别在用户高速运动且发射天线数量很大的情况下，这是一项相当繁重的任务。因此，基站对信道状态信息的要求在上行链路和下行链路是完全不对称的:在下行链路更为繁重。

10.3.2　上行链路-下行链路的对偶性与发射波束成形

在上行链路，高信噪比情况下，当来自其他数据流的干扰远大于加性噪声时，解相关滤波

器为最优线性滤波器。对于一般的信噪比而言，应该使用线性 MMSE 接收机对干扰和噪声的抑制进行最优平衡，也称为接收波束成形。在前一节发现了类似于解相关接收策略的下行链路传输策略，自然想到要寻找类似于线性 MMSE 接收机的下行链路传输策略。换句话说，“最优”发射波束成形是什么呢？

对于给定的功率集合而言，第 k 个用户的上行链路性能仅为接收滤波器$\boldsymbol{u}_k$ 的函数。因此，阐明何为“最优”线性接收机是很简单的，使得输出 SINR 最大的接收机，其解就是 MMSE 接收机。然而，在下行链路中，各用户的 SINR 是全部用户发射特征$\boldsymbol{u}_1, \boldsymbol{u}_2, \cdots, \boldsymbol{u}_K$ 的函数，因此，这个问题显得更为复杂。但是，实际上存在一种下行链路传输策略，是 MMSE 接收策略的自然“对偶”，并且在某种意义上是最优的。这实际上正是现在介绍的上行链路与下行链路更一般 对偶性的结果。

1. 上行链路-下行链路对偶性

在假定 K 个用户的发射特征为$\boldsymbol{u}_1, \boldsymbol{u}_2, \cdots, \boldsymbol{u}_K$，天线阵列的发射信号为

$$\boldsymbol{x}[m] = \sum_{k=1}^{K} \tilde{x}_k[m]\, \boldsymbol{u}_k \tag{10-35}$$

式中，$\{\tilde{x}_k[m]\}$ 为用户 k 的数据流。代入式(10－31)，对于用户 k，有

$$y_k[m] = (\boldsymbol{h}_k^* \boldsymbol{u}_k)\tilde{x}_k[m] + \sum_{j \neq k} (\boldsymbol{h}_k^* \boldsymbol{u}_j)\tilde{x}_j[m] + w_k[m] \tag{10-36}$$

用户 k 的 SINR 为

$$\mathrm{SINR}_k = \frac{P_k \mid \boldsymbol{u}_k^* \boldsymbol{h}_k \mid^2}{N_0 + \sum_{j \neq k} P_j \mid \boldsymbol{u}_j^* \boldsymbol{h}_k \mid^2} \tag{10-37}$$

式中，P_k 为分配给用户 k 的功率。

令 $\boldsymbol{a} = (\boldsymbol{a}_1 \boldsymbol{a}_2 \cdots \boldsymbol{a}_K)^{\mathrm{T}}$，式中

$$a_k = \frac{\mathrm{SINR}_k}{(1 + \mathrm{SINR}_k) \mid \boldsymbol{h}_k^* \boldsymbol{u}_k \mid^2}$$

将式(10－37) 重新写成矩阵形式为

$$(\boldsymbol{I}_K - \mathrm{diag}\{a_1, \cdots, a_K\}\mathbf{A})\,\boldsymbol{p} = N_0 \boldsymbol{a} \tag{10-38}$$

式中，$\boldsymbol{p}$ 表示发射功率矢量$(P_1, P_2, \cdots, P_K)$，并且 $K \times K$ 阶矩阵 $\mathbf{A}$ 的(k,j) 元素等于 $\mid \boldsymbol{u}_j^* \boldsymbol{h}_k \mid^2$。

下面考虑与给定下行链路信道自然“对偶”的上行链路信道，将下行链路信道式(10－31)重新写为矩阵形式：

$$\boldsymbol{y}_{\mathrm{dl}}[m] = \boldsymbol{H}^* \boldsymbol{x}_{\mathrm{dl}}[m] + \boldsymbol{w}_{\mathrm{dl}}[m] \tag{10-39}$$

式中，$\boldsymbol{y}_{\mathrm{dl}}[m] = [y_1[m] y_2[m] \cdots y_K[m]]^{\mathrm{T}}$ 为 K 个用户的接收的矢量；$\boldsymbol{H} = [\boldsymbol{h}_1 \boldsymbol{h}_2 \cdots \boldsymbol{h}_K]$ 为一个 $n_{\mathrm{t}} \times K$ 矩阵。引入下标“dl”是为了强调下行链路。对偶上行链路信道包括 K 个用户(每个用户有一副发射天线) 和 n_{t} 副接收天线，可表示为

$$\boldsymbol{y}_{\mathrm{ul}}[m] = \boldsymbol{H}^* \boldsymbol{x}_{\mathrm{ul}}[m] + \boldsymbol{w}_{\mathrm{ul}}[m] \tag{10-40}$$

式中，$\boldsymbol{x}_{\mathrm{ul}}[m]$ 为来自 K 个用户的发射信号矢量；$\boldsymbol{y}_{\mathrm{ul}}[m]$ 为 n_{t} 副接收天线的接收信号矢量；$\boldsymbol{w}_{\mathrm{ul}}[m] \sim \mathcal{CN}(0, N_0)$。为了解调该上行链路信道中第 k 个用户的信号，采用接收滤波器$\boldsymbol{u}_k$，即下行链路中用户 k 的发射滤波器。两个对偶系统如图 10－16 所示。

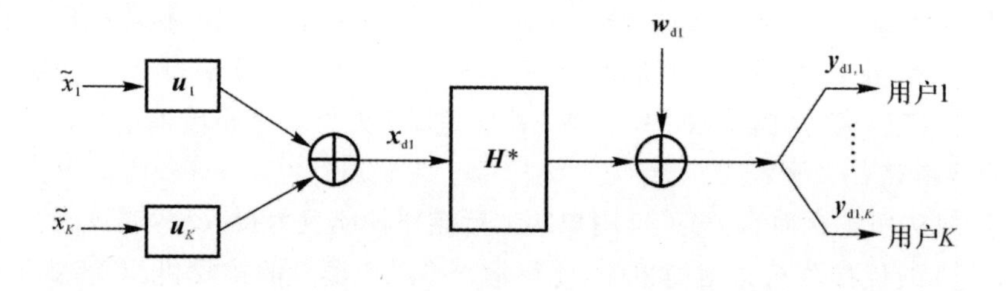

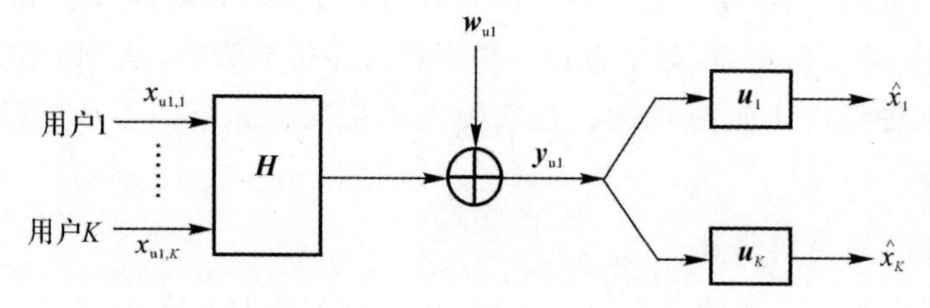

图 10-16　采用线性发射策略的原下行链路及其采用线性接收策略的上行链路对偶

在该上行链路中，用户 k 的 SINR 为

$$\mathrm{SINR}_k^{\mathrm{ul}} = \frac{Q_k \mid \boldsymbol{u}_k^* \boldsymbol{h}_k \mid^2}{N_0 + \sum_{j \neq k} Q_j \mid \boldsymbol{u}_k^* \boldsymbol{h}_j \mid^2} \tag{10-41}$$

式中，Q_k 为用户 k 的发射功率。令 $\boldsymbol{b} = [b_1 b_2 \cdots b_K]^{\mathrm{T}}$，其中

$$b_k = \frac{\mathrm{SINR}_k^{\mathrm{ul}}}{(1 + \mathrm{SINR}_k^{\mathrm{ul}}) \mid \boldsymbol{u}_k^* \boldsymbol{h}_k \mid^2}$$

可以将式(10-41) 重新写为以下矩阵形式：

$$(\boldsymbol{I}_K - \mathrm{diag}\{\mathrm{b}_1, b_2, \cdots, b_K\} \boldsymbol{A}^{\mathrm{T}}) \boldsymbol{q} = N_0 \boldsymbol{b} \tag{10-42}$$

式中，$\boldsymbol{q}$ 为用户的发射功率矢量；$\boldsymbol{A}$ 与式(10-38) 中相同。

下行链路传输策略的性能及其对偶的上行链路接收策略之间的性能如何呢？我们说，为了在两条链路中实现相同的用户 SINR，两个系统中的发射总功率应该是相同的。为了说明这个问题，首先求解式(10-38) 与式(10-42) 中的发射功率，得到：

$$\boldsymbol{p} = N_0 (\boldsymbol{I}_K - \mathrm{diag}\{a_1, \cdots, a_K\} \boldsymbol{A})^{-1} \boldsymbol{a} = N_0 (\boldsymbol{D}_a - \boldsymbol{A})^{-1} \mathbf{1} \tag{10-43}$$

$$\boldsymbol{q} = N_0 (\boldsymbol{I}_K - \mathrm{diag}\{b_1, \cdots, b_K\} \boldsymbol{A}^{\mathrm{T}})^{-1} \boldsymbol{b} = N_0 (\boldsymbol{D}_b - \boldsymbol{A}^{\mathrm{T}})^{-1} \mathbf{1} \tag{10-44}$$

式中，$\boldsymbol{D}_a = \mathrm{diag}\{1/a_1, 1/a_2, \cdots, 1/a_K\}$，$\boldsymbol{D}_b = \mathrm{diag}\{1/b_1, 1/b_2, \cdots, 1/b_K\}$，$\mathbf{1}$ 为全 1 矢量。为了在下行链路及其对偶的上行链路实现相同的 SINR，即 $\boldsymbol{a} = \boldsymbol{b}$，可以得出以下结论：

$$\sum_{k=1}^{K} P_k = N_0 \mathbf{1}^{\mathrm{T}} (\boldsymbol{D}_a - \boldsymbol{A})^{-1} \mathbf{1} = N_0 \mathbf{1}^{\mathrm{T}} [(\boldsymbol{D}_a - \boldsymbol{A})^{-1}]^{\mathrm{T}} \mathbf{1} = N_0 \mathbf{1}^{\mathrm{T}} (\boldsymbol{D}_b - \boldsymbol{A}^{\mathrm{T}})^{-1} \mathbf{1} = \sum_{k=1}^{K} Q_k \tag{10-45}$$

应该强调的是，在下行链路及其对偶的上行链路中实现相同的 SINR 的各个功率 P_k 与 Q_k 是不同的，只是总功率相同。

2. *发射波束成形与最优功率分配*

上述已经观察到，下行链路中各用户的 SINR 一般取决于所有用户的发射特征，因此，基于各自最大化用户 SINR 选择发射特征对于求解本问题是没有意义的。更切合实际的描述应该是，最小化满足给定 SINR 要求所需的发射总功率。最优发射特征同时兼顾在用户方向上的能量集中与最小化其他用户干扰这两方面，可以认为这种发射策略就是执行发射波束成形。求解这一问题也隐含着求解各用户的功率分配问题。

基于以上建立的上行链路-下行链路对偶关系后，发射波束成形的问题可以通过研究上行链路的对偶性予以求解。对于发射特征的任意选择，因为在对偶上行链路中将发射特征作为接收滤波器并采用相同的发射总功率就能够满足相同的 SINR 要求，所以如果能够找到使得对偶上行链路中发射总功率最小的接收滤波器，就可以解决下行链路的问题了。但这个问题已经在 10.1.1 节解决了，给定用户发射功率时，选择接收滤波器为 MMSE 滤波器，通过迭代更新发射功率就可以满足各用户的 SINR 要求（实际上，该算法不仅使发射总功率最小化，而且同时使得每个用户的发射功率最小化）。于是，对偶上行链路最优解中的 MMSE 滤波器可以用作下行链路中的最优发射特征，并且由式（10－43）可以获得下行链路相应的最优功率分配 $\boldsymbol{p}$。

应该注意的是，MMSE 滤波器是对偶上行链路中具有最小功率的滤波器，而不是下行链路中具有最优发射功率 $\boldsymbol{p}$ 的滤波器。在高信噪比时，各 MMSE 滤波器逼近于解相关器，而且因为与 MMSE 滤波器不同，解相关器不取决于其他干扰用户的功率，所以在上行链路和下行链路都使用了相同的滤波器。在 10.3.1 节已经讨论了这一点。

3. 超越线性策略

在 8.3 节讨论的点对点通信接收机结构和 10.1.1 节讨论的上行链路接收机结构中，通过引入连续消除提升线性接收机的性能。那么在下行链路是否也存在类似的技术呢？

在基站仅具有一副发射天线的下行链路情况下，已经在 6.2 节利用到这样的策略，即叠加编码与译码。如果将多个用户的信号叠加在一起，那么信道质量最强的用户就可以译码出较弱用户的信号，将其减去后再译码自身的信号。这与上行链路中的连续消除非常类似。但是，在多副发射天线的情况下，不存在用户的自然排序，特别地，如果基站发射的是信号的线性叠加的，即

$$\boldsymbol{x}[m]=\sum_{k=1}^{K}\tilde{x}_k[m]\,\boldsymbol{u}_k$$

则各用户的信号将被投影到不同的用户，因此无法确保存在一个用户具有足够大的 SINR 来译码其他各用户的数据。

在上行链路和点对点 MIMO 信道中，由于存在已知整个接收信号矢量的唯一实体（基站），所以可能进行连续消除。下行链路却很难实现，因为用户彼此不能协同工作。但在只有一副发射天线的特殊情况下可以克服这个问题，因为从可译码性的观点看，指定用户仿佛知道所有较弱信道用户的接收信号。在具有多副发射天线的一般情况下，这一属性并不成立，“消除”方法必然由完全已知所有用户数据的基站完成。但是如何在发射之前消除用户的信号呢？下面就来研究这个问题。

10.3.3　发射机已知干扰的预编码

考虑简单点对点情况下的预编码问题：

$$y[m]=x[m]+s[m]+w[m] \tag{10-46}$$

式中，$x[m]$，$y[m]$，$w[m]$ 分别为时刻 m 实的发射符号、接收符号和服从 $\mathcal{N}(0,\sigma^2)$ 分布的噪声。噪声随时间是独立同分布的，发射机完全已知干扰序列 $\{s[m]\}$，但接收机不知道。发射

信号$\{x[m]\}$满足功率约束条件。为简单起见，从现在起假设所有信号都是实值的。当运用到下行链路问题时，$\{s[m]\}$为发送给其他用户的信号，因此对于发射机(基站)是已知的，但对用户接收机未必已知。同样的问题还出现在许多其他场合。例如，在数据隐藏的应用中，$\{s[m]\}$为希望能够隐藏数据信息的“宿主”信号，编码器通常是知道这一宿主信号的，但译码器却不知道。这种情况下对于$\{x[m]\}$的功率约束反映了对宿主信号失真程度的约束，这里的问题就是在这一约束条件下，尽可能多地嵌入信息①。

发射机利用其掌握的干扰知识如何将信息预编码到序列$\{x[m]\}$中呢？与接收机也已知干扰的情况，或者等价的不存在干扰的情况相比，需要付出多大的功率代价呢？为了理解上述问题，首先研究逐个码元进行的预编码方案。

1. *逐码元预编码*：Tomlinson - Harashima

具体地讲，假定采用未编码 $2M$ - PAM 来调制信息，即星座点为$\{a(1+2i)/2, i=-M, -M+1\cdots, M-1\}$，且间隔为$a$。本小节仅考虑逐码元预编码，为简化以下的表示，省略时标m。假定要发送该星座中的符号u，补偿干扰s最简单的方式是发射$x=u-s$，而不是发射u，于是接收信号为$y=u+w$②。然而，这样做所付出的代价是所需能量增加了s^2，这一功率代价随着s^2的增大无限增大，如图 10 - 17 所示。

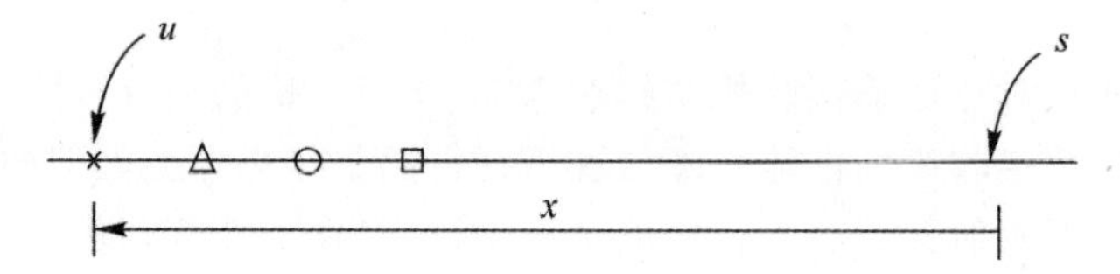

图 10 - 17　发射信号为 PAM 码元与干扰之差，干扰越大，消耗的功率就越大

采用简单的预删除方案的问题是 PAM 符号与干扰之间的距离可能任意大，现在考虑如下性能更好的预编码方案。其思想是沿整个实轴复制 PAM 星座，从而得到无限扩展的星座(见图 10 - 18、图 10 - 19)，于是，$2M$个信息符号中的每一个都对应于复制星座中位于相同相对位置的一组等价点。如果信息符号为u，预编码方案在与干扰s距离最近的等价组中选择一个表示p，之后发射差值$x=p-s$。与前面的简单方案不同，此时的差值变得更小，并且不随s的增大而无限增大。图 10 - 20 为这种预编码方案的直观表示。

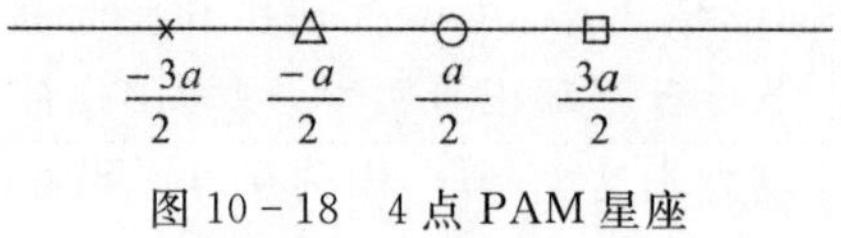

$-\frac{3a}{2}$　$-\frac{a}{2}$　$\frac{a}{2}$　$\frac{3a}{2}$

图 10 - 18　4 点 PAM 星座

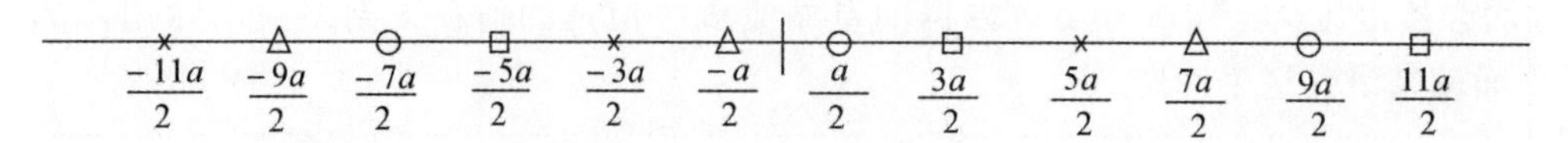

图 10 - 19　将 4 点 PAM 星座沿整个实轴复制，用相同符号表示的点对应于相同的信息符号(即原星座图中四个星座点之一)

① 数据隐藏的一个很好应用就是将数字信息嵌入模拟电视广播中。

② 这种策略完全不适合于下行链路信道，因为s包含了其他用户的消息，发射端s的删除意味着其他用户将得不到任何信息。

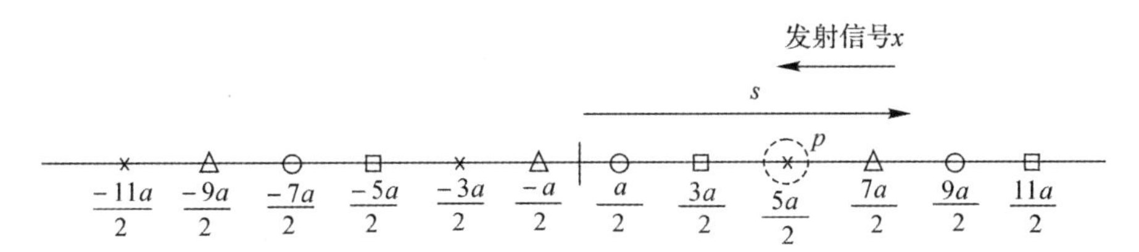

图 10-20　$M=2$ 且 PAM 信息码元 $u=-3a/2$ 时预编码运算的直观表示，用符号 × 表示的点构成了该符号的等价组，发射的是 s 与距离最近的 × 号 p 之间的距离

解释预编码运算的一种方法是将任何一个 PAM 符号 u 的等价组看作是（均匀间隔的）实轴量化器（quantizer）$q_u(\cdot)$。在这种情况下，认为发射信号 x 是量化误差，当 u 为发射信息码元时，量化误差即干扰 s 与量化值 $q_u(s)$ 之差。

接收信号为

$$y=(q_u(s)-s)+s+w=q_u(s)+w$$

接收机在无限复制的星座中找到距离 y 最近的点，之后再译码为包含该点的等价组。

现在介绍该方案的差错概率和功耗，以及如何与无干扰时的性能进行比较。差错概率近似为①

$$2Q\left(\frac{a}{2\sigma}\right) \tag{10-47}$$

当不存在干扰并且采用 $2M$-PAM 时，内部点的差错概率与式（10-47）相同，但对于两个外部点而言，差错概率为 $Q(a/2\sigma)$，比内部点的差错概率减小一半。在预编码情况下外部点的差错概率更大的原因是存在复制的星座图之间可能会出现混淆的缘故。然而，当差错概率很小时，这个差别可以忽略②。

预编码方案的功耗如何呢？各等价组中相邻点之间的距离为 $2Ma$，因此，与简单的干扰预删除方案不同，量化误差不会随 s 的增大无限地增大，即

$$|x|\leqslant Ma$$

如果假定 s 完全随机，使得该量化误差在 0 与该值之间服从均匀分布，则平均发射功率为

$$\mathbb{E}[x^2]=\frac{a^2M^2}{3} \tag{10-48}$$

相比之下，原 $2M$-PAM 星座的平均发射功率为 $a^2M^2/3-a^2/12$，因此，预编码方案要求增加的发射功率因子为

$$\frac{4M^2}{4M^2-1}$$

因此，与 AWGN 检测性能之间仍然存在着差距，然而，在星座尺寸 M 很大时，这一功率代价是可以忽略不计的。

这里的描述受到了 Tomlinson 以及 Harashima 与 Miyakawa 设计的点对点频率选择性（ISI）信道的类似预编码方案的启发，此时的干扰为码间干扰，表示为

① 该表达式不准确的原因在于，噪声可能非常大，使得 y 距离最近的点恰好就在与信息符号相同的等价组内，从而得到正确的判决。但是，这个事件发生的概率可以忽略不计。

② 这个因子 2 可以很容易地通过适当增加符号间隔进行补偿。

$$s[m]=\sum_{l\geqslant 0}h_l x[m-l]$$

式中，h 为信道的冲激响应。由于发射机知道之前的发射码元，所以如果发射机已知信道信息，它就能知道干扰。在讨论 8.1 中，已经间接指出 MIMO 信道与频率选择性信道之间的联系，并且预编码实现从一个知识库到另一个知识库的转换。的确，Tomlinson - Harashima 预编码可以用于取代频率选择性信道中基于接收机的判决反馈均衡，类似于 MIMO 信道和上行链路信道中的 SIC 接收机。预编码方法的优势在于避免了判决反馈均衡器的误差传播问题，因为判决反馈均衡器中的消除运算是基于检测的符号的，而预编码则是基于发射机已知的符号的。

2. 污纸预编码：实现 AWGN 容量

前一节的预编码方案只是针对一维星座（例如 PAM）的方案，而频谱高效的通信则要求在多个维数实现编码。而且在低信噪比状态下，未编码传输只能得到相当差的差错概率性能，因而必须进行编码。关于分组预编码方案的设计已经开展了大量的研究工作，目前仍然是一个非常活跃的研究领域，具体方案的详细讨论已经超出了本书的范围，这里将在理解逐符号预编码的基础上给出如下合理的结论，即适当的预编码实际上能够完全消除干扰的影响并且实现 AWGN 信道的容量。因此，观察到的逐符号预编码的功率代价可以通过高维编码予以避免。在文献中，这里提到的预编码技术也称为 Costa 预编码或者污纸预编码①。

3. 第一次尝试

考虑分组长度为 N 个符号的通信：

$$\boldsymbol{y}=\boldsymbol{x}+\boldsymbol{s}+\boldsymbol{w} \tag{10-49}$$

在前面介绍的逐符号预编码方案中，首先采用基本的 PAM 星座，并将其进行复制，从而均匀地覆盖干扰 $\boldsymbol{s}$ 张成的整个（一维）区域。对于分组编码而言，希望利用基本的 AWGN 星座模仿这一策略，同样对其进行复制以均匀地覆盖 N 维空间。根据球体填充的结论，给出采用这类方案实现可靠通信的最大速率估计。

在 $\Re^N$ 中体积为 V 的区域内，只要该区域足够大可以确保接收信号 $\boldsymbol{y}$ 位于其中，该区域的准确尺寸就不是很重要了。这就是复制基本码本时所在的区域，首先产生包括 M 个码字的一个码本，并将各码字复制 K 次，再将由 MK 个点组成的扩展星座$\mathcal{C}_e$放置在该区域球上（见图 10 - 21）。于是，各码字对应于 $\Re^N$ 中的一组等价点，等效地，给定的信息比特 u 定义了一个量化器 $q_u(\cdot)$。逐符号预编码过程的自然推广就是利用该量化器将已知干扰 $\boldsymbol{s}$ 量化为$\mathcal{C}_e$中的点 $\boldsymbol{p}=q_u(\boldsymbol{s})$，并发射量化误差：

$$\boldsymbol{x}_{1'}=\boldsymbol{p}-\boldsymbol{s} \tag{10-50}$$

根据接收信号 $\boldsymbol{y}$，译码器找到扩展星座中与 $\boldsymbol{y}$ 距离最近的点，并译码为与等价组相对应的信息比特。

---

① 后一个名称来自Costa论文的题目："Writing on dirty-paper"[23]。信息的书写者指导污渍的位置，从而在写作中进行调整，帮助读者在不知道污渍的情况下能够准确地获得信息内容。

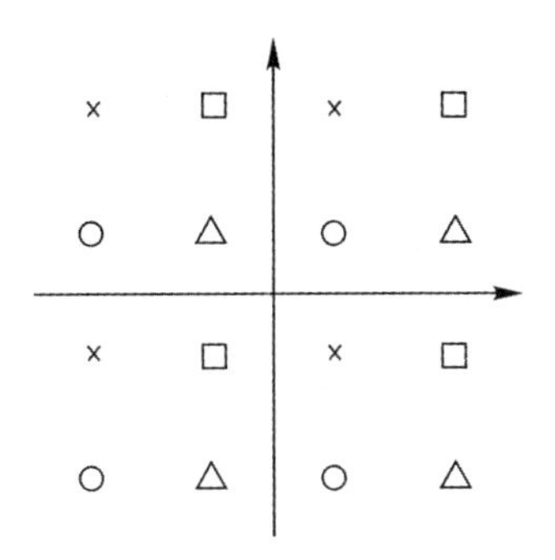

图 10－21　高维空间中的复制星座，信息比特确定了对应于码字副本的一组等价点（图中用相同的符号表示）

4. 性能

为了估计在给定平均功率约束 P 下采用该方案实现可靠通信的最大速率，我们观察到：

（1）球体填充。为了避免将 $\boldsymbol{x}_1$ 与扩展星座 $\mathcal{C}_e$ 中属于其他等价组的另外 $K(M-1)$ 个点相混淆，这些点周围半径为 $\sqrt{N\sigma^2}$ 的噪声球应该彼此分离，这就是说

$$KM < \frac{V}{\mathrm{Vol}\left[B_N(\sqrt{N\sigma^2})\right]} \tag{10-51}$$

（2）球体覆盖。为了维持平均发射功率约束 P，对任意干扰矢量 $\boldsymbol{s}$ 的量化误差不应该大于 $\sqrt{NP}$，因此，码字的 K 个副本周围半径为 $\sqrt{NP}$ 的球应该覆盖整个区域，从而使得任意点与副本的距离不超过 $\sqrt{NP}$，为此需使

$$K > \frac{V}{\mathrm{Vol}\left[B_N(\sqrt{NP})\right]} \tag{10-52}$$

这实际上是增加了对副本最小密度的约束条件。

将两个约束条件式（10－51）与式（10－52）合并，可得

$$M < \frac{\mathrm{Vol}\left[B_N(\sqrt{NP})\right]}{\mathrm{Vol}\left[B_N(\sqrt{N\sigma^2})\right]} = \frac{(\sqrt{NP})^N}{(\sqrt{N\sigma^2})^N} \tag{10-53}$$

这意味着可靠通信的最大速率至多为

$$R = \frac{\mathrm{lb}M}{N} = \frac{1}{2}\mathrm{lb}\,\frac{P}{\sigma^2} \tag{10-54}$$

这样就得到可靠通信速率的上界，而且可以证明，如果 MK 个星座点相互独立且在区域中均匀分布，则当式（10－51）的条件成立时，能够以很高的概率实现可靠通信，同时当式（10－52）的条件成立时，会满足平均功率约束。因此，式（10－54）的速率也是可达的，该结论的证明见附录 B.5.2 关于 AWGN 信道容量可达性的证明。

可以观察到，式（10－54）的速率接近于高信噪比时的 AWGN 容量 $1/2\mathrm{lb}(1+P/\sigma^2)$。然而，该方案在信噪比有限时是严格次最优的，实际上，当信噪比低于 0 dB 时，采用该方案实现的速率为零，那么如何提升该方案的性能呢？

5. 通过 MMSE 估计增强性能

上述方案的性能受限于两个约束条件：式（10－51）与式（10－52）的限制。为了满足平均

功率约束，副本的密度不能低于式(10-52)。另外，式(10-51)的约束是最邻近译码准则的直接结果，该准则对于眼前的问题实际上是次最优的。为了说明其原因，考虑干扰矢量 $\boldsymbol{s}$ 为 $\mathbf{0}$，噪声方差 σ^2 远大于 P 的情况。在这种情况下，发射矢量$\boldsymbol{x}_1$ 与原点的距离大致为$\sqrt{NP}$，而接收矢量 $\boldsymbol{y}$ 与原点的距离约为$\sqrt{N(P+\sigma^2)}$，即距离原点更远。盲译码为$\mathcal{C}_e$ 中距离 $\boldsymbol{y}$ 最近的点并没有利用发射矢量$\boldsymbol{x}_1$ 长度为$\sqrt{NP}$（相当短）的先验信息（见图 10-22）。如果不利用该先验信息，接收机则认为发射矢量位于以 $\boldsymbol{y}$ 为中心、半径为$\sqrt{N\sigma^2}$ 的不确定大球体内任何位置，并且扩展的星座点必须间隔足够远以避免混淆。利用该先验信息后，不确定球的体积就会减小。特别地，考虑$\boldsymbol{x}_1$ 的线性估计 $\alpha\boldsymbol{y}$，由大数定律可知，该估计的二次方误差为

$$\|\alpha\boldsymbol{y}-\boldsymbol{x}_1\|^2=\|\alpha\boldsymbol{w}+(\alpha-1)\boldsymbol{x}_1\|^2\approx N[\alpha^2\sigma^2+(1-\alpha)^2P] \tag{10-55}$$

如果选择

$$\alpha=\frac{P}{P+\sigma^2} \tag{10-56}$$

则该误差最小，则

$$\frac{NP\sigma^2}{P+\sigma^2} \tag{10-57}$$

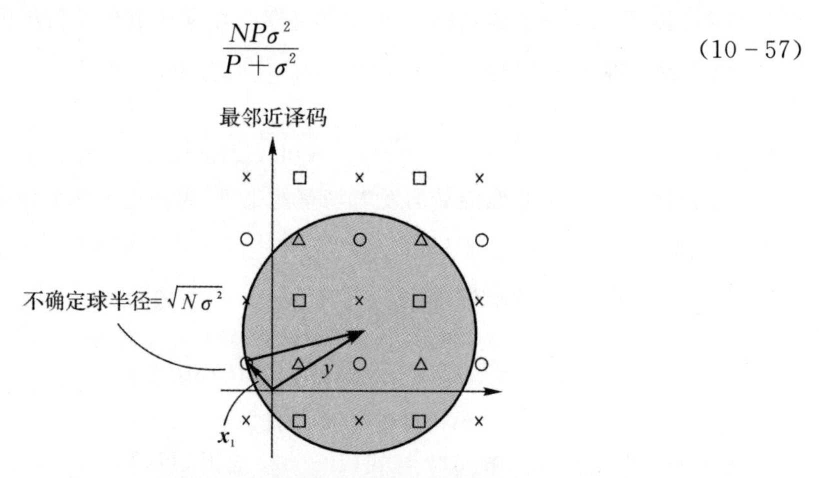

先进行MMSE译码之后再执行最邻近译码

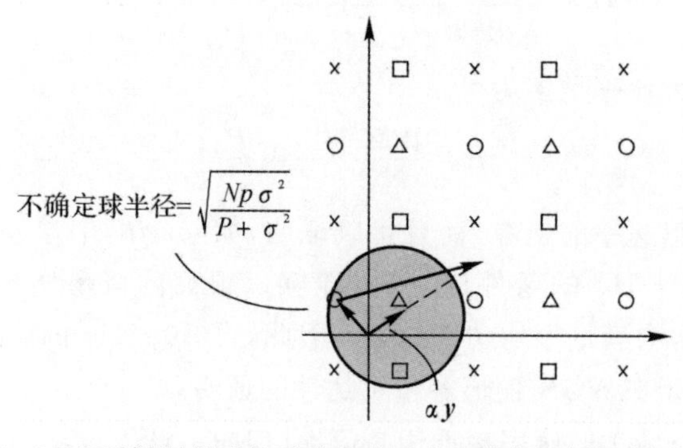

图 10-22　MMSE 译码得到的不确定球远小于最邻近译码得到的不确定球

实际上，$\alpha\boldsymbol{y}$ 就是由 $\boldsymbol{y}$ 得到的$\boldsymbol{x}_1$ 的线性 MMSE 估计$\hat{\boldsymbol{x}}_{\mathrm{mmse}}$，且 $NP\sigma^2/(P+\sigma^2)$ 为 MMSE 估计误差。如果所采用的译码器的译码结果是与 $\alpha\boldsymbol{y}$（而不是 $\boldsymbol{y}$）距离最近的星座点，则仅当存在与 $\alpha\boldsymbol{y}$ 距离更近的另一个星座点时，才会出现误差。因此，不确定球的半径为

$$\sqrt{\frac{NP\sigma^2}{P+\sigma^2}} \tag{10-58}$$

现在可以重复上一小节的分析，但是噪声球的半径$\sqrt{N\sigma^2}$被该MMSE不确定球的半径所取代。于是，最大可达速率为

$$\frac{1}{2}\mathrm{lb}\left(1+\frac{P}{\sigma^2}\right) \tag{10-59}$$

从而实现了AWGN容量。

以上假定$\boldsymbol{s}=\boldsymbol{0}$来简化问题的分析，从而可以集中讨论如何对译码器进行修正。对于一般的干扰矢量$\boldsymbol{s}$而言，有

$$\alpha\boldsymbol{y}=\alpha(\boldsymbol{x}_1+\boldsymbol{s}+\boldsymbol{w})=\alpha(\boldsymbol{x}_1+\boldsymbol{w})+\alpha\boldsymbol{s}=\hat{\boldsymbol{x}}_{\mathrm{mmse}}+\alpha\boldsymbol{s} \tag{10-60}$$

即为$\boldsymbol{x}_1$的线性MMSE估计，但存在$\alpha\boldsymbol{s}$的移位。由于接收机不知道$\boldsymbol{s}$，所以发射机必须对该移位进行预补偿。在前面的方案中，采用了最邻近准则，从表示信息的星座点$\boldsymbol{p}$中预先将$\boldsymbol{s}$减去来补偿$\boldsymbol{s}$的影响，即发送的是$\boldsymbol{s}$的量化误差。但现在采用的是MMSE准则，因此应该预先减去$\alpha\boldsymbol{s}$进行补偿。特别地，给定数据$\boldsymbol{u}$，找出与$\alpha\boldsymbol{s}$距离最近的表示$\boldsymbol{u}$的等价组点$\boldsymbol{p}$，并发射$\boldsymbol{x}_1=\boldsymbol{p}-\alpha\boldsymbol{s}$（见图10-23）。那么

$$\boldsymbol{p}=\boldsymbol{x}_1+\alpha\boldsymbol{s}$$
$$\alpha\boldsymbol{y}=\hat{\boldsymbol{x}}_{\mathrm{mmse}}+\alpha\boldsymbol{s}=\hat{\boldsymbol{p}}$$

并且

$$\boldsymbol{p}-\alpha\boldsymbol{y}=\boldsymbol{x}_1-\hat{\boldsymbol{x}}_{\mathrm{mmse}} \tag{10-61}$$

接收机求出与$\alpha\boldsymbol{y}$距离最近的星座点并译码出发送的信息（见图10-24）。仅当存在比$\boldsymbol{p}$距离$\alpha\boldsymbol{y}$更近的另一个星座点时，也就是说它位于MMSE不确定球内时，会出现差错，这恰好与零干扰时的情况完全相同。

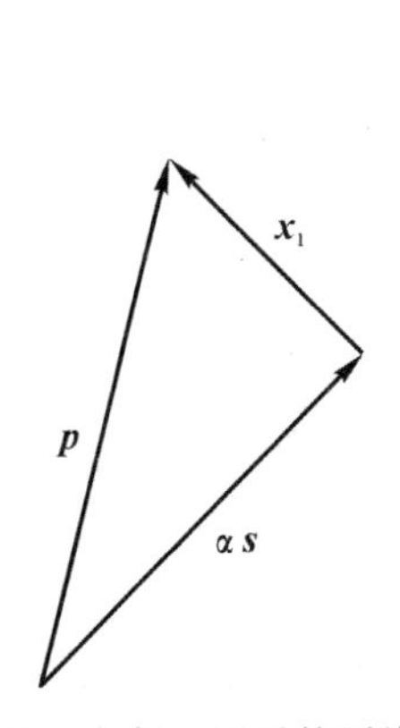

图10-23　包括α因子的预编码过程

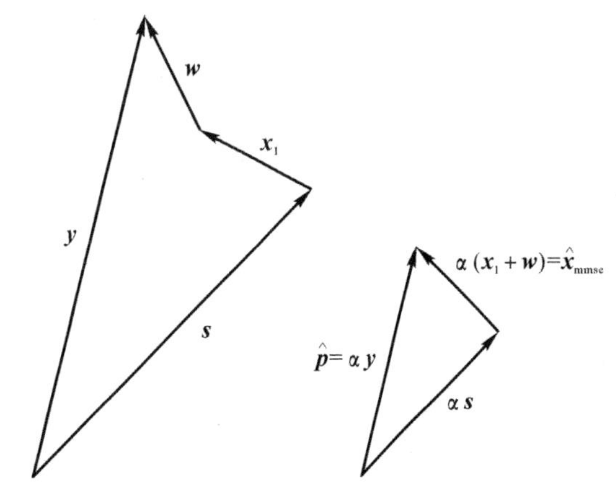

图10-24　包括α因子的译码过程

6.发射机具有足够的干扰信息

在前面已经讨论中，一些非常值得注意的结论是，即使仅发射机已知干扰，接收机不知道干扰，可以实现的性能与根本不存在干扰时的性能一样。存在干扰和不存在干扰两种情况下的比较如图10-25所示。

对于普通的无干扰 AWGN 信道而言,码字位于半径为$\sqrt{NP}$的球内(x 球)。当发射码字 $\boldsymbol{x}_1$ 时,接收矢量 $\boldsymbol{y}$ 位于 y 球内,x 球外,MMSE 准则将 $\boldsymbol{y}$ 按比例变化为$\alpha\boldsymbol{y}$,以$\alpha\boldsymbol{y}$为中心、半径为$\sqrt{NP\sigma^2/(P+\sigma^2)}$的不确定球位于 x 球内。可靠通信的最大速率由可被填充到 x 球内的不确定球的数量确定:

$$\frac{1}{N}\text{lb}\frac{\text{Vol}\left[B_N(\sqrt{NP})\right]}{\text{Vol}\left[B_N(\sqrt{NP\sigma^2/(P+\sigma^2)})\right]}=\frac{1}{2}\text{lb}\left(1+\frac{P}{\sigma^2}\right) \tag{10-62}$$

即 AWGN 信道的容量。实际上,这就是附录 B.5.2 中关于 AWGN 容量可达性的证明过程。

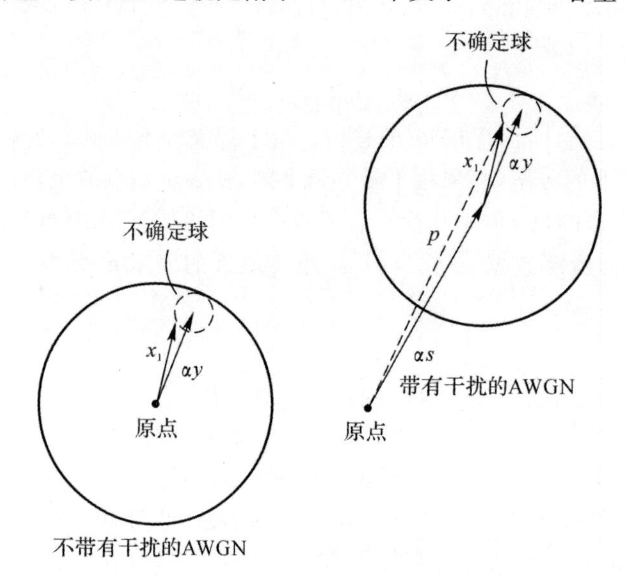

图 10-25　带有干扰和不带有干扰两种情况下的图形表示

存在干扰时,必须复制码字来覆盖干扰矢量存在的整个域。对于任意干扰矢量 $\boldsymbol{s}$ 而言,考虑以 $\alpha\boldsymbol{s}$ 为中心、半径为$\sqrt{NP}$的球,这可以看成是中心移位至 $\alpha\boldsymbol{s}$ 的加性高斯白噪声的 x 球,表示给定信息比特的星座点 $\boldsymbol{p}$ 就位于该球内,发射矢量为 $\boldsymbol{p}-\alpha\boldsymbol{s}$。采用 MMSE 准则时,以 $\alpha\boldsymbol{y}$ 为中心的不确定球再次位于移位的 x 球内。因此,这种情况如同没有干扰一样,并能够支持相同的信息速率。

在没有干扰且码字位于半径为$\sqrt{NP}$的球内的情况下,最邻近准则与 MMSE 准则都能够实现容量。这是因为虽然 $\boldsymbol{y}$ 位于 x 球外,但不存在 x 球外的码字,而且最邻近准则会自动找到 x 球内距离 $\boldsymbol{y}$ 最近的码字。然而,在有星座点位于移位后的 x 球以外的预编码问题中,最邻近准则将导致与其他星座点的混淆,因此严格地讲是次最优的。

7. 污纸编码设计

我们已经给出了在接收机未知干扰情况下如何实现 AWGN 容量的合理解释,可以证明随机选取的码字就能够实现这一性能。构造实用编码是当前的一个研究课题,其中一类编码称为嵌套网格码(nested lattice code,见图 10-26)。这种嵌套网格码的设计要求是:

(1) 每个子网格都应该是经比例变化后的干扰 $\alpha\boldsymbol{s}$ 的一个良好矢量量化器,从而使得发射功率最小。

(2) 整个扩展的星座图应该具有良好 AWGN 信道编码的特性。

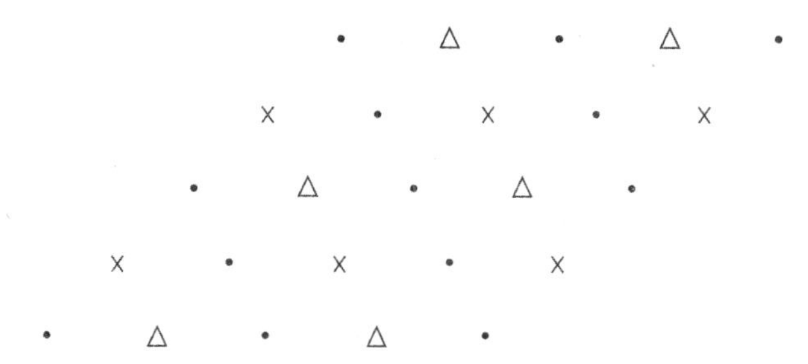

图 10-26　嵌套网格码，每个子网格中的所有点都表示相同的信息比特

有关这种编码的讨论已经超出了本书的范畴，然而其设计问题在低信噪比情况下有所简化，下面就对此展开讨论。

8. 低信噪比下的机会正交编码

在无限带宽信道中，每个自由度的信噪比为零，可以此作为研究低信噪比时预编码性质的具体信道。考虑无限带宽实加性高斯白噪声信道，且受到建模为实高斯白的加性干扰 $s(t)$ 的干扰（功率谱密度为 $N_s/2$），此干扰对于发射机已知。干扰与背景实高斯白噪声和功率受限但带宽不受限的实发射信号是相互独立的。由于仅发射机已知干扰，所以该信道可靠通信的最小 ε_b/N_0 不会小于无干扰普通 AWGN 信道对应的 ε_b/N_0，因此，最小 ε_b/N_0 的下界为 -1.59 dB。

在 AWGN 信道中已经看到（见 5.2.2 节与习题 5-8 和习题 5-9），正交编码可以在无限带宽状态下实现容量，等价地，正交编码在 AWGN 信道中实现的最小等效 ε_b/N_0 为 -1.59 dB。因此，从表示 M 条消息的正交码字集开始讨论，各码字被复制 K 次，从而使得包括 MK 个矢量的整个星座构成一个正交集合，M 条消息中的每一条都对应于一个由 K 个正交信号构成的集合。为了传递特定的消息，编码器发射的信号是，在所对应的信息包括 K 个正交信号的集合中，与干扰 $s(t)$ 距离最近的信号，也即与 $s(t)$ 相关性最大的信号。该信号就是量化 $s(t)$ 得到的星座点。注意，在一般的方案中，发射信号为 $q_u(\alpha\mathbf{s})-\alpha\mathbf{s}$，但由于在低信噪比情况下 $\alpha\to 0$，所以发射信号就是 $q_u(\alpha\mathbf{s})$ 本身。

理解这种方案的等效方式是将其看作机会脉冲位置调制：经典 PPM 基于脉冲位置传递信息。这里每 K 个脉冲位置对应于一条消息，编码器机会式选取 K 个可能的脉冲位置中干扰最大的脉冲位置（一旦确定了待传递的期望消息）。

译码器首先利用标准的最大幅度检测器（在 MK 个可供选择的位置中）确定最可能的发射脉冲位置；然后，选取与该脉冲所在集合对应的消息。选择较大的 K 使得编码器能够利用关于加性干扰的先验知识获得机会增益。另一方面，由于可能的脉冲位置数量 MK 随 K 增大，所以随着 K 的增大，译码会变得更加复杂。适当选取 K 需要兼顾消息数量 M、噪声功率 N_0 和干扰功率 N_s，以折中机会增益和增加的译码复杂度。习题 10-6 评估了这一折中，从中可以看出 K 的正确选取使得机会式正交编码能够获得无干扰 AWGN 信道的无限带宽容量。等效地，最小 ε_b/N_0 与普通 AWGN 信道的相同，并且可以通过机会式正交编码实现。

10.3.4　下行链路预编码

将预编码技术应用到下行链路信道中，首先从一副发射天线的情况开始，之后再讨论多副发射天线的情况。

1. 一副发射天线

考虑包括一副发射天线的两用户下行链路信道：

$$y_k[m]=h_k x[m]+w_k[m], \quad k=1,2 \tag{10-63}$$

式中，$w_k[m]\sim\mathcal{CN}(0,1)$。不失一般性，假定用户1的信道较强，即$|h_1|^2\geqslant|h_2|^2$，将$x[m]$写为$x[m]=x_1[m]+x_2[m]$，其中$\{x_k[m]\}$为发送给用户$k$的信号，$k=1,2$。设$P_k$为分配给用户$k$的功率，利用独立同分布标准高斯码本在$\{x_2[m]\}$编码用户2的信息，将$\{x_2[m]\}$当作发射机已知的干扰，对用户1应用Costa预编码能够实现的速率为

$$R_1=\text{lb}\left(1+\frac{|h_1|^2P_1}{N_0}\right) \tag{10-64}$$

也即$\{x_2[m]\}$完全不存在时用户1的AWGN信道容量。用户2的情况如何呢？可以证明，能够使$\{x_1[m]\}$对于用户2表现为独立高斯噪声(见习题10-17)。因此，用户2实现的可靠数据速率为

$$R_2=\text{lb}\left(1+\frac{|h_2|^2P_2}{|h_2|^2P_1+N_0}\right) \tag{10-65}$$

由于已经假定用户l具有较强的信道，所以实际上可以通过叠加编码与译码实现这些相同的速率(见6.2节)：为用户l和用户2叠加独立同分布的高斯码本，用户2在将$\{x_1[m]\}$当作高斯噪声的条件下对信号$\{x_2[m]\}$进行译码，用户1先译码用户2的信息，将其删除后再译码自己的信息。因此，预编码是实现单天线下行链路信道中容量区域边界速率的另一种方法。

叠加编码是以接收机为中心的方案：基站只是将用户的码字叠加在一起，其中较强的用户必须完成两个用户的译码工作。相比之下，预编码给接收机采用最邻近译码器的基站大大增加了计算负担(虽然信号被预编码的用户需要译码的扩展星座拥有的星座点数量比该速率更大)。在这个意义上，我们认为预编码是以发射机为中心的方案。

然而，令我们对这一计算感到好奇的是，以上介绍的预编码策略是将用户2的信号当作已知干扰并对用户1的信息进行编码。但是，当然可以将用户1与用户2的角色互换，将用户1的信号当作干扰并对用户2的信息进行编码，这种策略实现的速率为

$$R'_1=\text{lb}\left(1+\frac{|h_1|^2P_1}{|h_1|^2P_2+N_0}\right), \quad R'_2=\text{lb}\left(1+\frac{|h_2|^2P_2}{N_0}\right) \tag{10-66}$$

但是这些速率在功率分配P_1、P_2下采用叠加编码/译码是无法实现的：弱信号用户不能消除发送给强信号用户的信号。那么，该速率组位于容量区域以外吗？结果表明，不存在任何矛盾，并且该速率组严格地位于容量区域内部(见习题10-19)。

本小节的讨论限于只有两个用户的情形，但是很显然能够扩展到K个用户的情况，参见习题10-19。

2. 多副发射天线

现在讨论真正感兴趣的多副发射天线的情况，见式(10-31)：

$$y_k[m]=\boldsymbol{h}_k^*\boldsymbol{x}[m]+w_k[m], \quad k=1,2,\cdots,K \tag{10-67}$$

预编码技术可以用于提高10.3.2节介绍的线性波束成形技术的性能，由式(10-35)可知，发射信号为

$$\boldsymbol{x}[m]=\sum_{k=1}^{K}\tilde{x}_k[m]\,\boldsymbol{u}_k \tag{10-68}$$

式中，$\{\tilde{x}_k[m]\}$ 为用户 k 的信号，$\boldsymbol{u}_k$ 为其发射波束成形矢量。用户 k 的接收信号为

$$y_k[m]=(\boldsymbol{h}_k^*\,\boldsymbol{u}_k)\tilde{x}_k[m]+\sum_{j\neq k}(\boldsymbol{h}_k^*\,\boldsymbol{u}_j)\tilde{x}_j[m]+w_k[m]=$$

$$(\boldsymbol{h}_k^*\,\boldsymbol{u}_k)\tilde{x}_k[m]+\sum_{j<k}(\boldsymbol{h}_k^*\,\boldsymbol{u}_j)\tilde{x}_j[m]+ \tag{10-69}$$

$$\sum_{j>k}(\boldsymbol{h}_k^*\,\boldsymbol{u}_j)\tilde{x}_j[m]+w_k[m] \tag{10-70}$$

对用户 k 应用 Costa 预编码，同时将来自用户 $1,2,\cdots,k-1$ 的干扰 $\sum_{j<k}(\boldsymbol{h}_k^*\,\boldsymbol{u}_j)\tilde{x}_j[m]$ 看作是已知的，将来自用户 $k+1,\cdots,K$ 的 $\sum_{j>k}(\boldsymbol{h}_k^*\,\boldsymbol{u}_j)\tilde{x}_j[m]$ 看作是高斯噪声，则用户 k 达到的速率为

$$R_k=\mathrm{lb}(1+\mathrm{SINR}_k) \tag{10-71}$$

式中，SINR_k 为预编码之后有效的信干噪比：

$$\mathrm{SINR}_k=\frac{P_k\,|\,\boldsymbol{u}_k^*\,\boldsymbol{h}_k\,|^2}{N_0+\sum_{j>k}P_j\,|\,\boldsymbol{u}_j^*\,\boldsymbol{h}_k\,|^2} \tag{10-72}$$

式中，P_j 为分配给用户 j 的功率。可以观察出与一副发射天线的情况不同，该性能可以通过叠加编码 / 译码实现。

对于线性波束成形策略而言，10.3.2 节讨论了上行链路-下行链路对偶性。可以使用与对偶上行链路信道中的接收滤波器相同的下行链路发射特征（表示为 $\boldsymbol{u}_1,\boldsymbol{u}_2,\cdots,\boldsymbol{u}_K$，同时通过适当的功率分配在上行链路和下行链路实现相同的用户 SINR，而这种上行链路与下行链路的功率分配对应的总功率相等。下面就将观察到的这一现象推广为下行链路中采用预编码的发射波束成形与上行链路中采用 SIC 的接收波束成形之间的对偶性。

特别地，假定下行链路中采用 Costa 预编码，上行链路中采用 SIC，并且下行链路中用户的发射特征与上行链路中用户的接收滤波器相同。则可以证明，通过适当的用户功率分配能够在上行链路和下行链路实现相同的用户 SINR，而且这些功率分配的总和是相同的。如果上行链路中 SIC 的顺序与下行链路中 Costa 预编码的顺序相反，这一对偶性仍然成立。例如，在上述 Costa 预编码中所采用的顺序是 $1,2,\cdots,K$，即对用户 k 的信号进行预编码，从而消除来自用户 $1,2,\cdots,k-1$ 的干扰。为了使这种对偶性成立，必须颠倒上行链路中 SIC 的顺序，即用户按照 $K,\cdots,1$ 的顺序进行连续消除（用户 k 不会受到被消除的用户 $K,K-1,\cdots,k+1$ 信号的干扰）。

这种对偶性的推导与线性策略的推导过程相同，参见习题 10-20。注意，在这种 SIC 顺序中，用户 1 受到的未消除干扰最小，而用户 K 受到的未消除干扰最大，这恰好与 Costa 预编码策略的情况完全相反。因此，在这种对偶性下，用户的顺序是相反的。认识到这种对偶性有助于下行链路中高性能发射滤波器的计算，例如，我们知道对于给定的一组功率而言，上行链路中的最优滤波器是 MMSE 滤波器，于是在下行链路传输中也能够采用同样的滤波器。

由 10.1.2 节可知，接收波束成形与 SIC 相结合可以实现包括多副接收天线的上行链路信道的容量区域。同时，也已证明，发射波束成形与 Costa 预编码相结合可以实现包括多副发射天线的下行链路信道的容量。

10.3.5 快衰落

时变下行链路信道是式(10-31)的扩展:

$$y_k[m]=\boldsymbol{h}_k^*[m]\boldsymbol{x}[m]+w_k[m],\quad k=1,2,\cdots,K \tag{10-73}$$

1. 完整 CSI

在具有完整的 CSI,即基站和用户均能跟踪信道波动的情况下,自然会将线性波束成形策略结合 Costa 预编码的方案扩展衰落信道中。现在可以改变分配给用户的功率和发射特征,以及作为信道波动函数的 Costa 预编码顺序。正如在时不变下行链路信道中一样,线性波束成形与 Costa 预编码相结合可以实现具有完整 CSI 的快衰落下行链路信道的容量。

将这种实现总容量的策略与基站仅有一副发射天线时的情况(见 6.4.2 节)相比较,可以得到一些有趣的结论。在这个基本的下行链路信道中,设计出实现和容量策略的结构:仅给最佳用户发射信号[所采用的功率即最佳用户信道质量的注水功率,参见式(6-54)]。这里提出的线性波束成形策略一般是同时给所有用户发射信号,完全不同于一个时刻仅给一个用户发射信号的策略,这种区别类似于上行链路中基站拥有一副接收天线与多副接收天线之间的区别。

正是由于对偶性,下行链路信道策略及其对偶的上行链路信道策略之间存在一定的联系,因此关于基站拥有多副发射天线对多用户分集的影响的讨论与上行链路的情况相同(见 10.1.6节):对于一个时刻仅给一个用户发射信号的策略而言,多副发射天线提供了波束成形功率增益,该增益与点对点的情况相同,同时失去了增益的多用户性质。采用实现和容量的策略时,多副发射天线提供了允许给用户同时发射的多个空间自由度,但机会式增益与点对点的情况具有相同的形式,该增益的多用户特性减小了。

2. 接收机 CSI

到目前为止的假设是具有完整的 CSI,实际上,基站通常很难知道用户信道的波动,所以采用接收机 CSI 模型会更加合理。这里的主要区别在于此时用户的发射特征不能作为信道波动的函数进行分配,而且对于任意特定用户 k,基站不知道由其他用户信号对其造成的干扰(原因是到达第 k 个用户的信道是未知的),同时也不能考虑 Costa 预编码。

习题 10-21 讨论了在不知道信道波动的情况下如何利用基站的多副天线。其中一项重要结论是用户之间的时间共享可以实现仅具有接收机 CSI 的对称下行链路中的容量区域,这意味着下行链路中总的空间自由度被限制为 1,与基站到任一用户的信道自由度相同。另外,当基站具有完整 CSI(见 10.3.1 节)时,空间自由度等于 $\min(n_t,k)$,因此,基站缺少 CSI 会严重减少信道自由度。

3. 基站具有部分 CSI:包括多个波束的机会式波束成形

在许多实际系统中,存在某种形式的由用户反馈给基站的部分 CSI。例如在第 6 章讨论的 IS-856 标准中,各用户向与其通信的基站反馈链路的总 SINR。因此,虽然基站不能够准确地知道从发射天线阵列到用户的信道(包括相位和幅度),但是确实掌握了部分信息,即总的信道质量(例如,用户 k 是在时刻 m 的 $\| h_k[m] \|^2$)。

6.7.3 节研究了利用信道中的时间波动增加多用户分集的机会式波束成形,利用多副发射天线引入时间波动,并利用部分 CSI 调度用户工作在适当的时隙中。然而,由多用户分集获得的增益就是功率增益(增加了被调度用户的 SINR)，如果任意时隙只调度一个用户，则仅有一个空间自由度被利用。可以通过调度多个用户，从而增加被利用的空间自由度来修正这种基本的方案。

这种概念的思想是同时利用彼此相互正交的多个波束(见图 10－27)，对各波束引入不同的导频码元，并且用户反馈各波束的 SINR。在每个时隙，被调度接收发射信号的用户数量与波束的数量一样多，如果系统中存在足够多的用户，则将特定波束(并与其他波束正交) 波束成形对准的用户调度在该波束上。考虑 $K \geqslant n_t$(如果 $K < n_t$，则仅采用 K 副发射天线)，且在各时刻 m，$Q[m] = [\boldsymbol{q}_1[m], \boldsymbol{q}_2[m] \cdots \boldsymbol{q}_{n_t}[m]]$ 为 $n_t \times n_t$ 酉矩阵，各列 $\boldsymbol{q}_1[m], \boldsymbol{q}_2[m], \cdots, \boldsymbol{q}_{n_t}[m]$ 标准正交。矢量 $\boldsymbol{q}_i[m]$ 表示时刻 m 的第 i 个波束。

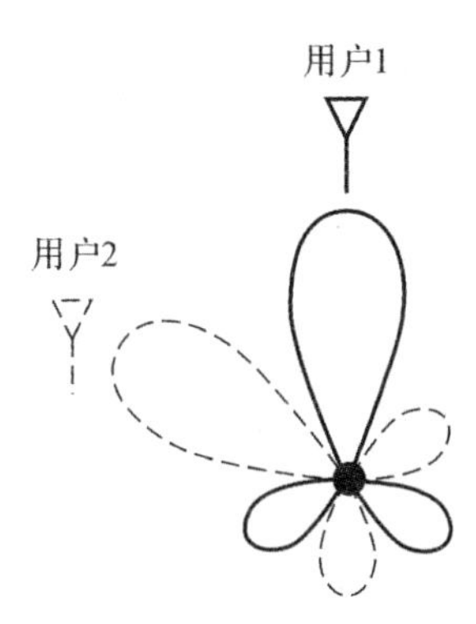

图 10－27　包括两个正交波束的机会式波束成形，将与某波束"最近" 的用户调度在该波束上，使得可以给两个用户同时发送两路并行数据流

天线阵列在时刻 m 发送的矢量信号为

$$\sum_{i=1}^{n_t} \tilde{x}_i[m] \, \boldsymbol{q}_i[m] \tag{10-74}$$

式中，$\tilde{x}_1, \tilde{x}_2, \cdots, \tilde{x}_{n_t}$ 为 n_t 个独立的数据流(在下行链路相干接收的情况下，这些信号还包括导频符号)。酉矩阵 $\boldsymbol{Q}[m]$ 存在变化但各元素不随时间发生突变。对于第 k 个用户而言，在时刻 m 接收到的信号为[将式(10－74) 代入式(10－73)]

$$y_k[m] = \sum_{i=1}^{n_t} \tilde{x}_i[m] \, \boldsymbol{h}_k^*[m] \, \boldsymbol{q}_i[m] + w_k[m] \tag{10-75}$$

为简单起见，考虑信道系数在通信时间尺度内不发生变化(即慢衰落) 的情况，即 $\boldsymbol{h}_k[m] = \boldsymbol{h}_k$。当第 i 个波束取以下值时：

$$\boldsymbol{q}_i[m] = \frac{\boldsymbol{h}_k}{\| \boldsymbol{h}_k \|} \tag{10-76}$$

用户 k 则关于第 i 个波束进行波束成形配置，而且同时与其他波束正交。用户 k 的接收信号为

$$y_k[m] = \| \boldsymbol{h}_k \| \tilde{x}_i[m] + w_k[m] \tag{10-77}$$

如果系统中存在足够多的用户，对于每一个波束 i 而言，存在接近其波束成形配置的某个用户(同时与其他波束近似正交)。因此，将 n_t 个数据流在正交的空间方向上同时发射，从而利用了全部空间自由度。来自用户的有限反馈允许将用户的传输机会式地调度在适当时隙的适当波束。为了实现接近于波束成形的性能并相应地消除其他所有波束的干扰，要求用户数

量大于 6.7.3 节介绍的情形下的用户数量。一般而言，根据系统中用户数量，可以设计出空间正交波束的数量。

（与 6.7.3 节介绍的单一时变波束相比）支持多个波束还有其他的额外系统要求。首先，必须插入多个导频符号（每个波束插入一个导频符号）从而实现下行链路相干接收，因此导频符号所占的功率有所增加。其次，接收机要跟踪 n_t 个不同的波束，并反馈各波束的 SINR。实际上，接收机可以仅反馈最佳 SINR 以及得到该 SINR 的波束识别标志，这一限制可能并不会大幅度地降低性能。因此，这种改进的机会式波束成形方案利用与单一波束方案基本相同的反馈数量实现了全部空间自由度的利用。

10.4 MIMO 下行链路

上述已经了解了基站多副发射天线的可用性对下行链路的影响，本节将对包括多副接收天线（安装在用户端）的下行链路进行研究（见图 10-28）。为了集中研究多副接收天线的作用，首先研究基站具有一副发射天线的情况。

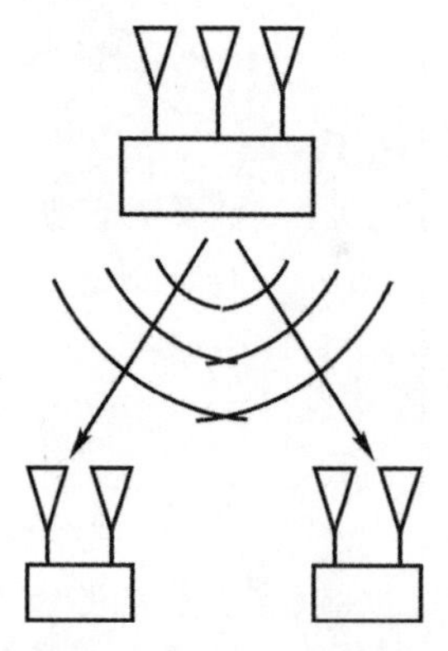

图 10-28　基站包括多副发射天线并且各用户拥有多副接收天线的下行链路

拥有一副发射天线和各用户拥有多副接收天线的下行链路信道可以表示为

$$\mathbf{y}_k[m]=\mathbf{h}_k x[m]+\mathbf{w}_k[m],\quad k=1,2 \tag{10-78}$$

式中，$\mathbf{w}_k[m]\sim\mathcal{CN}(\mathbf{0},N_0\mathbf{I}_{n_t})$，且随时间 m 是独立同分布的，用户 k 的接收空间特征表示为 $\mathbf{h}_k$。首先研究时不变模型并固定该矢量，如果仅存在一个用户，则由 7.2.1 节可知，用户应该进行接收波束成形，即将接收信号投影到矢量信道的方向上。下面尝试采用这种技术，两个用户根据其信道对接收信号进行匹配滤波，如图 10-29 所示，并可以证明这个策略均是两个用户的最优策略（见习题 10-22）。当各用户前端为匹配滤波器时，就得到具有一副天线的等效 AWGN 下行链路，可以表示为

$$\tilde{y}_k[m]=\frac{\mathbf{h}_k^*\ \mathbf{y}_k[m]}{\|\mathbf{h}_k\|^2}=\|\mathbf{h}_k\|x[m]+w_k[m],\quad k=1,2 \tag{10-79}$$

式中，$w_k[m]\sim\mathcal{CN}(0,N_0)$，且随时间 m 是独立同分布的，式(10-79)中的下行链路信道与 6.2 节中式(6-16)的基本单天线下行链路信道模型非常相似，唯一的区别是用户 k 的信道质量 $|h_k|^2$ 被 $\|h_k\|^2$ 所取代。

因此，为了研究拥有多副接收天线的下行链路，可以接着 6.2 节关于单天线情况的所有讨论继续进行。特别地，可以根据接收信噪比对两个用户进行排序（假定 $\|h_1\| \leqslant \|h_2\|$）并进行叠加编码：发射信号为发送给两个用户的信号的线性叠加。用户 1 将用户 2 的信号作为噪声来处理并由 $\tilde{y}_1$ 译码其数据；信噪比较高的用户 2 先译码用户 1 的数据，之后从 $\tilde{y}_2$ 中将用户 1 的发射信号减去，再译码其自身的数据。如果总的功率约束为 P，两个用户之间的功率分配为 $P = P_1 + P_2$，则采用图 10－29 的接收机结构以及叠加编码实现的速率组[见式(6－22)]：

$$R_1 = \text{lb}\left(1 + \frac{P_1 \|\boldsymbol{h}_1\|^2}{P_2 \|\boldsymbol{h}_1\|^2 + N_0}\right), \quad R_2 = \text{lb}\left(1 + \frac{P_2 \|\boldsymbol{h}_2\|^2}{N_0}\right) \tag{10-80}$$

这样，就将 7.2.1 节和 6.2 节介绍的技术结合起来，也就是说，针对包括一副发射天线和多副接收天线的下行链路，可以结合接收波束成形与叠加编码两种技术作为通信策略。

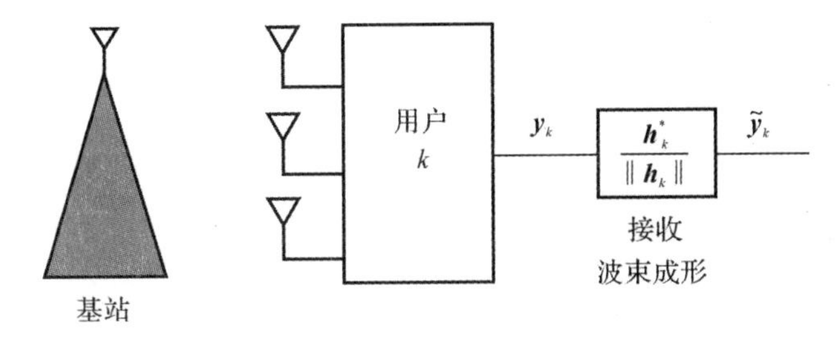

图 10－29　采用前端匹配滤波器将 SIMO 下行链路转换为 SISO 下行链路的各个用户

图 10－29 中用户的匹配滤波器运算仅需用户跟踪他们的信道，也就是说在接收端需要 CSI。因此，即使在快衰落情况下，只要用户掌握其信道状态信息，图 10－29 的结构同样能够将多接收天线下行链路转换为基本单天线下行链路信道。因而，式(10－78) 中下行链路的接收端 CSI 与完整 CSI 的分析简化为对基本单天线下行链路的讨论（见 6.4 节）。

特别地，采用多副接收天线对多用户分集有什么影响，即 6.4 节讨论的重要结果。这里的唯一区别是信道质量的分布，即用 $\|\boldsymbol{h}_k\|^2$ 取代 $|h_k|^2$。这一区别也与在上行链路中研究多副接收天线对多用户分集增益作用时相同（见 10.1.6 节）。由此观察到的主要结论是多副接收天线提供了波束成形增益，但是 $\|\boldsymbol{h}_k\|^2$ 的拖尾衰减更加迅速（见图 10－8），而且多用户分集增益是有限的（见图 10－9）。总之，由于有效衰落分布的“硬化”：$\|\boldsymbol{h}_k\|^2 \approx n_r$[见式(10－10)]，使得传统的接收波束成形功率增益与多用户分集增益（也是功率增益）的损耗之间达到平衡。

当基站具有多副发射天线且各用户具有多副接收天线时，可以将 10.3.2 节讨论得到的线性策略进行扩展：基站将用户 k 的信息划分为独立数据流，并将其调制到不同的空间特征后发射。如果具有完整的 CSI，则可以改变作为信道波动函数的空间特征和分配给用户的功率（进而改变同一用户数据流之间的功率分配）。同时还能够采用 Costa 预编码的线性策略，对数据流进行连续预消除。这种方案（采用或者不采用 Costa 预编码的线性波束成形策略）的性能与相应的对偶 MIMO 上行链路信道的性能有关（正如 10.3.2 节对仅基站拥有多副天线的讨论），采用该方案可以实现 MIMO 下行链路信道的容量。

10.5 蜂窝网络中的多副天线：系统级观点

我们已经在上行链路和下行链路讨论了采用多副天线的系统设计问题的若干结论，这些讨论可参见单小区中关于多址接入的介绍，并扩展贯穿于本章的内容中（见 10.1.3 节、10.1.6 节、10.2.2 节、10.3.5 节及 10.4 节）。本节对这些问题的结论进行整理，并研究多副发射天线在由多个小区组成的蜂窝网络中的作用，特别强调如下两个问题：在抑制小区间干扰时采用多副天线；小区中采用多副天线对于网络中频率复用的最优值会产生怎样的影响。

总结 10.3　多址接入中多副天线的系统内涵

在上行链路中采用多副接收天线的三种方式：

（1）正交多址接入：各用户可以获得功率增益，但自由度没有变化。

（2）机会通信，一个时刻有一个用户通信：可以实现功率增益，但多用户增益有所降低。

（3）空分多址接入：可以获取容量，用户同时发射并在基站实现联合译码。

1. 正交多址接入与 SDMA 之间的比较

（1）低信噪比：正交多址接入的性能与 SDMA 的性能相当。

（2）高信噪比：SDMA 允许多达 n_r 个用户各利用一个自由度同时发射，性能明显优于采用多址接入时的性能。

（3）具有适当复杂度的中间接入方案在所有信噪比电平下的性能与 SDMA 是相当的：大约由 n_r 个用户构成的分组内采用 SDMA 模式，并且在不同组之间采用正交接入方式。

2. MIMO 上行链路

（1）正交多址接入：各用户拥有多个自由度。

（2）SDMA：全部自由度仍然受限于接收天线数量。

3. 采用多副接收天线的下行链路

（1）各用户可以获得接收波束成形增益，但多用户分集增益有所降低。

4. 采用多副发射天线的下行链路

（1）基站不具有 CSI：唯一的空间自由度。

（2）完整的 CSI：利用上行链路-下行链路对偶性原理可将这种情况类比于采用多副接收天线的上行链路，此时的空间自由度多达 n_t 维。

（3）基站具有部分 CSI：通过修正的机会式波束成形方案能够实现与完整 CSI 情况下一样多的空间自由度，发送多个空间正交波束并将多个用户同时调度在这些波束上。

10.5.1　小区间干扰管理

考虑用户工作在 SDMA 模式下的多接收天线上行链路。我们已经知道，连续消除是处理同一小区中用户间干扰的最优方式，然而，这项技术并不适合于处理来自相邻小区的干扰：小区外传输意味着被距离最近的基站译码，从而使得接收信号质量通常很差，导致较远的基站无法进一步译码。另外，像 MMSE 这样的线性接收机不能从干扰中译码出信息，但可用于抑制小区外干扰。

以下模型可以描述小区外干扰的本质:天线阵列的接收信号 $\boldsymbol{y}$ 由目标用户信号 x(同一小区中其他用户的信号被成功消除)和小区外干扰 $\boldsymbol{z}$ 构成:

$$\boldsymbol{y}=\boldsymbol{h}x+\boldsymbol{z} \tag{10-81}$$

式中,$\boldsymbol{h}$ 为目标用户的接收空间特征;$\mathcal{CN}(\boldsymbol{0},\boldsymbol{K}_z)$ 可以作为随机干扰 $\boldsymbol{z}$ 的一种模型,即协方差矩阵为$\boldsymbol{K}_z$ 的有色高斯噪声。例如,如果干扰仅来自一个小区外传输(发射功率为 q),并且基站具有该干扰传输的接收空间特征估计(假定为 $\boldsymbol{g}$),则协方差矩阵为

$$q\boldsymbol{g}\boldsymbol{g}^*+N_0\boldsymbol{I} \tag{10-82}$$

该矩阵同时考虑到干扰的结构以及加性高斯背景噪声。

一旦采用了这种模型,就可以利用多副接收天线来抑制干扰:利用8.3.3节推导的线性MMSE接收机得到软估计[见式(8-61)]:

$$\hat{x}=\boldsymbol{v}_{\mathrm{mmse}}^*\boldsymbol{y}=\boldsymbol{h}^*\boldsymbol{K}_z^{-1}\boldsymbol{y} \tag{10-83}$$

相应的SINR表达式为式(8-62),这就是采用线性估计所能得到的最佳SINR。当干扰噪声为白噪声时,这个运算就是传统的接收波束成形。另外,当干扰很大且不是白噪声时,该运算就简化为解相关器:对应于干扰消除。习题10-23将研究信道估计误差对干扰抑制的影响。

上行链路中的干扰模型取决于多址接入的类型,在很多情况下,一种常用的干扰模型认为干扰为白的。例如,如果小区外干扰来自大量地理位置上分散的用户(在SDMA模式下存在大量用户时就会出现这种情况),总干扰则关于多个用户的空间位置进行平均,此时白噪声为常用模型。在这种情况下,接收天线阵列不需要明确地抑制小区外干扰。为了能够利用天线的干扰抑制功能,必须出现如下两种情形:

(1)各小区中同时发射的用户数量应该比较小。例如,在SDMA/TDMA混合策略中,各小区中的用户总数可以很大,但是同时处于SDMA模式的用户数量应该较小(等于或者小于接收天线的数量)。

(2)小区外干扰必须是可以跟踪的。在SDMA/TDMA系统中,即便任意时刻的干扰来自少量的用户,该干扰也取决于随时隙而变化的干扰用户的地理位置。因此,要么各时隙足够长,从而有足够的时间仅根据该时隙接收到的导频信号估计干扰的有色特征,要么周期地调度各用户,以使可以在不同的时隙跟踪干扰。

例10.1为这类系统的一个实例。

另外,移动台采用多副接收天线在下行链路进行的干扰抑制是不同的,此时的干扰来自若干个复用相同频率的相邻小区基站,也就是说干扰来自固定不变的特定地理位置。于是可以得到干扰的协方差的估计,并利用线性MMSE来管理小区间干扰。

下面研究多副天线在决定蜂窝网络中频率复用最佳值时的作用。分别考虑上行链路和下行链路的影响以及多副接收天线和多副发射天线的作用。

10.5.2 采用多副接收天线的上行链路

首先讨论基站的多副天线对第4章研究的两个正交蜂窝系统的影响,之后再讨论对SDMA系统的影响。

1. 正交多址接入

多天线阵列通过接收波束成形可以增强小区内用户的接收信号强度,一项直接的好处就

在于，各用户可以降低其发射功率，降低因子等于波束成形增益（与 n_r 成比例），而且在基站保持相同的信号质量。这种降低发射功率的策略还有助于降低小区间干扰，因此，降低发射功率后的等效 SINR 实际上高于原先获得的 SINR。

例 5.2 研究了基站的线性阵列，并分析了在给定小区尺寸和发射功率配置时复用与各用户数据速率之间的折中。如果在基站采用天线阵列，那么每个用户信噪比的改善因子就等于接收波束成形增益。例 5.2 中推导的关于复用的主要结果可以很自然地推广到利用接收波束成形增益提升工作信噪比的情况。

2. SDMA

如果不增加上行链路通信在小区内各用户之间相互正交的约束，则可以采用大量用户同时发射并在基站完成联合译码的 SDMA 策略。我们已经知道，空间自由度的增加，使得该方案在高信噪比时明显优于正交多址接入。在低信噪比时，正交多址接入与 SDMA 对于用户获得的接收波束成形增益方面优势相当。因此，要使 SDMA 提供较正交多址接入明显的性能改善，就必须使得工作信噪比非常大，这在蜂窝系统中意味着更小的频率复用因子。

由较低的频率复用引起的频谱效率损失是否可以通过增加空间自由度完全予以补偿取决于特定的物理环境。频率复用比 ρ 表示频谱效率的损失，相应的干扰降低可以用小数 f_ρ 表示，即来自形成干扰的小区边缘用户的接收功率所占的比例。例如，在线性蜂窝系统中 f_ρ 大致随 ρ^α 衰减，但对于六边形蜂窝系统而言，衰减更慢一些，那 f_ρ 大致随 $\rho^{\alpha/2}$ 衰减（见例 5.2）。

假定所有 K 个用户都位于小区边缘（即最坏的情况）并且采用 SDMA 与具有接收机 CSI 的基站进行通信，W 为分配给蜂窝系统的按照小区内同时共享带宽 SDMA 用户数量归一化的总带宽（类似于正交多址接入，见例 5.2）。如果各小区采用 SDMA，则 K 个用户同时发射占用的整个带宽为 $K\rho W$。

小区边缘用户的 SINR 与式（5－20）一样，有

$$\mathrm{SINR}=\frac{\mathrm{SNR}}{\rho K+f_\rho \mathrm{SNR}},\quad \mathrm{SNR}=\frac{P}{N_0 W d^\alpha} \tag{10-84}$$

小区边缘的信噪比为 SNR，即发射功率 P、小区尺寸 d 以及功率衰减速率 α 的函数[见式(5－21)]，比例符号 f_ρ 取自例5.2。每用户获得的最大对称速率为式（5－22）的 MIMO 场景下速率的扩展，即

$$R_\rho=\rho W\,\mathbb{E}[\mathrm{lbdet}(\boldsymbol{I}_{n_r}+\mathrm{SINR}\cdot \boldsymbol{H}\boldsymbol{H}^*)]\ \text{b/s} \tag{10-85}$$

式中，$\boldsymbol{H}$ 的各列表示基站处用户的接收空间特征，对数行列式表示用户能够同时可靠通信的速率之和。

现在就会提出如下工程问题，基于利用式（10－85）的简单速率公式，复用比应如何取值。低信噪比时的情况类似于例 5.2 中研究的一副接收天线的情形：速率对复用因子并不敏感，这可以通过式（10－85）直接验证。另一方面，在高信噪比时，干扰也会增加，SINR 的峰值为 $1/f_\rho$，于是，与式（5－23）相同，最大速率为

$$\rho W\,\mathbb{E}\left[\mathrm{lbdet}\left(\boldsymbol{I}_{n_r}+\frac{1}{f_p}\boldsymbol{H}\boldsymbol{H}^*\right)\right]\ \text{b/s} \tag{10-86}$$

并且随着 ρ 值的减小而趋于零。因此，正如例 5.2 所得到的结果，减小复用比并不会带来好处。

那么，多副接收天线对最优复用比有什么影响呢？设 $K=n_r$（习题 10－5 得到的一条经验

规则)，则可以利用式(8－29)中的近似式来简化式(10－86)中的速率表达式：

$$R_\rho \approx \rho W n_r c^* \left(\frac{1}{f_\rho}\right) \tag{10-87}$$

首先观察到，由于速率随 n_r 的增大而线性增大，所以最优复用比并不取决于接收天线的数量。因此，最优复用比仅取决于小区间干扰 f_ρ 随复用参数 ρ 的衰减情况，这一点与例 5.2 中研究的单天线情况类似。

图 10－30 给出了复用比为 1，1/2 和 1/4 且 $n_r = K = 5$ 时线性蜂窝系统的高信噪比速率曲线。由该图可以观察到在所有功率衰减速率时全局复用的最优性：减小复用比带来的 SINR 增益不值得频谱复用的损失。与一副接收天线的例子相比，多副接收天线提高了性能(速率随着 n_r 线性增加)。同时还可以看出，采用全局复用更为合适，六边形蜂窝系统提供的 SINR 改善很小，因而全局复用是最优的，这对于一副接收天线的例子是不变的。

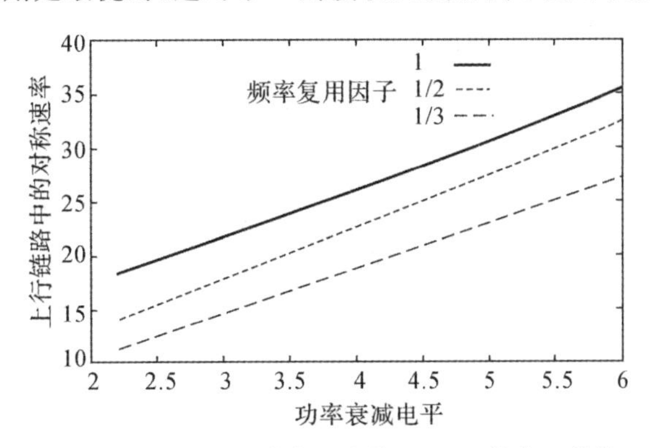

图 10－30　当采用 SDMA 模型的上行链路中用户数 $K = 5$，接收天线数 $n_r = 5$ 时，线性蜂窝系统中每用户的对称速率(单位为 $\text{b}/(\text{s}\cdot\text{Hz}^{-1})$)关于功率衰减速率 α 的函数曲线。图中曲线分别对应于复用速率取值为 1，1/2 和 1/3 的结果

10.5.3　MIMO 上行链路

SDMA 的实现对应于改变媒体接入的本质。例如，如果不改变用户之间资源分配的基本方式，就不存在 SDMA 与第 4 章介绍的三种蜂窝系统相结合的简单方法。另外，基站利用多副天线实现各目标用户的接收波束成形是一种基于点对点通信链路层级的方案，实现时可以不考虑媒体接入的性质。在媒体接入方案无法改变的某些情况下，基于改善各点对点链路质量的方案更为合适。然而，基站用于接收波束成形的多天线阵列仅提供了功率增益，并未增加自由度。如果各用户也安装多副发射天线，则可以增加各点对点链路的自由度。

在正交系统中，点对点 MIMO 链路为各用户提供了多个自由度以及额外的分集。当具有接收机 CSI 时，各被调度到的用户就是能够充分利用其发射天线阵列提供的空间自由度。前面讨论的频率复用的作用可以直接搬到这种情况，折中的性质是类似的：虽然存在(由复用比减小带来的)频谱自由度的损失，但是(由用户端多副发射天线的可用性带来的)增加了空间自由度。

10.5.4　采用多副接收天线的下行链路

下行链路中的干扰来自若干个发射功率固定的特定位置，即复用相同频率的相邻基站。

因此,可以根据经验测量各个用户端以及用户执行线性 MMSE 的接收天线阵列处(正如10.5.1节所讨论的)的干扰模式,从而提高接收 SINR。在正交系统中,对于频率复用分析的影响类似于上行链路中利用 MMSE 接收机得到的 SINR 取代之前简单表达式的影响[如上行链路例子中的式(5-20)]。

如果基站也具有多副发射天线,干扰抑制会更加困难:当存在严重的散射时,基站的各发射天线在移动台都具有不同的接收空间特征,此时合适的干扰模型就是白噪声。不过,如果散射仅是局部的(位于基站或移动台处),那么所有基站天线具有相同的接收空间特征(见 7.2.3 节),并且通过 MMSE 接收机进行干扰抑制仍然是可能的。

10.5.5 采用多副发射天线的下行链路

如果具有完整的 CSI(即基站和用户均具有 CSI),则利用上行链路-下行链路对偶性原理(见 10.3.2 节)可以与具有多副接收天线和接收机 CSI 的互易上行链路进行比较。特别地,在上行链路的线性方案(采用或不采用连续消除功能)与下行链路的线性方案之间存在一一对应的关系。因此,具有多副接收天线的上行链路的许多推论在下行链路中也是成立的。然而,完整 CSI 在 FDD 系统中可能并不实用:下行链路中基站具有 CSI 要求通过上行链路反馈大量的 CSI。

例 10.1 ArrayComm 系统中的 SDMA

ArrayComm 公司是早期实现 SDMA 技术的公司之一,公司的产品包括日本 PHS 蜂窝系统的 SDMA 覆盖、固定无线本地环路系统以及移动蜂窝系统(iBurst)。

ArrayComm SDMA 系统体现了基站多天线设计的许多特征,该系统是基于 TDMA 的,与第 4 章研究的窄带系统非常相似。主要区别在于,在每个时隙的窄带信道内,一小部分用户采用 SDMA 模式(这一点与 4.2 节的基本窄带系统中仅服务一个用户不同)。基站天线阵列还用于抑制小区外干扰,从而允许比基本窄带系统更密集的频率复用。为了在上行链路和下行链路都成功实现 SDMA 操作和干扰抑制,ArrayComm 系统具有以下几项重要的设计特征:

(1)TDMA 时隙在不同的小区中是同步的,而且时隙足够长,允许利用训练序列实现干扰的准确估计。同时在相同的时隙完成干扰有色特性的估计,从而实现干扰抑制。信道状态信息在各时隙并非保持不变。

(2)利用适当的线性滤波器对各窄带信道中的少量 SDMA 用户进行解调:对于每个用户,这一操作既抑制了小区外干扰,又抑制了来自 SDMA 模式中共享相同窄带信道的其他用户的小区内干扰。

(3)上行链路与下行链路工作在 TDD 模式下,针对相同用户集合依次完成上行链路传输和下行链路传输。上行链路传输提供给基站的 CSI 用于紧随其后的下行链路传输,通过发射波束成形和零陷操作执行 SDMA 和小区外干扰抑制。TDD 工作模式避免了 FDD 系统中下行链路 SDMA 所需的大量信道状态反馈。

为了理解 SDMA 较基本窄带系统的性能改善,下面考虑 ArrayComm 系统的特定实现,基站的每个扇区包括多达 12 副天线,各窄带信道中多达 4 个用户工作在 SDMA 模式。与基本窄带系统各窄带信道中仅安排 1 个用户相比,这个方案可以带来大约有 4 倍的改善。由于每个用户平均有大约 3 副天线,所以可以抑制主要的小区外干扰,这就允许增大频率复用比,进而获得相对于基本窄带系统的另一个优势。例如,PHS 系统的 SDMA 覆盖将频率复用比从 1/8 增加到 1。

在第 4 章介绍的 Flash OFDM 例子已经提到,正交接入系统较 CDMA 系统的一项优势在于用户接入系统时无须缓慢提升功率。自适应天线的干扰抑制功能为未经功率控制的用户提供了不干扰现有激活用户就可以快速接入系统的另一种方式。即使在存在 40～50 dB 远近效应的情形下,SDMA 仍然能够很好地工作,这表明当不存在任何激活传输时,众多的用户能够处于保持状态。

这些性能的改善是以某些系统设计特征带来的成本增加为代价的。例如,虽然特定用户的下行链路传输可以通过发射波束成形获得功率增益,但导频信号是面向所有用户的,且为各向同性的,从而需要消耗更多的功率,这就降低了下行链路导频的传统分摊优势。另一方面是上行链路与下行链路传输的强制对称性,为了在随后的下行链路传输中成功地利用上行链路的测量结果(即 SDMA 模式下用户信道与小区外干扰的测量结果),上行链路与下行链路的传输功率电平必须是相当的(见习题 10 - 24)。同时由于移动台是电池供电工作的,通常比交流电源供电的基站具有更高的功率约束,所以这就对系统设计人员提出了更加严格的要求。而且,当业务流在上行链路和下行链路两个方向对称时,两条链路传输的配对操作才是理想的,对于语音业务这个要求基本成立的。另一方面,数据业务可以是不对称的,在仅要求下行链路(上行链路)传输时,会导致上行链路(下行链路)传输的浪费。

第 10 章主要知识点

1. 采用多副接收天线的上行链路

空分多址接入(SDMA)是可以获取容量的:所有用户同时发射并在基站进行联合译码。

(1)空间自由度总数受限于用户数量和接收天线数量。

(2) 一个经验规则是使一组 n_r 个用户采用 SDMA 模式,不同组再采用正交多址接入模式。

(3) 在一组内的 n_r 个用户传输中,每个用户获得的满分集增益等于 n_r。

2. 采用多副发射天线和多副接收天线的上行链路

总的空间自由度仍然受限于接收天线数量,但分集增益提高了。

3. 采用多副发射天线的下行链路

上行链路-下行链路对偶性确定了下行链路与互易的上行链路之间的对应关系。

预编码是与上行链路中连续消除相类似的运算,介绍了可以准确消除用户受到的小区内干扰的预编码方案。

预编码运算要求完整的 CSI,在 FDD 系统中很难实现。如果基站仅拥有部分 CSI,那么具有多个正交波束的机会式波束成形方案就能够利用全部空间自由度。

4. 采用多副接收天线的下行链路

通过接收波束成形来增强各用户的链路,功率增益和分集增益均等于所采用的接收天线数量。

10.6 文献说明

发射机已知信道时进行信道的通信预编码技术首先是由 Tomlinson[121] 以及 Harashima 和 Miyakawa[57] 在研究 ISI 信道时提出的,更为复杂的 ISI 信道的预编码器(为电话调制解调器设计使用的)是由 Eyuboglu 和 Forney[36] 以及 Laroia 等人[71] 提出的。Forney 与 Ungerböck 的论文[39] 给出了关于 ISI 信道预编码和成形的综述。

Gelfand 与 Pinsker[46] 在发射机具备信道状态的无关联知识的情况下,从信息论的角度研究了依赖于状态的信道以及容量特征。Costa[23] 计算了加性高斯噪声和加性高斯状态这种特殊情况的容量,得出了令人惊讶的结果,即该容量与接收机也已知信道状态时的容量相同。装箱(binning)方案(包含两个步骤:矢量量化和信道编码)的实际构建仍在继续努力进行,Zamir 等人[154] 对当前的研究进展进行了综述。Liu 与 Viswanath[76] 分析了采用正交信号作为信道编码和矢量量化器的机会式正交信号传输方案的性能。

Caire 与 Shamai[17] 将 Costa 预编码用于多天线下行链路信道,文献[17,135,138,153]证明了这些方案总速率的最优性,Weingarten 等人[141] 证明了 Costa 预编码方案可以实现多天线下行链路的整个容量区域。

在以下不同情况下可以观察到上行链路与下行链路之间的互易性:线性波束成形(Visotsky 与 Madhow[134]、Farrokhi 等人[37])、点对点 MIMO 信道的容量(Telatar[119])、单天线高斯 MAC 与 BC 的可达速率(Jindal 等人[63])。本章的讲解是根据对这些结果的统一理解展开的(Viswanath 与 Tse[138])。

10.7 习　　题

习题 10-1　考虑采用多副接收天线的时不变上行链路式(10-1)。假定用户 k 以功率 $P_k, k=1,2,\cdots,K$ 发射数据,基站采用一组线性 MMSE 接收机对用户数据进行译码,则有

$$\hat{x}_k[m]=\boldsymbol{c}_k^* \boldsymbol{y}[m] \tag{10-88}$$

为数据符号 $x_k[m]$ 的估计值。

(1) 试求(针对用户 k 的)线性 MMSE 滤波器 $\boldsymbol{c}_k$ 的显式表达式。提示:利用本章独立数据流通过点对点 MIMO 信道发射的上行链路与 8.3.3 节式(8-66)之间的相似性。

(2) 明确计算采用线性 MMSE 滤波器的用户 k 的 SINR。提示:参见式(8-67)。

习题 10-2　考虑基站采用线性 MMSE 接收机组对上行链路用户信号进行译码(与习题 10-1 相同)。调整用户的发射功率 $P_1, P_2, \cdots, P_K$ 使得各用户的 SINR[习题 10-1(2) 计算的结果] 至少等于目标电平 β。试证明如果可以求出满足该要求的一组功率电平,则存在满足 SINR 目标电平的逐元素最小功率设置。该结果与习题 4-5 的结果类似,并在文献[128] 中得以证明。

习题 10-3　本题作为习题 10-2 的后续,说明了以贪婪方式更新各用户的发射功率和线性 MMSE 接收机的自适应算法,该算法与习题 4-8 中研究的并在文献[128] 中改进的算法密切相关。

在时刻 1,设置用户的初始功率为任意值 $P_1^{(1)}, P_2^{(1)}, \cdots, P_K^{(1)}$,将基站的线性 MMSE 接收机

组$(\boldsymbol{c}_1^{(1)}, c_2^{(1)}, \cdots, \boldsymbol{c}_K^{(1)})$根据这些发射功率进行调节。在时刻$m+1$,各个用户更新其发射功率以及作为时刻$m$其他用户功率电平的函数的 MMSE 滤波器,从而使其 SINR 恰好等于β。试证明如果存在使得 SINR 满足要求的功率集,则这种同步更新算法将收敛到习题 10－2 确定的逐元素最小功率设置。

本题中用户功率以及相应的 MMSE 滤波器的更新在用户之间是同步的,与习题4－9中类似的异步算法同样可以很好地运行。

习题 10－4　考虑采用多副接收天线的两用户上行链路式(10－1):

$$y[m] = \sum_{k=1}^{2} \boldsymbol{h}_k x_k[m] + w[m] \tag{10-89}$$

假定用户k的平均功率约束为$P_k, k=1,2$。

(1) 考虑正交多址接入,将比例为α的自由度分配给用户 1(于是比例为$1-\alpha$的自由度分配给用户 2),两个用户的可靠通信速率由式(10－7)给出。试计算实现正交多址接入可以达到的最大和速率时的比例α以及相应的和速率。提示:回顾 6.1.3 节中采用一副接收天线上行链路的结果,即正交多址接入的最大和速率等于该上行链路的总容量,如图 6－4 所示。

(2) 考虑采用多副接收天线的上行链路和容量[见式(10－4)]与该上行链路采用正交多址接入时的最大和速率之差。

1) 试证明当$\boldsymbol{h}_1 = c\boldsymbol{h}_2$时,其中$c$为一(复)常数,该差值恰好为零。

2) 假定$\boldsymbol{h}_1$与$\boldsymbol{h}_2$不是标量复倍数关系,试证明在高信噪比时(N_0趋于零),这两个和速率之差变得任意大。如果$P_1 = P_2 = P$,试计算该差值随信噪比(P/N_0)增大的速率,从而得出结论,在高信噪比时(与N_0相比,P_1,P_2的值很大),正交多址接入关于用户速率之和是次最优的。

习题 10－5　考虑K用户上行链路的总容量和对称容量。基站拥有一个由n_r副接收天线组成的天线阵列,如果具有接收机 CSI 且为快衰落,则有如下对称容量的表达式:

$$C_{\text{sym}} = \frac{1}{K}\mathbb{E}[\text{lbdet}(\boldsymbol{I}_{n_r} + \text{SNR}\boldsymbol{H}\boldsymbol{H}^*)] \ \text{b/(s}\cdot\text{Hz}^{-1}) \tag{10-90}$$

并且总容量C_{sum}为KC_{sym},其中$\boldsymbol{H}$的各列表示用户的接收空间特征,其元素可以建模为独立同分布且服从$\mathcal{CN}(0,1)$分布的随机变量,各用户具有相等的发射功率约束P且公共信噪比为P/N_0。

(1) 试证明总容量随着用户数量单调增加。

(2) 试证明对于每个固定的信噪比和n_r,对称容量随着用户数量K的增大而趋于零。提示:可以利用詹森不等式得到一个边界。

(3) 试证明总容量在低信噪比时随着K线性增加,因而对称容量在低信噪比时与K无关。

(4) 试证明当K超过n_r时,总容量在高信噪比时仅随K的增加而对数增加。

(5) 对于信噪比范围为 0 ～ 30 dB 和n_r的取值范围为 3 ～ 6,试绘制C_{sum}与C_{sym}随K变化的函数曲线。从这些曲线是否可以得出一般的趋势呢?特别要讨论如下几个问题:

1) 总容量开始缓慢增加时的K值与n_r具有怎样的依赖关系?

2) 对称容量开始迅速减小时的K值与n_r具有怎样的依赖关系?

3) 随着工作信噪比的值的变化,前两个问题的答案有何变化?

应该能够得出如下经验规则：在增大 K 并不会大幅度增加总容量，但会大大降低对称容量的意义上，对于绝大多数信噪比的值而言，$K=n_r$ 是良好的工作点。

习题 10-6 考虑与习题 10-5 相同的 K 用户上行链路，基站拥有 n_r 副接收天线，对称容量的表达式为式(10-90)。试证明低信噪比时的对称容量与采用正交多址接入时的对称速率相当。提示：回顾 8.2.2 节关于低信噪比 MIMO 性能增益的讨论。

习题 10-7 在慢衰落上行链路中，可以采用多副接收天线改善接收的可靠性(分集增益)、提高可靠性水平固定时的通信速率(多路分集增益)以及有效空间分离用户信号(多址接入增益)。阅读并研究文献[86]与文献[125]，推导这些增益之间基本折中的。

习题 10-8 本习题对基站采用多副接收天线的正交多址接入和 SDMA 做进一步的比较研究。虽然正交多址接入实现简单，但 SDMA 是可以获取容量的方案，其性能在某些情况下优于正交多址接入(见习题 10-4)，然而却要求基站能够对用户进行复杂的联合译码。

考虑如下接入机制，即介于纯正交多址接入(所有用户的信号彼此正交)与纯 SDMA(所有 K 个用户同时共享带宽和时间)之间的方案。将 K 个用户划分为约由 n_r 个用户构成的用户组，给各组提供正交资源分配(时间、频率或者二者的组合)，但在各组内(大约 n_r 个)用户以 SDMA 方式工作。

我们要将这种中间方案与正交多址接入和 SDMA 进行比较，以各方案所能实现的最大对称速率作为性能比较的标准。上行链路模型(与习题 10-5 中的模型相同)为独立同分布瑞利快衰落且具有接收机 CSI。各用户具有相同的平均发射功率约束 P，信噪比表示 P 与背景复高斯噪声功率 N_0 之比。

(1) 试求采用这种中间接入方案的对称速率表达式[采用 SDMA 时的对称速率表达式为式(10-90)]。

(2) 在随着 $\text{SNR}\to 0$，性能之比趋于 1 的意义上，试证明这种中间接入方案的性能与低信噪比时正交多址接入和 SDMA 的性能相当。

(3) 在随着 $\text{SNR}\to\infty$，性能之比趋于 1 的意义上，试证明这种中间接入方案的性能与高信噪比时 SDMA 的性能相当。

(4) 固定用户数量 K(例如 30) 以及接收天线数量 n_r(例如 5)，试绘制 SDMA、正交多址接入以及这种中间接入方案的对称速率与 SNR(0～30 dB) 的函数关系曲线。在中等信噪比时，这种中间接入方案与 SDMA 和正交多址接入相比性能如何？

习题 10-9 考虑包括多副接收天线的 K 用户上行链路式(10-1)

$$\boldsymbol{y}[m]=\sum_{k=1}^{K}\boldsymbol{h}_k x_k[m]+\boldsymbol{w}[m] \tag{10-91}$$

考虑具有完整 CSI 时的和容量式(10-17)

$$C_{\text{sum}}=\max_{P_k(\boldsymbol{H}),k=1,\cdots,K}\mathbb{E}\left[\text{lbdet}\left(\boldsymbol{I}_{n_r}+\sum_{k=1}^{K}P_k(\boldsymbol{H})\boldsymbol{h}_k\boldsymbol{h}_k^*\right)\right] \tag{10-92}$$

式中，假定噪声方差 $N_0=1$，并且 $\boldsymbol{H}=[\boldsymbol{h}_1,\boldsymbol{h}_2,\cdots,\boldsymbol{h}_K]$，用户 k 的平均功率约束为 P，由于信道波动的遍历性，所以平均功率等于各衰落状态下发射功率[当信道状态为 $\boldsymbol{H}$ 时为 $P_k(\boldsymbol{H})$]的集合平均。因此，平均功率约束可以写为

$$\mathbb{E}[P_k(\boldsymbol{H})]\leqslant P \tag{10-93}$$

那么，如何进行功率分配才能使得式(10-92)中的和容量最大。

（1）考虑功率集合到上行链路中相应和速率的映射：

$$(P_1,\cdots,P_k)\mapsto \mathrm{lbdet}\left(\boldsymbol{I}_{n_r}+\sum_{k=1}^{K}P_k\boldsymbol{h}_k\boldsymbol{h}_k^*\right)\tag{10-94}$$

试证明该映射在功率集合中是联合凹的。提示：对于正实数 x，映射 $x\mapsto \mathrm{lb}x$ 为凹映射的（高维）推广为：对于正定矩阵 $\boldsymbol{A}$ 的集合，

$$\boldsymbol{A}\mapsto \mathrm{lbdet}(\boldsymbol{A})\tag{10-95}$$

为凹映射。

（2）由于存在凹性，所以可以用拉格朗日算子刻画最优功率分配策略的特征：

$$\mathcal{L}(P_1(H),P_2(H),\cdots,P_K(H))=\mathbb{E}\left[\mathrm{lbdet}\left(\boldsymbol{I}_{n_r}+\sum_{k=1}^{K}P_k(\boldsymbol{H})\boldsymbol{h}_k\boldsymbol{h}_k^*\right)\right]-\sum_{k=1}^{K}\lambda_k\,\mathbb{E}[P_k(\boldsymbol{H})]\tag{10-96}$$

最优功率分配策略 $P_k^*(H)$ 满足库恩-塔克(Kuhn - Tucker) 等式：

$$\frac{\partial\mathcal{L}}{\partial P_k(\boldsymbol{H})}\begin{cases}=0, & \text{若 } P_k^*(\boldsymbol{H})>0\\ \leqslant 0, & \text{若 } P_k^*(\boldsymbol{H})=0\end{cases}\tag{10-97}$$

计算该偏微分得到

$$\boldsymbol{h}_k^*\left[\boldsymbol{I}_{n_r}+\sum_{j=1}^{K}P_j^*(\boldsymbol{H})\boldsymbol{h}_j\boldsymbol{h}_j^*\right]^{-1}\boldsymbol{h}_k\begin{cases}=\lambda_k, \text{若 } P_k^*(\boldsymbol{H})>0\\ \leqslant\lambda_k, \text{若 } P_k^*(\boldsymbol{H})=0\end{cases}\tag{10-98}$$

其中，$\lambda_1,\lambda_2,\cdots,\lambda_K$ 为使得式(10 - 93) 表示的平均功率约束得以满足的常数，当信道衰落的统计特性为独立同分布（即$\boldsymbol{h}_1,\boldsymbol{h}_2,\cdots,\boldsymbol{h}_K$ 独立同分布随机矢量）时，可以取值这些常数。

（3）满足式(10 - 98) 的最优功率分配 $P_k^*(\boldsymbol{H}),k=1,2,\cdots,K$ 也是如下优化问题的解：

$$\max_{P_1,P_2,\cdots,P_K\geqslant 0}\mathrm{lbdet}\left(\boldsymbol{I}_{n_r}+\sum_{k=1}^{K}P_k\boldsymbol{h}_k\boldsymbol{h}_k^*\right)-\sum_{k=1}^{K}\lambda_kP_k\tag{10-99}$$

一般而言，这个问题不存在闭合解，然而，已经设计出得到其数值解的高效算法，参见文献[15]。在 $n_r=2,K=3$，

$$\boldsymbol{h}_1=\begin{bmatrix}1\\0\end{bmatrix},\quad \boldsymbol{h}_2=\begin{bmatrix}0\\1\end{bmatrix},\quad \boldsymbol{h}_3=\begin{bmatrix}1\\1\end{bmatrix}\tag{10-100}$$

且 $\lambda_1=\lambda_2=\lambda_3=0.1$ 时，试求式(10 - 99) 中优化问题的数值解。软件包[82] 对于本问题的求解很有用。

（4）为了理解式(10 - 99) 中的优化问题，下面通过几个实例进行直观说明。

1）在包括单副接收天线（即 $n_r=1$）的上行链路中，进一步假定 $|h_k|^2/\lambda_k,k=1,2,\cdots,K$ 是不同的，试证明式(10 - 99) 中优化问题的最优解是给最多一个用户分配正功率为

$$P_k^*=\begin{cases}\left(\dfrac{1}{\lambda_k}-\dfrac{1}{|h_k|^2}\right)^+, & \text{若}\dfrac{|h_k|^2}{\lambda_k}=\max\limits_{j=1,2,\cdots K}\dfrac{|h_j|^2}{\lambda_j}\\ 0, & \text{其他}\end{cases}\tag{10-101}$$

该计算与 6.3.3 节的计算完全一样。

2）假定上行链路中有三个具有两副接收天线的用户，即 $K=3$ 且 $n_r=2$。设 $\lambda_k=\lambda,k=1,2,3$，并且

$$\boldsymbol{h}_1=\begin{bmatrix}1\\1\end{bmatrix},\quad \boldsymbol{h}_2=\begin{bmatrix}1\\ \exp(\mathrm{j}2\pi/3)\end{bmatrix},\quad \boldsymbol{h}_3=\begin{bmatrix}1\\ \exp(\mathrm{j}4\pi/3)\end{bmatrix}\tag{10-102}$$

试证明式(10－99)的最优解为

$$P_k{}^* = \frac{2}{9}\left(\frac{3}{\lambda}-1\right)^+, \quad k=1,2,3 \tag{10-103}$$

因此，当 $n_r>1$ 时，最优解通常给不止一个用户分配正功率。提示：首先证明对于总功率受限(例如约束为 P) 的任意功率集合 P_1,P_2,P_3，选择它们都相等(等于 $P/3$ 时) 系统是最优的。

习题 10－10 本习题研究习题10－9推导的最优功率分配策略的近似。为了简化计算，设用户具有独立同分布衰落统计特性，从而使 $\lambda_1,\lambda_2,\cdots,\lambda_K$ 可以取相等的值(表示为 λ)。

(1) 试证明

$$\boldsymbol{h}_k^* \left(\boldsymbol{I}_{n_r}+\sum_{k=1}^{K}P_j\boldsymbol{h}_j\boldsymbol{h}_j^*\right)^{-1}\boldsymbol{h}_k = \frac{\boldsymbol{h}_k^*\left(\boldsymbol{I}_{n_r}+\sum_{j\neq k}P_j\boldsymbol{h}_j\boldsymbol{h}_j^*\right)^{-1}\boldsymbol{h}_k}{1+\boldsymbol{h}_k^*\left(\boldsymbol{I}_{n_r}+\sum_{j\neq k}P_j\boldsymbol{h}_j\boldsymbol{h}_j^*\right)^{-1}\boldsymbol{h}_kP_k} \tag{10-104}$$

提示：可以利用矩阵转换引理式(8－124)。

(2) 从式(10－98) 开始，利用式(10－104) 证明最优功率分配策略可以重新写为

$$P_k^*(\boldsymbol{H}) = \left[\frac{1}{\lambda}-\frac{1}{\boldsymbol{h}_k^*\left(\boldsymbol{I}_{n_r}+\sum_{j\neq k}P_j^*(\boldsymbol{H})\boldsymbol{h}_j\boldsymbol{h}_j^*\right)^{-1}\boldsymbol{h}_k}\right]^+ \tag{10-105}$$

(3) 下式

$$\mathrm{SINR}_k = \boldsymbol{h}_k^*\left(\boldsymbol{I}_{n_r}+\sum_{j\neq k}P_j^*(\boldsymbol{H})\boldsymbol{h}_j\boldsymbol{h}_j^*\right)^{-1}\boldsymbol{h}_kP_k^*(\boldsymbol{H}) \tag{10-106}$$

可以解释为用于解调用户 k 数据的 MMSE 滤波器输出的 SINR[见式(8－67)]。如果定义

$$I_0 = \frac{P_k^*(\boldsymbol{H})\|\boldsymbol{h}_k\|^2}{\mathrm{SINR}_k} \tag{10-107}$$

则 I_0 可以解释为用户 k 经历的干扰加噪声，将式(10－107) 代入式(10－105) 可以看出，最优功率分配策略可以写为

$$P_k(\boldsymbol{H}) = \left(\frac{1}{\lambda}-\frac{I_0}{\|\boldsymbol{h}_k\|^2}\right)^+ \tag{10-108}$$

虽然这种功率分配与注水功率分配具有相同的形式，但是必须注意，I_0 本身是其他用户功率分配[同时也依赖于分配给用户 k 的功率，参见式(10－105)]的函数。然而，在 K 和 n_r 足够大(但 K 与 n_r 的比值固定) 的大型系统中，I_0 依概率收敛到常数(信道矩阵 $\boldsymbol{H}$ 的元素独立同分布，且具有零均值，所收敛的常数仅取决于 $\boldsymbol{H}$ 元素的方差、K 与 n_r 的比值以及背景噪声密度 N_0)。其实该收敛结果是与大型随机矩阵的奇异值(讨论见 8.2.2 节) 具有相同特性的一般收敛结果的一种应用。这就证明了式(10－21)，该结果的详细说明参见文献[136]。

习题 10－11 考虑输入协方差矩阵为 $\boldsymbol{K}_{x1}$ 和 $\boldsymbol{K}_{x2}$ 的两用户 MIMO 上行链路(见 10.2.1 节)。

(1) 图 10－13 中的拐角点 A 说明了采用这种输入策略的可达速率区域，试证明[作为式(10－5) 的扩展] 两个用户在拐角点 A 的速率为

$$R_2 = \mathrm{lbdet}\left(\boldsymbol{I}_{n_r}+\frac{1}{N_0}\boldsymbol{H}_2\boldsymbol{K}_{x2}\boldsymbol{H}_2^*\right) \tag{10-109}$$

$$R_1 = \mathrm{lbdet}\left[\boldsymbol{I}_{n_r}+\boldsymbol{H}_1\boldsymbol{K}_{x1}\boldsymbol{H}_1^*\left(N_0\boldsymbol{I}_{n_r}+\boldsymbol{H}_2\boldsymbol{K}_{x2}\boldsymbol{H}_2^*\right)^{-1}\right] \tag{10-110}$$

(2) 类似地计算拐角点 B 表示的速率对。

习题 10－12 考虑两用户 MIMO 上行链路的容量区域(即对于所有可能的用参数$\boldsymbol{K}_{x1}$ 与

$\boldsymbol{K}_{x2}$ 表示的输入策略，图 10-13 中五边形并集组成的凸包）。固定正权值 $a_1 \leqslant a_2$ 并考虑容量区域中的所有速率对 (R_1, R_2) 使得 $a_1 R_1 + a_2 R_2$ 最大。

(1) 固定输入策略 $(\boldsymbol{K}_{xk}, k=1,2)$，并考虑 $a_1 R_1 + a_2 R_2$ 在相应五边形的两个拐角点 A 与 B 处的值。试证明该线性泛函在顶点 A 处的值总不会小于在顶点 B 处的值，可以利用习题 10-11 推导的两个拐角点 A 与 B 处速率对的表达式。该结果与习题 6-9 中推导的单天线上行链路容量区域的多拟阵性质相类似。

(2) 下面在所有可能的输入策略中优化 $a_1 R_1 + a_2 R_2$，由于该线性泛函总会在一个五边形的顶点 A 或顶点 B 实现最优，所以只需要计算 $a_1 R_1 + a_2 R_2$ 在顶点 A 处的值[见式(10-110) 与式(10-109)]，之后再对于不同的输入策略求最大值

$$\max_{\boldsymbol{K}_{xk}, \operatorname{tr}(K_{xk}) \leqslant P_k, k=1,2} a_1 \operatorname{lbdet}[\boldsymbol{I}_{n_r} + \boldsymbol{H}_1 \boldsymbol{K}_{x1} \boldsymbol{H}_1^* (N_0 \boldsymbol{I}_{n_r} + \boldsymbol{H}_2 \boldsymbol{K}_{x2} \boldsymbol{H}_2^*]^{-1}) + a_2 \operatorname{lbdet}\left(\boldsymbol{I}_{n_r} + \frac{1}{N_0} \boldsymbol{H}_2 \boldsymbol{K}_{x2} \boldsymbol{H}_2^*\right) \tag{10-111}$$

试证明上述最大化函数是输入 $\boldsymbol{K}_{x1}$、$\boldsymbol{K}_{x2}$ 的联合凹函数。提示：证明点 A 处计算得到的 $a_1 R_1 + a_2 R_2$ 也可以写为

$$a_1 \operatorname{lbdet}\left(\boldsymbol{I}_{n_r} + \frac{1}{N_0} \boldsymbol{H}_1 \boldsymbol{K}_{x1} \boldsymbol{H}_1^* + \frac{1}{N_0} \boldsymbol{H}_2 \boldsymbol{K}_{x2} \boldsymbol{H}_2^*\right) + (a_2 - a_1) \operatorname{lbdet}\left(\boldsymbol{I}_{n_r} + \frac{1}{N_0} \boldsymbol{H}_2 \boldsymbol{K}_{x2} \boldsymbol{H}_2^*\right) \tag{10-112}$$

再利用式(10-95) 中的凹性就可以得到预期的结果。

(3) 一般而言，式(10-111) 的优化问题不存在闭合形式的解，然而，可以利用待最大化函数的凹性设计出得到该问题数值解的高效算法[15]。

习题 10-13　考虑两用户快衰落 MIMO 上行链路[见式(10-25)]，在如下角度域表示中[见式(7-70)]

$$\boldsymbol{H}_k^{\mathrm{a}}[m] = \boldsymbol{U}_{\mathrm{r}}^* \boldsymbol{H}_k[m] \boldsymbol{U}_{\mathrm{t}}, \quad k=1,2 \tag{10-113}$$

设平稳分布的 $\boldsymbol{H}_k^{\mathrm{a}}[m]$ 的元素为零均值不相关的(而且两个用户是相互独立的)。下面考虑在容量区域的所有速率对 (R_1, R_2) 中最大化线性泛函 $a_1 R_1 + a_2 R_2 (a_1 \leqslant a_2)$。

(1) 与习题 10-12 相同，试证明对于某些输入协方差，该线性泛函在图 10-7 中的顶点 A 取得最大值。由此得出与式(10-112) 类似的结论，该线性泛函在容量区域内的最大值可以写为

$$\max_{\boldsymbol{K}_{xk}, \operatorname{tr}(\boldsymbol{K}_{xk}) \leqslant P_k, k=1,2} a_1 \mathbb{E}\left[\operatorname{lbdet}\left(\boldsymbol{I}_{n_r} + \frac{1}{N_0} \boldsymbol{H}_1 \boldsymbol{K}_{x1} \boldsymbol{H}_1^* + \frac{1}{N_0} \boldsymbol{H}_2 \boldsymbol{K}_{x2} \boldsymbol{H}_2^*\right)\right] + (a_2 - a_1) \operatorname{lbdet}\left(\boldsymbol{I}_{n_r} + \frac{1}{N_0} \boldsymbol{H}_2 \boldsymbol{K}_{x2} \boldsymbol{H}_2^*\right) \tag{10-114}$$

(2) 与习题 8-3 类似，试证明式(10-27) 形式的输入协方差可以实现上述式(10-114) 的最大值。

习题 10-14　在独立同分布瑞利衰落下考虑两用户快衰落 MIMO 上行链路，试证明式(10-30) 中的输入协方差可以实现每个线性泛函 $a_1 R_1 + a_2 R_2$ 在容量区域内的最大值，于是在这种情况下容量区域就简化为五边形。提示：证明式(10-30) 中的输入协方差使得式(10-28) 与式(10-29) 中的约束条件同时达到最大值。

习题 10－15 考虑(原始的)点对点 MIMO 信道

$$\boldsymbol{y}[m]=\boldsymbol{H}\boldsymbol{x}[m]+\boldsymbol{w}[m] \tag{10-115}$$

及其互易信道

$$\boldsymbol{y}_{\text{rec}}[m]=\boldsymbol{H}^{*}\ \boldsymbol{x}_{\text{rec}}[m]+\boldsymbol{w}_{\text{rec}}[m] \tag{10-116}$$

MIMO 信道 $\boldsymbol{H}$ 包括 n_{t} 副发射天线和 n_{r} 副接收天线(于是互易信道$\boldsymbol{H}^{*}$ 为 $n_{\text{t}}\times n_{\text{r}}$),$\boldsymbol{w}[m]$ 为独立同分布且服从分布的$\mathcal{CN}(\boldsymbol{0},N_0\ \boldsymbol{I}_{n_{\text{r}}})$ 随机矢量,$\boldsymbol{w}_{\text{rec}}[m]$ 为独立同分布且服从$\mathcal{CN}(\boldsymbol{0},N_0\ \boldsymbol{I}_{n_{\text{t}}})$ 分布的随机矢量。考虑通过这两个信道发送 $n_{\min}$ 个独立数据流,这些数据流首先经过线性发射滤波器(用单位范数矢量表示)后再通过信道发射:原始信道的线性发射滤波器为$\boldsymbol{v}_1,\boldsymbol{v}_2,\cdots,\boldsymbol{v}_{n_{\min}}$,互易信道的线性发射滤波器为$\boldsymbol{u}_1,\boldsymbol{u}_2,\cdots,\boldsymbol{u}_{n_{\min}}$。接收信号经过线性接收滤波器后恢复出数据流:原始信道的线性接收滤波器为$\boldsymbol{u}_1,\boldsymbol{u}_2,\cdots,\boldsymbol{u}_{n_{\min}}$,互易信道的线性接收滤波器为$\boldsymbol{v}_1,\boldsymbol{v}_2,\cdots,\boldsymbol{v}_{n_{\min}}$。该过程如图 10－31 所示。

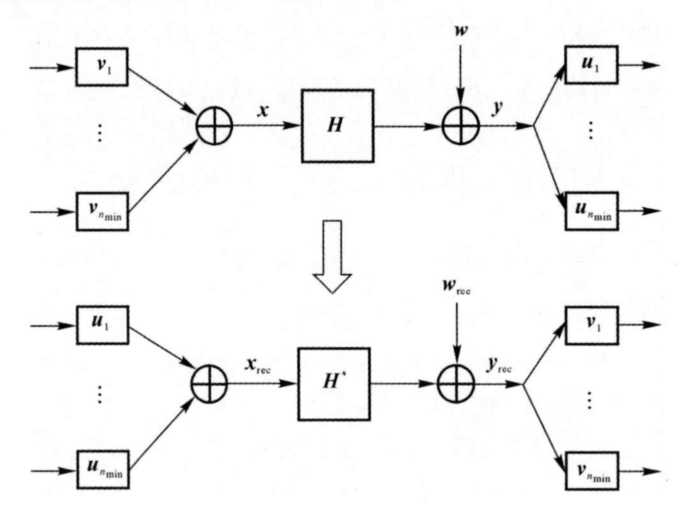

图 10－31 通过原始信道(上图)和互易信道(下图)的线性滤波器发射和接收的数据流

(1) 设分配给原始信道数据流的功率为$Q_1,Q_2,\cdots,Q_{n_{\min}}$,分配给互易信道数据流的功率为$P_1,P_2,\cdots,P_{n_{\min}}$,试证明原始信道中数据流 k 的 SINR 为

$$\text{SINR}_k=\frac{Q_k\,\boldsymbol{u}_k^{*}\boldsymbol{H}\boldsymbol{v}_k}{N_0+\sum_{j\neq k}Q_j\,\boldsymbol{u}_k^{*}\boldsymbol{H}\boldsymbol{v}_j} \tag{10-117}$$

互易信道中数据流 k 的 SINR 为

$$\text{SINR}_k^{\text{rec}}=\frac{P_k\,\boldsymbol{v}_k^{*}\ \boldsymbol{H}^{*}\ \boldsymbol{u}_k}{N_0+\sum_{j\neq k}P_j\,\boldsymbol{v}_k^{*}\ \boldsymbol{H}^{*}\ \boldsymbol{u}_j} \tag{10-118}$$

(2) 假设固定线性发射滤波器和线性接收滤波器,并且分配的功率满足各数据流的目标 SINR(针对原始信道和互易信道),试求与式(10－43)类似的逐元素最小的功率分配集。

(3) 试证明要在原始信道和互易信道满足给定数据流的相同 SINR 要求,原始信道与互易信道的最小功率集之和应该相同,这正是式(10－45)的推广形式。

(4) 利用这条一般化的结论统一理解前面的结果。

1) 当滤波器$\boldsymbol{v}_k=[0\ \ \cdots\ \ 0\ \ 1\ \ 0\ \ \cdots\ \ 0]^{\text{T}}$(唯一的 1 位于第 k 个位置)时,试证明获得

了式(10－45) 中上行链路-下行链路对偶性的结果。

2) 设 $\boldsymbol{H}=\boldsymbol{U\Lambda V}^*$ 为奇异值分解，如果滤波器$\boldsymbol{u}_k$ 为 $\boldsymbol{U}$ 的前 $n_{\min}$ 行，并且滤波器$\boldsymbol{v}_k$ 为 $\boldsymbol{V}$ 的前 $n_{\min}$ 列，试证明这种收发信机结构可以实现具有相同发射总功率约束的点对点 MIMO 原始信道和互易信道的容量，如图 7-2 所示。于是得出结论，该结果验证了习题 8-1 讨论的互易性。

习题 10－16[76] 考虑 10.3.3 节介绍的机会式正交信号传输方案。M 条消息中的每一条对应 K 个(实) 正交信号，编码器发射与干扰(功率谱密度为 $N_s/2$ 的实高斯白过程) 相关性(与所传递的消息对应的 K 种可能选择的相关性) 最大的信号，译码器(在 MK 个可能的选择中) 判决最有可能的发射信号，之后判决为与最有可能的发射信号相对应的消息。固定消息的数量 M 和与各条消息对应的信号数量 K，假定所传递的是消息 1。

(1) 试推导机会式正交信号传输的差错概率的良好上界，这里可以利用习题 5－9 中规则正交信号传输差错概率上界的推导方法。作为 M,K 和功率谱密度 $N_s/2$、$N_0/2$ 函数的阈值 γ 应如何适当选取？

(2) 适当地选取 M,N_s,N_0 的函数 K，试证明只要 ε_b/N_0 大于 -1.59 dB，随着 M 趋于无穷大，所推导出的上界收敛于零。

(3) 试通过说明 K 的正确选择解释机会式正交信号传输可以实现无干扰无限带宽 AWGN 信道容量的原因。

(4) 之前的研究假定干扰 $s(t)$ 为高斯白过程，下面仍假定 $s(t)$ 为白过程但不是高斯的，试简单修正本章介绍的机会正交信号传输方案，要求修正后仍然可以实现相同的最小 ε_b/N_0，即 -1.59 dB。

习题 10－17 考虑限制在区间[0, 1]上的实随机变量 x_1，以及与 x_1 联合分布的另一个随机变量 x_2。设 u 为区间[0, 1]上的均匀随机变量，且与 x_1 和 x_2 联合相互独立，考虑新的随机变量：

$$\tilde{x}_1=\begin{cases}x_1+u, & 若\ x_1+u\leqslant 1\\ x_1+u-1, & 若\ x_1+u>1\end{cases}\tag{10-119}$$

可以认为随机变量 $\tilde{x}_1$ 是 x_1 与 u 的右循环叠加。

(1) 试证明 $\tilde{x}_1$ 服从区间[0, 1]上的均匀分布。

(2) 试证明 $\tilde{x}_1$ 与 (x_1,x_2) 是相互独立的。

设 x_1 是根据用户 2 的信号 x_2 得到的包含发送给两用户单天线下行链路中用户 1 消息的 Costa 预编码信号(见 10.3.4 节)。如果用户 1 也知道随机变量 u 的实现，则 $\tilde{x}_1$ 与 x_1 包含相同的信息[因为式(10－119) 中的运算是可逆的]，因此，用 $\tilde{x}_1$ 取代 x_1 作为发射信号并不会改变用户 1 的任何性能，但此时重要的变化是发射信号 $\tilde{x}_1$ 与 x_2 相互独立。

基站与用户 1 之间共享的公共随机变量 u 称为脉动信号，这里主要讨论了一个时域符号，并认为 $\tilde{x}_1$ 是均匀分布的。当分组长度较大时，这一基本结论可以推广为，使得发射矢量$\tilde{\boldsymbol{x}}_1$ 为高斯矢量且与$\boldsymbol{x}_2$ 相互独立；这种脉动信号的思想可以用来证明式(10－65)。

习题 10－18 考虑 $|h_1|>|h_2|$ 时的两用户单天线下行链路[见式(10－63)]，通过式(10－66) 中的 Costa 预编码可以实现速率对 (R'_1,R'_2)。本习题要证明该速率对严格地位于下行链路容量区域内。假设给两个用户分配的功率为 Q_1,Q_2，并进行叠加编码和译码(见图 6－7、图6－8)，目标是实现与式(10－66) 中速率对相同的速率对。

(1) 试计算 Q_1,Q_2，使得

$$R'_1 = \text{lb}\left(1+\frac{|h_1|^2 Q_1}{N_0}\right),\quad R'_2 = \text{lb}\left(1+\frac{|h_2|^2 Q_2}{N_0+|h_2|^2 Q_1}\right) \tag{10-120}$$

其中，R'_1、R'_2 为式(10-66) 中的速率对。

(2) 利用用户 1 的信道强于用户 2(即 $|h_1|>|h_2|$) 的事实，证明叠加策略中为实现相同速率对所采用的总功率(即前一部分中的 Q_1+Q_2) 严格地小于 Costa 预编码策略中的发射功率 P_1+P_2。

(3) 注意到发射功率的增加会严格地增大下行链路的容量区域，试得出结论：Costa 预编码策略实现的式(10-66) 中的速率对严格地位于下行链路的容量区域内。

习题 10-19 考虑单天线 K 用户下行链路[式(10-63) 中两用户信道的推广]：

$$y_k[m]=h_k x[m]+w_k[m],\quad k=1,2,\cdots,K \tag{10-121}$$

试证明采用 Costa 预编码可以达到如下速率，即 10.3.4 节结论的推广：

$$R_k = \text{lb}\left(1+\frac{|h_k|^2 P_k}{\sum_{j=k+1}^{K}|h_j|^2 P_j + N_0}\right),\quad k=1,2,\cdots,K \tag{10-122}$$

其中，$P_1, P_2, \cdots, P_K$ 为非负数，其和等于基站的发射功率约束 P。应该无须假定信道质量 $|h_1|, |h_2|, \cdots, |h_K|$ 的任何特定顺序就可以得出此结论。另外，如果

$$|h_1|\leqslant|h_2|\leqslant\cdots\leqslant|h_K| \tag{10-123}$$

则 6.2 节讨论的叠加编码方法可以实现式(10-122) 中的速率。

习题 10-20 考虑接收滤波器为$\boldsymbol{u}_1, \boldsymbol{u}_2, \cdots, \boldsymbol{u}_K$ 的互易上行链路信道式(10-40)，如图 10-16 所示。为接收机增加连续消除功能，并按照从 K 到 1 的顺序删除用户(也就是说，用户 k 不会受到用户 $K, K-1, \cdots, k+1$ 的干扰)。如果分配给用户的功率为 $Q_1, Q_2, \cdots, Q_K$，试证明用户 k 的 SINR 可以写为

$$\text{SINR}_k^{\text{ul}} = \frac{Q_k |\boldsymbol{u}_k^* \boldsymbol{h}_k|^2}{N_0 + \sum_{j<k} Q_j |\boldsymbol{u}_k^* \boldsymbol{h}_j|^2} \tag{10-124}$$

为了达到以相反顺序实现 Costa 预编码的下行链路相同的 SINR 要求[相应的 SINR 表达式见式(10-72)]，试证明所需的最小功率之和对于上行链路和下行链路都是相等的。这就是式(10-45) 在不进行删除时总功率守恒性质的推广。

习题 10-21 考虑包括多副发射天线的快衰落下行链路[见式(10-73)]，从天线 i 到用户 k 之间的信道可以建模为独立同分布$\mathcal{CN}(0,1)$ 随机变量(天线 $i=1,2,\cdots,n_t$，用户 $k=1,2,\cdots,K$)。各用户只有一副接收天线。进一步假定信道变化随时间也是独立同分布的；各用户已知信道波动的具体实现，但基站只知道信道波动的统计特性(接收机 CSI 模型)；发射功率的总功率约束为 P。

(1) 如果下行链路中仅存在一个用户，则得到仅具有接收机 CSI 的 MIMO 信道。试证明该信道的容量等于

$$\mathbb{E}\left[\text{lb}\left(1+\frac{\text{SNR}\,\|\boldsymbol{h}\|^2}{n_t}\right)\right] \tag{10-125}$$

式中，$\boldsymbol{h}\sim\mathcal{CN}(\mathbf{0}, \boldsymbol{I}_{n_t})$ 和 $\text{SNR}=P/N_0$。提示：回顾式(8-15) 与习题 8-4。

(2) 由于用户信道的统计特性是相同的，试证明：如果用户 k 能够可靠地译码其数据，那么其他所有用户也能够成功地译码用户 k 的数据(正如 6.4.1 节对单天线下行链路的分析)。于

是得出结论，同时给用户可靠地发射信号的总速率上界与式(6-52)类似，为

$$\sum_{k=1}^{K} R_k \leqslant \mathbb{E}\left[\mathrm{lb}\left(1+\frac{\mathrm{SNR}\ \|\boldsymbol{h}\|^2}{n_{\mathrm{t}}}\right)\right] \tag{10-126}$$

习题 10-22　考虑包括多副接收天线的下行链路[见式(10-78)]。试证明随机变量 $x[m]$ 与 $\boldsymbol{y}_k[m]$ 在 $\tilde{y}_k[m]$ 条件下是相互独立的，因此：

$$I(x;\boldsymbol{y}_k)=I(x;\tilde{y}_k),\quad k=1,2 \tag{10-127}$$

于是，在各用户前端设置匹配滤波器，将 SIMO 下行链路转换为到各用户的单天线信道，不会带来任何信息损失。

习题 10-23　考虑基站采用多副天线的两用户上行链路衰落信道：

$$\boldsymbol{y}[m]=\boldsymbol{h}_1[m]x_1[m]+\boldsymbol{h}_2[m]x_2[m]+\boldsymbol{w}[m] \tag{10-128}$$

式中，用户信道 $\{\boldsymbol{h}_1[m]\}$、$\{\boldsymbol{h}_2[m]\}$ 是统计独立的。假定 $\boldsymbol{h}_1[m]$ 与 $\boldsymbol{h}_2[m]$ 为服从 $\mathcal{CN}(\boldsymbol{0},\boldsymbol{I}_{n_{\mathrm{r}}})$ 分布的随机矢量，上行链路工作在 SDMA 模式下，且用户具有相同的功率 P，背景噪声 $\boldsymbol{w}[m]$ 为独立同分布且服从 $\mathcal{CN}(\boldsymbol{0},N_0\boldsymbol{I}_{n_{\mathrm{r}}})$ 分布的随机矢量。SIC 接收机首先对用户 1 进行译码，将其贡献从 $\{\boldsymbol{y}[m]\}$ 中删除后再对用户 2 进行译码。下面就评估 $\boldsymbol{h}_2$ 的信道估计误差对用户 1 性能的影响。

(1) 假定用户通过正交多址接入发送训练序列，且发送该训练信号消耗 20% 的功率，发送间隔为 T_{c} 秒(也即用户的信道相干时间)。试求 $\boldsymbol{h}_1$ 与 $\boldsymbol{h}_2$ 的均方估计误差。

(2) SIC 接收机的第一级是抑制用户 2 的信号并译码用户 1 的信息，利用线性 MMSE 滤波器抑制干扰，试数值计算由信道估计误差引起的滤波器平均输出 SINR，并与理想信道估计时的情况[见式(8-62)]进行比较。绘制出 $T_c=10$ ms 时性能下降(以非理想信道估计与理想信道估计时的 SINR 之比表示)随信噪比 P/N_0 变化的函数关系曲线。

(3) 试利用前面的计算说明需要更准确的信道估计才能实现获取干扰抑制带来的增益，这意味着采用 SDMA 技术的上行链路中的导频信号必须比采用一副接收天线的上行链路中的导频信号强。

习题 10-24　本习题研究信道测量误差对上行链路与下行链路之间互易性的影响。为了集中研究所感兴趣的情况，考虑在上行链路和下行链路仅存在一个用户(这是正交多址接入方式下的常用模型)，并且仅基站具有天线阵列。上行链路信道为[见式(10-40)]

$$\boldsymbol{y}_{\mathrm{ul}}[m]=\boldsymbol{h}x_{\mathrm{ul}}[m]+\boldsymbol{w}_{\mathrm{ul}}[m] \tag{10-129}$$

且上行链路发射符号 x_{ul} 的功率约束为 P_{ul}。下行链路信道为[见式(10-39)]

$$y_{\mathrm{dl}}[m]=\boldsymbol{h}^*\ \boldsymbol{x}_{\mathrm{dl}}[m]+w_{\mathrm{dl}}[m] \tag{10-130}$$

且下行链路发射矢量 $\boldsymbol{x}_{\mathrm{dl}}$ 的功率约束为 P_{dl}。

(1) 设在上行链路中的一个符号时间以全功率 P_{ul} 发送训练符号，在基站估计信道 $\boldsymbol{h}$。试求信道 $\boldsymbol{h}$ 的最佳估计 $\hat{\boldsymbol{h}}$ 的均方误差。

(2) 假定在下行链路中采用前一部分得到的信道估计 $\hat{\boldsymbol{h}}$ 进行波束成形，也就是说，发射信号为

$$\boldsymbol{x}_{\mathrm{dl}}=\frac{\hat{\boldsymbol{h}}}{\|\hat{\boldsymbol{h}}\|}x_{\mathrm{dl}}$$

且数据符号 x_{dl} 的功率等于 P_{dl}。试求下行链路的平均接收信噪比。信噪比性能损失可以用非理想信道估计与理想信道估计时的平均接收信噪比之比来衡量，对于给定的上行链路信噪比

P_{ul}/N_0，试画出下行链路信噪比 P_{dl}/N_0 取不同值时的平均性能损失曲线。

(3) 试根据你的计算结果说明，当上行链路功率 P_{ul} 大于下行链路功率 P_{dl} 或与下行链路功率 P_{dl} 为同一数量级时，在下行链路中采用互易信道估计是最为有利的，并且，当 P_{dl} 远大于 P_{ul} 时，会出现很大的性能恶化。

附录A　加性高斯噪声环境下的检测与估计

A.1　高斯随机变量

A.1.1　标量实高斯随机变量

标准高斯随机变量 w 在整个实数轴上取值，其概率密度函数为

$$f(w)=\frac{1}{\sqrt{2\pi}}\exp\left(-\frac{w^2}{2}\right),\quad w\in\Re \tag{A-1}$$

式中，w 的均值为 0，方差为 1。（一般）高斯随机变量 x 都具有以下形式：

$$x=\sigma w+\mu \tag{A-2}$$

式中，x 的均值为 μ，方差等于 σ^2。随机变量 x 是 w 的一一映射函数，因此由式(A-1)可得概率密度函数为

$$f(w)=\frac{1}{\sqrt{2\pi\sigma^2}}\exp\left(-\frac{(x-\mu)^2}{2\sigma^2}\right),\quad x\in\Re \tag{A-3}$$

由于高斯随机变量可以由均值和方差完全表征，所以用 $\mathcal{N}(\mu,\sigma^2)$ 表示 x 的分布。特别地，标准高斯随机变量可以表示为 $\mathcal{N}(0,1)$。随机变量 x 大于给定数 a 的概率可表示为

$$Q(a)=\mathbb{P}\{\omega>a\} \tag{A-4}$$

其曲线如图A-1所示。由该曲线可得 $Q(1)=0.159$、$Q(3)=0.001\ 35$ 可以看出拖尾衰减的速度非常快。定量地，给出拖尾概率的上下界，如式(A-5)所示，由以下上界和下界可以证实，拖尾按指数规律快速衰减：

$$\frac{1}{\sqrt{2\pi}\,a}\left(1-\frac{1}{a^2}\right)\mathrm{e}^{-a^2/2}<Q(a)<\mathrm{e}^{-a^2/2},\quad a>1 \tag{A-5}$$

高斯随机变量的一条重要特性就是线性变换不变性，而独立高斯随机变量的线性组合仍为高斯随机变量。假设 $x_1,x_2,\cdots,x_n$ 相互独立，且 $x_i\sim\mathcal{N}(\mu_i,\sigma_i^2)$（其中符号 $\sim$ 表示"服从……分布"），则

$$\sum_{i=1}^{n}c_i x_i\sim\mathcal{N}\left(\sum_{i=1}^{n}c_i\mu_i,\ \sum_{i=1}^{n}c_i^2\sigma_i^2\right) \tag{A-6}$$

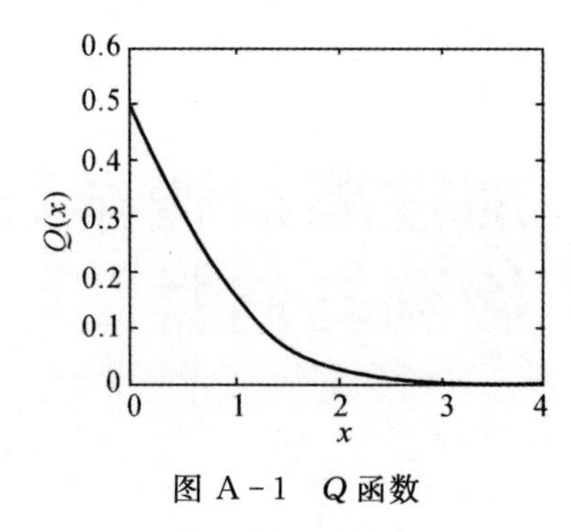

图 A-1 Q 函数

A.1.2 实高斯随机矢量

标准高斯随机矢量(standard Gaussian random vector)$\boldsymbol{w}$是由 n 个独立同分布(i.i.d.)的标准高斯随机变量 $w_1, w_2, \cdots, w_n$ 组成。矢量 $\boldsymbol{w}=[w_1 \quad w_2 \quad \cdots \quad w_n]^{\mathrm{T}}$ 在矢量空间 $\Re^n$ 中取值,由式(A-1)可得 w 的概率密度函数为

$$f(\boldsymbol{w})=\frac{1}{(\sqrt{2\pi})^n}\exp\left(-\frac{\|\boldsymbol{w}\|^2}{2}\right), \quad \boldsymbol{w}\in\Re^n \tag{A-7}$$

式中,$\|\boldsymbol{w}\|=\sqrt{\sum_{i=1}^{n}w_i^2}$ 为从原点到 $\boldsymbol{w}=[w_1 \quad w_2 \quad \cdots \quad w_n]^{\mathrm{T}}$ 的欧几里得距离。从(A-7)可以看出,该密度函数仅仅取决于自变量的模。由于正交变换 $\boldsymbol{O}$(即$\boldsymbol{O}^{\mathrm{T}}\boldsymbol{O}=\boldsymbol{O}\boldsymbol{O}^{\mathrm{T}}=\boldsymbol{I}$) 保持矢量的模不变,可得下结论:

如果 $\boldsymbol{w}$ 为标准高斯的,则 $\boldsymbol{O}\boldsymbol{w}$ 亦为标准高斯的(A-8)

上述结论表明 $\boldsymbol{w}$ 在任何标准正交基下都服从相同的分布。从几何上看,$\boldsymbol{w}$ 的分布对于旋转和反射具有不变性,因此,$\boldsymbol{w}$并不偏向于任何特定的方向。图 A-2 图示说明了标准高斯随机矢量 $\boldsymbol{w}$ 密度函数的各向同性。注意到矩阵 $\boldsymbol{O}$ 的各行是标准正交的,于是由式(A-8) 可以得出另一结论:标准高斯随机矢量在正交方向上的投影是相互独立的。

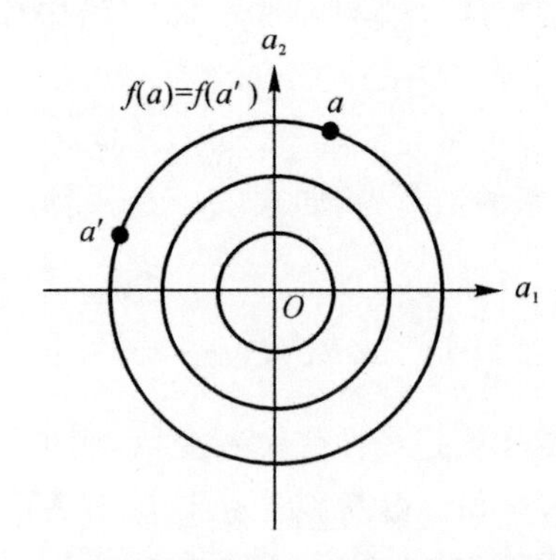

图 A-2 $n=2$ 时的等密度线为圆,即标准高斯随机矢量密度函数 $f(w)$ 的等值集合

模的二次方 $\|\boldsymbol{w}\|^2$ 服从什么样的分布呢?模的二次方等于n个独立同分布零均值高斯随机变量的二次方和,在文献中称该二次方和是自由度为 n 的 χ^2 随机变量,记作 χ_n^2,当 $n=2$ 时,

模的二次方的密度函数为

$$f(a)=\frac{1}{2}\exp\left(-\frac{a}{2}\right),\quad a\geqslant 0 \tag{A-9}$$

称为指数分布。习题 A-1 推导了任意 n 时，χ_n^2 随机变量的密度函数。

高斯随机矢量(Gaussian random vectors)定义为标准高斯随机矢量的线性变换加一个常矢量，是标量情况的简单推广[见式(A-2)]：

$$\boldsymbol{x}=\boldsymbol{A}\boldsymbol{w}+\boldsymbol{\mu} \tag{A-10}$$

式中，$\boldsymbol{A}$ 表示从 $\Re^n$ 到 $\Re^n$ 的一个线性变换矩阵；$\boldsymbol{\mu}$ 为 $\Re^n$ 中的一个固定矢量。于是得到以下几条推论：

(1) 标准高斯随机矢量也是高斯的($\boldsymbol{A}=\boldsymbol{I}$ 且 $\boldsymbol{\mu}=\boldsymbol{0}$)。

(2) 对于 $\Re^n$ 中的任意矢量 $\boldsymbol{c}$ 而言，由式(A-6)可以直接得到，随机变量

$$\boldsymbol{c}^{\mathrm{T}}\boldsymbol{x}\sim\mathcal{N}(\boldsymbol{c}^{\mathrm{T}}\boldsymbol{\mu},\boldsymbol{c}^{\mathrm{T}}\boldsymbol{A}\boldsymbol{A}^{\mathrm{T}}\boldsymbol{c}) \tag{A-11}$$

因此，高斯随机矢量元素的任意线性组合均为高斯随机变量①，更一般地，高斯随机矢量的任意线性变换也是高斯的。

(3) 如果 $\boldsymbol{A}$ 是可逆的，则由式(A-7)与式(A-10)可以直接得出 $\boldsymbol{x}$ 的概率密度函数为

$$f(\boldsymbol{x})=\frac{1}{(\sqrt{2\pi})^n\sqrt{\det(\boldsymbol{A}\boldsymbol{A}^{\mathrm{T}})}}\exp\left[-\frac{1}{2}(\boldsymbol{x}-\boldsymbol{\mu})^{\mathrm{T}}(\boldsymbol{A}\boldsymbol{A}^{\mathrm{T}})^{-1}(\boldsymbol{x}-\boldsymbol{\mu})\right),\quad \boldsymbol{x}\in\Re^n \tag{A-12}$$

该密度函数的等密度线为椭圆，即标准高斯矢量的等密度圆经矩阵 $\boldsymbol{A}$ 进行旋转和尺度变换(见图 A-3)。矩阵 $\boldsymbol{A}\boldsymbol{A}^{\mathrm{T}}$ 替换了标量高斯随机变量的 σ^2[见式(A-3)]，也即 $\boldsymbol{x}$ 的协方差矩阵：

$$\boldsymbol{K}=\mathbb{E}[(\boldsymbol{x}-\boldsymbol{\mu})(\boldsymbol{x}-\boldsymbol{\mu})^{\mathrm{T}}]=\boldsymbol{A}\boldsymbol{A}^{\mathrm{T}} \tag{A-13}$$

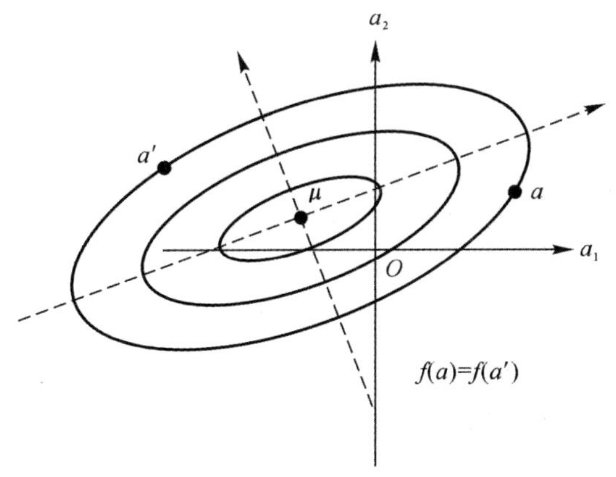

图 A-3 一般高斯随机矢量的等密度线为椭圆，它们对应于等值集合 $\{\boldsymbol{x}:\|\boldsymbol{A}^{-1}(\boldsymbol{x}-\boldsymbol{\mu})\|^2=c\}$，$c$ 为常数

对于可逆矩阵 $\boldsymbol{A}$ 而言，高斯随机矢量可以由其均值 $\boldsymbol{\mu}$ 及其协方差矩阵 $\boldsymbol{K}=\boldsymbol{A}\boldsymbol{A}^{\mathrm{T}}$ 完全表征，其中 $\boldsymbol{K}$ 为非负定对称矩阵。由此可以得出几条推论：

① 可以利用该性质定义高斯随机矢量，与式(A-10)中的定义等效。

1）虽然高斯随机矢量是由矩阵 $\boldsymbol{A}$ 定义的，但仅利用协方差矩阵 $\boldsymbol{K}=\boldsymbol{A}\boldsymbol{A}^{\mathrm{T}}$ 就可以表征 $\boldsymbol{x}$ 的密度。该推论是否出人意料呢？考虑两个矩阵 $\boldsymbol{A}$ 与 $\boldsymbol{AO}$，如式（A－10）定义两个高斯随机矢量。当 $\boldsymbol{O}$ 为正交矩阵时，这两个随机矢量的协方差矩阵相同，均等于 $\boldsymbol{A}\boldsymbol{A}^{\mathrm{T}}$，因此，这两个随机矢量必服从相同分布。该结论可以由前面的分析［见式（A－8）］直接得出，即 $\boldsymbol{Ow}$ 与 $\boldsymbol{w}$ 分布相同，从而 $\boldsymbol{AOw}$ 与 $\boldsymbol{Aw}$ 分布相同。

2）当协方差矩阵 $\boldsymbol{K}$ 为对角矩阵，即矢量中每一个随机变量互不相关时，高斯随机矢量由独立的高斯随机变量组成，这种随机矢量也称为白高斯随机矢量。

3）当协方差矩阵 $\boldsymbol{K}$ 为单位阵，即分量随机变量互不相关且方差为单位1时，高斯随机矢量就简化为标准高斯随机矢量。

4）下面假定 $\boldsymbol{A}$ 是不可逆的，则 $\boldsymbol{Aw}$ 将标准高斯随机矢量 $\boldsymbol{w}$ 映射到维数小于 n 的子空间中，$\boldsymbol{Aw}$ 的密度函数在该子空间之外为零，在子空间内为冲激函数。这说明 $\boldsymbol{Aw}$ 的某些分量可以表示为其他分量的线性组合。为了避免符号表示的混乱，仅关注 $\boldsymbol{Aw}$ 中线性无关的分量，并将其表示为低维矢量 $\tilde{\boldsymbol{x}}$，$\boldsymbol{Aw}$ 的其他分量均可以用 $\tilde{\boldsymbol{x}}$ 分量的（确定）线性组合表示。采用这种办法后，总可以使得协方差矩阵 $\boldsymbol{K}$ 为可逆矩阵。

一般而言，高斯随机矢量可以由其均值 $\boldsymbol{\mu}$ 和协方差矩阵 $\boldsymbol{K}$ 完全表征，即$\mathcal{N}(\boldsymbol{\mu},\boldsymbol{K})$。

A.1.3　复高斯随机矢量

前面已经讨论了实随机矢量，但本书感兴趣的重点是复随机矢量。这类随机矢量具有 $\boldsymbol{x}=\boldsymbol{x}_{\mathrm{R}}+\mathrm{j}\,\boldsymbol{x}_{\mathrm{I}}$ 的形式，其中$\boldsymbol{x}_{\mathrm{R}}$，$\boldsymbol{x}_{\mathrm{I}}$ 均为实矢量。复高斯随机矢量是指满足$[\boldsymbol{x}_{\mathrm{R}}\quad \boldsymbol{x}_{\mathrm{I}}]^{\mathrm{T}}$ 为实高斯随机矢量的矢量，其分布完全由实矢量$[\boldsymbol{x}_{\mathrm{R}}\quad \boldsymbol{x}_{\mathrm{I}}]^{\mathrm{T}}$ 的均值和协方差矩阵确定。习题A－3推得了复矢量 $\boldsymbol{x}$ 的均值$\boldsymbol{\mu}$、协方差矩阵 $\boldsymbol{K}$ 以及伪协方差矩阵 $\boldsymbol{J}$ 的具体表达形式，即

$$\boldsymbol{\mu}=\mathbb{E}[\boldsymbol{x}] \tag{A－14}$$

$$\boldsymbol{K}=\mathbb{E}[(\boldsymbol{x}-\boldsymbol{\mu})(\boldsymbol{x}-\boldsymbol{\mu})^{*}] \tag{A－15}$$

$$\boldsymbol{J}=\mathbb{E}[(\boldsymbol{x}-\boldsymbol{\mu})(\boldsymbol{x}-\boldsymbol{\mu})^{\mathrm{T}}] \tag{A－16}$$

式中，$\boldsymbol{A}^{*}$ 为矩阵 $\boldsymbol{A}$ 的共轭转置（即对矩阵 $\boldsymbol{A}$ 的各元素取复共轭对其进一步转置得到的矩阵）；$\boldsymbol{A}^{\mathrm{T}}$ 为 $\boldsymbol{A}$ 的转置。应该注意的是，复随机矢量 $\boldsymbol{x}$ 的协方差矩阵$\boldsymbol{K}$ 本身通常不足以确定x 的全部二阶统计量。事实上，由于 $\boldsymbol{K}$ 为埃尔米特矩阵，即 $\boldsymbol{K}=\boldsymbol{K}^{*}$，对角线元素均为实数，下三角和上三角元素互为复共轭，因此它可以用 n^2 个实参数确定，其中 n 为 $\boldsymbol{x}$ 的（复）维数。另外，$\boldsymbol{x}$ 的全部二阶统计量应由$[\boldsymbol{x}_{\mathrm{R}}\quad \boldsymbol{x}_{\mathrm{I}}]^{\mathrm{T}}$ 的 $2n\times 2n$ 阶对称协方差矩阵中的$n(2n+1)$ 个实参数确定。

回顾第2章的内容，在无线通信中，我们感兴趣的几乎无一例外地是具有循环对称性的复随机矢量：对于任意 θ，如果 $\mathrm{e}^{\mathrm{j}\theta}\boldsymbol{x}$ 与 $\boldsymbol{x}$ 具有相同的分布，则 $\boldsymbol{x}$ 为循环对称的（A－17）

对于循环对称复随机矢量 $\boldsymbol{x}$ 以及任意θ 而言

$$\mathbb{E}[\boldsymbol{x}]=\mathbb{E}[\mathrm{e}^{\mathrm{j}\theta}\boldsymbol{x}]=\mathrm{e}^{\mathrm{j}\theta}\,\mathbb{E}[\boldsymbol{x}] \tag{A－18}$$

因此，均值 $\boldsymbol{\mu}=0$，并且对于任意θ 有

$$\mathbb{E}[\boldsymbol{x}\boldsymbol{x}^{\mathrm{T}}]=\mathbb{E}[\mathrm{e}^{\mathrm{j}\theta}\boldsymbol{x}\,(\mathrm{e}^{\mathrm{j}\theta}\boldsymbol{x})^{\mathrm{T}}]=\mathrm{e}^{\mathrm{j}2\theta}\,\mathbb{E}[\boldsymbol{x}\boldsymbol{x}^{\mathrm{T}}] \tag{A－19}$$

可得，伪协方差矩阵 $\boldsymbol{J}$ 也为0。于是，协方差矩阵 $\boldsymbol{K}$ 完全确定了循环对称随机矢量的一阶和二阶 统计量。如果复随机矢量也为高斯的，则 $\boldsymbol{K}$ 实际上确定了全部统计量。协方差矩阵为 $\boldsymbol{K}$ 的循环对称高斯随机矢量可以表示$\mathcal{CN}(\boldsymbol{0},\boldsymbol{K})$。

下述是几种特殊情况：

(1) 当实部和虚部为独立同分布零均值高斯随机变量时，复高斯随机变量 $w = w_R + jw_I$ 为循环对称的。实际上，w 的循环对称性是实高斯随机矢量 $[w_R \quad w_I]^T$ 旋转不变性的又一种表述[见式(A－8)]。另外，循环对称高斯随机变量的实部和虚部必须是独立同分布的零均值随机变量(见习题 A－5)。如果统计量完全由方差 $\sigma^2 = \mathbb{E}[|w|^2]$ 确定，则这种复随机变量可以表示为 $\mathcal{CN}(0, \sigma^2)$ (注意，一般复高斯随机变量的统计量由如下五个实参数确定：实部与虚部的均值和方差，以及它们的相关性)。w 的相位在区间 $[0, 2\pi]$ 上是均匀分布的，且与模 $\| w \|$ 无关，模的密度函数为

$$f(r) = \frac{2r}{\sigma^2}\exp\left\{\frac{-r^2}{\sigma^2}\right\}, \quad r \geqslant 0 \tag{A-20}$$

即熟知的瑞利随机变量。模的二次方即 $w_1^2 + w_2^2$ 服从 χ_2^2 分布，也就是指数分布，参见式(A－9)。服从 $\mathcal{CN}(0,1)$ 分布的随机变量称为标准随机变量，其实部和虚部的方差均为 1/2。

(2) 由 n 个相互独立的服从同一分布 $\mathcal{CN}(0,1)$ 的随机变量构成了标准循环对称高斯随机矢量 $\boldsymbol{w}$，表示为 $\mathcal{CN}(\boldsymbol{0}, \boldsymbol{I})$。由式(A－7)可知，$w$ 的密度函数可以简写为

$$f(\boldsymbol{w}) = \frac{1}{\pi^n}\exp(-\| \boldsymbol{w} \|^2), \quad \boldsymbol{w} \in \mathcal{C}^n \tag{A-21}$$

与实高斯随机矢量 $\mathcal{N}(\boldsymbol{0}, \boldsymbol{I})$ 的情况相同[见式(A－8)]，得到如下性质：对于任意复正交矩阵 $\boldsymbol{U}$ (这种矩阵称为酉矩阵，其特点是满足 $\boldsymbol{U}^*\boldsymbol{U} = \boldsymbol{I}$) 而言，

$\boldsymbol{Uw}$ 与 $\boldsymbol{w}$ 服从相同的分布(A－22)

式(A－22)所示这一性质就是标准实高斯随机矢量各向同性性质[见式(A－8)]在复数域中的扩展。需要注意的是，如式(A－17)所示循环对称与如式(A－22)所示的各向同性之间的区别在于后者通常比前者条件更强，但当 w 为标量，二者完全相同。

与实数情况相同，$\boldsymbol{w}$ 模的二次方为 χ_{2n}^2 随机变量。

(3) 如果 $\boldsymbol{w}$ 为 $\mathcal{CN}(0, \boldsymbol{I})$，$\boldsymbol{A}$ 为复矩阵，则 $\boldsymbol{x} = \boldsymbol{Aw}$ 亦为协方差矩阵 $\boldsymbol{K} = \boldsymbol{AA}^*$ 的循环对称高斯矢量，即服从 $\mathcal{CN}(0, \boldsymbol{K})$ 分布。相反地，任何协方差矩阵为 $\boldsymbol{K}$ 的循环对称高斯随机矢量都可以表示为标准循环对称随机矢量的线性变换。如果 $\boldsymbol{A}$ 是可逆的，则与式(A－12)情况相同，x 的概率密度函数可以由式(A－21)计算：

$$f(\boldsymbol{x}) = \frac{1}{\pi^n \det\boldsymbol{K}}\exp(-\boldsymbol{x}^* \boldsymbol{K}^{-1}\boldsymbol{x}), \quad \boldsymbol{x} \in \mathcal{C}^n \tag{A-23}$$

当 $\boldsymbol{A}$ 不可逆时，仍采用前面讨论实随机矢量的方法：仅关心 $\boldsymbol{x}$ 的线性无关分量，其他分量为这些分量的确定线性组合，这样就可以采用简洁的符号进行叙述。

总结 A.1　复高斯随机矢量

(1) n 维复高斯随机矢量 x 的实部和虚部可以构成 $2n$ 维实高斯随机矢量。

(2) 如果对于任意 θ，有

$$e^{j\theta}\boldsymbol{x} \sim \boldsymbol{x} \tag{A-24}$$

则 $\boldsymbol{x}$ 为循环对称的。

(3) 循环对称高斯随机矢量 $\boldsymbol{x}$ 的均值为零，其统计量由其协方差矩阵 $\boldsymbol{K} = \mathbb{E}[\boldsymbol{xx}^*]$ 完全确定，用 $\mathcal{CN}(\boldsymbol{0}, \boldsymbol{K})$ 表示。

(4) 标量复随机变量 $w \sim \mathcal{CN}(0,1)$ 的实部和虚部为相互独立的、服从相同分布 $\mathcal{N}(0, 1/2)$ 的随机变量。w 的相位服从区间 $[0, 2\pi]$ 上的均匀分布，且与模 $|w|$ 无关，$|w|$ 服从瑞利分布：

$$f(r)=r\exp\left(-\frac{r^2}{2}\right),\quad r\geqslant 0 \tag{A-25}$$

$|w|^2$ 服从指数分布。

(5) 如果随机矢量 $\boldsymbol{w}\sim\mathcal{CN}(\boldsymbol{0},\boldsymbol{I})$，则其实部和虚部为独立同分布的，且 $\boldsymbol{w}$ 为各向同性的，即对于任意酉矩阵 $\boldsymbol{U}$

$$\boldsymbol{U}\boldsymbol{w}\sim\boldsymbol{w} \tag{A-26}$$

等效地，$\boldsymbol{w}$ 在正交方向上的投影也是独立同分布的 $\mathcal{CN}(0,1)$ 随机变量。模的二次方 $\|\boldsymbol{w}\|^2$ 服从均值为 n 的 χ_{2n}^2 分布。

(6) 如果 $\boldsymbol{x}\sim\mathcal{CN}(0,\boldsymbol{K})$，且 $\boldsymbol{K}$ 可逆，则 $\boldsymbol{x}$ 的密度函数为

$$f(\boldsymbol{x})=\frac{1}{\pi^n\det K}\exp(-\boldsymbol{x}^*\boldsymbol{K}^{-1}\boldsymbol{x}),\quad \boldsymbol{x}\in\mathcal{C}^n \tag{A-27}$$

A.2 高斯噪声环境下的检测

A.2.1 标量检测

考虑实加性高斯噪声信道：

$$y=u+w \tag{A-28}$$

式中，发射符号 u 以相等的概率取 u_A 和 u_B，$w\sim\mathcal{N}(0,N_0/2)$ 为实高斯噪声。检测问题就是根据观测值 y 确定发射符号为 u_A 还是 u_B。错误判决概率最小的最优检测器是在给定接收信号 y 的情况下，选择最有可能发送的符号作为判决输出，即如果

$$\mathbb{P}\{u=u_A\mid y\}\geqslant\mathbb{P}\{u=u_B\mid y\} \tag{A-29}$$

则判决发射信号为 u_A。由于发送两个符号 u_A 和 u_B 的概率相等，所以由贝叶斯准则可知，该最优检测器可以简化为最大似然(ML) 接收机，即选择使观测值 y 概率最大的发射符号作为输出。在 $u=u_i$ 条件下，接收信号 $y\sim\mathcal{N}(u_i,N_0/2)$，$i=A,B$，如果

$$\frac{1}{\sqrt{\pi N_0}}\exp\left(-\frac{(y-u_A)^2}{N_0}\right)\geqslant\frac{1}{\sqrt{\pi N_0}}\exp\left(-\frac{(y-u_B)^2}{N_0}\right) \tag{A-30}$$

则判决准则输出 u_A，否则判决为 u_B。式(A-30) 的最大似然准则可以进一步简化为

当

$$|y-u_A|<|y-u_B| \tag{A-31}$$

时，判决输出 u_A。该准则如图 A-4 所示，可以解释为对应于选择最邻近的发射信号。发射符号为 u_A 或 u_B 时，判决错误的概率相等，均为

$$\mathbb{P}\left\{y<\frac{u_A+u_B}{2}\mid u=u_B\right\}=\mathbb{P}\left\{w>\frac{|u_A-u_B|}{2}\right\}=Q\left(\frac{|u_A-u_B|}{2\sqrt{N_0/2}}\right) \tag{A-32}$$

因此，差错概率仅取决于两个发射符号 u_A 与 u_B 之间的距离。

A.2.2 实矢量空间中的检测

下面考虑发射矢量 $\boldsymbol{u}$ 以相等的概率取 $\boldsymbol{u}_A$ 或 $\boldsymbol{u}_B$(均为 $\Re^n$ 的元素) 的情况。接收矢量为

$$\boldsymbol{y}=\boldsymbol{u}+\boldsymbol{w} \tag{A-33}$$

且 $\boldsymbol{w}\sim\mathcal{N}(\boldsymbol{0},(N_0/2)\boldsymbol{I})$ 与式(A-30) 类似，如果

$$\frac{1}{(\pi N_0)^{n/2}}\exp\left(-\frac{\|\boldsymbol{y}-\boldsymbol{u}_A\|^2}{N_0}\right)\geqslant\frac{1}{(\pi N_0)^{n/2}}\exp\left(-\frac{\|\boldsymbol{y}-\boldsymbol{u}_B\|^2}{N_0}\right) \tag{A-34}$$

则最大似然判决 u_A 作为输出，与式(A-31)类似，上式可以简化为相同的最邻近准则，即

$$\|\boldsymbol{y}-\boldsymbol{u}_A\|<\|\boldsymbol{y}-\boldsymbol{u}_B\| \tag{A-35}$$

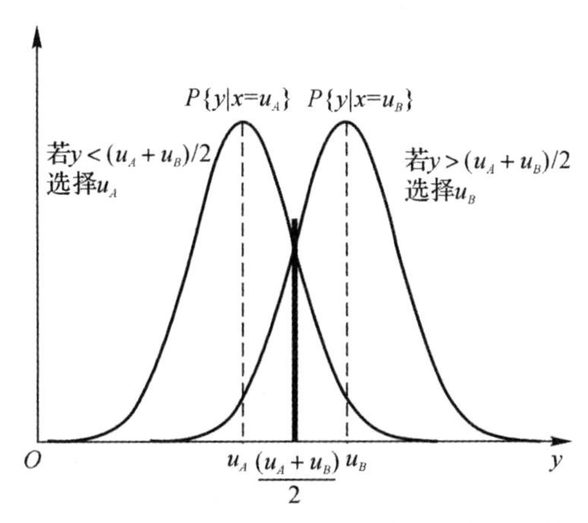

图 A-4　最大似然准则就是选择与接收符号最邻近的符号作为输出

根据高斯噪声各向同性的性质，希望两个发射符号$\boldsymbol{u}_A$ 与$\boldsymbol{u}_B$ 的差错概率相等。假定发射符号为$\boldsymbol{u}_A$，则 $\boldsymbol{y}=\boldsymbol{u}_A+\boldsymbol{w}$，于是当式(A-35)中的事件不发生，即 $\|\boldsymbol{w}\|>\|\boldsymbol{w}+\boldsymbol{u}_A-\boldsymbol{u}_B\|$ 时，出现错误。因此，差错概率为

$$\mathbb{P}\{\|\boldsymbol{w}\|^2>\|\boldsymbol{w}+\boldsymbol{u}_A-\boldsymbol{u}_B\|^2\}=\mathbb{P}\left\{(\boldsymbol{u}_A-\boldsymbol{u}_B)^{\mathrm{T}}\boldsymbol{w}<-\frac{\|\boldsymbol{u}_A-\boldsymbol{u}_B\|^2}{2}\right\} \tag{A-36}$$

从几何角度看，判决区域就是与矢量$\boldsymbol{u}_A-\boldsymbol{u}_B$ 相垂直的超平面两侧的区域，当接收矢量位于与发射矢量相反的超平面一侧时，就会出现错误(见图 A-5)。由式(A-11)可知，$(\boldsymbol{u}_A-\boldsymbol{u}_B)^{\mathrm{T}}\boldsymbol{w}\sim\mathcal{N}(0,\|\boldsymbol{u}_A-\boldsymbol{u}_B\|^2N_0/2)$，因此，式(A-36)中的差错概率可以简写为

$$Q\left(\frac{\|\boldsymbol{u}_A-\boldsymbol{u}_B\|}{2\sqrt{N_0/2}}\right) \tag{A-37}$$

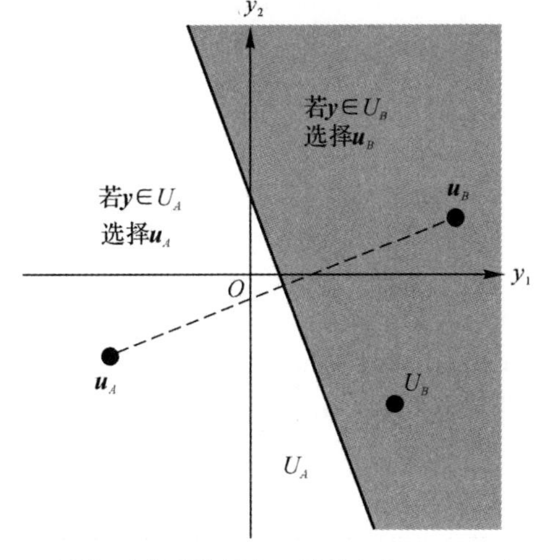

图 A-5　最邻近准则的判决区域是由与$\boldsymbol{u}_A-\boldsymbol{u}_B$ 相垂直的、位于$\boldsymbol{u}_A$ 与$\boldsymbol{u}_B$ 中间的超平面划分而成的

$\| \boldsymbol{u}_A - \boldsymbol{u}_B \| /2$ 为矢量$\boldsymbol{u}_A$,$\boldsymbol{u}_B$ 到判决边界的距离。将式(A-37)中的差错概率与标量情况[见式(A-32)]相比较,可以看出,差错概率仅仅取决于$\boldsymbol{u}_A$ 与$\boldsymbol{u}_B$ 之间的欧氏距离,而与$\boldsymbol{u}_A$ 和$\boldsymbol{u}_B$ 的方向和模无关。

现在从另一种视角讨论上述检测问题:

为了说明如何将矢量检测问题简化为标量检测问题,考虑将发射矢量 $\boldsymbol{u} \in \{\boldsymbol{u}_A, \boldsymbol{u}_B\}$ 重新写为

$$\boldsymbol{u} = x(\boldsymbol{u}_A - \boldsymbol{u}_B) + \frac{1}{2}(\boldsymbol{u}_A + \boldsymbol{u}_B) \tag{A-38}$$

式中,发送的信息为标量 x,以相等的概率取$\pm 1/2$。将式(A-38)代入式(A-33),并从接收信号 $\boldsymbol{y}$ 中减去常矢量$(\boldsymbol{u}_A + \boldsymbol{u}_B)/2$,可得到

$$\boldsymbol{y} - \frac{1}{2}(\boldsymbol{u}_A + \boldsymbol{u}_B) = x(\boldsymbol{u}_A - \boldsymbol{u}_B) + \boldsymbol{w} \tag{A-39}$$

可以观察到,发射符号(标量 x)仅位于如下特定方向上:

$$\boldsymbol{v} = (\boldsymbol{u}_A - \boldsymbol{u}_B) / \| \boldsymbol{u}_A - \boldsymbol{u}_B \| \tag{A-40}$$

接收矢量 $\boldsymbol{y}$ 在与$\boldsymbol{v}$ 正交的方向上的分量为纯噪声,并且由于 $\boldsymbol{w}$ 呈各向同性,所以这些方向上的噪声与信号方向上的噪声也是相互独立的。这就表明接收矢量在这些方向上的分量与检测无关。因此,接收矢量在信号方向 v 上的投影提供了检测所需的全部信息:

$$\tilde{y} = \boldsymbol{v}^{\mathrm{T}} \left[\boldsymbol{y} - \frac{1}{2}(\boldsymbol{u}_A + \boldsymbol{u}_B) \right] \tag{A-41}$$

这样便将矢量检测的问题简化为标量检测的问题。图 A-6 对这种情况进行了归纳总结。

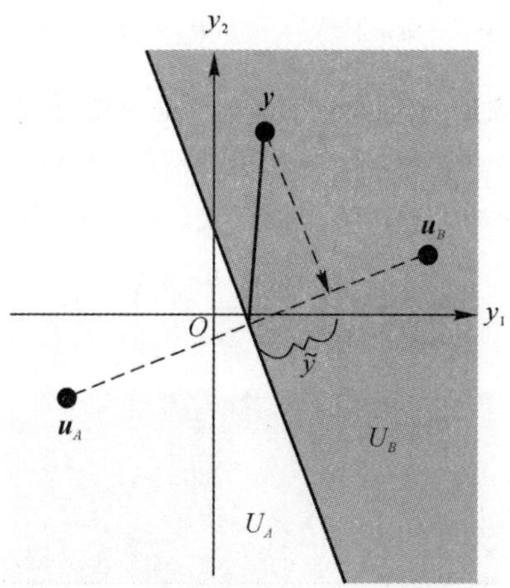

图 A-6 接收矢量 y 投影到信号方向 v 上使矢量检测问题简化为标量检测问题

现在用更加正规的方式在不同正交基下观察接收矢量:第一个方向即矢量 $\boldsymbol{v}$ 的方向,其他方向相互正交且与第一个方向正交。换句话说,构造一个矩阵 $\boldsymbol{O}$,其第一行为矢量 $\boldsymbol{v}$,其他行彼此正交,同时与第一行正交,且具有单位范数,则有

$$\boldsymbol{O}\left[\boldsymbol{y} - \frac{1}{2}(\boldsymbol{u}_A + \boldsymbol{u}_B) \right] = \begin{bmatrix} \boldsymbol{x} \| \boldsymbol{u}_A - \boldsymbol{u}_B \| \\ 0 \\ \vdots \\ 0 \end{bmatrix} + \boldsymbol{O}\boldsymbol{w} \tag{A-42}$$

由于 $\boldsymbol{O}\boldsymbol{w} \sim \mathcal{N}(\boldsymbol{0},(N_0/2)\boldsymbol{I})$［见式(A-8)］，这表明除矢量 $\boldsymbol{O}\left[\boldsymbol{y}-\frac{1}{2}(\boldsymbol{u}_A+\boldsymbol{u}_B)\right]$ 的第一个分量外，其余分量与发射符号 x 和第一个分量中的噪声无关，因此，仅利用由式(A-41)精确给出的第一个分量就足以对发射符号 x 做出判决。

这一重要的观察结果可以总结如下：

(1) 用专业术语讲，式(A-41)中的标量 $\tilde{y}$ 称为检测发射符号 u 时接收矢量 y 的充分统计量。

(2) 充分统计量 $\tilde{y}$ 是接收信号在信号方向 v 上的投影：在通信理论的文献中，这一运算称为匹配滤波器，即接收机中的线性滤波器与发射信号的方向"相匹配"。

(3) 这一结论解释了差错概率为什么仅取决于 $\boldsymbol{u}_A$ 与 $\boldsymbol{u}_B$ 之间的距离：噪声是各向同性的，并且整个检测问题是旋转不变的。

于是就得到以下标量检测问题：

$$\tilde{y}=x\,\|\,\boldsymbol{u}_A-\boldsymbol{u}_B\,\|+w \tag{A-43}$$

式中，矢量 $\boldsymbol{O}\boldsymbol{w}$ 的第一个分量 w 服从 $\mathcal{N}(0,N_0/2)$ 分布，且与发射符号 u 无关。两个星座点之间的有效距离为 $\|\,\boldsymbol{u}_A-\boldsymbol{u}_B\,\|$，由式(A-32)得到差错概率为

$$Q\left(\frac{\|\,\boldsymbol{u}_A-\boldsymbol{u}_B\,\|}{2\sqrt{N_0/2}}\right) \tag{A-44}$$

与由式(A-37)直接计算得到的结果相同。

上述二进制检测的结论可以很自然地推广到发射矢量为 M 个矢量 $\boldsymbol{u}_1,\boldsymbol{u}_2,\cdots,\boldsymbol{u}_M$ 之一的一般 情况。矢量 $\boldsymbol{y}$ 在由 $\boldsymbol{u}_1,\boldsymbol{u}_2,\cdots,\boldsymbol{u}_M$ 张成的子空间上的投影就是解决检测问题的充分统计量。在矢量 $\boldsymbol{u}_1,\boldsymbol{u}_2,\cdots,\boldsymbol{u}_M$ 共线的特殊情况下，即对于某矢量 $\boldsymbol{h}$，$\boldsymbol{u}_i=\boldsymbol{h}x_i$（例如，用PAM星座进行发射的情况），在 $\boldsymbol{h}$ 方向上的投影即为充分统计量。

A.2.3　复矢量空间中的检测

现在考虑在标准加性复高斯噪声下检测发射符号 u 的问题，其中 u 以相等的概率取复矢量 $\boldsymbol{u}_A$ 与 $\boldsymbol{u}_B$ 之一。接收复矢量为

$$\boldsymbol{y}=\boldsymbol{u}+\boldsymbol{w} \tag{A-45}$$

式中，$\boldsymbol{w} \sim \mathcal{CN}(\boldsymbol{0},N_0\boldsymbol{I})$。可以采用与实信号情况下相同的处理方法，将复矢量 u 写为

$$\boldsymbol{u}=x(\boldsymbol{u}_A-\boldsymbol{u}_B)+\frac{1}{2}(\boldsymbol{u}_A+\boldsymbol{u}_B) \tag{A-46}$$

信号位于如下方向：

$$\boldsymbol{v}=(\boldsymbol{u}_A-\boldsymbol{u}_B)/\|\,\boldsymbol{u}_A-\boldsymbol{u}_B\,\| \tag{A-47}$$

接收矢量 y 在 v 方向上的投影给出了(复)标量充分统计量：

$$\tilde{y}=\boldsymbol{v}^*\left[y-\frac{1}{2}(\boldsymbol{u}_A+\boldsymbol{u}_B)\right)=x\,\|\,\boldsymbol{u}_A-\boldsymbol{u}_B\,\|+w \tag{A-48}$$

式中，$w \sim \mathcal{CN}(0,N_0)$。注意，由于 x 为实数($\pm 1/2$)，故可以仅从 y 的实部进一步提取充分统计量：

$$\Re[\tilde{\boldsymbol{y}}]=x\,\|\,\boldsymbol{u}_A-\boldsymbol{u}_B\,\|+\Re[w] \tag{A-49}$$

式中，$\Re[w] \sim N(0,N_0/2)$。差错概率与式(A-44)完全相同：

$$Q\left(\frac{\|\,\boldsymbol{u}_A-\boldsymbol{u}_B\,\|}{2\sqrt{N_0/2}}\right) \tag{A-50}$$

虽然$\boldsymbol{u}_A$与$\boldsymbol{u}_B$为复矢量，但是发射矢量

$$x(\boldsymbol{u}_A-\boldsymbol{u}_B)+\frac{1}{2}(\boldsymbol{u}_A+\boldsymbol{u}_B),\quad x=\pm 1/2 \tag{A-51}$$

位于某一实维的子空间内，因此，可以提取出实充分统计量。如果可能的发射矢量不止两个，并且具有$\boldsymbol{h}x_i$的形式，其中x_i为复值，则$\boldsymbol{h}^*y$仍为充分统计量，但是，仅当x为实数时，$\Re[\boldsymbol{h}^*y]$才是充分统计量(例如，发射PAM星座的情况)。

以上讨论的主要结论总结如下。

总结 A.2　复高斯噪声下的矢量检测

1. 二进制信号

发射矢量$\boldsymbol{u}$为$\boldsymbol{u}_A$或$\boldsymbol{u}_B$，希望从如下接收矢量中检测出u：

$$\boldsymbol{y}=\boldsymbol{u}+\boldsymbol{w} \tag{A-52}$$

式中，$\boldsymbol{w}\sim\mathcal{CN}(\boldsymbol{0},N_0\boldsymbol{I})$。最大似然检测器选取与矢量$\boldsymbol{y}$距离最近的发射矢量，差错概率为

$$Q\left(\frac{\|\boldsymbol{u}_A-\boldsymbol{u}_B\|}{2\sqrt{N_0/2}}\right) \tag{A-53}$$

2. 共线信号

发射符号x以相等的概率取$\mathcal{C}$中有限集合内的每个信号(星座点)，并且接收矢量为

$$\boldsymbol{y}=\boldsymbol{h}x+\boldsymbol{w} \tag{A-54}$$

式中，$\boldsymbol{h}$为固定矢量。

将y投影到单位矢量$\boldsymbol{v}=\boldsymbol{h}/\|\boldsymbol{h}\|$上，得到标量充分统计量：

$$\boldsymbol{v}^*\boldsymbol{y}=\|\boldsymbol{h}\|x+w \tag{A-55}$$

式中，$w\sim\mathcal{CN}(0,N_0)$。

此外，如果星座点为实数，则

$$\Re[\boldsymbol{v}^*\boldsymbol{y}]=\|\boldsymbol{h}\|x+\Re[w] \tag{A-56}$$

为充分统计量，其中$\Re[w]\sim\mathcal{N}(0,N_0/2)$。

采用双极性信号传输时，即$x=\pm a$，最大似然检测的差错概率简化为

$$Q\left(\frac{a\|\boldsymbol{h}\|}{\sqrt{N_0/2}}\right) \tag{A-57}$$

通过适当的变换，本总结第一部分中的二进制信号检测问题便可以简化为这种双极性信号传输的情形。

A.3　高斯噪声环境下的估计

A.3.1　标量估计

考虑包含在独立实高斯白噪声$[w\sim\mathcal{N}(0,N_0/2)]$中的零均值实信号$x$，有

$$y=x+w \tag{A-58}$$

假定希望找到x的估计值$\tilde{x}$，并利用均方误差(MSE)评估估计值的性能，有

$$\mathrm{MSE}=\mathbb{E}[(x-\tilde{x})^2] \tag{A-59}$$

式中，平均运算是针对信号 x 与噪声 w 的随机性进行的。该问题与 A.2 节研究的检测问题完全不同。均方误差最小的估计值即经典的条件均值：

$$\hat{x}=\mathbb{E}[x \mid y] \tag{A-60}$$

它具有非常重要的正交性：误差与观测时间无关，上式表明

$$\mathbb{E}[(\hat{x}-x)y]=0 \tag{A-61}$$

式(A-61)即为经典的正交性原理，在所有关于概率论和随机变量的教科书都会有这方面的内容介绍。

一般而言，条件均值$\mathbb{E}[x \mid y]$为 y 的某个复杂的非线性函数。为了简化分析，这里仅研究一类使得均方误差最小的线性估计。对于 x 为高斯随机变量，条件均值运算实际上就是线性运算。

由于 x 的均值为零，故线性估计具有 $\tilde{x}=cy$ 的形式，其中 c 为实数。那么，最佳的系数 c 取什么值呢？该值既可以直接进行推导，也可以利用式(A-61)的正交性原理进行推导，则有

$$c=\frac{\mathbb{E}[x^2]}{\mathbb{E}[x^2]+N_0/2} \tag{A-62}$$

直观地看，就是用发射信号能量与接收信号能量的比例对接收信号 y 进行加权，相应的最小均方误差(MMSE)为

$$\mathrm{MMSE}=\frac{\mathbb{E}[x^2]N_0/2}{\mathbb{E}[x^2]+N_0/2} \tag{A-63}$$

A.3.2　矢量空间中的估计

现在考虑在以下矢量空间中估计 x，则有

$$\boldsymbol{y}=\boldsymbol{h}x+\boldsymbol{w} \tag{A-64}$$

式中，x 与 $\boldsymbol{w}\sim\mathcal{N}(\boldsymbol{0},(N_0/2)\boldsymbol{I})$ 相互独立；$\boldsymbol{h}$ 为 $\Re^n$ 中的固定矢量。已经看到矢量 $\boldsymbol{y}$ 在矢量 $\boldsymbol{h}$ 方向上的投影

$$\tilde{y}=\frac{\boldsymbol{h}^{\mathrm{T}}\boldsymbol{y}}{\|\boldsymbol{h}\|^2}=x+\boldsymbol{w} \tag{A-65}$$

为充分统计量，即矢量 $\boldsymbol{y}$ 在与矢量 $\boldsymbol{h}$ 正交的方向上的投影与信号 x 和矢量 $\boldsymbol{h}$ 方向上的噪声 w 相互独立。因此，可以将这个问题转化为一个标量估计问题：在 $w\sim\mathcal{N}(0,N_0/(2\|\boldsymbol{h}\|^2))$ 的条件下，由 $\tilde{\boldsymbol{y}}$ 估计 x。于是，该问题就等同于噪声 w 的能量被因子 $\|\boldsymbol{h}\|^2$ 抑制的条件下式(A-58)的标量估计问题。因此，正如式(A-62)所示，x 的最佳线性估计为

$$\frac{\mathbb{E}[x^2]\|\boldsymbol{h}\|^2}{\mathbb{E}[x^2]\|\boldsymbol{h}\|^2+N_0/2}\tilde{\boldsymbol{y}} \tag{A-66}$$

将式(A-65)中充分统计量的计算与式(A-66)中标量线性估计合并就可以从矢量 $\boldsymbol{y}$ 得出 x 的最佳线性估计 $\tilde{x}=\boldsymbol{c}^{\mathrm{T}}\boldsymbol{y}$，其中

$$\boldsymbol{c}=\frac{\mathbb{E}[x^2]}{\mathbb{E}[x^2]\|\boldsymbol{h}\|^2+N_0/2}\boldsymbol{h} \tag{A-67}$$

相应的最小均方误差为

$$\mathrm{MMSE}=\frac{\mathbb{E}[x^2]N_0/2}{\mathbb{E}[x^2]\|\boldsymbol{h}\|^2+N_0/2} \tag{A-68}$$

评估线性估计器的另一种性能测度是信噪比(SNR),定义为估计的信号能量与噪声能量之比:

$$\mathrm{SNR}=\frac{(\boldsymbol{c}^{\mathrm{T}}\boldsymbol{h})^{2}\ \mathbb{E}[x^{2}]}{\|\boldsymbol{c}\|^{2}N_{0}/2} \tag{A-69}$$

匹配滤波器($\boldsymbol{c}=\boldsymbol{h}$)会在任意线性滤波器的输出端得到最大的信噪比,这是通信理论中的经典结论(在所有相关的教科书中对此都有论述)。由柯西-施瓦茨(Cauchy - Schwartz)不等式可以直接得到

$$(\boldsymbol{c}^{\mathrm{T}}\boldsymbol{h})^{2}\leqslant\|\boldsymbol{c}\|^{2}\ \|\boldsymbol{h}\|^{2} \tag{A-70}$$

当 $\boldsymbol{c}=\boldsymbol{h}$ 时等号成立。匹配滤波器使得信噪比最大与经过适当比例变换后可以得到最小均方误差的事实并非巧合,习题 A-8 将对此展开更为详细的研究。

A.3.3 复矢量空间中的估计

现在将上述实数域估计讨论扩展到复数域。首先考虑标量复估计,即式(A-58)中基本实信号情况的扩展:

$$y=x+w \tag{A-71}$$

式中,$w\sim\mathcal{CN}(0,N_0)$ 与零均值复发射信号 x 是相互独立的。我们感兴趣的是线性估计 $\hat{x}=c^{*}y$,c 为某复常数。性能测度为

$$\mathrm{MSE}=\mathbb{E}[|x-\hat{x}|^{2}] \tag{A-72}$$

最佳线性估计 $\hat{x}=c^{*}y$ 可以直接计算出来,即式(A-62)的推广:

$$c=\frac{\mathbb{E}[|x^{2}|]}{\mathbb{E}[|x|^{2}]+N_{0}} \tag{A-73}$$

相应的最小均方误差为

$$\mathrm{MMSE}=\frac{\mathbb{E}[|x^{2}|]N_{0}}{\mathbb{E}[|x|^{2}]+N_{0}} \tag{A-74}$$

复数域的正交性原理[见式(A-61)]扩展为

$$\mathbb{E}[(\hat{x}-x)y^{*}]=0 \tag{A-75}$$

容易看出,式(A-73)中的线性估计满足式(A-75)。

现在考虑在复矢量空间中估计零均值标量复信号 x:

$$\boldsymbol{y}=\boldsymbol{h}x+\boldsymbol{w},\quad \boldsymbol{h}\in\mathcal{C}^{n} \tag{A-76}$$

式中,$w\sim\mathcal{CN}(\boldsymbol{0},N_0\boldsymbol{I})$ 与 x 和固定矢量 $\boldsymbol{h}$ 相互独立。矢量 $\boldsymbol{y}$ 在矢量 $\boldsymbol{h}$ 方向上的投影为充分统计量,可以将这个矢量估计问题简化为一个标量估计问题,由下式估计 x:

$$\tilde{y}=\frac{\boldsymbol{h}^{*}\boldsymbol{y}}{\|\boldsymbol{h}\|^{2}}=x+w \tag{A-77}$$

式中,$w\sim\mathcal{CN}(0,N_0/\|\boldsymbol{h}\|^{2})$。

因此,由式(A-67)的推广,最佳线性估计函数为

$$\boldsymbol{c}=\frac{\mathbb{E}[|x^{2}|]}{\mathbb{E}[|x|^{2}]\|\boldsymbol{h}\|^{2}+N_{0}}\boldsymbol{h} \tag{A-78}$$

同理,由式(A-68)推广,相应的最小均方误差为

$$\mathrm{MMSE}=\frac{\mathbb{E}[x^{2}]N_{0}}{\mathbb{E}[x^{2}]\|\boldsymbol{h}\|^{2}+N_{0}} \tag{A-79}$$

总结 A.3　复矢量空间中的均方估计

当 $w \sim \mathcal{CN}(0, N_0)$ 时，由

$$y = x + w \tag{A-80}$$

得到的 x 的最小均方误差线性估计为

$$\hat{x} = \frac{\mathbb{E}[|x^2|]}{\mathbb{E}[|x|^2] + N_0} y \tag{A-81}$$

为了由

$$\boldsymbol{y} = \boldsymbol{h}x + \boldsymbol{w} \tag{A-82}$$

估计 x，其中 $w \sim \mathcal{CN}(\boldsymbol{0}, N_0\boldsymbol{I})$，

$$\boldsymbol{h}^* \boldsymbol{y} \tag{A-83}$$

为充分统计量，将这个矢量估计问题简化为一个标量估计问题。

最佳线性估计器为

$$\hat{x} = \frac{\mathbb{E}[|x|^2]}{\mathbb{E}[|x|^2] \|\boldsymbol{h}\|^2 + N_0} \boldsymbol{h}^* \boldsymbol{y} \tag{A-84}$$

相应的最小均方误差为

$$\text{MMSE} = \frac{\mathbb{E}[|x|^2] N_0}{\mathbb{E}[|x|^2] \|\boldsymbol{h}\|^2 + N_0} \tag{A-85}$$

在 $x \sim \mathcal{CN}(\mu, \sigma^2)$ 的特殊情况下，该估计器给出所有线性或非线性估计器的最小均方误差。

A.4　习　　题

习题 A-1　考虑 n 维标准随机矢量 $\boldsymbol{w} \sim \mathcal{N}(0, \boldsymbol{I}_n)$ 及其模的二次方 $\|\boldsymbol{w}\|^2$。

(1) 当 $n=1$ 时，试证明 $\|\boldsymbol{w}\|^2$ 的密度函数为

$$f_1(a) = \frac{1}{\sqrt{2\pi a}} \exp\left(-\frac{a}{2}\right), \quad a \geqslant 0 \tag{A-86}$$

(2) 对于任意 n，试证明 $\|\boldsymbol{w}\|^2$ 的密度函数 $f_n(\cdot)$ 满足如下递推关系：

$$f_{n+2}(a) = \frac{a}{n} f_n(a), \quad a \geqslant 0 \tag{A-87}$$

(3) 利用 $n=1,2$ 时的密度函数公式[分别为式(A-86)与式(A-9)]以及式(A-87)的递推关系，确定 $n \geqslant 3$ 时 $\|\boldsymbol{w}\|^2$ 的密度。

习题 A-2　假设 $\{w(t)\}$ 是功率谱密度为 $N_0/2$ 的高斯白噪声，$s_1, s_2, \cdots, s_M$ 为一组有限长度的标准正交波形序列（即具有单位能量的正交波形），定义 $z_i = \int_{-\infty}^{\infty} \omega(t) s_i(t) \mathrm{d}t$。试求 $\boldsymbol{z}$ 的联合分布。提示：利用归一化高斯随机矢量的各向同性[见式(A-8)]。

习题 A-3　考虑复高斯随机矢量 $\boldsymbol{x}$。

(1) 试验证 $\boldsymbol{x}$ 的二阶统计量（即协方差矩阵的实数域表示 $[\Re[\boldsymbol{x}], \Im[\boldsymbol{x}]]^{\mathrm{T}}$ 的）可以完全由式(A-15)与式(A-16)分别定义的 $\boldsymbol{x}$ 的协方差和伪协方差矩阵确定。

(2) 在 $\boldsymbol{x}$ 循环对称的情况下，仅用复矢量 $\boldsymbol{x}$ 的协方差矩阵即可表示 $[\Re[\boldsymbol{x}], \Im[\boldsymbol{x}]]^{\mathrm{T}}$ 的协方差矩阵。

习题 A－4　考虑复高斯随机矢量 $\boldsymbol{x}$。

(1) 试证明 $\boldsymbol{x}$ 呈循环对称的充分必要条件为均值 $\boldsymbol{\mu}$ 和伪协方差矩阵 $\boldsymbol{J}$ 均为零。

(2) 假定 $[\Re[\boldsymbol{x}],\Im[\boldsymbol{x}]]^{\mathrm{T}}$ 的协方差矩阵与习题(A－3)第 2 部分中 $\boldsymbol{x}$ 的协方差矩阵之间的关系成立，是否可以得出 $\boldsymbol{x}$ 为循环对称的结论？

习题 A－5　试证明循环对称复高斯随机变量必须具有独立同分布的实部和虚部。

习题 A－6　假设 $\boldsymbol{x}$ 为 n 维独立同分布复高斯随机矢量，其实部和虚部均服从 $\mathcal{N}(\boldsymbol{0},\boldsymbol{K}_x)$ 分布，其中 $\boldsymbol{K}_x$ 为一个 2×2 协方差矩阵，$\boldsymbol{U}$ 为酉矩阵(即 $\boldsymbol{U}^*\boldsymbol{U}=\boldsymbol{I}$)。试确定 $\boldsymbol{Ux}$ 与 $\boldsymbol{x}$ 服从相同分布时，$\boldsymbol{K}_x$ 应满足的条件。

习题 A－7　假设 $\boldsymbol{z}$ 为 n 维独立同分布复高斯随机矢量，其实部和虚部服从 $\mathcal{N}(0,\boldsymbol{K}_x)$ 分布，其中 $\boldsymbol{K}_x$ 为一个 2×2 协方差矩阵，希望由

$$\boldsymbol{y}=\boldsymbol{h}x+\boldsymbol{z} \tag{A-88}$$

检测标量 x，其中 x 以相等的概率取 ± 1，x 与 $\boldsymbol{z}$ 相互独立，$\boldsymbol{h}$ 为 $\mathcal{C}^n$ 中的固定矢量。试确定标量 $\boldsymbol{h}^*\boldsymbol{y}$ 为由矢量 $\boldsymbol{y}$ 检测 x 的充分统计量时，$\boldsymbol{K}_x$ 应满足的条件。

习题 A－8　考虑由

$$\boldsymbol{y}=\boldsymbol{h}x+\boldsymbol{w} \tag{A-89}$$

估计零均值实标量 x，其中 $\boldsymbol{w}\sim\mathcal{N}(0,N_0/2\boldsymbol{I})$ 与 x 无关，$\boldsymbol{h}$ 为 $\Re^n$ 中的固定矢量。

(1) 考虑经过比例变换的线性估计 $\boldsymbol{c}^{\mathrm{T}}\boldsymbol{y}$(经归一化处理后 $\|\boldsymbol{c}\|=1$)：

$$\hat{x}=a\,\boldsymbol{c}^{\mathrm{T}}\boldsymbol{y}=(a\,\boldsymbol{c}^{\mathrm{T}}\boldsymbol{h})x+a\,\boldsymbol{c}^{\mathrm{T}}\boldsymbol{z} \tag{A-90}$$

试证明使得均方误差 $\mathbb{E}[(x-\hat{x})^2]$ 最小的常数 a 等于

$$\frac{\mathbb{E}[x^2]\,|\boldsymbol{c}^{\mathrm{T}}\boldsymbol{h}|^2}{\mathbb{E}[x^2]\,|\boldsymbol{c}^{\mathrm{T}}\boldsymbol{h}|^2+N_0/2} \tag{A-91}$$

(2) 试计算式(A－90)中线性估计的最小均方误差(表示为 MMSE)[利用式(A－91)中的 a 值]。并证明

$$\frac{\mathbb{E}[x^2]}{\mathrm{MMSE}}=1+\mathrm{SNR}=1+\frac{\mathbb{E}[x^2]\,|\boldsymbol{c}^{\mathrm{T}}\boldsymbol{h}|^2}{N_0/2} \tag{A-92}$$

对于每个固定的线性估计器 $\boldsymbol{c}$，该式证明了相应的 SNR 与 MMSE 之间的关系。特别地，当基于最佳线性估计进行矢量 $\boldsymbol{c}$ 优化时，该式成立。

附录 B　信息论基本原理

该附录讨论本书中与容量表达式(见 8.3.4 节)有关的信息论基本原理。关于信息论更为深入、全面的讲解参见教科书[26][43]。

B.1　离散无记忆信道

虽然本书介绍的绝大多数信道中的发射信号和接收信号都是连续的,然而,通信问题的核心本质上却是离散的:发射机发送有限个码字中的一个码字,接收机则要判定出发射的是哪个码字。为了集中讨论这一问题的本质,首先考虑输入和输出均为离散信号的信道,即所谓的离散无记忆信道(Discrete Memoryless Channel, DMC)。

离散无记忆信道的输入 $x[m]$ 和输出 $y[m]$ 分别属于有限集合$\mathcal{X}$和$\mathcal{Y}$(这两个集合分别称为信道的输入符号集和输出符号集)。信道的统计特性通常用条件概率 $\{p(j \mid i)\}_{i\in\mathcal{X},j\in\mathcal{Y}}$ 来描述,这些概率也称为转移概率。假定输入序列为 $\boldsymbol{x}=(\boldsymbol{x}[1],x[2],\cdots,x[N])$,则观测到的输出序列为 $\boldsymbol{y}=(y[1],y[2],\cdots,y[N])$ 的概率为①

$$p(\boldsymbol{y} \mid \boldsymbol{x})=\prod_{m=1}^{N} p(y[m] \mid x[m]) \qquad \text{(B-1)}$$

可以解释为信道噪声独立地破坏了输入符号[因此,采用术语无记忆(memoryless)]。

例 B.1　二进制对称信道

二进制对称信道(binary symmetric channel) 的输入与输出均为二进制信号($X=Y=\{0,1\}$),转移概率为 $p(0 \mid 1)=p(1 \mid 0)=\epsilon, p(0 \mid 0)=p(1 \mid 1)=1-\epsilon$,0 与 1 发生翻转的概率均为 ϵ,如图 B-1(a) 所示。

例 B.2　二进制删除信道

二进制删除信道(binary erasure channel) 的输入为二进制,输出为三进制($X=\{0,1\}$, $Y=\{0,1,e\}$),转移概率为 $p(0 \mid 0)=p(1 \mid 1)=1-\epsilon, p(e \mid 0)=p(e \mid 1)=\epsilon$,这种信道中的符号不发生翻转,但可能被删除,如图 B-1(b) 所示。

通信系统的抽象模型如图 B-2 所示。发送方发送给接收机的消息是几条等概率消息之一,为了实现信息的传递,发送方采用分组长度为 N,大小为 $|\mathcal{C}|$ 的码本$\mathcal{C}$,其中 $\mathcal{C}=$

---

① 此公式仅在没有从接收器到发射器的反馈时有效,输入不是过去输出的函数。

$(\boldsymbol{x}_1,\boldsymbol{x}_2,\cdots,\boldsymbol{x}_{|\mathcal{C}|})$，$\boldsymbol{x}_i$ 为码字。发送第 i 条消息就是要通过有噪信道发送码字 $\boldsymbol{x}_i$。译码器根据接收矢量 $\boldsymbol{y}$ 估计发送消息的序号 $\hat{i}$，差错概率为 $p_e=\mathbb{P}\{\hat{i}\neq i\}$。假定采用最大似然(ML)译码器，因为它能够使得给定码字的差错概率最小化。由于要发送的是 $|\mathcal{C}|$ 条消息之一，所以传递的比特数应为 $\mathrm{lb}|\mathcal{C}|$，而码字的分组长度为 N，故单位时间的码率为 $R=\frac{1}{N}\mathrm{lb}|\mathcal{C}|$。数据速率 R 与最大似然差错概率 p_e 是码字的两个关键的性能测度：

$$R=\frac{1}{N}\mathrm{lb}\ |\mathcal{C}| \tag{B-2}$$

$$p_e=\mathbb{P}\{\hat{i}\neq i\} \tag{B-3}$$

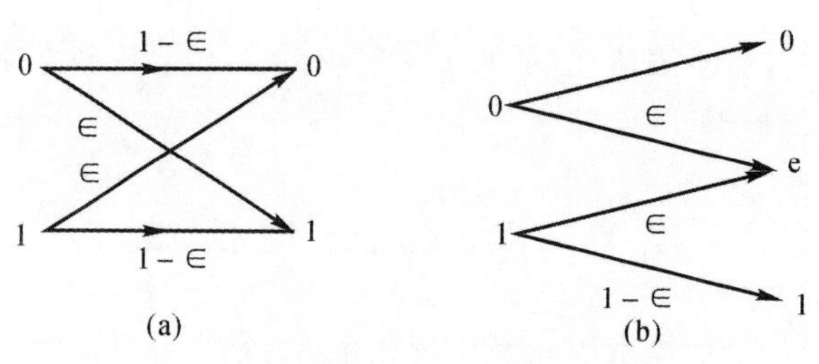

图 B-1　离散无记忆信道示例

(a) 二进制对称信道；(b) 二进制删除信道

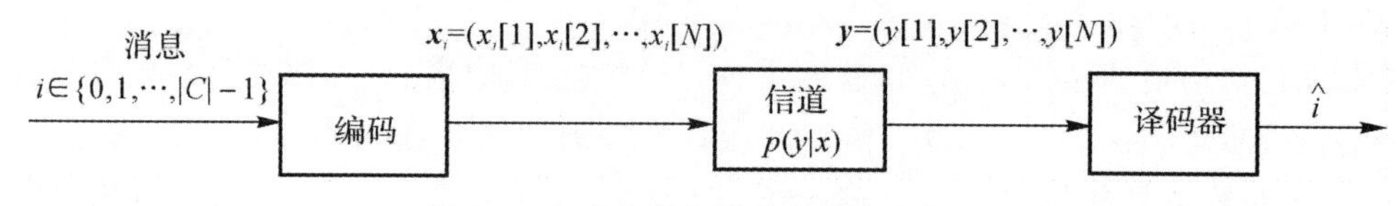

图 B-2　通信系统的抽象模型示意图

如果对于任意 $\delta>0$，可以找到速率为 R、分组长度为 N 的码字使得差错概率 $p_e<\delta$，则称信息以速率 R 可靠地通信。信道容量 C 即可表示为可靠通信的最大速率。

注意，该定义的关键特征是码字的分组长度 N 可以任意大。回顾 5.1 节中 AWGN 实例，由于信道中存在噪声，如果分组长度固定，则差错概率显然不可能任意小。只有当码字的分组长度相当长时，才有希望依靠某类大数定律将噪声的影响平滑掉。尽管如此，事先仍然不清楚是否能获得可靠的大于零信息速率。

香农不但证明了对于绝大多数感兴趣的信道有 $C>0$，而且给出了基于 $\{p(y\mid x)\}$ 计算容差 C 的一种简单方法。为了便于讲解，首先定义几个统计测度。

B.2　熵、条件熵与互信息

设 x 为在 $\mathcal{X}$ 中取值的离散随机变量，概率质量函数为 p_x，定义 x 的熵为①

$$H(x)=\sum_{i\in X}p_x(i)\mathrm{lb}[1/p_x(i)] \tag{B-4}$$

$H(x)$ 可以解释为随机变量 x 的不确定性的一种度量。熵 $H(x)$ 总是非负的，当且仅当 x 为确

① 本书中，除非另有说明，否则所有对数都取 2 为底。

定性信号时，熵才等于零。如果 x 取值有 K 个，则可以证明当 x 均匀地取这 K 个值时，熵最大，此时 $H(x)=\mathrm{lb}K$（见习题 B-1）。

例 B.3　二进制熵

以概率 p 和 $1-p$ 取值的二进制随机变量 x 的熵为

$$H(p)=-p\mathrm{lb}p-(1-p)\mathrm{lb}(1-p) \tag{B-5}$$

函数 $H(\cdot)$ 称为二进制熵函数（binary entropy function），如图 B-3 所示，当 $p=1/2$ 时达到最大值，当 $p=0$ 或 $p=1$ 时等于 0。这里从未提及 x 取的实际值，不确定性仅仅取决于概率。

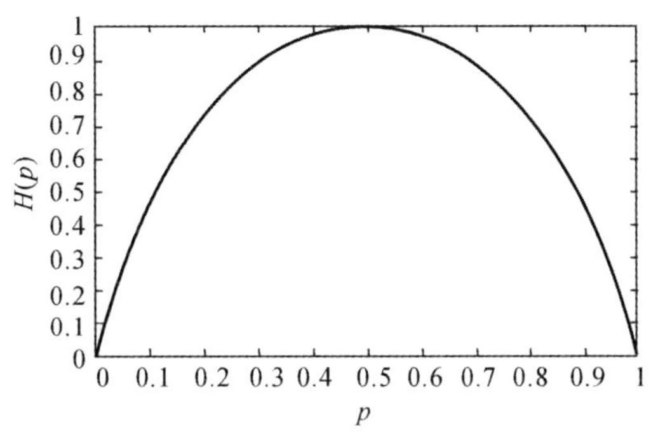

图 B-3　二进制熵函数

下面考虑两个随机变量 x 与 y，x 与 y 的联合熵定义为

$$H(x,y)=\sum_{i\in\mathcal{X},j\in\mathcal{Y}}p_{x,y}(i,j)\mathrm{lb}[1/p_{x,y}(i,j)] \tag{B-6}$$

在 $y=j$ 的条件下 x 的熵自然可以定义为

$$H(x\mid y=j)=\sum_{i\in\mathcal{X}}p_{x|y}(i\mid j)\mathrm{lb}[1/p_{x|y}(i\mid j)] \tag{B-7}$$

可以解释为观察到 $y=j$ 之后，x 剩余的不确定性。给定 y 时 x 的条件熵就是这一不确定性的数学期望，即对所有可能的 y 值求平均

$$H(x\mid y)=\sum_{j\in\mathcal{Y}}p_y(j)H(x\mid y=j)=\sum_{i\in\mathcal{X},j\in\mathcal{Y}}p_{x,y}(i,j)\mathrm{lb}(1/p_{x|y}(i\mid j)) \tag{B-8}$$

$H(x\mid y)$ 可以解释为观察到 y 之后，x 剩余的平均不确定性。注意到

$$H(x,y)=H(x)+H(y\mid x)=H(y)+H(x\mid y) \tag{B-9}$$

很自然地得到以下解释：x 与 y 的总的不确定性等于 x 的不确定性与 x 条件下 y 的不确定性之和，称为熵的链式法则。特别地，如果 x 与 y 相互独立，$H(x\mid y)=H(x)$，则有 $H(x,y)=H(x)+H(y)$。由式(B-4)和式(B-8)，已知条件会减少不确定性，也即

$$H(x\mid y)\leqslant H(x) \tag{B-10}$$

当且仅当 x 与 y 相互独立时等号成立（见习题 B-2）。则有

$$H(x,y)=H(x)+H(y\mid x)\leqslant H(x)+H(y) \tag{B-11}$$

当且仅当 x 与 y 相互独立时等号成立。

$H(x)-H(x\mid y)$ 的大小对于我们要研究的通信问题尤为重要。因为 $H(x)$ 为观测 y 之前 x 的不确定性，所以 $H(x)-H(x\mid y)$ 可以解释为由观测 y 引起的 x 的不确定性的减小量，

即 y 中包含的关于 x 的信息量。类似地，$H(y)-H(y \mid x)$ 可以解释为由观测 x 引起的 y 的不确定性的减小量。注意到

$$H(y)-H(y \mid x)=H(y)+H(x)-H(x,y)=H(x)-H(x \mid y) \quad (B-12)$$

定义

$$I(x;y)=H(y)-H(y \mid x)=H(x)-H(x \mid y) \quad (B-13)$$

则该量关于随机变量 x 与 y 是对称的。$I(x;y)$ 称为 x 与 y 之间的互信息（mutual information）。由式（B-10）可知，互信息 $I(x;y)$ 为非负值，当且仅当 x 与 y 相互独立时，互信息才等于零。

我们已经定义了标量随机变量之间的互信息，但该定义可以很自然地推广到随机矢量。例如 $I(x_1,x_2;y)$ 应解释为随机矢量 (x_1,x_2) 与 y 之间的互信息，即 $I(x_1,x_2;y)=H(x_1,x_2)-H(x_1,x_2 \mid y)$。也可以定义条件互信息：

$$I(x;y \mid z)=H(x \mid z)-H(x \mid y,z) \quad (B-14)$$

由于

$$H(x \mid z)=\sum_k p_z(k)H(x \mid z=k) \quad (B-15)$$

并且

$$H(x \mid y,z)=\sum_k p_z(k)H(x \mid y,z=k) \quad (B-16)$$

于是有

$$I(x;y \mid z)=\sum_k p_z(k)I(x;y \mid z=k) \quad (B-17)$$

给定三个随机变量 x_1,x_2 与 y，可以观察到

$$\begin{aligned} I(x_1,x_2;y)=&H(x_1,x_2)-H(x_1,x_2 \mid y)= \\ &H(x_1)+H(x_2 \mid x_1)-[H(x_1 \mid y)+H(x_2 \mid x_1 \mid y)]= \\ &I(x_1;y)+I(x_2;y \mid x_1) \end{aligned}$$

这就是互信息的链式法则：

$$I(x_1,x_2;y)=I(x_1;y)+I(x_2;y \mid x_1) \quad (B-18)$$

总而言之，x_1 与 x_2 共同提供的关于 y 的信息量等于 x_1 提供的关于 y 的信息量与观察到 x_1 之后 x_2 提供的关于 y 的附加信息量之和。这一事实在第 7 章到第 10 章非常有用。

B.3 有噪声信道编码定理

现在回到图 B-2 的通信问题，要传递 $|\mathcal{C}|$ 条等概率的消息之一，可以将其映射为码集本 $\mathcal{C}=\{\boldsymbol{x}_1,\cdots,\boldsymbol{x}_{|\mathcal{C}|}\}$ 中长度为 N 的一个码字。于是，信道的输入为均匀分布在码字集合 $\mathcal{C}$ 中的一个 N 维随机矢量 $\boldsymbol{x}$，信道的输出为另一个 N 维随机矢量 $\boldsymbol{y}$。

B.3.1　可靠通信与条件熵

为了以高概率正确地译码发射消息，显然条件熵 $H(\boldsymbol{x} \mid \boldsymbol{y})$ 必须趋近于零[①]，否则，确定输出时输入的不确定性太大以至于无法判决正确的消息。条件熵重写为

$$H(\boldsymbol{x} \mid \boldsymbol{y}) = H(\boldsymbol{x}) - I(\boldsymbol{x};\boldsymbol{y}) \tag{B-19}$$

即为 $\boldsymbol{x}$ 的不确定性减去观测到 $\boldsymbol{y}$ 的条件下 $\boldsymbol{x}$ 不确定性的减小量。熵 $H(\boldsymbol{x})$ 等于 $\mathrm{lb}|\mathcal{C}| = NR$，其中 R 为数据速率。对于可靠通信而言，$H(\boldsymbol{x} \mid \boldsymbol{y}) \approx 0$，表明

$$R \approx \frac{1}{N} I(\boldsymbol{x};\boldsymbol{y}) \tag{B-20}$$

直观地讲，对于可靠通信而言，通过信道的互信息流速率应该与信息产生的速率相匹配。互信息取决于随机输入 $\boldsymbol{x}$ 的分布，并且该分布反过来又是码字$\mathcal{C}$的函数。对所有码字进行优化，就可以得到可靠通信速率的上界：

$$\max_{\mathcal{C}} \frac{1}{N} I(\boldsymbol{x};\boldsymbol{y}) \tag{B-21}$$

B.3.2　简单的上界

式(B-21)的优化问题是一个高维组合问题，难以求解。可以观察到，由于输入矢量在$\mathcal{C}$的码字中均匀分布，因此，式(B-21)中的优化仅在可能的输入子集内进行。放松可行解集并允许对全部输入分布进行优化，就可以推出进一步的上界：

$$\bar{C} = \max_{p_x} \frac{1}{N} I(\boldsymbol{x};\boldsymbol{y}) \tag{B-22}$$

可得

$$I(\boldsymbol{x};\boldsymbol{y}) = H(\boldsymbol{y}) - H(\boldsymbol{y} \mid \boldsymbol{x}) \leqslant \tag{B-23}$$

$$\sum_{m=1}^{N} H(y[m]) - H(\boldsymbol{y} \mid \boldsymbol{x}) = \tag{B-24}$$

$$\sum_{m=1}^{N} H(y[m]) - \sum_{m=1}^{N} H(y[m] \mid x[m]) = \tag{B-25}$$

$$\sum_{m=1}^{N} I(x[m];y[m]) \tag{B-26}$$

式(B-24)的不等式是由式(B-11)得到的，式(B-25)中的等式源于信道的无记忆性。如果输出符号相互独立，则式(B-24)成立，满足这一结论的一种方法是使得输入信号始终相互独立，则有

$$\bar{C} = \frac{1}{N}\sum_{m=1}^{N} \max_{p_{x[m]}} I(x[m];y[m]) = \max_{p_{x[1]}} I(x[1];y[1]) \tag{B-27}$$

这样，对于长度为 N 的分组输入分布的优化问题就简化为单个符号输入分布的优化问题。

B.3.3　获得上界

为了得到这个上界 C，必须找到每个符号的互信息 $I(x;y)/N$ 趋近于 C 并且满足式

---

① 利用 Fano 不等式，在大区块长度的情况下，可以精确地给出这一结论。

(B-20) 的编码。事先并不清楚是否存在这种编码,香农信息论的基本结论表明,如果分组长度 N 选择得充分大,则确实存在这样的编码。

定理 B-1(有噪声信道编码定理[109]) 考虑输入符号为 x,输出符号为 y 的离散无记忆信道,其信道容量为

$$C = \max_{p_x} I(x;y) \tag{B-28}$$

香农对最优编码存在性的证明是通过随机化自变量完成的。给定任意输入符号分布 p_x,则可以根据 p_x 独立地选取各码字中的符号产生速率为 R 的编码$\mathcal{C}$。得到的主要结论是,采用与式(B-20) 相同的速率,分组长度 N 很大的编码以高概率满足

$$\frac{1}{N} I(\boldsymbol{x};\boldsymbol{y}) \approx I(x;y) \tag{B-29}$$

换句话说,以速率 $I(x;y)$ 实现可靠通信是有可能的。特别地,根据使得 $I(x;y)$ 最大化的分布 p_x^* 选择码字,就可以达到最大可靠速率。由于按照大数定律平滑信道随机噪声的影响和编码随机选取的影响,因此期望的差错概率越小,所需的分组长度 N 就越大。虽然 B.5 节中关于 AWGN 信道的球体填充(sphere-packing) 论述表明有噪声信道编码定理的结论是可信的,但本书并不深入研究该定理的详细推导,更为详细的介绍参见信息论教科书[26]。

式(B-28) 中的最大化是对输入随机变量 x 的所有分布进行的,应该注意的是,输入分布和信道转移概率共同确定了 x 与 y 的联合分布,这就决定了 $I(x;y)$ 的值。对于所有可能的输入分布进行最大化时,可以证明互信息 $I(x;y)$ 是输入概率的凹函数,因此,输入最大化就是一个凸优化问题,可以非常高效地予以解决,甚至可以利用对称性求解出最优分布的闭合表达式。

例 B.4 二进制对称信道

交叉概率(差错概率) 为 ϵ 的二进制对称信道的容量为

$$C = \max_{p_x} H(y) - H(y \mid x) = \max_{p_x} H(y) - H(\epsilon) = 1 - H(\epsilon) \tag{B-30}$$

式中,$H(\epsilon)$ 为如式(B-5) 所示二进制熵函数。选择 x 服从均匀分布,从而输出 y 也服从均匀分布,这样就可以达到最大值。容量曲线如图 B-4 所示,当 $\epsilon=0$ 或 1 时为 1,当 $\epsilon=1/2$ 时为 0。

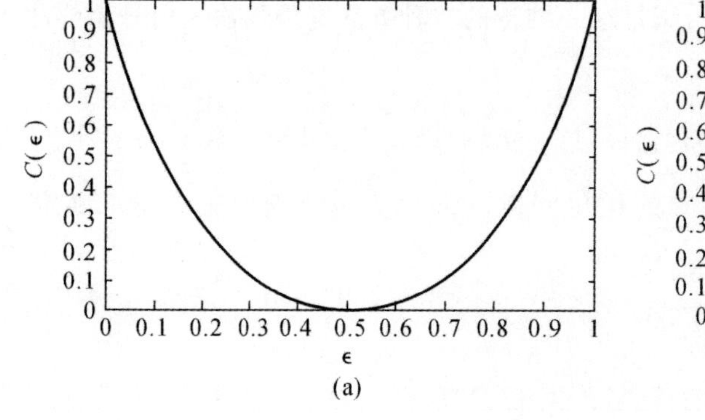

(a)

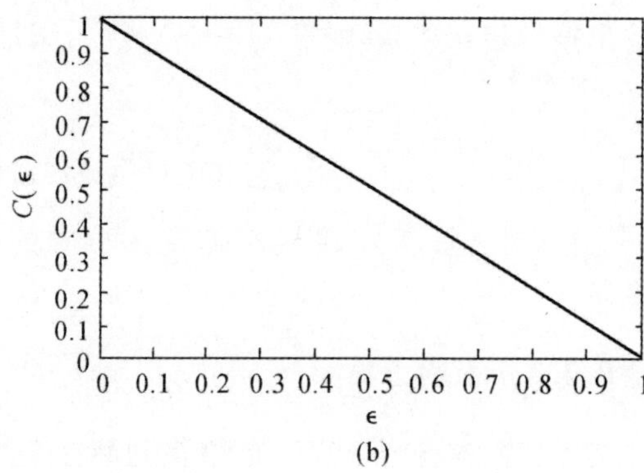

(b)

图 B-4 信道容量

(a) 二进制对称信道; (b) 二进制删除信道

从长期来看,比例为? 的符号发生翻转,读者可能会认为信道容量就应该是通过信道时没有发生翻转的符号比例,即每个可用信道的容量为$(1-\epsilon)$。然而,这样认为是错误的,因为接收机是不知道哪个符号是发生翻转的、哪个符号是正确的。的确,当$\epsilon=1/2$时,输入和输出是相互独立的,我们没有办法获得通过信道的任何信息,而式(B-30)则给出了正确的答案。

例 B.5　二进制删除信道

二进制对称信道的最佳输入分布为均匀分布,其原因在于信道的对称性。二进制删除信道也存在类似的对称性,故其最佳输入分布也是均匀分布。删除概率为 ε 的信道容量可以按下式计算:

$$C=1-\epsilon \tag{B-31}$$

在二进制对称信道中,接收机不知道哪个符号发生翻转,而在删除信道信道中,接收机准确地知道哪个符号被删除。如果发射机也知道这样的信息,则可以仅在信道未被删除时发送比特,从而使长期吞吐量达到每个可用信道的容量为$(1-\epsilon)$。这一容量结论是说,无须这样的反馈信息,(前向)编码足以可靠地达到这一速率。

B.3.4　可行性解释

首先需要指出一个常见的错误观点。在求解式(B-22)关于容量 C 的输入分布优化问题时,在最优解处,输出 $y[m]$ 应该相互独,达到这一目的的一种方法是使输入 $x[m]$ 相互独立。这是否意味着获取容量无需任何编码呢? 例如,在二进制对称信道中,最佳输入产生独立同分布的等概率符号,那么,是否意味着直接通过信道发送原始的等概率信息比特仍然能够获取容量呢?

答案当然是否定的,为了获得非常小的差错概率,必须对大量的符号进行编码。以上论述的错误就在于不能恰好以速率 C,并在输出严格地相互独立时实现可靠通信。当输出与输入独立同分布时:

$$H(x \mid y)=\sum_{m=1}^{N} H(x[m] \mid y[m])=NH(x[m] \mid y[m]) \tag{B-32}$$

在给定输出条件下,输入存在大量的不确定性,通信难以可靠进行。但是,要达到一个严格小于 C 的速率,无论其多接近 C,编码定理都能保证可靠通信是可能的。每个符号的互信息 $I(\mathbf{x};\mathbf{y})/N$ 接近于 C,输出 $y[m]$ 几乎是相互独立,但此时由于可靠译码是可能的,所以条件熵 $H(\mathbf{x} \mid \mathbf{y})$ 减小为(接近于)零。然而为了达到这样的性能,编码变得至关重要;毫无疑问,每个输入符号的熵接近于 $I(\mathbf{x};\mathbf{y})/N$,小于未编码传输时的 $H(x[m])$。对于二进制对称信道而言,每个编码符号的熵为$(1-H(\epsilon))$,而不是未编码符号时的 1。

现在的实际问题是虽然输入优化问题式(B-22)的值可以合理地解释为可靠通信的最大速率,但是将达到这一值的独立同分布输入分布解释为实现可靠通信的输入符号的统计量却是不正确的。在任何情况下都需要采用编码的方法来获取容量。然而,正确的回答应该是,如果按照独立同分布输入分布随机地选取码字,则所得到的编码极有可能是好的,但这与发送未编码符号是截然不同的。

B.4 AWGN 容量的正规推导

下面应用前面各节介绍的方法正式推导 AWGN 信道的容量。

B.4.1 模拟无记忆信道

到目前为止,已经集中讨论了输入与输出符号均为离散值的信道。为了推导 AWGN 信道的容量,须将其扩展到输入与输出为连续值的模拟信道,这样的扩展在概念上并不存在困难。特别地,定理 B-1 可以推广到这类模拟信道的情形①,但是,熵与条件熵的定义必须进行适当的修正。

对于概率密度函数为 f_x 的连续随机变量 x,定义 x 的微分熵(differential entropy)为

$$h(x)=\int_{-\infty}^{\infty} f_x(u)\text{lb}[1/f_x(u)]du \tag{B-33}$$

类似地,在给定 y 的条件下 x 的条件微分熵定义为

$$h(x\mid y)=\int_{-\infty}^{\infty} f_{x,y}(u,v)\text{lb}[1/f_{x|y}(u\mid v)]\text{d}u\text{d}v \tag{B-34}$$

同理,互信息定义为

$$I(x;y)=h(x)-h(x\mid y) \tag{B-35}$$

我们观察到,熵与互信息的链式法则已经扩展到连续取值的情况,可以证明连续取值信道的容量可表示为

$$C=\max_{f_x} I(x;y) \tag{B-36}$$

将信道连续取值的输入和输出离散化,利用符号集增大的离散无记忆信道做出近似,并取极限就可以证明这一结论。

对于许多信道而言,通常对发射码字都有代价约束,假定代价函数 $c:\chi\to\Re$ 定义在输入符号上,对码字的代价约束可以定义为:要求码本中的每个码字 x_n 必须满足

$$\frac{1}{N}\sum_{m=1}^{N} c(x_n[m])\leqslant A \tag{B-37}$$

那么,满足该码字约束条件的可靠通信的最大速率是多少?答案为

$$C=\max_{f_x:\mathbb{E}[c(x)]\leqslant A} I(x;y) \tag{B-38}$$

B.4.2 AWGN 信道容量的推导

现在利用上述结论推导功率有限的实 AWGN 信道的容量,有

$$y=x+w \tag{B-39}$$

代价函数为 $c(x)=x^2$,服从$\mathcal{N}(\mu,\sigma^2)$ 分布的随机变量 w 的微分熵为

$$h(w)=\frac{1}{2}\text{lb}(2\pi e\sigma^2) \tag{B-40}$$

① 虽然底层信道是模拟的,但通信过程仍然是数字的,离散符号仍将用于编码。通过直接根据底层模拟信道来描述通信问题,并不限制地使用特定符号星座(例如,2-PAM 或 QPSK)。

可见，$h(w)$ 与 w 的均值 μ 无关：微分熵对于概率密度函数的平移是不变的。因此，在高斯信道的输入为 x 的条件下，输出 y 的微分熵 $h(y \mid x)$ 就是 $(1/2)\,\mathrm{lb}(2\pi e\sigma^2)$。因此，高斯信道的互信息为

$$I(x;y)=h(y)-h(y \mid x)=h(y)-\frac{1}{2}\mathrm{lb}(2\pi e\sigma^2) \tag{B-41}$$

此时，容量的计算

$$C=\max_{f_x:\mathbb{E}[x^2]\leqslant P} I(x;y) \tag{B-42}$$

就简化为在满足 x 的二阶矩约束条件下求解使 $h(y)$ 最大的 x 的输入分布。为了求解这个问题，需利用一个重要结论：高斯随机变量使微分熵最大。更精确地讲，给定随机变量 u 的约束条件 $\mathbb{E}[u^2]\leqslant A$，则 u 服从 $\mathcal{N}(0,A)$ 分布就会使得微分熵 $h(u)$ 最大（见习题 B-6 对这一结论的证明）。将这一结论应用到我们要解决的问题中，可以看出，对于 x 的二阶矩约束 P 转换为对于 y 的二阶矩约束 $(P+\sigma^2)$。因此，当 y 服从 $\mathcal{N}(0,P+\sigma^2)$ 分布时，$h(y)$ 最大，这是由选择 x 服从 $\mathcal{N}(0,P)$ 确定的。于是，高斯信道的容量为

$$C=\frac{1}{2}\mathrm{lb}[2\pi e(P+\sigma^2)]-\frac{1}{2}\mathrm{lb}(2\pi e\sigma^2)=\frac{1}{2}\mathrm{lb}\left(1+\frac{P}{\sigma^2}\right) \tag{B-43}$$

与 5.1 节中通过启发式球体填充推导获得的结果相同。选择码字的各个分量为独立同分布 $\mathcal{N}(0,P)$ 随机变量就可以得到能获取容量的编码。因此，各码字是均匀分布的，由大数定律可知，各码字会以高概率位于半径为 $\sqrt{NP}$ 的球面附近。由于在高维空间中，球体积的绝大部分都位于其表面附近，所以这与选取均匀分布在球体内的码字实质上是相同的。

现在考虑复基带 AWGN 信道：

$$y=x+w \tag{B-44}$$

式中，w 服从 $\mathcal{CN}(0,N_0)$ 分布。每个复符号的平均功率约束为 P，推导该信道容量的一种方法是将复信道看作 $\mathrm{SNR}=(P/2)/(N_0/2)=P/N_0$ 的两个实 AWGN 信道，因此，信道容量为

$$\frac{1}{2}\mathrm{lb}\left(1+\frac{P}{N_0}\right)\ \text{b/ 实维数} \tag{B-45}$$

或者

$$\mathrm{lb}\left(1+\frac{P}{N_0}\right)\ \text{b/ 复维数} \tag{B-46}$$

另外，也可以直接研究复信道及其复随机变量。这对于稍后讨论更为复杂的无线信道模型非常有用。至此，可以认为复随机变量 x 的微分熵就是实随机矢量 $(\Re(x),\Im(x))$ 的微分熵。所以，如果 w 服从 $\mathcal{CN}(0,N_0)$ 分布，则 $h(w)=h(\Re(w))+h(\Im(w))=\mathrm{lb}(\pi e N_0)$。于是，复 AWGN 信道 $y=x+w$ 的互信息 $I(x;y)$ 为

$$I(x;y)=h(y)-\mathrm{lb}(\pi e N_0) \tag{B-47}$$

如果复值输入 x 的功率约束为 $\mathbb{E}[|x|^2]\leqslant P$，则 y 必须满足 $\mathbb{E}[|y|^2]\leqslant P+N_0$，这里利用了一个重要的事实：在所有的复随机变量中，对于给定的二阶矩约束，循环对称高斯随机变量使微分熵最大化（见习题 B-7）。因此，复高斯信道的容量为

$$C=\mathrm{lb}[\pi e(P+N_0)]-\mathrm{lb}(\pi e N_0)=\mathrm{lb}\left(1+\frac{P}{N_0}\right) \tag{B-48}$$

与式(5-11) 相同。

B.5 球体填充解释

本节讨论5.1节中关于实AWGN信道容量启发式球体填充结论更为精确的形式，进而概括出如何达到球体填充结论预测的容量。这部分内容在第10章讨论预编码时尤为重要。

B.5.1 上界

考虑采用 N 符号分组的传输，其中 N 较大。假定采用由 $|\mathcal{C}|$ 个等概率的码字 $\{x_1, x_2, \cdots, x_{|\mathcal{C}|}\}$ 组成的码本 $\mathcal{C}$，根据大数定律可知，N 维接收矢量 $y = x + w$ 将以高概率近似①位于半径为 $\sqrt{N(P+\sigma^2)}$ 的 y 球内，因此，不失一般性，仅需关注该 y 球内出现什么情况。设 $\mathcal{D}_i$ 为 y 球内 x_i 的最大似然判决区域，$\mathcal{D}_i$ 的体积之和等于 y 球的体积 V_y。当该总体积给定时，利用高斯噪声分布的球对称性可以证明，当 $\mathcal{D}_i$ 均为相等体积 $V_y/|\mathcal{C}|$ 的理想球时，确定了差错概率的下限。但由大数定律可知，接收矢量 y 位于发射码字周围半径为 $\sqrt{N\sigma^2}$ 的噪声球表面附近。因此，对于可靠通信而言，$V_y/|\mathcal{C}|$ 应该不小于该噪声球的体积 V_w，否则，即使在判决区域均为等体积球的理想情况下，差错概率仍然会非常大。所以，码字数量最大等于 y 球体积与噪声球体积之比：

$$\frac{V_y}{V_w} = \frac{\left[\sqrt{N(P+\sigma^2)}\right]^N}{\left[\sqrt{N\sigma^2}\right]^N}$$

这一结论可以参见习题B-10(3)给定半径的 N 维球体积的简明表达式。因此，可靠通信情况下每个符号时间内的比特数最大为

$$\frac{1}{N}\mathrm{lb}\left(\frac{\left[\sqrt{N(P+\sigma^2)}\right]^N}{\left[\sqrt{N\sigma^2}\right]^N}\right) = \frac{1}{2}\mathrm{lb}\left(1+\frac{P}{\sigma^2}\right) \tag{B-49}$$

几何图形如图B-5所示。

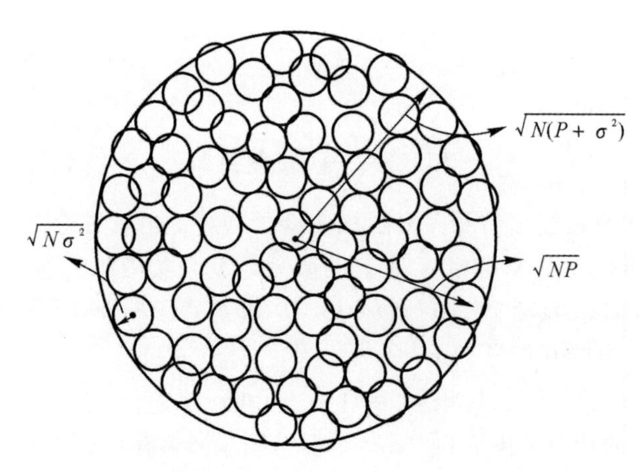

图B-5　可以填充到 y 球内的噪声球数量决定了能够可靠区别的最大码字数量

① 要使本节中的这一点和其他陈述完全严谨、恰当，δ 和 ε 必须加以补充。

B.5.2　可达性

以上讨论仅给出了可靠通信速率的上界，问题是：是否能设计出这样的码字达到上述优异的性能？

采用码本$\mathcal{C}=\{\boldsymbol{x}_1,\boldsymbol{x}_2,\cdots,\boldsymbol{x}_{|\mathcal{C}|}\}$使$N$维码字都位于半径为$\sqrt{NP}$的球内（“$x$球”），最佳检测器满足最大似然最邻近准则考虑如下次最佳检测器：给定接收矢量$\boldsymbol{y}$，译码为与αy最近的码字$\boldsymbol{x}_i$，其中$\alpha=P/(P+\sigma^2)$。这个问题将在后面讨论设计出产生良好性能的特定码字是不容易的，但是假定随机、独立地选择均匀分布在球内的各码字[①]。当维数较高时，球体积的绝大部分都位于其表面附近，因此，码字实际上将以高概率位于x球表面附近。

这种随机码的性能如何呢？假定发射码字为x_1，再次利用大数定律，有

$$\| \alpha y - x_1 \|^2 = \| \alpha w + (\alpha - 1) x_1 \|^2 \approx \alpha^2 N\sigma^2 + (\alpha - 1)2NP = N\frac{P\sigma^2}{P+\sigma^2}$$

也就是说，发射码字位于矢量$\alpha\boldsymbol{y}$周围半径为$\sqrt{NP\sigma^2/(P+\sigma^2)}$的一个不确定性球内。因此，只要其他所有码字都位于该不确定性球外，接收机就能够正确译码（见图B-6）。随机码字$x_i(i\neq 1)$位于不确定性球内的概率等于该不确定性球的体积与x球体积之比：

$$P=\frac{\left(\sqrt{NP\sigma^2/(P+\sigma^2)}\right)^N}{\left(\sqrt{NP}\right)^N}=\left(\frac{\sigma^2}{P+\sigma^2}\right)^{\frac{N}{2}} \tag{B-50}$$

根据边界一致理论，码本$(\boldsymbol{x}_1,\boldsymbol{x}_2,\cdots,\boldsymbol{x}_{|\mathcal{C}|})$中的任意码字位于不确定性球内的概率边界为$(|\mathcal{C}|-1)p$。因此，只要码字的数量远远小于$1/p$，差错概率就会很小（特别地，可以取码字数量$|\mathcal{C}|$为$1/pN$）。就单位符号时间内的数据速率$R$而言，这就意味着只要满足：

$$R=\frac{\mathrm{lb}\,|\mathcal{C}|}{N}=\frac{\mathrm{lb}1/p}{N}-\frac{\mathrm{lb}N}{N}<\frac{1}{2}\mathrm{lb}\left(1+\frac{P}{\sigma^2}\right)$$

就可能实现可靠通信。

上界与可达性结论均是基于球体积比的计算，这个比值在这两种情况下都是相同的，但是所涉及的球是不同的。图B-5所示的球体填充示意图对应于以下容量表达式的分解，即

$$\frac{1}{2}\mathrm{lb}\left(1+\frac{P}{\sigma^2}\right)=I(x;y)=h(y)-h(y\mid x) \tag{B-51}$$

并且y球的体积正比于$2^{Nh(y)}$，噪声球的体积正比于$2^{Nh(y|x)}$。另外，图B-6所示对应于以下分解：

$$\frac{1}{2}\mathrm{lb}\left(1+\frac{P}{\sigma^2}\right)=I(x;y)=h(x)-h(x\mid y) \tag{B-52}$$

并且x球的体积正比于$2^{Nh(x)}$。在给定y的条件下，x服从$N(\alpha y,\sigma^2_{\mathrm{mmse}})$分布，其中$\alpha=P/(P+\sigma^2)$为给定$y$条件下$x$的最小均方误差估计器系数，则有

$$\sigma^2_{mmse}=\frac{P\sigma^2}{P+\sigma^2}$$

为MMSE估计器的误差。上述不确定性球的半径为$\sqrt{N\sigma^2_{\mathrm{mmse}}}$，其体积正比于$2^{Nh(x|y)}$。实际上，上面提出的求解与$\alpha y$最邻近的码字的接收机是受到这种分解方式的启发。于是，在图

---

① 随机、独立地选择服从$\mathcal{N}(0,\mathrm{P})$分布的球内各码字也有效，但结论更为复杂

B-6 中，AWGN 容量公式就可以用能够填充到 x 球内的 MMSE 误差球的数量来解释。

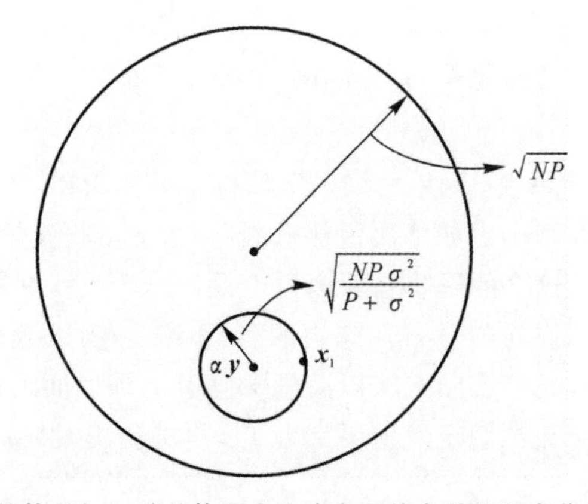

图 B-6　不确定性球的体积与 x 球的体积之比决定了给定随机码字位于不确定性球内的概率，该概率的倒数确定了能够可靠区别的码字数量的下界

B.6　时变并行信道

考虑并行信道[见式(5-33)]

$$\tilde{y}_n[i]=\tilde{h}_n\tilde{d}_n[i]+\tilde{w}_n[i],\quad n=0,1,\cdots,N_c-1 \tag{B-53}$$

受到每个子载波的平均功率约束为 P 的限制[见式(5-37)]：

$$E[|\tilde{\boldsymbol{d}}[i]|^2]\leqslant N_cP \tag{B-54}$$

容量可计算为

$$C_{N_c}=\max_{\mathbb{E}[\|\tilde{d}\|^2]\leqslant N_cP} I(\tilde{\boldsymbol{d}};\tilde{\mathbf{y}}) \tag{B-55}$$

另外

$$I(\tilde{\boldsymbol{d}};\tilde{\mathbf{y}})=h(\tilde{\mathbf{y}})-h(\tilde{\mathbf{y}}\mid\tilde{\boldsymbol{d}})\leqslant \tag{B-56}$$

$$\sum_{n=0}^{N_c-1}[h(\tilde{y}_n)-h(\tilde{y}_n\mid\tilde{d}_n)]\leqslant \tag{B-57}$$

$$\sum_{n=0}^{N_c-1}\mathrm{lb}\left(1+\frac{P_n\mid\tilde{h}_n\mid^2}{N_0}\right) \tag{B-58}$$

不等式(B-57) 是由式(B-11) 得到的，P_n 为式(B-58) 中 $\tilde{d}_n$ 的方差，当 $\tilde{d}_n(n=0,1,\cdots,N_c-1)$ 相互独立时，式(B-57) 的不等号成立。当 $\tilde{d}_n(n=0,1,\cdots,N_c-1)$ 服从$\mathcal{CN}(0,P_n)$ 分布，式(B-58) 的不等号成立。因此，将 $\tilde{d}_n$ 的方差等价为分配给第 n 个子载波的功率，式(B-55) 中的容量计算就简化为功率分配问题：

$$C_{N_c}=\max_{P_0,P_1,\cdots,P_{N_c-1}}\sum_{n=0}^{N_c-1}\mathrm{lb}\left(1+\frac{P_n\mid\tilde{h}_n\mid^2}{N_0}\right) \tag{B-59}$$

并且满足约束条件

$$\frac{1}{N_c}\sum_{n=0}^{N_c-1}P_n=P,\quad P_n\geqslant 0,\quad n=0,1,\cdots,N_c-1 \tag{B-60}$$

该优化问题的解可采用注水功率分配算法，参见 5.3.3 节的介绍。

B.7　快衰落信道的容量

B.7.1　标量快衰落信道

1. 理想交织

采用理想交织的快衰落信道可以建模为

$$y[m]=h[m]x[m]+w[m] \tag{B-61}$$

式中，信道系数 $h[m]$ 在时间上是独立同分布的，并且与独立同分布的 $\mathcal{CN}(0,N_0)$ 加性噪声 $w[m]$ 无关。我们感兴趣的是接收机跟踪衰落信道但发射机仅能利用统计特性的情况，即仅考虑接收端已知CSI的情况。将接收端CSI看作信道输出的一部分，则带有接收端CSI的功率受限的快衰落信道的容量可以写为

$$C=\max_{p_x:\mathbb{E}[x^2]\leqslant P} I(x;y,h) \tag{B-62}$$

由于衰落信道 h 与输入相互独立，故 $I(x;h)=0$，因此，由互信息的链式法则[见式(B-18)]可得

$$I(x;y,h)=I(x;h)+I(x;y\mid h)=I(x;y\mid h) \tag{B-63}$$

在衰落系数 h 已知的条件下，该信道就是信噪比等于 $P\,|h|^2/N_0$ 的 AWGN 信道，其中 P 表示发射功率限制。功率受限的 AWGN 信道的最佳输入分布为$\mathcal{CN}$分布，与工作信噪比无关，因此，式(B-62) 中的最大化输入分布为$\mathcal{CN}(0,P)$。采用这个输入分布，互信息量为

$$I(x;y\mid h=h)=\mathrm{lb}\left(1+\frac{P\mid h\mid^2}{N_0}\right)$$

于是，带有接收端 CSI 的快衰落信道的容量为

$$C=E_h\left[\mathrm{lb}\left(1+\frac{P\,|h|^2}{N_0}\right)\right] \tag{B-64}$$

其中，平均运算是对衰落信道的平稳分布进行的。

2. 平稳遍历衰落

上述推导是基于衰落过程 $\{h[m]\}$ 独立同分布的假设，但事实上，只有当$\{h[m]\}$ 为平稳遍历过程时，式(B-64) 才成立。对于更一般的情况，采用以下推导才更为有效。

首先固定衰落过程 $\{h[m]\}$ 的一个实现，由式(B-20) 可知，可靠通信速率由互信息流的平均速率给定：

$$\frac{1}{N}I(x;y)=\frac{1}{N}\sum_{m=1}^{N}\mathrm{lb}(1+|h[m]|^2\mathrm{SNR}) \tag{B-65}$$

当 N 较大时，由于衰落过程具有遍历性，所以对衰落过程 $\{h[m]\}$ 的所有实现都有

$$\frac{1}{N}\sum_{m=1}^{N}\mathrm{lb}(1+|h[m]|^2\mathrm{SNR})\to\mathbb{E}[\mathrm{lb}(1+|h|^2\mathrm{SNR})] \tag{B-66}$$

这样就得到与式(B-64) 相同的容量表达式。

B.7.2　快衰落 MIMO 信道

至此仅考虑了标量快衰落信道，进一步将上述结论扩展到 MIMO 信道中。带有理想交织

的快衰落 MIMO 信道为

$$y[m]=\boldsymbol{H}[m]\boldsymbol{x}[m]+\boldsymbol{w}[m],\quad m=1,2,\cdots \tag{B-67}$$

式中,信道 $\boldsymbol{H}$ 在时间上是独立同分布的,并且与独立同分布的 $\mathcal{CN}(0,N_0\boldsymbol{I}_{n_r})$ 加性噪声是相互独立的。对发射信号的平均总功率约束为 P,具有接收端 CSI 的快衰落信道的容量与式(B-62)相同,为

$$C=\max_{p_x:\mathbb{E}[\|x\|^2]\leqslant P} I(\boldsymbol{x};\boldsymbol{y},\boldsymbol{H}) \tag{B-68}$$

式(B-63)的结果在这里也成立,因此,容量的计算就是基于条件互信息 $I(\boldsymbol{x};\boldsymbol{y}\mid\boldsymbol{H})$。如果将 MIMO 信道固定为一个特定的实现,则有

$$I(x;y\mid\boldsymbol{H}=H)=h(\boldsymbol{y})-h(\boldsymbol{y}\mid\boldsymbol{x})=h(\boldsymbol{y})-h(\boldsymbol{w})= \tag{B-69}$$

$$h(\boldsymbol{y})-n_{\mathrm{r}}\mathrm{lb}(\pi eN_0) \tag{B-70}$$

为了便于处理,利用如下关于高斯随机矢量的事实:高斯随机矢量使得熵最大化。特别地,在给定协方差矩阵 $\boldsymbol{K}$ 的所有 n 维复随机矢量中,使得微分熵最大化的矢量为复循环对称联合高斯随机矢量,并且服从 $\mathcal{CN}(\boldsymbol{0},\boldsymbol{K})$ 分布(见习题 B-8)。这是高斯随机变量在固定方差约束条件下使得熵最大化的结论向随机矢量的扩展。相应的最大值为

$$\mathrm{lb}[\det(\pi e\boldsymbol{K})] \tag{B-71}$$

如果 $\boldsymbol{x}$ 的协方差为 $\boldsymbol{K}_x$,信道为 $\boldsymbol{H}=H$,则 y 的协方差为

$$N_0\boldsymbol{I}_{n_{\mathrm{r}}}+H\boldsymbol{K}_xH^* \tag{B-72}$$

计算 y 相应的最大熵[见式(B-71)]并代入式(B-70),可以看到

$$I(\boldsymbol{x};\boldsymbol{y}\mid\boldsymbol{H}=\mathrm{H})\leqslant\mathrm{lb}[(\pi e)^{n_{\mathrm{r}}}\det(N_0\boldsymbol{I}_{n_r}+\mathrm{H}\boldsymbol{K}_x\mathrm{H}^*)]-$$

$$n_{\mathrm{r}}\mathrm{lb}(\pi eN_0)=\mathrm{lbdet}\left(\boldsymbol{I}_{n_{\mathrm{r}}}+\frac{1}{N_0}\mathrm{H}\boldsymbol{K}_x\mathrm{H}^*\right) \tag{B-73}$$

当 x 服从 $\mathcal{CN}(0,\boldsymbol{K}_x)$ 分布时,等号成立。这表明即使发射机对信道一无所知,选择输入服从 $\mathcal{CN}$ 分布的最优性也不会有任何损失。

最后,将式(B-73)关于 $\boldsymbol{H}$ 的平稳分布求平均,并选择满足如下功率约束的适当的协方差矩阵,就可以得到快衰落 MIMO 信道的容量为

$$C=\max_{\boldsymbol{K}_x:\mathrm{tr}[\boldsymbol{K}_x]\leqslant P}E_{\mathrm{H}}\left[\mathrm{lbdet}\left(\boldsymbol{I}_{n_{\mathrm{r}}}+\frac{1}{N_0}\boldsymbol{H}\boldsymbol{K}_x\boldsymbol{H}^*\right)\right] \tag{B-74}$$

正如标量的情况,该结果可以推广到任意平稳遍历衰落过程 $\{\boldsymbol{H}[m]\}$。

B.8 中断公式

考虑慢衰落 MIMO 信道[见式(B-79)]:

$$\boldsymbol{y}[m]=\boldsymbol{H}x[m]+\boldsymbol{w}[m] \tag{B-75}$$

这里用 $\boldsymbol{H}$(元素为复数的 $n_{\mathrm{r}}\times n_{\mathrm{t}}$ 矩阵)表示的 MIMO 信道是随机的,但不随时间变化。加性噪声为独立同分布的 $\mathcal{CN}(0,N_0)$ 随机变量,且与 $\boldsymbol{H}$ 相互独立。

如果存在正的但很小的概率使 $\boldsymbol{H}$ 的元素很小,则信道容量为零。特别地,独立同分布瑞利慢衰落 MIMO 信道的容量为零。因此,关注的是刻画中断容量的特征:使差错概率不超过一定值的可靠通信的可达最大速率。在研究这个问题时,将式(B-75)的慢衰落信道看作复合信道来研究。

基本复合信道由具有相同输入符号集$\mathcal{X}$、相同输出符号集$\mathcal{Y}$及参数θ的离散无记忆信道$p_\theta(y \mid x)(\theta \in \Theta)$组成。在实际运行时，发射机与接收机之间的通信是在某一特定信道上实现的，该信道是根据集合Θ中（任意）选取的参数θ确定的。发射机并不知道参数θ的值，但接收机知道。此时的容量就是指无论θ如何选取，完整的编码策略能够实现可靠通信的最大速率。相应的容量获取策略对于由参数$\theta \in \Theta$表示的一类信道而言是通用的。信息论的一条重要结论是复合信道容量的特征为

$$C = \max_{p_x} \inf_{\theta \in \Theta} I_\theta(x;y) \tag{B-76}$$

这里的互信息$I_\theta(x;y)$表明，给定输入符号x时，输出符号y的条件分布由信道$p_\theta(y \mid x)$确定。式(B-76)的容量特征给出了一种很自然的解释：存在一种以输入分布p_x为参数的编码策略，以使得所有可用信道的互信息最小的速率实现可靠通信。以上讨论的仅是离散输入符号集和离散输出符号集，但同样可以推广到连续输入符号集和连续输出符号集，进而推广到有输入代价约束的情况，这与B.4.1节讨论的方法相同。研究论文[69]给出了关于复合信道更为全面的介绍。

可以将式(B-75)中的慢衰落信道看作以$\boldsymbol{H}$为参数的复合信道，在这种情况下，可以用输入分布p_x简化编码策略的参数化方法：对于任意固定的$\boldsymbol{H}$以及协方差矩阵为$\boldsymbol{K}_x$的信道输入分布p_x，相应的互信息满足

$$I(\boldsymbol{x};\boldsymbol{y}) \leqslant \text{lbdet}\left(\boldsymbol{I}_{n_r} + \frac{1}{N_0}\boldsymbol{H}\boldsymbol{K}_x\boldsymbol{H}^*\right) \tag{B-77}$$

当p_x服从$\mathcal{CN}(0,\boldsymbol{K}_x)$分布时等号成立（见习题B-8）。因此，可以用相应的协方差矩阵对编码策略再次参数化（选择输入分布为$\mathcal{CN}$分布，其均值为零，方差为相应的协方差矩阵）。对于满足输入功率限制的每个固定协方差矩阵$\boldsymbol{K}_x$，可以将式(B-76)的复合信道结论重新叙述如下。在式(B-75)的慢衰落MIMO信道中，针对所有信道$\boldsymbol{H}$中，存在以速率R b/(s·Hz^{-1})实现可靠通信的通用编码策略，而满足

$$\text{lbdet}\left(\boldsymbol{I}_{n_r} + \frac{1}{N_0}\boldsymbol{H}\boldsymbol{K}_x\boldsymbol{H}^*\right) > R \tag{B-78}$$

而且，利用由$\boldsymbol{K}_x$参数化的编码策略不可能实现可靠通信，即通信为中断状态，也就是说，不满足式(B-78)中的条件。在满足输入功率限制的约束条件下，可以选择协方差矩阵使得中断概率最小。当发射信号的总功率限制为P时，以速率R b/(s·Hz^{-1})进行通信的中断概率为

$$p_{\text{out}}^{\text{mimo}} = \min_{\boldsymbol{K}_x:\text{tr}[\boldsymbol{K}_x]\leqslant P} \mathbb{P}\left\{\text{lbdet}\left(\boldsymbol{I}_{n_r} + \frac{1}{N_0}\boldsymbol{H}\boldsymbol{K}_x\boldsymbol{H}^*\right) < R\right\} \tag{B-79}$$

于是，ϵ中断容量就是使得$p_{\text{out}}^{\text{mimo}} \leqslant \epsilon$的最大速率$R$。

将接收天线数量n_r限制为1，上述讨论也可以刻画MISO衰落信道中断概率的特征。此外，将MIMO信道矩阵$\boldsymbol{H}$限制为对角阵就可以描述并行衰落信道的中断概率。

B.9　多址接入信道

B.9.1　容量区域

上行链路信道（可能包含多个天线单元）是多址接入信道的一种特殊情况。信息论给出

了利用互信息计算多址接入信道容量区域的公式，由此可以推导出上行链路信道相应容量区域。

输入为 x 输出为 y 的无记忆点对点信道的容量为

$$C = \max_{p_x} I(x;y)$$

其中，取最大值运算是对满足平均代价约束条件的输入分布进行的。对于多址接入信道存在类似的定理。考虑有两个用户的信道，来自用户 k，$k=1,2$ 的输入为 x_k，输出为 y，对于给定的输入分布 p_{x_1} 与 p_{x_2}，且两个用户相互独立，定义五边形区域$\mathcal{C}(p_{x_1}, p_{x_2})$ 为满足以下条件的所有速率对构成的集合，则有

$$R_1 < I(x_1;y \mid x_2) \tag{B-80}$$

$$R_2 < I(x_2;y \mid x_1) \tag{B-81}$$

$$R_1 + R_2 < I(x_1, x_2;y) \tag{B-82}$$

多址接入信道的容量区域为满足各自适当的平均代价约束的所有可能的独立输入分布的这些五边形并集的凸包(convex hull)，即

$$\mathcal{C} = (\bigcup_{p_{x_1}, p_{x_2}} \mathcal{C}(p_{x_1}, p_{x_2}))\text{的凸包} \tag{B-83}$$

凸包运算意味着不仅包括$\mathcal{C}$ 中 $\bigcup \mathcal{C}(p_{x_1}, p_{x_2})$ 内的点，而且还包括它们所有的凸组合(convex com bination)。因为凸组合可以通过时间共享技术实现，所以自然会得到上述结论。

在标量高斯多址接入信道的特殊情况下，就可以得出采用单个天线单元的上行链路信道的容量区域。当对两个用户的平均功率有约束时，可以观察到，用户 l 与用户 2 的高斯输入使得 $I(x_1;y \mid x_2)$，$I(x_2;y \mid x_1)$，$I(x_1, x_2, y)$ 同时取得最大值。因此，该输入分布的五边形就是其他所有五边形的超集，容量区域本身就是这个五边形。对于各用户采用单副发射天线，基站采用多副接收天线的时不变上行链路而言，可以观察到相同的容量区域。式(6-4)、式(6-5)以及式(6-6) 给出了采用单副接收天线的上行链路的容量区域表达式。式(10-6) 给出了采用多副接收天线的上行链路的容量区域表达式。

在采用单副发射天线的上行链路中，存在输入分布的唯一集合使不同的约束条件[式(B-80)、式(B-81) 与式(B-82)] 同时最大化。一般而言，任何一个五边形都不会完全覆盖其他五边形，在这种情况下，总的容量区域就不是五边形，如图 B-7 所示。用户采用多副发射天线的上行链路就是这种情况的一个实例。零均值循环对称复高斯随机矢量在这种情况下仍然会使所有约束条件同时最大，但随机矢量的协方差矩阵不同。因此，可以将用户的输入分布限制为零均值$\mathcal{C}$ 分布，而将用户的协方差矩阵作为可供选择的参数。考虑采用多副发射天线和接收天线的两用户上行链路信道，将第 k 个用户的输入分布固定为$\mathcal{C}(0, \boldsymbol{K}_k)$，$k=1,2$，则相应的五边形如式(10-23) 与式(10-24) 确定。一般而言，不存在使约束条件同时最大化的唯一协方差矩阵：容量区域为满足用户功率约束条件的所有可能协方差矩阵产生的五边形并集的凸包。

B.9.2 容量区域的拐角点

考虑以两个用户固定的独立输入分布为参数的五边形$\mathcal{C}(p_{x_1}, p_{x_2})$，如图 B-8 所示。两个拐角点具有非常重要的意义：如果采用以这两个点确定的速率实现用户可靠通信的编码方法，

则通过实现点A与点B的两种策略之间的适当时分方法就可以达到五边形内其他每个点的速率。下面就研究一下这两个拐角点的本质以及实现这两个点的接收机设计的属性。

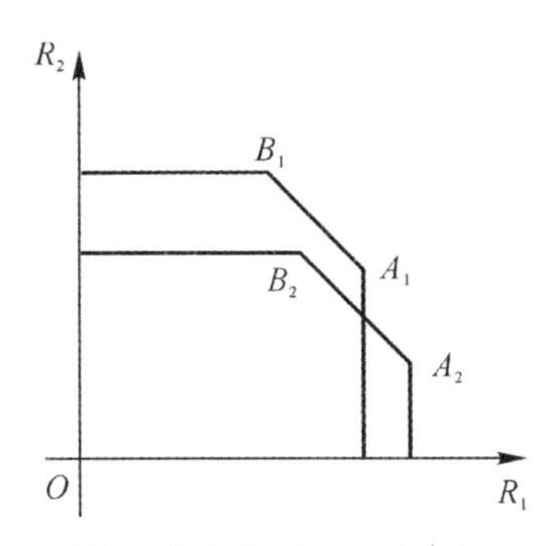

图B-7 对应于两个不同输入分布的可达速率区域(五边形)不可能完全重叠

考虑拐角点B,用户1在该点处达到速率 $I(x_1;y)$,利用互信息的链式法则可以得到

$$I(x_1,x_2;y)=I(x_1;y)+I(x_2;y\mid x_1)$$

由于和速率约束在拐角点B处是紧的,所以用户2达到其最高速率 $I(x_2;y\mid x_1)$,该速率对可以通过连续干扰消除(SIC)接收机实现:首先译码来自用户1的信号,此时将来自用户2的信号看作噪声的一部分;之后,在已经译码出用户 l 信息的条件下译码用户2的信号。在采用单副天线的上行链路,串行干扰消除接收机的第二级作用相当明确:在已知用户1译码信息的条件下,从接收信号中直接减去估计用户 l 的发射信号。当采用多副接收天线时,应该将串行干扰消除接收机与最小均方误差接收机结合起来使用,最小均方误差接收机是信息无损的(见8.3.4节的讲解),于是可以得到如下直观的结论:MMSE-SIC接收机是最优的,因为它“实现了”互信息的链式法则。

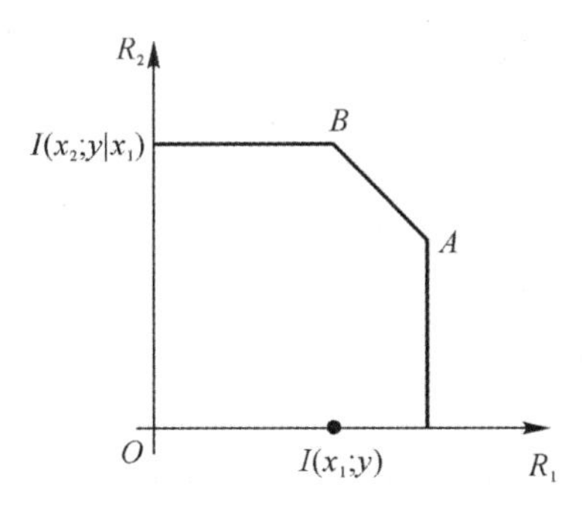

图B-8 两个用户可以共同可靠通信的速率集合是以独立用户的输入分布为参数的五边形

B.9.3 快衰落上行链路

考虑经典的两用户快衰落MIMO上行链路信道:

$$\boldsymbol{y}[m]=\boldsymbol{H}_1[m]\boldsymbol{x}_1[m]+\boldsymbol{H}_2[m]\boldsymbol{x}_2[m]+\boldsymbol{w}[m] \tag{B-84}$$

式中,MIMO信道 $\boldsymbol{H}_1$ 与 $\boldsymbol{H}_2$ 是相互独立的,并且关于时间是独立同分布的。正如B.7.1节所讨论的,通过交织技术可以将有记忆平稳信道转换为这种经典的形式。我们所感兴趣的是接收端的信道辅助信息:接收机完全跟踪两个用户的信道。对于固定的独立输入分布 p_{x_1} 与 p_{x_2} 而言,可达速率区域由满足如下条件的二元组 (R_1,R_2) 组成:

$$R_1 < I(\boldsymbol{x}_1;\boldsymbol{y},\boldsymbol{H}_1,\boldsymbol{H}_2 \mid \boldsymbol{x}_2) \tag{B-85}$$

$$R_2 < I(\boldsymbol{x}_2;\boldsymbol{y},\boldsymbol{H}_1,\boldsymbol{H}_2 \mid \boldsymbol{x}_1) \tag{B-86}$$

$$R_1 + R_2 < I(\boldsymbol{x}_1,\boldsymbol{x}_2;\boldsymbol{y},\boldsymbol{H}_1,\boldsymbol{H}_2) \tag{B-87}$$

这里已将接收端CSI建模为MIMO信道，即多址接入信道输出的一部分。由于信道与用户的输入是相互独立的，所以可以利用式(B-63)互信息的链式法则将速率二元组的约束条件重新写为

$$R_1 < I(\boldsymbol{x}_1;\boldsymbol{y} \mid \boldsymbol{H}_1,\boldsymbol{H}_2,\boldsymbol{x}_2) \tag{B-88}$$

$$R_2 < I(\boldsymbol{x}_2;\boldsymbol{y} \mid \boldsymbol{H}_1,\boldsymbol{H}_2,\boldsymbol{x}_1) \tag{B-89}$$

$$R_1 + R_2 < I(\boldsymbol{x}_1,\boldsymbol{x}_2;\boldsymbol{y} \mid \boldsymbol{H}_1,\boldsymbol{H}_2) \tag{B-90}$$

固定用户MIMO信道的实现，会再次看到(与时不变MIMO上行链路相同)，输入分布可以限制为零均值$\mathcal{CN}$分布，但将用户的协方差矩阵作为可供选择的参数，相应的速率区域为式(10-23)与式(10-24)表示的五边形。于是，条件互信息即为关于MIMO信道的平稳分布的平均：该五边形由式(10-28)与式(10-29)确定。

B.10 习　　题

习题B-1　假定x为分别以概率$p_1,p_2,\cdots,p_K$取K个值的离散随机变量，试证明

$$\max_{p_1,p_2,\cdots,p_K} H(x) = \text{lb}K$$

当且仅当$p_i = 1/K, i=1,2,\cdots,K$，即$x$服从均匀分布时取得该最大值。

习题B-2　本习题研究附加条件在什么情况下不会减少熵。

(1) 本书中的凹函数f定义为在x的定义域中满足条件$f''(x) \leqslant 0$的函数，试给出另一种不采用微积分的几何定义。

(2) 随机变量x的詹森不等式(Jensen's inequality)指出，对于任意凹函数f，有

$$\mathbb{E}[f(x)] \leqslant f(\mathbb{E}[x]) \tag{B-91}$$

试证明该结论。提示：读者在进行绘图和几何证明时会发现该结论非常有用，这里会用到凹函数的几何定义。

(3) 试证明$H(x \mid y) \leqslant H(x)$，当且仅当$x$与$y$相互独立时等号成立。举出一个$H(x \mid y=k) > H(x)$的实例，解释为什么二者是不矛盾的？

习题B-3　x_1, x_2与y满足什么条件时，下式成立：

$$I(x_1,x_2;y) = I(x_1;y) + I(x_2;y) \tag{B-92}$$

习题B-4　考虑连续实随机变量x，其密度函数$f_x(\cdot)$在整个实轴上非零，假定x的二阶矩固定为P。试证明在与x具有同样约束条件的所有随机变量中，高斯随机变量的微分熵最大。提示：微分熵是密度函数的凹函数，并且固定二阶矩对应于密度函数的线性约束，因此，可以采用经典的拉格朗日方法解决这一问题。

习题B-5　假定x为非负随机变量，其密度函数对于所有非负实数均非零，并且x的均值固定。试证明在这种形式的所有随机变量中，指数分布随机变量的微分熵最大。

习题B-6　本习题将习题B-4与习题B-5中的结论推广为一般结论。考虑密度函数$f_x(\cdot)$在支集S上[即$f_x(u)=0, u \notin S$]的连续实随机变量x。本题研究满足如下矩条件的微

分熵最大的随机变量 x 的结构：

$$\int_s r_i(u) f_x(u)\mathrm{d}u = A_i \tag{B-93}$$

试证明密度函数为

$$f_x(u) = \exp\left(\lambda_0 - 1 + \sum_{i=1}^{m} \lambda_i r_i(u)\right),\quad u \in S \tag{B-94}$$

的随机变量 x 的微分熵最大，且满足式(B-93)的矩条件。这里所选择的 $\lambda_0, \lambda_1, \cdots, \lambda_m$ 使得式(B-93)的矩条件得以满足，并且使得 $f_x(\cdot)$ 为密度函数(即积分为单位 1)。

习题 B-7　本题研究带有矩条件的连续随机矢量的微分熵。

(1) 考虑协方差条件为 $\mathbb{E}[\boldsymbol{x}\boldsymbol{x}^{\mathrm{T}}]=\boldsymbol{K}$ 的一类连续实随机矢量 $\boldsymbol{x}$，试证明在这组有协方差约束的随机变量中，协方差为 $\boldsymbol{K}$ 的联合高斯随机矢量的微分熵最大。

(2) 考虑复随机变量 x，在二阶矩条件为 $\mathbb{E}[|x|^2] \leqslant P$ 的一类连续复随机变量 x 中，循环对称复高斯随机变量的微分熵最大。提示：将 $\boldsymbol{x}$ 看作是由实随机变量构成的长度为 2 的矢量，并利用本题前一部分的结论予以证明。

习题 B-8　考虑协方差固定为 $\mathbb{E}[\boldsymbol{x}\boldsymbol{x}^*]=\boldsymbol{K}$ 的零均值复随机矢量 $\boldsymbol{x}$，试证明如下微分熵的上界：

$$h(\boldsymbol{x}) \leqslant \mathrm{lb}\det(\pi \mathrm{e}\boldsymbol{K}) \tag{B-95}$$

当 $\boldsymbol{x}$ 服从 $\mathcal{CN}(\boldsymbol{0},\boldsymbol{K})$ 分布时等号成立。提示：本题是习题 B-7(2) 的推广。

习题 B-9　试证明式(5-28)中的输入分布结构使得 MISO 信道的互信息最优。提示：将矢量 $\boldsymbol{y}$ 的二阶矩写为 $\boldsymbol{x}$ 的协方差的函数，并观察 $\boldsymbol{x}$ 的哪个协方差使 $\boldsymbol{y}$ 的二阶矩最大，之后利用习题 B-8 得到期望的结论。

习题 B-10　考虑实随机矢量 $\boldsymbol{x}$，其分量为独立同分布 $\mathcal{C}(0,P)$ 随机变量，本题研究经比例变换的矢量 $\tilde{\boldsymbol{x}} = (1/\sqrt{N})\boldsymbol{x}$ 的属性(该内容取自文献[148]第 5 章的讨论)。

(1) 试证明 $\mathbb{E}[\|\boldsymbol{x}\|^2]/N = P$，从而比例变换确保了 $\|\tilde{\boldsymbol{x}}\|^2$ 的平均长度为 P，且与 N 无关。

(2) 试计算 $\|\tilde{\boldsymbol{x}}\|^2$ 的方差，并证明 $\|\tilde{\boldsymbol{x}}\|^2$ 依概率收敛于 P，于是，经比例变换的矢量集中于其均值周围。

(3) 考虑事件 $\tilde{\boldsymbol{x}}$ 位于半径为 $\rho-\delta$ 与 ρ 的两个同心球之间的球壳内(见图 B-9)，试计算该球壳的体积为

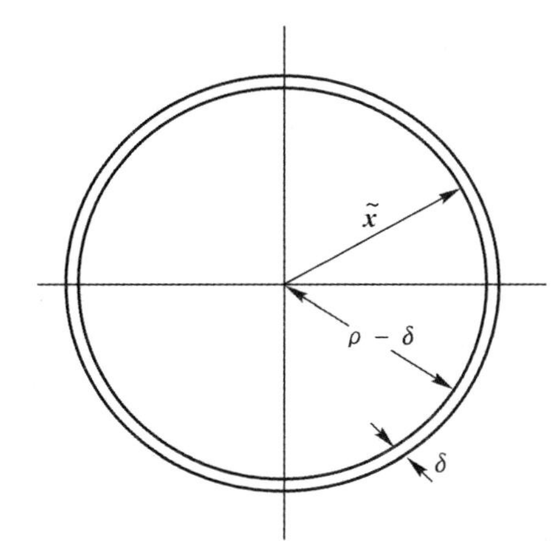

图 B-9　半径为 $\rho-\delta$ 与 ρ 的两个同心球之间的球壳

$$B_N[\rho^N-(\rho-\delta)^N],\quad 其中\ B_N=\begin{cases}\pi^{N/2}/\left(\frac{N}{2}\right)! & N\ 为偶数\\ (2^N\pi^{(N-1)/2})\,[(N-1)/2]!\ /N!, & N\ 为奇数\end{cases} \tag{B-96}$$

(4) 试证明该球壳的体积可以近似为

$$NB_N\rho^{N-1}\delta,\quad \delta/\rho\ll 1 \tag{B-97}$$

(5) 该球壳内 $\tilde{x}$ 的密度近似为

$$f_{\tilde{x}}(\boldsymbol{a})\approx\left(\frac{N}{2\pi P}\right)^{N/2}\exp\left(-\frac{N\rho^2}{2P}\right),\quad r-\delta<\|\boldsymbol{a}\|\leqslant\rho \tag{B-98}$$

将式(B-98)与式(B-97)合并,试证明对于 $\delta/\rho\ll 1$,有下式成立:

$$\mathbb{P}(\rho-\delta\leqslant\|\tilde{x}\|<\rho)\approx\left[\rho\exp\left(-\frac{\rho^2}{2P}\right)\right]^N \tag{B-99}$$

(6) 试证明式(B-99)右端在 $\rho^2=P$ 处取得唯一最大值(见图 B-10 所示)。

(7) 推断当 N 增大时,所得到的结果是,只有位于 P 附近的 $\|\tilde{\boldsymbol{x}}\|^2$ 的取值概率很大。这种现象称为球体硬化。

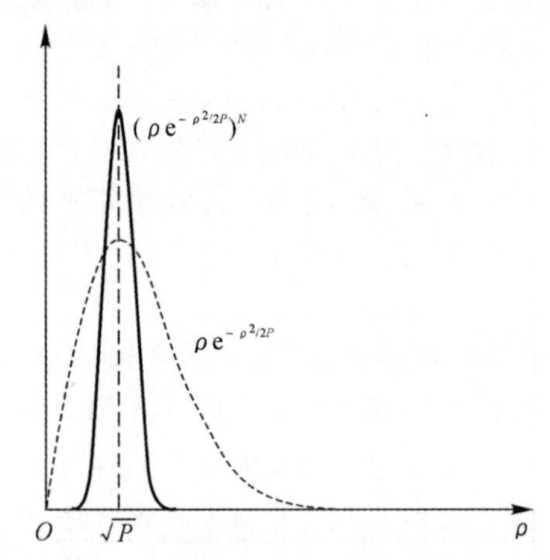

图 B-10 ρ 的函数 $P(\rho-\delta\leqslant\|\tilde{\boldsymbol{x}}\|\leqslant\rho)$ 的特性

习题 B-11 试计算信道增益为 $h_1,h_2,\cdots,h_L$ 的 MISO 信道中[见式(5-27)]服从 $\mathcal{CN}(0,P/L\cdot\boldsymbol{I}_L)$ 分布的各向同性输入的互信息。

习题 B-12 本题采用直接的方式(即不借助于循环前缀的思想)研究 L 抽头频率选择性信道。考虑式(5-32)所示信道的长度为 N_c 的矢量输入 $\boldsymbol{x}$,并将长度为 N_c+L-1 的矢量输出表示为 $\boldsymbol{y}$,输入与输出满足如下线性关系:

$$\boldsymbol{y}=\boldsymbol{Gx}+\boldsymbol{w} \tag{B-100}$$

其中,$\boldsymbol{G}$ 为信道矩阵,其元素取决于信道系数 $h_0,h_1,\cdots,h_{L-1}$:当 $i\geqslant j$ 时,$\boldsymbol{G}[i,j]=h_{i-j}$,其他元素为零。式(B-100)中的信道是基本 AWGN 信道的矢量形式,我们考虑可靠通信的速率 $I(\boldsymbol{x};\boldsymbol{y})/N_c$。

(1) 试证明对于满足功率约束的协方差矩阵 $\boldsymbol{K}_x$ 而言,$\boldsymbol{x}$ 服从的最佳输入分布为 $\mathcal{CN}(\boldsymbol{0},\boldsymbol{K}_x)$。(提示:习题 B-8 对于本题的证明非常有用。)

(2) 试证明仅考虑与 $\boldsymbol{G}^*\boldsymbol{G}$ 具有相同特征矢量集合的协方差 $\boldsymbol{K}_x$ 就足够了。

(3) 试证明

$$(\boldsymbol{G}^{*}\boldsymbol{G})_{ij}=r_{i-j} \tag{B-101}$$

其中

$$r_{n}=\sum_{l=0}^{L-l-1}(h_{l})^{*}h_{l+n}, \quad n\geqslant 0 \tag{B-102}$$

$$r_{n}=r_{-n}^{*}, \quad n\leqslant 0 \tag{B-103}$$

这类矩阵$\boldsymbol{G}^{*}\boldsymbol{G}$称为托普利兹(Toeplitz)矩阵。

(4) 关于埃尔米特-托普利兹矩阵$\boldsymbol{G}\boldsymbol{G}^{*}$的一条重要结论是其特征值的经验分布(弱)收敛于序列$\{r_l\}$的离散时间傅里叶变换。试问序列$\{r_l\}$的离散时间傅里叶变换与序列$h_0,h_1,\cdots,h_{L-1}$的离散时间傅里叶变换$H(f)$之间是什么关系?

(5) 利用前一部分的结果以及第(2)部分所讨论的最佳$\boldsymbol{K}_x^{*}$的性质,试证明可靠通信速率等于

$$\int_{0}^{W}\mathrm{lb}\left(1+\frac{P^{*}(f)\mid H(f)\mid^{2}}{N_{0}}\right)\mathrm{d}f \tag{B-104}$$

其中注水功率分配$P^{*}(f)$的定义如式(5-47)。该答案当然与本书中推导的结果相同[见式(5-49)]。循环前缀将频率选择性信道转换为并行信道,该信道上的可靠通信易于理解。在采用直接分析方法时,我们必须利用托普利兹形式的解析结果,有关这些技术更为详细介绍参见文献[53]。

参考文献

[1] ABOU - FAYCAL I C, TROTT M D, SHAMAI S. The capacity of discrete - time memoryless Rayleigh - fading channels [J]. IEEE Transactions on Information Theory, 2001, 47(4):1290 - 1301.

[2] AHLSWEDE R. Multi - way communication channels [J]. IEEE International Symposium on Information Theory, 1971: 103 - 135.

[3] ALAMOUTI S M. A simple transmitter diversity scheme for wireless com - munication[J]. IEEE Journal on Selected Areas in Communication, 1998, 16:1451 - 1458.

[4] BARRY J, LEE E, MESSERSCHMITT D G. Digital Communication[M]. 3rd ed. Netherlands:Kluwer, 2003.

[5] BELFIORE J C, REKAYA G, VITERBO E. The Golden Code:a 2×2 fullrate space - time code with non - vanishing determinants[J]. Proceedings of the IEEE International Symposium on Information Theory, 2004(4):1432 - 1436.

[6] BENDER P, BLACK P, GROB M, et al. CDMA/HDR:A bandwidth - efficient high - speed wireless data service for nomadic users [J]. IEEE Communications Magazine, 2000,38(7):70 - 77.

[7] BERGE C. Hypergraphs[M]. Amsterdam:North - Holland, 1989.

[8] BERGMANS P P. A simple converse for broadcast channels with additive white Gaussian noise [J]. IEEE Transactions on Information Theory, 1974, 20:279 - 280.

[9] BIGLIERI E, PROAKIS J, SHAMAI S. Fading channels:information theoretic and communications aspects [J]. IEEE Transactions on Information Theory, 1998,44(6): 2619 - 2692.

[10] BLACKWELL D, BREIMAN L, THOMASIAN A J. The capacity of a class of channels [J]. Annals of Mathematical Statistics, 1959, 30:1229 - 1241.

[11] BOCHE H, JORSWIECK E. Outage probability of multiple antenna systems: optimal transmission and impact of correlation [J]. International Zurich Seminar on Communications, 2004,1:265 - 270.

[12] BORST S C, WHITING P A. Dynamic rate control algorithms for HDR throughput optimization [J]. IEEE Proceedings of INFOCOM, 2001, 2:976 - 985.

[13] BOUTROS J, VITERBO E. Signal space diversity:A power and bandwidth - efficient diversity technique for the Rayleigh fading channel [J]. IEEE Transactions on Information Theory, 1998, 44:1453 - 1467.

[14] BOYD S. Multitone signals with low crest factor [J]. IEEE Transactions on Circuits and Systems, 1986, 33:1018 - 1022.

[15] BOYD S, VANDENBERGE L. Convex Optimization[M]. Cambridge:Cambridge University Press, 2004.

[16] BRUALDI R. Introductory Combinatorics [M]. 2rd ed. New York: North Holland, 1992.

[17] CAIRE G, SHAMAI S. On the achievable throughput in multiple antenna Gaussian broadcast channel [J]. IEEE Transactions on Information Theory, 2003, 49(7): 1691 - 1706.

[18] CHANG R W. Synthesis of band - limited orthogonal signals for multichannel data transmission [J]. Bell System Technical Journal, 1966, 45:1775 - 1796.

[19] CHAPONNIERE E F, BLACK P, Holtzman J M, et al. Transmitter directed, multiple receiver system using path diversity to equitably maximize throughput: 6449490[P]. 2002 - 09 - 10.

[20] CHENG R S, VERDÚS. Gaussian multiaccess channels with ISI:Capacity region and multiuser water - filling [J]. IEEE Transactions on Information Theory, 1993, 39: 773 - 785.

[21] CHUAH C, TSE D, KAHN J, et al. Capacity scaling in MIMO wireless systems under correlated fading[J]. IEEE Transactions on Information Theory, 2002,48(3): 637 - 650.

[22] CLARKE R H. A statistical theory of mobile - radio reception[J]. Bell System Technical Journal, 1968, 47:957 - 1000.

[23] Costa M H M. Writing on dirty - paper[J]. IEEE Transactions on Information Theory, 1983, 29:439 - 441.

[24] COVER T. Comments on broadcast channels[J]. IEEE Transactions on Information Theory, 1998, 44(6):2524 - 2530.

[25] COVER T. Broadcast channels[J]. IEEE Transactions on Information Theory, 1972, 18(1):2 - 14.

[26] COVER T, THOMAS J. Elements of Information Theory [M]. New York:John Wiley & Sons, 1991.

[27] CRAMER R J. An Evaluation of Ultra - Wideband Propagation Channels [D]. Los Angeles:University of Southern California, 2000.

[28] DAVID H A. Order Statistics[M]. New York:Wiley, 1970.

[29] DAYAL P, VARANASI M. An optimal two transmit antenna space - time code and its stacked extensions[J]. Proceedings of Asilomar Conference on Signals, Systems and Computers, 2005(12):321 - 333.

[30] DIVSALAR D, SIMON M K. The design of trellis - coded MPSK for fading channels:performance criteria[J]. IEEE Transactions on Communications, 1988, 36 (9):1004 - 1012.

[31] Dobrushin R L. Optimum information transmission through a channel with unknown parameters[J]. Radio Engineering and Electronics, 1959, 4(12):1 - 8.

[32] EDELMAN A. Eigenvalues and Condition Numbers of Random Matrices [D]. Cambridge:Massachusetts Institute of Technology, 1989.

[33] GAMAL A E. Capacity of the product and sum of two unmatched broadcast channels [J]. Problemi Peredachi Informatsii, 1974, 16(1):3 - 23.

[34] Gamal H E, CAIRE G, DAMEN M O. Lattice coding and decoding achieves the optimal diversity - multiplexing tradeoff of MIMO channels[J]. IEEE Transactions on Information Theory, 2004, 50:968 - 985.

[35] ELIA P, KUMAR K R, PAWAR S A , et al. Explicit Construction of Space - time Block Codes Achieving the Diversity - Multiplexing Gain Tradeoff[M]. Adelaide: ISIT, 2005.

[36] EYUBOGLU M V, FORNEY G D. Trellis precoding: Combined coding, precoding and shaping for intersymbol interference channels [J]. IEEE Transactions on Information Theory, 1992, 38:301 - 314.

[37] FARROKHI F R, LIU K J R, TASSIULAS L. Transmit beam forming and power control in wireless networks with fading channels[J]. IEEE Journal on Selected Areas in Communications, 1998,16(8):1437 - 1450.

[38] Flash - OFDM. OFDM Based All - IP Wireless Technology[J]. IEEE C802. 2003/16, www. flarion. com.

[39] FORNEY G D, UNGERBÖCK G. Modulation and coding for linear Gaussian channels [J]. IEEE Transactions on Information Theory, 1998,44(6):2384 - 2415.

[40] FOSCHINI G J. Layered space - time architecture for wireless communication in a fading environment when using multi - element antennas[J]. Bell Labs Technical Journal, 1996, 1(2):41 - 59.

[41] FOSCHINI G J, GANS M J. On limits of wireless communication in a fading environment when using multiple antennas[J]. Wireless Personal Communications, 1998, 6(3):311 - 335.

[42] FRANCESCHETTI M, BRUCK J, COOK M. A random walk model of wave propagation [J]. IEEE Transactions on Antenna Propagation, 2004,52(5):1304 - 1317.

[43] GALLAGER R G. Information Theory and Reliable Communication [M]. New York:John Wiley & Sons, 1968.

[44] GALLAGER R G. An inequality on the capacity region of multiple access multipath channels[J]. Communications and Cryptography:Two Sides of One Tapestry, 1994: 129 - 139.

[45] GALLAGER R G. A perspective on multiaccess channels[J]. IEEE Transactions on Information Theory, 1985,31:124 - 142.

[46] GELFAND S, PINSKER M. Coding for channel with random parameters [J]. Problems of Control and Information Theory, 1980, 9:19 - 31.

[47] GESBERT D, BÖLCSKEI H, GORE D A, et al. Outdoor MIMO wire - less channels: Models and performance prediction [J]. IEEE Transactions on Communications, 2002, 50:1926 - 1934.

[48] GOLAY M J E. Multislit spectrometry[J]. Journal of the Optical Society of America,

1949, 39:437 - 444.

[49] GOLAY M J E. Static multislit spectrometry and its application to the panoramic display of infrared spectra[J]. Journal of the Optical Society of America, 1951, 41:468 - 472.

[50] GOLAY M J E. Complementary sequences[J]. IEEE Transactions on Information Theory, 1961, 7:82 - 87.

[51] GOLDSMITH A, VARAIYA P. Capacity of fading channel with channel side information[J]. IEEE Transactions on Information Theory, 1995, 43:1986 - 1992.

[52] GOLOMB S W. Shift Register Sequences [M]. Revised ed. California: Aegean Park Press, 1982.

[53] GRENANDER U, SZEGO G. Toeplitz Forms and Their Applications[M]. 2nd ed. New York: Chelsea, 1984.

[54] GROKOP L, TSE D. Diversity - multiplexing tradeoff of the ISI channel[J]. Proceedings of the International Symposium on Information Theory, 2004:220 - 231.

[55] GUEY J C, FITZ M P, BELL M R , et al. Signal design for transmitter diversity wireless communication systems over Rayleigh fading channels [J]. IEEE Transactions on Communications, 1999,47:527 - 537.

[56] HANLY S V. An algorithm for combined cell - site selection and power control to maximize cellular spread - spectrum capacity[J]. IEEE Journal on Selected Areas in Communications, 1995, 13(7):1332 - 1340.

[57] HARASHIMA H, MIYAKAWA H. Matched - transmission technique for channels with intersymbol interference[J]. IEEE Transactions on Communications, 1972, 20: 774 - 780.

[58] HEDDERGOTT R, TRUFFER P. Statistical Characteristics of Indoor Radio Propagation in NLOS Scenarios[J]. Technical Report: COST 259 TD(00) 024, 2000, 1:123 - 145.

[59] HUI J Y N. Throughput analysis of the code division multiple accessing of the spread - spectrum channel[J]. IEEE Journal on Selected Areas in Communications, 1984, 2: 482 - 486.

[60] IS - 136 Standard (TIA/EIA), Telecommunications Industry Association.

[61] IS - 95 Standard (TIA/EIA), Telecommunications Industry Association.

[62] JAKES W C. Microwave Mobile Communications[M]. New York: Wiley, 1974.

[63] JINDAL N, VISHWANATH S, GOLDSMITH A. On the duality between multiple access and broadcast channels[J]. Annual Allert on Conference, 2001:125 - 135.

[64] JONES A E, Wilkinson T A. Combined coding error control and increased robustness to system non - linearities in OFDM[C]// IEEE Vehicular Technology Conference, 1996:904 - 908.

[65] KNOPP R, HUMBLET P. Information capacity and power control in single cell multiuser communications[C]// IEEE International Communications Conference, Seattle, 1995.

[66] KNOPP R, HUMBLET P. Multiuser diversity,unpublished manuscript.

[67] KOSE C, WESEL R D. Universal space - time trellis codes l[J]. IEEE Transactions on Information Theory, 2003, 40(10):2717 - 2727.

[68] LAPIDOTH A, MOSER S. Capacity bounds via duality with applications to multiple - antenna systems on flat fading channels[J]. IEEE Transactions on Infor - mation Theory, 2003, 49(10):2426 - 2467.

[69] LAPIDOTH A, NARAYAN P. Reliable communication under channel uncertainty [J]. IEEE Transactions on Information Theory, 1998, 44(6):2148 - 2177.

[70] LAROIA R, RICHARDSON T, URBANKE R. Reduced peak power requirements in OFDM and related systems[J]. http://cwww. epfl. ch/papers/LRU. ps.

[71] LAROIA R, TRETTER S, FARVARDIN N. A simple and effective precoding scheme for noise whitening on ISI channels [J]. IEEE Transactions on Communication, 1993, 41:1460 - 1463.

[72] LARSSON E G, STOICA P, GANESAN G. Space - Time Block Coding for Wireless Communication[D]. Cambridge:Cambridge University Press, 2003.

[73] LIAO H. A coding theorem for multiple access communications[C]// International Symposium on Information Theory. CA:Asilomar, 1972.

[74] LI L,GOLDSMITH A. Capacity and optimal resource allocation for fading broadcast channels: Part I: Ergodic capacity[J]. IEEE Transactions on Information Theory, 2001, 47(3): 1082 - 1102.

[75] LIU K, VASANTHAN R,SAYEED A M. Capacity scaling and spectral efficiency in wideband correlated MIMO channels[J]. IEEE Transactions on Information Theory, 2003,49(10):2504 - 2526.

[76] LIU T, VISWANATH P. Opportunistic orthogonal writing on dirty - paper [J]. IEEE Transactions on Information Theory, 2005:439 - 441.

[77] LUPAS R, VERDÚS. Linear multiuser detectors for synchronous code - division multiple - access channels[J]. IEEE Transactions on Information Theory, 1989, 35 (1):123 - 136.

[78] MAR ENKO V A, PASTUR L A. Distribution of eigenvalues for some sets of random matrices[J]. Math USSR Sbornik, 1967, 1: 457 - 483.

[79] MADHOW U, HONIG M L. MMSE interference suppression for direct - sequence spread - spectrum CDMA [J]. IEEE Transactions on Communications, 1994, 42 (12):3178 - 3188.

[80] MARSHALL A W, OLKIN I. Inequalities: Theory of Majorization and Its Applications[M]. Pittsburgh:Academic Press, 1979.

[81] MARTON K. A coding theorem for the discrete memoryless broadcast channel[J]. IEEE Transactions on Information Theory, 1979, 25:306 - 311.

[82] MAXDET K. A Software for Determinant Maximization Problems[J]. http://www. stanford. edu/~boyd/MAXDET. html.

[83] MARZETTA T, HOCHWALD B. Capacity of a mobile multiple - antenna communication link in Rayleigh flat fading[J]. IEEE Transactions on Information Theory, 1999,45(1): 139 - 157.

[84] Mceliece R J, SIVARAJAN K N. Performance limits for channelized cellular telephone systems[J]. IEEE Transactions on Information Theory, 1994, 40(1): 21 - 34.

[85] MÉDARD M, GALLAGER R G. Bandwidth scaling for fading multipath channels [J]. IEEE Transactions on Information Theory, 2002, 48(4): 840 - 852.

[86] PRASAD N, VARANASI M K. Outage analysis and optimization for multiaccess/V - BLAST architecture over MIMO Rayleigh fading channels[C]// Forty - First Annual Allerton Conference on Communication, Control, and Computing. Monticello, IL, 2003.

[87] OPPENHEIM A, SCHAFER R. Discrete - Time Signal Processing, Englewood Cliffs[M]. Upper Saddle Rive: Prentice - Hall, 1989.

[88] OZAROW L, SHAMAI S, WYNER A D. Information - theoretic considerations for cellular mobile radio[J]. IEEE Transactions on Vehicular Technology, 1994, 43 (2):, 359 - 378.

[89] PAULRAJ A, GORE D, NABAR R. Introduction to Space - Time Wireless Communication[M]. Cambridge:Cambridge University Press, 2003.

[90] POON A, BRODERSEN R, TSE D. Degrees of freedom in multiple - antenna channels:a signal space approach[J]. IEEE Transactions on Information Theory, 2005, 51: 523 - 536.

[91] POON A, HO M. Indoor multiple - antenna channel characterization from 2 to 8 GHz [C]//Proceedings of the IEEE International Conference on Communications. 2003: 3519 - 3523.

[92] POON A, TSE D, BRODERSEN R. Impact of scattering on the capacity, diver - sity, and propagation range of multiple - antenna channels[J]. IEEE Transactions on Information Theory,2006,52(3):1087 - 1100.

[93] POPOVIĆ B M. Synthesis of power efficient multitone signals with flat amplitude spectrum[J]. IEEE Transactions on Communication, 1991,39:1031 - 1033.

[94] POTTIE G, CALDERBANK R. Channel coding strategies for cellular mobile radio [J]. IEEE Transactions on Vehicular Technology, 1995,44(3):763 - 769.

[95] PRICE R, GREEN P. A communication technique for multipath channels[J]. Proceedings of the IRE, 1958, 46:555 - 570.

[96] PROAKIS J. Digital Communications[M]. 4th ed. New York:McGraw Hill, 2000.

[97] RALEIGH G G, CIOFFI J M. Spatio - temporal coding for wireless communication [J]. IEEE Transactions on Communications, 1998, 46:357 - 366.

[98] RAPPAPORT T S. Wireless Communication: Principle and Practice[M]. 2nd ed. Upper Saddle River:Prentice Hall, 2002.

[99] REDL S, WEBER M, OLIPHANT M W. GSM and Personal Communications

Handbook[M]. Fitchburg:Artech House, 1998.

[100] RICHARDSON T J, URBANKE R. Modern Coding Theory, to be published.

[101] RIMOLDI B, URBANKE R. A rate - splitting approach to the Gaussian multiple - access channel[J]. IEEE Transactions on Information Theory, 1996, 42(2):364 - 375.

[102] ROBERTSON N, SANDERS D P, SEYMOUR P D, et al. The four color theorem [J]. Journal of Combinatorial Theory, 1997,70:2 - 44.

[103] ROOT W L, VARAIYA P P. Capacity of classes of Gaussian channels[J]. SIAM Journal of Applied Mathematics, 1968, 16(6):1350 - 1393.

[104] SALTZBERG B R. Performance of an efficient parallel data transmission system [J]. IEEE Transactions on Communications, 1967, 15:805 - 811.

[105] SAYEED A M. Deconstructing multi - antenna fading channels [J]. IEEE Transactions on Signal Processing, 2002, 50:2563 - 2579.

[106] SENETA E. Non - negative Matrices[M]. New York:Springer, 1981.

[107] SESHADRI N, WINTERS J H. Two signaling schemes for improving the error performance of frequency - division duplex (FDD) transmission systems using transmitter antenna diversity [J]. International Journal on Wireless Information Networks, 1994,1(1):49 - 60.

[108] SHAMAI S, WYNER A D. Information theoretic considerations for symmetric, cellular, multiple - access fading channels: Part I [J]. IEEE Transactions on Information Theory, 1997, 43(6):1877 - 1894.

[109] SHANNON C E. A mathematical theory of communication [J]. Bell System Technical Journal, 1948, 27:379 - 423, 623 - 656.

[110] SHANNON C E. Communication in the presence of noise[J]. Proceedings of the IRE, 1949, 37:10 - 21.

[111] SHIU D S, FOSCHINI G J, GANS M J, et al. Fading correlation and its effect on the capacity of multielement antenna systems [J]. IEEE Transactions on Communications, 2000, 48:502 - 513.

[112] SPENCER Q H, et al. Modeling the statistical time and angle of arrival characteristics of an indoor multipath channel[J]. IEEE Journal on Selected Areas in Communication, 2000,18:347 - 360.

[113] SUBRAMANIAN V G, HAJEK B E. Broadband fading channels:signal burstiness and capacity[J]. IEEE Transactions on Information Theory, 2002, 48(4):809 - 827.

[114] TARICCO G, ELIA M. Capacity of fading channels with no side information[J]. Electronics Letters, 1997, 33:1368 - 1370.

[115] TAROKH V, SESHADRI N, CALDERBANK A R. Space - time codes for high data rate wireless communication:performance, criterion and code construction[J]. IEEE Transactions on Information Theory, 1998, 44(2):744 - 765.

[116] TAROKH V, JAFARKHANI H. On the computation and reduction of the peak - to - average power ratio in multicarrier communications [J]. IEEE Transactions on

Communication, 2000,48(1):37 - 44.

[117] TAROKH V, JAFARKHANI H, CALDERBANK A R. Space - time block codes from orthogonal designs[J]. IEEE Transactions on Information Theory, 1999, 48 (5):1456 - 1467.

[118] TAVILDAR S R, VISWANATH P. Approximately universal codes over slow fading channels[J]. IEEE Transactions on Information Theory, 2005,52(7): 3233 - 3258.

[119] TELATAR E. Capacity of the multiple antenna Gaussian channel[J]. European Transactions on Telecommunications, 1999, 10(6):585 - 595.

[120] TELATAR E, TSE D. Capacity and mutual information of wideband multipath fading channels[J]. IEEE Transactions on Information Theory, 2000, 46(4):1384 - 1400.

[121] TOMLINSON M. New automatic equaliser employing modulo arithmetic[J]. IEEE Electronics Letters, 1971, 7 (5/6):138 - 139.

[122] TSE D, HANLY S. Multi - access fading channels:Part I:Polymatroidal structure, optimal resource allocation and throughput capacities[J]. IEEE Transactions on Information Theory, 1998, 44(7):2796 - 2815.

[123] TSE D, HANLY S. Linear Multiuser Receivers: Effective Interference, Effective Bandwidth and User Capacity [J]. IEEE Transactions on Information Theory, 1999,45(2):641 - 657.

[124] TSE D. Optimal power allocation over parallel Gaussian broadcast channels[J]. IEEE International Symposium on Information Theory, Ulm Germany, 1997,7:27.

[125] TSE D, VISWANATH P, ZHENG L. Diversity - multiplexing tradeoff in multiple access channels[J]. IEEE Transactions on Information Theory, 2004, 50(9):1859 - 1874.

[126] TULINO A M, LOZANO A, VERDÚS. Capacity - achieving input covariance for correlated multi - antenna channels[C]//Forty - first Annual Allerton Conference on Communication, Control and Computing, Monticello IL, 2003.

[127] TULINO A M, VERDÚS. Random matrices and wireless communication[J]. Foundations and Trends in Communications and Information Theory, 2004,1(1): 335 - 342.

[128] ULUKUS S, YATES R D. Adaptive power control and MMSE interference suppression[J]. ACM Wireless Networks, 1998, 4(6):489 - 496.

[129] VARANASI M K, GUESS T. Optimum decision feedback multiuser equalization and successive decoding achieves the total capacity of the Gaussian multiple - access channel[J]. Proceedings of the Asilomar Conference on Signals, Systems and Computers, 1997.

[130] VEERAVALLI V V, LIANG Y,SAYEED A M. Correlated MIMO Rayleigh fading channels:capacity, optimal signaling, and scaling laws[J]. IEEE Transactions on

Information Theory, 2005(11):1166 - 1170.

[131] VERDÚS. Multiuser Detection[M]. Cambridge:Cambridge University Press, 1998.

[132] VERDÚS, SHAMAI S. Spectral efficiency of CDMA with random spreading [J]. IEEE Transactions on Information Theory, 1999,45(2):622 - 640.

[133] VIKALO H, HASSIBI B. Sphere Decoding Algorithms for Communications[M]. Cambridge:Cambridge University Press, 2004.

[134] VISOTSKY E, MADHOW U. Optimal beam forming using transmit antenna arrays[C]//Proceedings of Vehicular Technology Conference, 1999.

[135] VISHWANATH S, JINDAL N, GOLDSMITH A. On the capacity of multiple input multiple output broadcast channels[J]. IEEE Transactions on Information Theory, 2003,49(10):2658 - 2668.

[136] VISWANATH P, TSE D, ANANTHARAM V. Asymptotically optimal water filling in vector multiple access channels[J]. IEEE Transactions on Information Theory, 2001,47(1):241 - 267.

[137] VISWANATH P, TSE D, LAROIA R. Opportunistic beam forming using dumb antennas[J]. IEEE Transactions on Information Theory, 2002,48(6):1277 - 1294.

[138] VISWANATH P, TSE D. Sum capacity of the multiple antenna broadcast channel and uplink - downlink duality[J]. IEEE Transactions on Information Theory, 2003, 49(8):1912 - 1921.

[139] VITERBI A J. Error bounds for convolution codes and an asymptotically optimal decoding algorithm[J]. IEEE Transactions on Information Theory, 1967, 13:260 - 269.

[140] VITERBI A J. CDMA:Principles of Spread - Spectrum Communication[J]. Addison - Wesley Wireless Communication, 1995:230 - 238.

[141] WEINGARTEN H, STEINBERG Y, SHAMAI S. The capacity region of the Gaussian MIMO broadcast channel[J]. IEEE Transactions on Information Theory, 2005,59(5):2673 - 2682.

[142] WESEL R D. Trellis Code Design for Correlated Fading and Achievable Rates for Tomlinson - Harashima Precoding[D]. Palo Alto:Stanford University, 1996.

[143] WESEL R D, CIOFFI J. Fundamentals of Coding for Broadcast OFDM[C]// Twenty - Ninth Asilomar Conference on Signals, Systems, and Computers, 1995.

[144] WILSON S G, LEUNG S. Trellis - coded modulation on Rayleigh faded channels [C]// International Conference on Communications, Seattle, 1987.

[145] WINTERS J H, SALZ J, GITLIN R D. The impact of antenna diversity on the capacity of wireless communication systems [J]. IEEE Transactions on Communication, 1994,42(2/3/4):1740 - 1751.

[146] WOLFOWITZ J. Simultaneous channels[J]. Archive for Rational Mechanics and Analysis, 1960, 4:471 - 386.

[147] WOLNIANSKY P W, FOSCHINI G J, GOLDEN G D, et al. V - BLAST:an architecture for realizing very high data rates over the rich - scattering wireless

channel [J]. Proceedings of the URSI International Symposium on Signals, Systems, and Electronics Conference, 1998:295 - 300.

[148] WOZENCRAFT J M, JACOBS I M. Principles of Communication Engineering[M]. Long Grove:Waveland Press,1965,.

[149] WU Q, ESTEVES E. The cdma2000 high rate packet data system[C]// Wang J, NG T S. Advances in 3G Enhanced Technologies for Wireless Communication. Fitchburg:Artech House, 2002.

[150] WYNER A D. Multi - tone Multiple Access for Cellular Systems, AT&T Bell Labs Technical Memorandum, BL011217 - 920812 - 12TM, 1992.

[151] YATES R. A framework for uplink power control in cellular radio systems[J]. IEEE Journal on Selected Areas in Communication, 1995, 13(7):1341 - 1347.

[152] YAO H, WORNELL G. Achieving the full MIMO diversity - multiplexing frontier with rotation - based space - time codes [C]// Annual Allerton Conference on Communication, Control and Computing. Monticello IL, 2003.

[153] YU W, CIOFFI J. Sum capacity of Gaussian vector broadcast channels[J]. IEEE Transactions on Information Theory, 2004,50(9):1875 - 1892.

[154] ZAMIR R, SHAMAI S, EREZ U. Nested linear/lattice codes for structured multiterminal binning[J]. IEEE Transactions on Information Theory, 2002,48:1250 - 1276.

[155] ZHENG L, TSE D. Communicating on the Grassmann manifold: a geometric approach to the non - coherent multiple antenna channel[J]. IEEE Transactions on Information Theory, 2002, 48(2):359 - 383.

[156] ZHENG L, TSE, D. Diversity and multiplexing: a fundamental tradeoff in multiple antenna channels[J]. IEEE Transactions on Information Theory, 2002, 48(2):359 - 383.